"十二五"普通高等教育本科国家级规划教材

高等数学

第七版 上册

同济大学数学系 编

GAODENG SHUXUE

高等教育出版社·北京

内容提要

本书是同济大学数学系编的《高等数学》第七版，从整体上说与第六版没有大的变化，内容深广度符合“工科类本科数学基础课程教学基本要求”，适合高等院校工科类各专业学生使用。

本次修订遵循“坚持改革、不断锤炼、打造精品”的要求，对第六版中个别概念的定义，少量定理、公式的证明及定理的假设条件作了一些重要修改；对全书的文字表达、记号的采用进行了仔细推敲；个别内容的安排作了一些调整，习题配置予以进一步充实、丰富，对少量习题作了更换。所有这些修订都是为了使本书更加完善，更好地满足教学需要。

本书分上、下两册出版，上册包括函数与极限、导数与微分、微分中值定理与导数的应用、不定积分、定积分及其应用、微分方程等内容，书末还附有二阶和三阶行列式简介、基本初等函数的图形、几种常用的曲线、积分表、习题答案与提示。

图书在版编目(CIP)数据

高等数学.上册/同济大学数学系编.--7版.--北京:高等教育出版社,2014.7(2021.3重印)
ISBN 978-7-04-039663-8

Ⅰ.①高… Ⅱ.①同… Ⅲ.①高等数学-高等学校-教材 Ⅳ.①O13

中国版本图书馆CIP数据核字(2014)第099713号

策划编辑 王　强　　责任编辑 蒋　青　　封面设计 王凌波　　版式设计 童　丹
插图绘制 尹文军　　责任校对 孟　玲　　责任印制 赵　振

出版发行 高等教育出版社
社　　址 北京市西城区德外大街4号
邮政编码 100120
印　　刷 高教社(天津)印务有限公司
开　　本 787mm×960mm 1/16
印　　张 28
字　　数 500千字
购书热线 010-58581118
咨询电话 400-810-0598
网　　址 http://www.hep.edu.cn
　　　　 http://www.hep.com.cn
网上订购 http://www.hepmall.com.cn
　　　　 http://www.hepmall.com
　　　　 http://www.hepmall.cn
版　　次 1978年3月第1版
　　　　 2014年7月第7版
印　　次 2021年3月第36次印刷
定　　价 47.60元

物 料 号 39663-00

第七版前言

本次修订工作是在遵循“坚持改革、不断锤炼、打造精品”的要求下进行的，修订的内容主要包括以下几个方面：

1. 在与中学数学的衔接上，删去了有关集合的内容，保留了映射与函数，便于在教学时根据实际情况作灵活处理；

2. 关于一些重要概念的定义作了仔细推敲，力求更加准确、没有瑕疵；

3. 在坚持工科数学教学要求的前提下，恰当地处理有关定理的假设条件、严谨性、适用性等问题，使教材进一步完善；

4. 关于语言文字表达以及一些记号的采用，力求用词规范，表达确切，记号采用科学合理；

5. 对于个别内容安排进行了适当调整，并增补少量内容，以便更好地适合教学的需要；

6. 对习题配置进一步充实、丰富，并作了一些必要的调整。

本书已经出到了第七版，在本书每一版的修订过程中都得到了广大关注本书的专家、同仁和读者的关心、帮助和指导。本次修订就吸取了他们对前几版提出的许多宝贵意见和建议，特别是浙江大学蔡燧林教授、北京师范大学李仲来教授、北京航空航天大学李心灿教授和徐兵教授、北京交通大学李琦教授等，他们的意见和建议对本次修订带来了很大帮助，在此谨向他们表示诚挚的谢意。

本次修订工作由同济大学邱伯驺完成。新版中存在的问题，继续欢迎广大专家、同仁和读者给予批评指正。

编　　者

二〇一四年一月

第六版前言

本书第六版是在第五版的基础上，遵循以下几条原则进行修订的。

1. 按照精品课程教材的要求，在保持本书第五版优点、特色的前提下，继续坚持改革，反复锤炼，努力反映国内外高等数学课程改革和学科建设的最新成果和最高水平，体现创新教学理念，有利于激发学生自主学习，有利于提高学生的综合素质和创新能力。

2. 教材的定位进行适当调整，使得修订后教材深广度的高限与第五版的要求基本保持不变，而低限完全符合非数学类专业数学基础课程教学指导分委员会制定的新的"工科类本科数学基础课程教学基本要求"，以适合当前我国各类高校工科类专业本科教学根据不同的教学要求实施分层次教学的需要。为此，在修订版中，对于超过新的教学基本要求的内容，涉及一节、一目或有标题的内容均采用*号标出，其余的情形则采用异体字排印，有关习题也以*号标出；对于新的教学基本要求中的个别内容，如涉及向量分析的内容，本书第五版中体现不够，在修订时给予适当的补充；对于新的教学基本要求中指明的为某些相关专业选用的基本内容，也以*号标出。

3. 教材的习题配置是教材的重要组成部分，是高等数学课程教学中实现教学要求，提高教学质量的重要环节。修订时努力吸收国内外一些优秀微积分教材在习题配置方面的优点，对本书第五版中的习题作较多的调整，包括增加概念复习题、图形题、应用题、综合题等，习题的总量也适当增加。

4. 根据本书第五版出版以来广大同行和读者在教学实践中的意见和建议，进行局部修订，包括本书上、下册内容的适当调整。修订时，将"微分方程"一章内容移至上册作为第七章，"空间解析几何与向量代数"一章内容移至下册作为第八章。

本版修订工作仍由邱伯驺、骆承钦完成。新版中存在的问题，欢迎广大专家、同行和读者继续给予批评指正。

编　　者

二〇〇六年七月

第五版前言

本书第五版是在第四版的基础上，根据我们多年的教学改革实践，按照新形势下教材改革的精神，进行全面修订而成的。在修订中，我们保留了原教材的系统和风格及其结构严谨、逻辑清晰、叙述详细、通俗易懂、例题较多、便于自学等优点，同时注意吸收当前教材改革中一些成功的改革举措，使得新版能更适合当前教学的需要，成为适应时代要求、符合改革精神又继承传统优点的教材。

新版为更好地与中学数学教学相衔接，上册从一般的集合、映射引入函数概念，精简了基本初等函数的基础内容；为有利于培养学生的能力和数学素养，渗透了一些现代数学的思想、语言和方法，适当引用了一些数学记号和逻辑符号，文字作了适当简化；为适应高等数学课程教学时数减少的情况，在保证《高等数学课程教学基本要求》的前提下，对一些内容作了适当精简和合并；在应用方面，增加了一些微积分在科学技术、经济管理和日常生活等方面的应用性例题和习题。对第四版中存在的个别问题，这次也作了修订。修改较多的部分涉及函数、极限及向量代数等内容。

这次修订中，我系的广大教师提出了许多宝贵的意见和建议，特别是郭镜明教授提供了不少好的建议，我们在此表示诚挚的谢意。

本版修订工作由邱伯驺、骆承钦完成。新版中存在的问题，欢迎广大专家、同行和读者批评指正。

编　者

二〇〇一年十月

第四版前言

关于本书的修订问题，全国高校工科数学课程教学指导委员会曾于1992年5月的工作会议上进行了讨论，与会代表们希望本书修改后能更加适应大多数院校的需要，这也正是我们的愿望。因此，我们在修订时，对不标*号的部分，注意控制其深广度，以期使它尽量符合高等工业院校的《高等数学课程教学基本要求》（后称"基本要求"）；同时仍保留标*号的内容，这些内容都是超出"基本要求"的，可供对数学要求稍高的专业采用。

兄弟院校的同行，对本书此次修订也提出了不少具体意见，修订时我们都作了认真考虑。在此，我们对课委会及同行们表示衷心的谢意。齐植兰、赵中时、谢树艺三位教授审阅了本书第四版书稿，并提出不少宝贵意见，对此我们表示感谢。

本版在每章末增加了总习题，希望这些总习题在检查学习效果以及复习方面能发挥作用。

本书中用到二、三阶行列式的一些知识，部分读者由于阅读本书前尚未学过这方面的内容，因而产生学习上的困难。为此，本版上册增加了一个附录，用尽可能少的篇幅介绍有关二、三阶行列式的一些简单知识。

本书从第二版起的修订工作均由同济大学承担。第二版修订工作的正文部分由王福楹、邱伯驺完成，习题部分由宣耀焕、郭镜明、黄忠湛、王章炎完成。参加第三版修订工作的有王福楹、邱伯驺、骆承钦、王章炎。参加第四版修订工作的有王福楹、邱伯驺、骆承钦。

编　者

一九九三年十二月

第一版前言

本书分上、下两册。上册包括一元函数微积分学、空间解析几何与向量代数，下册包括多元函数微积分学、级数、微分方程、线性代数和概率论。各章配有习题，书末附有习题答案。

本书可作为高等学校工科高等数学课程的试用教材或教学参考书。

参加本书编写工作的有同济大学王福楹、王福保、蔡森甫、邱伯驺，上海交通大学王嘉善，上海纺织工学院巫锡禾，上海科技大学蔡天亮，上海机械学院王敦珊、周继高，上海铁道学院李鸿祥等同志。

本书由上海海运学院陆子芬教授主审。参加审稿的还有大连工学院刘锡琛，合肥工业大学万迪生、何继文，成都电讯工程学院冯潮清，西北工业大学王德如，浙江大学盛骤、孙玉麟，太原工学院徐永源、张宝玉，上海海运学院朱幼文、卢启兴等同志。

审稿同志都认真审阅了原稿，并提出了不少改进意见，对此我们表示衷心感谢。

限于编者水平，同时编写时间也比较仓促，因而教材中一定存在不妥之处，希望广大读者提出批评和指正。

编　　者

一九七八年三月

目　录

第一章　函数与极限

初等数学的研究对象基本上是不变的量，而高等数学的研究对象则是变动的量. 所谓函数关系就是变量之间的依赖关系，极限方法是研究变量的一种基本方法. 本章将介绍映射、函数、极限和函数的连续性等基本概念以及它们的一些性质.

第一节　映射与函数

映射是现代数学中的一个基本概念，而函数是微积分的研究对象，也是映射的一种. 本节主要介绍映射、函数及有关概念，函数的性质与运算等.

一、映射

1. 映射概念

定义　设 X、Y 是两个非空集合，如果存在一个法则 f，使得对 X 中每个元素 x，按法则 f，在 Y 中有唯一确定的元素 y 与之对应，那么称 f 为从 X 到 Y 的映射，记作

$$f: X \to Y,$$

其中 y 称为元素 x（在映射 f 下）的像，并记作 $f(x)$，即

$$y = f(x),$$

而元素 x 称为元素 y（在映射 f 下）的一个原像；集合 X 称为映射 f 的定义域，记作 D_f，即 $D_f = X$；X 中所有元素的像所组成的集合称为映射 f 的值域，记作 R_f 或 $f(X)$，即

$$R_f = f(X) = \{f(x) \mid x \in X\}.$$

在上述映射的定义中，需要注意的是：

（1）构成一个映射必须具备以下三个要素：集合 X，即定义域 $D_f = X$；集合 Y，即值域的范围：$R_f \subset Y$；对应法则 f，使对每个 $x \in X$，有唯一确定的 $y = f(x)$ 与之对应.

（2）对每个 $x \in X$，元素 x 的像 y 是唯一的；而对每个 $y \in R_f$，元素 y 的原像不一定是唯一的；映射 f 的值域 R_f 是 Y 的一个子集，即 $R_f \subset Y$，不一定 $R_f = Y$.

例 1　设 $f:\mathbf{R}\to\mathbf{R}$，对每个 $x\in\mathbf{R}$，$f(x)=x^2$. 显然，f 是一个映射，f 的定义域 $D_f=\mathbf{R}$，值域 $R_f=\{y\mid y\geqslant 0\}$，它是 $\mathbf{R}$ 的一个真子集. 对于 R_f 中的元素 y，除 $y=0$ 外，它的原像不是唯一的. 如 $y=4$ 的原像就有 $x=2$ 和 $x=-2$ 两个.

例 2　设 $X=\{(x,y)\mid x^2+y^2=1\}$，$Y=\{(x,0)\mid |x|\leqslant 1\}$，$f:X\to Y$，对每个 $(x,y)\in X$，有唯一确定的 $(x,0)\in Y$ 与之对应. 显然 f 是一个映射，f 的定义域 $D_f=X$，值域 $R_f=Y$. 在几何上，这个映射表示将平面上一个圆心在原点的单位圆周上的点投影到 x 轴的区间 $[-1,1]$ 上.

例 3　设 $f:\left[-\dfrac{\pi}{2},\dfrac{\pi}{2}\right]\to[-1,1]$，对每个 $x\in\left[-\dfrac{\pi}{2},\dfrac{\pi}{2}\right]$，$f(x)=\sin x$. f 是一个映射，其定义域 $D_f=\left[-\dfrac{\pi}{2},\dfrac{\pi}{2}\right]$，值域 $R_f=[-1,1]$.

设 f 是从集合 X 到集合 Y 的映射，若 $R_f=Y$，即 Y 中任一元素 y 都是 X 中某元素的像，则称 f 为 X 到 Y 上的映射或满射；若对 X 中任意两个不同元素 $x_1\neq x_2$，它们的像 $f(x_1)\neq f(x_2)$，则称 f 为 X 到 Y 的单射；若映射 f 既是单射，又是满射，则称 f 为一一映射（或双射）.

上面例 1 中的映射，既非单射，又非满射；例 2 中的映射不是单射，是满射；例 3 中的映射，既是单射，又是满射，因此是一一映射.

映射又称为算子. 根据集合 X、Y 的不同情形，在不同的数学分支中，映射又有不同的惯用名称. 例如，从非空集 X 到数集 Y 的映射又称为 X 上的泛函，从非空集 X 到它自身的映射又称为 X 上的变换，从实数集（或其子集）X 到实数集 Y 的映射通常称为定义在 X 上的函数.

2. 逆映射与复合映射

设 f 是 X 到 Y 的单射，则由定义，对每个 $y\in R_f$，有唯一的 $x\in X$，适合 $f(x)=y$. 于是，我们可定义一个从 R_f 到 X 的新映射 g，即

$$g:R_f\to X,$$

对每个 $y\in R_f$，规定 $g(y)=x$，这 x 满足 $f(x)=y$. 这个映射 g 称为 f 的逆映射，记作 f^{-1}，其定义域 $D_{f^{-1}}=R_f$，值域 $R_{f^{-1}}=X$.

按上述定义，只有单射才存在逆映射. 所以，在例 1、例 2、例 3 中，只有例 3 中的映射 f 才存在逆映射 f^{-1}，这个 f^{-1} 就是反正弦函数的主值

$$f^{-1}(x)=\arcsin x,\ x\in[-1,1],$$

其定义域 $D_{f^{-1}}=[-1,1]$，值域 $R_{f^{-1}}=\left[-\dfrac{\pi}{2},\dfrac{\pi}{2}\right]$.

设有两个映射

$$g:X\to Y_1,\qquad f:Y_2\to Z,$$

其中 $Y_1\subset Y_2$，则由映射 g 和 f 可以定出一个从 X 到 Z 的对应法则，它将每个 $x\in X$ 映成 $f[g(x)]\in Z$. 显然，这个对应法则确定了一个从 X 到 Z 的映射，这个映射称为映射 g 和 f 构成的复合映射，记作 $f\circ g$，即

$$f\circ g:X\to Z,\ (f\circ g)(x)=f[g(x)],x\in X.$$

由复合映射的定义可知，映射 g 和 f 构成复合映射的条件是：g 的值域 R_g 必须包含在 f 的定义域内，即 $R_g\subset D_f$. 否则，不能构成复合映射. 由此可以知道，映射 g 和 f 的复合是有顺序的，$f\circ g$ 有意义并不表示 $g\circ f$ 也有意义. 即使 $f\circ g$ 与 $g\circ f$ 都有意义，复合映射 $f\circ g$ 与 $g\circ f$ 也未必相同.

例 4　设有映射 $g:\mathbf{R}\to[-1,1]$，对每个 $x\in\mathbf{R}$，$g(x)=\sin x$；映射 $f:[-1,1]\to[0,1]$，对每个 $u\in[-1,1]$，$f(u)=\sqrt{1-u^2}$，则映射 g 和 f 构成的复合映射 $f\circ g:\mathbf{R}\to[0,1]$，对每个 $x\in\mathbf{R}$，有

$$(f\circ g)(x)=f[g(x)]=f(\sin x)=\sqrt{1-\sin^2 x}=|\cos x|.$$

二、函数

1. 函数的概念

定义　设数集 $D\subset\mathbf{R}$，则称映射 $f:D\to\mathbf{R}$ 为定义在 D 上的函数，通常简记为

$$y=f(x),\ x\in D,$$

其中 x 称为自变量，y 称为因变量，D 称为定义域，记作 D_f，即 $D_f=D$.

函数的定义中，对每个 $x\in D$，按对应法则 f，总有唯一确定的值 y 与之对应，这个值称为函数 f 在 x 处的函数值，记作 $f(x)$，即 $y=f(x)$. 因变量 y 与自变量 x 之间的这种依赖关系，通常称为函数关系. 函数值 $f(x)$ 的全体所构成的集合称为函数 f 的值域，记作 R_f 或 $f(D)$，即

$$R_f=f(D)=\{y\mid y=f(x),x\in D\}.$$

需要指出，按照上述定义，记号 f 和 $f(x)$ 的含义是有区别的：前者表示自变量 x 和因变量 y 之间的对应法则，而后者表示与自变量 x 对应的函数值. 但为了叙述方便，习惯上常用记号"$f(x),x\in D$"或"$y=f(x),x\in D$"来表示定义在 D 上的函数，这时应理解为由它所确定的函数 f.

表示函数的记号是可以任意选取的，除了常用的 f 外，还可用其他的英文字母或希腊字母，如"g""F""φ"等. 相应地，函数可记作 $y=g(x)$，$y=F(x)$，$y=\varphi(x)$ 等. 有时还直接用因变量的记号来表示函数，即把函数记作 $y=$

$y(x)$. 但在同一个问题中,讨论到几个不同的函数时,为了表示区别,需用不同的记号来表示它们.

函数是从实数集到实数集的映射,其值域总在 **R** 内,因此构成函数的要素是:定义域 D_f 及对应法则 f. 如果两个函数的定义域相同,对应法则也相同,那么这两个函数就是相同的,否则就是不同的.

函数的定义域通常按以下两种情形来确定:一种是对有实际背景的函数,根据实际背景中变量的实际意义确定. 例如,在自由落体运动中,设物体下落的时间为 t,下落的距离为 s,开始下落的时刻 $t=0$,落地的时刻 $t=T$,则 s 与 t 之间的函数关系是

$$s=\frac{1}{2}gt^2,\ t\in[0,T].$$

这个函数的定义域就是区间 $[0,T]$;另一种是抽象地用算式表达的函数,通常约定这种函数的定义域是使得算式有意义的一切实数组成的集合,这种定义域称为函数的自然定义域. 在这种约定之下,一般的用算式表达的函数可用"$y=f(x)$"表达,而不必再表出 D_f. 例如,函数 $y=\sqrt{1-x^2}$ 的定义域是闭区间 $[-1,1]$,函数 $y=\frac{1}{\sqrt{1-x^2}}$ 的定义域是开区间 $(-1,1)$.

表示函数的主要方法有三种:表格法、图形法、解析法(公式法),这在中学里大家已经熟悉. 其中,用图形法表示函数是基于函数图形的概念,即坐标平面上的点集

$$\{P(x,y)\mid y=f(x),x\in D\}$$

称为函数 $y=f(x)$,$x\in D$ 的图形(图 1-1). 图中的 R_f 表示函数 $y=f(x)$ 的值域.

下面举几个函数的例子.

例 5 函数

$$y=2$$

的定义域 $D=(-\infty,+\infty)$,值域 $W=\{2\}$,它的图形是一条平行于 x 轴的直线,如图 1-2 所示.

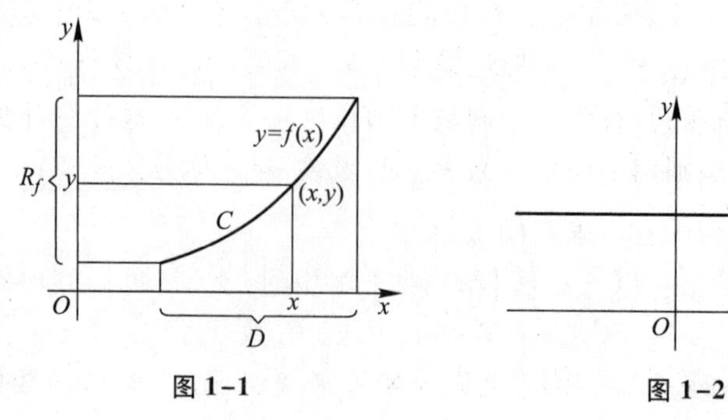

图 1-1 图 1-2

例 6　函数

$$y=|x|=\begin{cases}-x, & x<0,\\ x, & x\geqslant 0\end{cases}$$

的定义域 $D=(-\infty,+\infty)$，值域 $R_f=[0,+\infty)$，它的图形如图1-3 所示. 这函数称为绝对值函数.

例 7　函数

$$y=\operatorname{sgn} x=\begin{cases}-1, & x<0,\\ 0, & x=0,\\ 1, & x>0\end{cases}$$

称为符号函数，它的定义域 $D=(-\infty,+\infty)$，值域 $R_f=\{-1,0,1\}$，它的图形如图 1-4 所示. 对于任何实数 x，下列关系成立：

$$x=\operatorname{sgn} x\cdot|x|.$$

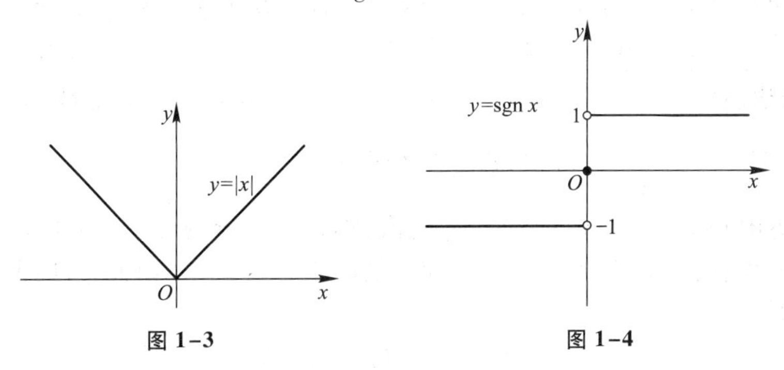

图 1-3　　　图 1-4

例 8　设 x 为任一实数，不超过 x 的最大整数称为 x 的整数部分，记作 $[x]$. 例如，$\left[\dfrac{5}{7}\right]=0$，$[\sqrt{2}]=1$，$[\pi]=3$，$[-1]=-1$，$[-3.5]=-4$. 把 x 看作变量，则函数

$$y=[x]$$

的定义域 $D=(-\infty,+\infty)$，值域 $R_f=\mathbf{Z}$. 它的图形如图 1-5 所示，这图形称为阶梯曲线. 在 x 为整数值处，图形发生跳跃，跃度为 1. 这函数称为取整函数.

在例 6 和例 7 中看到，有时一个函数要用几个式子表示. 这种在自变量的不同变化范围中，对应法则用不同式子来表示的函数，通常称为分段函数.

例 9　函数

$$y=f(x)=\begin{cases}2\sqrt{x}, & 0\leqslant x\leqslant 1,\\ 1+x, & x>1\end{cases}$$

是一个分段函数. 它的定义域 $D=[0,+\infty)$. 当 $x\in[0,1]$ 时，对应的函数值

$f(x)=2\sqrt{x}$；当 $x\in(1,+\infty)$ 时，对应的函数值 $f(x)=1+x$. 例如，$\frac{1}{2}\in[0,1]$，所以 $f\left(\frac{1}{2}\right)=2\sqrt{\frac{1}{2}}=\sqrt{2}$；$1\in[0,1]$，所以 $f(1)=2\sqrt{1}=2$；$3\in(1,+\infty)$，所以 $f(3)=1+3=4$. 这函数的图形如图 1-6 所示.

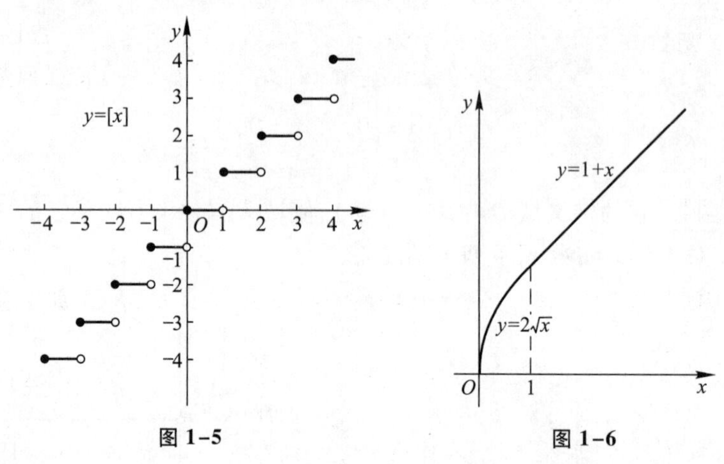

图 1-5　　图 1-6

用几个式子来表示一个（不是几个!）函数，不仅与函数定义并无矛盾，而且有现实意义. 在自然科学和工程技术中，经常会遇到分段函数的情形. 例如在等温过程中，气体压强 p 与体积 V 的函数关系，当 V 不太小时依从玻意耳（Boyle）定律；当 V 相当小时，函数关系就要用范德瓦耳斯（van der Waals）方程来表示，即

$$p=\begin{cases}\dfrac{\gamma}{V-\beta}-\dfrac{\alpha}{V^2}, & \beta<V<V_0,\\[2ex] \dfrac{k}{V}, & V\geqslant V_0,\end{cases}$$

其中 k,α,β,γ 都是常量.

2. 函数的几种特性

(1) 函数的有界性　设函数 $f(x)$ 的定义域为 D，数集 $X\subset D$. 如果存在数 K_1，使得

$$f(x)\leqslant K_1$$

对任一 $x\in X$ 都成立，那么称函数 $f(x)$ 在 X 上有上界，而 K_1 称为函数 $f(x)$ 在 X 上的一个上界. 如果存在数 K_2，使得

$$f(x)\geqslant K_2$$

对任一 $x\in X$ 都成立，那么称函数 $f(x)$ 在 X 上有下界，而 K_2 称为函数 $f(x)$ 在 X

上的一个下界. 如果存在正数 M,使得

$$|f(x)|\leqslant M$$

对任一 $x\in X$ 都成立,那么称函数 $f(x)$ 在 X 上有界. 如果这样的 M 不存在,就称函数 $f(x)$ 在 X 上无界;这就是说,如果对于任何正数 M,总存在 $x_1\in X$,使 $|f(x_1)|>M$,那么函数 $f(x)$ 在 X 上无界.

例如,就函数 $f(x)=\sin x$ 在 $(-\infty,+\infty)$ 内来说,数 1 是它的一个上界,数 -1 是它的一个下界(当然,大于 1 的任何数也是它的上界,小于 -1 的任何数也是它的下界). 又

$$|\sin x|\leqslant 1$$

对任一实数 x 都成立,故函数 $f(x)=\sin x$ 在 $(-\infty,+\infty)$ 内是有界的. 这里 $M=1$(当然也可取大于 1 的任何数作为 M 而使 $|f(x)|\leqslant M$ 对任一实数 x 都成立).

又如函数 $f(x)=\dfrac{1}{x}$ 在开区间 $(0,1)$ 内没有上界,但有下界,例如 1 就是它的一个下界. 函数 $f(x)=\dfrac{1}{x}$ 在开区间 $(0,1)$ 内是无界的,因为不存在这样的正数 M,使 $\left|\dfrac{1}{x}\right|\leqslant M$ 对于 $(0,1)$ 内的一切 x 都成立. 但是 $f(x)=\dfrac{1}{x}$ 在区间 $(1,2)$ 内是有界的,例如可取 $M=1$ 而使 $\left|\dfrac{1}{x}\right|\leqslant 1$ 对于一切 $x\in(1,2)$ 都成立.

容易证明,函数 $f(x)$ 在 X 上有界的充分必要条件是它在 X 上既有上界又有下界.

(2) 函数的单调性 设函数 $f(x)$ 的定义域为 D,区间 $I\subset D$. 如果对于区间 I 上任意两点 x_1 及 x_2,当 $x_1<x_2$ 时,恒有

$$f(x_1)<f(x_2),$$

那么称函数 $f(x)$ 在区间 I 上是单调增加的(图 1-7);如果对于区间 I 上任意两点 x_1 及 x_2,当 $x_1<x_2$ 时,恒有

$$f(x_1)>f(x_2),$$

那么称函数 $f(x)$ 在区间 I 上是单调减少的(图 1-8). 单调增加和单调减少的函数统称为单调函数.

例如,函数 $f(x)=x^2$ 在区间 $[0,+\infty)$ 上是单调增加的,在区间 $(-\infty,0]$ 上是单调减少的;在区间 $(-\infty,+\infty)$ 内函数 $f(x)=x^2$ 不是单调的(图 1-9).

又例如,函数 $f(x)=x^3$ 在区间 $(-\infty,+\infty)$ 内是单调增加的(图 1-10).

(3) 函数的奇偶性 设函数 $f(x)$ 的定义域 D 关于原点对称. 如果对于任一 $x\in D$,

$$f(-x)=f(x)$$

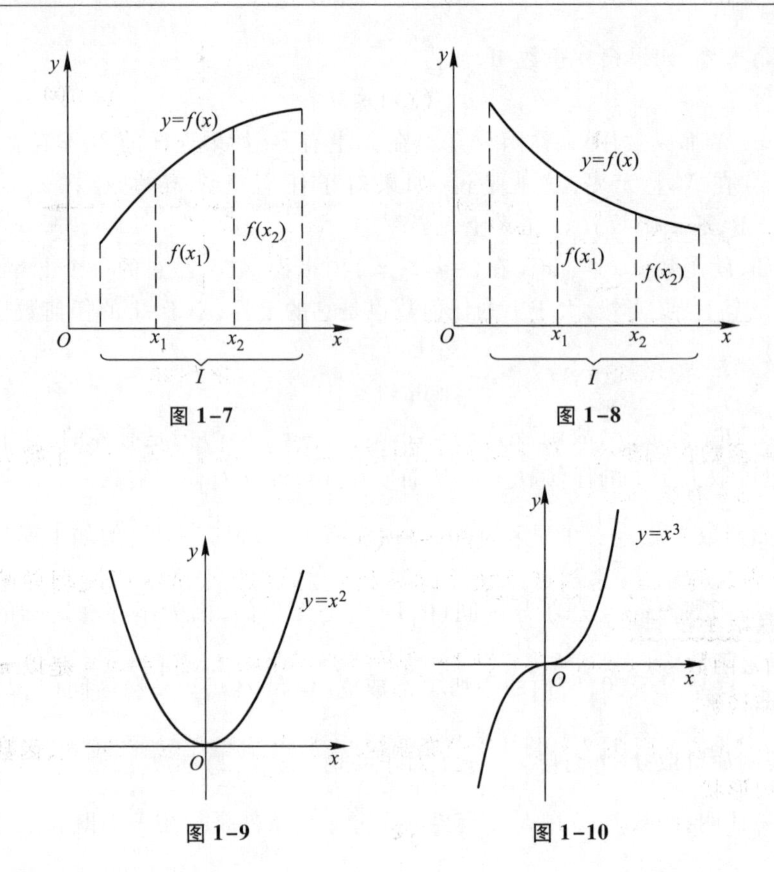

图 1-7　　图 1-8

图 1-9　　图 1-10

恒成立，那么称 $f(x)$ 为偶函数. 如果对于任一 $x\in D$，

$$f(-x)=-f(x)$$

恒成立，那么称 $f(x)$ 为奇函数.

例如，$f(x)=x^2$ 是偶函数，因为 $f(-x)=(-x)^2=x^2=f(x)$. 又例如，$f(x)=x^3$ 是奇函数，因为 $f(-x)=(-x)^3=-x^3=-f(x)$.

偶函数的图形关于 y 轴是对称的. 因为若 $f(x)$ 是偶函数，则 $f(-x)=f(x)$，所以如果 $A(x,f(x))$ 是图形上的点，那么与它关于 y 轴对称的点 $A'(-x,f(x))$ 也在图形上（图 1-11）.

奇函数的图形关于原点是对称的. 因为若 $f(x)$ 是奇函数，则 $f(-x)=-f(x)$，所以如果 $A(x,f(x))$ 是图形上的点，那么与它关于原点对称的点 $A''(-x,-f(x))$ 也在图形上（图 1-12）.

函数 $y=\sin x$ 是奇函数. 函数 $y=\cos x$ 是偶函数. 函数 $y=\sin x+\cos x$ 既非奇函数，也非偶函数.

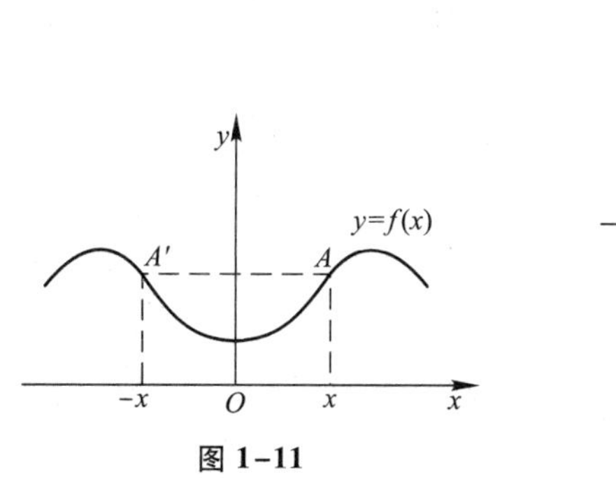

图 1-11

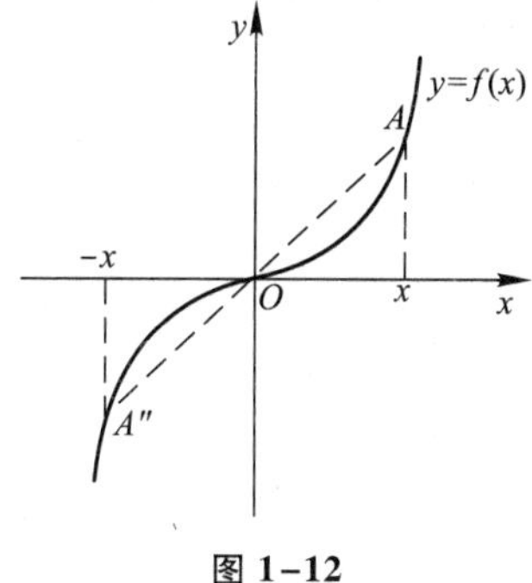

图 1-12

（4）函数的周期性　设函数 $f(x)$ 的定义域为 D. 如果存在一个正数 l,使得对于任一 $x\in D$ 有 $(x\pm l)\in D$,且

$$f(x+l)=f(x)$$

恒成立,那么称 $f(x)$ 为周期函数,l 称为 $f(x)$ 的周期,通常我们说周期函数的周期是指最小正周期.

例如,函数 $\sin x$,$\cos x$ 都是以 2π 为周期的周期函数;函数 $\tan x$ 是以 π 为周期的周期函数.

图 1-13 表示周期为 l 的一个周期函数. 在每个长度为 l 的区间上,函数图形有相同的形状.

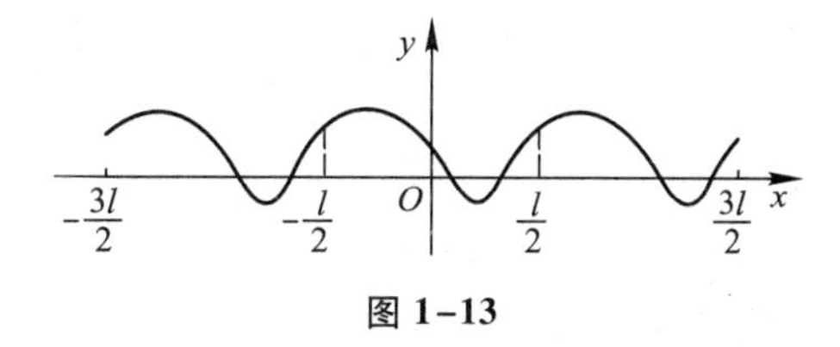

图 1-13

并非每个周期函数都有最小正周期. 下面的函数就属于这种情形.

例 10　狄利克雷(Dirichlet)函数

$$D(x)=\begin{cases}1, & x\in \mathbf{Q},\\ 0, & x\in \mathbf{Q}^{C}.\end{cases}$$

容易验证这是一个周期函数,任何正有理数 r 都是它的周期. 因为不存在最小的正有理数,所以它没有最小正周期.

3. 反函数与复合函数

作为逆映射的特例,我们有以下反函数的概念.

设函数 $f:D\to f(D)$ 是单射,则它存在逆映射 $f^{-1}:f(D)\to D$,称此映射 f^{-1} 为函

数 f 的反函数.

按此定义,对每个 $y\in f(D)$,有唯一的 $x\in D$,使得 $f(x)=y$,于是有

$$f^{-1}(y)=x.$$

这就是说,反函数 f^{-1} 的对应法则是完全由函数 f 的对应法则所确定的.

例如,函数 $y=x^3,x\in\mathbf{R}$ 是单射,所以它的反函数存在,其反函数为 $x=y^{\frac{1}{3}},y\in\mathbf{R}$.

由于习惯上自变量用 x 表示,因变量用 y 表示,于是 $y=x^3,x\in\mathbf{R}$ 的反函数通常写作 $y=x^{\frac{1}{3}},x\in\mathbf{R}$.

一般地,$y=f(x),x\in D$ 的反函数记成 $y=f^{-1}(x),x\in f(D)$.

若 f 是定义在 D 上的单调函数,则 $f:D\to f(D)$ 是单射,于是 f 的反函数 f^{-1} 必定存在,而且容易证明 f^{-1} 也是 $f(D)$ 上的单调函数. 事实上,不妨设 f 在 D 上单调增加,现在来证明 f^{-1} 在 $f(D)$ 上也是单调增加的.

任取 $y_1,y_2\in f(D)$,且 $y_1<y_2$. 按函数 f 的定义,对 y_1,在 D 内存在唯一的原像 x_1,使得 $f(x_1)=y_1$,于是 $f^{-1}(y_1)=x_1$;对 y_2,在 D 内存在唯一的原像 x_2,使得 $f(x_2)=y_2$,于是 $f^{-1}(y_2)=x_2$.

如果 $x_1>x_2$,则由 $f(x)$ 单调增加,必有 $y_1>y_2$;如果 $x_1=x_2$,则显然有 $y_1=y_2$. 这两种情形都与假设 $y_1<y_2$ 不符,故必有 $x_1<x_2$,即 $f^{-1}(y_1)<f^{-1}(y_2)$. 这就证明了 f^{-1} 在 $f(D)$ 上是单调增加的.

相对于反函数 $y=f^{-1}(x)$ 来说,原来的函数 $y=f(x)$ 称为直接函数. 把直接函数 $y=f(x)$ 和它的反函数 $y=f^{-1}(x)$ 的图形画在同一坐标平面上,这两个图形关于直线 $y=x$ 是对称的(图 1-14). 这是因为如果 $P(a,b)$ 是 $y=f(x)$ 图形上的点,则有 $b=f(a)$. 按反函数的定义,有 $a=f^{-1}(b)$,故 $Q(b,a)$ 是 $y=f^{-1}(x)$ 图形上的点;反之,若 $Q(b,a)$ 是 $y=f^{-1}(x)$ 图形上的点,则 $P(a,b)$ 是 $y=f(x)$ 图形上的点. 而 $P(a,b)$ 与 $Q(b,a)$ 是关于直线 $y=x$ 对称的.

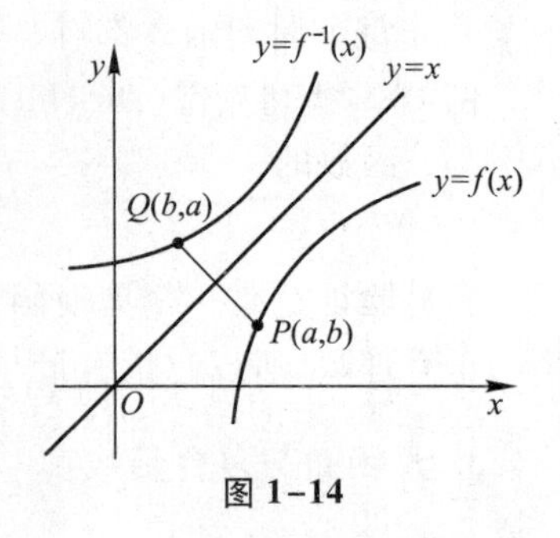

图 1-14

复合函数是复合映射的一种特例,按照通常函数的记号,复合函数的概念可如下表述:

设函数 $y=f(u)$ 的定义域为 D_f,函数 $u=g(x)$ 的定义域为 D_g,且其值域 $R_g\subset D_f$,则由下式确定的函数

$$y=f[g(x)],\quad x\in D_g$$

称为由函数 $u=g(x)$ 与函数 $y=f(u)$ 构成的复合函数,它的定义域为 D_g,变量 u 称为中间变量.

函数 g 与函数 f 构成的复合函数,即按"先 g 后 f"的次序复合的函数,通常

记为$f\circ g$,即

$$(f\circ g)(x)=f[g(x)].$$

与复合映射一样,g与f能构成复合函数$f\circ g$的条件是:函数g的值域R_g必须包含于函数f的定义域D_f,即$R_g\subset D_f$.否则,不能构成复合函数.例如,$y=f(u)=\arcsin u$的定义域为$[-1,1]$,$u=g(x)=\sin x$的定义域为$\mathbf{R}$,且$g(\mathbf{R})\subset[-1,1]$,故$g$与$f$可构成复合函数.

$$y=\arcsin\sin x,x\in\mathbf{R};$$

又如,$y=f(u)=\sqrt{u}$的定义域为$D_f=[0,+\infty)$,$u=g(x)=\tan x$的值域为$R_g=(-\infty,+\infty)$,显然$R_g\not\subset D_f$,故g与f不能构成复合函数.但是,如果将函数g限制在它的定义域的一个子集$D=\left\{x\mid k\pi\leqslant x<\left(k+\dfrac{1}{2}\right)\pi,k\in\mathbf{Z}\right\}$上,令$g^*(x)=\tan x,x\in D$,那么$R_{g^*}=g^*(D)\subset D_f$,$g^*$与$f$就可以构成复合函数

$$(f\circ g^*)(x)=\sqrt{\tan x},x\in D.$$

习惯上为了简便起见,仍称函数$\sqrt{\tan x}$是由函数$u=\tan x$与函数$y=\sqrt{u}$构成的复合函数.这里函数$u=\tan x$应理解成:$u=\tan x,x\in D$.以后,我们采取这种习惯说法.例如,我们称函数$u=x+1$与函数$y=\ln u$构成复合函数$\ln(x+1)$,它的定义域不是$u=x+1$的自然定义域$\mathbf{R}$,而是$\mathbf{R}$的一个子集$D=(-1,+\infty)$.

有时,也会遇到两个以上函数所构成的复合函数,只要它们顺次满足构成复合函数的条件.例如,函数$y=\sqrt{u}$,$u=\cot v$,$v=\dfrac{x}{2}$可构成复合函数$y=\sqrt{\cot\dfrac{x}{2}}$,这里$u$及$v$都是中间变量,复合函数的定义域是$D=\{x\mid 2k\pi<x\leqslant(2k+1)\pi,k\in\mathbf{Z}\}$,而不是$v=\dfrac{x}{2}$的自然定义域$\mathbf{R}$,$D$是$\mathbf{R}$的一个非空子集.

4. 函数的运算

设函数$f(x)$,$g(x)$的定义域依次为D_f,D_g,$D=D_f\cap D_g\neq\varnothing$,则我们可以定义这两个函数的下列运算:

和(差)$f\pm g$:　　$(f\pm g)(x)=f(x)\pm g(x),x\in D$;

积$f\cdot g$:　　$(f\cdot g)(x)=f(x)\cdot g(x),x\in D$;

商$\dfrac{f}{g}$:　　$\left(\dfrac{f}{g}\right)(x)=\dfrac{f(x)}{g(x)},x\in D\setminus\{x\mid g(x)=0,x\in D\}$.

例 11　设函数$f(x)$的定义域为$(-l,l)$,证明必存在$(-l,l)$上的偶函数$g(x)$及奇函数$h(x)$,使得

$$f(x)=g(x)+h(x).$$

证　先分析如下：假若这样的 $g(x)$，$h(x)$ 存在，使得

$$f(x)=g(x)+h(x), \tag{1-1}$$

且

$$g(-x)=g(x),h(-x)=-h(x).$$

于是有

$$f(-x)=g(-x)+h(-x)=g(x)-h(x). \tag{1-2}$$

利用(1-1)、(1-2)式，就可作出 $g(x)$，$h(x)$. 这就启发我们作如下证明：

作

$$g(x)=\frac{1}{2}[f(x)+f(-x)],h(x)=\frac{1}{2}[f(x)-f(-x)].$$

则

$$g(x)+h(x)=f(x),$$

$$g(-x)=\frac{1}{2}[f(-x)+f(x)]=g(x),$$

$$h(-x)=\frac{1}{2}[f(-x)-f(x)]=-h(x).$$

证毕.

5. 初等函数

在初等数学中已经讲过下面几类函数：

幂函数：$y=x^{\mu}$ （$\mu\in\mathbf{R}$ 是常数），

指数函数：$y=a^x$ （$a>0$ 且 $a\neq1$），

对数函数：$y=\log_a x$ （$a>0$ 且 $a\neq1$，特别当 $a=\mathrm{e}$① 时，记为 $y=\ln x$），

三角函数：如 $y=\sin x$，$y=\cos x$，$y=\tan x$ 等，

反三角函数：如 $y=\arcsin x$，$y=\arccos x$，$y=\arctan x$ 等.

以上这五类函数统称为基本初等函数.

由常数和基本初等函数经过有限次的四则运算和有限次的函数复合步骤所构成并可用一个式子表示的函数，称为初等函数. 例如

$$y=\sqrt{1-x^2},\qquad y=\sin^2x,\qquad y=\sqrt{\cot\frac{x}{2}}$$

等都是初等函数. 在本课程中所讨论的函数绝大多数都是初等函数.

应用上常遇到以 e 为底的指数函数 $y=\mathrm{e}^x$ 和 $y=\mathrm{e}^{-x}$ 所产生的双曲函数以及它[illegible]函数——反双曲函数. 它们的定义如下：

[illegible]理数，这个数的意义见本章第六节.

双曲正弦　$\operatorname{sh} x=\dfrac{e^{x}-e^{-x}}{2}$,

双曲余弦　$\operatorname{ch} x=\dfrac{e^{x}+e^{-x}}{2}$,

双曲正切　$\operatorname{th} x=\dfrac{\operatorname{sh} x}{\operatorname{ch} x}=\dfrac{e^{x}-e^{-x}}{e^{x}+e^{-x}}$.

这三个双曲函数的简单性态如下:

双曲正弦的定义域为$(-\infty,+\infty)$,它是奇函数,它的图形通过原点且关于原点对称.在区间$(-\infty,+\infty)$内它是单调增加的.当x的绝对值很大时,它的图形在第一象限内接近于曲线$y=\dfrac{1}{2}e^{x}$,在第三象限内接近于曲线$y=-\dfrac{1}{2}e^{-x}$(图1-15).

双曲余弦的定义域为$(-\infty,+\infty)$,它是偶函数,它的图形通过点$(0,1)$且关于y轴对称.在区间$(-\infty,0)$内它是单调减少的.在区间$(0,+\infty)$内它是单调增加的.$\operatorname{ch} 0=1$是这函数的最小值.当x的绝对值很大时,它的图形在第一象限内接近于曲线$y=\dfrac{1}{2}e^{x}$,在第二象限内接近于曲线$y=\dfrac{1}{2}e^{-x}$(图1-15).

双曲正切的定义域为$(-\infty,+\infty)$,它是奇函数,它的图形通过原点且关于原点对称.在区间$(-\infty,+\infty)$内它是单调增加的.它的图形夹在水平直线$y=1$及$y=-1$之间,且当x的绝对值很大时,它的图形在第一象限内接近于直线$y=1$,而在第三象限内接近于直线$y=-1$(图1-16).

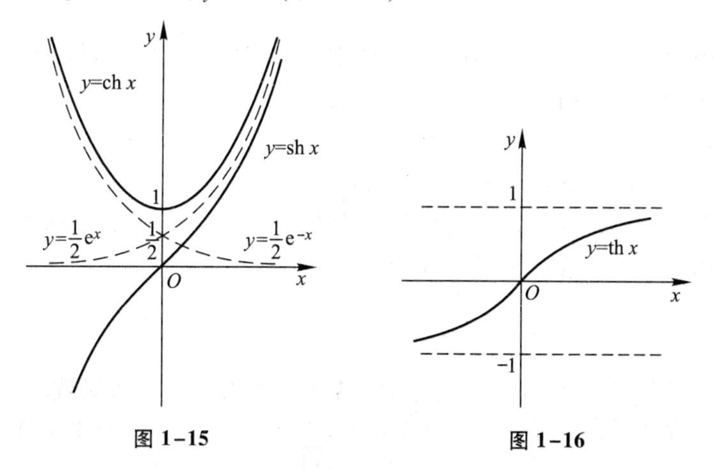

图1-15　　**图1-16**

根据双曲函数的定义,可证下列四个公式:

$$\operatorname{sh}(x+y)=\operatorname{sh} x\operatorname{ch} y+\operatorname{ch} x\operatorname{sh} y, \tag{1-3}$$

$$\text{sh}(x-y)=\text{sh }x\text{ch }y-\text{ch }x\text{sh }y, \tag{1-4}$$

$$\text{ch}(x+y)=\text{ch }x\text{ch }y+\text{sh }x\text{sh }y, \tag{1-5}$$

$$\text{ch}(x-y)=\text{ch }x\text{ch }y-\text{sh }x\text{sh }y. \tag{1-6}$$

我们来证明公式(1-3),其他三个公式读者可自行证明.由定义,得

$$\begin{aligned}&\text{sh }x\text{ch }y+\text{ch }x\text{sh }y\\&=\frac{\mathrm{e}^x-\mathrm{e}^{-x}}{2}\cdot\frac{\mathrm{e}^y+\mathrm{e}^{-y}}{2}+\frac{\mathrm{e}^x+\mathrm{e}^{-x}}{2}\cdot\frac{\mathrm{e}^y-\mathrm{e}^{-y}}{2}\\&=\frac{\mathrm{e}^{x+y}-\mathrm{e}^{y-x}+\mathrm{e}^{x-y}-\mathrm{e}^{-(x+y)}}{4}+\frac{\mathrm{e}^{x+y}+\mathrm{e}^{y-x}-\mathrm{e}^{x-y}-\mathrm{e}^{-(x+y)}}{4}\\&=\frac{\mathrm{e}^{x+y}-\mathrm{e}^{-(x+y)}}{2}=\text{sh}(x+y).\end{aligned}$$

由以上几个公式可以导出其他一些公式,例如:

在公式(1-6)中令 $x=y$,并注意到 $\text{ch }0=1$,得

$$\text{ch}^2x-\text{sh}^2x=1; \tag{1-7}$$

在公式(1-3)中令 $x=y$,得

$$\text{sh }2x=2\text{sh }x\text{ch }x; \tag{1-8}$$

在公式(1-5)中令 $x=y$,得

$$\text{ch }2x=\text{ch}^2x+\text{sh}^2x. \tag{1-9}$$

以上关于双曲函数的公式(1-3)至(1-9)与三角函数的有关公式相类似,把它们对比可帮助记忆.

双曲函数 $y=\text{sh }x,y=\text{ch }x\ (x\geqslant 0),y=\text{th }x$ 的反函数依次记为

反双曲正弦　$y=\text{arsh }x$,

反双曲余弦　$y=\text{arch }x$,

反双曲正切　$y=\text{arth }x$.

这些反双曲函数都可通过自然对数函数来表示,分别讨论如下:

先讨论双曲正弦 $y=\text{sh }x$ 的反函数.由 $x=\text{sh }y$,有

$$x=\frac{\mathrm{e}^y-\mathrm{e}^{-y}}{2}.$$

令 $u=\mathrm{e}^y$,则由上式有

$$u^2-2xu-1=0.$$

这是关于 u 的一个二次方程,它的根为

$$u=x\pm\sqrt{x^2+1}.$$

因 $u=\mathrm{e}^y>0$,故上式根号前应取正号,于是

$$u=x+\sqrt{x^2+1}.$$

由于 $y=\ln u$,故得反双曲正弦

$$y=\operatorname{arsh} x=\ln(x+\sqrt{x^2+1}).$$

函数 $y=\operatorname{arsh} x$ 的定义域为$(-\infty,+\infty)$,它是奇函数,在区间$(-\infty,+\infty)$内为单调增加.由 $y=\operatorname{sh} x$ 的图形,根据反函数的作图法,可得 $y=\operatorname{arsh} x$ 的图形如图1-17所示.

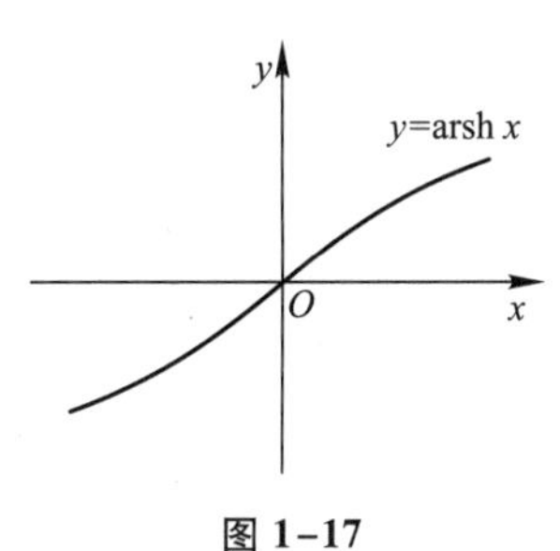

图 1-17

下面讨论双曲余弦 $y=\operatorname{ch} x\ (x\geqslant 0)$ 的反函数.由 $x=\operatorname{ch} y\ (y\geqslant 0)$,有

$$x=\frac{e^y+e^{-y}}{2},\quad y\geqslant 0.$$

由此得 $e^y=x\pm\sqrt{x^2-1}$,故

$$y=\ln(x\pm\sqrt{x^2-1}).$$

上式中 x 的值必须满足条件 $x\geqslant 1$,而其中平方根前的符号由于$y\geqslant 0$ 应取正.故

$$y=\ln(x+\sqrt{x^2-1}).$$

上述双曲余弦 $y=\operatorname{ch} x\,(x\geqslant 0)$ 的反函数称为反双曲余弦的主值,记作 $y=\operatorname{arch} x$,即

$$y=\operatorname{arch} x=\ln(x+\sqrt{x^2-1}).$$

这样规定的函数 $y=\operatorname{arch} x$ 的定义域为$[1,+\infty)$,它在区间$[1,+\infty)$上是单调增加的(图 1-18).

类似地,可得反双曲正切

$$y=\operatorname{arth} x=\frac{1}{2}\ln\frac{1+x}{1-x}.$$

这函数的定义域为开区间$(-1,1)$,它在开区间$(-1,1)$内是单调增加的奇函数.它的图形关于原点对称(图 1-19).

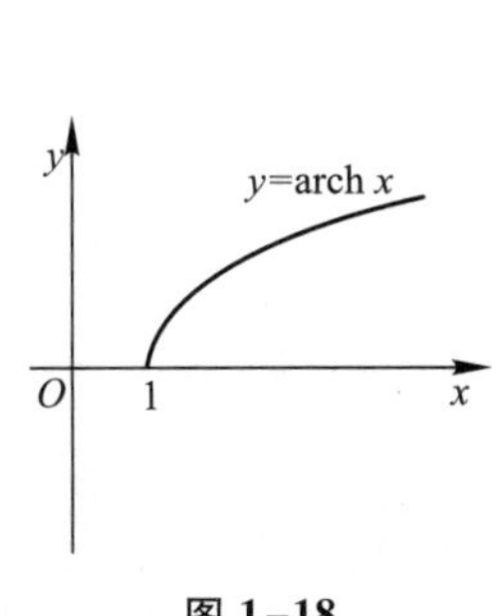

图 1-18

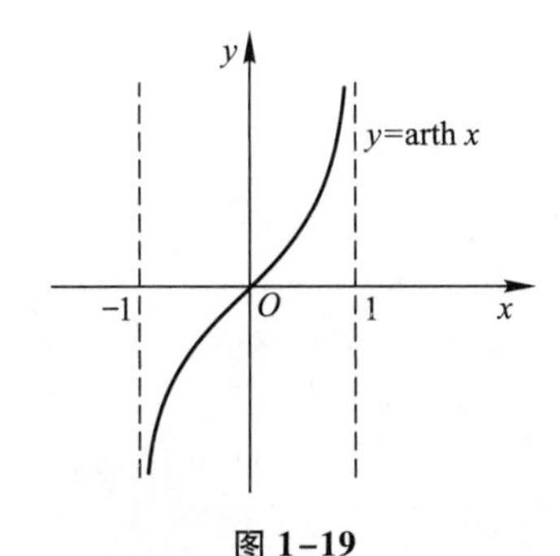

图 1-19

习 题 1-1

1. 求下列函数的自然定义域：

（1）$y=\sqrt{3x+2}$；（2）$y=\dfrac{1}{1-x^2}$；

（3）$y=\dfrac{1}{x}-\sqrt{1-x^2}$；（4）$y=\dfrac{1}{\sqrt{4-x^2}}$；

（5）$y=\sin\sqrt{x}$；（6）$y=\tan(x+1)$；

（7）$y=\arcsin(x-3)$；（8）$y=\sqrt{3-x}+\arctan\dfrac{1}{x}$；

（9）$y=\ln(x+1)$；（10）$y=\mathrm{e}^{\frac{1}{x}}$.

2. 下列各题中，函数 $f(x)$ 和 $g(x)$ 是否相同？为什么？

（1）$f(x)=\lg x^2$，$g(x)=2\lg x$；

（2）$f(x)=x$，$g(x)=\sqrt{x^2}$；

（3）$f(x)=\sqrt[3]{x^4-x^3}$，$g(x)=x\sqrt[3]{x-1}$；

（4）$f(x)=1$，$g(x)=\sec^2x-\tan^2x$.

3. 设

$$\varphi(x)=\begin{cases}|\sin x|, & |x|<\dfrac{\pi}{3},\\ 0, & |x|\geqslant\dfrac{\pi}{3},\end{cases}$$

求 $\varphi\left(\dfrac{\pi}{6}\right)$，$\varphi\left(\dfrac{\pi}{4}\right)$，$\varphi\left(-\dfrac{\pi}{4}\right)$，$\varphi(-2)$，并作出函数 $y=\varphi(x)$ 的图形.

4. 试证下列函数在指定区间内的单调性：

（1）$y=\dfrac{x}{1-x}$，$(-\infty,1)$；（2）$y=x+\ln x$，$(0,+\infty)$.

5. 设 $f(x)$ 为定义在 $(-l,l)$ 内的奇函数，若 $f(x)$ 在 $(0,l)$ 内单调增加，证明 $f(x)$ 在 $(-l,0)$ 内也单调增加.

6. 设下面所考虑的函数都是定义在区间 $(-l,l)$ 上的. 证明：

（1）两个偶函数的和是偶函数，两个奇函数的和是奇函数；

（2）两个偶函数的乘积是偶函数，两个奇函数的乘积是偶函数，偶函数与奇函数的乘积是奇函数.

7. 下列函数中哪些是偶函数，哪些是奇函数，哪些既非偶函数又非奇函数？

（1）$y=x^2(1-x^2)$；（2）$y=3x^2-x^3$；

（3）$y=\dfrac{1-x^2}{1+x^2}$；（4）$y=x(x-1)(x+1)$；

（5）$y=\sin x-\cos x+1$；（6）$y=\dfrac{a^x+a^{-x}}{2}$.

8. 下列各函数中哪些是周期函数？对于周期函数，指出其周期：

(1) $y=\cos(x-2)$；　　(2) $y=\cos 4x$；

(3) $y=1+\sin \pi x$；　　(4) $y=x\cos x$；

(5) $y=\sin^2 x$.

9. 求下列函数的反函数：

(1) $y=\sqrt[3]{x+1}$；　　(2) $y=\dfrac{1-x}{1+x}$；

(3) $y=\dfrac{ax+b}{cx+d}$ $(ad-bc\neq 0)$；　　(4) $y=2\sin 3x$ $\left(-\dfrac{\pi}{6}\leqslant x\leqslant\dfrac{\pi}{6}\right)$；

(5) $y=1+\ln(x+2)$；　　(6) $y=\dfrac{2^x}{2^x+1}$.

10. 设函数 $f(x)$ 在数集 X 上有定义，试证：函数 $f(x)$ 在 X 上有界的充分必要条件是它在 X 上既有上界又有下界.

11. 在下列各题中，求由所给函数构成的复合函数，并求这函数分别对应于给定自变量值 x_1 和 x_2 的函数值：

(1) $y=u^2, u=\sin x, x_1=\dfrac{\pi}{6}, x_2=\dfrac{\pi}{3}$；

(2) $y=\sin u, u=2x, x_1=\dfrac{\pi}{8}, x_2=\dfrac{\pi}{4}$；

(3) $y=\sqrt{u}, u=1+x^2, x_1=1, x_2=2$；

(4) $y=\mathrm{e}^u, u=x^2, x_1=0, x_2=1$；

(5) $y=u^2, u=\mathrm{e}^x, x_1=1, x_2=-1$.

12. 设 $f(x)$ 的定义域 $D=[0,1]$，求下列各函数的定义域：

(1) $f(x^2)$；　　(2) $f(\sin x)$；

(3) $f(x+a)$ $(a>0)$；　　(4) $f(x+a)+f(x-a)$ $(a>0)$.

13. 设

$$f(x)=\begin{cases}1, & |x|<1,\\ 0, & |x|=1,\\ -1, & |x|>1,\end{cases}\quad g(x)=\mathrm{e}^x,$$

求 $f[g(x)]$ 和 $g[f(x)]$，并作出这两个函数的图形.

14. 已知水渠的横断面为等腰梯形，斜角 $\varphi=40°$（图 1-20）. 当过水断面 $ABCD$ 的面积为定值 S_0 时，求湿周 L $(L=AB+BC+CD)$ 与水深 h 之间的函数关系式，并指明其定义域.

15. 设 xOy 平面上有正方形 $D=\{(x,y)\mid 0\leqslant x\leqslant 1, 0\leqslant y\leqslant 1\}$ 及直线 $l: x+y=t$ $(t\geqslant 0)$. 若 $S(t)$ 表示正方形 D 位于直线 l 左下方部分的面积，试求 $S(t)$ 与 t 之间的函数关系.

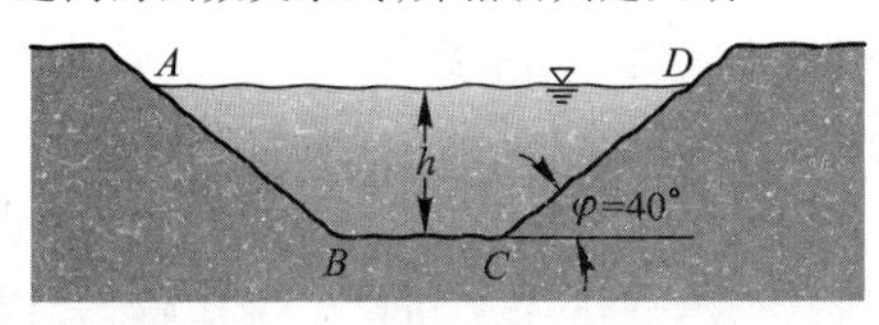

图 1-20

16. 求联系华氏温度（用 F 表示）和摄氏温度（用 C 表示）的转换公式，并求

(1) 90 ℉的等价摄氏温度和-5 ℃的等价华氏温度；

(2) 是否存在一个温度值，使华氏温度计和摄氏温度计的读数是一样的？如果存在，那么该温度值是多少？

17. 已知 $Rt\triangle ABC$ 中，直角边 AC、BC 的长度分别为 20、15，动点 P 从 C 出发，沿三角形边界按 $C\to B\to A$ 方向移动；动点 Q 从 C 出发，沿三角形边界按 $C\to A\to B$ 方向移动，移动到两动点相遇时为止，且点 Q 移动的速度是点 P 移动的速度的 2 倍. 设动点 P 移动的距离为 x，$\triangle CPQ$ 的面积为 y，试求 y 与 x 之间的函数关系.

18. 利用以下美国人口普查局提供的世界人口数据①以及指数模型来推测 2020 年的世界人口.

年份	人口数/百万	年增长率/%
2008	6708.2	1.166
2009	6786.4	1.140
2010	6863.8	1.121
2011	6940.7	1.107
2012	7017.5	1.107
2013	7095.2	

第二节　数列的极限

一、数列极限的定义

极限概念是在探求某些实际问题的精确解答过程中产生的. 例如，我国古代数学家刘徽（公元 3 世纪）利用圆内接正多边形来推算圆面积的方法——割圆术，就是极限思想在几何学上的应用.

设有一圆，首先作内接正六边形，把它的面积记为 A_1；再作内接正十二边形，其面积记为 A_2；再作内接正二十四边形，其面积记为 A_3；如此下去，每次边数加倍，一般地，把内接正 $6\times 2^{n-1}$ 边形的面积记为 A_n $(n\in\mathbf{N}_+)$. 这样，就得到一系列内接正多边形的面积

$$A_1, A_2, A_3, \cdots, A_n, \cdots,$$

它们构成一列有次序的数. 当 n 越大，内接正多边形与圆的差别就越小，从而以

① 这里世界人口数据是指每年年中的人口数.

A_n作为圆面积的近似值也越精确. 但是无论 n 取得如何大,只要 n 取定了,A_n终究只是多边形的面积,而还不是圆的面积. 因此,设想 n 无限增大(记为 $n\to\infty$,读作 n 趋于无穷大),即内接正多边形的边数无限增加,在这个过程中,内接正多边形无限接近于圆,同时 A_n也无限接近于某一确定的数值,这个确定的数值就理解为圆的面积. 这个确定的数值在数学上称为上面这列有次序的数(所谓数列)$A_1,A_2,A_3,\cdots,A_n,\cdots$当 $n\to\infty$ 时的极限. 在圆面积问题中我们看到,正是这个数列的极限才精确地表达了圆的面积.

在解决实际问题中逐渐形成的这种极限方法,已成为高等数学中的一种基本方法,因此有必要作进一步的阐明.

先说明数列的概念. 如果按照某一法则,对每个 $n\in\mathbf{N}_+$,对应着一个确定的实数 x_n,这些实数 x_n按照下标 n 从小到大排列得到的一个序列

$$x_1,x_2,x_3,\cdots,x_n,\cdots$$

就叫做数列,简记为数列$\{x_n\}$.

数列中的每一个数叫做数列的项,第 n 项 x_n叫做数列的一般项(或通项). 例如:

$$\frac{1}{2},\frac{2}{3},\frac{3}{4},\cdots,\frac{n}{n+1},\cdots;$$

$$2,4,8,\cdots,2^n,\cdots;$$

$$\frac{1}{2},\frac{1}{4},\frac{1}{8},\cdots,\frac{1}{2^n},\cdots;$$

$$1,-1,1,\cdots,(-1)^{n+1},\cdots;$$

$$2,\frac{1}{2},\frac{4}{3},\cdots,\frac{n+(-1)^{n-1}}{n},\cdots$$

都是数列的例子,它们的一般项依次为

$$\frac{n}{n+1},\quad 2^n,\quad \frac{1}{2^n},\quad (-1)^{n+1},\quad \frac{n+(-1)^{n-1}}{n}.$$

在几何上,数列$\{x_n\}$可看作数轴上的一个动点,它依次取数轴上的点 $x_1,x_2,x_3,\cdots,x_n,\cdots$(图1-21).

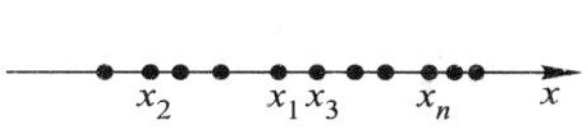

图 1-21

数列$\{x_n\}$可看作自变量为正整数 n 的函数

$$x_n=f(n),\ n\in\mathbf{N}_+.$$

当自变量 n 依次取 $1,2,3,\cdots$一切正整数时,对应的函数值就排列成数列$\{x_n\}$.

对于我们要讨论的问题来说,重要的是:当 n 无限增大时(即 $n\to\infty$ 时),对应的 $x_n=f(n)$是否能无限接近于某个确定的数值?如果能够的话,这个数值等于多少?

我们对数列

$$2,\frac{1}{2},\frac{4}{3},\cdots,\frac{n+(-1)^{n-1}}{n},\cdots \tag{2-1}$$

进行分析. 在这数列中,

$$x_n=\frac{n+(-1)^{n-1}}{n}=1+(-1)^{n-1}\frac{1}{n}.$$

我们知道,两个数 a 与 b 之间的接近程度可以用这两个数之差的绝对值 $|b-a|$ 来度量(在数轴上 $|b-a|$ 表示点 a 与点 b 之间的距离),$|b-a|$ 越小,a 与 b 就越接近.

就数列(2-1)来说,因为

$$|x_n-1|=\left|(-1)^{n-1}\frac{1}{n}\right|=\frac{1}{n},$$

由此可见,当 n 越来越大时,$\frac{1}{n}$越来越小,从而 x_n 就越来越接近于1. 因为只要 n 足够大,$|x_n-1|$ 即$\frac{1}{n}$可以小于任意给定的正数,所以说,当 n 无限增大时,x_n 无限接近于1. 例如,给定$\frac{1}{100}$,欲使$\frac{1}{n}<\frac{1}{100}$,只要 $n>100$,即从第101项起,都能使不等式

$$|x_n-1|<\frac{1}{100}$$

成立. 同样地,如果给定$\frac{1}{10\ 000}$,那么从第10 001项起,都能使不等式

$$|x_n-1|<\frac{1}{10\ 000}$$

成立. 一般地,不论给定的正数 ε 多么小,总存在着一个正整数 N,使得当 $n>N$ 时,不等式

$$|x_n-1|<\varepsilon$$

都成立. 这就是数列 $x_n=\frac{n+(-1)^{n-1}}{n}$ $(n=1,2,\cdots)$ 当 $n\to\infty$ 时无限接近于1这件事的实质. 这样的一个数1,叫做数列 $x_n=\frac{n+(-1)^{n-1}}{n}$ $(n=1,2,\cdots)$ 当 $n\to\infty$ 时的极限.

一般地,有如下数列极限的定义:

定义　设 $\{x_n\}$ 为一数列,如果存在常数 a,对于任意给定的正数 ε (不论它多么小),总存在正整数 N,使得当 $n>N$ 时,不等式

$$|x_n-a|<\varepsilon$$

都成立，那么就称常数 a 是数列 $\{x_n\}$ 的极限，或者称数列 $\{x_n\}$ 收敛于 a，记为

$$\lim_{n\to\infty}x_n=a,$$

或

$$x_n\to a\ (n\to\infty).$$

如果不存在这样的常数 a，就说数列 $\{x_n\}$ 没有极限，或者说数列 $\{x_n\}$ 是发散的，习惯上也说 $\lim\limits_{n\to\infty}x_n$ 不存在.

上面定义中正数 ε 可以任意给定是很重要的，因为只有这样，不等式 $|x_n-a|<\varepsilon$ 才能表达出 x_n 与 a 无限接近的意思. 此外还应注意到：定义中的正整数 N 是与任意给定的正数 ε 有关的，它随着 ε 的给定而选定.

我们给"数列 $\{x_n\}$ 的极限为 a"一个几何解释：

将常数 a 及数列 $x_1,x_2,x_3,\cdots,x_n,\cdots$ 在数轴上用它们的对应点表示出来，再在数轴上作点 a 的 ε 邻域即开区间 $(a-\varepsilon,a+\varepsilon)$（图 1-22）.

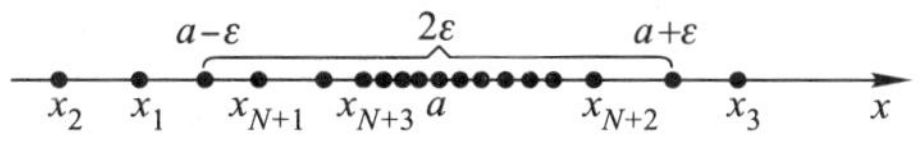

图 1-22

因不等式

$$|x_n-a|<\varepsilon$$

与不等式

$$a-\varepsilon<x_n<a+\varepsilon$$

等价，所以当 $n>N$ 时，所有的点 x_n 都落在开区间 $(a-\varepsilon,a+\varepsilon)$ 内，而只有有限个（至多只有 N 个）在这区间以外.

为了表达方便，引入记号"$\forall$"表示"对于任意给定的"或"对于每一个"，记号"$\exists$"表示"存在". 于是，"对于任意给定的 $\varepsilon>0$"写成"$\forall\varepsilon>0$"，"存在正整数 N"写成"$\exists$ 正整数 N"，数列极限 $\lim\limits_{n\to\infty}x_n=a$ 的定义可表达为

$$\lim_{n\to\infty}x_n=a\Leftrightarrow\forall\varepsilon>0,\exists\text{正整数 }N,\text{当 }n>N\text{ 时，有 }|x_n-a|<\varepsilon.$$

数列极限的定义并未直接提供如何去求数列的极限，以后要讲极限的求法，而现在只先举几个说明极限概念的例子.

例 1　证明数列

$$2,\frac{1}{2},\frac{4}{3},\frac{3}{4},\cdots,\frac{n+(-1)^{n-1}}{n},\cdots$$

的极限是 1.

证　$|x_n-a|=\left|\frac{n+(-1)^{n-1}}{n}-1\right|=\frac{1}{n}$,

$\forall\varepsilon>0$,为了使$|x_n-a|<\varepsilon$,只要

$$\frac{1}{n}<\varepsilon\quad\text{或}\quad n>\frac{1}{\varepsilon}.$$

这个$\frac{1}{\varepsilon}$是一个确定的实数,而对于任何一个实数都有无穷多个大于它的正整数存在,所以,任取一个大于$\frac{1}{\varepsilon}$的正整数作为N,则当$n>N$时,就有

$$\left|\frac{n+(-1)^{n-1}}{n}-1\right|<\varepsilon,$$

即

$$\lim_{n\to\infty}\frac{n+(-1)^{n-1}}{n}=1.$$

例 2　已知$x_n=\frac{(-1)^n}{(n+1)^2}$,证明数列$\{x_n\}$的极限是 0.

证　$|x_n-a|=\left|\frac{(-1)^n}{(n+1)^2}-0\right|=\frac{1}{(n+1)^2}<\frac{1}{n^2}$.

$\forall\varepsilon>0$ 为了使$|x_n-a|<\varepsilon$,只要

$$\frac{1}{n^2}<\varepsilon\quad\text{或}\quad n>\frac{1}{\sqrt{\varepsilon}},$$

这个$\frac{1}{\sqrt{\varepsilon}}$是一个确定的实数,大于$\frac{1}{\sqrt{\varepsilon}}$的正整数有无穷多个存在,任取其中一个作为$N$,则当$n>N$时,就有

$$\left|\frac{(-1)^n}{(n+1)^2}-0\right|<\varepsilon,$$

即

$$\lim_{n\to\infty}\frac{(-1)^n}{(n+1)^2}=0.$$

注意　在利用数列极限的定义来论证某个数a是数列$\{x_n\}$的极限时,重要的是对于任意给定的正数ε,要能够指出定义中所说的这种正整数N确实存在.如果知道$|x_n-a|$小于某个量(这个量与n存在函数关系),那么当这个量小于ε时,$|x_n-a|<\varepsilon$当然也成立.若令这个量小于ε能推出符合定义要求的正整数N必定存在,就可采用这种方法.例 2 便是这样做的.当然,在利用极限定义证明极限时,如果能具体找出一个满足定义要求的正整数N,那么也就证明了这种N的

存在. 在例 2 中,若设 $\varepsilon<1$,就可取 $N=\left[\frac{1}{\sqrt{\varepsilon}}\right]$. 在以后的证明中,多采取这种找出一个符合定义要求的正整数 N 的方法.

例 3　设 $|q|<1$,证明等比数列

$$1,q,q^2,\cdots,q^{n-1},\cdots$$

的极限是 0.

证　$\forall\varepsilon>0$ (设 $\varepsilon<1$),因为

$$|x_n-0|=|q^{n-1}-0|=|q|^{n-1},$$

要使 $|x_n-0|<\varepsilon$,只要

$$|q|^{n-1}<\varepsilon.$$

取自然对数,得 $(n-1)\ln|q|<\ln\varepsilon$. 因 $|q|<1$, $\ln|q|<0$,故

$$n>1+\frac{\ln\varepsilon}{\ln|q|}.$$

取 $N=\left[1+\frac{\ln\varepsilon}{\ln|q|}\right]$,则当 $n>N$ 时,就有

$$|q^{n-1}-0|<\varepsilon,$$

即

$$\lim_{n\to\infty}q^{n-1}=0.$$

二、收敛数列的性质

下面四个定理都是有关收敛数列的性质.

定理 1(极限的唯一性)　如果数列 $\{x_n\}$ 收敛,那么它的极限唯一.

证　用反证法. 假设同时有 $x_n\to a$ 及 $x_n\to b$,且 $a<b$. 取 $\varepsilon=\frac{b-a}{2}$. 因为 $\lim\limits_{n\to\infty}x_n=a$,故 $\exists$ 正整数 N_1,当 $n>N_1$ 时,不等式

$$|x_n-a|<\frac{b-a}{2} \tag{2-2}$$

都成立. 同理,因为 $\lim\limits_{n\to\infty}x_n=b$,故 $\exists$ 正整数 N_2,当 $n>N_2$ 时,不等式

$$|x_n-b|<\frac{b-a}{2} \tag{2-3}$$

都成立. 取 $N=\max\{N_1,N_2\}$ (这式子表示 N 是 N_1 和 N_2 中较大的那个数),则当 $n>N$ 时,(2-2)式及(2-3)式会同时成立,但由(2-2)式有 $x_n<\frac{a+b}{2}$,由(2-3)式有 $x_n>\frac{a+b}{2}$,这是不可能的. 这矛盾证明了本定理的断言.

例 4　证明数列 $x_n=(-1)^{n+1}$ $(n=1,2,\cdots)$ 是发散的.

证　如果这数列收敛,根据定理 1 它有唯一的极限,设极限为 a,即 $\lim\limits_{n\to\infty}x_n=a$. 按数列极限的定义,对于 $\varepsilon=\dfrac{1}{2}$,$\exists$ 正整数 N,当 $n>N$ 时,$|x_n-a|<\dfrac{1}{2}$成立;即当 $n>N$ 时,x_n都在开区间$\left(a-\dfrac{1}{2},a+\dfrac{1}{2}\right)$内. 但这是不可能的,因为$n\to\infty$ 时,x_n无休止地一再重复取得 1 和 -1 这两个数,而这两个数不可能同时属于长度为 1 的开区间$\left(a-\dfrac{1}{2},a+\dfrac{1}{2}\right)$内. 因此这数列发散.

由函数有界性的概念可得以下的数列有界性概念.

对于数列 $\{x_n\}$,如果存在正数 M,使得对于一切 x_n都满足不等式

$$|x_n|\leqslant M,$$

那么称数列 $\{x_n\}$ 是有界的;如果这样的正数 M 不存在,就说数列 $\{x_n\}$ 是无界的.

例如,数列 $x_n=\dfrac{n}{n+1}(n=1,2,\cdots)$ 是有界的,因为可取 $M=1$,而使

$$\left|\frac{n}{n+1}\right|\leqslant 1$$

对于一切正整数 n 都成立.

数列 $x_n=2^n$ $(n=1,2,\cdots)$ 是无界的,因为当 n 无限增加时,2^n可超过任何正数.

数轴上对应于有界数列的点 x_n都落在某个闭区间$[-M,M]$上.

定理 2(收敛数列的有界性)　如果数列 $\{x_n\}$ 收敛,那么数列 $\{x_n\}$ 一定有界.

证　因为数列 $\{x_n\}$ 收敛,设 $\lim\limits_{n\to\infty}x_n=a$. 根据数列极限的定义,对于 $\varepsilon=1$,$\exists$ 正整数 N,当 $n>N$ 时,不等式

$$|x_n-a|<1$$

都成立. 于是,当 $n>N$ 时,

$$|x_n|=|(x_n-a)+a|\leqslant|x_n-a|+|a|<1+|a|.$$

取 $M=\max\{|x_1|,|x_2|,\cdots,|x_N|,1+|a|\}$,那么数列 $\{x_n\}$ 中的一切 x_n都满足不等式

$$|x_n|\leqslant M.$$

这就证明了数列 $\{x_n\}$ 是有界的.

根据上述定理,如果数列 $\{x_n\}$ 无界,那么数列 $\{x_n\}$ 一定发散. 但是,如果数列 $\{x_n\}$ 有界,却不能断定数列 $\{x_n\}$ 一定收敛,例如数列

$$1,-1,1,\cdots,(-1)^{n+1},\cdots$$

有界,但例 4 证明了这数列是发散的. 所以数列有界是数列收敛的必要条件,但

不是充分条件.

定理 3（收敛数列的保号性）　如果 $\lim\limits_{n\to\infty}x_n=a$，且 $a>0$（或 $a<0$），那么存在正整数 N，当 $n>N$ 时，都有 $x_n>0$（或 $x_n<0$）.

证　就 $a>0$ 的情形证明. 由数列极限的定义，对 $\varepsilon=\dfrac{a}{2}>0$，∃ 正整数 N，当 $n>N$ 时，有

$$|x_n-a|<\frac{a}{2},$$

从而

$$x_n>a-\frac{a}{2}=\frac{a}{2}>0.$$

推论　如果数列 $\{x_n\}$ 从某项起有 $x_n\geqslant 0$（或 $x_n\leqslant 0$），且 $\lim\limits_{n\to\infty}x_n=a$，那么 $a\geqslant 0$（或 $a\leqslant 0$）.

证　设数列 $\{x_n\}$ 从第 N_1 项起，即当 $n>N_1$ 时有 $x_n\geqslant 0$. 现在用反证法证明. 若 $\lim\limits_{n\to\infty}x_n=a<0$，则由定理 3 知，∃ 正整数 N_2，当 $n>N_2$ 时，有 $x_n<0$. 取 $N=\max\{N_1,N_2\}$，当 $n>N$ 时，按假定有 $x_n\geqslant 0$，按定理 3 有 $x_n<0$，这引起矛盾. 所以必有 $a\geqslant 0$.

数列 $\{x_n\}$ 从某项起有 $x_n\leqslant 0$ 的情形，可以类似地证明.

最后，介绍子数列的概念以及关于收敛数列与其子数列间关系的一个定理.

在数列 $\{x_n\}$ 中任意抽取无限多项并保持这些项在原数列 $\{x_n\}$ 中的先后次序，这样得到的一个数列称为原数列 $\{x_n\}$ 的子数列（或子列）.

设在数列 $\{x_n\}$ 中，第一次抽取 x_{n_1}，第二次在 x_{n_1} 后抽取 x_{n_2}，第三次在 x_{n_2} 后抽取 x_{n_3}，……，这样无休止地抽取下去，得到一个数列

$$x_{n_1},x_{n_2},\cdots,x_{n_k},\cdots,$$

这个数列 $\{x_{n_k}\}$ 就是数列 $\{x_n\}$ 的一个子数列.

注意　在子数列 $\{x_{n_k}\}$ 中，一般项 x_{n_k} 是第 k 项，而 x_{n_k} 在原数列 $\{x_n\}$ 中却是第 n_k 项. 显然，$n_k\geqslant k$.

* **定理 4（收敛数列与其子数列间的关系）　如果数列 $\{x_n\}$ 收敛于 a，那么它的任一子数列也收敛，且极限也是 a.**

证　设数列 $\{x_{n_k}\}$ 是数列 $\{x_n\}$ 的任一子数列.

由于 $\lim\limits_{n\to\infty}x_n=a$，故 ∀ $\varepsilon>0$，∃ 正整数 N，当 $n>N$ 时，$|x_n-a|<\varepsilon$ 成立.

取 $K=N$，则当 $k>K$ 时，$n_k>n_K=n_N\geqslant N$. 于是 $|x_{n_k}-a|<\varepsilon$. 这就证明了 $\lim\limits_{k\to\infty}x_{n_k}=a$. 证毕.

由定理 4 可知,如果数列 $\{x_n\}$ 有两个子数列收敛于不同的极限,那么数列 $\{x_n\}$ 是发散的.例如,例 4 中的数列

$$1,-1,1,\cdots,(-1)^{n+1},\cdots$$

的子数列 $\{x_{2k-1}\}$ 收敛于 1,而子数列 $\{x_{2k}\}$ 收敛于 -1,因此数列 $x_n=(-1)^{n+1}(n=1,2,\cdots)$ 是发散的.同时这个例子也说明,一个发散的数列也可能有收敛的子数列.

习 题 1-2

1. 下列各题中,哪些数列收敛,哪些数列发散?对收敛数列,通过观察 $\{x_n\}$ 的变化趋势,写出它们的极限:

(1) $\left\{\frac{1}{2^n}\right\}$; (2) $\left\{(-1)^n\frac{1}{n}\right\}$;

(3) $\left\{2+\frac{1}{n^2}\right\}$; (4) $\left\{\frac{n-1}{n+1}\right\}$;

(5) $\{n(-1)^n\}$; (6) $\left\{\frac{2^n-1}{3^n}\right\}$;

(7) $\left\{n-\frac{1}{n}\right\}$; (8) $\left\{[(-1)^n+1]\frac{n+1}{n}\right\}$.

2. (1) 数列的有界性是数列收敛的什么条件?

(2) 无界数列是否一定发散?

(3) 有界数列是否一定收敛?

3. 下列关于数列 $\{x_n\}$ 的极限是 a 的定义,哪些是对的,哪些是错的?如果是对的,试说明理由;如果是错的,试给出一个反例.

(1) 对于任意给定的 $\varepsilon>0$,存在 $N\in\mathbf{N}_+$,当 $n>N$ 时,不等式 $x_n-a<\varepsilon$ 成立;

(2) 对于任意给定的 $\varepsilon>0$,存在 $N\in\mathbf{N}_+$,当 $n>N$ 时,有无穷多项 x_n,使不等式 $|x_n-a|<\varepsilon$ 成立;

(3) 对于任意给定的 $\varepsilon>0$,存在 $N\in\mathbf{N}_+$,当 $n>N$ 时,不等式 $|x_n-a|<c\varepsilon$ 成立,其中 c 为某个正常数;

(4) 对于任意给定的 $m\in\mathbf{N}_+$,存在 $N\in\mathbf{N}_+$,当 $n>N$ 时,不等式 $|x_n-a|<\frac{1}{m}$ 成立.

*4. 设数列 $\{x_n\}$ 的一般项 $x_n=\frac{1}{n}\cos\frac{n\pi}{2}$. 问 $\lim\limits_{n\to\infty}x_n=$? 求出 N,使当 $n>N$ 时,x_n 与其极限之差的绝对值小于正数 ε. 当 $\varepsilon=0.001$ 时,求出数 N.

*5. 根据数列极限的定义证明:

(1) $\lim\limits_{n\to\infty}\frac{1}{n^2}=0$; (2) $\lim\limits_{n\to\infty}\frac{3n+1}{2n+1}=\frac{3}{2}$;

(3) $\lim\limits_{n\to\infty}\frac{\sqrt{n^2+a^2}}{n}=1$; (4) $\lim\limits_{n\to\infty}0.\underbrace{999\cdots9}_{n个}=1$.

*6. 若 $\lim\limits_{n\to\infty} u_n = a$，证明 $\lim\limits_{n\to\infty} |u_n| = |a|$. 并举例说明：如果数列 $\{|x_n|\}$ 有极限，但数列 $\{x_n\}$ 未必有极限.

*7. 设数列 $\{x_n\}$ 有界，又 $\lim\limits_{n\to\infty} y_n = 0$，证明：$\lim\limits_{n\to\infty} x_n y_n = 0$.

*8. 对于数列 $\{x_n\}$，若 $x_{2k-1}\to a\ (k\to\infty)$，$x_{2k}\to a\ (k\to\infty)$，证明：$x_n\to a\ (n\to\infty)$.

第三节　函数的极限

一、函数极限的定义

因为数列 $\{x_n\}$ 可看作自变量为 n 的函数：$x_n = f(n)$，$n\in \mathbf{N}_+$，所以，数列 $\{x_n\}$ 的极限为 a，就是：当自变量 n 取正整数而无限增大（即 $n\to\infty$）时，对应的函数值 $f(n)$ 无限接近于确定的数 a. 把数列极限概念中的函数为 $f(n)$ 而自变量的变化过程为 $n\to\infty$ 等特殊性撇开，这样可以引出函数极限的一般概念：在自变量的某个变化过程中，如果对应的函数值无限接近于某个确定的数，那么这个确定的数就叫做在这一变化过程中函数的极限. 这个极限是与自变量的变化过程密切相关的，由于自变量的变化过程不同，函数的极限就表现为不同的形式. 数列极限看作函数 $f(n)$ 当 $n\to\infty$ 时的极限，这里自变量的变化过程是 $n\to\infty$. 下面讲述自变量的变化过程为其他情形时函数 $f(x)$ 的极限，主要研究两种情形：

(1) 自变量 x 任意地接近于有限值 x_0 或者说趋于有限值 x_0（记作 $x\to x_0$）时，对应的函数值 $f(x)$ 的变化情形；

(2) 自变量 x 的绝对值 $|x|$ 无限增大即趋于无穷大（记作 $x\to\infty$）时，对应的函数值 $f(x)$ 的变化情形.

1. 自变量趋于有限值时函数的极限

现在考虑自变量 x 的变化过程为 $x\to x_0$. 如果在 $x\to x_0$ 的过程中，对应的函数值 $f(x)$ 无限接近于确定的数值 A，那么就说 A 是函数 $f(x)$ 当 $x\to x_0$ 时的极限. 当然，这里我们首先假定函数 $f(x)$ 在点 x_0 的某个去心邻域①内是有定义的.

在 $x\to x_0$ 的过程中，对应的函数值 $f(x)$ 无限接近于 A，就是 $|f(x)-A|$ 能任意小. 如数列极限概念所述，$|f(x)-A|$ 能任意小这件事可以用 $|f(x)-A|<\varepsilon$ 来表达，其中 ε 是任意给定的正数. 因为函数值 $f(x)$ 无限接近于 A 是在 $x\to x_0$ 的过程中实现的，所以对于任意给定的正数 ε，只要求充分接近于 x_0 的 x 所对应的函数值

① 以 x_0 为中心的任何开区间称为点 x_0 的邻域，记作 $U(x_0)$；在 $U(x_0)$ 中去掉中心 x_0 后，称为点 x_0 的去心邻域，记作 $\mathring{U}(x_0)$.

$f(x)$满足不等式$|f(x)-A|<\varepsilon$；而充分接近于x_0的x可表达为$0<|x-x_0|<\delta$，其中δ是某个正数. 从几何上看，适合不等式$0<|x-x_0|<\delta$的x的全体，就是点x_0的去心δ邻域①，而邻域半径δ则体现了x接近x_0的程度.

通过以上分析，我们给出$x\to x_0$时函数的极限的定义如下：

定义 1　**设函数$f(x)$在点x_0的某一去心邻域内有定义. 如果存在常数A，对于任意给定的正数ε（不论它多么小），总存在正数δ，使得当x满足不等式$0<|x-x_0|<\delta$时，对应的函数值$f(x)$都满足不等式**

$$|f(x)-A|<\varepsilon,$$

那么常数A就叫做函数$f(x)$当$x\to x_0$时的极限，记作

$$\lim_{x\to x_0} f(x)=A \quad \text{或} \quad f(x)\to A\ (\text{当 } x\to x_0).$$

我们指出，定义中$0<|x-x_0|$表示$x\neq x_0$，所以$x\to x_0$时$f(x)$有没有极限，与$f(x)$在点x_0是否有定义并无关系.

定义 1 可以简单地表述为

$$\lim_{x\to x_0} f(x)=A \Leftrightarrow \forall\, \varepsilon>0,\ \exists\, \delta>0,\ \text{当 } 0<|x-x_0|<\delta \text{ 时，有 } |f(x)-A|<\varepsilon.$$

函数$f(x)$当$x\to x_0$时的极限为A的几何解释如下：任意给定一正数ε，作平行于x轴的两条直线$y=A+\varepsilon$和$y=A-\varepsilon$，界于这两条直线之间是一横条区域. 根据定义，对于给定的ε，存在着点x_0的一个δ邻域$(x_0-\delta, x_0+\delta)$，当$y=f(x)$的图形上的点的横坐标x在邻域$(x_0-\delta, x_0+\delta)$内，但$x\neq x_0$时，这些点的纵坐标$f(x)$满足不等式

$$|f(x)-A|<\varepsilon,$$

或

$$A-\varepsilon<f(x)<A+\varepsilon.$$

亦即这些点落在上面所作的横条区域内（图 1-23）.

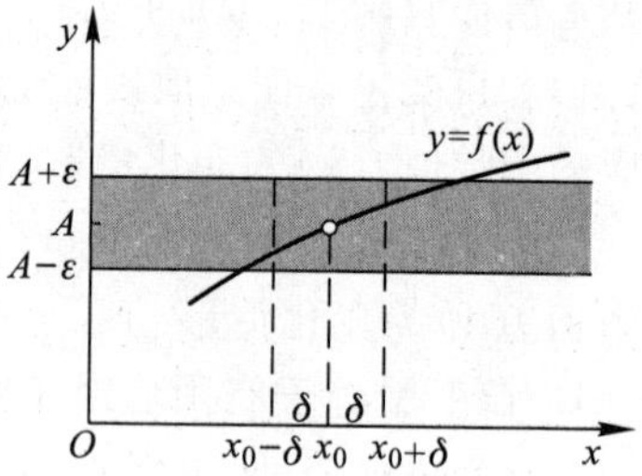

图 1-23

例 1　证明$\lim\limits_{x\to x_0} c=c$，此处$c$为一常数.

证　这里$|f(x)-A|=|c-c|=0$，因此$\forall\, \varepsilon>0$，可任取$\delta>0$，当$0<|x-x_0|<\delta$时，能使不等式

$$|f(x)-A|=|c-c|=0<\varepsilon$$

成立. 所以$\lim\limits_{x\to x_0} c=c$.

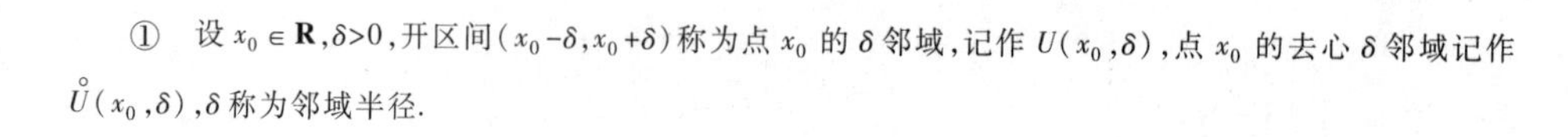

① 设$x_0\in\mathbf{R}$，$\delta>0$，开区间$(x_0-\delta, x_0+\delta)$称为点x_0的δ邻域，记作$U(x_0,\delta)$，点x_0的去心δ邻域记作$\mathring{U}(x_0,\delta)$，δ称为邻域半径.

例 2　证明$\lim\limits_{x\to x_0}x=x_0$.

证　这里$|f(x)-A|=|x-x_0|$,因此$\forall\ \varepsilon>0$,总可取$\delta=\varepsilon$,当$0<|x-x_0|<\delta=\varepsilon$时,能使不等式$|f(x)-A|=|x-x_0|<\varepsilon$成立.所以$\lim\limits_{x\to x_0}x=x_0$.

例 3　证明$\lim\limits_{x\to 1}(2x-1)=1$.

证　由于

$$|f(x)-A|=|(2x-1)-1|=2|x-1|,$$

为了使$|f(x)-A|<\varepsilon$,只要

$$|x-1|<\frac{\varepsilon}{2}.$$

所以,$\forall\ \varepsilon>0$,可取$\delta=\dfrac{\varepsilon}{2}$,则当$x$适合不等式

$$0<|x-1|<\delta$$

时,对应的函数值$f(x)$就满足不等式

$$|f(x)-1|=|(2x-1)-1|<\varepsilon.$$

从而

$$\lim_{x\to 1}(2x-1)=1.$$

例 4　证明$\lim\limits_{x\to 1}\dfrac{x^2-1}{x-1}=2$.

证　这里,函数在点$x=1$是没有定义的,但是函数当$x\to 1$时的极限存在或不存在与它并无关系.事实上,$\forall\ \varepsilon>0$,将不等式

$$\left|\frac{x^2-1}{x-1}-2\right|<\varepsilon$$

约去非零因子$x-1$后,就化为

$$|x+1-2|=|x-1|<\varepsilon,$$

因此,只要取$\delta=\varepsilon$,那么当$0<|x-1|<\delta$时,就有

$$\left|\frac{x^2-1}{x-1}-2\right|<\varepsilon.$$

所以

$$\lim_{x\to 1}\frac{x^2-1}{x-1}=2.$$

例 5　证明:当$x_0>0$时,$\lim\limits_{x\to x_0}\sqrt{x}=\sqrt{x_0}$.

证　$\forall\ \varepsilon>0$,因为

$$|f(x)-A|=|\sqrt{x}-\sqrt{x_0}|=\left|\frac{x-x_0}{\sqrt{x}+\sqrt{x_0}}\right|\leqslant\frac{1}{\sqrt{x_0}}|x-x_0|,$$

要使$|f(x)-A|<\varepsilon$,只要$|x-x_0|<\sqrt{x_0}\varepsilon$且$x\geqslant 0$,而$x\geqslant 0$可用$|x-x_0|\leqslant x_0$保证,因此取$\delta=\min\{x_0,\sqrt{x_0}\varepsilon\}$（这式子表示,$\delta$是$x_0$和$\sqrt{x_0}\varepsilon$两个数中较小的那个数),则当$x$适合不等式$0<|x-x_0|<\delta$时,对应的函数值$\sqrt{x}$就满足不等式

$$|\sqrt{x}-\sqrt{x_0}|<\varepsilon.$$

所以

$$\lim_{x\to x_0}\sqrt{x}=\sqrt{x_0}.$$

上述$x\to x_0$时函数$f(x)$的极限概念中,x是既从x_0的左侧也从x_0的右侧趋于x_0的. 但有时只能或只需考虑x仅从x_0的左侧趋于x_0（记作$x\to x_0^-$)的情形,或x仅从x_0的右侧趋于x_0（记作$x\to x_0^+$)的情形. 在$x\to x_0^-$的情形,x在x_0的左侧,$x<x_0$. 在$\lim\limits_{x\to x_0}f(x)=A$的定义中,把$0<|x-x_0|<\delta$改为$x_0-\delta<x<x_0$,那么$A$就叫做函数$f(x)$当$x\to x_0$时的左极限,记作

$$\lim_{x\to x_0^-}f(x)=A\quad 或\quad f(x_0^-)=A..$$

类似地,在$\lim\limits_{x\to x_0}f(x)=A$的定义中,把$0<|x-x_0|<\delta$改为$x_0<x<x_0+\delta$,那么$A$就叫做函数$f(x)$当$x\to x_0$时的右极限,记作

$$\lim_{x\to x_0^+}f(x)=A\quad 或\quad f(x_0^+)=A.$$

左极限与右极限统称为单侧极限.

根据$x\to x_0$时函数$f(x)$的极限的定义以及左极限和右极限的定义,容易证明:函数$f(x)$当$x\to x_0$时极限存在的充分必要条件是左极限及右极限各自存在并且相等,即

$$f(x_0^-)=f(x_0^+).$$

因此,即使$f(x_0^-)$和$f(x_0^+)$都存在,但若不相等,则$\lim\limits_{x\to x_0}f(x)$也不存在.

例 6　设

$$f(x)=\begin{cases}x-1, & x<0,\\ 0, & x=0,\\ x+1 & x>0.\end{cases}$$

证明:当$x\to 0$时$f(x)$的极限不存在.

证　仿例 3 可证当$x\to 0$时$f(x)$的左极限

$$\lim_{x\to 0^-}f(x)=\lim_{x\to 0^-}(x-1)=-1,$$

而右极限

$$\lim_{x\to 0^+}f(x)=\lim_{x\to 0^+}(x+1)=1,$$

因为左极限和右极限存在但不相等,所以

$$\lim_{x\to 0} f(x)$$

不存在(图 1-24).

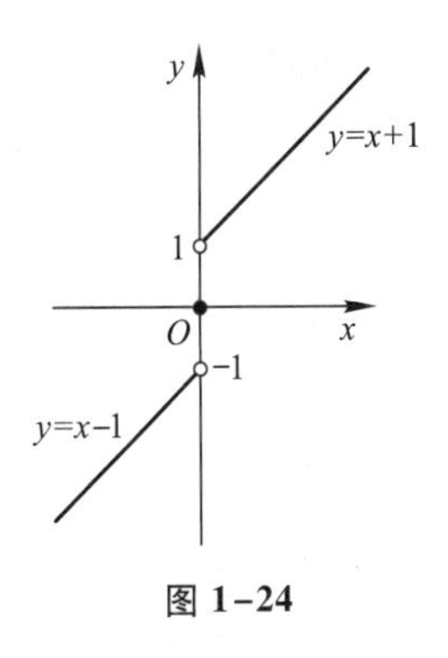

图 1-24

2. 自变量趋于无穷大时函数的极限

如果在 $x\to\infty$ 的过程中,对应的函数值 $f(x)$ 无限接近于确定的数值 A,那么 A 叫做函数 $f(x)$ 当 $x\to\infty$ 时的极限. 精确地说,就是

定义 2　设函数 $f(x)$ 当 $|x|$ 大于某一正数时有定义. 如果存在常数 A,对于任意给定的正数 ε(不论它多么小),总存在着正数 X,使得当 x 满足不等式 $|x|>X$ 时,对应的函数值 $f(x)$ 都满足不等式

$$|f(x)-A|<\varepsilon,$$

那么常数 A 就叫做函数 $f(x)$ 当 $x\to\infty$ 时的极限,记作

$$\lim_{x\to\infty} f(x)=A \quad \text{或} \quad f(x)\to A\ (\text{当 } x\to\infty).$$

定义 2 可简单地表达为

$\lim\limits_{x\to\infty} f(x)=A \Leftrightarrow \forall\, \varepsilon>0, \exists\, X>0$,当 $|x|>X$ 时,有 $|f(x)-A|<\varepsilon$.

如果 $x>0$ 且无限增大(记作 $x\to+\infty$),那么只要把上面定义中的 $|x|>X$ 改为 $x>X$,就可得 $\lim\limits_{x\to+\infty} f(x)=A$ 的定义. 同样,如果 $x<0$ 且 $|x|$ 无限增大(记作 $x\to-\infty$),那么只要把 $|x|>X$ 改为 $x<-X$,便得 $\lim\limits_{x\to-\infty} f(x)=A$ 的定义.

从几何上来说,$\lim\limits_{x\to\infty} f(x)=A$ 的意义是:作直线 $y=A-\varepsilon$ 和 $y=A+\varepsilon$,则总有一个正数 X 存在,使得当 $x<-X$ 或 $x>X$ 时,函数 $y=f(x)$ 的图形位于这两直线之间(图 1-25). 这时,直线 $y=A$ 是函数 $y=f(x)$ 的图形的水平渐近线.

例 7　证明 $\lim\limits_{x\to\infty}\dfrac{1}{x}=0$.

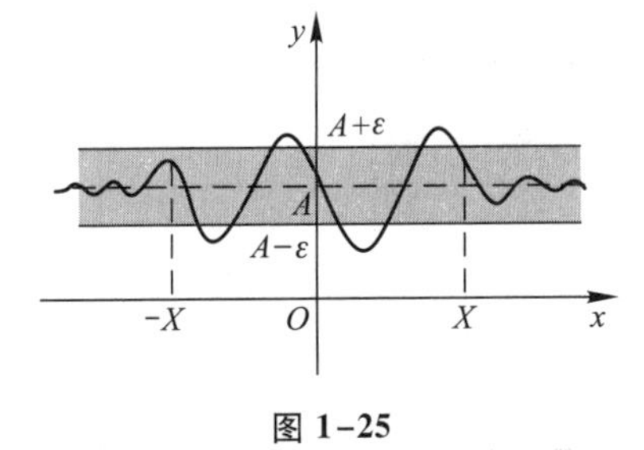

图 1-25

证　$\forall\, \varepsilon>0$,要证 $\exists\, X>0$,当 $|x|>X$ 时,不等式

$$\left|\frac{1}{x}-0\right|<\varepsilon$$

成立. 因这个不等式相当于

$$\frac{1}{|x|}<\varepsilon \text{ 或 } |x|>\frac{1}{\varepsilon}.$$

由此可知,如果取 $X=\dfrac{1}{\varepsilon}$,那么当 $|x|>X=\dfrac{1}{\varepsilon}$ 时,不等式 $\left|\dfrac{1}{x}-0\right|<\varepsilon$ 成立,这就证明了

$$\lim_{x\to\infty}\frac{1}{x}=0.$$

直线 $y=0$ 是函数 $y=\frac{1}{x}$ 的图形的水平渐近线.

二、函数极限的性质

与收敛数列的性质相比较,可得函数极限的一些相应的性质. 它们都可以根据函数极限的定义,运用类似于证明收敛数列性质的方法加以证明. 由于函数极限的定义按自变量的变化过程不同有各种形式,下面仅以"$\lim\limits_{x\to x_0}f(x)$"这种形式为代表给出关于函数极限性质的一些定理,并就其中的几个给出证明. 至于其他形式的极限的性质及其证明,只要相应地做一些修改即可得出.

定理 1(函数极限的唯一性)　如果 $\lim\limits_{x\to x_0}f(x)$ 存在,那么这极限唯一.

定理 2(函数极限的局部有界性)　如果 $\lim\limits_{x\to x_0}f(x)=A$,那么存在常数 $M>0$ 和 $\delta>0$,使得当 $0<|x-x_0|<\delta$ 时,有 $|f(x)|\leqslant M$.

证　因为 $\lim\limits_{x\to x_0}f(x)=A$,所以取 $\varepsilon=1$,则 $\exists\,\delta>0$,当 $0<|x-x_0|<\delta$ 时,有

$$|f(x)-A|<1\Rightarrow|f(x)|\leqslant|f(x)-A|+|A|<|A|+1,$$

记 $M=|A|+1$,则定理 2 就获得证明.

定理 3(函数极限的局部保号性)　如果 $\lim\limits_{x\to x_0}f(x)=A$,且 $A>0$ (或 $A<0$),那么存在常数 $\delta>0$,使得当 $0<|x-x_0|<\delta$ 时,有 $f(x)>0$ (或 $f(x)<0$).

证　就 $A>0$ 的情形证明.

因为 $\lim\limits_{x\to x_0}f(x)=A>0$,所以,取 $\varepsilon=\frac{A}{2}>0$,则 $\exists\,\delta>0$,当 $0<|x-x_0|<\delta$ 时,有

$$|f(x)-A|<\frac{A}{2}\Rightarrow f(x)>A-\frac{A}{2}=\frac{A}{2}>0.$$

类似地可以证明 $A<0$ 的情形.

从定理 3 的证明中可知,在定理 3 的条件下,可得下面更强的结论:

定理 3′　如果 $\lim\limits_{x\to x_0}f(x)=A\ (A\neq0)$,那么就存在着 x_0 的某一去心邻域 $\mathring{U}(x_0)$,当 $x\in\mathring{U}(x_0)$ 时,就有 $|f(x)|>\frac{|A|}{2}$.

由定理 3,易得以下推论:

推论　如果在 x_0 的某去心邻域内 $f(x)\geqslant0$ (或 $f(x)\leqslant0$),而且 $\lim\limits_{x\to x_0}f(x)=A$,那

么 $A\geqslant 0$（或 $A\leqslant 0$）.

*定理 4（函数极限与数列极限的关系）** 如果极限 $\lim\limits_{x\to x_0}f(x)$ 存在，$\{x_n\}$ 为函数 $f(x)$ 的定义域内任一收敛于 x_0 的数列，且满足：$x_n\neq x_0\ (n\in\mathbf{N}_+)$，那么相应的函数值数列 $\{f(x_n)\}$ 必收敛，且 $\lim\limits_{n\to\infty}f(x_n)=\lim\limits_{x\to x_0}f(x)$.**

证 设 $\lim\limits_{x\to x_0}f(x)=A$，则 $\forall\,\varepsilon>0$，$\exists\,\delta>0$，当 $0<|x-x_0|<\delta$ 时，有 $|f(x)-A|<\varepsilon$.

又因 $\lim\limits_{n\to\infty}x_n=x_0$，故对 $\delta>0$，$\exists\,N$，当 $n>N$ 时，有 $|x_n-x_0|<\delta$.

由假设，$x_n\neq x_0\ (n\in\mathbf{N}_+)$，故当 $n>N$ 时，$0<|x_n-x_0|<\delta$，从而 $|f(x_n)-A|<\varepsilon$. 即 $\lim\limits_{n\to\infty}f(x_n)=A$.

习　题　1-3

1. 对图 1-26 所示的函数 $f(x)$，求下列极限，如极限不存在，说明理由.

（1）$\lim\limits_{x\to-2}f(x)$；　　（2）$\lim\limits_{x\to-1}f(x)$；

（3）$\lim\limits_{x\to 0}f(x)$.

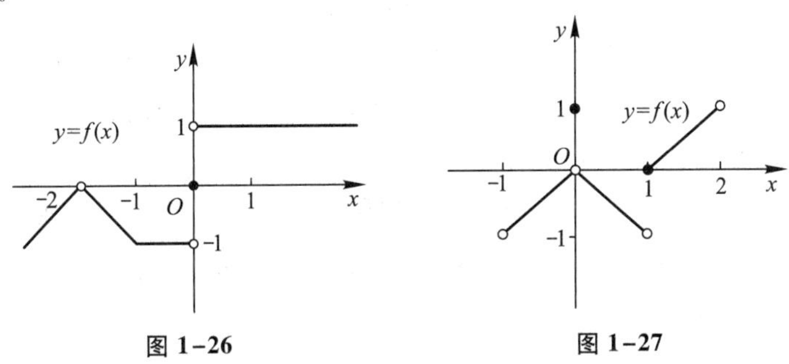

图 1-26　　图 1-27

2. 对图 1-27 所示的函数 $f(x)$，下列陈述中哪些是对的，哪些是错的？

（1）$\lim\limits_{x\to 0}f(x)$ 不存在；　　（2）$\lim\limits_{x\to 0}f(x)=0$；

（3）$\lim\limits_{x\to 0}f(x)=1$；　　（4）$\lim\limits_{x\to 1}f(x)=0$；

（5）$\lim\limits_{x\to 1}f(x)$ 不存在；　　（6）对每个 $x_0\in(-1,1)$，$\lim\limits_{x\to x_0}f(x)$ 存在.

3. 对图 1-28 所示的函数，下列陈述中哪些是对的，哪些是错的？

（1）$\lim\limits_{x\to-1^+}f(x)=1$；　　（2）$\lim\limits_{x\to-1^-}f(x)$ 不存在；

（3）$\lim\limits_{x\to 0}f(x)=0$；　　（4）$\lim\limits_{x\to 0}f(x)=1$；

（5）$\lim\limits_{x\to 1^-}f(x)=1$；　　（6）$\lim\limits_{x\to 1^+}f(x)=0$；

（7）$\lim\limits_{x\to 2^-}f(x)=0$；　　（8）$\lim\limits_{x\to 2}f(x)=0$.

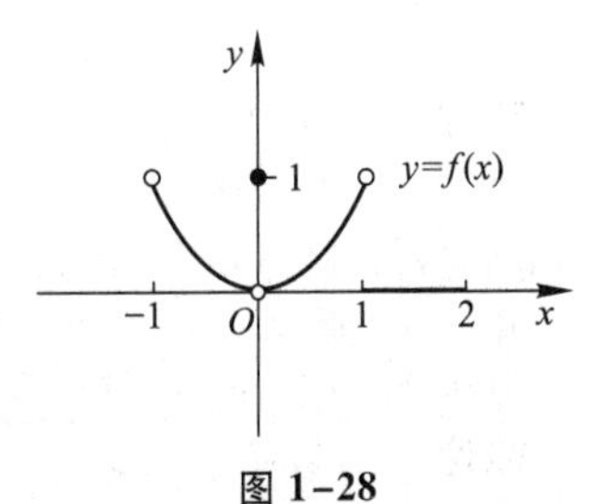

图 1-28

4. 求 $f(x)=\frac{x}{x}$，$\varphi(x)=\frac{|x|}{x}$ 当 $x\to0$ 时的左、右极限，并说明它们在 $x\to0$ 时的极限是否存在.

*5. 根据函数极限的定义证明：

(1) $\lim\limits_{x\to3}(3x-1)=8$；　　(2) $\lim\limits_{x\to2}(5x+2)=12$；

(3) $\lim\limits_{x\to-2}\frac{x^2-4}{x+2}=-4$；　　(4) $\lim\limits_{x\to-\frac{1}{2}}\frac{1-4x^2}{2x+1}=2$.

*6. 根据函数极限的定义证明：

(1) $\lim\limits_{x\to\infty}\frac{1+x^3}{2x^3}=\frac{1}{2}$；　　(2) $\lim\limits_{x\to+\infty}\frac{\sin x}{\sqrt{x}}=0$.

*7. 当 $x\to2$ 时，$y=x^2\to4$. 问 δ 等于多少，使当 $|x-2|<\delta$ 时，$|y-4|<0.001$？

*8. 当 $x\to\infty$ 时，$y=\frac{x^2-1}{x^2+3}\to1$. 问 X 等于多少，使当 $|x|>X$ 时，$|y-1|<0.01$？

*9. 证明函数 $f(x)=|x|$ 当 $x\to0$ 时极限为零.

*10. 证明：若 $x\to+\infty$ 及 $x\to-\infty$ 时，函数 $f(x)$ 的极限都存在且都等于 A，则

$$\lim_{x\to\infty}f(x)=A.$$

*11. 根据函数极限的定义证明：函数 $f(x)$ 当 $x\to x_0$ 时极限存在的充分必要条件是左极限、右极限各自存在并且相等.

*12. 试给出 $x\to\infty$ 时函数极限的局部有界性的定理，并加以证明.

第四节　无穷小与无穷大

一、无穷小

定义 1　如果函数 $f(x)$ 当 $x\to x_0$（或 $x\to\infty$）时的极限为零，那么称函数 $f(x)$ 为当 $x\to x_0$（或 $x\to\infty$）时的无穷小.

特别地，以零为极限的数列 $\{x_n\}$ 称为 $n\to\infty$ 时的无穷小.

例 1　因为 $\lim\limits_{x\to1}(x-1)=0$，所以函数 $x-1$ 为当 $x\to1$ 时的无穷小.

因为 $\lim\limits_{x\to\infty}\frac{1}{x}=0$，所以函数 $\frac{1}{x}$ 为当 $x\to\infty$ 时的无穷小.

注意　不要把无穷小与很小的数（例如百万分之一）混为一谈，因为无穷小是这样的函数，在 $x\to x_0$（或 $x\to\infty$）的过程中，这函数的绝对值能小于任意给定的正数 ε，而很小的数如百万分之一，就不能小于任意给定的正数 ε，例如取 ε 等于千万分之一，则百万分之一就不能小于这个给定的 ε. 但零是可以作为无穷小的唯一的常数，因为如果 $f(x)\equiv0$，那么对于任意给定的 $\varepsilon>0$ 总有 $|f(x)|<\varepsilon$.

下面的定理说明无穷小与函数极限的关系.

定理1　在自变量的同一变化过程 $x\to x_0$（或 $x\to\infty$）中,函数 $f(x)$ 具有极限 A 的充分必要条件是 $f(x)=A+\alpha$,其中 α 是无穷小.

证　先证必要性. 设 $\lim\limits_{x\to x_0}f(x)=A$,则 $\forall\,\varepsilon>0$, $\exists\,\delta>0$,使当 $0<|x-x_0|<\delta$ 时,有

$$|f(x)-A|<\varepsilon.$$

令 $\alpha=f(x)-A$,则 α 是当 $x\to x_0$ 时的无穷小,且

$$f(x)=A+\alpha.$$

这就证明了 $f(x)$ 等于它的极限 A 与一个无穷小 α 之和.

再证充分性. 设 $f(x)=A+\alpha$,其中 A 是常数,α 是当 $x\to x_0$ 时的无穷小,于是

$$|f(x)-A|=|\alpha|.$$

因 α 是当 $x\to x_0$ 时的无穷小,所以 $\forall\,\varepsilon>0$, $\exists\,\delta>0$,使当 $0<|x-x_0|<\delta$ 时,有

$$|\alpha|<\varepsilon,$$

即

$$|f(x)-A|<\varepsilon.$$

这就证明了 A 是 $f(x)$ 当 $x\to x_0$ 时的极限.

类似地可证明当 $x\to\infty$ 时的情形.

二、无穷大

如果当 $x\to x_0$（或 $x\to\infty$）时,对应的函数值的绝对值 $|f(x)|$ 可以大于预先指定的任何很大的正数 M,那么就称函数 $f(x)$ 是当 $x\to x_0$（或 $x\to\infty$）时的无穷大. 精确地说,就是

定义2　设函数 $f(x)$ 在 x_0 的某一去心邻域内有定义(或 $|x|$ 大于某一正数时有定义). 如果对于任意给定的正数 M（不论它多么大）,总存在正数 δ（或正数 X）,只要 x 适合不等式 $0<|x-x_0|<\delta$（或 $|x|>X$）,对应的函数值 $f(x)$ 总满足不等式

$$|f(x)|>M,$$

那么称函数 $f(x)$ 是当 $x\to x_0$(或 $x\to\infty$)时的无穷大.

按函数极限的定义来说,当 $x\to x_0$（或 $x\to\infty$）时的无穷大的函数 $f(x)$ 的极限是不存在的. 但为了便于叙述函数的这一性态,我们也说“函数的极限是无穷大”,并记作

$$\lim_{x\to x_0}f(x)=\infty\quad\left(\text{或}\lim_{x\to\infty}f(x)=\infty\right).$$

如果在无穷大的定义中，把 $|f(x)|>M$ 换成 $f(x)>M$（或 $f(x)<-M$），就记作

$$\lim_{\substack{x\to x_0\\(x\to\infty)}} f(x)=+\infty \quad (\text{或} \lim_{\substack{x\to x_0\\(x\to\infty)}} f(x)=-\infty).$$

必须注意，无穷大（∞）不是数，不可与很大的数（如 1 千万、1 亿等）混为一谈.

例 2　证明 $\lim\limits_{x\to 1}\dfrac{1}{x-1}=\infty$（图 1-29）.

证　设 $\forall M>0$. 要使

$$\left|\frac{1}{x-1}\right|>M,$$

只要

$$|x-1|<\frac{1}{M}.$$

所以，取 $\delta=\dfrac{1}{M}$，则只要 x 适合不等式 $0<|x-1|<\delta=\dfrac{1}{M}$，就有

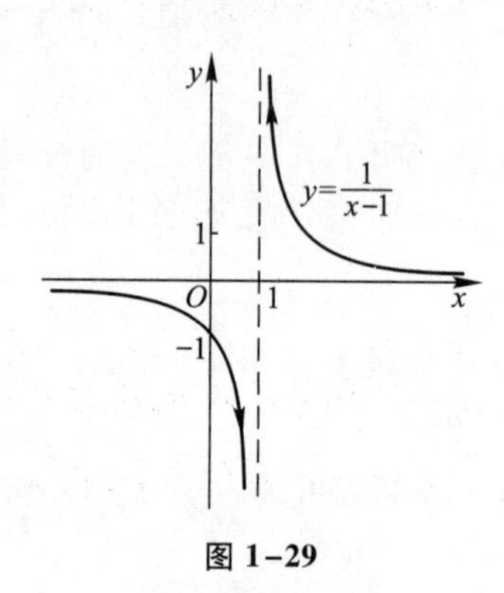

图 1-29

$$\left|\frac{1}{x-1}\right|>M.$$

这就证明了 $\lim\limits_{x\to 1}\dfrac{1}{x-1}=\infty$.

直线 $x=1$ 是函数 $y=\dfrac{1}{x-1}$ 的图形的铅直渐近线.

一般地说，如果 $\lim\limits_{x\to x_0}f(x)=\infty$，那么直线 $x=x_0$ 是函数 $y=f(x)$ 的图形的铅直渐近线.

无穷大与无穷小之间有一种简单的关系，即

定理 2　在自变量的同一变化过程中，如果 $f(x)$ 为无穷大，那么 $\dfrac{1}{f(x)}$ 为无穷小；反之，如果 $f(x)$ 为无穷小，且 $f(x)\neq 0$，那么 $\dfrac{1}{f(x)}$ 为无穷大.

证　设 $\lim\limits_{x\to x_0}f(x)=\infty$.

$\forall \varepsilon>0$. 根据无穷大的定义，对于 $M=\dfrac{1}{\varepsilon}$，$\exists \delta>0$，当 $0<|x-x_0|<\delta$ 时，有

$$|f(x)|>M=\frac{1}{\varepsilon},$$

即

$$\left|\frac{1}{f(x)}\right|<\varepsilon,$$

所以$\frac{1}{f(x)}$为当$x\to x_0$时的无穷小.

反之,设$\lim\limits_{x\to x_0}f(x)=0$,且$f(x)\neq 0$.

$\forall M>0$.根据无穷小的定义,对于$\varepsilon=\frac{1}{M}$,$\exists\delta>0$,当$0<|x-x_0|<\delta$时,有

$$|f(x)|<\varepsilon=\frac{1}{M},$$

由于当$0<|x-x_0|<\delta$时$f(x)\neq 0$,从而

$$\left|\frac{1}{f(x)}\right|>M,$$

所以$\frac{1}{f(x)}$为当$x\to x_0$时的无穷大.

类似地可证当$x\to\infty$时的情形.

习 题 1-4

1. 两个无穷小的商是否一定是无穷小?举例说明之.

*2. 根据定义证明:

(1) $y=\frac{x^2-9}{x+3}$为当$x\to 3$时的无穷小; (2) $y=x\sin\frac{1}{x}$为当$x\to 0$时的无穷小.

*3. 根据定义证明:函数$y=\frac{1+2x}{x}$为当$x\to 0$时的无穷大.问x应满足什么条件,能使$|y|>10^4$?

4. 求下列极限并说明理由:

(1) $\lim\limits_{x\to\infty}\frac{2x+1}{x}$; (2) $\lim\limits_{x\to 0}\frac{1-x^2}{1-x}$.

5. 根据函数极限或无穷大定义,填写下表:

	$f(x)\to A$	$f(x)\to\infty$	$f(x)\to+\infty$	$f(x)\to-\infty$
$x\to x_0$	$\forall\varepsilon>0$, $\exists\delta>0$, 使当$0<\|x-x_0\|<\delta$时, 即有$\|f(x)-A\|<\varepsilon$.			

续表

	$f(x)\to A$	$f(x)\to\infty$	$f(x)\to+\infty$	$f(x)\to-\infty$
$x\to x_0^+$				
$x\to x_0^-$				
$x\to\infty$		$\forall M>0$, $\exists X>0$, 使当 $\lvert x\rvert>X$ 时, 即有 $\lvert f(x)\rvert>M$.		
$x\to+\infty$				
$x\to-\infty$				

6. 函数 $y=x\cos x$ 在 $(-\infty,+\infty)$ 内是否有界？这个函数是否为 $x\to+\infty$ 时的无穷大？为什么？

*7. 证明：函数 $y=\frac{1}{x}\sin\frac{1}{x}$ 在区间 $(0,1]$ 内无界，但这函数不是 $x\to0^+$ 时的无穷大.

8. 求函数 $f(x)=\frac{4}{2-x^2}$ 的图形的渐近线.

第五节　极限运算法则

本节讨论极限的求法，主要是建立极限的四则运算法则和复合函数的极限运算法则，利用这些法则，可以求某些函数的极限. 以后我们还将介绍求极限的其他方法.

在下面的讨论中，记号“lim”下面没有标明自变量的变化过程，实际上，下面的定理对 $x\to x_0$ 及 $x\to\infty$ 都是成立的. 在论证时，我们只证明了 $x\to x_0$ 的情形，只要把 δ 改成 X，把 $0<|x-x_0|<\delta$ 改成 $|x|>X$，就可得 $x\to\infty$ 情形的证明.

定理 1　两个无穷小的和是无穷小.

证　设 α 及 β 是当 $x\to x_0$ 时的两个无穷小，而

$$\gamma=\alpha+\beta.$$

$\forall\varepsilon>0$. 因为 α 是当 $x\to x_0$ 时的无穷小，对于 $\frac{\varepsilon}{2}>0$，$\exists\delta_1>0$，当 $0<|x-x_0|<\delta_1$ 时，不等式

$$|\alpha|<\frac{\varepsilon}{2}$$

成立. 又因 β 是当 $x \to x_0$ 时的无穷小,对于 $\frac{\varepsilon}{2}>0$, $\exists \delta_2>0$,当 $0<|x-x_0|<\delta_2$ 时,不等式

$$|\beta|<\frac{\varepsilon}{2}$$

成立. 取 $\delta=\min\{\delta_1,\delta_2\}$,则当 $0<|x-x_0|<\delta$ 时,

$$|\alpha|<\frac{\varepsilon}{2} \quad 及 \quad |\beta|<\frac{\varepsilon}{2}$$

同时成立,从而 $|\gamma|=|\alpha+\beta|\leqslant|\alpha|+|\beta|<\frac{\varepsilon}{2}+\frac{\varepsilon}{2}=\varepsilon$. 这就证明了 γ 也是当 $x \to x_0$ 时的无穷小.

用数学归纳法可证:**有限个无穷小之和也是无穷小.**

定理 2　有界函数与无穷小的乘积是无穷小.

证　设函数 u 在 x_0 的某一去心邻域 $\mathring{U}(x_0,\delta_1)$ 内是有界的,即 $\exists M>0$ 使 $|u|\leqslant M$ 对一切 $x\in\mathring{U}(x_0,\delta_1)$ 成立. 又设 α 是当 $x \to x_0$ 时的无穷小,即 $\forall \varepsilon>0$, $\exists \delta_2>0$,当 $x\in\mathring{U}(x_0,\delta_2)$ 时,有

$$|\alpha|<\frac{\varepsilon}{M}.$$

取 $\delta=\min\{\delta_1,\delta_2\}$,则当 $x\in\mathring{U}(x_0,\delta)$ 时,

$$|u|\leqslant M \quad 及 \quad |\alpha|<\frac{\varepsilon}{M}$$

同时成立. 从而

$$|u\alpha|=|u|\cdot|\alpha|<M\cdot\frac{\varepsilon}{M}=\varepsilon,$$

这就证明了 $u\alpha$ 是当 $x \to x_0$ 时的无穷小.

推论 1　常数与无穷小的乘积是无穷小.

推论 2　有限个无穷小的乘积是无穷小.

定理 3　如果 $\lim f(x)=A$, $\lim g(x)=B$,那么

(1) $\lim[f(x)\pm g(x)]=\lim f(x)\pm\lim g(x)=A\pm B$;

(2) $\lim[f(x)\cdot g(x)]=\lim f(x)\cdot\lim g(x)=A\cdot B$;

(3) **若又有 $B\neq 0$,则**

$$\lim\frac{f(x)}{g(x)}=\frac{\lim f(x)}{\lim g(x)}=\frac{A}{B}.$$

证 先证(1).

因 $\lim f(x)=A,\lim g(x)=B$,由第四节定理1有

$$f(x)=A+\alpha,\quad g(x)=B+\beta,$$

其中 α 及 β 为无穷小. 于是

$$f(x)\pm g(x)=(A+\alpha)\pm(B+\beta)=(A\pm B)+(\alpha\pm\beta).$$

由本节定理1,$\alpha\pm\beta$ 是无穷小($\alpha-\beta$ 可看作 $\alpha+(-1)\beta$,由本节定理2的推论1,$(-1)\beta$ 是无穷小,因此 $\alpha-\beta$ 也可看作两个无穷小的和). 再由第四节定理1,得

$$\lim[f(x)\pm g(x)]=A\pm B=\lim f(x)\pm\lim g(x).$$

关于(2)的证明,建议读者作为练习.

再证(3).

由 $\lim f(x)=A,\lim g(x)=B$,有

$$f(x)=A+\alpha,g(x)=B+\beta,$$

其中 α 及 β 为无穷小. 设

$$\gamma=\frac{f(x)}{g(x)}-\frac{A}{B},$$

则

$$\gamma=\frac{A+\alpha}{B+\beta}-\frac{A}{B}=\frac{1}{B(B+\beta)}(B\alpha-A\beta).$$

上式表示,γ 可看作两个函数的乘积,其中函数 $B\alpha-A\beta$ 是无穷小. 下面我们证明另一个函数$\frac{1}{B(B+\beta)}$在点 x_0 的某一邻域内有界.

根据第三节定理3′,由于 $\lim g(x)=B\neq 0$,存在着点 x_0 的某一去心邻域 $\mathring{U}(x_0)$,当 $x\in\mathring{U}(x_0)$ 时,$|g(x)|>\frac{|B|}{2}$,从而$\left|\frac{1}{g(x)}\right|<\frac{2}{|B|}$. 于是

$$\left|\frac{1}{B(B+\beta)}\right|=\frac{1}{|B|}\cdot\left|\frac{1}{g(x)}\right|<\frac{1}{|B|}\cdot\frac{2}{|B|}=\frac{2}{B^2}.$$

这就证明了$\frac{1}{B(B+\beta)}$在点 x_0 的去心邻域 $\mathring{U}(x_0)$ 内有界.

因此,根据本节定理2,γ 是无穷小. 而

$$\frac{f(x)}{g(x)}=\frac{A}{B}+\gamma,$$

所以由上节定理1,得

$$\lim\frac{f(x)}{g(x)}=\frac{A}{B}=\frac{\lim f(x)}{\lim g(x)}.$$

证毕.

定理 3 中的(1)、(2)可推广到有限个函数的情形. 例如,如果 $\lim f(x)$, $\lim g(x)$, $\lim h(x)$ 都存在,则有

$$\lim[f(x)+g(x)-h(x)]=\lim f(x)+\lim g(x)-\lim h(x),$$

$$\lim[f(x)\cdot g(x)\cdot h(x)]=\lim f(x)\cdot\lim g(x)\cdot\lim h(x).$$

关于定理 3 中的(2),有如下推论:

推论 1　如果 $\lim f(x)$ 存在,而 c 为常数,那么

$$\lim[cf(x)]=c\lim f(x).$$

就是说,求极限时,常数因子可以提到极限记号外面. 这是因为 $\lim c=c$.

推论 2　如果 $\lim f(x)$ 存在,而 n 是正整数,那么

$$\lim[f(x)]^n=[\lim f(x)]^n.$$

这是因为

$$\begin{aligned}\lim[f(x)]^n&=\lim[f(x)\cdot f(x)\cdot\cdots\cdot f(x)]\\&=\lim f(x)\cdot\lim f(x)\cdot\cdots\cdot\lim f(x)=[\lim f(x)]^n.\end{aligned}$$

关于数列,也有类似的极限四则运算法则,这就是下面的定理.

定理 4　设有数列 $\{x_n\}$ 和 $\{y_n\}$. 如果

$$\lim_{n\to\infty}x_n=A,\qquad \lim_{n\to\infty}y_n=B,$$

那么

(1) $\lim\limits_{n\to\infty}(x_n\pm y_n)=A\pm B$;

(2) $\lim\limits_{n\to\infty}(x_n\cdot y_n)=A\cdot B$;

(3) **当** $y_n\neq0\ (n=1,2,\cdots)$ **且** $B\neq0$ **时**, $\lim\limits_{n\to\infty}\dfrac{x_n}{y_n}=\dfrac{A}{B}$.

证明从略.

定理 5　如果 $\varphi(x)\geqslant\psi(x)$,而 $\lim\varphi(x)=A$, $\lim\psi(x)=B$,那么 $A\geqslant B$.

证　令 $f(x)=\varphi(x)-\psi(x)$,则 $f(x)\geqslant0$. 由本节定理 3 有

$$\begin{aligned}\lim f(x)&=\lim[\varphi(x)-\psi(x)]\\&=\lim\varphi(x)-\lim\psi(x)=A-B.\end{aligned}$$

由第三节定理 3 推论,有 $\lim f(x)\geqslant0$,即 $A-B\geqslant0$,故 $A\geqslant B$.

例 1　求 $\lim\limits_{x\to1}(2x-1)$.

解　$\lim\limits_{x\to1}(2x-1)=\lim\limits_{x\to1}2x-\lim\limits_{x\to1}1=2\lim\limits_{x\to1}x-1=2\cdot1-1=1$.

例 2　求 $\lim\limits_{x\to2}\dfrac{x^3-1}{x^2-5x+3}$.

解　这里分母的极限不为零,故

$$\lim_{x\to 2}\frac{x^3-1}{x^2-5x+3}=\frac{\lim\limits_{x\to 2}(x^3-1)}{\lim\limits_{x\to 2}(x^2-5x+3)}$$

$$=\frac{\lim\limits_{x\to 2}x^3-\lim\limits_{x\to 2}1}{\lim\limits_{x\to 2}x^2-5\lim\limits_{x\to 2}x+\lim\limits_{x\to 2}3}=\frac{(\lim\limits_{x\to 2}x)^3-1}{(\lim\limits_{x\to 2}x)^2-5\cdot 2+3}$$

$$=\frac{2^3-1}{2^2-10+3}=\frac{7}{-3}=-\frac{7}{3}.$$

从上面两个例题可以看出,求有理整函数(多项式)或有理分式函数当 $x\to x_0$ 的极限时,只要把 x_0 代替函数中的 x 就行了(对于有理分式函数,需假定这样代入后分母不等于零).

事实上,设多项式

$$f(x)=a_0x^n+a_1x^{n-1}+\cdots+a_n,$$

则

$$\lim_{x\to x_0}f(x)=\lim_{x\to x_0}(a_0x^n+a_1x^{n-1}+\cdots+a_n)$$

$$=a_0(\lim_{x\to x_0}x)^n+a_1(\lim_{x\to x_0}x)^{n-1}+\cdots+\lim_{x\to x_0}a_n$$

$$=a_0x_0^n+a_1x_0^{n-1}+\cdots+a_n=f(x_0).$$

又设有理分式函数

$$F(x)=\frac{P(x)}{Q(x)},$$

其中 $P(x)$, $Q(x)$ 都是多项式,于是

$$\lim_{x\to x_0}P(x)=P(x_0),\quad \lim_{x\to x_0}Q(x)=Q(x_0);$$

如果 $Q(x_0)\neq 0$,那么

$$\lim_{x\to x_0}F(x)=\lim_{x\to x_0}\frac{P(x)}{Q(x)}=\frac{\lim\limits_{x\to x_0}P(x)}{\lim\limits_{x\to x_0}Q(x)}=\frac{P(x_0)}{Q(x_0)}=F(x_0).$$

但必须**注意**:若 $Q(x_0)=0$,则关于商的极限的运算法则不能应用,那就需要特别考虑.下面我们举两个属于这种情形的例题.

例 3 求 $\lim\limits_{x\to 3}\frac{x-3}{x^2-9}$.

解 当 $x\to 3$ 时,分子及分母的极限都是零,于是分子、分母不能分别取极限.因分子及分母有公因子 $x-3$,而 $x\to 3$ 时,$x\neq 3$, $x-3\neq 0$,可约去这个不为零的公因子.所以

$$\lim_{x\to 3}\frac{x-3}{x^2-9}=\lim_{x\to 3}\frac{1}{x+3}=\frac{\lim\limits_{x\to 3}1}{\lim\limits_{x\to 3}(x+3)}=\frac{1}{6}.$$

例 4　求$\lim\limits_{x\to1}\dfrac{2x-3}{x^2-5x+4}$.

解　因为分母的极限$\lim\limits_{x\to1}(x^2-5x+4)=1^2-5\cdot1+4=0$,不能应用商的极限的运算法则. 但因

$$\lim_{x\to1}\frac{x^2-5x+4}{2x-3}=\frac{1^2-5\cdot1+4}{2\cdot1-3}=0,$$

故由第四节定理 2 得

$$\lim_{x\to1}\frac{2x-3}{x^2-5x+4}=\infty.$$

例 5　求$\lim\limits_{x\to\infty}\dfrac{3x^3+4x^2+2}{7x^3+5x^2-3}$.

解　先用x^3去除分母及分子,然后取极限:

$$\lim_{x\to\infty}\frac{3x^3+4x^2+2}{7x^3+5x^2-3}=\lim_{x\to\infty}\frac{3+\dfrac{4}{x}+\dfrac{2}{x^3}}{7+\dfrac{5}{x}-\dfrac{3}{x^3}}=\frac{3}{7},$$

这是因为

$$\lim_{x\to\infty}\frac{a}{x^n}=a\lim_{x\to\infty}\frac{1}{x^n}=a\left(\lim_{x\to\infty}\frac{1}{x}\right)^n=0,$$

其中 a 为常数,n 为正整数,$\lim\limits_{x\to\infty}\dfrac{1}{x}=0$(见第三节例 7).

例 6　求$\lim\limits_{x\to\infty}\dfrac{3x^2-2x-1}{2x^3-x^2+5}$.

解　先用x^3去除分母和分子,然后求极限,得

$$\lim_{x\to\infty}\frac{3x^2-2x-1}{2x^3-x^2+5}=\lim_{x\to\infty}\frac{\dfrac{3}{x}-\dfrac{2}{x^2}-\dfrac{1}{x^3}}{2-\dfrac{1}{x}+\dfrac{5}{x^3}}=\frac{0}{2}=0.$$

例 7　求$\lim\limits_{x\to\infty}\dfrac{2x^3-x^2+5}{3x^2-2x-1}$.

解　应用例 6 的结果并根据上节定理 2,即得

$$\lim_{x\to\infty}\frac{2x^3-x^2+5}{3x^2-2x-1}=\infty.$$

例 5、例 6、例 7 是下列一般情形的特例,即当 $a_0\neq0$,$b_0\neq0$,m 和 n 为非负整数时,有

$$\lim_{x\to\infty}\frac{a_0x^m+a_1x^{m-1}+\cdots+a_m}{b_0x^n+b_1x^{n-1}+\cdots+b_n}=\begin{cases}0, & \text{当 } n>m,\\ \dfrac{a_0}{b_0}, & \text{当 } n=m,\\ \infty, & \text{当 } n<m.\end{cases}$$

例 8 求$\lim\limits_{x\to\infty}\dfrac{\sin x}{x}$.

解 当 $x\to\infty$ 时,分子及分母的极限都不存在,故关于商的极限的运算法则不能应用. 如果把$\dfrac{\sin x}{x}$看作 $\sin x$ 与$\dfrac{1}{x}$的乘积,由于$\dfrac{1}{x}$当 $x\to\infty$ 时为无穷小,而 $\sin x$ 是有界函数,则根据本节定理 2,有

$$\lim_{x\to\infty}\frac{\sin x}{x}=0.$$

定理 6(复合函数的极限运算法则) **设函数 $y=f[g(x)]$ 是由函数 $u=g(x)$ 与函数 $y=f(u)$ 复合而成,$f[g(x)]$ 在点 x_0 的某去心邻域内有定义,若$\lim\limits_{x\to x_0}g(x)=u_0$,$\lim\limits_{u\to u_0}f(u)=A$,且存在 $\delta_0>0$,当 $x\in \mathring{U}(x_0,\delta_0)$ 时,有 $g(x)\neq u_0$,则**

$$\lim_{x\to x_0}f[g(x)]=\lim_{u\to u_0}f(u)=A.$$

证 按函数极限的定义,要证:$\forall\,\varepsilon>0$,$\exists\,\delta>0$,使得当 $0<|x-x_0|<\delta$ 时,

$$|f[g(x)]-A|<\varepsilon$$

成立.

由于$\lim\limits_{u\to u_0}f(u)=A$,$\forall\,\varepsilon>0$,$\exists\,\eta>0$,当 $0<|u-u_0|<\eta$ 时,$|f(u)-A|<\varepsilon$ 成立.

又由于$\lim\limits_{x\to x_0}g(x)=u_0$,对于上面得到的 $\eta>0$,$\exists\,\delta_1>0$,当 $0<|x-x_0|<\delta_1$ 时,$|g(x)-u_0|<\eta$ 成立.

由假设,当 $x\in\mathring{U}(x_0,\delta_0)$ 时,$g(x)\neq u_0$. 取 $\delta=\min\{\delta_0,\delta_1\}$,则当 $0<|x-x_0|<\delta$ 时,$|g(x)-u_0|<\eta$ 及 $|g(x)-u_0|\neq 0$ 同时成立,即 $0<|g(x)-u_0|<\eta$ 成立,从而

$$|f[g(x)]-A|=|f(u)-A|<\varepsilon$$

成立. 证毕.

在定理 6 中,把$\lim\limits_{x\to x_0}g(x)=u_0$换成$\lim\limits_{x\to x_0}g(x)=\infty$或$\lim\limits_{x\to\infty}g(x)=\infty$,而把$\lim\limits_{u\to u_0}f(u)=A$换成$\lim\limits_{u\to\infty}f(u)=A$,可得类似的定理.

定理 6 表示,如果函数 $g(x)$ 和 $f(u)$ 满足该定理的条件,那么作代换 $u=g(x)$可把求$\lim\limits_{x\to x_0}f[g(x)]$化为求$\lim\limits_{u\to u_0}f(u)$,这里 $u_0=\lim\limits_{x\to x_0}g(x)$.

习　题　1-5

1. 计算下列极限：

(1) $\lim\limits_{x\to 2}\dfrac{x^2+5}{x-3}$；　(2) $\lim\limits_{x\to\sqrt{3}}\dfrac{x^2-3}{x^2+1}$；

(3) $\lim\limits_{x\to 1}\dfrac{x^2-2x+1}{x^2-1}$；　(4) $\lim\limits_{x\to 0}\dfrac{4x^3-2x^2+x}{3x^2+2x}$；

(5) $\lim\limits_{h\to 0}\dfrac{(x+h)^2-x^2}{h}$；　(6) $\lim\limits_{x\to\infty}\left(2-\dfrac{1}{x}+\dfrac{1}{x^2}\right)$；

(7) $\lim\limits_{x\to\infty}\dfrac{x^2-1}{2x^2-x-1}$；　(8) $\lim\limits_{x\to\infty}\dfrac{x^2+x}{x^4-3x^2+1}$；

(9) $\lim\limits_{x\to 4}\dfrac{x^2-6x+8}{x^2-5x+4}$；　(10) $\lim\limits_{x\to\infty}\left(1+\dfrac{1}{x}\right)\left(2-\dfrac{1}{x^2}\right)$；

(11) $\lim\limits_{n\to\infty}\left(1+\dfrac{1}{2}+\dfrac{1}{4}+\cdots+\dfrac{1}{2^n}\right)$；　(12) $\lim\limits_{n\to\infty}\dfrac{1+2+3+\cdots+(n-1)}{n^2}$；

(13) $\lim\limits_{n\to\infty}\dfrac{(n+1)(n+2)(n+3)}{5n^3}$；　(14) $\lim\limits_{x\to 1}\left(\dfrac{1}{1-x}-\dfrac{3}{1-x^3}\right)$.

2. 计算下列极限：

(1) $\lim\limits_{x\to 2}\dfrac{x^3+2x^2}{(x-2)^2}$；　(2) $\lim\limits_{x\to\infty}\dfrac{x^2}{2x+1}$；

(3) $\lim\limits_{x\to\infty}(2x^3-x+1)$.

3. 计算下列极限：

(1) $\lim\limits_{x\to 0}x^2\sin\dfrac{1}{x}$；　(2) $\lim\limits_{x\to\infty}\dfrac{\arctan x}{x}$.

4. 设$\{a_n\}$，$\{b_n\}$，$\{c_n\}$均为非负数列，且$\lim\limits_{n\to\infty}a_n=0$，$\lim\limits_{n\to\infty}b_n=1$，$\lim\limits_{n\to\infty}c_n=\infty$. 下列陈述中哪些是对的，哪些是错的？如果是对的，说明理由；如果是错的，试给出一个反例.

(1) $a_n<b_n$，$n\in\mathbf{N}_+$；　(2) $b_n<c_n$，$n\in\mathbf{N}_+$；

(3) $\lim\limits_{n\to\infty}a_nc_n$不存在；　(4) $\lim\limits_{n\to\infty}b_nc_n$不存在.

5. 下列陈述中，哪些是对的，哪些是错的？如果是对的，说明理由；如果是错的，试给出一个反例.

(1) 如果$\lim\limits_{x\to x_0}f(x)$存在，但$\lim\limits_{x\to x_0}g(x)$不存在，那么$\lim\limits_{x\to x_0}[f(x)+g(x)]$不存在；

(2) 如果$\lim\limits_{x\to x_0}f(x)$和$\lim\limits_{x\to x_0}g(x)$都不存在，那么$\lim\limits_{x\to x_0}[f(x)+g(x)]$不存在；

(3) 如果$\lim\limits_{x\to x_0}f(x)$存在，但$\lim\limits_{x\to x_0}g(x)$不存在，那么$\lim\limits_{x\to x_0}f(x)\cdot g(x)$不存在.

*6. 证明本节定理3中的(2).

第六节　极限存在准则　两个重要极限

下面讲判定极限存在的两个准则以及作为应用准则的例子，讨论两个重要极限：$\lim\limits_{x\to 0}\dfrac{\sin x}{x}=1$ 及 $\lim\limits_{x\to\infty}\left(1+\dfrac{1}{x}\right)^{x}=\mathrm{e}$.

准则 I　如果数列 $\{x_n\}$，$\{y_n\}$ 及 $\{z_n\}$ 满足下列条件：

(1) 从某项起，即 $\exists\, n_0\in\mathbf{N}_+$，当 $n>n_0$ 时，有

$$y_n\leqslant x_n\leqslant z_n;$$

(2) $\lim\limits_{n\to\infty}y_n=a$，$\lim\limits_{n\to\infty}z_n=a$，

那么数列 $\{x_n\}$ 的极限存在，且 $\lim\limits_{n\to\infty}x_n=a$.

证　因 $y_n\to a$，$z_n\to a$，所以根据数列极限的定义，$\forall\,\varepsilon>0$，$\exists$ 正整数 N_1，当 $n>N_1$ 时，有 $|y_n-a|<\varepsilon$；又 $\exists$ 正整数 N_2，当 $n>N_2$ 时，有 $|z_n-a|<\varepsilon$. 现在取 $N=\max\{n_0,N_1,N_2\}$，则当 $n>N$ 时，有

$$|y_n-a|<\varepsilon,\quad |z_n-a|<\varepsilon$$

同时成立，即

$$a-\varepsilon<y_n<a+\varepsilon,\quad a-\varepsilon<z_n<a+\varepsilon$$

同时成立. 又因当 $n>N$ 时，x_n 介于 y_n 和 z_n 之间，从而有

$$a-\varepsilon<y_n\leqslant x_n\leqslant z_n<a+\varepsilon,$$

即

$$|x_n-a|<\varepsilon$$

成立. 这就证明了 $\lim\limits_{n\to\infty}x_n=a$.

上述数列极限存在准则可以推广到函数的极限：

准则 I′　如果

(1) 当 $x\in\mathring{U}(x_0,r)$（或 $|x|>M$）时，

$$g(x)\leqslant f(x)\leqslant h(x);$$

(2) $\lim\limits_{\substack{x\to x_0\\(x\to\infty)}}g(x)=A$，$\lim\limits_{\substack{x\to x_0\\(x\to\infty)}}h(x)=A$，

那么 $\lim\limits_{\substack{x\to x_0\\(x\to\infty)}}f(x)$ 存在，且等于 A.

准则 I 及准则 I′称为夹逼准则.

作为准则 I′的应用，下面证明一个重要的极限

$$\lim_{x\to 0}\frac{\sin x}{x}=1.$$

首先注意到，函数 $\dfrac{\sin x}{x}$ 对于一切 $x\neq 0$ 都有定义.

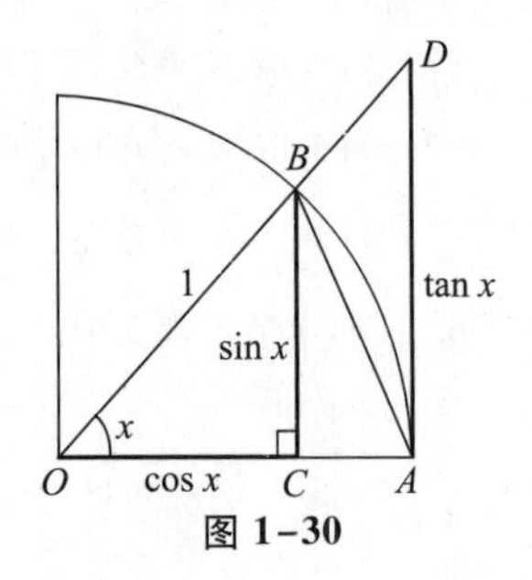

图 1-30

在图 1-30 所示的四分之一的单位圆中，设圆心

角 $\angle AOB=x\left(0<x<\dfrac{\pi}{2}\right)$，点 A 处的切线与 OB 的延长线相交于 D，又 $BC\perp OA$，则

$$\sin x=CB,\quad x=\overset{\frown}{AB},\quad \tan x=AD.$$

因为

$$\triangle AOB \text{ 的面积}<\text{扇形 } AOB \text{ 的面积}<\triangle AOD \text{ 的面积},$$

所以

$$\frac{1}{2}\sin x<\frac{1}{2}x<\frac{1}{2}\tan x,$$

即

$$\sin x<x<\tan x.$$

不等号各边都除以 $\sin x$，就有

$$1<\frac{x}{\sin x}<\frac{1}{\cos x},$$

或

$$\cos x<\frac{\sin x}{x}<1. \tag{6-1}$$

因为当 x 用 $-x$ 代替时，$\cos x$ 与 $\dfrac{\sin x}{x}$ 都不变，所以上面的不等式对于开区间 $\left(-\dfrac{\pi}{2},0\right)$ 内的一切 x 也是成立的.

为了对(6-1)式应用准则 I′，下面来证 $\lim\limits_{x\to 0}\cos x=1$.

事实上，当 $0<|x|<\dfrac{\pi}{2}$ 时，

$$0<|\cos x-1|=1-\cos x=2\sin^2\frac{x}{2}<2\left(\frac{x}{2}\right)^2=\frac{x^2}{2},$$

即

$$0<1-\cos x<\frac{x^2}{2}.$$

当 $x\to 0$ 时，$\dfrac{x^2}{2}\to 0$，由准则 I′有 $\lim\limits_{x\to 0}(1-\cos x)=0$，所以

$$\lim_{x\to 0}\cos x=1.$$

由于 $\lim\limits_{x\to 0}\cos x=1$，$\lim\limits_{x\to 0}1=1$，由不等式(6-1)及准则 I′，即得

$$\lim_{x\to 0}\frac{\sin x}{x}=1.$$

从图 1-31 也可以看出这个重要极限.

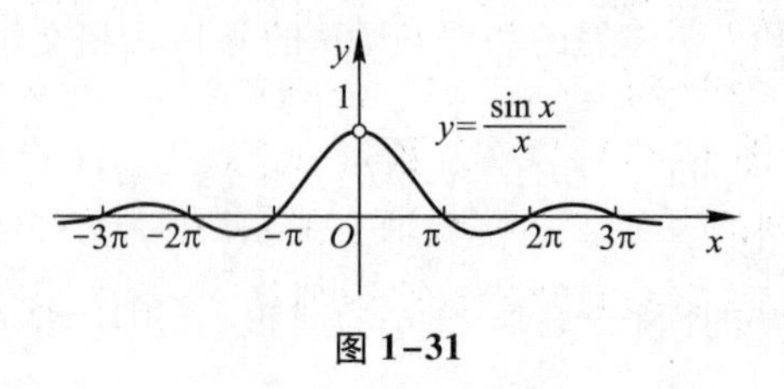

图 1-31

例 1 求$\lim\limits_{x\to 0}\dfrac{\tan x}{x}$.

解 $\lim\limits_{x\to 0}\dfrac{\tan x}{x}=\lim\limits_{x\to 0}\left(\dfrac{\sin x}{x}\cdot\dfrac{1}{\cos x}\right)=\lim\limits_{x\to 0}\dfrac{\sin x}{x}\cdot\lim\limits_{x\to 0}\dfrac{1}{\cos x}=1.$

例 2 求$\lim\limits_{x\to 0}\dfrac{1-\cos x}{x^2}$.

解
$$\lim_{x\to 0}\frac{1-\cos x}{x^2}=\lim_{x\to 0}\left(\frac{\sin^2 x}{x^2}\cdot\frac{1}{1+\cos x}\right)$$
$$=\lim_{x\to 0}\left(\frac{\sin x}{x}\right)^2\cdot\lim_{x\to 0}\frac{1}{1+\cos x}=\frac{1}{2}.$$

例 3 求$\lim\limits_{x\to 0}\dfrac{\arcsin x}{x}$.

解 令 $t=\arcsin x$,则 $x=\sin t$,当 $x\to 0$ 时,有 $t\to 0$. 于是由复合函数的极限运算法则得

$$\lim_{x\to 0}\frac{\arcsin x}{x}=\lim_{t\to 0}\frac{t}{\sin t}=1.$$

准则Ⅱ 单调有界数列必有极限.

如果数列$\{x_n\}$满足条件

$$x_1\leqslant x_2\leqslant x_3\leqslant\cdots\leqslant x_n\leqslant x_{n+1}\leqslant\cdots,$$

就称数列$\{x_n\}$是单调增加的;如果数列$\{x_n\}$满足条件

$$x_1\geqslant x_2\geqslant x_3\geqslant\cdots\geqslant x_n\geqslant x_{n+1}\geqslant\cdots,$$

就称数列$\{x_n\}$是单调减少的. 单调增加和单调减少的数列统称为单调数列①.

在第二节中曾证明:收敛的数列一定有界. 但那时也曾指出:有界的数列不一定收敛. 现在准则Ⅱ表明:如果数列不仅有界,并且是单调的,那么这数列的极限必定存在,也就是这数列一定收敛.

对准则Ⅱ我们不作证明,而给出如下的几何解释:

---

① 这里的单调数列是广义的,就是说,在条件中也包括相等的情形. 以后称单调数列都是指这种广义的单调数列.

从数轴上看，对应于单调数列的点 x_n 只可能向一个方向移动，所以只有两种可能情形：或者点 x_n 沿数轴移向无穷远（$x_n\to+\infty$ 或 $x_n\to-\infty$），或者点 x_n 无限趋近于某一个定点 A（图 1-32），也就是数列 $\{x_n\}$ 趋于一个极限. 但现在假定数列是有界的，而有界数列的点 x_n 都落在数轴上某一个区间 $[-M,M]$ 内，那么上述第一种情形就不可能发生了. 这就表示这个数列趋于一个极限，并且这个极限的绝对值不超过 M.

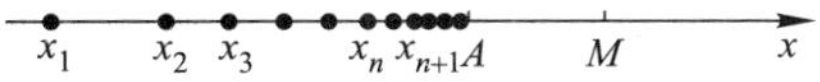

x_1　x_2　x_3　x_n　x_{n+1} A　M　x

图 1-32

作为准则Ⅱ的应用，我们讨论另一个重要极限

$$\lim_{x\to\infty}\left(1+\frac{1}{x}\right)^{x}.$$

下面考虑 x 取正整数 n 而趋于 $+\infty$ 的情形.

设 $x_n=\left(1+\dfrac{1}{n}\right)^{n}$，我们来证数列 $\{x_n\}$ 单调增加并且有界. 按牛顿二项公式，有

$$\begin{aligned}x_n&=\left(1+\frac{1}{n}\right)^{n}\\&=1+\frac{n}{1!}\cdot\frac{1}{n}+\frac{n(n-1)}{2!}\cdot\frac{1}{n^2}+\frac{n(n-1)(n-2)}{3!}\cdot\frac{1}{n^3}+\cdots+\\&\quad\frac{n(n-1)\cdots(n-n+1)}{n!}\cdot\frac{1}{n^n}\\&=1+1+\frac{1}{2!}\left(1-\frac{1}{n}\right)+\frac{1}{3!}\left(1-\frac{1}{n}\right)\left(1-\frac{2}{n}\right)+\cdots+\\&\quad\frac{1}{n!}\left(1-\frac{1}{n}\right)\left(1-\frac{2}{n}\right)\cdots\left(1-\frac{n-1}{n}\right),\end{aligned}$$

类似地，

$$\begin{aligned}x_{n+1}&=1+1+\frac{1}{2!}\left(1-\frac{1}{n+1}\right)+\frac{1}{3!}\left(1-\frac{1}{n+1}\right)\left(1-\frac{2}{n+1}\right)+\cdots+\\&\quad\frac{1}{n!}\left(1-\frac{1}{n+1}\right)\left(1-\frac{2}{n+1}\right)\cdots\left(1-\frac{n-1}{n+1}\right)+\\&\quad\frac{1}{(n+1)!}\left(1-\frac{1}{n+1}\right)\left(1-\frac{2}{n+1}\right)\cdots\left(1-\frac{n}{n+1}\right).\end{aligned}$$

比较 x_n，x_{n+1} 的展开式，可以看到除前两项外，x_n 的每一项都小于 x_{n+1} 的对应项，并且 x_{n+1} 还多了最后的一项，其值大于 0，因此

$$x_n<x_{n+1},$$

这就说明数列 $\{x_n\}$ 是单调增加的. 这个数列同时还是有界的. 因为，如果 x_n 的展

开式中各项括号内的数用较大的数 1 代替，得

$$x_n \leqslant 1+\left(1+\frac{1}{2!}+\frac{1}{3!}+\cdots+\frac{1}{n!}\right) \leqslant 1+\left(1+\frac{1}{2}+\frac{1}{2^2}+\cdots+\frac{1}{2^{n-1}}\right)$$

$$=1+\frac{1-\frac{1}{2^n}}{1-\frac{1}{2}}=3-\frac{1}{2^{n-1}}<3,$$

这就说明数列 $\{x_n\}$ 是有界的. 根据极限存在准则Ⅱ，这个数列 $\{x_n\}$ 的极限存在，通常用字母 e 来表示它，即

$$\lim_{n\to\infty}\left(1+\frac{1}{n}\right)^n=\mathrm{e}.$$

可以证明，当 x 取实数而趋于 $+\infty$ 或 $-\infty$ 时，函数 $\left(1+\frac{1}{x}\right)^x$ 的极限都存在且都等于 e①. 因此②，

$$\lim_{x\to\infty}\left(1+\frac{1}{x}\right)^x=\mathrm{e}. \tag{6-2}$$

这个数 e 是无理数，它的值是

$$\mathrm{e}=2.718\ 281\ 828\ 459\ 045\cdots.$$

在第一节中提到的指数函数 $y=\mathrm{e}^x$ 以及自然对数 $y=\ln x$ 中的底 e 就是这个常数.

利用复合函数的极限运算法则，可把(6-2)式写成另一形式. 在 $(1+z)^{\frac{1}{z}}$ 中作代换 $x=\frac{1}{z}$，得 $\left(1+\frac{1}{x}\right)^x$. 又当 $z\to 0$ 时 $x\to\infty$. 因此由复合函数的极限运算法则得

---

① 设 $n\leqslant x<n+1$，则

$$\left(1+\frac{1}{n+1}\right)^n<\left(1+\frac{1}{x}\right)^x<\left(1+\frac{1}{n}\right)^{n+1},$$

且 n 与 x 同时趋于 $+\infty$，因为

$$\lim_{n\to\infty}\left(1+\frac{1}{n+1}\right)^n=\lim_{n\to\infty}\frac{\left(1+\frac{1}{n+1}\right)^{n+1}}{1+\frac{1}{n+1}}=\mathrm{e},$$

$$\lim_{n\to\infty}\left(1+\frac{1}{n}\right)^{n+1}=\lim_{n\to\infty}\left[\left(1+\frac{1}{n}\right)^n\cdot\left(1+\frac{1}{n}\right)\right]=\mathrm{e},$$

应用夹逼准则，即得

$$\lim_{x\to+\infty}\left(1+\frac{1}{x}\right)^x=\mathrm{e}.$$

令 $x=-(t+1)$，则 $x\to-\infty$ 时，$t\to+\infty$. 从而

$$\lim_{x\to-\infty}\left(1+\frac{1}{x}\right)^x=\lim_{t\to+\infty}\left(1-\frac{1}{t+1}\right)^{-(t+1)}=\lim_{t\to+\infty}\left(\frac{t}{t+1}\right)^{-(t+1)}$$

$$=\lim_{t\to+\infty}\left(1+\frac{1}{t}\right)^{t+1}=\lim_{t\to+\infty}\left[\left(1+\frac{1}{t}\right)^t\cdot\left(1+\frac{1}{t}\right)\right]=\mathrm{e}.$$

② 参阅习题 1-3 第 10 题.

$$\lim_{z\to 0}(1+z)^{\frac{1}{z}}=\lim_{x\to\infty}\left(1+\frac{1}{x}\right)^{x}=\mathrm{e}.$$

下面的例 4 也是用代换方法来做的,实质上还是用到了复合函数的极限运算法则.

例 4　求 $\lim\limits_{x\to\infty}\left(1-\dfrac{1}{x}\right)^{x}$.

解　令 $t=-x$,则当 $x\to\infty$ 时,$t\to-\infty$. 于是

$$\lim_{x\to\infty}\left(1-\frac{1}{x}\right)^{x}=\lim_{t\to-\infty}\left(1+\frac{1}{t}\right)^{-t}=\lim_{t\to-\infty}\frac{1}{\left(1+\dfrac{1}{t}\right)^{t}}=\frac{1}{\mathrm{e}}.$$

相应于单调有界数列必有极限的准则Ⅱ,函数极限也有类似的准则. 对于自变量的不同变化过程($x\to x_0^-$,$x\to x_0^+$,$x\to-\infty$,$x\to+\infty$),准则有不同的形式. 现以 $x\to x_0^-$ 为例,将相应的准则叙述如下:

准则Ⅱ′　设函数 $f(x)$ 在点 x_0 的某个左邻域内单调并且有界,则 $f(x)$ 在 x_0 的左极限 $f(x_0^-)$ 必定存在.

*** 柯西(Cauchy)①极限存在准则**

在第二节例 1 及例 2 中,我们看到收敛数列不一定是单调的. 因此,准则Ⅱ所给出的单调有界这条件,是数列收敛的充分条件,而不是必要的. 当然,其中有界这一条件对数列的收敛性来说是必要的. 下面叙述的柯西极限存在准则,它给出了数列收敛的充分必要条件.

柯西极限存在准则　数列 $\{x_n\}$ 收敛的充分必要条件是:对于任意给定的正数 ε,存在正整数 N,使得当 $m>N$,$n>N$ 时,有

$$|x_n-x_m|<\varepsilon.$$

证　必要性　设 $\lim\limits_{n\to\infty}x_n=a$. $\forall\,\varepsilon>0$,由数列极限的定义,$\exists$ 正整数 N,当 $n>N$ 时,有

$$|x_n-a|<\frac{\varepsilon}{2};$$

同样,当 $m>N$ 时,也有

$$|x_m-a|<\frac{\varepsilon}{2}.$$

---

① 柯西(Augustin-Louis Cauchy,1789—1857),法国数学家,他出版了《分析教程》(1821)、《无穷小分析教程概论》(1823)、《微积分在几何中的应用》(1826—1828)这几部划时代的著作,给出了分析学一系列基本概念的严格定义,将微积分理论完整而严密地奠基于极限的基础之上,从而使他成为严格微积分学的奠基者.

因此，当 $m>N,n>N$ 时，有

$$\begin{aligned}|x_n-x_m| &= |(x_n-a)-(x_m-a)| \\ &\leqslant |x_n-a|+|x_m-a|<\frac{\varepsilon}{2}+\frac{\varepsilon}{2}=\varepsilon,\end{aligned}$$

所以条件是必要的.

充分性这里不予证明.

这准则的几何意义表示，数列 $\{x_n\}$ 收敛的充分必要条件是：对于任意给定的正数 ε，在数轴上一切具有足够大号码的点 x_n 中，任意两点间的距离小于 ε.

柯西极限存在准则有时也叫做柯西审敛原理.

习 题 1-6

1. 计算下列极限：

（1）$\lim\limits_{x\to 0}\dfrac{\sin \omega x}{x}$；（2）$\lim\limits_{x\to 0}\dfrac{\tan 3x}{x}$；

（3）$\lim\limits_{x\to 0}\dfrac{\sin 2x}{\sin 5x}$；（4）$\lim\limits_{x\to 0} x\cot x$；

（5）$\lim\limits_{x\to 0}\dfrac{1-\cos 2x}{x\sin x}$；（6）$\lim\limits_{n\to\infty}2^n\sin\dfrac{x}{2^n}$（$x$ 为不等于零的常数，$n\in\mathbf{N}_+$）.

2. 计算下列极限：

（1）$\lim\limits_{x\to 0}(1-x)^{\frac{1}{x}}$；（2）$\lim\limits_{x\to 0}(1+2x)^{\frac{1}{x}}$；

（3）$\lim\limits_{x\to\infty}\left(\dfrac{1+x}{x}\right)^{2x}$；（4）$\lim\limits_{x\to\infty}\left(1-\dfrac{1}{x}\right)^{kx}$（$k$ 为正整数）.

*3. 根据函数极限的定义，证明极限存在的准则 Ⅰ′.

4. 利用极限存在准则证明：

（1）$\lim\limits_{n\to\infty}\sqrt{1+\dfrac{1}{n}}=1$；（2）$\lim\limits_{n\to\infty}n\left(\dfrac{1}{n^2+\pi}+\dfrac{1}{n^2+2\pi}+\cdots+\dfrac{1}{n^2+n\pi}\right)=1$；

（3）数列 $\sqrt{2},\sqrt{2+\sqrt{2}},\sqrt{2+\sqrt{2+\sqrt{2}}},\cdots$ 的极限存在；

（4）$\lim\limits_{x\to 0}\sqrt[n]{1+x}=1$；（5）$\lim\limits_{x\to 0^+}x\left[\dfrac{1}{x}\right]=1$.

第七节 无穷小的比较

在第五节中我们已经知道，两个无穷小的和、差及乘积仍旧是无穷小. 但是，关于两个无穷小的商，却会出现不同的情况，例如，当 $x\to 0$ 时，$3x$、x^2、$\sin x$ 都是无穷小，而

$$\lim_{x\to0}\frac{x^2}{3x}=0,\quad \lim_{x\to0}\frac{3x}{x^2}=\infty,\quad \lim_{x\to0}\frac{\sin x}{3x}=\frac{1}{3}.$$

两个无穷小之比的极限的各种不同情况，反映了不同的无穷小趋于零的“快慢”程度. 就上面几个例子来说，在 $x\to0$ 的过程中，$x^2\to0$ 比 $3x\to0$“快些”，反过来 $3x\to0$ 比 $x^2\to0$“慢些”，而 $\sin x\to0$ 与 $3x\to0$“快慢相仿”.

下面，我们就无穷小之比的极限存在或为无穷大时，来说明两个无穷小之间的比较. 应当注意，下面的 α 及 β 都是在同一个自变量的变化过程中的无穷小，且 $\alpha\neq0$，$\lim\dfrac{\beta}{\alpha}$ 也是在这个变化过程中的极限.

定义

如果 $\lim\dfrac{\beta}{\alpha}=0$，那么就说 β 是比 α 高阶的无穷小，记作 $\beta=o(\alpha)$；

如果 $\lim\dfrac{\beta}{\alpha}=\infty$，那么就说 β 是比 α 低阶的无穷小；

如果 $\lim\dfrac{\beta}{\alpha}=c\neq0$，那么就说 β 与 α 是同阶无穷小；

如果 $\lim\dfrac{\beta}{\alpha^k}=c\neq0,k>0$，那么就说 β 是关于 α 的 k 阶无穷小；

如果 $\lim\dfrac{\beta}{\alpha}=1$，那么就说 β 与 α 是等价无穷小，记作 $\alpha\sim\beta$.

显然，等价无穷小是同阶无穷小的特殊情形，即 $c=1$ 的情形.

下面举一些例子：

因为 $\lim\limits_{x\to0}\dfrac{3x^2}{x}=0$，所以当 $x\to0$ 时，$3x^2$ 是比 x 高阶的无穷小，即

$$3x^2=o(x)\ (x\to0).$$

因为 $\lim\limits_{n\to\infty}\dfrac{\frac{1}{n}}{\frac{1}{n^2}}=\infty$，所以当 $n\to\infty$ 时，$\dfrac{1}{n}$ 是比 $\dfrac{1}{n^2}$ 低阶的无穷小.

因为 $\lim\limits_{x\to3}\dfrac{x^2-9}{x-3}=6$，所以当 $x\to3$ 时，x^2-9 与 $x-3$ 是同阶无穷小.

因为 $\lim\limits_{x\to0}\dfrac{1-\cos x}{x^2}=\dfrac{1}{2}$，所以当 $x\to0$ 时，$1-\cos x$ 是关于 x 的二阶无穷小.

因为 $\lim\limits_{x\to0}\dfrac{\sin x}{x}=1$，所以当 $x\to0$ 时，$\sin x$ 与 x 是等价无穷小，即

$$\sin x\sim x\ (x\to0).$$

下面再举一个常用的等价无穷小的例子.

例 1　证明:当 $x\to 0$ 时,$\sqrt[n]{1+x}-1\sim\frac{1}{n}x$.

证　因为

$$\lim_{x\to 0}\frac{\sqrt[n]{1+x}-1}{\frac{1}{n}x}=\lim_{x\to 0}\frac{(\sqrt[n]{1+x})^n-1}{\frac{1}{n}x\left[\sqrt[n]{(1+x)^{n-1}}+\sqrt[n]{(1+x)^{n-2}}+\cdots+1\right]}$$

$$=\lim_{x\to 0}\frac{n}{\sqrt[n]{(1+x)^{n-1}}+\sqrt[n]{(1+x)^{n-2}}+\cdots+1}=1①,$$

所以 $\sqrt[n]{1+x}-1\sim\frac{1}{n}x\ (x\to 0)$.

关于等价无穷小,有下面两个定理.

定理 1　**β 与 α 是等价无穷小的充分必要条件为**

$$\beta=\alpha+o(\alpha).$$

证　必要性　设 $\alpha\sim\beta$,则

$$\lim\frac{\beta-\alpha}{\alpha}=\lim\left(\frac{\beta}{\alpha}-1\right)=\lim\frac{\beta}{\alpha}-1=0,$$

因此 $\beta-\alpha=o(\alpha)$,即 $\beta=\alpha+o(\alpha)$.

充分性　设 $\beta=\alpha+o(\alpha)$,则

$$\lim\frac{\beta}{\alpha}=\lim\frac{\alpha+o(\alpha)}{\alpha}=\lim\left(1+\frac{o(\alpha)}{\alpha}\right)=1,$$

因此 $\alpha\sim\beta$.

例 2　因为当 $x\to 0$ 时,$\sin x\sim x$,$\tan x\sim x$,$\arcsin x\sim x$,$1-\cos x\sim\frac{1}{2}x^2$,所以当 $x\to 0$ 时有

$$\sin x=x+o(x),\quad \tan x=x+o(x),$$

$$\arcsin x=x+o(x),\quad 1-\cos x=\frac{1}{2}x^2+o(x^2).$$

定理 2　**设 $\alpha\sim\widetilde{\alpha}$,$\beta\sim\widetilde{\beta}$,且 $\lim\frac{\widetilde{\beta}}{\widetilde{\alpha}}$ 存在,则**

① 极限 $\lim_{x\to 0}\sqrt[n]{(1+x)^m}=1\ (m=n-1,n-2,\cdots,1)$ 用到了习题 1-6 中题 4(4) 的结果及第五节中定理 3 的推论 2.

$$\lim \frac{\beta}{\alpha}=\lim \frac{\widetilde{\beta}}{\widetilde{\alpha}}.$$

证　$\lim \frac{\beta}{\alpha}=\lim \left(\frac{\beta}{\widetilde{\beta}}\cdot\frac{\widetilde{\beta}}{\widetilde{\alpha}}\cdot\frac{\widetilde{\alpha}}{\alpha}\right)=\lim \frac{\beta}{\widetilde{\beta}}\cdot\lim \frac{\widetilde{\beta}}{\widetilde{\alpha}}\cdot\lim \frac{\widetilde{\alpha}}{\alpha}=\lim \frac{\widetilde{\beta}}{\widetilde{\alpha}}.$

定理 2 表明，求两个无穷小之比的极限时，分子及分母都可用等价无穷小来代替. 因此，如果用来代替的无穷小选得适当的话，就可以使计算简化.

例 3　求$\lim\limits_{x\to 0}\frac{\tan 2x}{\sin 5x}$.

解　当 $x\to 0$ 时，$\tan 2x\sim 2x$，$\sin 5x\sim 5x$，所以

$$\lim_{x\to 0}\frac{\tan 2x}{\sin 5x}=\lim_{x\to 0}\frac{2x}{5x}=\frac{2}{5}.$$

例 4　求$\lim\limits_{x\to 0}\frac{\sin x}{x^3+3x}$.

解　当 $x\to 0$ 时，$\sin x\sim x$，无穷小 x^3+3x 与它本身显然是等价的，所以

$$\lim_{x\to 0}\frac{\sin x}{x^3+3x}=\lim_{x\to 0}\frac{x}{x(x^2+3)}=\lim_{x\to 0}\frac{1}{x^2+3}=\frac{1}{3}.$$

例 5　求$\lim\limits_{x\to 0}\frac{(1+x^2)^{\frac{1}{3}}-1}{\cos x-1}$.

解　当 $x\to 0$ 时，$(1+x^2)^{\frac{1}{3}}-1\sim\frac{1}{3}x^2$，$\cos x-1\sim-\frac{1}{2}x^2$，所以

$$\lim_{x\to 0}\frac{(1+x^2)^{\frac{1}{3}}-1}{\cos x-1}=\lim_{x\to 0}\frac{\frac{1}{3}x^2}{-\frac{1}{2}x^2}=-\frac{2}{3}.$$

习　题　1-7

1. 当 $x\to 0$ 时，$2x-x^2$ 与 x^2-x^3 相比，哪一个是高阶无穷小？
2. 当 $x\to 0$ 时，$(1-\cos x)^2$ 与 $\sin^2 x$ 相比，哪一个是高阶无穷小？
3. 当 $x\to 1$ 时，无穷小 $1-x$ 和（1）$1-x^3$，（2）$\frac{1}{2}(1-x^2)$ 是否同阶，是否等价？
4. 证明：当 $x\to 0$ 时，有

（1）$\arctan x\sim x$；　　　　（2）$\sec x-1\sim\frac{x^2}{2}$.

5. 利用等价无穷小的性质，求下列极限：

(1) $\lim\limits_{x\to 0}\dfrac{\tan 3x}{2x}$；　　(2) $\lim\limits_{x\to 0}\dfrac{\sin(x^n)}{(\sin x)^m}$ (n,m 为正整数)；

(3) $\lim\limits_{x\to 0}\dfrac{\tan x-\sin x}{\sin^3 x}$；　　(4) $\lim\limits_{x\to 0}\dfrac{\sin x-\tan x}{(\sqrt[3]{1+x^2}-1)(\sqrt{1+\sin x}-1)}$.

6. 证明无穷小的等价关系具有下列性质：

(1) $\alpha\sim\alpha$（自反性）；　　(2) 若 $\alpha\sim\beta$，则 $\beta\sim\alpha$（对称性）；

(3) 若 $\alpha\sim\beta,\beta\sim\gamma$，则 $\alpha\sim\gamma$（传递性）.

第八节　函数的连续性与间断点

一、函数的连续性

自然界中有许多现象，如气温的变化、河水的流动、植物的生长等都是连续地变化着的. 这种现象在函数关系上的反映，就是函数的连续性. 例如就气温的变化来看，当时间变动很微小时，气温的变化也很微小，这种特点就是所谓连续性. 下面我们先引入增量的概念，然后来描述连续性，并引出函数的连续性的定义.

设变量 u 从它的一个初值 u_1 变到终值 u_2，终值与初值的差 u_2-u_1 就叫做变量 u 的增量，记作 Δu，即

$$\Delta u=u_2-u_1.$$

增量 Δu 可以是正的，也可以是负的. 在 Δu 为正的情形，变量 u 从 u_1 变到 $u_2=u_1+\Delta u$ 时是增大的；当 Δu 为负时，变量 u 是减小的.

应该注意到：记号 Δu 并不表示某个量 Δ 与变量 u 的乘积，而是一个整体不可分割的记号.

现在假定函数 $y=f(x)$ 在点 x_0 的某一个邻域内是有定义的. 当自变量 x 在这邻域内从 x_0 变到 $x_0+\Delta x$ 时，函数值或因变量 $f(x)$ 相应地从 $f(x_0)$ 变到 $f(x_0+\Delta x)$，因此函数值或因变量 $f(x)$ 的对应增量为

$$\Delta y=f(x_0+\Delta x)-f(x_0).$$

习惯上也称 Δy 为函数的增量，函数增量的几何解释如图 1-33 所示.

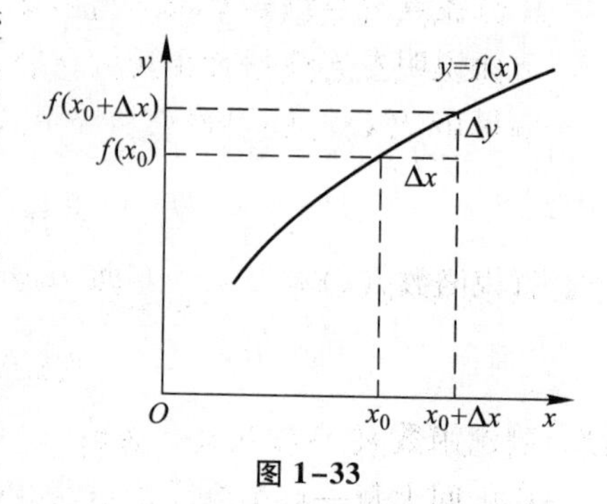

图 1-33

假如保持 x_0 不变而让自变量的增量 Δx 变动，一般说来，函数的增量 Δy 也要随着变动. 现在我们对连续性的概念可以

这样描述：如果当 Δx 趋于零时，函数的对应增量 Δy 也趋于零，即

$$\lim_{\Delta x\to 0}\Delta y=0 \tag{8-1}$$

或

$$\lim_{\Delta x\to 0}[f(x_0+\Delta x)-f(x_0)]=0,$$

那么就称函数 $y=f(x)$ 在点 x_0 处是连续的，即有下述定义：

定义　设函数 $y=f(x)$ 在点 x_0 的某一邻域内有定义，如果

$$\lim_{\Delta x\to 0}\Delta y=\lim_{\Delta x\to 0}[f(x_0+\Delta x)-f(x_0)]=0,$$

那么就称函数 $y=f(x)$ 在点 x_0 连续.

为了应用方便起见，下面把函数 $y=f(x)$ 在点 x_0 连续的定义用不同的方式来叙述.

设 $x=x_0+\Delta x$，则 $\Delta x\to 0$ 就是 $x\to x_0$. 又由于

$$\Delta y=f(x_0+\Delta x)-f(x_0)=f(x)-f(x_0),$$

即

$$f(x)=f(x_0)+\Delta y,$$

可见 $\Delta y\to 0$ 就是 $f(x)\to f(x_0)$，因此(8-1)式与

$$\lim_{x\to x_0}f(x)=f(x_0)$$

相当. 所以，函数 $y=f(x)$ 在点 x_0 连续的定义又可叙述如下：

设函数 $y=f(x)$ 在点 x_0 的某一邻域内有定义，如果

$$\lim_{x\to x_0}f(x)=f(x_0), \tag{8-2}$$

那么就称函数 $f(x)$ 在点 x_0 连续.

由函数 $f(x)$ 当 $x\to x_0$ 时的极限的定义可知，上述定义也可用"$\varepsilon-\delta$"语言表达如下：

$f(x)$ 在点 x_0 连续 $\Leftrightarrow \forall\, \varepsilon>0, \exists\, \delta>0$，当 $|x-x_0|<\delta$ 时，有 $|f(x)-f(x_0)|<\varepsilon$.

下面说明左连续及右连续的概念.

如果 $\lim\limits_{x\to x_0^-}f(x)=f(x_0^-)$ 存在且等于 $f(x_0)$，即

$$f(x_0^-)=f(x_0),$$

那么就说函数 $f(x)$ 在点 x_0 左连续. 如果 $\lim\limits_{x\to x_0^+}f(x)=f(x_0^+)$ 存在且等于 $f(x_0)$，即

$$f(x_0^+)=f(x_0),$$

那么就说函数 $f(x)$ 在点 x_0 右连续.

在区间上每一点都连续的函数，叫做在该区间上的连续函数，或者说函数在

该区间上连续. 如果区间包括端点,那么函数在右端点连续是指左连续,在左端点连续是指右连续.

连续函数的图形是一条连续而不间断的曲线.

在第五节中,我们曾经证明:如果 $f(x)$ 是有理整函数(多项式),那么对于任意的实数 x_0,都有 $\lim\limits_{x\to x_0}f(x)=f(x_0)$,因此有理整函数在区间 $(-\infty,+\infty)$ 内是连续的. 对于有理分式函数 $F(x)=\dfrac{P(x)}{Q(x)}$,只要 $Q(x_0)\neq 0$,就有 $\lim\limits_{x\to x_0}F(x)=F(x_0)$,因此有理分式函数在其定义域内的每一点都是连续的.

由第三节例 5 可知,函数 $f(x)=\sqrt{x}$ 在 $(0,+\infty)$ 内是连续的.

作为例子,我们来证明,函数 $y=\sin x$ 在区间 $(-\infty,+\infty)$ 内是连续的.

设 x 是区间 $(-\infty,+\infty)$ 内任意取定的一点. 当 x 有增量 Δx 时,对应的函数的增量为

$$\Delta y=\sin(x+\Delta x)-\sin x,$$

由三角公式有

$$\sin(x+\Delta x)-\sin x=2\sin\frac{\Delta x}{2}\cos\left(x+\frac{\Delta x}{2}\right),$$

注意到

$$\left|\cos\left(x+\frac{\Delta x}{2}\right)\right|\leqslant 1,$$

就推得

$$|\Delta y|=|\sin(x+\Delta x)-\sin x|\leqslant 2\left|\sin\frac{\Delta x}{2}\right|.$$

因为对于任意的角度 α,当 $\alpha\neq 0$ 时有 $|\sin\alpha|<|\alpha|$,所以

$$0\leqslant|\Delta y|=|\sin(x+\Delta x)-\sin x|<|\Delta x|.$$

因此,当 $\Delta x\to 0$ 时,由夹逼准则得 $|\Delta y|\to 0$,这就证明了 $y=\sin x$ 对于任一 $x\in(-\infty,+\infty)$ 是连续的.

类似地可以证明,函数 $y=\cos x$ 在区间 $(-\infty,+\infty)$ 内是连续的.

二、函数的间断点

设函数 $f(x)$ 在点 x_0 的某去心邻域内有定义. 在此前提下,如果函数 $f(x)$ 有下列三种情形之一:

(1) 在 $x=x_0$ 没有定义;

(2) 虽在 $x=x_0$ 有定义,但 $\lim\limits_{x\to x_0}f(x)$ 不存在;

（3）虽在 $x=x_0$ 有定义，且 $\lim\limits_{x\to x_0}f(x)$ 存在，但 $\lim\limits_{x\to x_0}f(x)\neq f(x_0)$，

那么函数 $f(x)$ 在点 x_0 为不连续，而点 x_0 称为函数 $f(x)$ 的不连续点或间断点.

下面举例来说明函数间断点的几种常见类型.

例 1　正切函数 $y=\tan x$ 在 $x=\frac{\pi}{2}$ 处没有定义，所以点 $x=\frac{\pi}{2}$ 是函数 $\tan x$ 的间断点. 因

$$\lim_{x\to\frac{\pi}{2}}\tan x=\infty ,$$

我们称 $x=\frac{\pi}{2}$ 为函数 $\tan x$ 的无穷间断点（图 1-34）.

例 2　函数 $y=\sin\frac{1}{x}$ 在点 $x=0$ 没有定义；当 $x\to 0$ 时，函数值在 -1 与 $+1$ 之间变动无限多次（图 1-35），所以点 $x=0$ 称为函数 $\sin\frac{1}{x}$ 的振荡间断点.

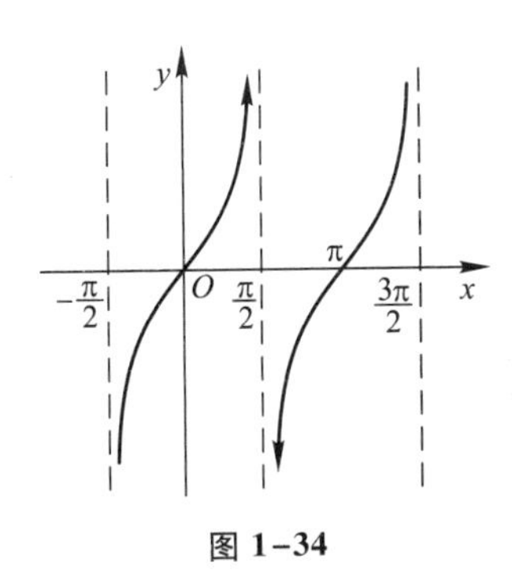

图 1-34

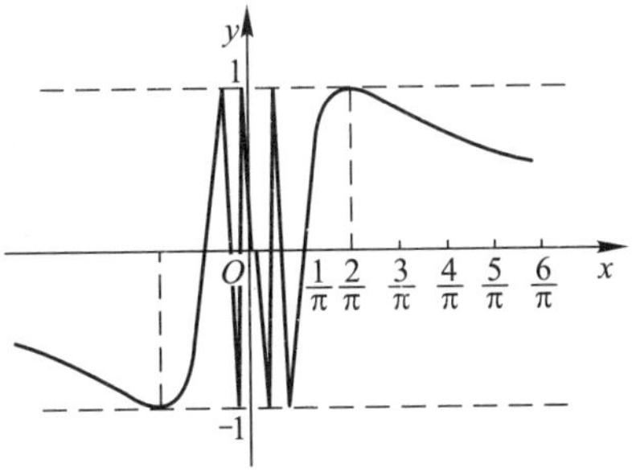

图 1-35

例 3　函数 $y=\frac{x^2-1}{x-1}$ 在点 $x=1$ 没有定义，所以函数在点 $x=1$ 为不连续（图 1-36）. 但这里

$$\lim_{x\to 1}\frac{x^2-1}{x-1}=\lim_{x\to 1}(x+1)=2.$$

如果补充定义：令 $x=1$ 时 $y=2$，那么所给函数在 $x=1$ 成为连续. 所以 $x=1$ 称为该函数的可去间断点.

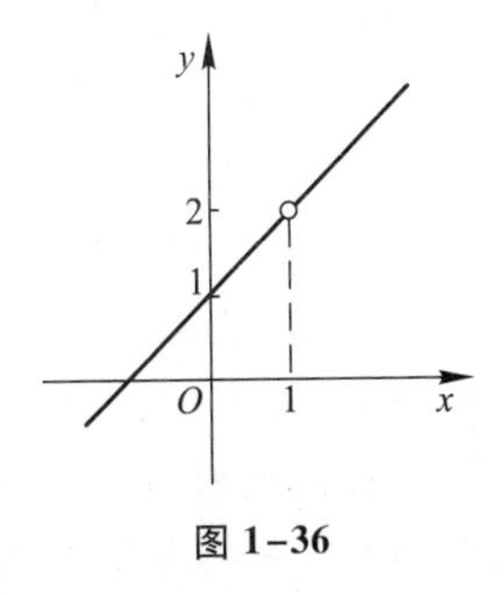

图 1-36

例 4　函数

$$y=f(x)=\begin{cases}x, & x\neq 1,\\ \frac{1}{2}, & x=1.\end{cases}$$

这里$\lim\limits_{x\to 1}f(x)=\lim\limits_{x\to 1}x=1$,但$f(1)=\dfrac{1}{2}$,所以

$$\lim_{x\to 1}f(x)\neq f(1).$$

因此,点 $x=1$ 是函数 $f(x)$ 的间断点(图 1-37).但如果改变函数 $f(x)$ 在 $x=1$ 处的定义:令 $f(1)=1$,那么 $f(x)$ 在 $x=1$ 成为连续.所以 $x=1$ 也称为该函数的可去间断点.

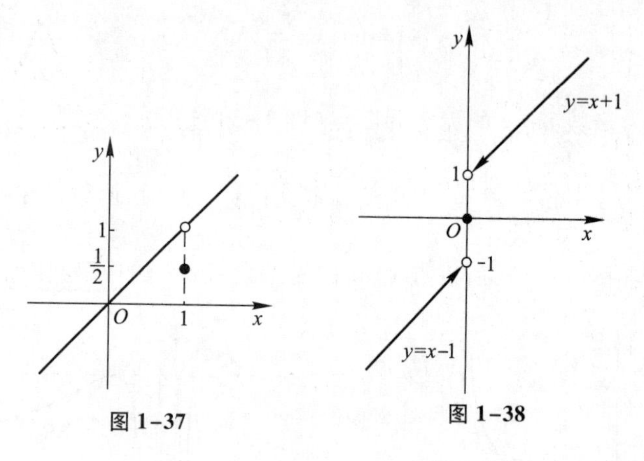

图 1-37　　图 1-38

例 5　函数

$$f(x)=\begin{cases}x-1, & x<0,\\ 0, & x=0,\\ x+1 & x>0.\end{cases}$$

这里,当 $x\to 0$ 时,

$$\lim_{x\to 0^-}f(x)=\lim_{x\to 0^-}(x-1)=-1,$$
$$\lim_{x\to 0^+}f(x)=\lim_{x\to 0^+}(x+1)=1.$$

左极限与右极限虽都存在,但不相等,故极限$\lim\limits_{x\to 0}f(x)$不存在,所以点 $x=0$ 是函数 $f(x)$ 的间断点(图 1-38).因 $y=f(x)$ 的图形在 $x=0$ 处产生跳跃现象,我们称 $x=0$ 为函数 $f(x)$ 的跳跃间断点.

上面举了一些间断点的例子.通常把间断点分成两类:如果 x_0 是函数 $f(x)$ 的间断点,但左极限 $f(x_0^-)$ 及右极限 $f(x_0^+)$ 都存在,那么 x_0 称为函数 $f(x)$ 的第一类间断点.不是第一类间断点的任何间断点,称为第二类间断点.在第一类间断点中,左、右极限相等者称为可去间断点,不相等者称为跳跃间断点.无穷间断点和振荡间断点显然是第二类间断点.

习　题　1-8

1. 设 $y=f(x)$ 的图形如图 1-39 所示，试指出 $f(x)$ 的全部间断点，并对可去间断点补充或修改函数值的定义，使它成为连续点.

2. 研究下列函数的连续性，并画出函数的图形：

(1) $f(x)=\begin{cases}x^2, & 0\leqslant x\leqslant 1,\\ 2-x, & 1<x\leqslant 2;\end{cases}$

(2) $f(x)=\begin{cases}x, & -1\leqslant x\leqslant 1,\\ 1, & x<-1\text{ 或 }x>1.\end{cases}$

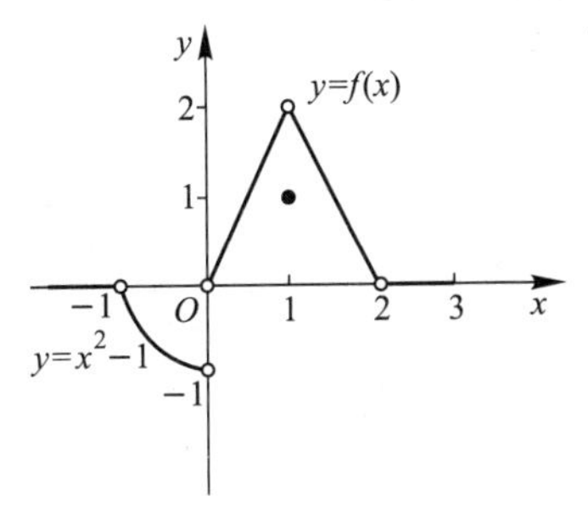

图 1-39

3. 下列函数在指出的点处间断，说明这些间断点属于哪一类. 如果是可去间断点，那么补充或改变函数的定义使它连续：

(1) $y=\dfrac{x^2-1}{x^2-3x+2}, x=1, x=2$；

(2) $y=\dfrac{x}{\tan x}, x=k\pi, x=k\pi+\dfrac{\pi}{2}\quad(k=0,\pm1,\pm2\cdots)$；

(3) $y=\cos^2\dfrac{1}{x}, x=0$；

(4) $y=\begin{cases}x-1, & x\leqslant 1,\\ 3-x, & x>1,\end{cases}\quad x=1.$

4. 讨论函数 $f(x)=\lim\limits_{n\to\infty}\dfrac{1-x^{2n}}{1+x^{2n}}x\ (n\in\mathbf{N}_+)$ 的连续性，若有间断点，则判别其类型.

5. 下列陈述中，哪些是对的，哪些是错的？如果是对的，说明理由；如果是错的，试给出一个反例.

(1) 如果函数 $f(x)$ 在 a 连续，那么 $|f(x)|$ 也在 a 连续；

(2) 如果函数 $|f(x)|$ 在 a 连续，那么 $f(x)$ 也在 a 连续.

*6. 证明：若函数 $f(x)$ 在点 x_0 连续且 $f(x_0)\neq 0$，则存在 x_0 的某一邻域 $U(x_0)$，当 $x\in U(x_0)$ 时，$f(x)\neq 0$.

*7. 设

$$f(x)=\begin{cases}x, & x\in\mathbf{Q},\\ 0, & x\in\mathbf{R}\backslash\mathbf{Q},\end{cases}$$

证明：

(1) $f(x)$ 在 $x=0$ 连续；

(2) $f(x)$ 在非零的 x 处都不连续.

*8. 试举出具有以下性质的函数 $f(x)$ 的例子：

$x=0,\pm1,\pm2,\pm\dfrac{1}{2},\cdots,\pm n,\pm\dfrac{1}{n},\cdots$ 是 $f(x)$ 的所有间断点，且它们都是无穷间断点.

第九节　连续函数的运算与初等函数的连续性

一、连续函数的和、差、积、商的连续性

由函数在某点连续的定义和极限的四则运算法则，立即可得出下面的定理：

定理 1　**设函数** $f(x)$ **和** $g(x)$ **在点** x_0 **连续，则它们的和（差）**$f\pm g$**、积** $f\cdot g$ **及商** $\dfrac{f}{g}$**（当** $g(x_0)\neq 0$ **时）都在点** x_0 **连续.**

例 1　因 $\tan x=\dfrac{\sin x}{\cos x}$，$\cot x=\dfrac{\cos x}{\sin x}$，而 $\sin x$ 和 $\cos x$ 都在区间 $(-\infty,+\infty)$ 内连续（第八节），故由定理 1 知 $\tan x$ 和 $\cot x$ 在它们的定义域内是连续的.

二、反函数与复合函数的连续性

反函数和复合函数的概念已经在第一节中讲过，这里来讨论它们的连续性.

定理 2　**如果函数** $y=f(x)$ **在区间** I_x **上单调增加（或单调减少）且连续，那么它的反函数** $x=f^{-1}(y)$ **也在对应的区间** $I_y=\{y\mid y=f(x),x\in I_x\}$ **上单调增加（或单调减少）且连续.**

证明从略.

例 2　由于 $y=\sin x$ 在闭区间 $\left[-\dfrac{\pi}{2},\dfrac{\pi}{2}\right]$ 上单调增加且连续，所以它的反函数 $y=\arcsin x$ 在闭区间 $[-1,1]$ 上也是单调增加且连续的.

同样，应用定理 2 可证：$y=\arccos x$ 在闭区间 $[-1,1]$ 上单调减少且连续，$y=\arctan x$ 在区间 $(-\infty,+\infty)$ 内单调增加且连续，$y=\operatorname{arccot} x$ 在区间 $(-\infty,+\infty)$ 内单调减少且连续.

总之，反三角函数 $\arcsin x$，$\arccos x$，$\arctan x$，$\operatorname{arccot} x$ 在它们的定义域内都是连续的.

定理 3　**设函数** $y=f[g(x)]$ **由函数** $u=g(x)$ **与函数** $y=f(u)$ **复合而成，**$\mathring{U}(x_0)\subset D_{f\circ g}$**. 若** $\lim\limits_{x\to x_0}g(x)=u_0$**，而函数** $y=f(u)$ **在** $u=u_0$ **连续，则**

$$\lim_{x\to x_0}f[g(x)]=\lim_{u\to u_0}f(u)=f(u_0).\tag{9-1}$$

证　在第五节定理 6 中，令 $A=f(u_0)$（这时 $f(u)$ 在点 u_0 连续），并取消“存在 $\delta_0>0$，当 $x\in\mathring{U}(x_0,\delta_0)$ 时，有 $g(x)\neq u_0$”这条件，便得上面的定理. 这里 $g(x)\neq u_0$

这条件可以取消的理由是：$\forall\varepsilon>0$，使 $g(x)=u_0$ 成立的那些点 x，显然也使 $|f[g(x)]-f(u_0)|<\varepsilon$ 成立. 因此附加 $g(x)\neq u_0$ 这条件就没有必要了.

因为在定理 3 中有

$$\lim_{x\to x_0}g(x)=u_0,\quad \lim_{u\to u_0}f(u)=f(u_0),$$

故(9-1)式又可写成

$$\lim_{x\to x_0}f[g(x)]=f[\lim_{x\to x_0}g(x)].\tag{9-2}$$

(9-1)式表示，在定理 3 的条件下，如果作代换 $u=g(x)$，那么求 $\lim\limits_{x\to x_0}f[g(x)]$ 就化为求 $\lim\limits_{u\to u_0}f(u)$，这里 $u_0=\lim\limits_{x\to x_0}g(x)$.

(9-2)式表示，在定理 3 的条件下，求复合函数 $f[g(x)]$ 的极限时，函数符号 f 与极限号 $\lim\limits_{x\to x_0}$ 可以交换次序.

把定理 3 中的 $x\to x_0$ 换成 $x\to\infty$，可得类似的定理.

例 3　求 $\lim\limits_{x\to 3}\sqrt{\dfrac{x-3}{x^2-9}}$.

解　$y=\sqrt{\dfrac{x-3}{x^2-9}}$ 可看作由 $y=\sqrt{u}$ 与 $u=\dfrac{x-3}{x^2-9}$ 复合而成. 因为 $\lim\limits_{x\to 3}\dfrac{x-3}{x^2-9}=\dfrac{1}{6}$，而函数 $y=\sqrt{u}$ 在点 $u=\dfrac{1}{6}$ 连续，所以

$$\lim_{x\to 3}\sqrt{\frac{x-3}{x^2-9}}=\sqrt{\lim_{x\to 3}\frac{x-3}{x^2-9}}=\sqrt{\frac{1}{6}}=\frac{\sqrt{6}}{6}.$$

定理 4　**设函数 $y=f[g(x)]$ 是由函数 $u=g(x)$ 与函数 $y=f(u)$ 复合而成，$\mathring{U}(x_0)\subset D_{f\circ g}$. 若函数 $u=g(x)$ 在 $x=x_0$ 连续，且 $g(x_0)=u_0$，而函数 $y=f(u)$ 在 $u=u_0$ 连续，则复合函数 $y=f[g(x)]$ 在 $x=x_0$ 也连续.**

证　只要在定理 3 中令 $u_0=g(x_0)$，这就表示 $g(x)$ 在点 x_0 连续，于是由(9-1)式得

$$\lim_{x\to x_0}f[g(x)]=f(u_0)=f[g(x_0)],$$

这就证明了复合函数 $f[g(x)]$ 在点 x_0 连续.

例 4　讨论函数 $y=\sin\dfrac{1}{x}$ 的连续性.

解　函数 $y=\sin\dfrac{1}{x}$ 可看作是由 $u=\dfrac{1}{x}$ 及 $y=\sin u$ 复合而成的. $\dfrac{1}{x}$ 当 $-\infty<x<0$ 和 $0<x<+\infty$ 时是连续的，$\sin u$ 当 $-\infty<u<+\infty$ 时是连续的. 根据定理 4，函数 $\sin\dfrac{1}{x}$ 在无限区间 $(-\infty,0)$ 和 $(0,+\infty)$ 内是连续的.

三、初等函数的连续性

前面证明了三角函数及反三角函数在它们的定义域内是连续的.

我们指出(但不详细讨论),指数函数 a^x $(a>0,a\neq1)$ 对于一切实数 x 都有定义,且在区间 $(-\infty,+\infty)$ 内是单调的和连续的,它的值域为 $(0,+\infty)$.

由指数函数的单调性和连续性,引用定理 2 可得:对数函数 $\log_a x$ $(a>0,a\neq1)$ 在区间 $(0,+\infty)$ 内单调且连续.

幂函数 $y=x^\mu$ 的定义域随 μ 的值而异,但无论 μ 为何值,在区间 $(0,+\infty)$ 内幂函数总是有定义的.下面我们来证明,在 $(0,+\infty)$ 内幂函数是连续的.事实上,设 $x>0$,则

$$y=x^\mu=a^{\mu\log_a x},$$

因此,幂函数 x^μ 可看作是由 $y=a^u$,$u=\mu\log_a x$ 复合而成的,由此,根据定理 4,它在 $(0,+\infty)$ 内连续.如果对于 μ 取各种不同值加以分别讨论,可以证明(证明从略)幂函数在它的定义域内是连续的.

综合起来得到:**基本初等函数在它们的定义域内都是连续的.**

最后,根据第一节中关于初等函数的定义,由基本初等函数的连续性以及本节定理 1、定理 4 可得下列重要结论:**一切初等函数在其定义区间内都是连续的.** 所谓定义区间,就是包含在定义域内的区间.

根据函数 $f(x)$ 在点 x_0 连续的定义,如果已知 $f(x)$ 在点 x_0 连续,那么求 $f(x)$ 当 $x\to x_0$ 的极限时,只要求 $f(x)$ 在点 x_0 的函数值就行了.因此,上述关于初等函数连续性的结论提供了求极限的一个方法,这就是:如果 $f(x)$ 是初等函数,且 x_0 是 $f(x)$ 的定义区间内的点,那么

$$\lim_{x\to x_0}f(x)=f(x_0).$$

例如,点 $x_0=0$ 是初等函数 $f(x)=\sqrt{1-x^2}$ 的定义区间 $[-1,1]$ 上的点,所以 $\lim\limits_{x\to0}\sqrt{1-x^2}=\sqrt{1}=1$;又如点 $x_0=\dfrac{\pi}{2}$ 是初等函数 $f(x)=\ln\sin x$ 的一个定义区间 $(0,\pi)$ 内的点,所以

$$\lim_{x\to\frac{\pi}{2}}\ln\sin x=\ln\sin\frac{\pi}{2}=0.$$

例 5 求 $\lim\limits_{x\to0}\dfrac{\log_a(1+x)}{x}$.

解 $\lim\limits_{x\to0}\dfrac{\log_a(1+x)}{x}=\lim\limits_{x\to0}\log_a(1+x)^{\frac{1}{x}}=\log_a\mathrm{e}=\dfrac{1}{\ln a}$.

例 6　求$\lim\limits_{x\to 0}\dfrac{a^x-1}{x}$.

解　令 $a^x-1=t$,则 $x=\log_a(1+t)$,当 $x\to 0$ 时 $t\to 0$,于是

$$\lim_{x\to 0}\frac{a^x-1}{x}=\lim_{t\to 0}\frac{t}{\log_a(1+t)}=\ln a.$$

例 7　求$\lim\limits_{x\to 0}\dfrac{(1+x)^\alpha-1}{x}(\alpha\in\mathbf{R})$.

解　令$(1+x)^\alpha-1=t$,则当 $x\to 0$ 时,$t\to 0$,于是

$$\lim_{x\to 0}\frac{(1+x)^\alpha-1}{x}=\lim_{x\to 0}\left[\frac{(1+x)^\alpha-1}{\ln(1+x)^\alpha}\cdot\frac{\alpha\ln(1+x)}{x}\right]$$

$$=\lim_{t\to 0}\frac{t}{\ln(1+t)}\cdot\lim_{x\to 0}\frac{\alpha\ln(1+x)}{x}=\alpha.$$

由例 5、例 6、例 7 可得下列三个常用的等价无穷小关系式:

$$\ln(1+x)\sim x\quad(x\to 0),$$

$$e^x-1\sim x\quad(x\to 0),$$

$$(1+x)^\alpha-1\sim\alpha x\quad(x\to 0).$$

例 8　求$\lim\limits_{x\to 0}(1+2x)^{\frac{3}{\sin x}}$.

解　因为

$$(1+2x)^{\frac{3}{\sin x}}=(1+2x)^{\frac{1}{2x}\cdot\frac{x}{\sin x}\cdot 6}=e^{6\cdot\frac{x}{\sin x}\ln(1+2x)^{\frac{1}{2x}}},$$

利用定理 3 及极限的运算法则,便有

$$\lim_{x\to 0}(1+2x)^{\frac{3}{\sin x}}=e^{\lim\limits_{x\to 0}\left[6\cdot\frac{x}{\sin x}\cdot\ln(1+2x)^{\frac{1}{2x}}\right]}=e^6.$$

一般地,对于形如 $u(x)^{v(x)}$ $(u(x)>0,u(x)\neq 1)$的函数(通常称为幂指函数),如果

$$\lim u(x)=a>0,\ \lim v(x)=b,$$

那么

$$\lim u(x)^{v(x)}=a^b.$$

注意:这里三个 lim 都表示在同一自变量变化过程中的极限.

习　题　1-9

1. 求函数$f(x)=\dfrac{x^3+3x^2-x-3}{x^2+x-6}$的连续区间,并求极限$\lim\limits_{x\to 0}f(x)$,$\lim\limits_{x\to -3}f(x)$及$\lim\limits_{x\to 2}f(x)$.

2. 设函数 $f(x)$ 与 $g(x)$ 在点 x_0 连续,证明函数

$$\varphi(x)=\max\{f(x),g(x)\},\quad\psi(x)=\min\{f(x),g(x)\}$$

在点 x_0 也连续.

3. 求下列极限：

(1) $\lim\limits_{x\to 0}\sqrt{x^2-2x+5}$；　(2) $\lim\limits_{\alpha\to\frac{\pi}{4}}(\sin 2\alpha)^3$；

(3) $\lim\limits_{x\to\frac{\pi}{6}}\ln(2\cos 2x)$；　(4) $\lim\limits_{x\to 0}\dfrac{\sqrt{x+1}-1}{x}$；

(5) $\lim\limits_{x\to 1}\dfrac{\sqrt{5x-4}-\sqrt{x}}{x-1}$；　(6) $\lim\limits_{x\to\alpha}\dfrac{\sin x-\sin\alpha}{x-\alpha}$；

(7) $\lim\limits_{x\to+\infty}(\sqrt{x^2+x}-\sqrt{x^2-x})$；　(8) $\lim\limits_{x\to 0}\dfrac{\left(1-\frac{1}{2}x^2\right)^{\frac{2}{3}}-1}{x\ln(1+x)}$.

4. 求下列极限：

(1) $\lim\limits_{x\to\infty}\mathrm{e}^{\frac{1}{x}}$；　(2) $\lim\limits_{x\to 0}\ln\dfrac{\sin x}{x}$；

(3) $\lim\limits_{x\to\infty}\left(1+\dfrac{1}{x}\right)^{\frac{x}{2}}$；　(4) $\lim\limits_{x\to 0}(1+3\tan^2 x)^{\cot^2 x}$；

(5) $\lim\limits_{x\to\infty}\left(\dfrac{3+x}{6+x}\right)^{\frac{x-1}{2}}$；　(6) $\lim\limits_{x\to 0}\dfrac{\sqrt{1+\tan x}-\sqrt{1+\sin x}}{x\sqrt{1+\sin^2 x}-x}$；

(7) $\lim\limits_{x\to\mathrm{e}}\dfrac{\ln x-1}{x-\mathrm{e}}$；　(8) $\lim\limits_{x\to 0}\dfrac{\mathrm{e}^{3x}-\mathrm{e}^{2x}-\mathrm{e}^{x}+1}{\sqrt[3]{(1-x)(1+x)}-1}$.

5. 设 $f(x)$ 在 $\mathbf{R}$ 上连续，且 $f(x)\neq 0$，$\varphi(x)$ 在 $\mathbf{R}$ 上有定义，且有间断点，则下列陈述中哪些是对的，哪些是错的？如果是对的，试说明理由；如果是错的，试给出一个反例.

(1) $\varphi[f(x)]$ 必有间断点；　(2) $[\varphi(x)]^2$ 必有间断点；

(3) $f[\varphi(x)]$ 未必有间断点；　(4) $\dfrac{\varphi(x)}{f(x)}$ 必有间断点.

6. 设函数

$$f(x)=\begin{cases}\mathrm{e}^x, & x<0,\\ a+x, & x\geqslant 0.\end{cases}$$

应当怎样选择数 a，才能使得 $f(x)$ 成为在 $(-\infty,+\infty)$ 内的连续函数.

第十节　闭区间上连续函数的性质

第八节中已说明了函数在区间上连续的概念，如果函数 $f(x)$ 在开区间 (a,b) 内连续，在右端点 b 左连续，在左端点 a 右连续，那么函数 $f(x)$ 就是在闭区间 $[a,b]$ 上连续的. 在闭区间上连续的函数有几个重要的性质，今以定理的形式叙述它们.

一、有界性与最大值最小值定理

先说明最大值和最小值的概念. 对于在区间 I 上有定义的函数 $f(x)$,如果有 $x_0\in I$,使得对于任一 $x\in I$ 都有

$$f(x)\leqslant f(x_0)\quad (f(x)\geqslant f(x_0)),$$

那么称 $f(x_0)$ 是函数 $f(x)$ 在区间 I 上的最大值(最小值).

例如,函数 $f(x)=1+\sin x$ 在区间 $[0,2\pi]$ 上有最大值 2 和最小值 0. 又例如,函数 $f(x)=\operatorname{sgn} x$ 在区间 $(-\infty,+\infty)$ 内有最大值 1 和最小值 -1. 在开区间 $(0,+\infty)$ 内,$\operatorname{sgn} x$ 的最大值和最小值都等于 1 (注意:最大值和最小值可以相等!). 但函数 $f(x)=x$ 在开区间 (a,b) 内既无最大值又无最小值. 下面的定理给出函数有界且最大值和最小值存在的充分条件.

定理 1(有界性与最大值最小值定理)　在闭区间上连续的函数在该区间上有界且一定能取得它的最大值和最小值.

这就是说,如果函数 $f(x)$ 在闭区间 $[a,b]$ 上连续,那么存在常数 $M>0$,使得对任一 $x\in[a,b]$,满足 $|f(x)|\leqslant M$;且至少有一点 ξ_1,使 $f(\xi_1)$ 是 $f(x)$ 在 $[a,b]$ 上的最小值;又至少有一点 ξ_2,使 $f(\xi_2)$ 是 $f(x)$ 在 $[a,b]$ 上的最大值(图 1-40).

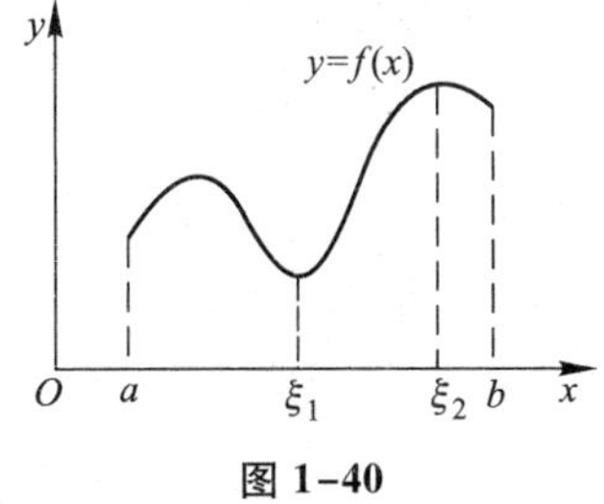

图 1-40

这里不予证明.

注意　如果函数在开区间内连续,或函数在闭区间上有间断点,那么函数在该区间上不一定有界,也不一定有最大值或最小值. 例如,函数 $y=\tan x$ 在开区间 $\left(-\dfrac{\pi}{2},\dfrac{\pi}{2}\right)$ 内是连续的,但它在开区间 $\left(-\dfrac{\pi}{2},\dfrac{\pi}{2}\right)$ 内是无界的,且既无最大值又无最小值;又如,函数

$$y=f(x)=\begin{cases}-x+1, & 0\leqslant x<1,\\ 1, & x=1,\\ -x+3, & 1<x\leqslant 2\end{cases}$$

在闭区间 $[0,2]$ 上有间断点 $x=1$,这函数 $f(x)$ 在闭区间 $[0,2]$ 上虽然有界,但是既无最大值又无最小值(图 1-41).

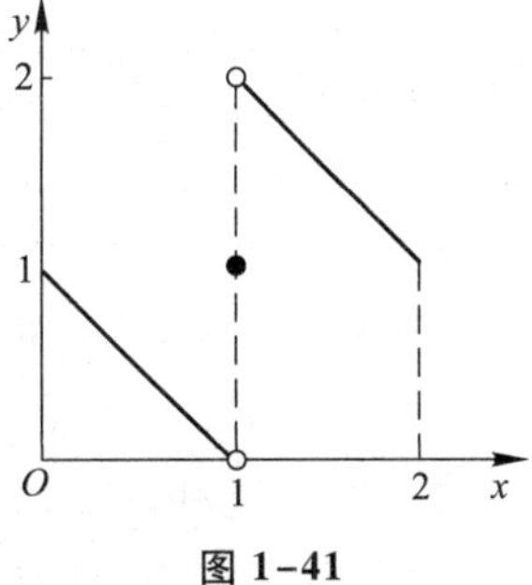

图 1-41

二、零点定理与介值定理

如果 x_0 使 $f(x_0)=0$,那么 x_0 称为函数 $f(x)$ 的零点.

定理 2(零点定理) **设函数 $f(x)$ 在闭区间 $[a,b]$ 上连续,且 $f(a)$ 与 $f(b)$ 异号(即 $f(a)\cdot f(b)<0$),则在开区间 (a,b) 内至少有一点 ξ,使**

$$f(\xi)=0.$$

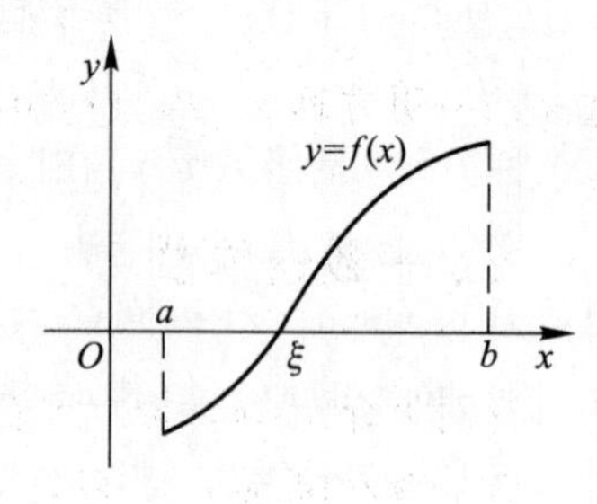

图 1-42

这里不予证明.

从几何上看,定理 2 表示:如果连续曲线弧 $y=f(x)$ 的两个端点位于 x 轴的不同侧,那么这段曲线弧与 x 轴至少有一个交点(图 1-42).

由定理 2 立即可推得下列较一般性的定理.

定理 3(介值定理) **设函数 $f(x)$ 在闭区间 $[a,b]$ 上连续,且在这区间的端点取不同的函数值**

$$f(a)=A \quad \text{及} \quad f(b)=B,$$

则对于 A 与 B 之间的任意一个数 C,在开区间 (a,b) 内至少有一点 ξ,使得

$$f(\xi)=C \quad (a<\xi<b).$$

证 设 $\varphi(x)=f(x)-C$,则 $\varphi(x)$ 在闭区间 $[a,b]$ 上连续,且 $\varphi(a)=A-C$ 与 $\varphi(b)=B-C$ 异号. 根据零点定理,开区间 (a,b) 内至少有一点 ξ 使得

$$\varphi(\xi)=0 \quad (a<\xi<b).$$

又 $\varphi(\xi)=f(\xi)-C$,因此由上式即得

$$f(\xi)=C \quad (a<\xi<b).$$

这定理的几何意义是:连续曲线弧 $y=f(x)$ 与水平直线 $y=C$ 至少相交于一点(图 1-43).

推论 **在闭区间 $[a,b]$ 上连续的函数 $f(x)$ 的值域为闭区间 $[m,M]$,其中 m 与 M 依次为 $f(x)$ 在 $[a,b]$ 上的最小值与最大值.**

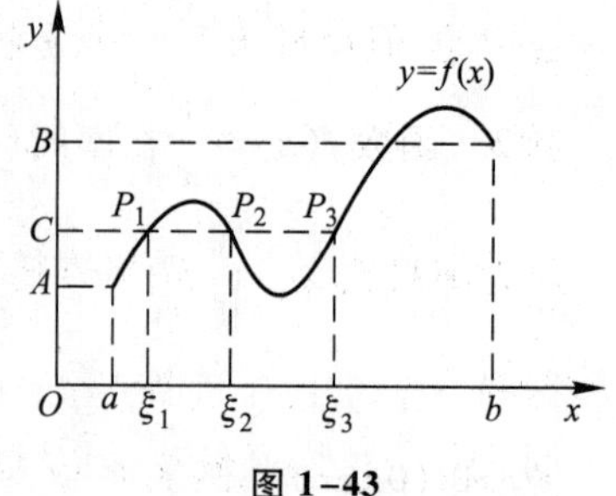

图 1-43

设 $m=f(x_1)$,$M=f(x_2)$,而 $m\neq M$,在闭区间 $[x_1,x_2]$(或 $[x_2,x_1]$)上应用介值定理,知 $f(x)$ 可取区间 (m,M) 内的一切值,结合 $f(x_1)=m$,$f(x_2)=M$,便得上述推论.

例 1 证明方程 $x^3-4x^2+1=0$ 在区间 $(0,1)$ 内至少有一个根.

证 函数 $f(x)=x^3-4x^2+1$ 在闭区间 $[0,1]$ 上连续,又

$$f(0)=1>0,\quad f(1)=-2<0.$$

根据零点定理,在(0,1)内至少有一点ξ,使得

$$f(\xi)=0,$$

即

$$\xi^3-4\xi^2+1=0\qquad(0<\xi<1).$$

这等式说明方程$x^3-4x^2+1=0$在区间(0,1)内至少有一个根是ξ.

*三、一致连续性

我们先介绍函数的一致连续性概念.

设函数在区间I上连续,x_0是在I上任意取定的一个点. 由于$f(x)$在点x_0连续,因此$\forall\varepsilon>0,\exists\delta>0$,使得当$|x-x_0|<\delta$时,就有$|f(x)-f(x_0)|<\varepsilon$. 通常这个$\delta$不仅与$\varepsilon$有关,而且与所取定的$x_0$有关,即使$\varepsilon$不变,但选取区间$I$上的其他点作为$x_0$时,这个$\delta$就不一定适用了. 可是对于某些函数,却有这样一种重要情形:存在着只与ε有关,而对区间I上任何点x_0都能适用的正数δ,即对任何$x_0\in I$,只要$|x-x_0|<\delta$时,就有$|f(x)-f(x_0)|<\varepsilon$. 如果函数$f(x)$在区间$I$上能使这种情形发生,就说函数$f(x)$在区间$I$上是一致连续的.

定义　设函数$f(x)$在区间I上有定义. 如果对于任意给定的正数ε,总存在正数δ,使得对于区间I上的任意两点x_1、x_2,当$|x_1-x_2|<\delta$时,有

$$|f(x_1)-f(x_2)|<\varepsilon,$$

那么称函数$f(x)$在区间I上一致连续.

一致连续性表示,不论在区间I的任何部分,只要自变量的两个数值接近到一定程度,就可使对应的函数值达到所指定的接近程度.

由上述定义可知,如果函数$f(x)$在区间I上一致连续,那么$f(x)$在区间I上也是连续的. 但反过来不一定成立,举例说明如下:

例 2　函数$f(x)=\dfrac{1}{x}$在区间(0,1]上是连续的,但不是一致连续的.

因为函数$f(x)=\dfrac{1}{x}$是初等函数,它在区间(0,1]上有定义,所以在(0,1]上是连续的.

$\forall\varepsilon>0\ (0<\varepsilon<1)$,假定$f(x)=\dfrac{1}{x}$在(0,1]上一致连续,应该$\exists\delta>0$,使得对于(0,1]上的任意两个值$x_1$、$x_2$,当$|x_1-x_2|<\delta$时,就有$|f(x_1)-f(x_2)|<\varepsilon$.

现在取原点附近的两点

$$x_1=\frac{1}{n},\qquad x_2=\frac{1}{n+1},$$

其中 n 为正整数，这样的 x_1、x_2 显然在 $(0,1]$ 上. 因

$$|x_1-x_2|=\left|\frac{1}{n}-\frac{1}{n+1}\right|=\frac{1}{n(n+1)},$$

故只要 n 取得足够大，总能使 $|x_1-x_2|<\delta$. 但这时有

$$|f(x_1)-f(x_2)|=\left|\frac{1}{\frac{1}{n}}-\frac{1}{\frac{1}{n+1}}\right|=|n-(n+1)|=1>\varepsilon,$$

不符合一致连续的定义，所以 $f(x)=\frac{1}{x}$ 在 $(0,1]$ 上不是一致连续的.

上例说明，在半开区间上连续的函数不一定在该区间上一致连续. 但是，有下面的定理：

定理 4（一致连续性定理）　如果函数 $f(x)$ 在闭区间 $[a,b]$ 上连续，那么它在该区间上一致连续.

这里不予证明.

习　题　1-10

1. 假设函数 $f(x)$ 在闭区间 $[0,1]$ 上连续，并且对 $[0,1]$ 上任一点 x 有 $0\leqslant f(x)\leqslant 1$. 试证明 $[0,1]$ 中必存在一点 c，使得 $f(c)=c$（c 称为函数 $f(x)$ 的不动点）.

2. 证明方程 $x^5-3x=1$ 至少有一个根介于 1 和 2 之间.

3. 证明方程 $x=a\sin x+b$，其中 $a>0,b>0$，至少有一个正根，并且它不超过 $a+b$.

4. 证明任一最高次幂的指数为奇数的代数方程

$$a_0x^{2n+1}+a_1x^{2n}+\cdots+a_{2n}x+a_{2n+1}=0$$

至少有一实根，其中 $a_0,a_1,\cdots,a_{2n+1}$ 均为常数，$n\in\mathbf{N}$.

5. 若 $f(x)$ 在 $[a,b]$ 上连续，$a<x_1<x_2<\cdots<x_n<b\ (n\geqslant 3)$，则在 (x_1,x_n) 内至少有一点 ξ，使 $f(\xi)=\frac{f(x_1)+f(x_2)+\cdots+f(x_n)}{n}$.

*6. 设函数 $f(x)$ 对于闭区间 $[a,b]$ 上的任意两点 x、y，恒有 $|f(x)-f(y)|\leqslant L|x-y|$，其中 L 为正常数，且 $f(a)\cdot f(b)<0$. 证明：至少有一点 $\xi\in(a,b)$，使得 $f(\xi)=0$.

*7. 证明：若 $f(x)$ 在 $(-\infty,+\infty)$ 内连续，且 $\lim\limits_{x\to\infty}f(x)$ 存在，则 $f(x)$ 必在 $(-\infty,+\infty)$ 内有界.

*8. 在什么条件下，(a,b) 内的连续函数 $f(x)$ 为一致连续？

总 习 题 一

1. 在“充分”“必要”和“充分必要”三者中选择一个正确的填入下列空格内：

（1）数列$\{x_n\}$有界是数列$\{x_n\}$收敛的________条件，数列$\{x_n\}$收敛是数列$\{x_n\}$有界的________条件；

（2）$f(x)$在x_0的某一去心邻域内有界是$\lim\limits_{x\to x_0}f(x)$存在的________条件，$\lim\limits_{x\to x_0}f(x)$存在是$f(x)$在$x_0$的某一去心邻域内有界的________条件；

（3）$f(x)$在x_0的某一去心邻域内无界是$\lim\limits_{x\to x_0}f(x)=\infty$的________条件，$\lim\limits_{x\to x_0}f(x)=\infty$是$f(x)$在$x_0$的某一去心邻域内无界的________条件；

（4）$f(x)$当$x\to x_0$时的右极限$f(x_0^+)$及左极限$f(x_0^-)$都存在且相等是$\lim\limits_{x\to x_0}f(x)$存在的________条件.

2. 已知函数

$$f(x)=\begin{cases}(\cos x)^{-x^2}, & 0<|x|<\dfrac{\pi}{2},\\ a, & x=0\end{cases}$$

在$x=0$连续，则$a=$________.

3. 以下两题中给出了四个结论，从中选出一个正确的结论：

（1）设$f(x)=2^x+3^x-2$，则当$x\to 0$时，有（　　）.

（A）$f(x)$与x是等价无穷小　　（B）$f(x)$与x同阶但非等价无穷小

（C）$f(x)$是比x高阶的无穷小　　（D）$f(x)$是比x低阶的无穷小

（2）设

$$f(x)=\frac{e^{\frac{1}{x}}-1}{e^{\frac{1}{x}}+1},$$

则$x=0$是$f(x)$的（　　）.

（A）可去间断点　　（B）跳跃间断点

（C）第二类间断点　　（D）连续点

4. 设$f(x)$的定义域是$[0,1]$，求下列函数的定义域：

（1）$f(e^x)$；　　（2）$f(\ln x)$；

（3）$f(\arctan x)$；　　（4）$f(\cos x)$.

5. 设

$$f(x)=\begin{cases}0, & x\leqslant 0,\\ x, & x>0,\end{cases}\quad g(x)=\begin{cases}0, & x\leqslant 0,\\ -x^2, & x>0,\end{cases}$$

求$f[f(x)]$，$g[g(x)]$，$f[g(x)]$，$g[f(x)]$.

6. 利用$y=\sin x$的图形作出下列函数的图形：

（1）$y=|\sin x|$；　　（2）$y=\sin|x|$；　　（3）$y=2\sin\dfrac{x}{2}$.

7. 把半径为R的一圆形铁皮，自圆心处剪去圆心角为α的一扇形后围成一无底圆锥. 试建立这圆锥的体积V与角α间的函数关系.

*8. 根据函数极限的定义证明$\lim\limits_{x\to 3}\dfrac{x^2-x-6}{x-3}=5$.

9. 求下列极限：

(1) $\lim\limits_{x\to1}\dfrac{x^2-x+1}{(x-1)^2}$；　　(2) $\lim\limits_{x\to+\infty}x(\sqrt{x^2+1}-x)$；

(3) $\lim\limits_{x\to\infty}\left(\dfrac{2x+3}{2x+1}\right)^{x+1}$；　　(4) $\lim\limits_{x\to0}\dfrac{\tan x-\sin x}{x^3}$；

(5) $\lim\limits_{x\to0}\left(\dfrac{a^x+b^x+c^x}{3}\right)^{\frac{1}{x}}$ $(a>0,b>0,c>0)$；　　(6) $\lim\limits_{x\to\frac{\pi}{2}}(\sin x)^{\tan x}$；

(7) $\lim\limits_{x\to a}\dfrac{\ln x-\ln a}{x-a}$ $(a>0)$；　　(8) $\lim\limits_{x\to0}\dfrac{x\tan x}{\sqrt{1-x^2}-1}$.

10. 设

$$f(x)=\begin{cases}x\sin\dfrac{1}{x}, & x>0,\\ a+x^2 & x\leqslant0,\end{cases}$$

要使$f(x)$在$(-\infty,+\infty)$内连续，应当怎样选择数a?

11. 设

$$f(x)=\lim_{n\to\infty}\frac{1+x}{1+x^{2n}},$$

求$f(x)$的间断点，并说明间断点所属类型.

12. 证明

$$\lim_{n\to\infty}\left(\frac{1}{\sqrt{n^2+1}}+\frac{1}{\sqrt{n^2+2}}+\cdots+\frac{1}{\sqrt{n^2+n}}\right)=1.$$

13. 证明方程 $\sin x+x+1=0$ 在开区间$\left(-\dfrac{\pi}{2},\dfrac{\pi}{2}\right)$内至少有一个根.

14. 如果存在直线$L:y=kx+b$，使得当$x\to\infty$（或$x\to+\infty$，$x\to-\infty$）时，曲线$y=f(x)$上的动点$M(x,y)$到直线L的距离$d(M,L)\to0$，那么称L为曲线$y=f(x)$的渐近线. 当直线L的斜率$k\neq0$时，称L为斜渐近线.

(1) 证明：直线$L:y=kx+b$为曲线$y=f(x)$的渐近线的充分必要条件是

$$k=\lim_{\substack{x\to\infty\\ \left(\substack{x\to+\infty\\ x\to-\infty}\right)}}\frac{f(x)}{x},\qquad b=\lim_{\substack{x\to\infty\\ \left(\substack{x\to+\infty\\ x\to-\infty}\right)}}[f(x)-kx];$$

(2) 求曲线$y=(2x-1)e^{\frac{1}{x}}$的斜渐近线.

第二章　导数与微分

微分学是微积分的重要组成部分,它的基本概念是导数与微分.

本章中,我们主要讨论导数和微分的概念以及它们的计算方法.至于导数的应用,将在第三章讨论.

第一节　导数概念

一、引例

为了说明微分学的基本概念——导数,我们先讨论两个问题:速度问题和切线问题.这两个问题在历史上都与导数概念的形成有密切的关系.

1. 直线运动的速度

设某质点沿直线运动.在直线上规定了原点、正方向和单位长度,使直线成为数轴.此外,再取定一个时刻作为测量时间的零点.设质点于时刻 t 在直线上的位置的坐标为 s (简称位置 s).这样,该质点的运动完全由某个函数

$$s=f(t)$$

所确定.此函数对运动过程中所出现的 t 值有定义,称为位置函数.在最简单的情形,该质点所经过的路程与所花的时间成正比.就是说,无论取哪一段时间间隔,比值

$$\frac{\text{经过的路程}}{\text{所花的时间}} \tag{1-1}$$

总是相同的.这个比值就称为该质点的速度,并说该质点做匀速运动.如果运动不是匀速的,那么在运动的不同时间间隔内,比值(1-1)会有不同的值.这样,把比值(1-1)笼统地称为该质点的速度就不合适了,而需要按不同时刻来考虑.那么,这种非匀速运动的质点在某一时刻(设为 t_0)的速度应如何理解而又如何求得呢?

首先取从时刻 t_0 到 t 这样一个时间间隔,在这段时间内,质点从位置 $s_0=f(t_0)$ 移动到 $s=f(t)$.这时由(1-1)式算得的比值

$$\frac{s-s_0}{t-t_0}=\frac{f(t)-f(t_0)}{t-t_0} \tag{1-2}$$

可认为是质点在上述时间间隔内的平均速度. 如果时间间隔选得较短,这个比值(1-2)在实践中也可用来说明质点在时刻 t_0 的速度. 但对于质点在时刻 t_0 的速度的精确概念来说,这样做是不够的,而更确切地应当这样:令 $t \to t_0$,取(1-2)式的极限,如果这个极限存在,设为 v,即

$$v=\lim_{t \to t_0}\frac{f(t)-f(t_0)}{t-t_0},$$

这时就把这个极限值 v 称为质点在时刻 t_0 的(瞬时)速度.

2. 切线问题

圆的切线可定义为"与曲线只有一个交点的直线". 但是对于其他曲线,用"与曲线只有一个交点的直线"作为切线的定义就不一定合适. 例如,对于抛物线 $y=x^2$,在原点 O 处两个坐标轴都符合上述定义,但实际上只有 x 轴是该抛物线在点 O 处的切线. 下面给出切线的定义.

设有曲线 C 及 C 上的一点 M (图 2-1),在点 M 外另取 C 上一点 N,作割线 MN. 当点 N 沿曲线 C 趋于点 M 时,如果割线 MN 绕点 M 旋转而趋于极限位置 MT,直线 MT 就称为曲线 C 在点 M 处的切线. 这里极限位置的含义是:只要弦长 $|MN|$ 趋于零,$\angle NMT$ 也趋于零.

现在就曲线 C 为函数 $y=f(x)$ 的图形的情形来讨论切线问题. 设 $M(x_0,y_0)$ 是曲线 C 上的一个点(图 2-2),则 $y_0=f(x_0)$. 根据上述定义要定出曲线 C 在点 M 处的切线,只要定出切线的斜率就行了. 为此,在点 M 外另取 C 上的一点 $N(x,y)$,于是割线 MN 的斜率为

$$\tan\varphi=\frac{y-y_0}{x-x_0}=\frac{f(x)-f(x_0)}{x-x_0},$$

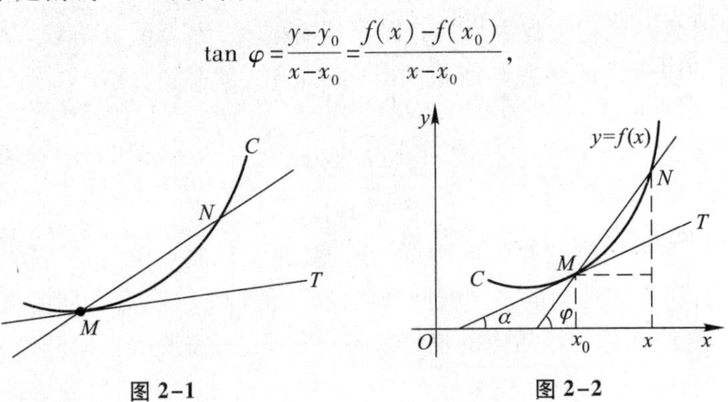

图 2-1　　图 2-2

其中 φ 为割线 MN 的倾角. 当点 N 沿曲线 C 趋于点 M 时,$x \to x_0$. 如果当 $x \to x_0$ 时,上式的极限存在,设为 k,即

$$k=\lim_{x \to x_0}\frac{f(x)-f(x_0)}{x-x_0}$$

存在，那么此极限 k 是割线斜率的极限，也就是切线的斜率. 这里 $k=\tan\alpha$，其中 α 是切线 MT 的倾角. 于是，通过点 $M(x_0,f(x_0))$ 且以 k 为斜率的直线 MT 便是曲线 C 在点 M 处的切线. 事实上，由 $\angle NMT=\varphi-\alpha$ 以及 $x\to x_0$ 时 $\varphi\to\alpha$，可见 $x\to x_0$ 时（这时 $|MN|\to 0$），$\angle NMT\to 0$. 因此直线 MT 确为曲线 C 在点 M 处的切线.

二、导数的定义

1. 函数在一点处的导数与导函数

从上面所讨论的两个问题看出，非匀速直线运动的速度和切线的斜率都归结为如下的极限：

$$\lim_{x\to x_0}\frac{f(x)-f(x_0)}{x-x_0}, \tag{1-3}$$

这里 $x-x_0$ 和 $f(x)-f(x_0)$ 分别是函数 $y=f(x)$ 的自变量的增量 Δx 和函数的增量 Δy：

$$\Delta x=x-x_0,$$

$$\Delta y=f(x)-f(x_0)=f(x_0+\Delta x)-f(x_0).$$

因 $x\to x_0$ 相当于 $\Delta x\to 0$，故(1-3)式也可写成

$$\lim_{\Delta x\to 0}\frac{\Delta y}{\Delta x}\quad 或\quad \lim_{\Delta x\to 0}\frac{f(x_0+\Delta x)-f(x_0)}{\Delta x}.$$

在自然科学和工程技术领域内，还有许多概念，例如电流强度、角速度、线密度等，都可归结为形如(1-3)式的数学形式. 我们撇开这些量的具体意义，抓住它们在数量关系上的共性，就得出函数的导数概念.

定义　设函数 $y=f(x)$ 在点 x_0 的某个邻域内有定义，当自变量 x 在 x_0 处取得增量 Δx（点 $x_0+\Delta x$ 仍在该邻域内）时，相应地，因变量取得增量 $\Delta y=f(x_0+\Delta x)-f(x_0)$；如果 Δy 与 Δx 之比当 $\Delta x\to 0$ 时的极限存在，那么称函数 $y=f(x)$ 在点 x_0 处可导，并称这个极限为函数 $y=f(x)$ 在点 x_0 处的导数，记为 $f'(x_0)$，即

$$f'(x_0)=\lim_{\Delta x\to 0}\frac{\Delta y}{\Delta x}=\lim_{\Delta x\to 0}\frac{f(x_0+\Delta x)-f(x_0)}{\Delta x}, \tag{1-4}$$

也可记作 $y'|_{x=x_0}$，$\left.\frac{\mathrm{d}y}{\mathrm{d}x}\right|_{x=x_0}$ 或 $\left.\frac{\mathrm{d}f(x)}{\mathrm{d}x}\right|_{x=x_0}$.

函数 $f(x)$ 在点 x_0 处可导有时也说成 $f(x)$ 在点 x_0 具有导数或导数存在.

导数的定义式(1-4)也可取不同的形式，常见的有

$$f'(x_0)=\lim_{h\to 0}\frac{f(x_0+h)-f(x_0)}{h} \tag{1-5}$$

和

$$f'(x_0)=\lim_{x\to x_0}\frac{f(x)-f(x_0)}{x-x_0}. \tag{1-6}$$

(1-5)式中的 h 即自变量的增量 Δx.

在实际中,需要讨论各种具有不同意义的变量的变化"快慢"问题,在数学上就是所谓函数的变化率问题.导数概念就是函数变化率这一概念的精确描述.它撇开了自变量和因变量所代表的几何或物理等方面的特殊意义,纯粹从数量方面来刻画变化率的本质:因变量增量与自变量增量之比 $\frac{\Delta y}{\Delta x}$ 是因变量 y 在以 x_0 和 $x_0+\Delta x$ 为端点的区间上的平均变化率,而导数 $f'(x_0)$ 则是因变量 y 在点 x_0 处的变化率,它反映了因变量随自变量的变化而变化的快慢程度.

如果极限(1-4)不存在,就说函数 $y=f(x)$ 在点 x_0 处不可导.如果不可导的原因是由于 $\Delta x\to 0$ 时,比式 $\frac{\Delta y}{\Delta x}\to\infty$,为了方便起见,也往往说函数 $y=f(x)$ 在点 x_0 处的导数为无穷大.

上面讲的是函数在一点处可导.如果函数 $y=f(x)$ 在开区间 I 内的每点处都可导,那么就称函数 $f(x)$ 在开区间 I 内可导.这时,对于任一 $x\in I$,都对应着 $f(x)$ 的一个确定的导数值.这样就构成了一个新的函数,这个函数叫做原来函数 $y=f(x)$ 的导函数,记作 y',$f'(x)$,$\frac{\mathrm{d}y}{\mathrm{d}x}$ 或 $\frac{\mathrm{d}f(x)}{\mathrm{d}x}$.

在(1-4)式或(1-5)式中把 x_0 换成 x,即得导函数的定义式

$$y'=\lim_{\Delta x\to 0}\frac{f(x+\Delta x)-f(x)}{\Delta x}$$

或

$$f'(x)=\lim_{h\to 0}\frac{f(x+h)-f(x)}{h}.$$

注意　在以上两式中,虽然 x 可以取区间 I 内的任何数值,但在极限过程中,x 是常量,Δx 或 h 是变量.

显然,函数 $f(x)$ 在点 x_0 处的导数 $f'(x_0)$ 就是导函数 $f'(x)$ 在点 $x=x_0$ 处的函数值,即

$$f'(x_0)=f'(x)\big|_{x=x_0}.$$

导函数 $f'(x)$ 简称导数,而 $f'(x_0)$ 是 $f(x)$ 在 x_0 处的导数或导数 $f'(x)$ 在 x_0 处的值.

2. 求导数举例

下面根据导数定义求一些简单函数的导数.

例 1　求函数 $f(x)=C$（C 为常数）的导数.

解　$f'(x)=\lim\limits_{h\to 0}\dfrac{f(x+h)-f(x)}{h}=\lim\limits_{h\to 0}\dfrac{C-C}{h}=0$，

即

$$(C)'=0.$$

这就是说,常数的导数等于零.

例 2　求函数 $f(x)=x^n \ (n\in \mathbf{N}_+)$ 的导数.

解　当 $n=1$ 时，$f'(x)=\lim\limits_{h\to 0}\dfrac{f(x+h)-f(x)}{h}=\lim\limits_{h\to 0}\dfrac{(x+h)-x}{h}=1$；

当 $n>1$ 时，

$$\begin{aligned} f'(x)&=\lim_{h\to 0}\frac{f(x+h)-f(x)}{h}=\lim_{h\to 0}\frac{(x+h)^n-x^n}{h}\\ &=\lim_{h\to 0}\left[nx^{n-1}+\frac{n(n-1)}{2}x^{n-2}h+\cdots+h^{n-1}\right]=nx^{n-1}. \end{aligned}$$

即

$$(x^n)'=\begin{cases}1, & n=1,\\ nx^{n-1}, & n>1.\end{cases}$$

例 3　求幂函数 $f(x)=x^{\mu} \ (\mu\in \mathbf{R})$ 的导数.

解　幂函数的定义域与常数 μ 有关,以下设 x 在幂函数 x^{μ} 的定义域内且 $x\neq 0$,则

$$\frac{f(x+h)-f(x)}{h}=\frac{(x+h)^{\mu}-x^{\mu}}{h}=x^{\mu-1}\cdot\frac{\left(1+\dfrac{h}{x}\right)^{\mu}-1}{\dfrac{h}{x}}.$$

利用第一章第九节例 7 的结果,便得

$$f'(x)=\lim_{h\to 0}\frac{f(x+h)-f(x)}{h}=\mu x^{\mu-1},$$

即

$$(x^{\mu})'=\mu x^{\mu-1}.$$

这就是幂函数的导数公式①.

利用这公式,可以很方便地求出幂函数的导数,例如:

当 $\mu=\dfrac{1}{2}$ 时，$y=x^{\frac{1}{2}}=\sqrt{x} \ (x>0)$ 的导数为

① 对 $x=0$ 时,若 $\mu>1$,则用导数定义直接计算得 $f'(0)=0$,而此时公式右端当 $x=0$ 时也为零,故公式对一切 x 适用;若 $\mu=1$,则对一切 x 有 $f'(x)=1$,而此时公式右端当 $x\neq 0$ 时也为 1,当 $x=0$ 时,其值特别约定为 1,这样,公式对一切 x 也适用.

$$(x^{\frac{1}{2}})'=\frac{1}{2}x^{\frac{1}{2}-1}=\frac{1}{2}x^{-\frac{1}{2}},$$

即

$$(\sqrt{x})'=\frac{1}{2\sqrt{x}};$$

当 $\mu=-1$ 时，$y=x^{-1}=\frac{1}{x}(x\neq0)$ 的导数为

$$(x^{-1})'=(-1)x^{-1-1}=-x^{-2},$$

即

$$\left(\frac{1}{x}\right)'=-\frac{1}{x^2}.$$

例 4　求函数 $f(x)=\sin x$ 的导数.

解　$f'(x)=\lim\limits_{h\to0}\frac{f(x+h)-f(x)}{h}=\lim\limits_{h\to0}\frac{\sin(x+h)-\sin x}{h}$

$$=\lim_{h\to0}\frac{1}{h}\cdot2\cos\left(x+\frac{h}{2}\right)\sin\frac{h}{2}$$

$$=\lim_{h\to0}\cos\left(x+\frac{h}{2}\right)\cdot\frac{\sin\frac{h}{2}}{\frac{h}{2}}=\cos x,$$

即

$$(\sin x)'=\cos x.$$

这就是说，正弦函数的导数是余弦函数.

用类似的方法，可求得

$$(\cos x)'=-\sin x,$$

就是说，余弦函数的导数是负的正弦函数.

例 5　求函数 $f(x)=a^x\ (a>0,a\neq1)$ 的导数.

解　$f'(x)=\lim\limits_{h\to0}\frac{f(x+h)-f(x)}{h}=\lim\limits_{h\to0}\frac{a^{x+h}-a^x}{h}=a^x\lim\limits_{h\to0}\frac{a^h-1}{h}.$

利用第一章第九节例 6 的结果得

$$f'(x)=a^x\ln a,$$

即

$$(a^x)'=a^x\ln a.$$

这就是指数函数的导数公式. 特殊地，当 $a=\mathrm{e}$ 时，因 $\ln\mathrm{e}=1$，故有

$$(\mathrm{e}^x)'=\mathrm{e}^x.$$

上式表明，以 e 为底的指数函数的导数就是它自己，这是以 e 为底的指数函

数的一个重要特性.

例 6　求函数 $f(x)=\log_a x\ (a>0,a\neq 1)$ 的导数.

解　$f'(x)=\lim\limits_{h\to 0}\dfrac{f(x+h)-f(x)}{h}=\lim\limits_{h\to 0}\dfrac{\log_a(x+h)-\log_a x}{h}$

$$=\lim_{h\to 0}\frac{1}{h}\log_a\frac{x+h}{x}=\lim_{h\to 0}\frac{1}{x}\cdot\frac{x}{h}\log_a\left(1+\frac{h}{x}\right)$$

$$=\frac{1}{x}\lim_{h\to 0}\frac{\log_a\left(1+\dfrac{h}{x}\right)}{\dfrac{h}{x}}.$$

作代换 $u=\dfrac{h}{x}$ 并利用第一章第九节例 5 的结果得

$$f'(x)=\frac{1}{x\ln a},$$

即

$$(\log_a x)'=\frac{1}{x\ln a}.$$

这就是对数函数的导数公式. 特殊地,当 $a=\mathrm{e}$ 时,由上式得自然对数函数的导数公式

$$(\ln x)'=\frac{1}{x}.$$

例 7　求函数 $f(x)=|x|$ 在 $x=0$ 处的导数.

解　$\lim\limits_{h\to 0}\dfrac{f(0+h)-f(0)}{h}=\lim\limits_{h\to 0}\dfrac{|h|-0}{h}=\lim\limits_{h\to 0}\dfrac{|h|}{h}.$

当 $h<0$ 时,$\dfrac{|h|}{h}=-1$,故 $\lim\limits_{h\to 0^-}\dfrac{|h|}{h}=-1$;

当 $h>0$ 时,$\dfrac{|h|}{h}=1$,故 $\lim\limits_{h\to 0^+}\dfrac{|h|}{h}=1$.

所以,$\lim\limits_{h\to 0}\dfrac{f(0+h)-f(0)}{h}$ 不存在,即函数 $f(x)=|x|$ 在 $x=0$ 处不可导.

3. 单侧导数

根据函数 $f(x)$ 在点 x_0 处的导数 $f'(x_0)$ 的定义,导数

$$f'(x_0)=\lim_{h\to 0}\frac{f(x_0+h)-f(x_0)}{h}$$

是一个极限,而极限存在的充分必要条件是左、右极限都存在且相等,因此 $f'(x_0)$ 存在即 $f(x)$ 在点 x_0 处可导的充分必要条件是左、右极限

$$\lim_{h\to 0^-}\frac{f(x_0+h)-f(x_0)}{h}\quad 及\quad \lim_{h\to 0^+}\frac{f(x_0+h)-f(x_0)}{h}$$

都存在且相等. 这两个极限分别称为函数 $f(x)$ 在点 x_0 处的左导数和右导数,记作 $f'_-(x_0)$ 及 $f'_+(x_0)$,即

$$f'_-(x_0)=\lim_{h\to 0^-}\frac{f(x_0+h)-f(x_0)}{h},$$

$$f'_+(x_0)=\lim_{h\to 0^+}\frac{f(x_0+h)-f(x_0)}{h}.$$

现在可以说,函数 $f(x)$ 在点 x_0 处可导的充分必要条件是左导数 $f'_-(x_0)$ 和右导数 $f'_+(x_0)$ 都存在且相等.

函数 $f(x)=|x|$ 在 $x=0$ 处的左导数 $f'_-(0)=-1$ 及右导数 $f'_+(0)=1$ 虽然都存在,但不相等,故 $f(x)=|x|$ 在 $x=0$ 处不可导.

左导数和右导数统称为单侧导数.

如果函数 $f(x)$ 在开区间 (a,b) 内可导,且 $f'_+(a)$ 及 $f'_-(b)$ 都存在,那么就说 $f(x)$ 在闭区间 $[a,b]$ 上可导.

三、导数的几何意义

由第一目中切线问题的讨论以及第二目中导数的定义可知:函数 $y=f(x)$ 在点 x_0 处的导数 $f'(x_0)$ 在几何上表示曲线 $y=f(x)$ 在点 $M(x_0,f(x_0))$ 处的切线的斜率,即

$$f'(x_0)=\tan\alpha,$$

其中 α 是切线的倾角(图 2-3).

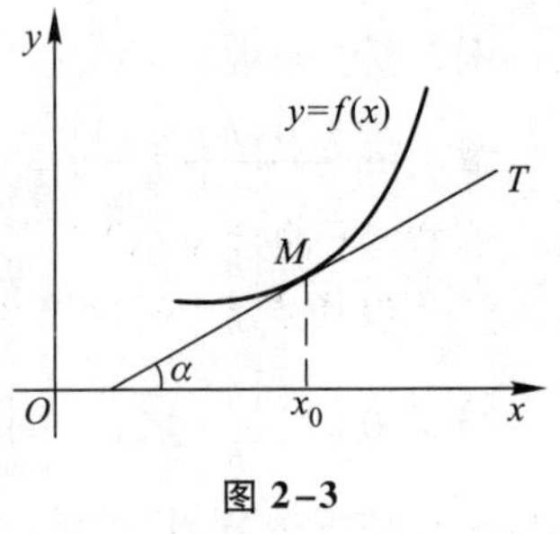

图 2-3

如果 $y=f(x)$ 在点 x_0 处的导数为无穷大,那么这时曲线 $y=f(x)$ 的割线以垂直于 x 轴的直线 $x=x_0$ 为极限位置,即曲线 $y=f(x)$ 在点 $M(x_0,f(x_0))$ 处具有垂直于 x 轴的切线 $x=x_0$(参看后面例 10).

根据导数的几何意义并应用直线的点斜式方程,可知曲线 $y=f(x)$ 在点 $M(x_0,y_0)$ 处的切线方程为

$$y-y_0=f'(x_0)(x-x_0).$$

过切点 $M(x_0,y_0)$ 且与切线垂直的直线叫做曲线 $y=f(x)$ 在点 M 处的法线. 如果 $f'(x_0)\neq 0$,法线的斜率为 $-\frac{1}{f'(x_0)}$,从而法线方程为

$$y-y_0=-\frac{1}{f'(x_0)}(x-x_0).$$

例 8 求等边双曲线 $y=\frac{1}{x}$ 在点 $\left(\frac{1}{2},2\right)$ 处的切线的斜率，并写出在该点处的切线方程和法线方程.

解 根据导数的几何意义知道，所求切线的斜率为

$$k_1=y'|_{x=\frac{1}{2}}.$$

由于 $y'=\left(\frac{1}{x}\right)'=-\frac{1}{x^2}$，于是

$$k_1=-\frac{1}{x^2}\bigg|_{x=\frac{1}{2}}=-4.$$

从而所求切线方程为

$$y-2=-4\left(x-\frac{1}{2}\right),$$

即

$$4x+y-4=0.$$

所求法线的斜率为

$$k_2=-\frac{1}{k_1}=\frac{1}{4},$$

于是所求法线方程为

$$y-2=\frac{1}{4}\left(x-\frac{1}{2}\right),$$

即

$$2x-8y+15=0.$$

例 9 求曲线 $y=x^{\frac{3}{2}}$ 的通过点 $(0,-4)$ 的切线方程.

解 设切点为 (x_0,y_0)，则切线的斜率为

$$f'(x_0)=\frac{3}{2}\sqrt{x}\bigg|_{x=x_0}=\frac{3}{2}\sqrt{x_0}.$$

于是所求切线方程可设为

$$y-y_0=\frac{3}{2}\sqrt{x_0}(x-x_0). \qquad (1-7)$$

因切点 (x_0,y_0) 在曲线 $y=x^{\frac{3}{2}}$ 上，故有

$$y_0=x_0^{\frac{3}{2}}, \qquad (1-8)$$

由已知切线(1-7)通过点 $(0,-4)$，故有

$$-4-y_0=\frac{3}{2}\sqrt{x_0}(0-x_0). \qquad (1-9)$$

求得方程(1-8)及(1-9)组成的方程组的解为 $x_0=4,y_0=8$，代入(1-7)式并

化简,即得所求切线方程为

$$3x-y-4=0.$$

四、函数可导性与连续性的关系

设函数 $y=f(x)$ 在点 x 处可导,即

$$\lim_{\Delta x\to 0}\frac{\Delta y}{\Delta x}=f'(x)$$

存在. 由具有极限的函数与无穷小的关系知道,

$$\frac{\Delta y}{\Delta x}=f'(x)+\alpha,$$

其中 α 为当 $\Delta x\to 0$ 时的无穷小. 上式两边同乘 Δx,得

$$\Delta y=f'(x)\Delta x+\alpha\Delta x.$$

由此可见,当 $\Delta x\to 0$ 时,$\Delta y\to 0$. 这就是说,函数 $y=f(x)$ 在点 x 处是连续的. 所以,如果函数 $y=f(x)$ 在点 x 处可导,那么函数在该点必连续.

另一方面,一个函数在某点连续却不一定在该点可导. 举例说明如下:

例 10　函数 $y=f(x)=\sqrt[3]{x}$ 在区间 $(-\infty,+\infty)$ 内连续,但在点 $x=0$ 处不可导. 这是因为在点 $x=0$ 处有

$$\frac{f(0+h)-f(0)}{h}=\frac{\sqrt[3]{h}-0}{h}=\frac{1}{h^{2/3}},$$

因而,$\lim\limits_{h\to 0}\dfrac{f(0+h)-f(0)}{h}=\lim\limits_{h\to 0}\dfrac{1}{h^{2/3}}=+\infty$,即导数为无穷大(注意,导数不存在). 这事实在图形中表现为曲线 $y=\sqrt[3]{x}$ 在原点 O 具有垂直于 x 轴的切线 $x=0$(图 2-4).

例 11　函数 $y=\sqrt{x^2}$(即 $y=|x|$)在 $(-\infty,+\infty)$ 内连续,但在例 7 中已经看到,这函数在 $x=0$ 处不可导. 曲线 $y=\sqrt{x^2}$ 在原点 O 没有切线(图 2-5).

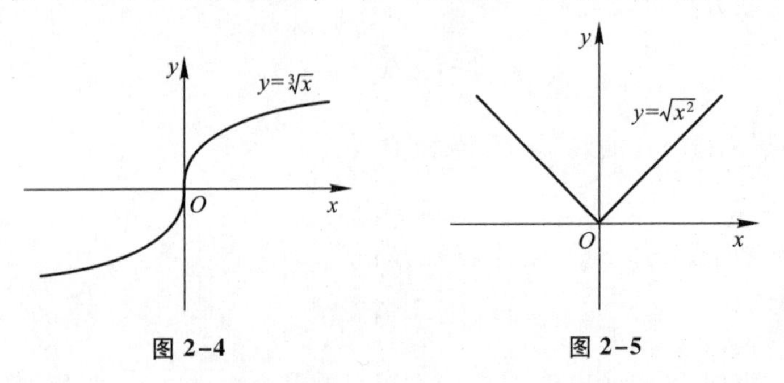

图 2-4　　**图 2-5**

由以上讨论可知，函数在某点连续是函数在该点可导的必要条件，但不是充分条件.

习　题　2-1

1. 设物体绕定轴旋转，在时间间隔 $[0,t]$ 上转过角度 θ，从而转角 θ 是 t 的函数：$\theta=\theta(t)$. 如果旋转是匀速的，那么称 $\omega=\dfrac{\theta}{t}$ 为该物体旋转的角速度. 如果旋转是非匀速的，应怎样确定该物体在时刻 t_0 的角速度？

2. 当物体的温度高于周围介质的温度时，物体就不断冷却. 若物体的温度 T 与时间 t 的函数关系为 $T=T(t)$，应怎样确定该物体在时刻 t 的冷却速度？

3. 设某工厂生产 x 件产品的成本为

$$C(x)=2000+100x-0.1x^2(\text{元}),$$

这函数 $C(x)$ 称为成本函数，成本函数 $C(x)$ 的导数 $C'(x)$ 在经济学中称为边际成本. 试求

(1) 当生产 100 件产品时的边际成本；

(2) 生产第 101 件产品的成本，并与(1)中求得的边际成本作比较，说明边际成本的实际意义.

4. 设 $f(x)=10x^2$，试按定义求 $f'(-1)$.

5. 证明 $(\cos x)'=-\sin x$.

6. 下列各题中均假定 $f'(x_0)$ 存在，按照导数定义观察下列极限，指出 A 表示什么：

(1) $\lim\limits_{\Delta x\to 0}\dfrac{f(x_0-\Delta x)-f(x_0)}{\Delta x}=A$；

(2) $\lim\limits_{x\to 0}\dfrac{f(x)}{x}=A$，其中 $f(0)=0$，且 $f'(0)$ 存在；

(3) $\lim\limits_{h\to 0}\dfrac{f(x_0+h)-f(x_0-h)}{h}=A$.

以下两题中给出了四个结论，从中选出一个正确的结论：

7. 设

$$f(x)=\begin{cases}\dfrac{2}{3}x^3, & x\leqslant 1,\\ x^2, & x>1,\end{cases}$$

则 $f(x)$ 在 $x=1$ 处的(　　).

(A) 左、右导数都存在　　(B) 左导数存在，右导数不存在

(C) 左导数不存在，右导数存在　　(D) 左、右导数都不存在

8. 设 $f(x)$ 可导，$F(x)=f(x)(1+|\sin x|)$，则 $f(0)=0$ 是 $F(x)$ 在 $x=0$ 处可导的(　　).

(A) 充分必要条件　　(B) 充分条件但非必要条件

(C) 必要条件但非充分条件　　(D) 既非充分条件又非必要条件

9. 求下列函数的导数：

（1）$y=x^4$；　（2）$y=\sqrt[3]{x^2}$；　（3）$y=x^{1.6}$；

（4）$y=\dfrac{1}{\sqrt{x}}$；　（5）$y=\dfrac{1}{x^2}$；　（6）$y=x^3\sqrt[5]{x}$；

（7）$y=\dfrac{x^2\sqrt[3]{x^2}}{\sqrt{x^5}}$.

10. 已知物体的运动规律为 $s=t^3$ m，求这物体在 $t=2$ s 时的速度.

11. 如果 $f(x)$ 为偶函数，且 $f'(0)$ 存在，证明 $f'(0)=0$.

12. 求曲线 $y=\sin x$ 在具有下列横坐标的各点处切线的斜率：

$$x=\frac{2}{3}\pi,\quad x=\pi.$$

13. 求曲线 $y=\cos x$ 上点 $\left(\dfrac{\pi}{3},\dfrac{1}{2}\right)$ 处的切线方程和法线方程.

14. 求曲线 $y=e^x$ 在点 $(0,1)$ 处的切线方程.

15. 在抛物线 $y=x^2$ 上取横坐标为 $x_1=1$ 及 $x_2=3$ 的两点，作过这两点的割线. 问该抛物线上哪一点的切线平行于这条割线？

16. 讨论下列函数在 $x=0$ 处的连续性与可导性：

（1）$y=|\sin x|$；

（2）$y=\begin{cases}x^2\sin\dfrac{1}{x}, & x\neq 0,\\ 0, & x=0.\end{cases}$

17. 设函数

$$f(x)=\begin{cases}x^2, & x\leqslant 1,\\ ax+b, & x>1.\end{cases}$$

为了使函数 $f(x)$ 在 $x=1$ 处连续且可导，a、b 应取什么值？

18. 已知 $f(x)=\begin{cases}-x, & x<0,\\ x^2, & x\geqslant 0,\end{cases}$ 求 $f'_+(0)$ 及 $f'_-(0)$，又 $f'(0)$ 是否存在？

19. 已知 $f(x)=\begin{cases}\sin x, & x<0,\\ x, & x\geqslant 0,\end{cases}$ 求 $f'(x)$.

20. 证明：双曲线 $xy=a^2$ 上任一点处的切线与两坐标轴构成的三角形的面积都等于 $2a^2$.

第二节　函数的求导法则

在本节中，将介绍求导数的几个基本法则以及前一节中未讨论过的几个基本初等函数的导数公式. 借助于这些法则和基本初等函数的导数公式，就能比较方便地求出常见的初等函数的导数.

一、函数的和、差、积、商的求导法则

定理 1　如果函数 $u=u(x)$ 及 $v=v(x)$ 都在点 x 具有导数，那么它们的和、差、积、商（除分母为零的点外）都在点 x 具有导数，且

(1) $[u(x)\pm v(x)]'=u'(x)\pm v'(x)$；

(2) $[u(x)v(x)]'=u'(x)v(x)+u(x)v'(x)$；

(3) $\left[\dfrac{u(x)}{v(x)}\right]'=\dfrac{u'(x)v(x)-u(x)v'(x)}{v^2(x)}\ (v(x)\neq 0)$.

证　(1) $[u(x)\pm v(x)]'$

$$=\lim_{\Delta x\to 0}\frac{[u(x+\Delta x)\pm v(x+\Delta x)]-[u(x)\pm v(x)]}{\Delta x}$$

$$=\lim_{\Delta x\to 0}\frac{u(x+\Delta x)-u(x)}{\Delta x}\pm\lim_{\Delta x\to 0}\frac{v(x+\Delta x)-v(x)}{\Delta x}$$

$$=u'(x)\pm v'(x).$$

于是法则(1)获得证明. 法则(1)可简单地表示为

$$(u\pm v)'=u'\pm v'.$$

(2) $[u(x)v(x)]'$

$$=\lim_{\Delta x\to 0}\frac{u(x+\Delta x)v(x+\Delta x)-u(x)v(x)}{\Delta x}$$

$$=\lim_{\Delta x\to 0}\left[\frac{u(x+\Delta x)-u(x)}{\Delta x}\cdot v(x+\Delta x)+u(x)\cdot\frac{v(x+\Delta x)-v(x)}{\Delta x}\right]$$

$$=\lim_{\Delta x\to 0}\frac{u(x+\Delta x)-u(x)}{\Delta x}\cdot\lim_{\Delta x\to 0}v(x+\Delta x)+u(x)\cdot\lim_{\Delta x\to 0}\frac{v(x+\Delta x)-v(x)}{\Delta x}$$

$$=u'(x)v(x)+u(x)v'(x).$$

其中 $\lim\limits_{\Delta x\to 0}v(x+\Delta x)=v(x)$ 是由于 $v'(x)$ 存在，故 $v(x)$ 在点 x 连续. 于是法则(2)获得证明. 法则(2)可简单地表示为

$$(uv)'=u'v+uv'.$$

(3) $$\left[\frac{u(x)}{v(x)}\right]'=\lim_{\Delta x\to 0}\frac{\dfrac{u(x+\Delta x)}{v(x+\Delta x)}-\dfrac{u(x)}{v(x)}}{\Delta x}$$

$$=\lim_{\Delta x\to 0}\frac{u(x+\Delta x)v(x)-u(x)v(x+\Delta x)}{v(x+\Delta x)v(x)\Delta x}$$

$$=\lim_{\Delta x\to 0}\frac{[u(x+\Delta x)-u(x)]v(x)-u(x)[v(x+\Delta x)-v(x)]}{v(x+\Delta x)v(x)\Delta x}$$

$$=\lim_{\Delta x\to 0}\frac{\dfrac{u(x+\Delta x)-u(x)}{\Delta x}v(x)-u(x)\dfrac{v(x+\Delta x)-v(x)}{\Delta x}}{v(x+\Delta x)v(x)}$$

$$=\frac{u'(x)v(x)-u(x)v'(x)}{v^2(x)}.$$

于是法则(3)获得证明.法则(3)可简单地表示为

$$\left(\frac{u}{v}\right)'=\frac{u'v-uv'}{v^2}.$$

定理1中的法则(1)、(2)可推广到任意有限个可导函数的情形.例如,设 $u=u(x)$、$v=v(x)$、$w=w(x)$ 均可导,则有

$$(u+v-w)'=u'+v'-w',$$

$$(uvw)'=[(uv)w]'=(uv)'w+(uv)w'=(u'v+uv')w+uvw',$$

即

$$(uvw)'=u'vw+uv'w+uvw'.$$

在法则(2)中,当 $v(x)=C$ (C 为常数)时,有

$$(Cu)'=Cu'.$$

例1　$y=2x^3-5x^2+3x-7$,求 y'.

解　$y'=(2x^3-5x^2+3x-7)'=(2x^3)'-(5x^2)'+(3x)'-(7)'$

$=2\cdot 3x^2-5\cdot 2x+3-0=6x^2-10x+3.$

例2　$f(x)=x^3+4\cos x-\sin\dfrac{\pi}{2}$,求 $f'(x)$ 及 $f'\left(\dfrac{\pi}{2}\right)$.

解　$f'(x)=3x^2-4\sin x$,

$f'\left(\dfrac{\pi}{2}\right)=\dfrac{3}{4}\pi^2-4.$

例3　$y=e^x(\sin x+\cos x)$,求 y'.

解　$y'=(e^x)'(\sin x+\cos x)+e^x(\sin x+\cos x)'$

$=e^x(\sin x+\cos x)+e^x(\cos x-\sin x)=2e^x\cos x.$

例4　$y=\tan x$,求 y'.

解　$y'=(\tan x)'=\left(\dfrac{\sin x}{\cos x}\right)'=\dfrac{(\sin x)'\cos x-\sin x(\cos x)'}{\cos^2 x}$

$=\dfrac{\cos^2 x+\sin^2 x}{\cos^2 x}=\dfrac{1}{\cos^2 x}=\sec^2 x,$

即

$$(\tan x)'=\sec^2 x.$$

这就是正切函数的导数公式.

例 5　$y=\sec x$，求 y'.

解　$y'=(\sec x)'=\left(\dfrac{1}{\cos x}\right)'=\dfrac{(1)'\cos x-1\cdot(\cos x)'}{\cos^2 x}$

$=\dfrac{\sin x}{\cos^2 x}=\sec x\tan x,$

即

$$(\sec x)'=\sec x\tan x.$$

这就是正割函数的导数公式.

用类似方法，还可求得余切函数及余割函数的导数公式

$$(\cot x)'=-\csc^2 x,$$

$$(\csc x)'=-\csc x\cot x.$$

二、反函数的求导法则

定理 2　如果函数 $x=f(y)$ 在区间 I_y 内单调、可导且 $f'(y)\neq 0$，那么它的反函数 $y=f^{-1}(x)$ 在区间 $I_x=\{x\mid x=f(y),y\in I_y\}$ 内也可导，且

$$[f^{-1}(x)]'=\frac{1}{f'(y)}\quad \text{或}\quad \frac{\mathrm{d}y}{\mathrm{d}x}=\frac{1}{\frac{\mathrm{d}x}{\mathrm{d}y}}. \tag{2-1}$$

证　由于 $x=f(y)$ 在 I_y 内单调、可导（从而连续），由第一章第九节定理 2 知道，$x=f(y)$ 的反函数 $y=f^{-1}(x)$ 存在，且 $f^{-1}(x)$ 在 I_x 内也单调、连续.

任取 $x\in I_x$，给 x 以增量 Δx $(\Delta x\neq 0,x+\Delta x\in I_x)$，由 $y=f^{-1}(x)$ 的单调性可知

$$\Delta y=f^{-1}(x+\Delta x)-f^{-1}(x)\neq 0,$$

于是有

$$\frac{\Delta y}{\Delta x}=\frac{1}{\frac{\Delta x}{\Delta y}}.$$

因 $y=f^{-1}(x)$ 连续，故

$$\lim_{\Delta x\to 0}\Delta y=0,$$

从而

$$[f^{-1}(x)]'=\lim_{\Delta x\to 0}\frac{\Delta y}{\Delta x}=\lim_{\Delta y\to 0}\frac{1}{\frac{\Delta x}{\Delta y}}=\frac{1}{f'(y)}.$$

上述结论可简单地说成：反函数的导数等于直接函数导数的倒数.

下面用上述结论来求反三角函数及对数函数的导数.

例 6　设 $x=\sin y, y\in\left[-\frac{\pi}{2},\frac{\pi}{2}\right]$ 为直接函数，则 $y=\arcsin x$ 是它的反函数. 函数 $x=\sin y$ 在开区间 $I_y=\left(-\frac{\pi}{2},\frac{\pi}{2}\right)$ 内单调、可导，且

$$(\sin y)'=\cos y>0.$$

因此，由公式(2-1)，在对应区间 $I_x=(-1,1)$ 内有

$$(\arcsin x)'=\frac{1}{(\sin y)'}=\frac{1}{\cos y}.$$

但 $\cos y=\sqrt{1-\sin^2 y}=\sqrt{1-x^2}$（因为当 $-\frac{\pi}{2}<y<\frac{\pi}{2}$ 时，$\cos y>0$，所以根号前只取正号），从而得反正弦函数的导数公式

$$(\arcsin x)'=\frac{1}{\sqrt{1-x^2}}. \tag{2-2}$$

用类似的方法可得反余弦函数的导数公式

$$(\arccos x)'=-\frac{1}{\sqrt{1-x^2}}. \tag{2-3}$$

例 7　设 $x=\tan y$ 是直接函数，$y\in I_y=\left(-\frac{\pi}{2},\frac{\pi}{2}\right)$，则 $y=\arctan x$ 是它的反函数. 函数 $x=\tan y$ 在 $I_y=\left(-\frac{\pi}{2},\frac{\pi}{2}\right)$ 内单调、可导，且

$$(\tan y)'=\sec^2 y\neq 0.$$

因此，由公式(2-1)，在对应区间 $I_x=(-\infty,+\infty)$ 内有

$$(\arctan x)'=\frac{1}{(\tan y)'}=\frac{1}{\sec^2 y}.$$

但 $\sec^2 y=1+\tan^2 y=1+x^2$，从而得反正切函数的导数公式

$$(\arctan x)'=\frac{1}{1+x^2}. \tag{2-4}$$

用类似的方法可得反余切函数的导数公式

$$(\operatorname{arccot} x)'=-\frac{1}{1+x^2}. \tag{2-5}$$

如果利用三角学中的公式

$$\arccos x=\frac{\pi}{2}-\arcsin x \quad 和 \quad \operatorname{arccot} x=\frac{\pi}{2}-\arctan x,$$

那么从公式(2-2)和(2-4)，也立刻可得公式(2-3)和(2-5).

例 8　设 $x=a^y$ $(a>0,a\neq 1)$ 为直接函数，则 $y=\log_a x$ 是它的反函数. 函数 $x=a^y$ 在区间 $I_y=(-\infty,+\infty)$ 内单调、可导，且

$$(a^y)'=a^y\ln a\neq 0.$$

因此，由公式(2-1)，在对应区间 $I_x=(0,+\infty)$ 内有

$$(\log_a x)'=\frac{1}{(a^y)'}=\frac{1}{a^y\ln a}.$$

但 $a^y=x$，从而得到第一节例 6 中已求得的对数函数的导数公式

$$(\log_a x)'=\frac{1}{x\ln a}.$$

三、复合函数的求导法则

到目前为止，对于

$$\ln\tan x,\quad e^{x^3},\quad \sin\frac{2x}{1+x^2}$$

那样的函数，我们还不知道它们是否可导，可导的话如何求它们的导数. 这些问题借助于下面的重要法则可以得到解决，从而使可以求得导数的函数的范围得到很大扩充.

定理 3　如果 $u=g(x)$ 在点 x 可导，而 $y=f(u)$ 在点 $u=g(x)$ 可导，那么复合函数 $y=f[g(x)]$ 在点 x 可导，且其导数为

$$\frac{dy}{dx}=f'(u)\cdot g'(x)\quad \text{或}\quad \frac{dy}{dx}=\frac{dy}{du}\cdot\frac{du}{dx}. \tag{2-6}$$

证　由于 $y=f(u)$ 在点 u 可导，因此

$$\lim_{\Delta u\to 0}\frac{\Delta y}{\Delta u}=f'(u)$$

存在，于是根据极限与无穷小的关系有

$$\frac{\Delta y}{\Delta u}=f'(u)+\alpha(\Delta u),$$

其中 $\alpha(\Delta u)$ 是 $\Delta u\to 0$ 时的无穷小. 上式中 $\Delta u\neq 0$，用 Δu 乘上式两边，得

$$\Delta y=f'(u)\Delta u+\alpha(\Delta u)\cdot\Delta u. \tag{2-7}$$

当 $\Delta u=0$ 时，规定 $\alpha(\Delta u)=0$①，这时因 $\Delta y=f(u+\Delta u)-f(u)=0$，而(2-7)式右端亦为零，故(2-7)式对 $\Delta u=0$ 也成立. 用 $\Delta x\neq 0$ 除(2-7)式两边，得

$$\frac{\Delta y}{\Delta x}=f'(u)\frac{\Delta u}{\Delta x}+\alpha(\Delta u)\cdot\frac{\Delta u}{\Delta x},$$

---

① 这时，$\alpha(\Delta u)=\begin{cases}\dfrac{\Delta y}{\Delta u}-f'(u), & \Delta u\neq 0,\\ 0, & \Delta u=0,\end{cases}$ 函数 $\alpha(\Delta u)$ 在 $\Delta u=0$ 处连续，即 $\lim\limits_{\Delta u\to 0}\alpha(\Delta u)=0=\alpha(0)$.

于是

$$\lim_{\Delta x\to 0}\frac{\Delta y}{\Delta x}=\lim_{\Delta x\to 0}\left[f'(u)\frac{\Delta u}{\Delta x}+\alpha(\Delta u)\cdot\frac{\Delta u}{\Delta x}\right].$$

根据函数在某点可导必在该点连续的性质知道，当$\Delta x\to 0$时，$\Delta u\to 0$，从而可以推知

$$\lim_{\Delta x\to 0}\alpha(\Delta u)=\lim_{\Delta u\to 0}\alpha(\Delta u)=0.$$

又因 $u=g(x)$ 在点 x 处可导，有

$$\lim_{\Delta x\to 0}\frac{\Delta u}{\Delta x}=g'(x),$$

故

$$\lim_{\Delta x\to 0}\frac{\Delta y}{\Delta x}=f'(u)\cdot\lim_{\Delta x\to 0}\frac{\Delta u}{\Delta x},$$

即

$$\frac{\mathrm{d}y}{\mathrm{d}x}=f'(u)\cdot g'(x).$$

这就是公式(2-6).

例 9　设 $y=\mathrm{e}^{x^3}$，求$\frac{\mathrm{d}y}{\mathrm{d}x}$.

解　$y=\mathrm{e}^{x^3}$可看作由 $y=\mathrm{e}^u$，$u=x^3$复合而成，因此

$$\frac{\mathrm{d}y}{\mathrm{d}x}=\frac{\mathrm{d}y}{\mathrm{d}u}\cdot\frac{\mathrm{d}u}{\mathrm{d}x}=\mathrm{e}^u\cdot 3x^2=3x^2\mathrm{e}^{x^3}.$$

例 10　设 $y=\sin\frac{2x}{1+x^2}$，求$\frac{\mathrm{d}y}{\mathrm{d}x}$.

解　$y=\sin\frac{2x}{1+x^2}$可看作由 $y=\sin u$，$u=\frac{2x}{1+x^2}$复合而成. 因

$$\frac{\mathrm{d}y}{\mathrm{d}u}=\cos u,$$

$$\frac{\mathrm{d}u}{\mathrm{d}x}=\frac{2(1+x^2)-(2x)^2}{(1+x^2)^2}=\frac{2(1-x^2)}{(1+x^2)^2},$$

所以

$$\frac{\mathrm{d}y}{\mathrm{d}x}=\cos u\cdot\frac{2(1-x^2)}{(1+x^2)^2}=\frac{2(1-x^2)}{(1+x^2)^2}\cdot\cos\frac{2x}{1+x^2}.$$

从以上例子看出，应用复合函数求导法则时，首先要分析所给函数可看作由哪些函数复合而成，或者说，所给函数能分解成哪些函数的复合. 如果所给函数能分解成比较简单的函数的复合，而这些简单函数的导数我们已经会求，那么应用复合函数求导法则就可以求所给函数的导数了.

对复合函数的分解比较熟练后，就不必再写出中间变量，而可以采用下列例题的方式来计算.

例 11　设 $y=\ln\sin x$，求 $\frac{dy}{dx}$.

解　$\frac{dy}{dx}=(\ln\sin x)'=\frac{1}{\sin x}(\sin x)'=\frac{\cos x}{\sin x}=\cot x.$

例 12　设 $y=\sqrt[3]{1-2x^2}$，求 $\frac{dy}{dx}$.

解

$$\frac{dy}{dx}=[(1-2x^2)^{\frac{1}{3}}]'=\frac{1}{3}(1-2x^2)^{-\frac{2}{3}}\cdot(1-2x^2)'$$

$$=\frac{-4x}{3\sqrt[3]{(1-2x^2)^2}}.$$

复合函数的求导法则可以推广到多个中间变量的情形. 我们以两个中间变量为例，设 $y=f(u)$，$u=\varphi(v)$，$v=\psi(x)$，则

$$\frac{dy}{dx}=\frac{dy}{du}\cdot\frac{du}{dx},$$

而 $\frac{du}{dx}=\frac{du}{dv}\cdot\frac{dv}{dx}$，故复合函数 $y=f\{\varphi[\psi(x)]\}$ 的导数为

$$\frac{dy}{dx}=\frac{dy}{du}\cdot\frac{du}{dv}\cdot\frac{dv}{dx}.$$

当然，这里假定上式右端所出现的导数在相应处都存在.

例 13　设 $y=\ln\cos(e^x)$，求 $\frac{dy}{dx}$.

解　所给函数可分解为 $y=\ln u$，$u=\cos v$，$v=e^x$. 因 $\frac{dy}{du}=\frac{1}{u}$，$\frac{du}{dv}=-\sin v$，$\frac{dv}{dx}=e^x$，故

$$\frac{dy}{dx}=\frac{1}{u}\cdot(-\sin v)\cdot e^x=-\frac{\sin(e^x)}{\cos(e^x)}\cdot e^x=-e^x\tan(e^x).$$

不写出中间变量，此例可这样写：

$$\frac{dy}{dx}=[\ln\cos(e^x)]'=\frac{1}{\cos(e^x)}[\cos(e^x)]'$$

$$=\frac{-\sin(e^x)}{\cos(e^x)}(e^x)'=-e^x\tan(e^x).$$

例 14　设 $y=e^{\sin\frac{1}{x}}$，求 y'.

解　$y'=(e^{\sin\frac{1}{x}})'=e^{\sin\frac{1}{x}}\left(\sin\frac{1}{x}\right)'$

$$=e^{\sin\frac{1}{x}}\cdot\cos\frac{1}{x}\cdot\left(\frac{1}{x}\right)'=-\frac{1}{x^2}e^{\sin\frac{1}{x}}\cdot\cos\frac{1}{x}.$$

四、基本求导法则与导数公式

基本初等函数的导数公式与本节中所讨论的求导法则,在初等函数的求导运算中起着重要的作用,我们必须熟练地掌握它们. 为了便于查阅,现在把这些导数公式和求导法则归纳如下:

1. 常数和基本初等函数的导数公式

(1) $(C)'=0$,　　(2) $(x^\mu)'=\mu x^{\mu-1}$,

(3) $(\sin x)'=\cos x$,　　(4) $(\cos x)'=-\sin x$,

(5) $(\tan x)'=\sec^2 x$,　　(6) $(\cot x)'=-\csc^2 x$,

(7) $(\sec x)'=\sec x\tan x$,　　(8) $(\csc x)'=-\csc x\cot x$,

(9) $(a^x)'=a^x\ln a\ (a>0,a\neq1)$,　　(10) $(e^x)'=e^x$,

(11) $(\log_a x)'=\dfrac{1}{x\ln a}\ (a>0,a\neq1)$,　　(12) $(\ln x)'=\dfrac{1}{x}$,

(13) $(\arcsin x)'=\dfrac{1}{\sqrt{1-x^2}}$,　　(14) $(\arccos x)'=-\dfrac{1}{\sqrt{1-x^2}}$,

(15) $(\arctan x)'=\dfrac{1}{1+x^2}$,　　(16) $(\operatorname{arccot} x)'=-\dfrac{1}{1+x^2}$.

2. 函数的和、差、积、商的求导法则

设 $u=u(x)$,$v=v(x)$都可导,则

(1) $(u\pm v)'=u'\pm v'$,　　(2) $(Cu)'=Cu'$ (C 是常数),

(3) $(uv)'=u'v+uv'$,　　(4) $\left(\dfrac{u}{v}\right)'=\dfrac{u'v-uv'}{v^2}\ (v\neq0)$.

3. 反函数的求导法则

设 $x=f(y)$ 在区间 I_y 内单调、可导且 $f'(y)\neq0$,则它的反函数 $y=f^{-1}(x)$ 在 $I_x=f(I_y)$ 内也可导,且

$$[f^{-1}(x)]'=\frac{1}{f'(y)}\quad 或\quad \frac{dy}{dx}=\frac{1}{\frac{dx}{dy}}.$$

4. 复合函数的求导法则

设 $y=f(u)$,而 $u=g(x)$ 且 $f(u)$ 及 $g(x)$ 都可导,则复合函数 $y=f[g(x)]$ 的导数为

$$\frac{dy}{dx}=\frac{dy}{du}\cdot\frac{du}{dx}\quad 或\quad y'(x)=f'(u)\cdot g'(x).$$

下面再举两个综合运用这些法则和导数公式的例子.

例 15　设 $y=\sin nx\cdot\sin^n x$ （n 为常数），求 y'.

解　首先应用积的求导法则得

$$y'=(\sin nx)'\sin^n x+\sin nx\cdot(\sin^n x)'.$$

在计算$(\sin nx)'$与$(\sin^n x)'$时，都要应用复合函数求导法则，由此得

$$\begin{aligned}y'&=n\cos nx\cdot\sin^n x+\sin nx\cdot n\sin^{n-1}x\cdot\cos x\\&=n\sin^{n-1}x(\cos nx\cdot\sin x+\sin nx\cdot\cos x)\\&=n\sin^{n-1}x\cdot\sin(n+1)x.\end{aligned}$$

***例 16**　证明下列双曲函数及反双曲函数的导数公式：

$$(\operatorname{sh} x)'=\operatorname{ch} x,\ (\operatorname{ch} x)'=\operatorname{sh} x,\ (\operatorname{th} x)'=\frac{1}{\operatorname{ch}^2 x},$$

$$(\operatorname{arsh} x)'=\frac{1}{\sqrt{1+x^2}},\ (\operatorname{arch} x)'=\frac{1}{\sqrt{x^2-1}},\ (\operatorname{arth} x)'=\frac{1}{1-x^2}.$$

证　由定理 1(1)、(2)，有

$$(\operatorname{sh} x)'=\left(\frac{e^x-e^{-x}}{2}\right)'=\frac{(e^x)'-(e^{-x})'}{2},$$

再利用$(e^x)'=e^x$及定理 3，得$(e^{-x})'=-e^{-x}$. 于是

$$(\operatorname{sh} x)'=\frac{(e^x)'-(e^{-x})'}{2}=\frac{e^x+e^{-x}}{2}=\operatorname{ch} x.$$

同理可得

$$(\operatorname{ch} x)'=\left(\frac{e^x+e^{-x}}{2}\right)'=\frac{e^x-e^{-x}}{2}=\operatorname{sh} x.$$

由定理 1(3)及上述结果，有

$$\begin{aligned}(\operatorname{th} x)'&=\left(\frac{\operatorname{sh} x}{\operatorname{ch} x}\right)'=\frac{(\operatorname{sh} x)'\operatorname{ch} x-\operatorname{sh} x(\operatorname{ch} x)'}{\operatorname{ch}^2 x}\\&=\frac{\operatorname{ch}^2 x-\operatorname{sh}^2 x}{\operatorname{ch}^2 x}=\frac{1}{\operatorname{ch}^2 x}.\end{aligned}$$

由 $\operatorname{arsh} x=\ln(x+\sqrt{1+x^2})$，应用复合函数求导法则及定理 1(1)，有

$$\begin{aligned}(\operatorname{arsh} x)'&=\frac{1}{x+\sqrt{1+x^2}}(x+\sqrt{1+x^2})'\\&=\frac{1}{x+\sqrt{1+x^2}}\left(1+\frac{x}{\sqrt{1+x^2}}\right)=\frac{1}{\sqrt{1+x^2}}.\end{aligned}$$

由 $\operatorname{arch} x=\ln(x+\sqrt{x^2-1})$，同理可得

$$(\operatorname{arch} x)'=\frac{1}{\sqrt{x^2-1}},\ x\in(1,+\infty).$$

由 $\operatorname{arth} x=\frac{1}{2}\ln\frac{1+x}{1-x}$，可得

$$(\operatorname{arth} x)'=\frac{1}{1-x^2}, x\in(-1,1).$$

习　题　2-2

1. 推导余切函数及余割函数的导数公式：

$$(\cot x)'=-\csc^2 x,\qquad (\csc x)'=-\csc x\cot x.$$

2. 求下列函数的导数：

(1) $y=x^3+\frac{7}{x^4}-\frac{2}{x}+12$；　(2) $y=5x^3-2^x+3e^x$；

(3) $y=2\tan x+\sec x-1$；　(4) $y=\sin x\cdot\cos x$；

(5) $y=x^2\ln x$；　(6) $y=3e^x\cos x$；

(7) $y=\frac{\ln x}{x}$；　(8) $y=\frac{e^x}{x^2}+\ln 3$；

(9) $y=x^2\ln x\cos x$；　(10) $s=\frac{1+\sin t}{1+\cos t}$.

3. 求下列函数在给定点处的导数：

(1) $y=\sin x-\cos x$，求 $y'\big|_{x=\frac{\pi}{6}}$ 和 $y'\big|_{x=\frac{\pi}{4}}$；

(2) $\rho=\theta\sin\theta+\frac{1}{2}\cos\theta$，求 $\frac{d\rho}{d\theta}\big|_{\theta=\frac{\pi}{4}}$；

(3) $f(x)=\frac{3}{5-x}+\frac{x^2}{5}$，求 $f'(0)$ 和 $f'(2)$.

4. 以初速度 v_0 竖直上抛的物体，其上升高度 s 与时间 t 的关系是 $s=v_0t-\frac{1}{2}gt^2$. 求：

(1) 该物体的速度 $v(t)$；　(2) 该物体达到最高点的时刻.

5. 求曲线 $y=2\sin x+x^2$ 上横坐标为 $x=0$ 的点处的切线方程和法线方程.

6. 求下列函数的导数：

(1) $y=(2x+5)^4$；　(2) $y=\cos(4-3x)$；

(3) $y=e^{-3x^2}$；　(4) $y=\ln(1+x^2)$；

(5) $y=\sin^2 x$；　(6) $y=\sqrt{a^2-x^2}$；

(7) $y=\tan x^2$；　(8) $y=\arctan(e^x)$；

(9) $y=(\arcsin x)^2$；　(10) $y=\ln\cos x$.

7. 求下列函数的导数：

(1) $y=\arcsin(1-2x)$；　(2) $y=\frac{1}{\sqrt{1-x^2}}$；

(3) $y=\mathrm{e}^{-\frac{x}{2}}\cos 3x$;

(4) $y=\arccos\frac{1}{x}$;

(5) $y=\frac{1-\ln x}{1+\ln x}$;

(6) $y=\frac{\sin 2x}{x}$;

(7) $y=\arcsin\sqrt{x}$;

(8) $y=\ln(x+\sqrt{a^2+x^2})$;

(9) $y=\ln(\sec x+\tan x)$;

(10) $y=\ln(\csc x-\cot x)$.

8. 求下列函数的导数:

(1) $y=\left(\arcsin\frac{x}{2}\right)^2$;

(2) $y=\ln\tan\frac{x}{2}$;

(3) $y=\sqrt{1+\ln^2 x}$;

(4) $y=\mathrm{e}^{\arctan\sqrt{x}}$;

(5) $y=\sin^n x\cos nx$;

(6) $y=\arctan\frac{x+1}{x-1}$;

(7) $y=\frac{\arcsin x}{\arccos x}$;

(8) $y=\ln\ln\ln x$;

(9) $y=\frac{\sqrt{1+x}-\sqrt{1-x}}{\sqrt{1+x}+\sqrt{1-x}}$;

(10) $y=\arcsin\sqrt{\frac{1-x}{1+x}}$.

9. 设函数 $f(x)$ 和 $g(x)$ 可导,且 $f^2(x)+g^2(x)\neq 0$,试求函数 $y=\sqrt{f^2(x)+g^2(x)}$ 的导数.

10. 设 $f(x)$ 可导,求下列函数的导数 $\frac{\mathrm{d}y}{\mathrm{d}x}$:

(1) $y=f(x^2)$;

(2) $y=f(\sin^2 x)+f(\cos^2 x)$.

11. 求下列函数的导数:

(1) $y=\mathrm{e}^{-x}(x^2-2x+3)$;

(2) $y=\sin^2 x\cdot\sin(x^2)$;

(3) $y=\left(\arctan\frac{x}{2}\right)^2$;

(4) $y=\frac{\ln x}{x^n}$;

(5) $y=\frac{\mathrm{e}^t-\mathrm{e}^{-t}}{\mathrm{e}^t+\mathrm{e}^{-t}}$;

(6) $y=\ln\cos\frac{1}{x}$;

(7) $y=\mathrm{e}^{-\sin^2\frac{1}{x}}$;

(8) $y=\sqrt{x+\sqrt{x}}$;

(9) $y=x\arcsin\frac{x}{2}+\sqrt{4-x^2}$;

(10) $y=\arcsin\frac{2t}{1+t^2}$.

*12. 求下列函数的导数:

(1) $y=\mathrm{ch}(\mathrm{sh}\,x)$;

(2) $y=\mathrm{sh}\,x\cdot\mathrm{e}^{\mathrm{ch}\,x}$;

(3) $y=\mathrm{th}(\ln x)$;

(4) $y=\mathrm{sh}^3x+\mathrm{ch}^2x$;

(5) $y=\mathrm{th}(1-x^2)$;

(6) $y=\mathrm{arsh}(x^2+1)$;

(7) $y=\mathrm{arch}(\mathrm{e}^{2x})$;

(8) $y=\arctan(\mathrm{th}\,x)$;

(9) $y=\ln\mathrm{ch}\,x+\frac{1}{2\mathrm{ch}^2x}$;

(10) $y=\mathrm{ch}^2\left(\frac{x-1}{x+1}\right)$.

13. 设函数 $f(x)$ 和 $g(x)$ 均在点 x_0 的某一邻域内有定义,$f(x)$ 在 x_0 处可导,$f(x_0)=0$,$g(x)$ 在 x_0 处连续,试讨论 $f(x)g(x)$ 在 x_0 处的可导性.

14. 设函数 $f(x)$ 满足下列条件:

(1) $f(x+y)=f(x)\cdot f(y)$,对一切 $x,y\in\mathbf{R}$;

(2) $f(x)=1+xg(x)$,而$\lim\limits_{x\to 0}g(x)=1$.

试证明$f(x)$在 $\mathbf{R}$ 上处处可导,且$f'(x)=f(x)$.

第三节　高 阶 导 数

我们知道,变速直线运动的速度 $v(t)$ 是位置函数 $s(t)$ 对时间 t 的导数,即

$$v=\frac{\mathrm{d}s}{\mathrm{d}t}\quad 或 \quad v=s',$$

而加速度 a 又是速度 v 对时间 t 的变化率,即速度 v 对时间 t 的导数:

$$a=\frac{\mathrm{d}v}{\mathrm{d}t}=\frac{\mathrm{d}}{\mathrm{d}t}\left(\frac{\mathrm{d}s}{\mathrm{d}t}\right)\quad 或 \quad a=(s')'.$$

这种导数的导数$\frac{\mathrm{d}}{\mathrm{d}t}\left(\frac{\mathrm{d}s}{\mathrm{d}t}\right)$或$(s')'$叫做 s 对 t 的二阶导数,记作

$$\frac{\mathrm{d}^2s}{\mathrm{d}t^2}\quad 或 \quad s''(t).$$

所以,直线运动的加速度就是位置函数 s 对时间 t 的二阶导数.

一般地,函数 $y=f(x)$ 的导数 $y'=f'(x)$ 仍然是 x 的函数. 我们把 $y'=f'(x)$ 的导数叫做函数 $y=f(x)$ 的二阶导数,记作 y''或$\frac{\mathrm{d}^2y}{\mathrm{d}x^2}$,即

$$y''=(y')'\quad 或 \quad \frac{\mathrm{d}^2y}{\mathrm{d}x^2}=\frac{\mathrm{d}}{\mathrm{d}x}\left(\frac{\mathrm{d}y}{\mathrm{d}x}\right).$$

相应地,把 $y=f(x)$ 的导数 $f'(x)$ 叫做函数 $y=f(x)$ 的一阶导数.

类似地,二阶导数的导数,叫做三阶导数,三阶导数的导数叫做四阶导数……一般地,$(n-1)$阶导数的导数叫做n 阶导数,分别记作

$$y''',\ y^{(4)},\ \cdots,\ y^{(n)}$$

或

$$\frac{\mathrm{d}^3y}{\mathrm{d}x^3},\ \frac{\mathrm{d}^4y}{\mathrm{d}x^4},\ \cdots,\ \frac{\mathrm{d}^ny}{\mathrm{d}x^n}.$$

函数 $y=f(x)$ 具有 n 阶导数,也常说成函数 $f(x)$ 为n 阶可导. 如果函数 $f(x)$ 在点 x 处具有 n 阶导数,那么$f(x)$在点 x 的某一邻域内必定具有一切低于 n 阶的导数. 二阶及二阶以上的导数统称高阶导数.

由此可见,求高阶导数就是按前面学过的求导法则多次接连地求导数,若需

要求函数的高阶导数公式,则需要在逐次求导过程中,善于寻求它的某种规律.

例 1　$y=ax+b$,求 y''.

解　$y'=a, y''=0$.

例 2　$s=\sin \omega t$,求 s''.

解　$s'=\omega\cos \omega t, s''=-\omega^2\sin \omega t$.

例 3　证明:函数 $y=\sqrt{2x-x^2}$ 满足关系式

$$y^3y''+1=0.$$

证　将 $y=\sqrt{2x-x^2}$ 求导,得

$$y'=\frac{2-2x}{2\sqrt{2x-x^2}}=\frac{1-x}{\sqrt{2x-x^2}},$$

$$y''=\frac{-\sqrt{2x-x^2}-(1-x)\dfrac{2-2x}{2\sqrt{2x-x^2}}}{2x-x^2}$$

$$=\frac{-2x+x^2-(1-x)^2}{(2x-x^2)\sqrt{2x-x^2}}=-\frac{1}{(2x-x^2)^{\frac{3}{2}}}=-\frac{1}{y^3}.$$

于是

$$y^3y''+1=0.$$

下面介绍几个初等函数的 n 阶导数.

例 4　求指数函数 $y=\mathrm{e}^x$ 的 n 阶导数.

解　$y'=\mathrm{e}^x$,　$y''=\mathrm{e}^x$,　$y'''=\mathrm{e}^x$,　$y^{(4)}=\mathrm{e}^x$.

一般地,可得

$$y^{(n)}=\mathrm{e}^x,$$

即

$$(\mathrm{e}^x)^{(n)}=\mathrm{e}^x.$$

例 5　求正弦函数与余弦函数的 n 阶导数.

解　$y=\sin x$,

$$y'=\cos x=\sin\left(x+\frac{\pi}{2}\right),$$

$$y''=\cos\left(x+\frac{\pi}{2}\right)=\sin\left(x+\frac{\pi}{2}+\frac{\pi}{2}\right)=\sin\left(x+2\cdot\frac{\pi}{2}\right),$$

$$y'''=\cos\left(x+2\cdot\frac{\pi}{2}\right)=\sin\left(x+3\cdot\frac{\pi}{2}\right),$$

$$y^{(4)}=\cos\left(x+3\cdot\frac{\pi}{2}\right)=\sin\left(x+4\cdot\frac{\pi}{2}\right),$$

一般地,可得

$$y^{(n)}=\sin\left(x+n\cdot\frac{\pi}{2}\right),$$

即

$$(\sin x)^{(n)}=\sin\left(x+n\cdot\frac{\pi}{2}\right).$$

用类似方法,可得

$$(\cos x)^{(n)}=\cos\left(x+n\cdot\frac{\pi}{2}\right).$$

例 6　求函数 $\ln(1+x)$ 的 n 阶导数.

解　$y=\ln(1+x)$, $y'=\frac{1}{1+x}$,

$$y''=-\frac{1}{(1+x)^2},\quad y'''=\frac{1\cdot 2}{(1+x)^3},\quad y^{(4)}=-\frac{1\cdot 2\cdot 3}{(1+x)^4},$$

一般地,可得

$$y^{(n)}=(-1)^{n-1}\frac{(n-1)!}{(1+x)^n},$$

即

$$[\ln(1+x)]^{(n)}=(-1)^{n-1}\frac{(n-1)!}{(1+x)^n}.$$

通常规定 $0!=1$,所以这个公式当 $n=1$ 时也成立.

例 7　求幂函数的 n 阶导数公式.

解　设 $y=x^{\mu}$ (μ 是任意常数),那么

$$\begin{aligned}
&y'=\mu x^{\mu-1},\\
&y''=\mu(\mu-1)x^{\mu-2},\\
&y'''=\mu(\mu-1)(\mu-2)x^{\mu-3},\\
&y^{(4)}=\mu(\mu-1)(\mu-2)(\mu-3)x^{\mu-4},
\end{aligned}$$

一般地,可得

$$y^{(n)}=\mu(\mu-1)(\mu-2)\cdots(\mu-n+1)x^{\mu-n},$$

即

$$(x^{\mu})^{(n)}=\mu(\mu-1)(\mu-2)\cdots(\mu-n+1)x^{\mu-n}.$$

当 $\mu=n$ 时,得到

$$(x^n)^{(n)}=n(n-1)(n-2)\cdot\cdots\cdot 3\cdot 2\cdot 1=n!,$$

而

$$(x^n)^{(n+k)}=0\quad(k=1,2,\cdots).$$

如果函数 $u=u(x)$ 及 $v=v(x)$ 都在点 x 处具有 n 阶导数,那么显然 $u(x)+v(x)$ 及 $u(x)-v(x)$ 也在点 x 处具有 n 阶导数,且

$$(u\pm v)^{(n)}=u^{(n)}\pm v^{(n)}.$$

但乘积 $u(x)\cdot v(x)$ 的 n 阶导数并不简单. 由

$$(uv)'=u'v+uv'$$

首先得出

$$(uv)''=u''v+2u'v'+uv'',$$

$$(uv)'''=u'''v+3u''v'+3u'v''+uv'''.$$

用数学归纳法可以证明

$$(uv)^{(n)}=u^{(n)}v+nu^{(n-1)}v'+\frac{n(n-1)}{2!}u^{(n-2)}v''+\cdots+\frac{n(n-1)\cdots(n-k+1)}{k!}u^{(n-k)}v^{(k)}+\cdots+uv^{(n)}.$$

上式称为莱布尼茨(Leibniz)公式. 这公式可以这样记忆:把 $(u+v)^n$ 按二项式定理展开写成

$$(u+v)^n=u^nv^0+nu^{n-1}v^1+\frac{n(n-1)}{2!}u^{n-2}v^2+\cdots+u^0v^n,$$

即

$$(u+v)^n=\sum_{k=0}^{n}\mathrm{C}_n^ku^{n-k}v^k\text{①},$$

然后把 k 次幂换成 k 阶导数(零阶导数理解为函数本身),再把左端的 $u+v$ 换成 uv,这样就得到莱布尼茨公式

$$(uv)^{(n)}=\sum_{k=0}^{n}\mathrm{C}_n^ku^{(n-k)}v^{(k)}.$$

例 8　$y=x^2\mathrm{e}^{2x}$,求 $y^{(20)}$.

解　设 $u=\mathrm{e}^{2x}$,$v=x^2$,则

$$u^{(k)}=2^k\mathrm{e}^{2x}\ (k=1,2,\cdots,20),$$

$$v'=2x,\quad v''=2,\quad v^{(k)}=0\ (k=3,4,\cdots,20),$$

代入莱布尼茨公式,得

$$\begin{aligned}y^{(20)}&=(x^2\mathrm{e}^{2x})^{(20)}=2^{20}\mathrm{e}^{2x}\cdot x^2+20\cdot 2^{19}\mathrm{e}^{2x}\cdot 2x+\frac{20\cdot 19}{2!}2^{18}\mathrm{e}^{2x}\cdot 2\\&=2^{20}\mathrm{e}^{2x}(x^2+20x+95).\end{aligned}$$

---

① 记号 $\sum$ 表示对同一类型诸项求和. 例如, $\sum\limits_{k=0}^{n}\mathrm{C}_n^ku^{n-k}v^k$ 表示在 $\mathrm{C}_n^ku^{n-k}v^k$ 中依次令 $k=0,1,\cdots,n$,然后对这样得到的 $n+1$ 项求和.

习　题　2-3

1. 求下列函数的二阶导数：

(1) $y=2x^2+\ln x$；　　(2) $y=\mathrm{e}^{2x-1}$；

(3) $y=x\cos x$；　　(4) $y=\mathrm{e}^{-t}\sin t$；

(5) $y=\sqrt{a^2-x^2}$；　　(6) $y=\ln(1-x^2)$；

(7) $y=\tan x$；　　(8) $y=\dfrac{1}{x^3+1}$；

(9) $y=(1+x^2)\arctan x$；　　(10) $y=\dfrac{\mathrm{e}^x}{x}$；

(11) $y=x\mathrm{e}^{x^2}$；　　(12) $y=\ln(x+\sqrt{1+x^2})$.

2. 设$f(x)=(x+10)^6$，求$f'''(2)$.

3. 设$f''(x)$存在，求下列函数的二阶导数$\dfrac{\mathrm{d}^2y}{\mathrm{d}x^2}$：

(1) $y=f(x^2)$；　　(2) $y=\ln[f(x)]$.

4. 试从$\dfrac{\mathrm{d}x}{\mathrm{d}y}=\dfrac{1}{y'}$导出：

(1) $\dfrac{\mathrm{d}^2x}{\mathrm{d}y^2}=-\dfrac{y''}{(y')^3}$；　　(2) $\dfrac{\mathrm{d}^3x}{\mathrm{d}y^3}=\dfrac{3(y'')^2-y'y'''}{(y')^5}$.

5. 已知物体的运动规律为$s=A\sin\omega t$（A,ω是常数），求物体运动的加速度，并验证：

$$\frac{\mathrm{d}^2s}{\mathrm{d}t^2}+\omega^2s=0.$$

6. 密度大的陨星进入大气层时，当它离地心为s km时的速度与$\sqrt{s}$成反比. 试证陨星的加速度与s^2成反比.

7. 假设质点沿x轴运动的速度为$\dfrac{\mathrm{d}x}{\mathrm{d}t}=f(x)$，试求质点运动的加速度.

8. 验证函数$y=C_1\mathrm{e}^{\lambda x}+C_2\mathrm{e}^{-\lambda x}$（$\lambda,C_1,C_2$是常数）满足关系式

$$y''-\lambda^2y=0.$$

9. 验证函数$y=\mathrm{e}^x\sin x$满足关系式

$$y''-2y'+2y=0.$$

10. 求下列函数所指定的阶的导数：

(1) $y=\mathrm{e}^x\cos x$，求$y^{(4)}$；　　(2) $y=x^2\sin 2x$，求$y^{(50)}$.

*11. 求下列函数的n阶导数的一般表达式：

(1) $y=x^n+a_1x^{n-1}+a_2x^{n-2}+\cdots+a_{n-1}x+a_n$（$a_1,a_2,\cdots,a_n$都是常数）；

(2) $y=\sin^2x$；　　(3) $y=x\ln x$；　　(4) $y=x\mathrm{e}^x$.

*12. 求函数$f(x)=x^2\ln(1+x)$在$x=0$处的n阶导数$f^{(n)}(0)$（$n\geqslant3$）.

第四节　隐函数及由参数方程所确定的函数的导数　相关变化率

一、隐函数的导数

函数 $y=f(x)$ 表示两个变量 y 与 x 之间的对应关系，这种对应关系可以用各种不同方式表达. 前面我们遇到的函数，例如 $y=\sin x$，$y=\ln x+\sqrt{1-x^2}$ 等，这种函数表达方式的特点是：等号左端是因变量的符号，而右端是含有自变量的式子，当自变量取定义域内任一值时，由这式子能确定对应的函数值. 用这种方式表达的函数叫做显函数. 有些函数的表达方式却不是这样，例如，方程

$$x+y^3-1=0$$

表示一个函数，因为当变量 x 在 $(-\infty,+\infty)$ 内取值时，变量 y 有确定的值与之对应. 例如，当 $x=0$ 时，$y=1$；当 $x=-1$ 时，$y=\sqrt[3]{2}$，等等. 这样的函数称为隐函数.

一般地，如果变量 x 和 y 满足一个方程 $F(x,y)=0$，在一定条件下，当 x 取某区间内的任一值时，相应地总有满足这方程的唯一的 y 值存在，那么就说方程 $F(x,y)=0$ 在该区间内确定了一个隐函数.

把一个隐函数化成显函数，叫做隐函数的显化. 例如从方程 $x+y^3-1=0$ 解出 $y=\sqrt[3]{1-x}$，就把隐函数化成了显函数. 隐函数的显化有时是有困难的，甚至是不可能的. 但在实际问题中，有时需要计算隐函数的导数，因此，我们希望有一种方法，不管隐函数能否显化，都能直接由方程算出它所确定的隐函数的导数来. 下面通过具体例子来说明这种方法.

例 1　求由方程 $\mathrm{e}^y+xy-\mathrm{e}=0$ 所确定的隐函数的导数 $\dfrac{\mathrm{d}y}{\mathrm{d}x}$.

解　我们把方程两边分别对 x 求导数①，注意 $y=y(x)$. 方程左边对 x 求导得

$$\frac{\mathrm{d}}{\mathrm{d}x}(\mathrm{e}^y+xy-\mathrm{e})=\mathrm{e}^y\frac{\mathrm{d}y}{\mathrm{d}x}+y+x\frac{\mathrm{d}y}{\mathrm{d}x},$$

方程右边对 x 求导得

$$(0)'=0.$$

① 假设方程 $F(x,y)=0$ 确定一个函数 $y=y(x)$，把 $y=y(x)$ 代入方程便得恒等式 $F[x,y(x)]\equiv 0$. 因此，这里说的方程两边对 x 求导，是指恒等式两边对 x 求导.

由于等式两边对 x 的导数相等,所以

$$e^{y}\frac{dy}{dx}+y+x\frac{dy}{dx}=0,$$

从而

$$\frac{dy}{dx}=-\frac{y}{x+e^{y}}\quad (x+e^{y}\neq 0).$$

在这个结果中,分式中的 $y=y(x)$ 是由方程 $e^{y}+xy-e=0$ 所确定的隐函数.

例 2　求由方程 $y^{5}+2y-x-3x^{7}=0$ 所确定的隐函数在$x=0$ 处的导数$\left.\frac{dy}{dx}\right|_{x=0}$.

解　把方程两边分别对 x 求导,由于方程两边的导数相等,所以

$$5y^{4}\frac{dy}{dx}+2\frac{dy}{dx}-1-21x^{6}=0.$$

由此得

$$\frac{dy}{dx}=\frac{1+21x^{6}}{5y^{4}+2}.$$

因为当 $x=0$ 时,从原方程得 $y=0$,所以

$$\left.\frac{dy}{dx}\right|_{x=0}=\frac{1}{2}.$$

例 3　求椭圆$\frac{x^{2}}{16}+\frac{y^{2}}{9}=1$ 在点$\left(2,\frac{3}{2}\sqrt{3}\right)$处的切线方程(图 2-6).

解　由导数的几何意义知道,所求切线的斜率为

$$k=y'\big|_{x=2}.$$

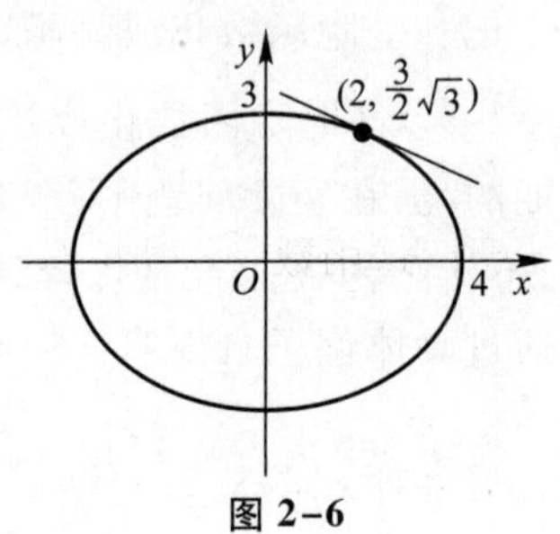

图 2-6

椭圆方程的两边分别对 x 求导,有

$$\frac{x}{8}+\frac{2}{9}y\cdot\frac{dy}{dx}=0.$$

从而

$$\frac{dy}{dx}=-\frac{9x}{16y}.$$

当 $x=2$ 时,$y=\frac{3}{2}\sqrt{3}$,代入上式得

$$\left.\frac{dy}{dx}\right|_{x=2}=-\frac{\sqrt{3}}{4}.$$

于是所求的切线方程为

$$y-\frac{3}{2}\sqrt{3}=-\frac{\sqrt{3}}{4}(x-2),$$

即

$$\sqrt{3}x+4y-8\sqrt{3}=0.$$

例 4 求由方程 $x-y+\frac{1}{2}\sin y=0$ 所确定的隐函数的二阶导数$\frac{d^2y}{dx^2}$.

解 应用隐函数的求导方法,得

$$1-\frac{dy}{dx}+\frac{1}{2}\cos y\cdot\frac{dy}{dx}=0,$$

于是

$$\frac{dy}{dx}=\frac{2}{2-\cos y}.$$

上式两边再对 x 求导,得

$$\frac{d^2y}{dx^2}=\frac{-2\sin y\frac{dy}{dx}}{(2-\cos y)^2}=\frac{-4\sin y}{(2-\cos y)^3}.$$

上式右端分式中的 $y=y(x)$ 是由方程 $x-y+\frac{1}{2}\sin y=0$ 所确定的隐函数.

在某些场合,利用所谓对数求导法求导数比用通常的方法简便些. 这种方法是先在 $y=f(x)$ 的两边取对数,然后再求出 y 的导数. 我们通过下面的例子来说明这种方法.

例 5 求 $y=x^{\sin x}\ (x>0)$ 的导数.

解 这函数是幂指函数. 为了求这函数的导数,可以先在等式两边取对数,得

$$\ln y=\sin x\cdot\ln x.$$

上式两边对 x 求导,注意到 $y=y(x)$,得

$$\frac{1}{y}y'=\cos x\cdot\ln x+\sin x\cdot\frac{1}{x},$$

于是

$$y'=y\left(\cos x\cdot\ln x+\frac{\sin x}{x}\right)=x^{\sin x}\left(\cos x\cdot\ln x+\frac{\sin x}{x}\right).$$

对于一般形式的幂指函数

$$y=u^v\ (u>0),\tag{4-1}$$

如果 $u=u(x)$、$v=v(x)$ 都可导,则可像例 5 那样利用对数求导法求出幂指函数(4-1)的导数,也可把幂指函数(4-1)表示为

$$y=e^{v\ln u}.$$

这样,便可直接求得

$$y'=e^{v\ln u}\left(v'\cdot\ln u+v\cdot\frac{u'}{u}\right)=u^{v}\left(v'\cdot\ln u+\frac{vu'}{u}\right).$$

例 6 求 $y=\sqrt{\frac{(x-1)(x-2)}{(x-3)(x-4)}}$ 的导数.

解 先在等式两边取对数(假定 $x>4$),得

$$\ln y=\frac{1}{2}[\ln(x-1)+\ln(x-2)-\ln(x-3)-\ln(x-4)],$$

上式两边对 x 求导,注意到 $y=y(x)$,得

$$\frac{1}{y}y'=\frac{1}{2}\left(\frac{1}{x-1}+\frac{1}{x-2}-\frac{1}{x-3}-\frac{1}{x-4}\right),$$

于是

$$y'=\frac{y}{2}\left(\frac{1}{x-1}+\frac{1}{x-2}-\frac{1}{x-3}-\frac{1}{x-4}\right).$$

当 $x<1$ 时,$y=\sqrt{\frac{(1-x)(2-x)}{(3-x)(4-x)}}$;

当 $2<x<3$ 时,$y=\sqrt{\frac{(x-1)(x-2)}{(3-x)(4-x)}}$;

用同样的方法可得与上面相同的结果.

二、由参数方程所确定的函数的导数

研究物体运动的轨迹时,常遇到参数方程. 例如,研究抛射体的运动问题时,如果空气阻力忽略不计,那么抛射体的运动轨迹可表示为

$$\begin{cases}x=v_1t,\\ y=v_2t-\frac{1}{2}gt^2,\end{cases}\tag{4-2}$$

其中 v_1、v_2 分别是抛射体初速度的水平、铅直分量,g 是重力加速度,t 是飞行时间,x 和 y 分别是飞行中抛射体在铅直平面上的位置的横坐标和纵坐标(图 2-7).

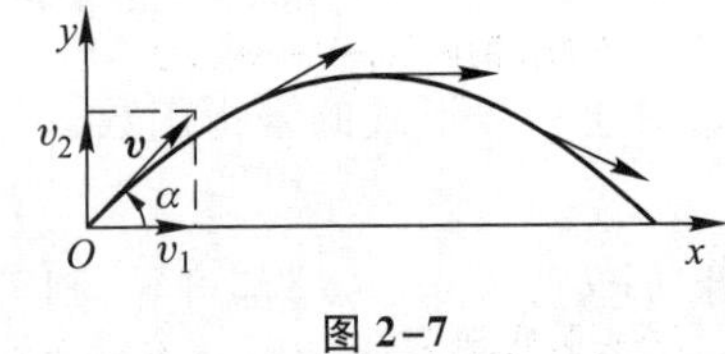

图 2-7

在(4-2)式中,x、y 都与 t 存在函数关系. 如果把对应于同一个 t 值的 y 与 x 的值看做是对应的,那么这样就得到 y 与 x 之间的函数关系. 消去(4-2)中的参数 t,有

$$y=\frac{v_2}{v_1}x-\frac{g}{2v_1^2}x^2.$$

这是因变量 y 与自变量 x 直接联系的式子,也是参数方程(4-2)所确定的函数的显式表示.

一般地,若参数方程

$$\begin{cases}x=\varphi(t),\\ y=\psi(t)\end{cases}\tag{4-3}$$

确定 y 与 x 间的函数关系,则称此函数关系所表达的函数为由参数方程(4-3)所确定的函数.

在实际问题中,需要计算由参数方程(4-3)所确定的函数的导数. 但从(4-3)中消去参数 t 有时会有困难. 因此,我们希望有一种方法能直接由参数方程(4-3)算出它所确定的函数的导数来. 下面就来讨论由参数方程(4-3)所确定的函数的求导方法.

在(4-3)式中,如果函数 $x=\varphi(t)$ 具有单调连续反函数 $t=\varphi^{-1}(x)$,且此反函数能与函数 $y=\psi(t)$ 构成复合函数,那么由参数方程(4-3)所确定的函数可以看成是由函数 $y=\psi(t)$、$t=\varphi^{-1}(x)$ 复合而成的函数 $y=\psi[\varphi^{-1}(x)]$. 现在,要计算这个复合函数的导数. 为此再假定函数 $x=\varphi(t)$、$y=\psi(t)$ 都可导,而且 $\varphi'(t)\neq 0$. 于是根据复合函数的求导法则与反函数的求导法则,就有

$$\frac{\mathrm{d}y}{\mathrm{d}x}=\frac{\mathrm{d}y}{\mathrm{d}t}\cdot\frac{\mathrm{d}t}{\mathrm{d}x}=\frac{\mathrm{d}y}{\mathrm{d}t}\cdot\frac{1}{\frac{\mathrm{d}x}{\mathrm{d}t}}=\frac{\psi'(t)}{\varphi'(t)},$$

即

$$\frac{\mathrm{d}y}{\mathrm{d}x}=\frac{\psi'(t)}{\varphi'(t)}.\tag{4-4}$$

上式也可写成

$$\frac{\mathrm{d}y}{\mathrm{d}x}=\frac{\frac{\mathrm{d}y}{\mathrm{d}t}}{\frac{\mathrm{d}x}{\mathrm{d}t}}.$$

(4-4)式就是由参数方程(4-3)所确定的 x 的函数的导数公式①.

① 作为 x 的函数,$\frac{\mathrm{d}y}{\mathrm{d}x}$ 应表示为

$$\begin{cases}x=\varphi(t),\\ \frac{\mathrm{d}y}{\mathrm{d}x}=\frac{\psi'(t)}{\varphi'(t)},\end{cases}$$

但为了方便起见,通常把 $x=\varphi(t)$ 省去. 后面的公式(4-5)也作类似的理解.

如果 $x=\varphi(t)$、$y=\psi(t)$ 还是二阶可导的,那么从(4-4)式又可得到函数的二阶导数公式

$$\frac{\mathrm{d}^2 y}{\mathrm{d}x^2}=\frac{\mathrm{d}}{\mathrm{d}x}\left(\frac{\mathrm{d}y}{\mathrm{d}x}\right)=\frac{\mathrm{d}}{\mathrm{d}t}\left(\frac{\psi'(t)}{\varphi'(t)}\right)\cdot\frac{\mathrm{d}t}{\mathrm{d}x}$$

$$=\frac{\psi''(t)\varphi'(t)-\psi'(t)\varphi''(t)}{\varphi'^2(t)}\cdot\frac{1}{\varphi'(t)},$$

即

$$\frac{\mathrm{d}^2 y}{\mathrm{d}x^2}=\frac{\psi''(t)\varphi'(t)-\psi'(t)\varphi''(t)}{\varphi'^3(t)}. \tag{4-5}$$

例 7　已知椭圆的参数方程为

$$\begin{cases}x=a\cos t,\\ y=b\sin t,\end{cases}$$

求椭圆在 $t=\frac{\pi}{4}$ 相应的点处的切线方程(图 2-8).

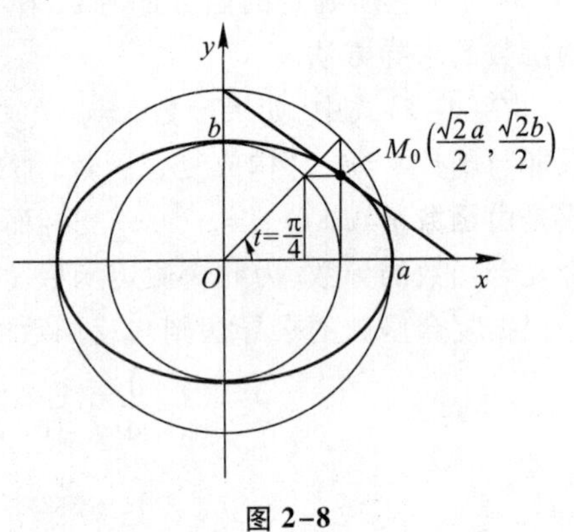

图 2-8

解　当 $t=\frac{\pi}{4}$ 时,椭圆上的相应点 M_0 的坐标是

$$x_0=a\cos\frac{\pi}{4}=\frac{\sqrt{2}a}{2},$$

$$y_0=b\sin\frac{\pi}{4}=\frac{\sqrt{2}b}{2}.$$

曲线在点 M_0 的切线斜率为

$$\left.\frac{\mathrm{d}y}{\mathrm{d}x}\right|_{t=\frac{\pi}{4}}=\left.\frac{(b\sin t)'}{(a\cos t)'}\right|_{t=\frac{\pi}{4}}=\left.\frac{b\cos t}{-a\sin t}\right|_{t=\frac{\pi}{4}}=-\frac{b}{a}.$$

代入点斜式方程,即得椭圆在点 M_0 处的切线方程

$$y-\frac{\sqrt{2}b}{2}=-\frac{b}{a}\left(x-\frac{\sqrt{2}a}{2}\right).$$

化简后得

$$bx+ay-\sqrt{2}ab=0.$$

例 8　已知抛射体的运动轨迹的参数方程为

$$\begin{cases}x=v_1 t,\\ y=v_2 t-\frac{1}{2}gt^2,\end{cases}$$

求抛射体在时刻 t 的运动速度的大小和方向.

解　先求速度的大小.

由于速度的水平分量为

$$\frac{\mathrm{d}x}{\mathrm{d}t}=v_1,$$

铅直分量为

$$\frac{\mathrm{d}y}{\mathrm{d}t}=v_2-gt,$$

所以抛射体运动速度的大小为

$$v=\sqrt{\left(\frac{\mathrm{d}x}{\mathrm{d}t}\right)^2+\left(\frac{\mathrm{d}y}{\mathrm{d}t}\right)^2}=\sqrt{v_1^2+(v_2-gt)^2}.$$

再求速度的方向,也就是轨迹的切线方向.

设 α 是切线的倾角,则根据导数的几何意义,得

$$\tan\alpha=\frac{\mathrm{d}y}{\mathrm{d}x}=\frac{\frac{\mathrm{d}y}{\mathrm{d}t}}{\frac{\mathrm{d}x}{\mathrm{d}t}}=\frac{v_2-gt}{v_1}.$$

在抛射体刚射出(即 $t=0$)时,

$$\tan\alpha\Big|_{t=0}=\frac{\mathrm{d}y}{\mathrm{d}x}\Big|_{t=0}=\frac{v_2}{v_1};$$

当 $t=\frac{v_2}{g}$ 时,

$$\tan\alpha\Big|_{t=\frac{v_2}{g}}=\frac{\mathrm{d}y}{\mathrm{d}x}\Big|_{t=\frac{v_2}{g}}=0,$$

这时,运动方向是水平的,即抛射体达到最高点(图 2-7).

例 9　计算由摆线(图 2-9)的参数方程

$$\begin{cases}x=a(t-\sin t),\\ y=a(1-\cos t)\end{cases}$$

所确定的函数 $y=y(x)$ 的二阶导数.

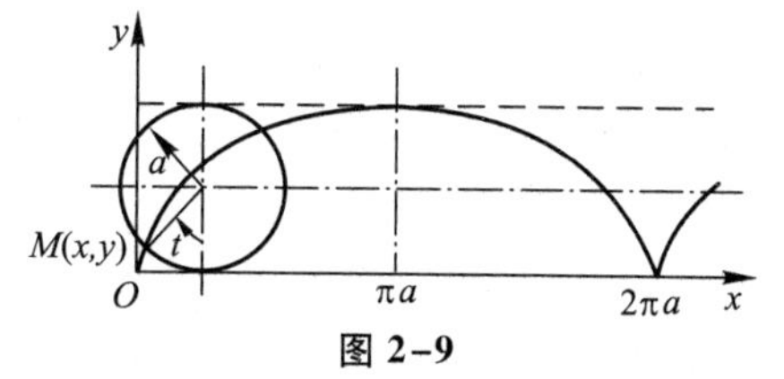

图 2-9

解　$\dfrac{\mathrm{d}y}{\mathrm{d}x}=\dfrac{\frac{\mathrm{d}y}{\mathrm{d}t}}{\frac{\mathrm{d}x}{\mathrm{d}t}}=\dfrac{a\sin t}{a(1-\cos t)}=\dfrac{\sin t}{1-\cos t}=\cot\dfrac{t}{2}\ \ (t\neq 2n\pi,n\in\mathbf{Z}).$

$$\frac{\mathrm{d}^2y}{\mathrm{d}x^2}=\frac{\mathrm{d}}{\mathrm{d}t}\left(\cot\frac{t}{2}\right)\cdot\frac{1}{\frac{\mathrm{d}x}{\mathrm{d}t}}=-\frac{1}{2\sin^2\frac{t}{2}}\cdot\frac{1}{a(1-\cos t)}$$

$$= -\frac{1}{a(1-\cos t)^2}(t \neq 2n\pi, n \in \mathbf{Z}).$$

三、相关变化率

设 $x=x(t)$ 及 $y=y(t)$ 都是可导函数，而变量 x 与 y 间存在某种关系，从而变化率 $\frac{\mathrm{d}x}{\mathrm{d}t}$ 与 $\frac{\mathrm{d}y}{\mathrm{d}t}$ 间也存在一定关系. 这两个相互依赖的变化率称为相关变化率. 相关变化率问题就是研究这两个变化率之间的关系，以便从其中一个变化率求出另一个变化率.

例 10　一气球从离开观察员 500 m 处离地面铅直上升，当气球高度为 500 m时，其速率为 140 m/min(分). 求此时观察员视线的仰角增加的速率是多少？

解　设气球上升 t s(秒)后，其高度为 h，观察员视线的仰角为 α，则

$$\tan \alpha = \frac{h}{500},$$

其中 α 及 h 都与 t 存在可导的函数关系. 上式两边对 t 求导，得

$$\sec^2 \alpha \cdot \frac{\mathrm{d}\alpha}{\mathrm{d}t} = \frac{1}{500} \cdot \frac{\mathrm{d}h}{\mathrm{d}t}.$$

由已知条件，存在 t_0，使 $h\Big|_{t=t_0} = 500$ m，$\frac{\mathrm{d}h}{\mathrm{d}t}\Big|_{t=t_0} = 140$ m/min. 又 $\tan \alpha\Big|_{t=t_0} = 1, \sec^2 \alpha\Big|_{t=t_0} = 2$. 代入上式得

$$2\frac{\mathrm{d}\alpha}{\mathrm{d}t}\Big|_{t=t_0} = \frac{1}{500} \cdot 140,$$

所以

$$\frac{\mathrm{d}\alpha}{\mathrm{d}t}\Big|_{t=t_0} = \frac{70}{500} = 0.14 \quad (\text{rad(弧度)/min}).$$

即此时观察员视线的仰角增加的速率是 0.14 rad/min.

习　题　2-4

1. 求由下列方程所确定的隐函数的导数 $\frac{\mathrm{d}y}{\mathrm{d}x}$：

(1) $y^2-2xy+9=0$；　　　(2) $x^3+y^3-3axy=0$；

(3) $xy=e^{x+y}$；　　　　(4) $y=1-xe^{y}$.

2. 求曲线 $x^{\frac{2}{3}}+y^{\frac{2}{3}}=a^{\frac{2}{3}}$ 在点 $\left(\frac{\sqrt{2}}{4}a,\frac{\sqrt{2}}{4}a\right)$ 处的切线方程和法线方程.

3. 求由下列方程所确定的隐函数的二阶导数 $\frac{d^2y}{dx^2}$：

(1) $x^2-y^2=1$；　　　　(2) $b^2x^2+a^2y^2=a^2b^2$；

(3) $y=\tan(x+y)$；　　　　(4) $y=1+xe^{y}$.

4. 用对数求导法求下列函数的导数：

(1) $y=\left(\frac{x}{1+x}\right)^{x}$；　　　　(2) $y=\sqrt[5]{\frac{x-5}{\sqrt[5]{x^2+2}}}$；

(3) $y=\frac{\sqrt{x+2}(3-x)^4}{(x+1)^5}$；　　　　(4) $y=\sqrt{x\sin x\sqrt{1-e^{x}}}$.

5. 求下列参数方程所确定的函数的导数 $\frac{dy}{dx}$：

(1) $\begin{cases}x=at^2,\\y=bt^3;\end{cases}$　　　　(2) $\begin{cases}x=\theta(1-\sin\theta),\\y=\theta\cos\theta.\end{cases}$

6. 已知 $\begin{cases}x=e^{t}\sin t,\\y=e^{t}\cos t,\end{cases}$ 求当 $t=\frac{\pi}{3}$ 时 $\frac{dy}{dx}$ 的值.

7. 写出下列曲线在所给参数值相应的点处的切线方程和法线方程：

(1) $\begin{cases}x=\sin t,\\y=\cos 2t,\end{cases}$ 在 $t=\frac{\pi}{4}$ 处；(2) $\begin{cases}x=\frac{3at}{1+t^2},\\y=\frac{3at^2}{1+t^2},\end{cases}$ 在 $t=2$ 处.

8. 求下列参数方程所确定的函数的二阶导数 $\frac{d^2y}{dx^2}$：

(1) $\begin{cases}x=\frac{t^2}{2},\\y=1-t;\end{cases}$　　　　(2) $\begin{cases}x=a\cos t,\\y=b\sin t;\end{cases}$

(3) $\begin{cases}x=3e^{-t},\\y=2e^{t};\end{cases}$　　　　(4) $\begin{cases}x=f'(t),\\y=tf'(t)-f(t),\end{cases}$ 设 $f''(t)$ 存在且不为零.

*9. 求下列参数方程所确定的函数的三阶导数 $\frac{d^3y}{dx^3}$：

(1) $\begin{cases}x=1-t^2,\\y=t-t^3;\end{cases}$　　　　(2) $\begin{cases}x=\ln(1+t^2),\\y=t-\arctan t.\end{cases}$

10. 落在平静水面上的石头，产生同心波纹. 若最外一圈波半径的增大速率总是 6 m/s，问在 2 s 末扰动水面面积增大的速率为多少？

11. 注水入深 8 m、上顶直径 8 m 的正圆锥形容器中，其速率为 4 m³/min. 当水深为 5 m

时，其表面上升的速率为多少？

12. 溶液自深 18 cm 顶直径 12 cm 的正圆锥形漏斗中漏入一直径为10 cm 的圆柱形筒中. 开始时漏斗中盛满了溶液. 已知当溶液在漏斗中深为 12 cm 时，其表面下降的速率为 1 cm/min. 问此时圆柱形筒中溶液表面上升的速率为多少？

第五节　函数的微分

一、微分的定义

先分析一个具体问题. 一块正方形金属薄片受温度变化的影响，其边长由 x_0 变到 $x_0+\Delta x$（图 2-10），问此薄片的面积改变了多少？

设此薄片的边长为 x，面积为 A，则 A 与 x 存在函数关系：$A=x^2$. 薄片受温度变化的影响时面积的改变量可以看成是当自变量 x 自 x_0 取得增量 Δx 时，函数 $A=x^2$ 相应的增量 ΔA，即

$$\Delta A=(x_0+\Delta x)^2-x_0^2=2x_0\Delta x+(\Delta x)^2.$$

从上式可以看出，ΔA 分成两部分，第一部分 $2x_0\Delta x$ 是 Δx 的线性函数，即图中带有斜线的两个矩形面积之和，而第二部分 $(\Delta x)^2$ 在图中是带有交叉斜线的小正方形的面积，当 $\Delta x\to 0$ 时，第二部分 $(\Delta x)^2$ 是比 Δx 高阶的无穷小，即 $(\Delta x)^2=o(\Delta x)$. 由此可见，如果边长改变很微小，即 $|\Delta x|$ 很小时，面积的改变量 ΔA 可近似地用第一部分来代替.

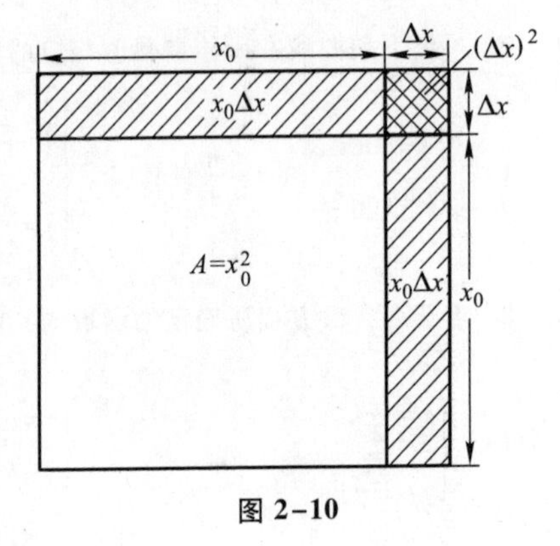

图 2-10

一般地，如果函数 $y=f(x)$ 满足一定条件，那么增量 Δy 可表示为

$$\Delta y=A\Delta x+o(\Delta x),$$

其中 A 是不依赖于 Δx 的常数，因此 $A\Delta x$ 是 Δx 的线性函数，且 Δy 与它的差

$$\Delta y-A\Delta x=o(\Delta x)$$

是比 Δx 高阶的无穷小. 所以，当 $A\neq 0$，且 $|\Delta x|$ 很小时，我们就可以用 Δx 的线性函数 $A\Delta x$ 来近似代替 Δy.

定义　**设函数** $y=f(x)$ **在某区间内有定义**，x_0 **及** $x_0+\Delta x$ **在这区间内，如果函**

数的增量

$$\Delta y=f(x_0+\Delta x)-f(x_0)$$

可表示为

$$\Delta y=A\Delta x+o(\Delta x), \tag{5-1}$$

其中 A 是不依赖于 Δx 的常数，那么称函数 $y=f(x)$ 在点 x_0 是可微的，而 $A\Delta x$ 叫做函数 $y=f(x)$ 在点 x_0 相应于自变量增量 Δx 的微分，记作 $\mathrm{d}y$，即

$$\mathrm{d}y=A\Delta x.$$

下面讨论函数可微的条件. 设函数 $y=f(x)$ 在点 x_0 可微，则按定义有(5-1)式成立. (5-1)式两边除以 Δx，得

$$\frac{\Delta y}{\Delta x}=A+\frac{o(\Delta x)}{\Delta x}.$$

于是，当 $\Delta x\to 0$ 时，由上式就得到

$$A=\lim_{\Delta x\to 0}\frac{\Delta y}{\Delta x}=f'(x_0).$$

因此，如果函数 $f(x)$ 在点 x_0 可微，那么 $f(x)$ 在点 x_0 也一定可导（即 $f'(x_0)$ 存在），且 $A=f'(x_0)$.

反之，如果 $y=f(x)$ 在点 x_0 可导，即

$$\lim_{\Delta x\to 0}\frac{\Delta y}{\Delta x}=f'(x_0)$$

存在，根据极限与无穷小的关系（第一章第四节定理 1），上式可写成

$$\frac{\Delta y}{\Delta x}=f'(x_0)+\alpha,$$

其中 $\alpha\to 0$（当 $\Delta x\to 0$）. 由此又有

$$\Delta y=f'(x_0)\Delta x+\alpha\Delta x.$$

因 $\alpha\Delta x=o(\Delta x)$，且 $f'(x_0)$ 不依赖于 Δx，故上式相当于(5-1)式，所以 $f(x)$ 在点 x_0 也是可微的.

由此可见，函数 $f(x)$ 在点 x_0 可微的充分必要条件是函数 $f(x)$ 在点 x_0 可导，且当 $f(x)$ 在点 x_0 可微时，其微分一定是

$$\mathrm{d}y=f'(x_0)\Delta x. \tag{5-2}$$

当 $f'(x_0)\neq 0$ 时，有

$$\lim_{\Delta x\to 0}\frac{\Delta y}{\mathrm{d}y}=\lim_{\Delta x\to 0}\frac{\Delta y}{f'(x_0)\Delta x}=\frac{1}{f'(x_0)}\lim_{\Delta x\to 0}\frac{\Delta y}{\Delta x}=1.$$

从而，当 $\Delta x\to 0$ 时，Δy 与 $\mathrm{d}y$ 是等价无穷小，于是由第一章第七节定理 1 可知，这时有

$$\Delta y=\mathrm{d}y+o(\mathrm{d}y), \tag{5-3}$$

即 dy 是 Δy 的主部①. 又由于 $dy=f'(x_0)\Delta x$ 是 Δx 的线性函数，所以在 $f'(x_0)\neq 0$ 的条件下，我们说 dy 是 Δy 的线性主部（当 $\Delta x\to 0$）. 于是我们得到结论：在 $f'(x_0)\neq 0$ 的条件下，以微分 $dy=f'(x_0)\Delta x$ 近似代替增量 $\Delta y=f(x_0+\Delta x)-f(x_0)$ 时，其误差为 $o(dy)$. 因此，在 $|\Delta x|$ 很小时，有近似等式

$$\Delta y\approx dy.$$

例 1　求函数 $y=x^2$ 在 $x=1$ 和 $x=3$ 处的微分.

解　函数 $y=x^2$ 在 $x=1$ 处的微分为

$$dy=(x^2)'|_{x=1}\Delta x=2\Delta x,$$

在 $x=3$ 处的微分为

$$dy=(x^2)'|_{x=3}\Delta x=6\Delta x.$$

函数 $y=f(x)$ 在任意点 x 的微分，称为函数的微分，记作 dy 或 $df(x)$，即

$$dy=f'(x)\Delta x.$$

例如，函数 $y=\cos x$ 的微分为

$$dy=(\cos x)'\Delta x=-\sin x\Delta x,$$

函数 $y=e^x$ 的微分为

$$dy=(e^x)'\Delta x=e^x\Delta x.$$

显然，函数的微分 $dy=f'(x)\Delta x$ 与 x 和 Δx 有关.

例 2　求函数 $y=x^3$ 当 $x=2,\Delta x=0.02$ 时的微分.

解　先求函数在任意点 x 的微分

$$dy=(x^3)'\Delta x=3x^2\Delta x.$$

再求函数当 $x=2,\Delta x=0.02$ 时的微分

$$dy\Big|_{\substack{x=2\\ \Delta x=0.02}}=(3x^2\Delta x)\Big|_{\substack{x=2\\ \Delta x=0.02}}=3\cdot 2^2\cdot 0.02=0.24.$$

通常把自变量 x 的增量 Δx 称为自变量的微分，记作 dx，即 $dx=\Delta x$. 于是函数 $y=f(x)$ 的微分又可记作

$$dy=f'(x)dx.$$

从而有

$$\frac{dy}{dx}=f'(x).$$

这就是说，函数的微分 dy 与自变量的微分 dx 之商等于该函数的导数. 因此，导数也叫做“微商”.

① 设 α 及 β 都是在同一个自变量的变化过程中的无穷小，如果 $\beta=\alpha+o(\alpha)$，则称 α 是 β 的主部.

二、微分的几何意义

为了对微分有比较直观的了解,我们来说明微分的几何意义.

在直角坐标系中,函数 $y=f(x)$ 的图形是一条曲线. 对于某一固定的 x_0 值,曲线上有一个确定点 $M(x_0,y_0)$,当自变量 x 有微小增量 Δx 时,就得到曲线上另一点 $N(x_0+\Delta x,y_0+\Delta y)$. 从图 2-11 可知:

$$MQ=\Delta x,$$

$$QN=\Delta y.$$

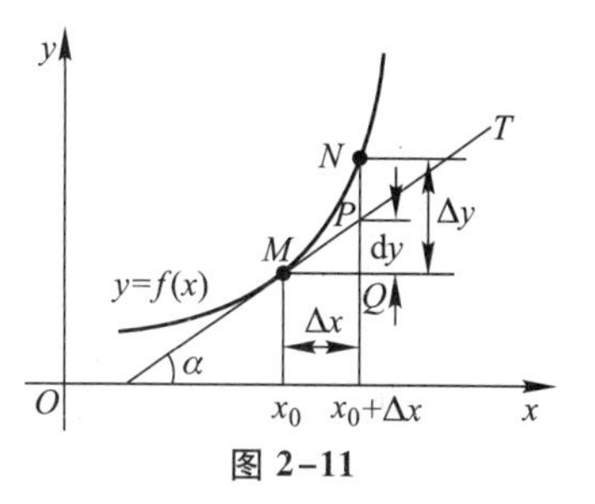

图 2-11

过点 M 作曲线的切线 MT,它的倾角为 α,则

$$QP=MQ\cdot\tan\alpha=\Delta x\cdot f'(x_0),$$

即

$$\mathrm{d}y=QP.$$

由此可见,对于可微函数 $y=f(x)$ 而言,当 Δy 是曲线 $y=f(x)$ 上的点的纵坐标的增量时,$\mathrm{d}y$ 就是曲线的切线上点的纵坐标的相应增量. 当 $|\Delta x|$ 很小时,$|\Delta y-\mathrm{d}y|$ 比 $|\Delta x|$ 小得多. 因此在点 M 的邻近,我们可以用切线段来近似代替曲线段. 在局部范围内用线性函数近似代替非线性函数,在几何上就是局部用切线段近似代替曲线段,这在数学上称为非线性函数的局部线性化,这是微分学的基本思想方法之一. 这种思想方法在自然科学和工程问题的研究中是经常采用的.

三、基本初等函数的微分公式与微分运算法则

从函数的微分的表达式

$$\mathrm{d}y=f'(x)\mathrm{d}x$$

可以看出,要计算函数的微分,只要计算函数的导数,再乘自变量的微分. 因此,可得如下的微分公式和微分运算法则.

1. 基本初等函数的微分公式

由基本初等函数的导数公式,可以直接写出基本初等函数的微分公式. 为了便于对照,列表于下:

导数公式	微分公式
$(x^{\mu})'=\mu x^{\mu-1}$	$\mathrm{d}(x^{\mu})=\mu x^{\mu-1}\mathrm{d}x$
$(\sin x)'=\cos x$	$\mathrm{d}(\sin x)=\cos x\mathrm{d}x$

续表

导数公式	微分公式
$(\cos x)'=-\sin x$	$d(\cos x)=-\sin x dx$
$(\tan x)'=\sec^2 x$	$d(\tan x)=\sec^2 x dx$
$(\cot x)'=-\csc^2 x$	$d(\cot x)=-\csc^2 x dx$
$(\sec x)'=\sec x\tan x$	$d(\sec x)=\sec x\tan x dx$
$(\csc x)'=-\csc x\cot x$	$d(\csc x)=-\csc x\cot x dx$
$(a^x)'=a^x\ln a$　($a>0$ 且 $a\neq 1$)	$d(a^x)=a^x\ln a dx$　($a>0$ 且 $a\neq 1$)
$(e^x)'=e^x$	$d(e^x)=e^x dx$
$(\log_a x)'=\dfrac{1}{x\ln a}$　($a>0$ 且 $a\neq 1$)	$d(\log_a x)=\dfrac{1}{x\ln a}dx$　($a>0$ 且 $a\neq 1$)
$(\ln x)'=\dfrac{1}{x}$	$d(\ln x)=\dfrac{1}{x}dx$
$(\arcsin x)'=\dfrac{1}{\sqrt{1-x^2}}$	$d(\arcsin x)=\dfrac{1}{\sqrt{1-x^2}}dx$
$(\arccos x)'=-\dfrac{1}{\sqrt{1-x^2}}$	$d(\arccos x)=-\dfrac{1}{\sqrt{1-x^2}}dx$
$(\arctan x)'=\dfrac{1}{1+x^2}$	$d(\arctan x)=\dfrac{1}{1+x^2}dx$
$(\text{arccot}\, x)'=-\dfrac{1}{1+x^2}$	$d(\text{arccot}\, x)=-\dfrac{1}{1+x^2}dx$

2. 函数和、差、积、商的微分法则

由函数和、差、积、商的求导法则，可推得相应的微分法则. 为了便于对照，列成下表（表中 $u=u(x)$，$v=v(x)$ 都可导）.

函数和、差、积、商的求导法则	函数和、差、积、商的微分法则
$(u\pm v)'=u'\pm v'$	$d(u\pm v)=du\pm dv$
$(Cu)'=Cu'$	$d(Cu)=Cdu$
$(uv)'=u'v+uv'$	$d(uv)=vdu+udv$
$\left(\dfrac{u}{v}\right)'=\dfrac{u'v-uv'}{v^2}$　($v\neq 0$)	$d\left(\dfrac{u}{v}\right)=\dfrac{vdu-udv}{v^2}$　($v\neq 0$)

现在我们以乘积的微分法则为例加以证明.

根据函数微分的表达式,有

$$d(uv)=(uv)'dx.$$

再根据乘积的求导法则,有

$$(uv)'=u'v+uv'.$$

于是

$$d(uv)=(u'v+uv')dx=u'vdx+uv'dx.$$

由于

$$u'dx=du,\ v'dx=dv,$$

所以

$$d(uv)=vdu+udv.$$

其他法则都可以用类似方法证明.

3. 复合函数的微分法则

与复合函数的求导法则相应的复合函数的微分法则可推导如下:

设 $y=f(u)$ 及 $u=g(x)$ 都可导,则复合函数 $y=f[g(x)]$ 的微分为

$$dy=y'_x dx=f'(u)g'(x)dx.$$

由于 $g'(x)dx=du$,所以,复合函数 $y=f[g(x)]$ 的微分公式也可以写成

$$dy=f'(u)du \quad 或 \quad dy=y'_u du.$$

由此可见,无论 u 是自变量还是中间变量,微分形式 $dy=f'(u)du$ 保持不变. 这一性质称为微分形式不变性. 这性质表示,当变换自变量时,微分形式 $dy=f'(u)du$ 并不改变.

例 3　$y=\sin(2x+1)$,求 dy.

解　把 $2x+1$ 看成中间变量 u,则

$$\begin{aligned}dy&=d(\sin u)=\cos u du=\cos(2x+1)d(2x+1)\\&=\cos(2x+1)\cdot 2dx=2\cos(2x+1)dx.\end{aligned}$$

在求复合函数的导数时,可以不写出中间变量. 在求复合函数的微分时,类似地也可以不写出中间变量. 下面我们用这种方法来求函数的微分.

例 4　$y=\ln(1+e^{x^2})$,求 dy.

解　$$\begin{aligned}dy&=d(\ln(1+e^{x^2}))=\frac{1}{1+e^{x^2}}d(1+e^{x^2})=\frac{1}{1+e^{x^2}}\cdot e^{x^2}d(x^2)\\&=\frac{e^{x^2}}{1+e^{x^2}}\cdot 2xdx=\frac{2xe^{x^2}}{1+e^{x^2}}dx.\end{aligned}$$

例 5　$y=e^{1-3x}\cos x$,求 dy.

解　应用积的微分法则,得

$$\begin{aligned}dy&=d(e^{1-3x}\cos x)=\cos x\,d(e^{1-3x})+e^{1-3x}d(\cos x)\\&=(\cos x)e^{1-3x}(-3dx)+e^{1-3x}(-\sin x dx)\\&=-e^{1-3x}(3\cos x+\sin x)dx.\end{aligned}$$

例 6　在下列等式左端的括号中填入适当的函数,使等式成立.

(1) $d(\quad)=xdx$;　　　　(2) $d(\quad)=\cos\omega t dt$　($\omega\neq0$).

解　(1) 我们知道,

$$d(x^2)=2xdx.$$

可见

$$xdx=\frac{1}{2}d(x^2)=d\left(\frac{x^2}{2}\right),$$

即

$$d\left(\frac{x^2}{2}\right)=xdx.$$

一般地,有

$$d\left(\frac{x^2}{2}+C\right)=xdx\ (C\text{ 为任意常数}).$$

(2) 因为

$$d(\sin\omega t)=\omega\cos\omega t dt,$$

可见

$$\cos\omega t dt=\frac{1}{\omega}d(\sin\omega t)=d\left(\frac{1}{\omega}\sin\omega t\right),$$

即

$$d\left(\frac{1}{\omega}\sin\omega t\right)=\cos\omega t\ dt.$$

一般地,有

$$d\left(\frac{1}{\omega}\sin\omega t+C\right)=\cos\omega t dt\ (C\text{ 为任意常数},\omega\neq0).$$

四、微分在近似计算中的应用

1. 函数的近似计算

在工程问题中,经常会遇到一些复杂的计算公式.如果直接用这些公式进行计算,那是很费力的. 利用微分往往可以把一些复杂的计算公式用简单的近似公式来代替.

前面说过,如果 $y=f(x)$ 在点 x_0 处的导数 $f'(x_0)\neq 0$,且 $|\Delta x|$ 很小时,我们有

$$\Delta y\approx \mathrm{d}y=f'(x_0)\Delta x.$$

这个式子也可以写为

$$\Delta y=f(x_0+\Delta x)-f(x_0)\approx f'(x_0)\Delta x, \tag{5-4}$$

或

$$f(x_0+\Delta x)\approx f(x_0)+f'(x_0)\Delta x. \tag{5-5}$$

在(5-5)式中令 $x=x_0+\Delta x$,即 $\Delta x=x-x_0$,那么(5-5)式可改写为

$$f(x)\approx f(x_0)+f'(x_0)(x-x_0). \tag{5-6}$$

如果 $f(x_0)$ 与 $f'(x_0)$ 都容易计算,那么可利用(5-4)式来近似计算 Δy,利用(5-5)式来近似计算 $f(x_0+\Delta x)$,或利用(5-6)式来近似计算 $f(x)$. 这种近似计算的实质就是用 x 的线性函数 $f(x_0)+f'(x_0)(x-x_0)$ 来近似表达函数$f(x)$. 从导数的几何意义可知,这也就是用曲线 $y=f(x)$ 在点$(x_0,f(x_0))$处的切线来近似代替该曲线(就切点邻近部分来说).

例 7　有一批半径为 1 cm 的球,为了提高球面的光洁度,要镀上一层铜,厚度定为 0.01 cm. 估计一下每只球需用铜多少克(铜的密度是 8.9 g/cm³)?

解　先求出镀层的体积,再乘密度就得到每只球需用铜的质量.

因为镀层的体积等于两个球体体积之差,所以它就是球体体积 $V=\frac{4}{3}\pi R^3$ 当 R 自 R_0 取得增量 ΔR 时的增量 ΔV. 我们求 V 对 R 的导数

$$V'\Big|_{R=R_0}=\left(\frac{4}{3}\pi R^3\right)'\Big|_{R=R_0}=4\pi R_0^2,$$

由(5-4)式得

$$\Delta V\approx 4\pi R_0^2\Delta R.$$

将 $R_0=1$,$\Delta R=0.01$ 代入上式,得

$$\Delta V\approx 4\times 3.14\times 1^2\times 0.01\approx 0.13(\mathrm{cm}^3),$$

于是镀每只球需用的铜约为

$$0.13\times 8.9\approx 1.16(\mathrm{g}).$$

例 8　利用微分计算 $\sin 30°30'$ 的近似值.

解　把 $30°30'$ 化为弧度,得

$$30°30'=\frac{\pi}{6}+\frac{\pi}{360}.$$

由于所求的是正弦函数的值,故设 $f(x)=\sin x$. 此时 $f'(x)=\cos x$. 如果取 x_0

$=\frac{\pi}{6}$,那么$f\left(\frac{\pi}{6}\right)=\sin\frac{\pi}{6}=\frac{1}{2}$与$f'\left(\frac{\pi}{6}\right)=\cos\frac{\pi}{6}=\frac{\sqrt{3}}{2}$都容易计算,并且$\Delta x=\frac{\pi}{360}$比较小.应用(5-5)式便得

$$\sin 30°30'=\sin\left(\frac{\pi}{6}+\frac{\pi}{360}\right)\approx\sin\frac{\pi}{6}+\cos\frac{\pi}{6}\cdot\frac{\pi}{360}$$

$$=\frac{1}{2}+\frac{\sqrt{3}}{2}\cdot\frac{\pi}{360}\approx 0.500\,0+0.007\,6=0.507\,6.$$

下面我们来推导一些常用的近似公式.为此,在(5-6)式中取$x_0=0$,于是得

$$f(x)\approx f(0)+f'(0)x. \tag{5-7}$$

应用(5-7)式可以推得以下几个在工程上常用的近似公式(下面都假定$|x|$是较小的数值):

(i) $(1+x)^{\alpha}\approx 1+\alpha x$ $(\alpha\in\mathbf{R})$;

(ii) $\sin x\approx x$ (x用弧度作单位来表达);

(iii) $\tan x\approx x$ (x用弧度作单位来表达);

(iv) $e^{x}\approx 1+x$;

(v) $\ln(1+x)\approx x$.

证 (i) 在第一章第九节例7中我们已经知道$(1+x)^{\alpha}-1\sim\alpha x$ $(x\to 0)$,从而得出这个近似公式.在这里,我们利用微分证明.取$f(x)=(1+x)^{\alpha}$,那么$f(0)=1$,$f'(0)=\alpha(1+x)^{\alpha-1}\Big|_{x=0}=\alpha$,代入(5-7)式便得

$$(1+x)^{\alpha}\approx 1+\alpha x.$$

证 (ii) 取$f(x)=\sin x$,那么$f(0)=0$,$f'(0)=\cos x\Big|_{x=0}=1$,代入(5-7)式便得

$$\sin x\approx x.$$

其他几个近似公式可用类似方法证明,这里从略了.

例9 计算$\sqrt{1.05}$的近似值.

解
$$\sqrt{1.05}=\sqrt{1+0.05},$$

这里$x=0.05$,其值较小,利用近似公式(i)($\alpha=\frac{1}{2}$的情形),便得

$$\sqrt{1.05}\approx 1+\frac{1}{2}(0.05)=1.025.$$

如果直接开方,可得

$$\sqrt{1.05}=1.024\,70.$$

将两个结果比较一下,可以看出,用1.025作为$\sqrt{1.05}$的近似值,其误差不超过

0.001，这样的近似值在一般应用上已够精确了. 如果开方次数较高，就更能体现出用微分进行近似计算的优越性.

*2. 误差估计

在生产实践中，经常要测量各种数据. 但是有的数据不易直接测量，这时我们就通过测量其他有关数据后，根据某种公式算出所要的数据. 例如，要计算圆钢的截面积 A，可先用卡尺测量圆钢截面的直径 D，然后根据公式 $A=\frac{\pi}{4}D^2$ 算出 A.

由于测量仪器的精度、测量的条件和测量的方法等各种因素的影响，测得的数据往往带有误差，而根据带有误差的数据计算所得的结果也会有误差，我们把它叫做间接测量误差.

下面就讨论怎样利用微分来估计间接测量误差.

先说明绝对误差、相对误差的概念.

如果某个量的精确值为 A，它的近似值为 a，那么 $|A-a|$ 叫做 a 的绝对误差，而绝对误差与 $|a|$ 的比值 $\frac{|A-a|}{|a|}$ 叫做 a 的相对误差.

在实际工作中，某个量的精确值往往是无法知道的，于是绝对误差和相对误差也就无法求得. 但是根据测量仪器的精度等因素，有时能够确定误差在某一个范围内. 如果某个量的精确值是 A，测得它的近似值是 a，又知道它的误差不超过 δ_A，即

$$|A-a|\leqslant\delta_A,$$

那么 δ_A 叫做测量 A 的绝对误差限，而 $\frac{\delta_A}{|a|}$ 叫做测量 A 的相对误差限.

例 10　设测得圆钢截面的直径 $D=60.03$ mm，测量 D 的绝对误差限 $\delta_D=0.05$ mm. 利用公式

$$A=\frac{\pi}{4}D^2$$

计算圆钢的截面积时，试估计面积的误差.

解　如果我们把测量 D 时所产生的误差当作自变量 D 的增量 ΔD，那么，利用公式 $A=\frac{\pi}{4}D^2$ 来计算 A 时所产生的误差就是函数 A 的对应增量 ΔA. 当 $|\Delta D|$ 很小时，可以利用微分 $\mathrm{d}A$ 近似地代替增量 ΔA，即

$$\Delta A\approx\mathrm{d}A=A'\cdot\Delta D=\frac{\pi}{2}D\cdot\Delta D.$$

由于 D 的绝对误差限为 $\delta_D=0.05$ mm,所以

$$|\Delta D|\leqslant\delta_D=0.05,$$

而

$$|\Delta A|\approx|\mathrm{d}A|=\frac{\pi}{2}D\cdot|\Delta D|\leqslant\frac{\pi}{2}D\cdot\delta_D,$$

因此得出 A 的绝对误差限约为

$$\delta_A=\frac{\pi}{2}D\cdot\delta_D=\frac{\pi}{2}\times60.03\times0.05\approx4.712(\mathrm{mm}^2);$$

A 的相对误差限约为

$$\frac{\delta_A}{A}=\frac{\frac{\pi}{2}D\cdot\delta_D}{\frac{\pi}{4}D^2}=2\frac{\delta_D}{D}=2\times\frac{0.05}{60.03}\approx0.17\%.$$

一般地,根据直接测量的 x 值按公式 $y=f(x)$ 计算 y 值时,如果已知测量 x 的绝对误差限是 δ_x,即

$$|\Delta x|\leqslant\delta_x,$$

那么,当 $y'\neq0$ 时,y 的绝对误差

$$|\Delta y|\approx|\mathrm{d}y|=|y'|\cdot|\Delta x|\leqslant|y'|\cdot\delta_x,$$

即 y 的绝对误差限约为

$$\delta_y=|y'|\cdot\delta_x; \tag{5-8}$$

y 的相对误差限约为

$$\frac{\delta_y}{|y|}=\left|\frac{y'}{y}\right|\cdot\delta_x. \tag{5-9}$$

以后常把绝对误差限与相对误差限简称为绝对误差与相对误差.

习　题　2-5

1. 已知 $y=x^3-x$,计算在 $x=2$ 处当 Δx 分别等于 1,0.1,0.01 时的 Δy 及 $\mathrm{d}y$.

2. 设函数 $y=f(x)$ 的图形如图 2-12,试在图 2-12(a)、(b)、(c)、(d)中分别标出在点 x_0 的 $\mathrm{d}y$、Δy 及 $\Delta y-\mathrm{d}y$,并说明其正负.

3. 求下列函数的微分:

(1) $y=\frac{1}{x}+2\sqrt{x}$;　　(2) $y=x\sin 2x$;

(3) $y=\frac{x}{\sqrt{x^2+1}}$;　　(4) $y=\ln^2(1-x)$;

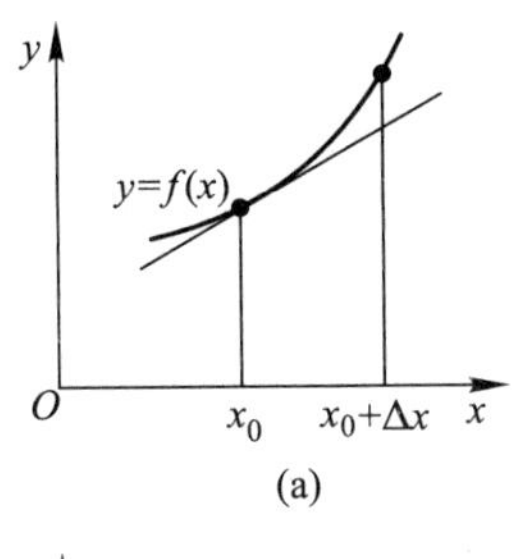

(a)

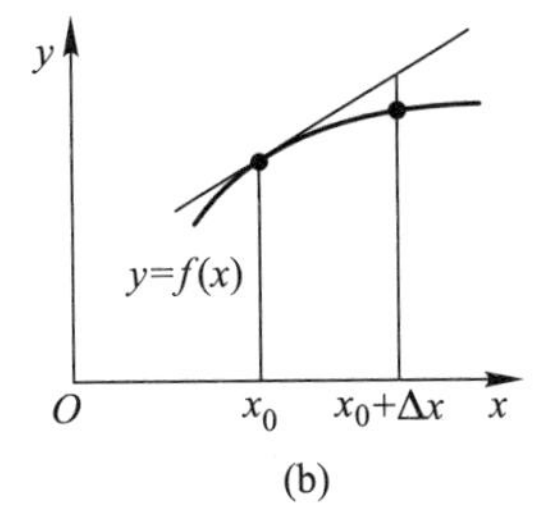

(b)

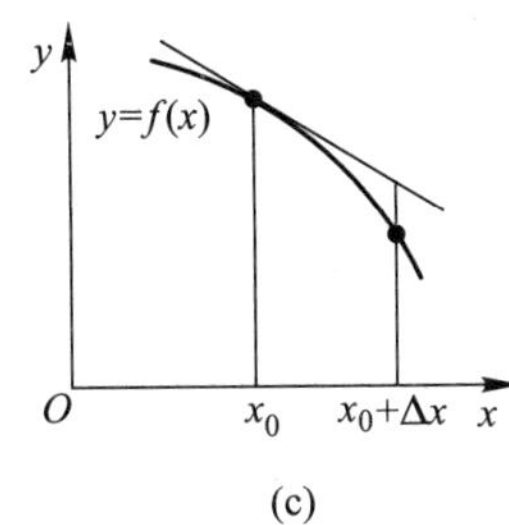

(c)

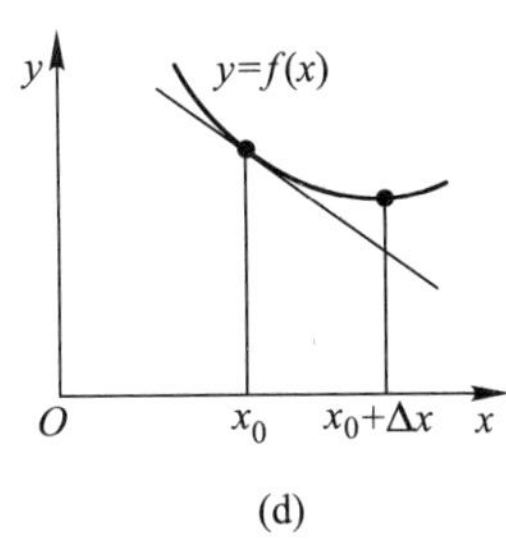

(d)

图 2-12

(5) $y=x^2e^{2x}$;　　(6) $y=e^{-x}\cos(3-x)$;

(7) $y=\arcsin\sqrt{1-x^2}$;　　(8) $y=\tan^2(1+2x^2)$;

(9) $y=\arctan\dfrac{1-x^2}{1+x^2}$;　　(10) $s=A\sin(\omega t+\varphi)$ (A、ω、φ 是常数).

4. 将适当的函数填入下列括号内,使等式成立:

(1) $d(\quad)=2dx$;　　(2) $d(\quad)=3xdx$;

(3) $d(\quad)=\cos tdt$;　　(4) $d(\quad)=\sin\omega xdx$ $(\omega\neq 0)$;

(5) $d(\quad)=\dfrac{1}{1+x}dx$;　　(6) $d(\quad)=e^{-2x}dx$;

(7) $d(\quad)=\dfrac{1}{\sqrt{x}}dx$;　　(8) $d(\quad)=\sec^2 3xdx$.

5. 如图 2-13 所示的电缆$\overset{\frown}{AOB}$的长为 s,跨度为 $2l$,电缆的最低点 O 与杆顶连线 AB 的距离为 f,则电缆长可按下面公式计算

$$s=2l\left(1+\frac{2f^2}{3l^2}\right),$$

当 f 变化了 Δf 时,电缆长的变化约为多少?

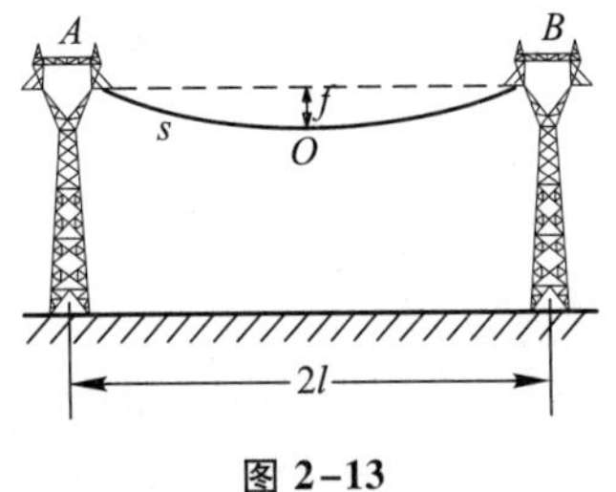

图 2-13

6. 设扇形的圆心角 $\alpha=60°$,半径 $R=100$ cm (图 2-14). 如果 R 不变,α 减少 $30'$,问扇形面积大约改变了多少? 又如果 α 不变,R 增加 1 cm,问扇形面积大约改变了多少?

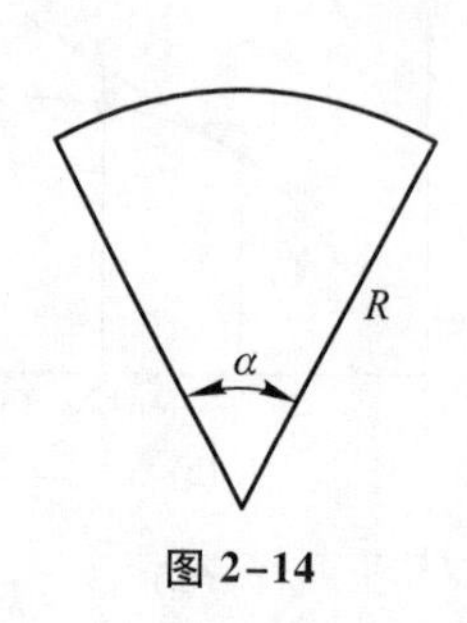

图 2-14

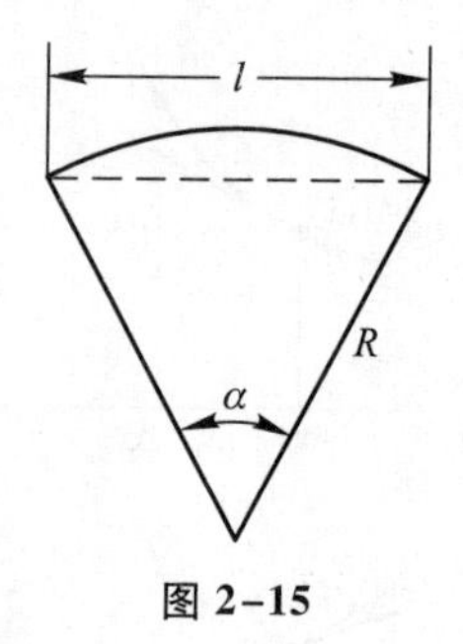

图 2-15

7. 计算下列三角函数值的近似值：

（1）$\cos 29°$；　　　　（2）$\tan 136°$.

8. 计算下列反三角函数值的近似值：

（1）$\arcsin 0.500\,2$；　　　　（2）$\arccos 0.499\,5$.

9. 当$|x|$较小时，证明下列近似公式：

（1）$\tan x \approx x$（x是角的弧度值）；（2）$\ln(1+x) \approx x$；

（3）$\sqrt[n]{1+x} \approx 1+\frac{1}{n}x$；　　　　（4）$e^x \approx 1+x$.

并计算 $\tan 45'$和 $\ln 1.002$ 的近似值.

10. 计算下列各根式的近似值：

（1）$\sqrt[3]{996}$；　　　　（2）$\sqrt[6]{65}$.

*11. 计算球体体积时，要求精确度在2%以内. 问这时测量直径 D 的相对误差不能超过多少？

*12. 某厂生产如图 2-15 所示的扇形板，半径 $R=200$ mm，要求中心角 α 为 55°. 产品检验时，一般用测量弦长 l 的办法来间接测量中心角 α. 如果测量弦长 l 时的误差 $\delta_l=0.1$ mm，问由此而引起的中心角测量误差 δ_α 是多少？

总 习 题 二

1. 在"充分""必要"和"充分必要"三者中选择一个正确的填入下列空格内：

(1) $f(x)$在点 x_0 可导是$f(x)$在点 x_0 连续的________条件. $f(x)$在点 x_0 连续是$f(x)$在点 x_0 可导的________条件.

(2) $f(x)$在点 x_0 的左导数 $f'_-(x_0)$ 及右导数 $f'_+(x_0)$ 都存在且相等是 $f(x)$ 在点 x_0 可导的________条件.

(3) $f(x)$在点 x_0 可导是 $f(x)$ 在点 x_0 可微的________条件.

2. 设 $f(x)=x(x+1)(x+2)\cdots(x+n)\ (n\geqslant 2)$，则 $f'(0)=$________.

3. 下述题中给出了四个结论，从中选出一个正确的结论：

设$f(x)$在 $x=a$ 的某个邻域内有定义，则 $f(x)$ 在 $x=a$ 处可导的一个充分条件是

(　　).

(A) $\lim\limits_{h\to+\infty} h\left[f\left(a+\frac{1}{h}\right)-f(a)\right]$存在

(B) $\lim\limits_{h\to 0}\frac{f(a+2h)-f(a+h)}{h}$存在

(C) $\lim\limits_{h\to 0}\frac{f(a+h)-f(a-h)}{2h}$存在

(D) $\lim\limits_{h\to 0}\frac{f(a)-f(a-h)}{h}$存在

4. 设有一根细棒,取棒的一端作为原点,棒上任意点的坐标为 x,于是分布在区间$[0,x]$上细棒的质量 m 与 x 存在函数关系 $m=m(x)$. 应怎样确定细棒在点 x_0处的线密度(对于均匀细棒来说,单位长度细棒的质量叫做这细棒的线密度)?

5. 根据导数的定义,求 $f(x)=\frac{1}{x}$的导数.

6. 求下列函数 $f(x)$ 的 $f'_-(0)$ 及 $f'_+(0)$,又 $f'(0)$ 是否存在:

(1) $f(x)=\begin{cases}\sin x, & x<0,\\ \ln(1+x), & x\geqslant 0;\end{cases}$

(2) $f(x)=\begin{cases}\frac{x}{1+e^{\frac{1}{x}}}, & x\neq 0,\\ 0, & x=0.\end{cases}$

7. 讨论函数

$$f(x)=\begin{cases}x\sin\frac{1}{x}, & x\neq 0,\\ 0, & x=0\end{cases}$$

在 $x=0$ 处的连续性与可导性.

8. 求下列函数的导数:

(1) $y=\arcsin(\sin x)$;　　(2) $y=\arctan\frac{1+x}{1-x}$;

(3) $y=\ln\tan\frac{x}{2}-\cos x\cdot\ln\tan x$;　　(4) $y=\ln(e^x+\sqrt{1+e^{2x}})$;

(5) $y=x^{\frac{1}{x}}(x>0)$.

9. 求下列函数的二阶导数:

(1) $y=\cos^2 x\cdot\ln x$;　　(2) $y=\frac{x}{\sqrt{1-x^2}}$.

*10. 求下列函数的 n 阶导数:

(1) $y=\sqrt[m]{1+x}$;　　(2) $y=\frac{1-x}{1+x}$.

11. 设函数 $y=y(x)$ 由方程 $e^y+xy=e$ 所确定,求 $y''(0)$.

12. 求下列由参数方程所确定的函数的一阶导数$\frac{\mathrm{d}y}{\mathrm{d}x}$及二阶导数$\frac{\mathrm{d}^2 y}{\mathrm{d}x^2}$:

(1) $\begin{cases} x=a\cos^3\theta, \\ y=a\sin^3\theta; \end{cases}$　　(2) $\begin{cases} x=\ln\sqrt{1+t^2}, \\ y=\arctan t. \end{cases}$

13. 求曲线$\begin{cases} x=2\mathrm{e}^t, \\ y=\mathrm{e}^{-t} \end{cases}$在 $t=0$ 相应的点处的切线方程及法线方程.

14. 已知$f(x)$是周期为 5 的连续函数,它在 $x=0$ 的某个邻域内满足关系式

$$f(1+\sin x)-3f(1-\sin x)=8x+o(x),$$

且$f(x)$在 $x=1$ 处可导,求曲线 $y=f(x)$在点$(6,f(6))$处的切线方程.

15. 当正在高度 H 水平飞行的飞机开始向机场跑道下降时,如图 2-16 所示从飞机到机场的水平地面距离为 L. 假设飞机下降的路径为三次函数 $y=ax^3+bx^2+cx+d$ 的图形,其中 $y|_{x=-L}=H, y|_{x=0}=0$. 试确定飞机的降落路径.

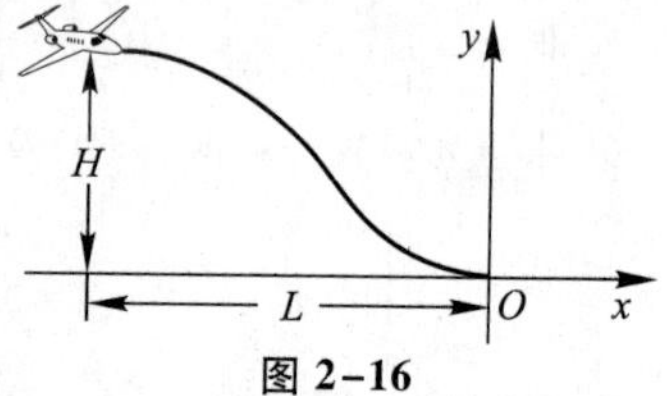

图 2-16

16. 甲船以 6 km/h 的速率向东行驶,乙船以 8 km/h 的速率向南行驶. 在中午十二点整,乙船位于甲船之北 16 km处. 问下午一点整两船相离的速率为多少?

17. 利用函数的微分代替函数的增量求 $\sqrt[3]{1.02}$的近似值.

18. 已知单摆的振动周期 $T=2\pi\sqrt{\frac{l}{g}}$,其中 $g=980\ \mathrm{cm/s^2}$,l 为摆长(单位为 cm). 设原摆长为 20 cm,为使周期 T 增大 0.05 s,摆长约需加长多少?

第三章　微分中值定理与导数的应用

上一章里，从分析实际问题中因变量相对于自变量的变化快慢出发，引进了导数概念，并讨论了导数的计算方法. 本章中，我们将应用导数来研究函数以及曲线的某些性态，并利用这些知识解决一些实际问题. 为此，先要介绍微分学的几个中值定理，它们是导数应用的理论基础.

第一节　微分中值定理

我们先讲罗尔(Rolle)定理，然后根据它推出拉格朗日(Lagrange)中值定理和柯西(Cauchy)中值定理.

一、罗尔定理

首先，我们观察图 3-1. 设曲线弧$\overset{\frown}{AB}$是函数 $y=f(x)$ $(x\in[a,b])$ 的图形. 这是一条连续的曲线弧，除端点外处处有不垂直于 x 轴的切线，且两个端点的纵坐标相等，即 $f(a)=f(b)$. 可以发现在曲线弧的最高点 C 处或最低点 D 处，曲线有水平的切线. 如果记点 C 的横坐标为 ξ，那么就有 $f'(\xi)=0$. 现在用分析语言把这个几何现象描述出来，就可得下面的罗尔定理. 为了应用方便，先介绍费马(Fermat)引理.

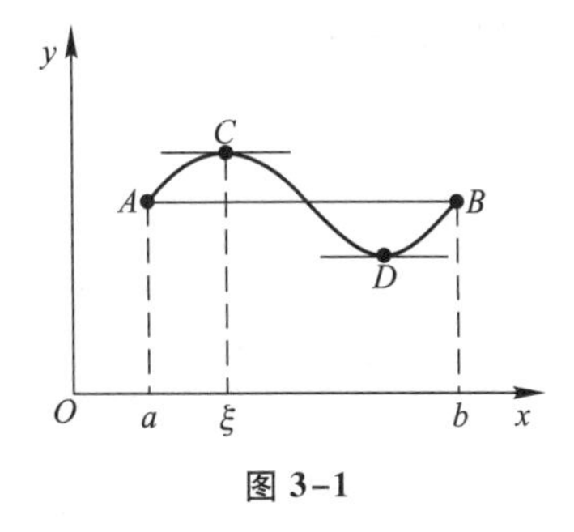

图 3-1

费马引理　**设函数** $f(x)$ **在点** x_0 **的某邻域** $U(x_0)$ **内有定义，并且在** x_0 **处可导，如果对任意的** $x\in U(x_0)$**，有**

$$f(x)\leqslant f(x_0)\quad(\text{或} f(x)\geqslant f(x_0)),$$

那么 $f'(x_0)=0$.

证　不妨设 $x\in U(x_0)$ 时，$f(x)\leqslant f(x_0)$（如果 $f(x)\geqslant f(x_0)$，可以类似地证明）. 于是，对于 $x_0+\Delta x\in U(x_0)$，有

$$f(x_0+\Delta x)\leqslant f(x_0),$$

从而当 $\Delta x>0$ 时，

$$\frac{f(x_0+\Delta x)-f(x_0)}{\Delta x}\leqslant 0;$$

当 $\Delta x<0$ 时,

$$\frac{f(x_0+\Delta x)-f(x_0)}{\Delta x}\geqslant 0.$$

根据函数 $f(x)$ 在 x_0 可导的条件及极限的保号性,便得到

$$f'(x_0)=f'_+(x_0)=\lim_{\Delta x\to 0^+}\frac{f(x_0+\Delta x)-f(x_0)}{\Delta x}\leqslant 0,$$

$$f'(x_0)=f'_-(x_0)=\lim_{\Delta x\to 0^-}\frac{f(x_0+\Delta x)-f(x_0)}{\Delta x}\geqslant 0.$$

所以,$f'(x_0)=0$. 证毕.

通常称导数等于零的点为函数的驻点(或稳定点,临界点).

罗尔定理　如果函数 $f(x)$ 满足

(1) 在闭区间 $[a,b]$ 上连续;

(2) 在开区间 (a,b) 内可导;

(3) 在区间端点处的函数值相等,即 $f(a)=f(b)$,

那么在 (a,b) 内至少有一点 ξ $(a<\xi<b)$,使得 $f'(\xi)=0$.

证　由于 $f(x)$ 在闭区间 $[a,b]$ 上连续,根据闭区间上连续函数的最大值最小值定理,$f(x)$ 在闭区间 $[a,b]$ 上必定取得它的最大值 M 和最小值 m. 这样,只有两种可能情形:

(1) $M=m$. 这时 $f(x)$ 在区间 $[a,b]$ 上必然取相同的数值 M:$f(x)=M$. 由此,$\forall x\in(a,b)$,有 $f'(x)=0$. 因此,任取 $\xi\in(a,b)$,有 $f'(\xi)=0$.

(2) $M>m$. 因为 $f(a)=f(b)$,所以 M 和 m 这两个数中至少有一个不等于 $f(x)$ 在区间 $[a,b]$ 的端点处的函数值. 为确定起见,不妨设 $M\neq f(a)$(如果设 $m\neq f(a)$,证法完全类似),那么必定在开区间 (a,b) 内有一点 ξ 使 $f(\xi)=M$. 因此,$\forall x\in[a,b]$,有 $f(x)\leqslant f(\xi)$,从而由费马引理可知 $f'(\xi)=0$.

定理证毕.

二、拉格朗日中值定理

罗尔定理中 $f(a)=f(b)$ 这个条件是相当特殊的,它使罗尔定理的应用受到限制. 如果把 $f(a)=f(b)$ 这个条件取消,但仍保留其余两个条件,并相应地改变结论,那么就得到微分学中十分重要的拉格朗日中值定理.

拉格朗日中值定理　如果函数 $f(x)$ 满足

(1) 在闭区间$[a,b]$上连续;

(2) 在开区间(a,b)内可导,

那么在(a,b)内至少有一点ξ $(a<\xi<b)$,使等式

$$f(b)-f(a)=f'(\xi)(b-a) \tag{1-1}$$

成立.

在证明之前,先看一下定理的几何意义. 如果把(1-1)式改写成

$$\frac{f(b)-f(a)}{b-a}=f'(\xi),$$

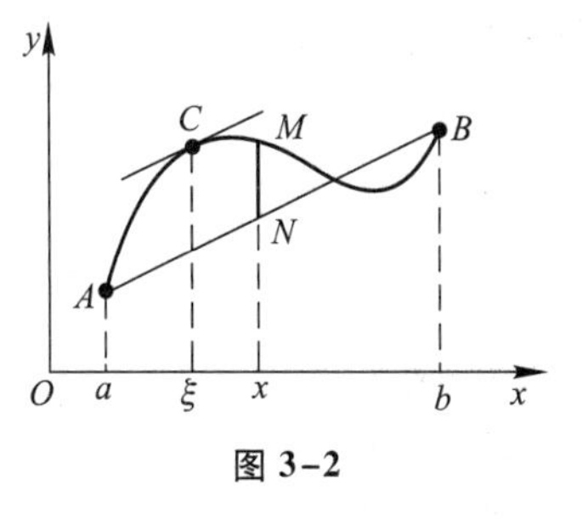

图 3-2

由图 3-2 可看出,$\frac{f(b)-f(a)}{b-a}$为弦 AB 的斜率,而$f'(\xi)$为曲线在点 C 处的切线的斜率. 因此拉格朗日中值定理的几何意义是:如果连续曲线 $y=f(x)$的弧$\overset{\frown}{AB}$上除端点外处处具有不垂直于 x 轴的切线,那么这弧上至少有一点C,使曲线在点 C 处的切线平行于弦 AB.

从图 3-1 看出,在罗尔定理中,由于$f(a)=f(b)$,弦 AB 是平行于 x 轴的,因此点 C 处的切线实际上也平行于弦 AB. 由此可见,罗尔定理是拉格朗日中值定理的特殊情形.

从上述拉格朗日中值定理与罗尔定理的关系,自然想到利用罗尔定理来证明拉格朗日中值定理. 但在拉格朗日中值定理中,函数$f(x)$不一定具备$f(a)=f(b)$这个条件,为此我们设想构造一个与$f(x)$有密切联系的函数$\varphi(x)$(称为辅助函数),使$\varphi(x)$满足条件$\varphi(a)=\varphi(b)$. 然后对$\varphi(x)$应用罗尔定理,再把对$\varphi(x)$所得的结论转化到$f(x)$上,证得所要的结果. 我们从拉格朗日中值定理的几何解释中来寻找辅助函数,从图 3-2 中看到,有向线段 NM 的值是 x 的函数,把它表示为$\varphi(x)$,它与$f(x)$有密切的联系,且当$x=a$及$x=b$时,点 M 与点 N 重合,即有$\varphi(a)=\varphi(b)=0$. 为求得函数$\varphi(x)$的表达式,设直线 AB 的方程为$y=L(x)$,则

$$L(x)=f(a)+\frac{f(b)-f(a)}{b-a}(x-a),$$

由于点 M、N 的纵坐标依次为$f(x)$及$L(x)$,故表示有向线段 NM 的值的函数

$$\varphi(x)=f(x)-L(x)=f(x)-f(a)-\frac{f(b)-f(a)}{b-a}(x-a).$$

下面就利用这个辅助函数来证明拉格朗日中值定理.

定理的证明　引进辅助函数

$$\varphi(x)=f(x)-f(a)-\frac{f(b)-f(a)}{b-a}(x-a).$$

容易验证函数 $\varphi(x)$ 适合罗尔定理的条件：$\varphi(a)=\varphi(b)=0$，$\varphi(x)$ 在闭区间 $[a,b]$ 上连续，在开区间 (a,b) 内可导，且

$$\varphi'(x)=f'(x)-\frac{f(b)-f(a)}{b-a}.$$

根据罗尔定理，可知在 (a,b) 内至少有一点 ξ，使 $\varphi'(\xi)=0$，即

$$f'(\xi)-\frac{f(b)-f(a)}{b-a}=0.$$

由此得

$$\frac{f(b)-f(a)}{b-a}=f'(\xi),$$

即

$$f(b)-f(a)=f'(\xi)(b-a).$$

定理证毕.

显然，公式(1-1)对于 $b<a$ 也成立. (1-1)式叫做拉格朗日中值公式.

设 x 为区间 $[a,b]$ 内一点，$x+\Delta x$ 为这区间内的另一点（$\Delta x>0$ 或 $\Delta x<0$），则公式(1-1)在区间 $[x,x+\Delta x]$（当 $\Delta x>0$ 时）或在区间 $[x+\Delta x,x]$（当 $\Delta x<0$ 时）上就成为

$$f(x+\Delta x)-f(x)=f'(x+\theta\Delta x)\cdot\Delta x\quad(0<\theta<1).\tag{1-2}$$

这里数值 θ 在 0 与 1 之间，所以 $x+\theta\Delta x$ 是在 x 与 $x+\Delta x$ 之间.

如果记 $f(x)$ 为 y，那么(1-2)式又可写成

$$\Delta y=f'(x+\theta\Delta x)\cdot\Delta x\quad(0<\theta<1).\tag{1-3}$$

我们知道，函数的微分 $dy=f'(x)\cdot\Delta x$ 是函数的增量 Δy 的近似表达式，一般说来，以 dy 近似代替 Δy 时所产生的误差只有当 $\Delta x\to0$ 时才趋于零；而(1-3)式却给出了自变量取得有限增量 Δx（$|\Delta x|$不一定很小）时，函数增量 Δy 的准确表达式. 因此，这个定理也叫做有限增量定理，(1-3)式称为有限增量公式. 拉格朗日中值定理在微分学中占有重要地位，有时也称这定理为微分中值定理. 在某些问题中当自变量 x 取得有限增量 Δx 而需要函数增量的准确表达式时，拉格朗日中值定理就显出它的价值.

作为拉格朗日中值定理的一个应用，我们来导出以后讲积分学时很有用的一个定理. 我们知道，如果函数 $f(x)$ 在某一区间上是一个常数，那么 $f(x)$ 在该区间上的导数恒为零. 它的逆命题也是成立的，这就是：

定理　**如果函数** $f(x)$ **在区间** I **上连续,** I **内**[①]**可导且导数恒为零,那么** $f(x)$ **在区间** I **上是一个常数.**

证　在区间 I 上任取两点 x_1、x_2 $(x_1<x_2)$,应用(1-1)式就得

$$f(x_2)-f(x_1)=f'(\xi)(x_2-x_1) \quad (x_1<\xi<x_2).$$

由假定,$f'(\xi)=0$,所以 $f(x_2)-f(x_1)=0$,即

$$f(x_2)=f(x_1).$$

因为 x_1、x_2 是 I 上任意两点,所以上面的等式表明:$f(x)$ 在 I 上的函数值总是相等的,这就是说,$f(x)$ 在区间 I 上是一个常数.

从上述论证中可以看出,虽然拉格朗日中值定理中的 ξ 的准确数值不知道,但在这里并不妨碍它的应用.

例　证明当 $x>0$ 时,

$$\frac{x}{1+x}<\ln(1+x)<x.$$

证　设 $f(t)=\ln(1+t)$,显然 $f(t)$ 在区间 $[0,x]$ 上满足拉格朗日中值定理的条件,根据定理,应有

$$f(x)-f(0)=f'(\xi)(x-0),0<\xi<x.$$

由于 $f(0)=0,f'(t)=\dfrac{1}{1+t}$,因此上式即为

$$\ln(1+x)=\frac{x}{1+\xi}.$$

又由 $0<\xi<x$,有

$$\frac{x}{1+x}<\frac{x}{1+\xi}<x,$$

即

$$\frac{x}{1+x}<\ln(1+x)<x(x>0).$$

三、柯西中值定理

上面已经指出,如果连续曲线弧 $\overset{\frown}{AB}$ 上除端点外处处具有不垂直于横轴的切线,那么这段弧上至少有一点 C,使曲线在点 C 处的切线平行于弦 AB. 设 $\overset{\frown}{AB}$ 由参数方程

① x 在区间 I 内指 $x\in I$,且 x 不是 I 的端点.

$$\begin{cases} x=\varphi(t), \\ y=\psi(t) \end{cases} \quad (a\leqslant t\leqslant b)$$

表示,其中 t 为参数,则曲线上点 (x,y) 处的切线斜率为

$$\frac{\mathrm{d}y}{\mathrm{d}x}=\frac{\psi'(t)}{\varphi'(t)},$$

弦 AB 的斜率为

$$\frac{\psi(b)-\psi(a)}{\varphi(b)-\varphi(a)}.$$

假定点 C 对应于参数 $t=\xi$,那么曲线上点 C 处的切线平行于弦 AB,可表示为

$$\frac{\psi(b)-\psi(a)}{\varphi(b)-\varphi(a)}=\frac{\psi'(\xi)}{\varphi'(\xi)}.$$

这是函数在参数方程形式下的拉格朗日中值定理的表达形式. 通过对这个特殊问题的思考,可以得到以下一般性的结论.

柯西中值定理　如果函数 $f(x)$ 及 $F(x)$ 满足

(1) 在闭区间 $[a,b]$ 上连续;

(2) 在开区间 (a,b) 内可导;

(3) 对任一 $x\in(a,b)$,$F'(x)\neq 0$,

那么在 (a,b) 内至少有一点 ξ,使等式

$$\frac{f(b)-f(a)}{F(b)-F(a)}=\frac{f'(\xi)}{F'(\xi)} \tag{1-4}$$

成立.

在定理证明之前,先对要证的结论作一些分析,以便寻找证明的思路.

要证在 (a,b) 内至少有一点 ξ,使等式(1-4)成立,即成立

$$\frac{f(b)-f(a)}{F(b)-F(a)}F'(\xi)=f'(\xi)$$

或

$$f'(\xi)-\frac{f(b)-f(a)}{F(b)-F(a)}F'(\xi)=0$$

若设函数

$$\varphi(x)=f(x)-\frac{f(b)-f(a)}{F(b)-F(a)}F(x),$$

则要证成立

$$\varphi'(\xi)=f'(\xi)-\frac{f(b)-f(a)}{F(b)-F(a)}F'(\xi)=0.$$

由此联想到:是否可以利用罗尔定理来证明. 而要做到这一点,关键是需要检查函数 $\varphi(x)$ 在闭区间 $[a,b]$ 两端点处的函数值是否相等?

因为

$$\varphi(x)=f(x)-\frac{f(b)-f(a)}{F(b)-F(a)}F(x)=\frac{[F(b)-F(a)]f(x)-[f(b)-f(a)]F(x)}{F(b)-F(a)},$$

$$\varphi(a)=\frac{[F(b)-F(a)]f(a)-[f(b)-f(a)]F(a)}{F(b)-F(a)}=\frac{F(b)f(a)-F(a)f(b)}{F(b)-F(a)},$$

$$\varphi(b)=\frac{[F(b)-F(a)]f(b)-[f(b)-f(a)]F(b)}{F(b)-F(a)}=\frac{F(b)f(a)-F(a)f(b)}{F(b)-F(a)},$$

所以

$$\varphi(a)=\varphi(b)=\frac{F(b)f(a)-F(a)f(b)}{F(b)-F(a)}.$$

由以上分析可知,可以通过引入辅助函数 $\varphi(x)$,对 $\varphi(x)$ 应用罗尔定理来证明本定理.

证　首先注意到 $F(b)-F(a)\neq 0$. 这是由于

$$F(b)-F(a)=F'(\eta)(b-a),$$

其中 $a<\eta<b$,根据假定 $F'(\eta)\neq 0$,又 $b-a\neq 0$,所以

$$F(b)-F(a)\neq 0.$$

设辅助函数

$$\varphi(x)=f(x)-\frac{f(b)-f(a)}{F(b)-F(a)}F(x),$$

显然,$\varphi(x)$ 在闭区间 $[a,b]$ 上连续,在开区间 (a,b) 内可导,且

$$\varphi(a)=\varphi(b)=\frac{F(b)f(a)-F(a)f(b)}{F(b)-F(a)},$$

故 $\varphi(x)$ 适合罗尔定理的条件,因此在 (a,b) 内至少有一点 ξ,使

$$\varphi'(\xi)=f'(\xi)-\frac{f(b)-f(a)}{F(b)-F(a)}F'(\xi)=0,$$

由此得

$$\frac{f(b)-f(a)}{F(b)-F(a)}=\frac{f'(\xi)}{F'(\xi)}.$$

定理证毕.

很明显,如果取 $F(x)=x$,那么 $F(b)-F(a)=b-a$, $F'(x)=1$,因而公式(1-4)就可以写成:

$$f(b)-f(a)=f'(\xi)(b-a)\quad(a<\xi<b),$$

这样就变成拉格朗日中值公式了.

习　题　3-1

1. 验证罗尔定理对函数 $y=\ln\sin x$ 在区间 $\left[\frac{\pi}{6},\frac{5\pi}{6}\right]$ 上的正确性.

2. 验证拉格朗日中值定理对函数 $y=4x^3-5x^2+x-2$ 在区间 $[0,1]$ 上的正确性.

3. 对函数 $f(x)=\sin x$ 及 $F(x)=x+\cos x$ 在区间 $\left[0,\frac{\pi}{2}\right]$ 上验证柯西中值定理的正确性.

4. 试证明对函数 $y=px^2+qx+r$ 应用拉格朗日中值定理时所求得的点 ξ 总是位于区间的正中间.

5. 不用求出函数 $f(x)=(x-1)(x-2)(x-3)(x-4)$ 的导数,说明方程 $f'(x)=0$ 有几个实根,并指出它们所在的区间.

6. 证明恒等式:$\arcsin x+\arccos x=\frac{\pi}{2}$ $(-1\leqslant x\leqslant 1)$.

7. 若方程 $a_0x^n+a_1x^{n-1}+\cdots+a_{n-1}x=0$ 有一个正根 $x=x_0$,证明方程 $a_0nx^{n-1}+a_1(n-1)x^{n-2}+\cdots+a_{n-1}=0$ 必有一个小于 x_0 的正根.

8. 若函数 $f(x)$ 在 (a,b) 内具有二阶导数,且 $f(x_1)=f(x_2)=f(x_3)$,其中 $a<x_1<x_2<x_3<b$,证明:在 (x_1,x_3) 内至少有一点 ξ,使得 $f''(\xi)=0$.

9. 设 $a>b>0$,$n>1$,证明:

$$nb^{n-1}(a-b)<a^n-b^n<na^{n-1}(a-b).$$

10. 设 $a>b>0$,证明:

$$\frac{a-b}{a}<\ln\frac{a}{b}<\frac{a-b}{b}.$$

11. 证明下列不等式:

(1) $|\arctan a-\arctan b|\leqslant|a-b|$;

(2) 当 $x>1$ 时,$e^x>ex$.

12. 证明方程 $x^5+x-1=0$ 只有一个正根.

*13. 设 $f(x)$、$g(x)$ 在 $[a,b]$ 上连续,在 (a,b) 内可导,证明在 (a,b) 内有一点 ξ,使

$$\begin{vmatrix} f(a) & f(b) \\ g(a) & g(b) \end{vmatrix}=(b-a)\begin{vmatrix} f(a) & f'(\xi) \\ g(a) & g'(\xi) \end{vmatrix}.$$

14. 证明:若函数 $f(x)$ 在 $(-\infty,+\infty)$ 内满足关系式 $f'(x)=f(x)$,且 $f(0)=1$,则 $f(x)=e^x$.

*15. 设函数 $y=f(x)$ 在 $x=0$ 的某邻域内具有 n 阶导数,且 $f(0)=f'(0)=\cdots=f^{(n-1)}(0)=0$,试用柯西中值定理证明:

$$\frac{f(x)}{x^n}=\frac{f^{(n)}(\theta x)}{n!}\quad(0<\theta<1).$$

第二节　洛必达法则

如果当 $x\to a$ (或 $x\to\infty$)时,两个函数 $f(x)$ 与 $F(x)$ 都趋于零或都趋于无穷

大,那么极限 $\lim\limits_{\substack{x\to a\\(x\to\infty)}}\dfrac{f(x)}{F(x)}$可能存在、也可能不存在.通常把这种极限叫做未定式,并分别简记为$\dfrac{0}{0}$或$\dfrac{\infty}{\infty}$.在第一章第六节中讨论过的极限$\lim\limits_{x\to 0}\dfrac{\sin x}{x}$就是未定式$\dfrac{0}{0}$的一个例子.对于这类极限,即使它存在也不能用"商的极限等于极限的商"这一法则.下面我们将根据柯西中值定理来推出求这类极限的一种简便且重要的方法.

我们着重讨论 $x\to a$ 时的未定式$\dfrac{0}{0}$的情形,关于这情形有以下定理:

定理 1　设

(1) **当 $x\to a$ 时,函数 $f(x)$ 及 $F(x)$ 都趋于零;**

(2) **在点 a 的某去心邻域内,$f'(x)$ 及 $F'(x)$ 都存在且$F'(x)\neq 0$;**

(3) $\lim\limits_{x\to a}\dfrac{f'(x)}{F'(x)}$**存在(或为无穷大),**

则

$$\lim_{x\to a}\frac{f(x)}{F(x)}=\lim_{x\to a}\frac{f'(x)}{F'(x)}.$$

这就是说,当 $\lim\limits_{x\to a}\dfrac{f'(x)}{F'(x)}$ 存在时,$\lim\limits_{x\to a}\dfrac{f(x)}{F(x)}$ 也存在且等于 $\lim\limits_{x\to a}\dfrac{f'(x)}{F'(x)}$;当 $\lim\limits_{x\to a}\dfrac{f'(x)}{F'(x)}$为无穷大时,$\lim\limits_{x\to a}\dfrac{f(x)}{F(x)}$也是无穷大.这种在一定条件下通过分子分母分别求导再求极限来确定未定式的值的方法称为洛必达(L'Hospital)法则.

证　因为求$\dfrac{f(x)}{F(x)}$当 $x\to a$ 时的极限与 $f(a)$ 及 $F(a)$ 无关,所以可以假定 $f(a)=F(a)=0$,于是由条件(1)、(2)知道,$f(x)$ 及 $F(x)$ 在点 a 的某一邻域内是连续的.设 x 是这邻域内的一点,那么在以 x 及 a 为端点的区间上,柯西中值定理的条件均满足,因此有

$$\frac{f(x)}{F(x)}=\frac{f(x)-f(a)}{F(x)-F(a)}=\frac{f'(\xi)}{F'(\xi)}\quad(\xi\text{ 在 }x\text{ 与 }a\text{ 之间}).$$

令 $x\to a$,并对上式两端求极限,注意到 $x\to a$ 时 $\xi\to a$,再根据条件(3)便得要证明的结论.

如果$\dfrac{f'(x)}{F'(x)}$当 $x\to a$ 时仍属$\dfrac{0}{0}$型,且这时 $f'(x)$,$F'(x)$ 能满足定理中 $f(x)$,$F(x)$ 所要满足的条件,那么可以继续使用洛必达法则先确定$\lim\limits_{x\to a}\dfrac{f'(x)}{F'(x)}$,从而确定$\lim\limits_{x\to a}\dfrac{f(x)}{F(x)}$,即

$$\lim_{x\to a}\frac{f(x)}{F(x)}=\lim_{x\to a}\frac{f'(x)}{F'(x)}=\lim_{x\to a}\frac{f''(x)}{F''(x)}.$$

且可以以此类推.

例 1　求$\lim\limits_{x\to 0}\dfrac{\sin ax}{\sin bx}$ $(b\neq 0)$.

解　$\lim\limits_{x\to 0}\dfrac{\sin ax}{\sin bx}=\lim\limits_{x\to 0}\dfrac{a\cos ax}{b\cos bx}=\dfrac{a}{b}.$

例 2　求$\lim\limits_{x\to 1}\dfrac{x^3-3x+2}{x^3-x^2-x+1}$.

解　$\lim\limits_{x\to 1}\dfrac{x^3-3x+2}{x^3-x^2-x+1}=\lim\limits_{x\to 1}\dfrac{3x^2-3}{3x^2-2x-1}=\lim\limits_{x\to 1}\dfrac{6x}{6x-2}=\dfrac{3}{2}.$

注意,上式中的$\lim\limits_{x\to 1}\dfrac{6x}{6x-2}$已不是未定式,不能对它应用洛必达法则,否则要导致错误结果. 以后使用洛必达法则时应当经常注意这一点,如果不是未定式,那么就不能应用洛必达法则.

例 3　求$\lim\limits_{x\to 0}\dfrac{x-\sin x}{x^3}$.

解　$\lim\limits_{x\to 0}\dfrac{x-\sin x}{x^3}=\lim\limits_{x\to 0}\dfrac{1-\cos x}{3x^2}=\lim\limits_{x\to 0}\dfrac{\sin x}{6x}=\dfrac{1}{6}.$

我们指出,对于 $x\to\infty$ 时的未定式$\dfrac{0}{0}$以及对于 $x\to a$ 或 $x\to\infty$ 时的未定式$\dfrac{\infty}{\infty}$,也有相应的洛必达法则. 例如,对于 $x\to\infty$ 时的未定式$\dfrac{0}{0}$有以下定理.

定理 2　设

(1) 当 $x\to\infty$ 时,函数 $f(x)$ 及 $F(x)$ 都趋于零;

(2) 当 $|x|>N$ 时 $f'(x)$ 与 $F'(x)$ 都存在,且 $F'(x)\neq 0$;

(3) $\lim\limits_{x\to\infty}\dfrac{f'(x)}{F'(x)}$存在(或为无穷大),

则

$$\lim_{x\to\infty}\frac{f(x)}{F(x)}=\lim_{x\to\infty}\frac{f'(x)}{F'(x)}.$$

例 4　求$\lim\limits_{x\to+\infty}\dfrac{\dfrac{\pi}{2}-\arctan x}{\dfrac{1}{x}}$.

解 $\lim\limits_{x\to+\infty}\dfrac{\dfrac{\pi}{2}-\arctan x}{\dfrac{1}{x}}=\lim\limits_{x\to+\infty}\dfrac{-\dfrac{1}{1+x^2}}{-\dfrac{1}{x^2}}=\lim\limits_{x\to+\infty}\dfrac{x^2}{1+x^2}=1.$

例 5 求 $\lim\limits_{x\to+\infty}\dfrac{\ln x}{x^n}(n>0)$.

解 $\lim\limits_{x\to+\infty}\dfrac{\ln x}{x^n}=\lim\limits_{x\to+\infty}\dfrac{\dfrac{1}{x}}{nx^{n-1}}=\lim\limits_{x\to+\infty}\dfrac{1}{nx^n}=0.$

例 6 求 $\lim\limits_{x\to+\infty}\dfrac{x^n}{e^{\lambda x}}$($n$ 为正整数,$\lambda>0$).

解 相继应用洛必达法则 n 次,得

$$\lim_{x\to+\infty}\frac{x^n}{e^{\lambda x}}=\lim_{x\to+\infty}\frac{nx^{n-1}}{\lambda e^{\lambda x}}=\lim_{x\to+\infty}\frac{n(n-1)x^{n-2}}{\lambda^2e^{\lambda x}}=\cdots=\lim_{x\to+\infty}\frac{n!}{\lambda^n e^{\lambda x}}=0.$$

事实上,如果例 6 中的 n 不是正整数而是任何正数,那么极限仍为零.

对数函数 $\ln x$、幂函数 x^n ($n>0$)、指数函数 $e^{\lambda x}$ ($\lambda>0$)均为当 $x\to+\infty$ 时的无穷大,但从例 5、例 6 可以看出,这三个函数增大的“速度”是很不一样的,幂函数增大的“速度”比对数函数快得多,而指数函数增大的“速度”又比幂函数快得多.

下表列出了 x 分别取 10,100,1 000 时,函数 $\ln x$,$\sqrt{x}$,x^2 及 e^x相应的函数值.从中可以看出当 x 增大时这几个函数增大“速度”快慢的情况.

x	10	100	1 000
$\ln x$	2.3	4.6	6.9
$\sqrt{x}$	3.2	10	31.6
x^2	100	10^4	10^6
e^x	2.20×10^4	2.69×10^{43}	1.97×10^{434}

其他还有一些 $0\cdot\infty$、$\infty-\infty$、0^0、1^∞、∞^0型的未定式,也可通过$\dfrac{0}{0}$或$\dfrac{\infty}{\infty}$型的未定式来计算,下面用例子说明.

例 7 求 $\lim\limits_{x\to0^+}x^n\ln x$ ($n>0$).

解 这是未定式 $0\cdot\infty$. 因为

$$x^n\ln x=\frac{\ln x}{\dfrac{1}{x^n}},$$

当 $x\to0^+$时，上式右端是未定式$\frac{\infty}{\infty}$，应用洛必达法则，得

$$\lim_{x\to0^+}x^n\ln x=\lim_{x\to0^+}\frac{\ln x}{x^{-n}}=\lim_{x\to0^+}\frac{\frac{1}{x}}{-nx^{-n-1}}=\lim_{x\to0^+}\left(\frac{-x^n}{n}\right)=0.$$

例 8　求$\lim\limits_{x\to\frac{\pi}{2}}(\sec x-\tan x)$.

解　这是未定式$\infty-\infty$. 因为

$$\sec x-\tan x=\frac{1-\sin x}{\cos x},$$

当 $x\to\frac{\pi}{2}$时，上式右端是未定式$\frac{0}{0}$，应用洛必达法则，得

$$\lim_{x\to\frac{\pi}{2}}(\sec x-\tan x)=\lim_{x\to\frac{\pi}{2}}\frac{1-\sin x}{\cos x}=\lim_{x\to\frac{\pi}{2}}\frac{-\cos x}{-\sin x}=0.$$

例 9　求$\lim\limits_{x\to0^+}x^x$.

解　这是未定式 0^0. 设 $y=x^x$，取对数得

$$\ln y=x\ln x,$$

当 $x\to0^+$时，上式右端是未定式 $0\cdot\infty$. 应用例 7 的结果，得

$$\lim_{x\to0^+}\ln y=\lim_{x\to0^+}(x\ln x)=0.$$

因为 $y=e^{\ln y}$，而 $\lim y=\lim e^{\ln y}=e^{\lim\ln y}$ （当 $x\to0^+$），所以

$$\lim_{x\to0^+}x^x=\lim_{x\to0^+}y=e^0=1.$$

洛必达法则是求未定式的一种有效方法，但最好能与其他求极限的方法结合使用. 例如能化简时应尽可能先化简，可以应用等价无穷小替代或重要极限时，应尽可能应用，这样可以使运算简捷.

例 10　求$\lim\limits_{x\to0}\frac{\tan x-x}{x^2\sin x}$.

解　如果直接用洛必达法则，那么分母的导数（尤其是高阶导数）较繁. 如果作一个等价无穷小替代，那么运算就方便得多. 其运算如下：

$$\lim_{x\to0}\frac{\tan x-x}{x^2\sin x}=\lim_{x\to0}\frac{\tan x-x}{x^3}=\lim_{x\to0}\frac{\sec^2x-1}{3x^2}$$

$$=\lim_{x\to0}\frac{2\sec^2x\tan x}{6x}=\frac{1}{3}\lim_{x\to0}\frac{\tan x}{x}=\frac{1}{3}.$$

最后，我们指出，本节定理给出的是求未定式的一种方法. 当定理条件满足时，所求的极限当然存在（或为∞），但当定理条件不满足时，所求极限却不一定不存在，这就是说，当$\lim\frac{f'(x)}{F'(x)}$不存在时（等于无穷大的情况除外），$\lim\frac{f(x)}{F(x)}$仍

可能存在(见本节习题第2、第3题).

习 题 3-2

1. 用洛必达法则求下列极限:

(1) $\lim\limits_{x\to 0}\dfrac{\ln(1+x)}{x}$;　　(2) $\lim\limits_{x\to 0}\dfrac{e^x-e^{-x}}{\sin x}$;

(3) $\lim\limits_{x\to 0}\dfrac{\tan x-x}{x-\sin x}$;　　(4) $\lim\limits_{x\to \pi}\dfrac{\sin 3x}{\tan 5x}$;

(5) $\lim\limits_{x\to \frac{\pi}{2}}\dfrac{\ln\sin x}{(\pi-2x)^2}$;　　(6) $\lim\limits_{x\to a}\dfrac{x^m-a^m}{x^n-a^n}(a\neq 0)$;

(7) $\lim\limits_{x\to 0^+}\dfrac{\ln\tan 7x}{\ln\tan 2x}$;　　(8) $\lim\limits_{x\to \frac{\pi}{2}}\dfrac{\tan x}{\tan 3x}$;

(9) $\lim\limits_{x\to +\infty}\dfrac{\ln\left(1+\dfrac{1}{x}\right)}{\operatorname{arccot} x}$;　　(10) $\lim\limits_{x\to 0}\dfrac{\ln(1+x^2)}{\sec x-\cos x}$;

(11) $\lim\limits_{x\to 0}x\cot 2x$;　　(12) $\lim\limits_{x\to 0}x^2e^{1/x^2}$;

(13) $\lim\limits_{x\to 1}\left(\dfrac{2}{x^2-1}-\dfrac{1}{x-1}\right)$;　　(14) $\lim\limits_{x\to \infty}\left(1+\dfrac{a}{x}\right)^x$;

(15) $\lim\limits_{x\to 0^+}x^{\sin x}$;　　(16) $\lim\limits_{x\to 0^+}\left(\dfrac{1}{x}\right)^{\tan x}$.

2. 验证极限$\lim\limits_{x\to \infty}\dfrac{x+\sin x}{x}$存在,但不能用洛必达法则得出.

3. 验证极限$\lim\limits_{x\to 0}\dfrac{x^2\sin\dfrac{1}{x}}{\sin x}$存在,但不能用洛必达法则得出.

*4. 讨论函数

$$f(x)=\begin{cases}\left[\dfrac{(1+x)^{\frac{1}{x}}}{e}\right]^{\frac{1}{x}}, & x>0,\\ e^{-\frac{1}{2}}, & x\leqslant 0\end{cases}$$

在点$x=0$处的连续性.

第三节 泰勒公式

对于一些较复杂的函数,为了便于研究,往往希望用一些简单的函数来近似表达.由于用多项式表示的函数,只要对自变量进行有限次加、减、乘三种算术运算,便能求出它的函数值来,因此我们经常用多项式来近似表达函数.

在微分的应用中已经知道,当$|x|$很小时,有如下的近似等式:

$$e^x \approx 1+x,\ \ln(1+x) \approx x.$$

这些都是用一次多项式来近似表达函数的例子. 显然,在 $x=0$ 处这些一次多项式及其一阶导数的值,分别等于被近似表达的函数及其导数的相应值.

但是这种近似表达式的精确度不高,它所产生的误差仅是关于 x 的高阶无穷小. 为了提高精确度,自然想到用更高次的多项式来逼近函数. 于是,提出如下问题:

设 $f(x)$ 在 x_0 处具有 n 阶导数,试找出一个关于 $(x-x_0)$ 的 n 次多项式

$$p_n(x)=a_0+a_1(x-x_0)+a_2(x-x_0)^2+\cdots+a_n(x-x_0)^n \tag{3-1}$$

来近似表达 $f(x)$,要求使得 $p_n(x)$ 与 $f(x)$ 之差是当 $x\to x_0$ 时比 $(x-x_0)^n$ 高阶的无穷小.

下面我们来讨论这个问题. 假设 $p_n(x)$ 在 x_0 处的函数值及它的直到 n 阶导数在 x_0 处的值依次与 $f(x_0)$, $f'(x_0)$, $\cdots$, $f^{(n)}(x_0)$ 相等,即满足

$$p_n(x_0)=f(x_0),\ p'_n(x_0)=f'(x_0),$$
$$p''_n(x_0)=f''(x_0),\ \cdots,\ p_n^{(n)}(x_0)=f^{(n)}(x_0),$$

按这些等式来确定多项式(3-1)的系数 $a_0,a_1,a_2,\cdots,a_n$. 为此,对(3-1)式求各阶导数,然后分别代入以上等式,得

$$a_0=f(x_0),\quad 1\cdot a_1=f'(x_0),$$
$$2!\ a_2=f''(x_0),\quad \cdots,\quad n!\ a_n=f^{(n)}(x_0),$$

即得

$$a_0=f(x_0),\ a_1=f'(x_0),\ a_2=\frac{1}{2!}f''(x_0),\ \cdots,\ a_n=\frac{1}{n!}f^{(n)}(x_0).$$

将求得的系数 $a_0,a_1,a_2,\cdots,a_n$ 代入(3-1)式,有

$$p_n(x)=f(x_0)+f'(x_0)(x-x_0)+\frac{f''(x_0)}{2!}(x-x_0)^2+\cdots+\frac{f^{(n)}(x_0)}{n!}(x-x_0)^n. \tag{3-2}$$

下面的定理表明,多项式(3-2)的确是所要找的 n 次多项式.

泰勒(Taylor)中值定理 1　如果函数 $f(x)$ 在 x_0 处具有 n 阶导数,那么存在 x_0 的一个邻域,对于该邻域内的任一 x,有

$$f(x)=f(x_0)+f'(x_0)(x-x_0)+\frac{f''(x_0)}{2!}(x-x_0)^2+\cdots+\frac{f^{(n)}(x_0)}{n!}(x-x_0)^n+R_n(x), \tag{3-3}$$

其中

$$R_n(x)=o((x-x_0)^n). \tag{3-4}$$

证　记 $R_n(x)=f(x)-p_n(x)$,则

$$R_n(x_0)=R'_n(x_0)=R''_n(x_0)=\cdots=R_n^{(n)}(x_0)=0.$$

由于 $f(x)$ 在 x_0 处有 n 阶导数,因此 $f(x)$ 必在 x_0 的某邻域内存在 $(n-1)$ 阶导

数，从而 $R_n(x)$ 也在该邻域内 $(n-1)$ 阶可导，反复应用洛必达法则，得

$$\lim_{x\to x_0}\frac{R_n(x)}{(x-x_0)^n}=\lim_{x\to x_0}\frac{R_n'(x)}{n(x-x_0)^{n-1}}=\lim_{x\to x_0}\frac{R_n''(x)}{n(n-1)(x-x_0)^{n-2}}$$

$$=\cdots=\lim_{x\to x_0}\frac{R_n^{(n-1)}(x)}{n!\ (x-x_0)}$$

$$=\frac{1}{n!}\lim_{x\to x_0}\frac{R_n^{(n-1)}(x)-R_n^{(n-1)}(x_0)}{x-x_0}$$

$$=\frac{1}{n!}R_n^{(n)}(x_0)=0,$$

因此 $R_n(x)=o((x-x_0)^n)$，定理证毕.

多项式(3-2)称为函数 $f(x)$ 在 x_0 处（或按 $(x-x_0)$ 的幂展开）的 n 次泰勒多项式，公式(3-3)称为 $f(x)$ 在 x_0 处（或按 $(x-x_0)$ 的幂展开）的带有佩亚诺(Peano)余项的 n 阶泰勒公式，而 $R_n(x)$ 的表达式(3-4)称为佩亚诺余项，它就是用 n 次泰勒多项式来近似表达 $f(x)$ 所产生的误差，这一误差是当 $x\to x_0$ 时比 $(x-x_0)^n$ 高阶的无穷小，但不能由它具体估算出误差的大小. 下面给出的具有另一种余项形式的泰勒定理则解决了这一问题.

泰勒(Taylor)中值定理 2　如果函数 $f(x)$ 在 x_0 的某个邻域 $U(x_0)$ 内具有 $(n+1)$ 阶导数，那么对任一 $x\in U(x_0)$，有

$$f(x)=f(x_0)+f'(x_0)(x-x_0)+\frac{f''(x_0)}{2!}(x-x_0)^2+\cdots+$$

$$\frac{f^{(n)}(x_0)}{n!}(x-x_0)^n+R_n(x),\tag{3-5}$$

其中

$$R_n(x)=\frac{f^{(n+1)}(\xi)}{(n+1)!}(x-x_0)^{n+1},\tag{3-6}$$

这里 ξ 是 x_0 与 x 之间的某个值.

证　记 $R_n(x)=f(x)-p_n(x)$. 只需证明

$$R_n(x)=\frac{f^{(n+1)}(\xi)}{(n+1)!}(x-x_0)^{n+1}\quad(\xi \text{ 在 } x_0 \text{ 与 } x \text{ 之间}).$$

由假设可知，$R_n(x)$ 在 $U(x_0)$ 内具有 $(n+1)$ 阶导数，且

$$R_n(x_0)=R_n'(x_0)=R_n''(x_0)=\cdots=R_n^{(n)}(x_0)=0.$$

对两个函数 $R_n(x)$ 及 $(x-x_0)^{n+1}$ 在以 x_0 及 x 为端点的区间上应用柯西中值定理（显然，这两个函数满足柯西中值定理的条件），得

$$\frac{R_n(x)}{(x-x_0)^{n+1}}=\frac{R_n(x)-R_n(x_0)}{(x-x_0)^{n+1}-0}=\frac{R_n'(\xi_1)}{(n+1)(\xi_1-x_0)^n}\ (\xi_1 \text{ 在 } x_0 \text{ 与 } x \text{ 之间}),$$

再对两个函数 $R_n'(x)$ 与 $(n+1)(x-x_0)^n$ 在以 x_0 及 ξ_1 为端点的区间上应用柯西中值定理，得

$$\frac{R_n'(\xi_1)}{(n+1)(\xi_1-x_0)^n}=\frac{R_n'(\xi_1)-R_n'(x_0)}{(n+1)(\xi_1-x_0)^n-0}$$
$$=\frac{R_n''(\xi_2)}{(n+1)n(\xi_2-x_0)^{n-1}}\ (\xi_2\text{在 }x_0\text{ 与 }\xi_1\text{ 之间}).$$

照此方法继续做下去，经过 $(n+1)$ 次后，得

$$\frac{R_n(x)}{(x-x_0)^{n+1}}=\frac{R_n^{(n+1)}(\xi)}{(n+1)!}\ (\xi\text{ 在 }x_0\text{ 与 }\xi_n\text{ 之间，因而也在 }x_0\text{ 与 }x\text{ 之间}).$$

注意到 $R_n^{(n+1)}(x)=f^{(n+1)}(x)$（因 $p_n^{(n+1)}(x)=0$），则由上式得

$$R_n(x)=\frac{f^{(n+1)}(\xi)}{(n+1)!}(x-x_0)^{n+1}\quad(\xi\text{ 在 }x_0\text{ 与 }x\text{ 之间}),$$

定理证毕.

公式(3-5)称为 $f(x)$ 在 x_0 处（或按 $(x-x_0)$ 的幂展开）的带有拉格朗日余项的 n 阶泰勒公式，而 $R_n(x)$ 的表达式(3-6)称为拉格朗日余项.

当 $n=0$ 时，泰勒公式(3-5)变成拉格朗日中值公式

$$f(x)=f(x_0)+f'(\xi)(x-x_0)\quad(\xi\text{ 在 }x_0\text{ 与 }x\text{ 之间}).$$

因此，泰勒中值定理 2 是拉格朗日中值定理的推广.

由泰勒中值定理 2 可知，以多项式 $p_n(x)$ 近似表达函数 $f(x)$ 时，其误差为 $|R_n(x)|$. 如果对于某个固定的 n，当 $x\in U(x_0)$ 时，$|f^{(n+1)}(x)|\leqslant M$，那么有估计式

$$|R_n(x)|=\left|\frac{f^{(n+1)}(\xi)}{(n+1)!}(x-x_0)^{n+1}\right|\leqslant\frac{M}{(n+1)!}|x-x_0|^{n+1}\tag{3-7}$$

在泰勒公式(3-3)中，如果取 $x_0=0$，那么有带有佩亚诺余项的麦克劳林(Maclaurin)公式

$$f(x)=f(0)+f'(0)x+\cdots+\frac{f^{(n)}(0)}{n!}x^n+o(x^n).\tag{3-8}$$

在泰勒公式(3-5)中，如果取 $x_0=0$，那么 ξ 在 0 与 x 之间. 因此可以令 $\xi=\theta x$ $(0<\theta<1)$，从而泰勒公式(3-5)变成较简单的形式，即所谓带有拉格朗日余项的麦克劳林公式

$$f(x)=f(0)+f'(0)x+\frac{f''(0)}{2!}x^2+\cdots+\frac{f^{(n)}(0)}{n!}x^n+$$
$$\frac{f^{(n+1)}(\theta x)}{(n+1)!}x^{n+1}\quad(0<\theta<1).\tag{3-9}$$

由(3-8)或(3-9)可得近似公式

$$f(x)\approx f(0)+f'(0)x+\frac{f''(0)}{2!}x^2+\cdots+\frac{f^{(n)}(0)}{n!}x^n,$$

误差估计式(3-7)相应地变成

$$|R_n(x)|\leqslant\frac{M}{(n+1)!}|x|^{n+1}. \tag{3-10}$$

例 1　写出函数$f(x)=\mathrm{e}^x$的带有拉格朗日余项的n阶麦克劳林公式.

解　因为

$$f'(x)=f''(x)=\cdots=f^{(n)}(x)=\mathrm{e}^x,$$

所以

$$f(0)=f'(0)=f''(0)=\cdots=f^{(n)}(0)=1.$$

把这些值代入公式(3-9),并注意到$f^{(n+1)}(\theta x)=\mathrm{e}^{\theta x}$便得

$$\mathrm{e}^x=1+x+\frac{x^2}{2!}+\cdots+\frac{x^n}{n!}+\frac{\mathrm{e}^{\theta x}}{(n+1)!}x^{n+1}\quad(0<\theta<1).$$

由这个公式可知,若把e^x用它的n次泰勒多项式表达为

$$\mathrm{e}^x\approx1+x+\frac{x^2}{2!}+\cdots+\frac{x^n}{n!},$$

这时所产生的误差为

$$|R_n(x)|=\left|\frac{\mathrm{e}^{\theta x}}{(n+1)!}x^{n+1}\right|<\frac{\mathrm{e}^{|x|}}{(n+1)!}|x|^{n+1}\quad(0<\theta<1).$$

如果取$x=1$,则得无理数e的近似式为

$$\mathrm{e}\approx1+1+\frac{1}{2!}+\cdots+\frac{1}{n!},$$

其误差

$$|R_n|<\frac{\mathrm{e}}{(n+1)!}<\frac{3}{(n+1)!}.$$

当$n=10$时,可算出$\mathrm{e}\approx2.718\ 282$,其误差不超过$10^{-6}$.

例 2　求$f(x)=\sin x$的带有拉格朗日余项的n阶麦克劳林公式.

解　因为

$$f'(x)=\cos x,\ f''(x)=-\sin x,\ f'''(x)=-\cos x,$$

$$f^{(4)}(x)=\sin x,\ \cdots,\ f^{(n)}(x)=\sin\left(x+\frac{n\pi}{2}\right),$$

所以

$$f(0)=0,\ f'(0)=1,\ f''(0)=0,\ f'''(0)=-1,\ f^{(4)}(0)=0$$

等.它们顺序循环地取四个数0,1,0,-1,于是按公式(3-9)得(令$n=2m$)

$$\sin x=x-\frac{x^3}{3!}+\frac{x^5}{5!}-\cdots+(-1)^{m-1}\frac{x^{2m-1}}{(2m-1)!}+R_{2m}(x),$$

其中

$$R_{2m}(x)=\frac{\sin\left[\theta x+(2m+1)\frac{\pi}{2}\right]}{(2m+1)!}x^{2m+1}=(-1)^m\frac{\cos\theta x}{(2m+1)!}x^{2m+1}\quad(0<\theta<1).$$

如果取 $m=1$,那么得近似公式

$$\sin x\approx x,$$

这时误差为

$$|R_2|=\left|-\frac{\cos\theta x}{3!}x^3\right|\leqslant\frac{|x|^3}{6}\quad(0<\theta<1).$$

如果 m 分别取 2 和 3,那么可得 $\sin x$ 的 3 次和 5 次泰勒多项式

$$\sin x\approx x-\frac{1}{3!}x^3\quad 和\quad \sin x\approx x-\frac{1}{3!}x^3+\frac{1}{5!}x^5,$$

其误差的绝对值依次不超过$\frac{1}{5!}|x|^5$和$\frac{1}{7!}|x|^7$. 以上三个泰勒多项式及正弦函数的图形都画在图 3-3 中,以便于比较.

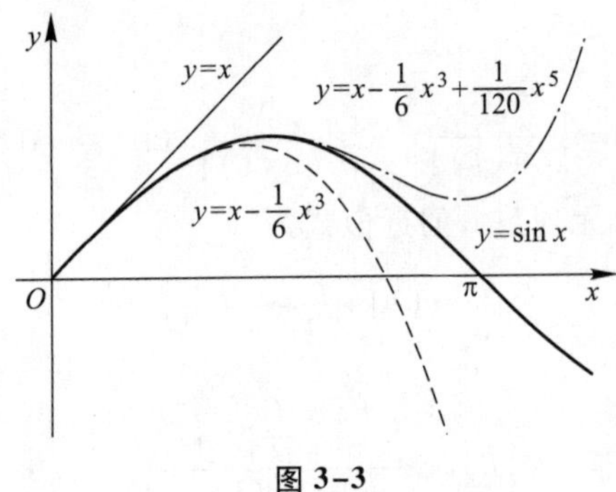

图 3-3

类似地,还可以得到

$$\cos x=1-\frac{1}{2!}x^2+\frac{1}{4!}x^4-\cdots+(-1)^m\frac{1}{(2m)!}x^{2m}+R_{2m+1}(x),$$

其中 $R_{2m+1}(x)=\frac{\cos[\theta x+(m+1)\pi]}{(2m+2)!}x^{2m+2}=(-1)^{m+1}\frac{\cos\theta x}{(2m+2)!}x^{2m+2}\quad(0<\theta<1)$;

$$\ln(1+x)=x-\frac{1}{2}x^2+\frac{1}{3}x^3-\cdots+(-1)^{n-1}\frac{1}{n}x^n+R_n(x),$$

其中 $R_n(x)=\frac{(-1)^n}{(n+1)(1+\theta x)^{n+1}}x^{n+1}\quad(0<\theta<1)$;

$$(1+x)^\alpha=1+\alpha x+\frac{\alpha(\alpha-1)}{2!}x^2+\cdots+\frac{\alpha(\alpha-1)\cdots(\alpha-n+1)}{n!}x^n+R_n(x),$$

其中 $R_n(x)=\dfrac{\alpha(\alpha-1)\cdots(\alpha-n+1)(\alpha-n)}{(n+1)!}(1+\theta x)^{\alpha-n-1}x^{n+1}\ (0<\theta<1)$.

由以上带有拉格朗日余项的麦克劳林公式,易得相应的带有佩亚诺余项的麦克劳林公式,读者可自行写出.

例 3　利用带有佩亚诺余项的麦克劳林公式,求极限 $\lim\limits_{x\to0}\dfrac{\sin x-x\cos x}{\sin^3 x}$.

解　由于分式的分母 $\sin^3 x\sim x^3\ (x\to0)$,我们只需将分子中的 $\sin x$ 和 $x\cos x$ 分别用带有佩亚诺余项的三阶麦克劳林公式表示,即

$$\sin x=x-\frac{x^3}{3!}+o(x^3),\quad x\cos x=x-\frac{x^3}{2!}+o(x^3).$$

于是

$$\sin x-x\cos x=x-\frac{x^3}{3!}+o(x^3)-x+\frac{x^3}{2!}-o(x^3)=\frac{1}{3}x^3+o(x^3),$$

对上式作运算时,把两个比 x^3 高阶的无穷小的代数和仍记作 $o(x^3)$,故

$$\lim_{x\to0}\frac{\sin x-x\cos x}{\sin^3 x}=\lim_{x\to0}\frac{\frac{1}{3}x^3+o(x^3)}{x^3}=\frac{1}{3}.$$

习　题　3-3

1. 按 $(x-4)$ 的幂展开多项式 $f(x)=x^4-5x^3+x^2-3x+4$.

2. 应用麦克劳林公式,按 x 的幂展开函数 $f(x)=(x^2-3x+1)^3$.

3. 求函数 $f(x)=\sqrt{x}$ 按 $(x-4)$ 的幂展开的带有拉格朗日余项的 3 阶泰勒公式.

4. 求函数 $f(x)=\ln x$ 按 $(x-2)$ 的幂展开的带有佩亚诺余项的 n 阶泰勒公式.

5. 求函数 $f(x)=\dfrac{1}{x}$ 按 $(x+1)$ 的幂展开的带有拉格朗日余项的 n 阶泰勒公式.

6. 求函数 $f(x)=\tan x$ 的带有佩亚诺余项的 3 阶麦克劳林公式.

7. 求函数 $f(x)=xe^x$ 的带有佩亚诺余项的 n 阶麦克劳林公式.

8. 验证当 $0<x\leqslant\dfrac{1}{2}$ 时,按公式 $e^x\approx1+x+\dfrac{x^2}{2}+\dfrac{x^3}{6}$ 计算 e^x 的近似值时,所产生的误差小于 0.01,并求 $\sqrt{e}$ 的近似值,使误差小于 0.01.

9. 应用 3 阶泰勒公式求下列各数的近似值,并估计误差:

(1) $\sqrt[3]{30}$;　　　　(2) $\sin 18°$.

*10. 利用泰勒公式求下列极限:

(1) $\lim\limits_{x\to+\infty}(\sqrt[3]{x^3+3x^2}-\sqrt[4]{x^4-2x^3})$;　　　　(2) $\lim\limits_{x\to0}\dfrac{\cos x-e^{-\frac{x^2}{2}}}{x^2[x+\ln(1-x)]}$;

(3) $\lim\limits_{x\to 0}\dfrac{1+\dfrac{1}{2}x^2-\sqrt{1+x^2}}{(\cos x-e^{x^2})\sin x^2}$;　　　　(4) $\lim\limits_{x\to\infty}\left[x-x^2\ln\left(1+\dfrac{1}{x}\right)\right]$.

第四节　函数的单调性与曲线的凹凸性

一、函数单调性的判定法

第一章第一节中已经介绍了函数在区间上单调的概念. 下面利用导数来对函数的单调性进行研究.

如果函数 $y=f(x)$ 在 $[a,b]$ 上单调增加(单调减少),那么它的图形是一条沿 x 轴正向上升(下降)的曲线. 这时,如图 3-4,曲线上各点处的切线斜率是非负的(是非正的),即 $y'=f'(x)\geqslant 0$ $(y'=f'(x)\leqslant 0)$. 由此可见,函数的单调性与导数的符号有着密切的联系.

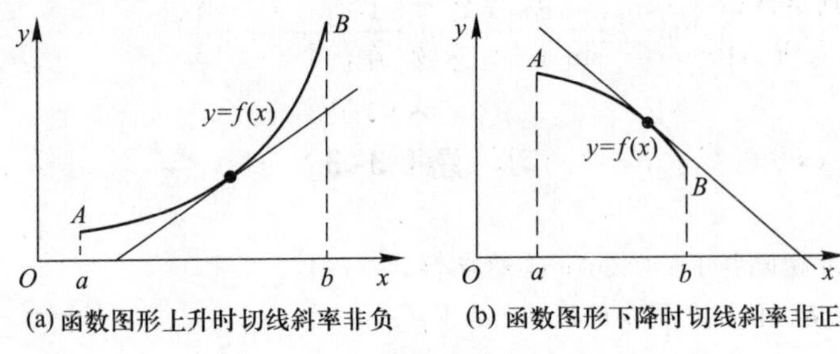

(a) 函数图形上升时切线斜率非负　　(b) 函数图形下降时切线斜率非正

图 3-4

反过来,能否用导数的符号来判定函数的单调性呢?

下面我们利用拉格朗日中值定理来进行讨论.

设函数 $f(x)$ 在 $[a,b]$ 上连续,在 (a,b) 内可导,在 $[a,b]$ 上任取两点 x_1、x_2 $(x_1<x_2)$,应用拉格朗日中值定理,得到

$$f(x_2)-f(x_1)=f'(\xi)(x_2-x_1)\quad (x_1<\xi<x_2).$$

由于在上式中,$x_2-x_1>0$,因此,如果在 (a,b) 内导数 $f'(x)$ 保持正号,即 $f'(x)>0$,那么也有 $f'(\xi)>0$. 于是

$$f(x_2)-f(x_1)=f'(\xi)(x_2-x_1)>0,$$

即

$$f(x_1)<f(x_2),$$

表明函数 $y=f(x)$ 在 $[a,b]$ 上单调增加. 同理,如果在 (a,b) 内导数 $f'(x)$ 保持负

号,即$f'(x)<0$,那么$f'(\xi)<0$,于是$f(x_2)-f(x_1)<0$,即$f(x_1)>f(x_2)$,表明函数$y=f(x)$在$[a,b]$上单调减少.

此外,如果$f'(x)$在(a,b)内的某点$x=c$处等于零,而在其余各点处均为正(负),那么$f(x)$在区间$[a,c]$和区间$[c,b]$上都是单调增加(减少)的,因此在区间$[a,b]$上仍是单调增加(减少)的. 显然,如果$f'(x)$在(a,b)内等于零的点为有限多个,只要它在其余各点处保持定号,那么$f(x)$在$[a,b]$上仍是单调的.

归纳以上讨论,即得

定理 1　设函数$y=f(x)$在$[a,b]$上连续,在(a,b)内可导.

(1) 如果在(a,b)内$f'(x)\geqslant 0$,且等号仅在有限多个点处成立,那么函数$y=f(x)$在$[a,b]$上单调增加;

(2) 如果在(a,b)内$f'(x)\leqslant 0$,且等号仅在有限多个点处成立,那么函数$y=f(x)$在$[a,b]$上单调减少.

如果把这个判定法中的闭区间换成其他各种区间(对于无穷区间,要求在其任一有限的子区间上满足定理的条件),那么结论也成立,参阅本节习题 8.

例 1　判定函数$y=x-\sin x$在$[-\pi,\pi]$上的单调性.

解　因为所给函数在$[-\pi,\pi]$上连续,在$(-\pi,\pi)$内

$$y'=1-\cos x\geqslant 0,$$

且等号仅在$x=0$处成立,所以由定理 1 可知,函数$y=x-\sin x$在$[-\pi,\pi]$上单调增加.

例 2　讨论函数$y=\mathrm{e}^x-x-1$的单调性.

解　$y'=\mathrm{e}^x-1$.

函数$y=\mathrm{e}^x-x-1$的定义域为$(-\infty,+\infty)$. 因为在$(-\infty,0)$内$y'<0$,所以函数$y=\mathrm{e}^x-x-1$在$(-\infty,0]$上单调减少;因为在$(0,+\infty)$内$y'>0$,所以函数$y=\mathrm{e}^x-x-1$在$[0,+\infty)$上单调增加.

例 3　讨论函数$y=\sqrt[3]{x^2}$的单调性.

解　这函数的定义域为$(-\infty,+\infty)$.

当$x\neq 0$时,这函数的导数为

$$y'=\frac{2}{3\sqrt[3]{x}},$$

当$x=0$时,函数的导数不存在. 在$(-\infty,0)$内,$y'<0$,因此函数$y=\sqrt[3]{x^2}$在$(-\infty,0]$上单调减少. 在$(0,+\infty)$内,$y'>0$,因此函数$y=\sqrt[3]{x^2}$在$[0,+\infty)$上单调增加. 函数的图形如图 3-5 所示.

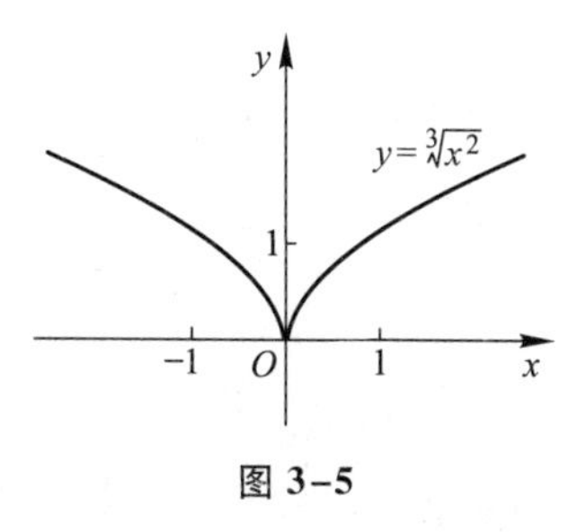

图 3-5

我们注意到,在例 2 中,$x=0$ 是函数 $y=e^x-x-1$ 的单调减少区间 $(-\infty,0]$ 与单调增加区间 $[0,+\infty)$ 的分界点,而在该点处 $y'=0$. 在例 3 中,$x=0$ 是函数 $y=\sqrt[3]{x^2}$ 的单调减少区间 $(-\infty,0]$ 与单调增加区间 $[0,+\infty)$ 的分界点,而在该点处导数不存在.

从例 2 中看出,有些函数在它的定义区间上不是单调的,但是当我们用函数的驻点来划分函数的定义区间以后,就可以使函数在各个部分区间上单调. 从例 3 中可看出,如果函数在某些点处不可导,则划分函数的定义区间的分点,还应包括这些导数不存在的点. 一般地,我们有如下结论:

如果函数 $f(x)$ 在定义区间上连续,除去有限个导数不存在的点外导数存在且在区间内只有有限个驻点,那么只要用函数的驻点及导数不存在的点来划分函数 $f(x)$ 的定义区间,就能保证 $f'(x)$ 在各个部分区间内保持固定符号,因而函数 $f(x)$ 在每个部分区间上单调.

例 4　确定函数 $f(x)=2x^3-9x^2+12x-3$ 的单调区间.

解　这函数的定义域为 $(-\infty,+\infty)$. 求这函数的导数

$$f'(x)=6x^2-18x+12=6(x-1)(x-2).$$

解方程 $f'(x)=0$,即解

$$6(x-1)(x-2)=0,$$

得出它在函数定义域 $(-\infty,+\infty)$ 内的两个根 $x_1=1$、$x_2=2$. 这两个根把 $(-\infty,+\infty)$ 分成三个部分区间 $(-\infty,1]$、$[1,2]$ 及 $[2,+\infty)$.

在区间 $(-\infty,1)$ 内,$x-1<0$ 且 $x-2<0$,所以 $f'(x)>0$. 因此,函数 $f(x)$ 在 $(-\infty,1]$ 内单调增加. 在区间 $(1,2)$ 内,$x-1>0$ 但 $x-2<0$,所以 $f'(x)<0$. 因此,函数 $f(x)$ 在 $[1,2]$ 上单调减少. 在区间 $(2,+\infty)$ 内,$x-1>0$ 且 $x-2>0$,所以 $f'(x)>0$. 因此,函数 $f(x)$ 在 $[2,+\infty)$ 上单调增加.

函数 $y=f(x)$ 的图形如图 3-6 所示.

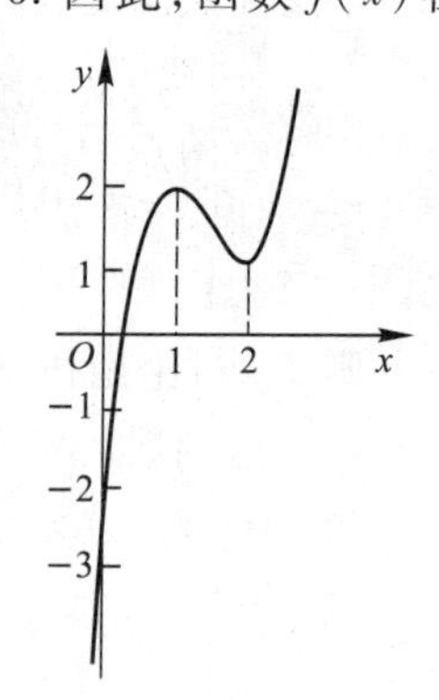

图 3-6

下面我们举一个利用函数的单调性证明不等式的例子.

例 5　证明:当 $x>1$ 时,$2\sqrt{x}>3-\frac{1}{x}$.

证　令 $f(x)=2\sqrt{x}-\left(3-\frac{1}{x}\right)$,则

$$f'(x)=\frac{1}{\sqrt{x}}-\frac{1}{x^2}=\frac{1}{x^2}(x\sqrt{x}-1).$$

$f(x)$ 在 $[1,+\infty)$ 上连续,在 $(1,+\infty)$ 内 $f'(x)>0$,因此在 $[1,+\infty)$ 上 $f(x)$ 单调

增加，从而当 $x>1$ 时，$f(x)>f(1)$.

由于 $f(1)=0$，故 $f(x)>f(1)=0$，即

$$2\sqrt{x}-\left(3-\frac{1}{x}\right)>0,$$

亦即

$$2\sqrt{x}>3-\frac{1}{x}\ (x>1).$$

二、曲线的凹凸性与拐点

在第一目中，我们研究了函数单调性的判定法. 函数的单调性反映在图形上，就是曲线的上升或下降. 但是，曲线在上升或下降的过程中，还有一个弯曲方向的问题. 例如，图3-7中有两条曲线弧，虽然它们都是上升的，但图形却有显著的不同，$\overset{\frown}{ACB}$ 是向上凸的曲线弧，而 $\overset{\frown}{ADB}$ 是向上凹的曲线弧，它们的凹凸性不同，下面我们就来研究曲线的凹凸性及其判定法.

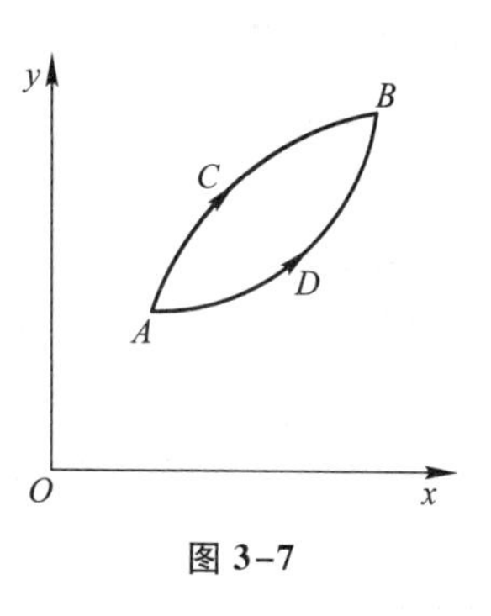

图 3-7

我们从几何上看到，在有的曲线弧上，如果任取两点，则联结这两点间的弦总位于这两点间的弧段的上方（图 3-8(a)），而有的曲线弧，则正好相反（图 3-8(b)）. 曲线的这种性质就是曲线的凹凸性. 因此曲线的凹凸性可以用联结曲线弧上任意两点的弦的中点与曲线弧上相应点（即具有相同横坐标的点）的位置关系来描述，下面给出曲线凹凸性的定义.

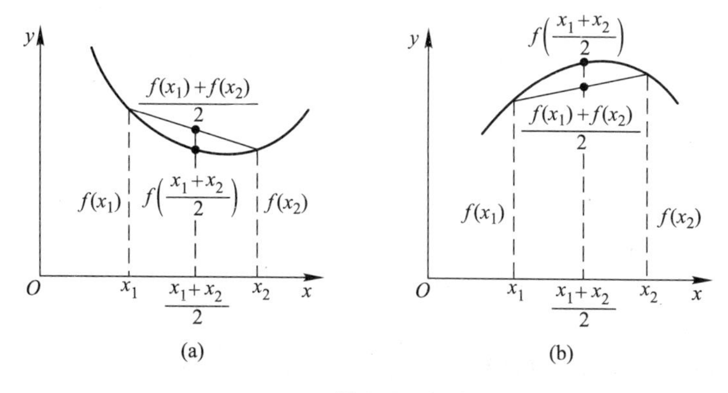

图 3-8

定义　设 $f(x)$ 在区间 I 上连续，如果对 I 上任意两点 x_1, x_2 恒有

$$f\left(\frac{x_1+x_2}{2}\right)<\frac{f(x_1)+f(x_2)}{2},$$

那么称 $f(x)$ 在 I 上的图形是(向上)凹的(或凹弧)；如果恒有

$$f\left(\frac{x_1+x_2}{2}\right)>\frac{f(x_1)+f(x_2)}{2},$$

那么称 $f(x)$ 在 I 上的图形是(向上)凸的(或凸弧).

如果函数 $f(x)$ 在 I 内具有二阶导数，那么可以利用二阶导数的符号来判定曲线的凹凸性，这就是下面的曲线凹凸性的判定定理.

定理 2　设 $f(x)$ 在 $[a,b]$ 上连续，在 (a,b) 内具有一阶和二阶导数，那么

(1) 若在 (a,b) 内 $f''(x)>0$，则 $f(x)$ 在 $[a,b]$ 上的图形是凹的；

(2) 若在 (a,b) 内 $f''(x)<0$，则 $f(x)$ 在 $[a,b]$ 上的图形是凸的.

证　在情形(1)，设 x_1 和 x_2 为 $[a,b]$ 内任意两点，且 $x_1<x_2$，记 $\frac{x_1+x_2}{2}=x_0$，并记 $x_2-x_0=x_0-x_1=h$，则 $x_1=x_0-h$，$x_2=x_0+h$，由拉格朗日中值公式，得

$$f(x_0+h)-f(x_0)=f'(x_0+\theta_1 h)h,$$

$$f(x_0)-f(x_0-h)=f'(x_0-\theta_2 h)h,$$

其中 $0<\theta_1<1$，$0<\theta_2<1$. 两式相减，即得

$$f(x_0+h)+f(x_0-h)-2f(x_0)=[f'(x_0+\theta_1 h)-f'(x_0-\theta_2 h)]h.$$

对 $f'(x)$ 在区间 $[x_0-\theta_2 h, x_0+\theta_1 h]$ 上再利用拉格朗日中值公式，得

$$[f'(x_0+\theta_1 h)-f'(x_0-\theta_2 h)]h=f''(\xi)(\theta_1+\theta_2)h^2,$$

其中 $x_0-\theta_2 h<\xi<x_0+\theta_1 h$. 按情形(1)的假设，$f''(\xi)>0$，故有

$$f(x_0+h)+f(x_0-h)-2f(x_0)>0,$$

即

$$\frac{f(x_0+h)+f(x_0-h)}{2}>f(x_0),$$

亦即

$$\frac{f(x_1)+f(x_2)}{2}>f\left(\frac{x_1+x_2}{2}\right),$$

所以 $f(x)$ 在 $[a,b]$ 上的图形是凹的.

类似地可证明情形(2).

如果把这个判定法中的闭区间换成其他各种区间(包括无穷区间)，那么结论也成立.

例 6　判定曲线 $y=\ln x$ 的凹凸性.

解　因为 $y'=\frac{1}{x}$，$y''=-\frac{1}{x^2}$，所以在函数 $y=\ln x$ 的定义域 $(0,+\infty)$ 内，$y''<0$，由

定理 2 可知,曲线 $y=\ln x$ 是凸的.

例 7　判定曲线 $y=x^3$ 的凹凸性.

解　因为 $y'=3x^2$, $y''=6x$. 当 $x<0$ 时, $y''<0$,所以曲线在$(-\infty,0]$内为凸弧;当 $x>0$ 时, $y''>0$,所以曲线在$[0,+\infty)$内为凹弧.

一般地,设 $y=f(x)$ 在区间 I 上连续, x_0 是 I 内的点. 如果曲线 $y=f(x)$ 在经过点$(x_0,f(x_0))$时,曲线的凹凸性改变了,那么就称点$(x_0,f(x_0))$为这曲线的拐点.

如何来寻找曲线 $y=f(x)$ 的拐点呢?

从上面的定理知道,由 $f''(x)$ 的符号可以判定曲线的凹凸性,因此,如果 $f''(x)$ 在 x_0 的左、右两侧邻近异号,那么点$(x_0,f(x_0))$就是曲线的一个拐点,所以,要寻找拐点,只要找出 $f''(x)$ 符号发生变化的分界点即可,也就是找出 $f'(x)$ 单调增减区间发生变化的分界点即可. 因此,如果 $f(x)$ 在区间(a,b)内具有二阶导数,那么在这样的分界点处必然有 $f''(x)=0$;除此以外, $f(x)$ 的二阶导数不存在的点,也有可能是 $f''(x)$ 的符号发生变化的分界点. 综合以上分析,我们可以按下列步骤来判定区间 I 上的连续曲线 $y=f(x)$ 的拐点:

(1) 求 $f''(x)$;

(2) 令 $f''(x)=0$,解出这方程在区间 I 内的实根,并求出在区间 I 内 $f''(x)$ 不存在的点①;

(3) 对于(2)中求出的每一个实根或二阶导数不存在的点 x_0,检查 $f''(x)$ 在 x_0 左、右两侧邻近的符号,那么当两侧的符号相反时,点$(x_0,f(x_0))$是拐点,当两侧的符号相同时,点$(x_0,f(x_0))$不是拐点.

例 8　求曲线 $y=2x^3+3x^2-12x+14$ 的拐点.

解　$y'=6x^2+6x-12$, $y''=12x+6=12\left(x+\frac{1}{2}\right)$.

解方程 $y''=0$,得 $x=-\frac{1}{2}$. 当 $x<-\frac{1}{2}$ 时, $y''<0$;当 $x>-\frac{1}{2}$ 时, $y''>0$. 因此,点$\left(-\frac{1}{2},20\frac{1}{2}\right)$是这曲线的拐点.

例 9　求曲线 $y=3x^4-4x^3+1$ 的拐点及凹、凸的区间.

解　函数 $y=3x^4-4x^3+1$ 的定义域为$(-\infty,+\infty)$.

$$y'=12x^3-12x^2,$$

$$y''=36x^2-24x=36x\left(x-\frac{2}{3}\right).$$

---

① 这里假设这两种点在区间 I 内的个数均为有限个.

解方程 $y''=0$，得 $x_1=0, x_2=\frac{2}{3}$.

$x_1=0$ 及 $x_2=\frac{2}{3}$ 把函数的定义域 $(-\infty,+\infty)$ 分成三个部分区间：$(-\infty,0]$、$\left[0,\frac{2}{3}\right]$、$\left[\frac{2}{3},+\infty\right)$.

在 $(-\infty,0)$ 内，$y''>0$，因此在区间 $(-\infty,0]$ 上这曲线是凹的. 在 $\left(0,\frac{2}{3}\right)$ 内，$y''<0$，因此在区间 $\left[0,\frac{2}{3}\right]$ 上这曲线是凸的. 在 $\left(\frac{2}{3},+\infty\right)$ 内，$y''>0$，因此在区间 $\left[\frac{2}{3},+\infty\right)$ 上这曲线是凹的.

当 $x=0$ 时，$y=1$，点 $(0,1)$ 是这曲线的一个拐点. 当 $x=\frac{2}{3}$ 时 $y=\frac{11}{27}$，点 $\left(\frac{2}{3},\frac{11}{27}\right)$ 也是这曲线的拐点.

例 10　问曲线 $y=x^4$ 是否有拐点？

解　$y'=4x^3, y''=12x^2$.

显然，只有 $x=0$ 是方程 $y''=0$ 的根. 但当 $x\neq0$ 时，无论 $x<0$ 或 $x>0$ 都有 $y''>0$，因此点 $(0,0)$ 不是这曲线的拐点. 曲线 $y=x^4$ 没有拐点，它在 $(-\infty,+\infty)$ 内是凹的.

例 11　求曲线 $y=\sqrt[3]{x}$ 的拐点.

解　这函数在 $(-\infty,+\infty)$ 内连续，当 $x\neq0$ 时，

$$y'=\frac{1}{3\sqrt[3]{x^2}},\ y''=-\frac{2}{9x\sqrt[3]{x^2}},$$

当 $x=0$ 时，y'，y'' 都不存在. 故二阶导数在 $(-\infty,+\infty)$ 内不连续且不具有零点. 但 $x=0$ 是 y'' 不存在的点，它把 $(-\infty,+\infty)$ 分成两个部分区间：$(-\infty,0]$、$[0,+\infty)$.

在 $(-\infty,0)$ 内，$y''>0$，这曲线在 $(-\infty,0]$ 上是凹的. 在 $(0,+\infty)$ 内，$y''<0$，这曲线在 $[0,+\infty)$ 上是凸的.

当 $x=0$ 时，$y=0$，点 $(0,0)$ 是这曲线的一个拐点.

习　题　3-4

1. 判定函数 $f(x)=\arctan x-x$ 的单调性.
2. 判定函数 $f(x)=x+\cos x$ 的单调性.
3. 确定下列函数的单调区间：

（1）$y=2x^3-6x^2-18x-7$；

（2）$y=2x+\frac{8}{x}$　$(x>0)$；

（3）$y=\frac{10}{4x^3-9x^2+6x}$；

（4）$y=\ln(x+\sqrt{1+x^2})$；

（5）$y=(x-1)(x+1)^3$；

（6）$y=\sqrt[3]{(2x-a)(a-x)^2}$　$(a>0)$；

（7）$y=x^n e^{-x}$　$(n>0,x\geqslant 0)$；

（8）$y=x+|\sin 2x|$.

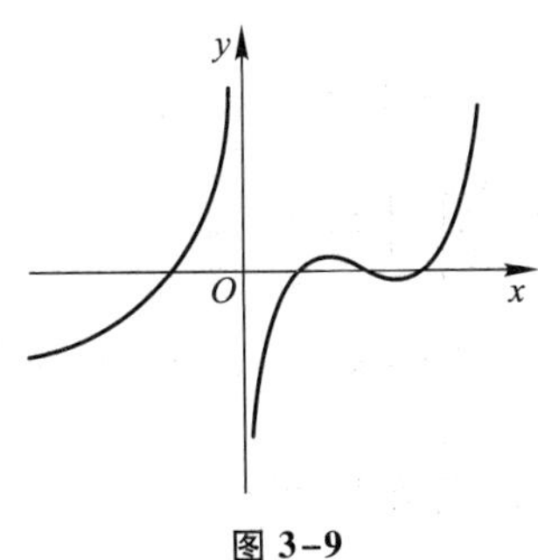

图 3-9

4. 设函数 $f(x)$ 在定义域内可导，$y=f(x)$ 的图形如图 3-9所示，则导函数 $f'(x)$ 的图形为图 3-10 中所示的四个图形中的哪一个？

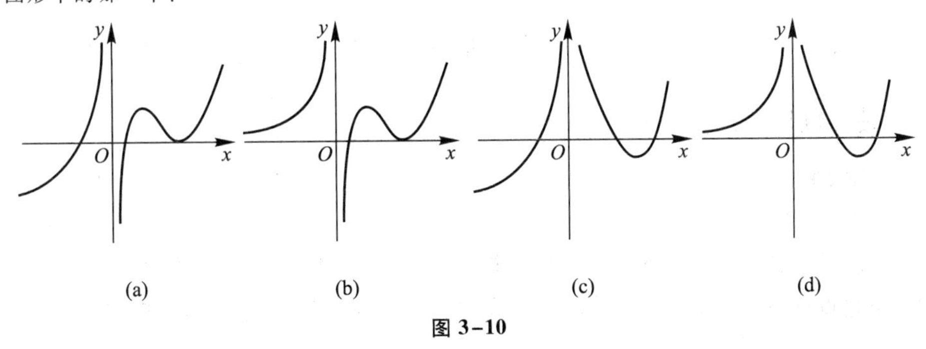

图 3-10

5. 证明下列不等式：

（1）当 $x>0$ 时，$1+\frac{1}{2}x>\sqrt{1+x}$；

（2）当 $x>0$ 时，$1+x\ln(x+\sqrt{1+x^2})>\sqrt{1+x^2}$；

（3）当 $0<x<\frac{\pi}{2}$时，$\sin x+\tan x>2x$；

（4）当 $0<x<\frac{\pi}{2}$时，$\tan x>x+\frac{1}{3}x^3$；

（5）当 $x>4$ 时，$2^x>x^2$.

6. 讨论方程 $\ln x=ax$（其中 $a>0$）有几个实根？

7. 单调函数的导函数是否必为单调函数？研究下面的例子：

$$f(x)=x+\sin x.$$

8. 设 I 为任一无穷区间，函数 $f(x)$ 在区间 I 上连续，I 内可导. 试证明：如果 $f(x)$ 在 I 的任一有限的子区间上 $f'(x)\geqslant 0$（或 $f'(x)\leqslant 0$），且等号仅在有限多个点处成立，那么 $f(x)$ 在区间 I 上单调增加（或单调减少）.

9. 判定下列曲线的凹凸性：

(1) $y=4x-x^2$;　　(2) $y=\text{sh } x$;

(3) $y=x+\dfrac{1}{x}\quad(x>0)$;　　(4) $y=x\arctan x$.

10. 求下列函数图形的拐点及凹或凸的区间：

(1) $y=x^3-5x^2+3x+5$;　　(2) $y=xe^{-x}$;

(3) $y=(x+1)^4+e^x$;　　(4) $y=\ln(x^2+1)$;

(5) $y=e^{\arctan x}$;　　(6) $y=x^4(12\ln x-7)$.

11. 利用函数图形的凹凸性，证明下列不等式：

(1) $\dfrac{1}{2}(x^n+y^n)>\left(\dfrac{x+y}{2}\right)^n\quad(x>0,y>0,x\neq y,n>1)$;

(2) $\dfrac{e^x+e^y}{2}>e^{\frac{x+y}{2}}\quad(x\neq y)$;

(3) $x\ln x+y\ln y>(x+y)\ln\dfrac{x+y}{2}\quad(x>0,y>0,x\neq y)$.

*12. 试证明曲线 $y=\dfrac{x-1}{x^2+1}$ 有三个拐点位于同一直线上.

13. 问 a、b 为何值时，点 $(1,3)$ 为曲线 $y=ax^3+bx^2$ 的拐点？

14. 试决定曲线 $y=ax^3+bx^2+cx+d$ 中的 a、b、c、d，使得 $x=-2$ 处曲线有水平切线，$(1,-10)$ 为拐点，且点 $(-2,44)$ 在曲线上.

15. 试决定 $y=k(x^2-3)^2$ 中 k 的值，使曲线的拐点处的法线通过原点.

*16. 设 $y=f(x)$ 在 $x=x_0$ 的某邻域内具有三阶连续导数，如果 $f''(x_0)=0$，而 $f'''(x_0)\neq0$，试问 $(x_0,f(x_0))$ 是否为拐点？为什么？

第五节　函数的极值与最大值最小值

一、函数的极值及其求法

在上节例 4 中我们看到，点 $x=1$ 及 $x=2$ 是函数

$$f(x)=2x^3-9x^2+12x-3$$

的单调区间的分界点. 例如，在点 $x=1$ 的左侧邻近，函数 $f(x)$ 是单调增加的，在点 $x=1$ 的右侧邻近，函数 $f(x)$ 是单调减少的. 因此，存在点 $x=1$ 的一个去心邻域，对于这去心邻域内的任何点 x，$f(x)<f(1)$ 均成立. 类似地，关于点 $x=2$，也存在着一个去心邻域，对于这去心邻域内的任何点 x，$f(x)>f(2)$ 均成立（参看图 3-6）. 具有这种性质的点如 $x=1$ 及 $x=2$，在应用上有着重要的意义，值得我们对此作一般性的讨论.

定义　设函数 $f(x)$ 在点 x_0 的某邻域 $U(x_0)$ 内有定义，如果对于去心邻域 $\mathring{U}(x_0)$ 内的任一 x，有

$$f(x)<f(x_0) \quad (\text{或} f(x)>f(x_0)),$$

那么就称 $f(x_0)$ 是函数 $f(x)$ 的一个极大值（或极小值）.

函数的极大值与极小值统称为函数的极值，使函数取得极值的点称为极值点. 例如，上节例 4 中的函数

$$f(x)=2x^3-9x^2+12x-3$$

有极大值 $f(1)=2$ 和极小值 $f(2)=1$，点 $x=1$ 和 $x=2$ 是函数$f(x)$的极值点.

函数的极大值和极小值概念是局部性的. 如果 $f(x_0)$ 是函数 $f(x)$ 的一个极大值，那只是就 x_0附近的一个局部范围来说，$f(x_0)$ 是 $f(x)$ 的一个最大值；如果就 $f(x)$ 的整个定义域来说，$f(x_0)$ 不见得是最大值. 关于极小值也类似.

在图 3-11 中，函数 $f(x)$ 有两个极大值：$f(x_2)$、$f(x_5)$，三个极小值：$f(x_1)$、$f(x_4)$、$f(x_6)$，其中极大值 $f(x_2)$ 比极小值$f(x_6)$还小. 就整个区间$[a,b]$来说，只有一个极小值 $f(x_1)$ 同时也是最小值，而没有一个极大值是最大值.

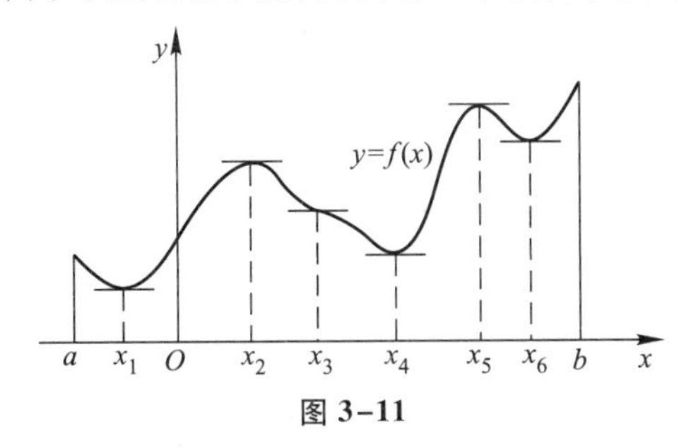

图 3-11

从图中还可看到，在函数取得极值处，曲线的切线是水平的. 但曲线上有水平切线的地方，函数不一定取得极值. 例如图中 $x=x_3$ 处，曲线上有水平切线，但 $f(x_3)$ 不是极值.

由本章第一节费马引理可知，如果函数 $f(x)$ 在 x_0处可导，且 $f(x)$ 在 x_0处取得极值，那么 $f'(x_0)=0$. 这就是可导函数取得极值的必要条件. 现将此结论叙述成如下定理：

定理 1（必要条件）　设函数 $f(x)$ 在 x_0处可导，且在 x_0处取得极值，则$f'(x_0)=0$.

定理 1 就是说：可导函数 $f(x)$ 的极值点必定是它的驻点. 但反过来，函数的驻点却不一定是极值点. 例如，$f(x)=x^3$ 的导数 $f'(x)=3x^2$，$f'(0)=0$，因此$x=0$ 是这可导函数的驻点，但 $x=0$ 却不是这函数的极值点. 所以，函数的驻点只是可能的极值点. 此外，函数在它的导数不存在的点处也可能取得极值. 例如，函数

$f(x)=|x|$在点 $x=0$ 处不可导,但函数在该点取得极小值.

怎样判定函数在驻点或不可导的点处究竟是否取得极值?如果是的话,究竟取得极大值还是极小值?下面给出两个判定极值的充分条件:

定理 2(第一充分条件)　设函数 $f(x)$ 在 x_0 处连续,且在 x_0 的某去心邻域 $\mathring{U}(x_0,\delta)$ 内可导.

(1) 若 $x\in(x_0-\delta,x_0)$ 时,$f'(x)>0$,而 $x\in(x_0,x_0+\delta)$ 时,$f'(x)<0$,则 $f(x)$ 在 x_0 处取得极大值;

(2) 若 $x\in(x_0-\delta,x_0)$ 时,$f'(x)<0$,而 $x\in(x_0,x_0+\delta)$ 时,$f'(x)>0$,则 $f(x)$ 在 x_0 处取得极小值;

(3) 若 $x\in\mathring{U}(x_0,\delta)$ 时,$f'(x)$ 的符号保持不变,则 $f(x)$ 在 x_0 处没有极值.

证　事实上,就情形(1)来说,根据函数单调性的判定法,函数 $f(x)$ 在 $(x_0-\delta,x_0)$ 内单调增加,而在 $(x_0,x_0+\delta)$ 内单调减少,又由于函数 $f(x)$ 在 x_0 处是连续的,故当 $x\in\mathring{U}(x_0,\delta)$ 时,总有 $f(x)<f(x_0)$. 所以,$f(x_0)$ 是 $f(x)$ 的一个极大值(图 3-12(a)).

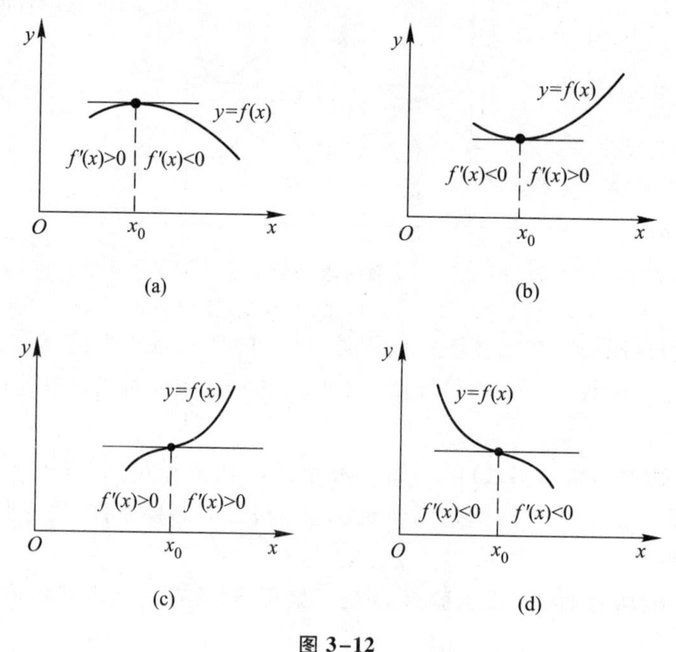

图 3-12

类似地可论证情形(2)(图 3-12(b))及情形(3)(图 3-12(c)、(d)).

定理 2 也可简单地这样说:当 x 在 x_0 的邻近渐增地经过 x_0 时,如果 $f'(x)$ 的符号由正变负,那么 $f(x)$ 在 x_0 处取得极大值;如果 $f'(x)$ 的符号由负变正,那么 $f(x)$ 在 x_0

处取得极小值;如果 $f'(x)$ 的符号并不改变,那么 $f(x)$ 在 x_0 处没有极值.

根据上面的两个定理,如果函数 $f(x)$ 在所讨论的区间内连续,除个别点外处处可导,那么就可以按下列步骤来求 $f(x)$ 在该区间内的极值点和相应的极值:

(1) 求出导数 $f'(x)$;

(2) 求出 $f(x)$ 的全部驻点与不可导点;

(3) 考察 $f'(x)$ 的符号在每个驻点或不可导点的左、右邻近的情形,以确定该点是否为极值点;如果是极值点,进一步确定是极大值点还是极小值点;

(4) 求出各极值点的函数值,就得函数 $f(x)$ 的全部极值.

例 1　求函数 $f(x)=(x-4)\sqrt[3]{(x+1)^2}$ 的极值.

解　(1) $f(x)$ 在 $(-\infty,+\infty)$ 内连续,除 $x=-1$ 外处处可导,且

$$f'(x)=\frac{5(x-1)}{3\sqrt[3]{x+1}};$$

(2) 令 $f'(x)=0$,得驻点 $x=1$,$x=-1$ 为 $f(x)$ 的不可导点;

(3) 在 $(-\infty,-1)$ 内,$f'(x)>0$;在 $(-1,1)$ 内,$f'(x)<0$. 故不可导点 $x=-1$ 是一个极大值点;又在 $(1,+\infty)$ 内,$f'(x)>0$,故驻点 $x=1$ 是一个极小值点;

(4) 极大值为 $f(-1)=0$,极小值为 $f(1)=-3\sqrt[3]{4}$.

当函数 $f(x)$ 在驻点处的二阶导数存在且不为零时,也可以利用下述定理来判定 $f(x)$ 在驻点处取得极大值还是极小值.

定理 3(第二充分条件)　设函数 $f(x)$ 在 x_0 处具有二阶导数且 $f'(x_0)=0$,$f''(x_0)\neq 0$,则

(1) 当 $f''(x_0)<0$ 时,函数 $f(x)$ 在 x_0 处取得极大值;

(2) 当 $f''(x_0)>0$ 时,函数 $f(x)$ 在 x_0 处取得极小值.

证　在情形(1),由于 $f''(x_0)<0$,按二阶导数的定义有

$$f''(x_0)=\lim_{x\to x_0}\frac{f'(x)-f'(x_0)}{x-x_0}<0.$$

根据函数极限的局部保号性,当 x 在 x_0 的足够小的去心邻域内时,

$$\frac{f'(x)-f'(x_0)}{x-x_0}<0.$$

但 $f'(x_0)=0$,所以上式即

$$\frac{f'(x)}{x-x_0}<0.$$

从而知道,对于这去心邻域内的 x 来说,$f'(x)$ 与 $x-x_0$ 符号相反. 因此,当 $x-x_0<0$ 即 $x<x_0$ 时,$f'(x)>0$;当 $x-x_0>0$ 即 $x>x_0$ 时,$f'(x)<0$. 于是根据定理 2 知道,$f(x)$ 在点 x_0 处取得极大值.

类似地可以证明情形(2).

定理 3 表明,如果函数 $f(x)$ 在驻点 x_0 处的二阶导数 $f''(x_0)\neq 0$,那么该驻点 x_0 一定是极值点,并且可以按二阶导数 $f''(x_0)$ 的符号来判定 $f(x_0)$ 是极大值还是极小值. 但如果 $f''(x_0)=0$,那么定理 3 就不能应用. 事实上,当 $f'(x_0)=0$, $f''(x_0)=0$ 时,$f(x)$ 在 x_0 处可能有极大值,也可能有极小值,也可能没有极值. 例如,$f_1(x)=-x^4$,$f_2(x)=x^4$,$f_3(x)=x^3$ 这三个函数在 $x=0$ 处就分别属于这三种情况. 因此,如果函数在驻点处的二阶导数为零,那么可以用一阶导数在驻点左右邻近的符号来判定;如果函数在驻点处有 $f''(x_0)=\cdots=f^{(n-1)}(x_0)=0$,$f^{(n)}(x_0)\neq 0$,那么也可利用具有佩亚诺余项的泰勒公式来讨论判定(参阅本节习题 4).

例 2　求函数 $f(x)=(x^2-1)^3+1$ 的极值.

解　$f'(x)=6x(x^2-1)^2$.

令 $f'(x)=0$,求得驻点 $x_1=-1$,$x_2=0$,$x_3=1$.

$$f''(x)=6(x^2-1)(5x^2-1).$$

因 $f''(0)=6>0$,故 $f(x)$ 在 $x=0$ 处取得极小值,极小值为 $f(0)=0$.

因 $f''(-1)=f''(1)=0$,故用定理 3 无法判别. 考察一阶导数 $f'(x)$ 在驻点 $x_1=-1$ 及 $x_3=1$ 左右邻近的符号:

当 x 取-1 左侧邻近的值时,$f'(x)<0$;当 x 取-1右侧邻近的值时,$f'(x)<0$;因为 $f'(x)$ 的符号没有改变,所以 $f(x)$ 在 $x=-1$ 处没有极值. 同理,$f(x)$ 在 $x=1$ 处也没有极值(图 3-13).

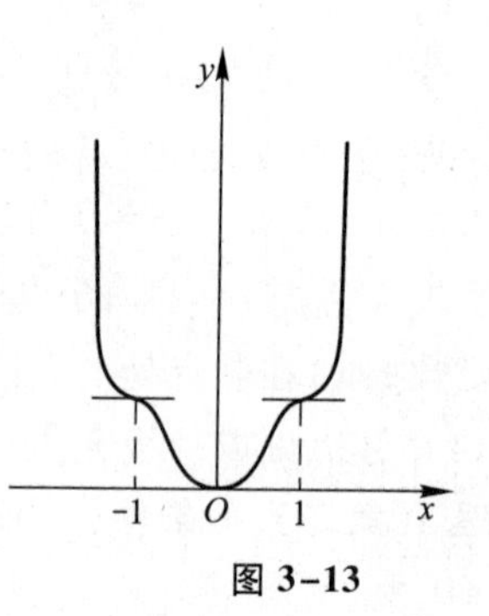

图 3-13

二、最大值最小值问题

在工农业生产、工程技术及科学实验中,常常会遇到这样一类问题:在一定条件下,怎样使“产品最多”“用料最省”“成本最低”“效率最高”等问题,这类问题在数学上有时可归结为求某一函数(通常称为目标函数)的最大值或最小值问题.

假定函数 $f(x)$ 在闭区间 $[a,b]$ 上连续,在开区间 (a,b) 内除有限个点外可导,且至多有有限个驻点. 在上述条件下,我们来讨论 $f(x)$ 在 $[a,b]$ 上的最大值和最小值的求法.

首先,由闭区间上连续函数的性质可知,$f(x)$ 在 $[a,b]$ 上的最大值和最小值一定存在.

其次,如果最大值(或最小值)$f(x_0)$ 在开区间 (a,b) 内的点 x_0 处取得,那么,

按 $f(x)$ 在开区间内除有限个点外可导且至多有有限个驻点的假定，可知 $f(x_0)$ 一定也是 $f(x)$ 的极大值(或极小值)，从而 x_0 一定是 $f(x)$ 的驻点或不可导点. 又 $f(x)$ 的最大值和最小值也可能在区间的端点处取得. 因此，可用如下方法求 $f(x)$ 在 $[a,b]$ 上的最大值和最小值.

(1) 求出 $f(x)$ 在 (a,b) 内的驻点①及不可导点；

(2) 计算 $f(x)$ 在上述驻点、不可导点处的函数值及 $f(a)$，$f(b)$；

(3) 比较(2)中诸值的大小，其中最大的便是 $f(x)$ 在 $[a,b]$ 上的最大值，最小的便是 $f(x)$ 在 $[a,b]$ 上的最小值.

例 3　求函数 $f(x)=|x^2-3x+2|$ 在 $[-3,4]$ 上的最大值与最小值.

解
$$f(x)=\begin{cases}x^2-3x+2, & x\in[-3,1]\cup[2,4],\\ -x^2+3x-2, & x\in(1,2).\end{cases}$$
$$f'(x)=\begin{cases}2x-3, & x\in(-3,1)\cup(2,4),\\ -2x+3, & x\in(1,2).\end{cases}$$
在 $(-3,4)$ 内，$f(x)$ 的驻点为 $x=\dfrac{3}{2}$；不可导点为 $x=1,2$.

由于 $f(-3)=20$，$f(1)=0$，$f\left(\dfrac{3}{2}\right)=\dfrac{1}{4}$，$f(2)=0$，$f(4)=6$，比较可得 $f(x)$ 在 $x=-3$ 处取得它在 $[-3,4]$ 上的最大值 20，在 $x=1$ 和 $x=2$ 处取得它在 $[-3,4]$ 上的最小值 0.

例 4　铁路线上 AB 段的距离为 100 km. 工厂 C 距 A 处为 20 km，AC 垂直于 AB (图 3-14). 为了运输需要，要在 AB 线上选定一点 D 向工厂修筑一条公路. 已知铁路每千米货运的运费与公路上每千米货运的运费之比为 3 : 5. 为了使货物从供应站 B 运到工厂 C 的运费最省，问 D 点应选在何处？

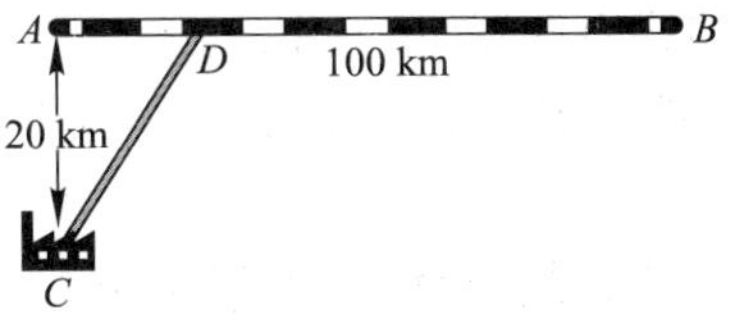

图 3-14

解　设 $AD=x$ km，则 $DB=(100-x)$ km，
$$CD=\sqrt{20^2+x^2}=\sqrt{400+x^2}.$$
由于铁路上每千米货运的运费与公路上每千米货运的运费之比为 3 : 5，因此我们不妨设铁路上每千米的运费为 $3k$，公路上每千米的运费为 $5k$ (k 为某个正数，因它与本题的解无关，所以不必定出). 设从 B 点到 C 点需要的总运费为 y，则
$$y=5k\cdot CD+3k\cdot DB,$$

① 当 $f(x)$ 在 (a,b) 内没有驻点时，这个求驻点的步骤自动取消.

即

$$y=5k\sqrt{400+x^2}+3k(100-x)\quad(0\leqslant x\leqslant 100).$$

现在,问题就归结为:x 在[0,100]内取何值时目标函数 y 的值最小.

先求 y 对 x 的导数

$$y'=k\left(\frac{5x}{\sqrt{400+x^2}}-3\right).$$

解方程 $y'=0$,得 $x=15$ km.

由于 $y|_{x=0}=400k, y|_{x=15}=380k, y|_{x=100}=500k\sqrt{1+\frac{1}{5^2}}$,其中以 $y|_{x=15}=380k$ 为最小,因此,当 $AD=x=15$ km 时,总运费为最省.

在求函数的最大值(或最小值)时,特别值得指出的是下述情形:$f(x)$ 在一个区间(有限或无限,开或闭)内可导且只有一个驻点 x_0,并且这个驻点 x_0 是函数 $f(x)$ 的极值点,那么,当 $f(x_0)$ 是极大值时,$f(x_0)$ 就是 $f(x)$ 在该区间上的最大值(图 3-15(a));当 $f(x_0)$ 是极小值时,$f(x_0)$ 就是 $f(x)$ 在该区间上的最小值(图 3-15(b)).在应用问题中往往遇到这样的情形.

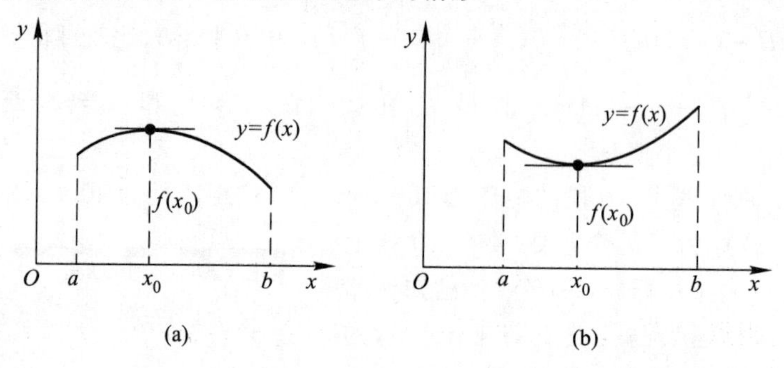

图 3-15

例 5　一束光线由空气中点 A 经过水面折射后到达水中点 B (图 3-16).已知光在空气中和水中传播的速度分别是 v_1 和 v_2,光线在介质中总是沿着耗时最少的路径传播.试确定光线传播的路径.

解　设点 A 到水面的垂直距离为 $AO=h_1$,点 B 到水面的垂直距离为 $BQ=h_2$,x 轴沿水面过点 O 和 Q,OQ 的长度为 l.

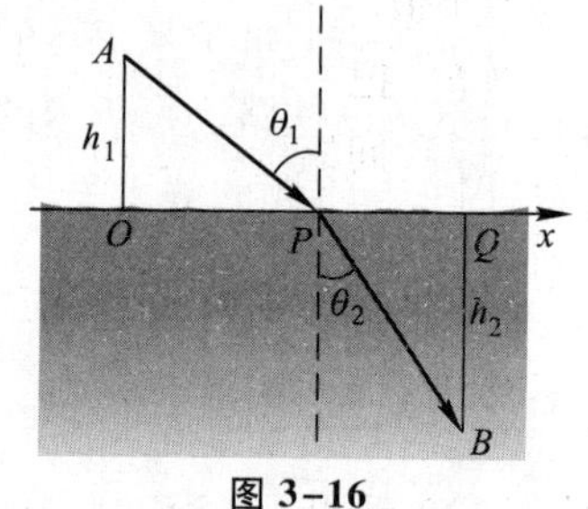

图 3-16

由于光线总是沿着耗时最少的路径传播,因此光线在同一均匀介质中必沿直线传播.设光线的传播路径与 x 轴的交点为 P,$OP=x$,则光线从

A 到 B 的传播路径必为折线 APB,其所需要的传播时间为

$$T(x)=\frac{\sqrt{h_1^2+x^2}}{v_1}+\frac{\sqrt{h_2^2+(l-x)^2}}{v_2},x\in[0,l].$$

下面来确定 x 满足什么条件时,$T(x)$ 在$[0,l]$上取得最小值.

由于

$$T'(x)=\frac{1}{v_1}\cdot\frac{x}{\sqrt{h_1^2+x^2}}-\frac{1}{v_2}\cdot\frac{l-x}{\sqrt{h_2^2+(l-x)^2}},\ x\in[0,l],$$

$$T''(x)=\frac{1}{v_1}\cdot\frac{h_1^2}{(h_1^2+x^2)^{\frac{3}{2}}}+\frac{1}{v_2}\cdot\frac{h_2^2}{[h_2^2+(l-x)^2]^{\frac{3}{2}}}>0,\ x\in[0,l],$$

$$T'(0)<0,\ T'(l)>0,$$

又 $T'(x)$ 在$[0,l]$上连续,故 $T'(x)$ 在$(0,l)$内存在唯一零点 x_0,且 x_0 是 $T(x)$ 在$(0,l)$内的唯一极小值点,从而也是 $T(x)$ 在$[0,l]$上的最小值点.

设 x_0 满足 $T'(x)=0$,即

$$\frac{x_0}{v_1\sqrt{h_1^2+x_0^2}}=\frac{l-x_0}{v_2\sqrt{h_2^2+(l-x_0)^2}}.$$

记

$$\frac{x_0}{\sqrt{h_1^2+x_0^2}}=\sin\ \theta_1,\ \frac{l-x_0}{\sqrt{h_2^2+(l-x_0)^2}}=\sin\ \theta_2,$$

就得到

$$\frac{\sin\ \theta_1}{v_1}=\frac{\sin\ \theta_2}{v_2}.$$

这就是说,当点 P 满足以上条件时,APB 就是光线的传播路径. 上式就是光学中著名的折射定律,其中 θ_1,θ_2分别是光线的入射角和折射角(见图 3-16).

还要指出,实际问题中,往往根据问题的性质就可以断定可导函数 $f(x)$ 确有最大值或最小值,而且一定在定义区间内部取得. 这时如果 $f(x)$ 在定义区间内部只有一个驻点 x_0,那么不必讨论 $f(x_0)$ 是不是极值,就可以断定 $f(x_0)$ 是最大值或最小值.

例 6　把一根直径为 d 的圆木锯成截面为矩形的梁(图3-17). 问矩形截面的高 h 和宽 b 应如何选择才能使梁的抗弯截面模量最大?

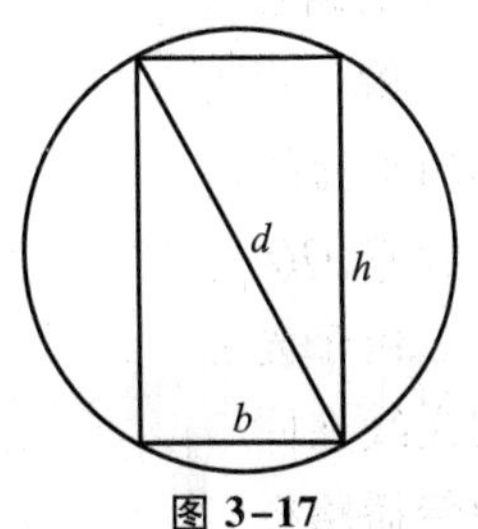

图 3-17

解　由力学分析知道:矩形梁的抗弯截面模量为

$$W=\frac{1}{6}bh^2.$$

由图 3-17 看出,b 与 h 有下面的关系:

$$h^2=d^2-b^2,$$

因而

$$W=\frac{1}{6}(d^2b-b^3).$$

这样,W 就与 b 存在函数关系,b 的变化范围是$(0,d)$. 现在,问题化为:b 等于多少时目标函数 $W=W(b)$取最大值?为此,求 W 对 b 的导数

$$W'=\frac{1}{6}(d^2-3b^2).$$

令 $W'=0$,解得

$$b=\sqrt{\frac{1}{3}}d.$$

由于梁的最大抗弯截面模量一定存在,而且在$(0,d)$内部取得;现在,$W'=0$ 在$(0,d)$内只有一个根 $b=\sqrt{\frac{1}{3}}d$,所以,当 $b=\sqrt{\frac{1}{3}}d$ 时,W 的值最大. 这时,

$$h^2=d^2-b^2=d^2-\frac{1}{3}d^2=\frac{2}{3}d^2,$$

即

$$h=\sqrt{\frac{2}{3}}d.$$

亦即

$$d:h:b=\sqrt{3}:\sqrt{2}:1.$$

例 7　假设某工厂生产某产品 x 千件的成本是 $C(x)=x^3-6x^2+15x$,售出该产品 x 千件的收入是 $r(x)=9x$. 问是否存在一个能取得最大利润的生产水平?如果存在的话,找出这个生产水平.

解　由题意知,售出 x 千件产品的利润是

$$p(x)=r(x)-C(x).$$

如果 $p(x)$取得最大值,那么它一定在使得 $p'(x)=0$ 的生产水平处获得. 因此,令

$$p'(x)=r'(x)-C'(x)=0,$$

即

$$r'(x)=C'(x).$$

得

$$x^2-4x+2=0.$$

解得 $x=\frac{4\pm\sqrt{8}}{2}=2\pm\sqrt{2}$,即

$$x_1=2-\sqrt{2}\approx 0.586,x_2=2+\sqrt{2}\approx 3.414.$$

又

$$p''(x)=-6x+12,p''(x_1)>0,p''(x_2)<0.$$

故在 $x_2=3.414$ 处达到最大利润，而在 $x_1=0.586$处发生局部最大亏损.

在经济学中，称 $C'(x)$ 为边际成本，$r'(x)$ 为边际收入，$p'(x)$ 为边际利润. 上述结果表明：在给出最大利润的生产水平上，$r'(x)=C'(x)$，即边际收入等于边际成本. 上面的结果也可以从图 3-18 的成本曲线和收入曲线中看出.

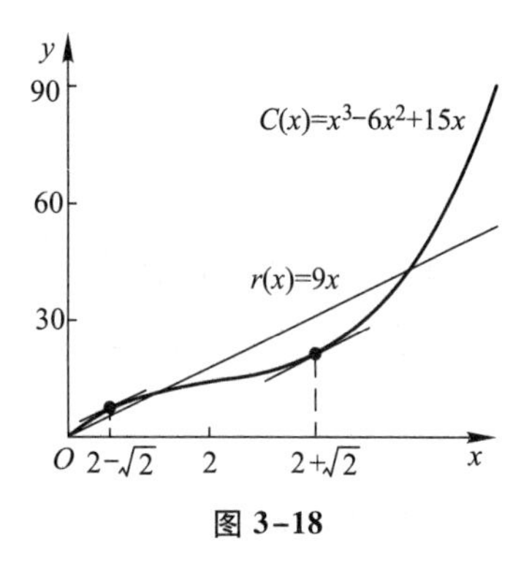

图 3-18

习　题　3-5

1. 求下列函数的极值：

(1) $y=2x^3-6x^2-18x+7$；　(2) $y=x-\ln(1+x)$；

(3) $y=-x^4+2x^2$；　(4) $y=x+\sqrt{1-x}$；

(5) $y=\dfrac{1+3x}{\sqrt{4+5x^2}}$；　(6) $y=\dfrac{3x^2+4x+4}{x^2+x+1}$；

(7) $y=e^x\cos x$；　(8) $y=x^{\frac{1}{x}}$；

(9) $y=3-2(x+1)^{\frac{1}{3}}$；　(10) $y=x+\tan x$.

2. 试证明：如果函数 $y=ax^3+bx^2+cx+d$ 满足条件 $b^2-3ac<0$，那么这函数没有极值.

3. 试问 a 为何值时，函数 $f(x)=a\sin x+\dfrac{1}{3}\sin 3x$ 在 $x=\dfrac{\pi}{3}$处取得极值？它是极大值还是极小值？并求此极值.

4. 设函数$f(x)$在 x_0处有 n 阶导数，且$f'(x_0)=f''(x_0)=\cdots=f^{(n-1)}(x_0)=0$，$f^{(n)}(x_0)\neq0$，证明：

(1) 当 n 为奇数时，$f(x)$在 x_0处不取得极值；

(2) 当 n 为偶数时，$f(x)$ 在 x_0 处取得极值，且当 $f^{(n)}(x_0)<0$ 时，$f(x_0)$ 为极大值，当 $f^{(n)}(x_0)>0$时，$f(x_0)$为极小值.

5. 试利用习题 4 的结论，讨论函数 $f(x)=e^x+e^{-x}+2\cos x$ 的极值.

6. 求下列函数的最大值、最小值；

(1) $y=2x^3-3x^2,-1\leqslant x\leqslant4$；　(2) $y=x^4-8x^2+2,-1\leqslant x\leqslant3$；

(3) $y=x+\sqrt{1-x},-5\leqslant x\leqslant1$.

7. 问函数 $y=2x^3-6x^2-18x-7$ $(1\leqslant x\leqslant4)$在何处取得最大值？并求出它的最大值.

8. 问函数 $y=x^2-\dfrac{54}{x}$ $(x<0)$在何处取得最小值？

9. 问函数 $y=\frac{x}{x^2+1}$ $(x\geqslant 0)$在何处取得最大值？

10. 某车间靠墙壁要盖一间长方形小屋，现有存砖只够砌 20 m 长的墙壁. 问应围成怎样的长方形才能使这间小屋的面积最大？

11. 要造一圆柱形油罐，体积为 V，问底半径 r 和高 h 各等于多少时，才能使表面积最小？这时底直径与高的比是多少？

12. 某地区防空洞的截面拟建成矩形加半圆（图 3-19）. 截面的面积为 5 m^2. 问底宽 x 为多少时才能使截面的周长最小，从而使建造时所用的材料最省？

13. 设有质量为 5 kg 的物体，置于水平面上，受力 $\boldsymbol{F}$ 的作用而开始移动（图 3-20）. 设摩擦系数 $\mu=0.25$，问力 $\boldsymbol{F}$ 与水平线的交角 α 为多少时，才可使力 $\boldsymbol{F}$ 的大小为最小.

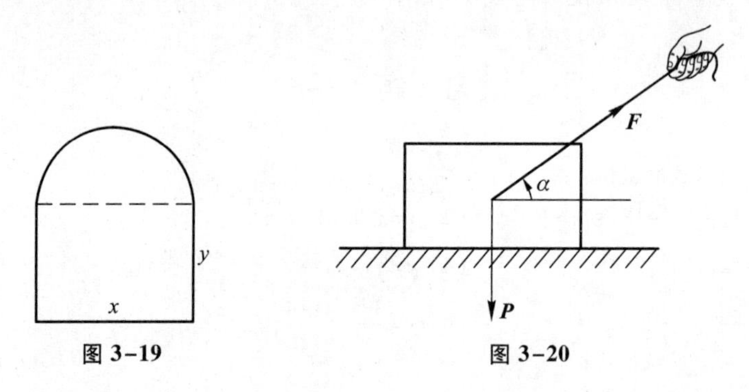

图 3-19　　图 3-20

14. 有一杠杆，支点在它的一端. 在距支点 0.1 m 处挂一质量为 49 kg 的物体. 加力于杠杆的另一端使杠杆保持水平（图 3-21）. 如果杠杆的线密度为 5 kg/m，求最省力的杆长？

15. 从一块半径为 R 的圆铁片上剪去一个扇形做成一个漏斗（图 3-22）. 问留下的扇形的圆心角 φ 取多大时，做成的漏斗的容积最大？

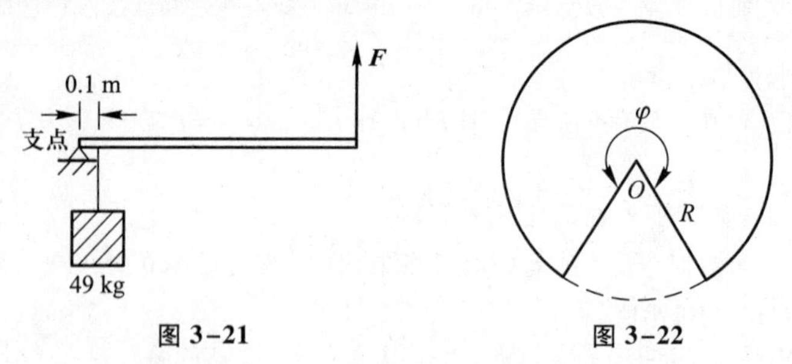

图 3-21　　图 3-22

16. 某吊车的车身高为 1.5 m，吊臂长 15 m. 现在要把一个 6 m 宽 2 m 高的屋架（如图 3-23（a）），水平地吊到 6 m 高的柱子上去（如图 3-23（b）），问能否吊得上去？

17. 一房地产公司有 50 套公寓要出租. 当月租金定为 4 000 元时，公寓会全部租出去. 当月租金每增加 200 元时，就会多一套公寓租不出去，而租出去的公寓平均每月需花费 400 元的维修费. 试问房租定为多少可获得最大收入？

18. 已知制作一个背包的成本为 40 元. 如果每一个背包的售出价为 x 元，售出的背包数由

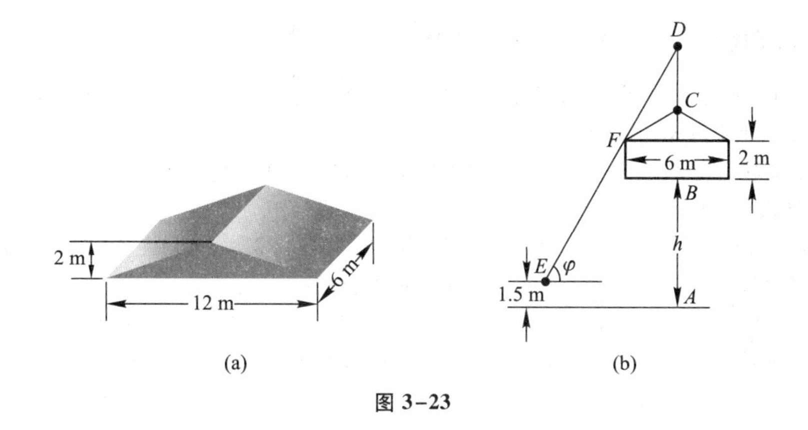

(a)　　(b)

图 3-23

$$n=\frac{a}{x-40}+b(80-x)$$

给出,其中 a,b 为正常数.问什么样的售出价格能带来最大利润?

第六节　函数图形的描绘

借助于一阶导数的符号,可以确定函数图形在哪个区间上上升,在哪个区间上下降;借助于二阶导数的符号,可以确定函数图形在哪个区间上为凹,在哪个区间上为凸,在什么地方有拐点.知道了函数图形的升降、凹凸以及拐点后,也就可以掌握函数的性态,并把函数的图形画得比较准确.

现在,随着现代计算机技术的发展,借助于计算机和许多数学软件,可以方便地画出各种函数的图形.但是,如何识别机器作图中的误差,如何掌握图形上的关键点,如何选择作图的范围等,从而进行人工干预,仍然需要我们有运用微分学的方法描绘函数图形的基本知识.

利用导数描绘函数图形的一般步骤如下:

第一步　确定函数 $y=f(x)$ 的定义域及函数所具有的某些特性(如奇偶性、周期性等),并求出函数的一阶导数 $f'(x)$ 和二阶导数 $f''(x)$;

第二步　求出一阶导数 $f'(x)$ 和二阶导数 $f''(x)$ 在函数定义域内的全部零点,并求出函数 $f(x)$ 的间断点及 $f'(x)$ 和 $f''(x)$ 不存在的点,用这些点把函数的定义域划分成几个部分区间;

第三步　确定在这些部分区间内 $f'(x)$ 和 $f''(x)$ 的符号,并由此确定函数图形的升降、凹凸和拐点;

第四步　确定函数图形的水平、铅直渐近线以及其他变化趋势;

第五步　算出 $f'(x)$ 和 $f''(x)$ 的零点以及不存在的点所对应的函数值,定出图形上相应的点；为了把图形描绘得准确些，有时还需要补充一些点，然后结合第三、四步中得到的结果，联结这些点画出函数 $y=f(x)$ 的图形.

例 1　画出函数 $y=x^3-x^2-x+1$ 的图形.

解　(1) 所给函数 $y=f(x)$ 的定义域为 $(-\infty,+\infty)$，而

$$f'(x)=3x^2-2x-1=(3x+1)(x-1),$$
$$f''(x)=6x-2=2(3x-1).$$

(2) $f'(x)$ 的零点为 $x=-\frac{1}{3}$ 和 1；$f''(x)$ 的零点为 $x=\frac{1}{3}$. 将点 $x=-\frac{1}{3},\frac{1}{3},1$ 由小到大排列，依次把定义域 $(-\infty,+\infty)$ 划分成四个部分区间

$$\left(-\infty,-\frac{1}{3}\right],\left[-\frac{1}{3},\frac{1}{3}\right],\left[\frac{1}{3},1\right],[1,+\infty).$$

(3) 在 $\left(-\infty,-\frac{1}{3}\right)$ 内，$f'(x)>0$，$f''(x)<0$，所以在 $\left(-\infty,-\frac{1}{3}\right]$ 上的曲线弧上升而且是凸的.

在 $\left(-\frac{1}{3},\frac{1}{3}\right)$ 内，$f'(x)<0$，$f''(x)<0$，所以在 $\left[-\frac{1}{3},\frac{1}{3}\right]$ 上的曲线弧下降而且是凸的.

同样，可以讨论在区间 $\left[\frac{1}{3},1\right]$ 及区间 $[1,+\infty)$ 上相应的曲线弧的升降和凹凸. 为了明确起见，我们把所得的结论列成下表：

x	$\left(-\infty,-\frac{1}{3}\right)$	$-\frac{1}{3}$	$\left(-\frac{1}{3},\frac{1}{3}\right)$	$\frac{1}{3}$	$\left(\frac{1}{3},1\right)$	1	$(1,+\infty)$
$f'(x)$	+	0	−	−	−	0	+
$f''(x)$	−	−	−	0	+	+	+
$y=f(x)$ 的图形	↗(凸)		↘(凸)	拐点	↘(凹)		↗(凹)

这里记号↗(凸)表示曲线弧上升而且是凸的，↘(凸)表示曲线弧下降而且是凸的，↘(凹)表示曲线弧下降而且是凹的，↗(凹)表示曲线弧上升而且是凹的.

(4) 当 $x\to+\infty$ 时，$y\to+\infty$；当 $x\to-\infty$ 时，$y\to-\infty$.

(5) 算出 $x=-\frac{1}{3},\frac{1}{3},1$ 处的函数值

$$f\left(-\frac{1}{3}\right)=\frac{32}{27},\ f\left(\frac{1}{3}\right)=\frac{16}{27},\ f(1)=0.$$

从而得到函数 $y=x^3-x^2-x+1$ 图形上的三个点

$$\left(-\frac{1}{3},\frac{32}{27}\right),\left(\frac{1}{3},\frac{16}{27}\right),(1,0).$$

适当补充一些点. 例如,计算出

$$f(-1)=0,\ f(0)=1,\ f\left(\frac{3}{2}\right)=\frac{5}{8},$$

就可补充描出点 $(-1,0)$,点 $(0,1)$ 和点 $\left(\frac{3}{2},\frac{5}{8}\right)$. 结合(3)、(4)中得到的结果,就可以画出

$$y=x^3-x^2-x+1$$

的图形(图 3-24).

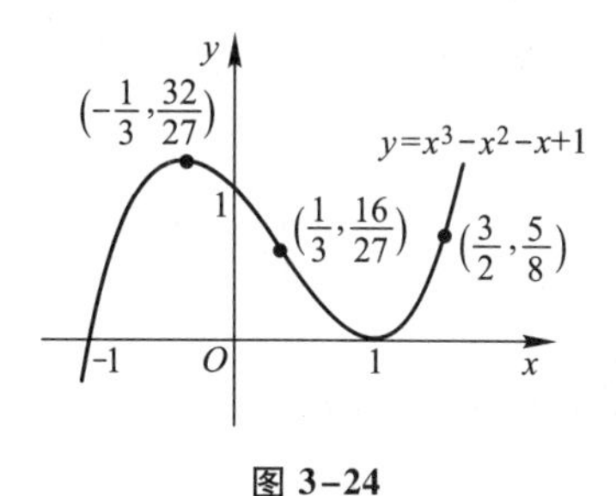

图 3-24

例 2　描绘函数 $y=\frac{1}{\sqrt{2\pi}}e^{-\frac{x^2}{2}}$ 的图形.

解　(1) 所给函数 $f(x)=\frac{1}{\sqrt{2\pi}}e^{-\frac{x^2}{2}}$ 的定义域为 $(-\infty,+\infty)$. 由于

$$f(-x)=\frac{1}{\sqrt{2\pi}}e^{-\frac{(-x)^2}{2}}=\frac{1}{\sqrt{2\pi}}e^{-\frac{x^2}{2}}=f(x),$$

所以 $f(x)$ 是偶函数,它的图形关于 y 轴对称. 因此可以只讨论 $[0,+\infty)$ 上该函数的图形. 求出

$$f'(x)=\frac{1}{\sqrt{2\pi}}e^{-\frac{x^2}{2}}\cdot(-x)=-\frac{1}{\sqrt{2\pi}}xe^{-\frac{x^2}{2}},$$

$$f''(x)=-\frac{1}{\sqrt{2\pi}}\left[e^{-\frac{x^2}{2}}+xe^{-\frac{x^2}{2}}\cdot(-x)\right]=\frac{1}{\sqrt{2\pi}}e^{-\frac{x^2}{2}}(x^2-1).$$

(2) 在 $[0,+\infty)$ 上,$f'(x)$ 的零点为 $x=0$;$f''(x)$ 的零点为 $x=1$. 用点 $x=1$ 把 $[0,+\infty)$ 划分成两个区间 $[0,1]$ 和 $[1,+\infty)$.

(3) 在 $(0,1)$ 内,$f'(x)<0$,$f''(x)<0$,所以在 $[0,1]$ 上的曲线弧下降而且是凸的.

在 $(1,+\infty)$ 内,$f'(x)<0$,$f''(x)>0$,所以在 $[1,+\infty)$ 上的曲线弧下降而且是凹的.

上述的这些结果,可以列成下表:

x	0	$(0,1)$	1	$(1,+\infty)$
$f'(x)$	0	−	−	−
$f''(x)$	−	−	0	+
$y=f(x)$ 的图形		↘(凸)	拐点	↘(凹)

（4）由于 $\lim\limits_{x\to+\infty}f(x)=0$，所以图形有一条水平渐近线 $y=0$.

（5）算出 $f(0)=\dfrac{1}{\sqrt{2\pi}}$，$f(1)=\dfrac{1}{\sqrt{2\pi e}}$. 从而得到函数

$$y=\frac{1}{\sqrt{2\pi}}e^{-\frac{x^2}{2}}$$

图形上的两点 $M_1\left(0,\dfrac{1}{\sqrt{2\pi}}\right)$ 和 $M_2\left(1,\dfrac{1}{\sqrt{2\pi e}}\right)$. 又由 $f(2)=\dfrac{1}{\sqrt{2\pi}e^2}$ 得 $M_3\left(2,\dfrac{1}{\sqrt{2\pi}e^2}\right)$. 结合(3)、(4)的讨论，画出函数 $y=\dfrac{1}{\sqrt{2\pi}}e^{-\frac{x^2}{2}}$ 在 $[0,+\infty)$ 上的图形. 最后，利用图形的对称性，便可得到函数在 $(-\infty,0]$ 上的图形（图 3-25）.

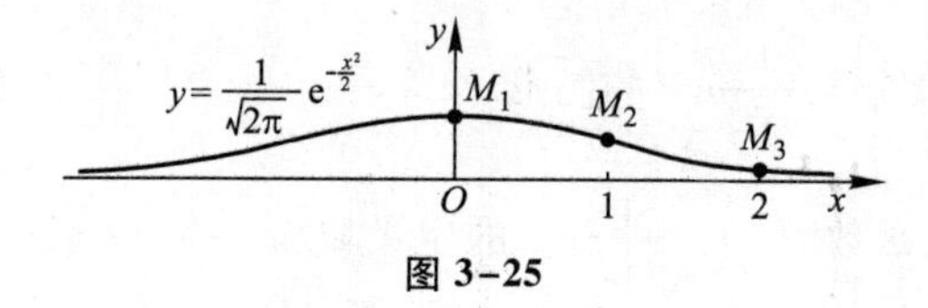

图 3-25

例 3　描绘函数 $y=1+\dfrac{36x}{(x+3)^2}$ 的图形.

解　（1）所给函数 $y=f(x)$ 的定义域为 $(-\infty,-3)$，$(-3,+\infty)$.

$$f'(x)=\frac{36(3-x)}{(x+3)^3},\ f''(x)=\frac{72(x-6)}{(x+3)^4}.$$

（2）$f'(x)$ 的零点为 $x=3$；$f''(x)$ 的零点为 $x=6$；$x=-3$ 是函数的间断点. 点 $x=-3$、$x=3$ 和 $x=6$ 把定义域划分成四个部分区间：

$$(-\infty,-3),(-3,3],[3,6],[6,+\infty).$$

（3）在各部分区间内 $f'(x)$ 及 $f''(x)$ 的符号、相应曲线弧的升降、凹凸和拐点等如下表：

x	$(-\infty,-3)$	$(-3,3)$	3	$(3,6)$	6	$(6,+\infty)$
$f'(x)$	−	+	0	−	−	−
$f''(x)$	−	−	−	−	0	+
$y=f(x)$ 的图形	↘	↗		↘	拐点	↘

（4）由于 $\lim\limits_{x\to+\infty}f(x)=1$，$\lim\limits_{x\to-3}f(x)=-\infty$，所以图形有一条水平渐近线 $y=1$ 和一条铅直渐近线 $x=-3$.

（5）算出 $x=3,6$ 处的函数值：

$$f(3)=4,\ f(6)=\frac{11}{3},$$

从而得到图形上的两个点

$$M_1(3,4),M_2\left(6,\frac{11}{3}\right).$$

又由于

$$f(0)=1,f(-1)=-8,f(-9)=-8,f(-15)=-\frac{11}{4},$$

得图形上的四个点

$$M_3(0,1),\ M_4(-1,-8),\ M_5(-9,-8),\ M_6\left(-15,-\frac{11}{4}\right).$$

结合(3)、(4)中得到的结果，画出函数 $y=1+\frac{36x}{(x+3)^2}$ 的图形如图 3-26 所示.

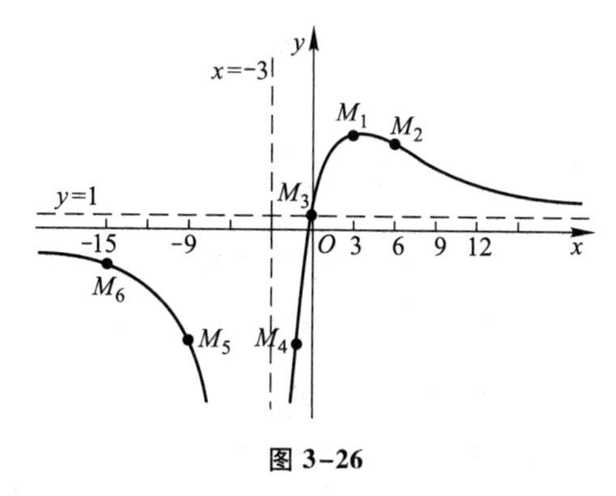

图 3-26

习　题　3-6

描绘下列函数的图形：

1. $y=\frac{1}{5}(x^4-6x^2+8x+7)$；

2. $y=\frac{x}{1+x^2}$；

3. $y=\mathrm{e}^{-(x-1)^2}$；

4. $y=x^2+\frac{1}{x}$；

5. $y=\frac{\cos x}{\cos 2x}$.

第七节　曲　　率

一、弧微分

作为曲率的预备知识,先介绍弧微分的概念.

设函数$f(x)$在区间(a,b)内具有连续导数.在曲线$y=f(x)$上取固定点$M_0(x_0,y_0)$作为度量弧长的基点(图 3-27),并规定依x增大的方向作为曲线的正向.对曲线上任一点$M(x,y)$,规定有向弧段$\overset{\frown}{M_0M}$的值s(简称为弧s)①如下:s的绝对值等于这弧段的长度,当有向弧段$\overset{\frown}{M_0M}$的方向与曲线的正向一致时$s>0$,相反时$s<0$.显然,弧s与x存在函数关系:$s=s(x)$,而且$s(x)$是x的单调增加函数.下面来求$s(x)$的导数及微分.

设$x,x+\Delta x$为(a,b)内两个邻近的点,它们在曲线$y=f(x)$上的对应点为M,M'(图 3-27),并设对应于x的增量为Δx,弧s的增量为Δs,那么

$$\Delta s=\overset{\frown}{M_0M'}-\overset{\frown}{M_0M}=\overset{\frown}{MM'}.$$

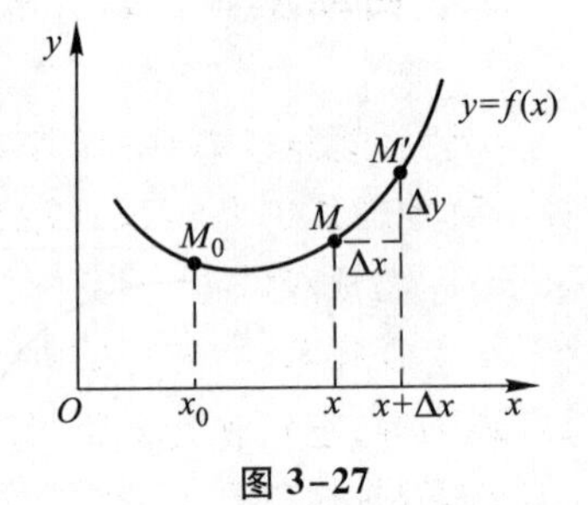

图 3-27

于是

$$\left(\frac{\Delta s}{\Delta x}\right)^2=\left(\frac{\overset{\frown}{MM'}}{\Delta x}\right)^2=\left(\frac{\overset{\frown}{MM'}}{|MM'|}\right)^2\cdot\frac{|MM'|^2}{(\Delta x)^2}$$

$$=\left(\frac{\overset{\frown}{MM'}}{|MM'|}\right)^2\cdot\frac{(\Delta x)^2+(\Delta y)^2}{(\Delta x)^2}$$

$$=\left(\frac{\overset{\frown}{MM'}}{|MM'|}\right)^2\left[1+\left(\frac{\Delta y}{\Delta x}\right)^2\right],$$

$$\frac{\Delta s}{\Delta x}=\pm\sqrt{\left(\frac{\overset{\frown}{MM'}}{|MM'|}\right)^2\cdot\left[1+\left(\frac{\Delta y}{\Delta x}\right)^2\right]}.$$

令$\Delta x\to 0$取极限,由于$\Delta x\to 0$时,$M'\to M$,这时弧的长度与弦的长度之比的极限

① 有向弧段$\overset{\frown}{M_0M}$的值也常记作$\overset{\frown}{M_0M}$,即记号$\overset{\frown}{M_0M}$既表示有向弧段,又表示有向弧段的值.

等于 1,即

$$\lim_{M'\to M}\frac{|\widehat{MM'}|}{|MM'|}=1,$$

又

$$\lim_{\Delta x\to 0}\frac{\Delta y}{\Delta x}=y',$$

因此得

$$\frac{\mathrm{d}s}{\mathrm{d}x}=\pm\sqrt{1+y'^2}.$$

由于 $s=s(x)$ 是单调增加函数,从而根号前应取正号,于是有

$$\mathrm{d}s=\sqrt{1+y'^2}\,\mathrm{d}x. \tag{7-1}$$

这就是弧微分公式.

二、曲率及其计算公式

我们直觉地认识到:直线不弯曲,半径较小的圆弯曲得比半径较大的圆厉害些,而其他曲线的不同部分有不同的弯曲程度,例如抛物线 $y=x^2$ 在顶点附近弯曲得比远离顶点的部分厉害些.

在工程技术中,有时需要研究曲线的弯曲程度.例如,船体结构中的钢梁、机床的转轴等,它们在荷载作用下要产生弯曲变形,在设计时对它们的弯曲必须有一定的限制,这就要定量地研究它们的弯曲程度.为此首先要讨论如何用数量来描述曲线的弯曲程度.

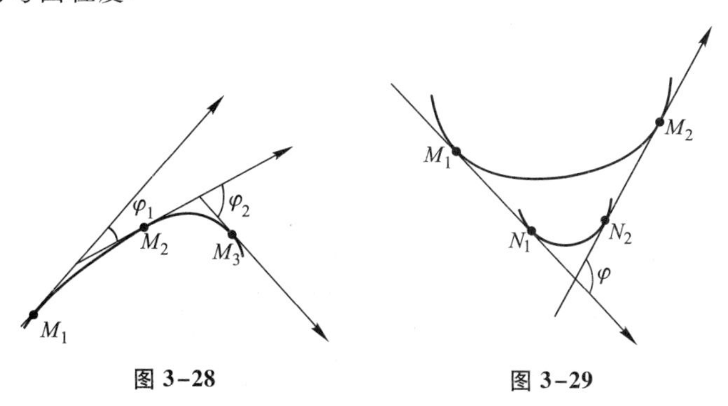

图 3-28　　　　图 3-29

在图 3-28 中可以看出,弧段 $\widehat{M_1M_2}$ 比较平直,当动点沿这段弧从 M_1 移动到 M_2 时,切线转过的角度 φ_1 不大,而弧段 $\widehat{M_2M_3}$ 弯曲得比较厉害,角 φ_2 就比较大.

但是,切线转过的角度的大小还不能完全反映曲线弯曲的程度. 例如,从图 3-29 中可以看出,两段曲线弧$\widehat{M_1M_2}$及$\widehat{N_1N_2}$尽管切线转过的角度都是 φ,然而弯曲程度并不相同,短弧段比长弧段弯曲得厉害些. 由此可见,曲线弧的弯曲程度还与弧段的长度有关.

按上面的分析,我们引入描述曲线弯曲程度的曲率概念如下:

设曲线 C 是光滑的①,在曲线 C 上选定一点 M_0 作为度量弧 s 的基点. 设曲线上点 M 对应于弧 s,在点 M 处切线的倾角为 α (这里假定曲线 C 所在的平面上已设立了xOy坐标系),曲线上另外一点 M' 对应于弧 $s+\Delta s$,在点 M' 处切线的倾角为 $\alpha+\Delta\alpha$(图 3-30),则弧段$\widehat{MM'}$的长度为$|\Delta s|$,当动点从 M 移动到 M' 时切线转过的角度为$|\Delta\alpha|$.

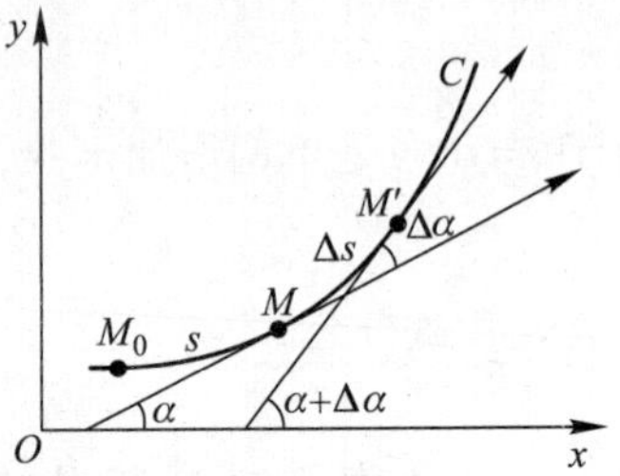

图 3-30

我们用比值$\dfrac{|\Delta\alpha|}{|\Delta s|}$,即单位弧段上切线转过的角度的大小来表达弧段$\widehat{MM'}$的平均弯曲程度,把这比值叫做弧段$\widehat{MM'}$的平均曲率,并记作 $\overline{K}$,即

$$\overline{K}=\left|\frac{\Delta\alpha}{\Delta s}\right|.$$

类似于从平均速度引进瞬时速度的方法,当 $\Delta s\to 0$ 时(即 $M'\to M$ 时),上述平均曲率的极限叫做曲线 C 在点 M 处的曲率,记作 K,即

$$K=\lim_{\Delta s\to 0}\left|\frac{\Delta\alpha}{\Delta s}\right|.$$

在$\lim\limits_{\Delta s\to 0}\dfrac{\Delta\alpha}{\Delta s}=\dfrac{\mathrm{d}\alpha}{\mathrm{d}s}$存在的条件下,$K$ 也可以表示为

$$K=\left|\frac{\mathrm{d}\alpha}{\mathrm{d}s}\right|. \tag{7-2}$$

对于直线来说,切线与直线本身重合,当点沿直线移动时,切线的倾角 α 不变(图 3-31),$\Delta\alpha=0$,$\dfrac{\Delta\alpha}{\Delta s}=0$,从而 $K=\left|\dfrac{\mathrm{d}\alpha}{\mathrm{d}s}\right|=0$. 这就是说,直线上任意点 M 处的曲率都等于零,这与我们直觉认识到的“直线不弯曲”一致.

设圆的半径为 a,由图 3-32 可见圆在点 M、M' 处的切线所夹的角 $\Delta\alpha$ 等于圆心角 MDM'. 但$\angle MDM'=\dfrac{\Delta s}{a}$,于是

① 当曲线上每一点处都具有切线,且切线随切点的移动而连续转动,这样的曲线称为光滑曲线.

$$\frac{\Delta\alpha}{\Delta s}=\frac{\frac{\Delta s}{a}}{\Delta s}=\frac{1}{a},$$

从而

$$K=\left|\frac{\mathrm{d}\alpha}{\mathrm{d}s}\right|=\frac{1}{a}.$$

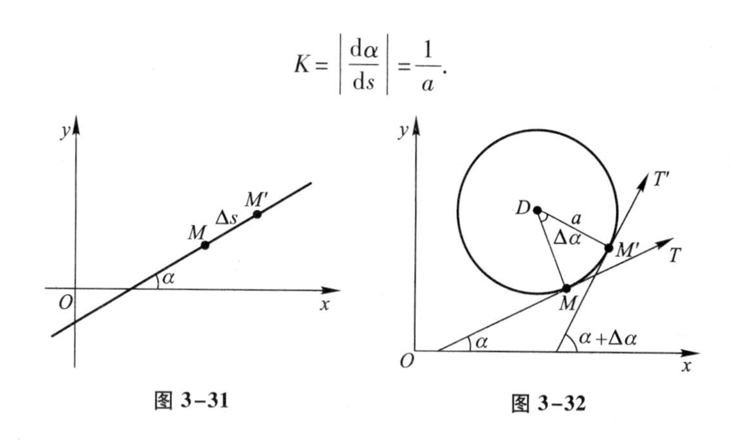

图 3-31　　图 3-32

因为点 M 是圆上任意取定的一点,上述结论表示圆上各点处的曲率都等于半径 a 的倒数$\frac{1}{a}$,这就是说,圆的弯曲程度到处一样,且半径越小曲率越大,即圆弯曲得越厉害.

在一般情况下,我们根据(7-2)式来导出便于实际计算曲率的公式.

设曲线的直角坐标方程是 $y=f(x)$,且 $f(x)$ 具有二阶导数(这时 $f'(x)$ 连续,从而曲线是光滑的). 因为 $\tan\alpha=y'$,所以

$$\sec^2\alpha\frac{\mathrm{d}\alpha}{\mathrm{d}x}=y'',$$

$$\frac{\mathrm{d}\alpha}{\mathrm{d}x}=\frac{y''}{1+\tan^2\alpha}=\frac{y''}{1+y'^2},$$

于是

$$\mathrm{d}\alpha=\frac{y''}{1+y'^2}\mathrm{d}x.$$

又由(7-1)知道

$$\mathrm{d}s=\sqrt{1+y'^2}\,\mathrm{d}x.$$

从而,根据曲率 K 的表达式(7-2),有

$$K=\frac{|y''|}{(1+y'^2)^{3/2}}.\tag{7-3}$$

设曲线由参数方程

$$\begin{cases}x=\varphi(t),\\ y=\psi(t)\end{cases}$$

给出,则可利用由参数方程所确定的函数的求导法,求出 y'_x 及 y''_x,代入(7-3)便得

$$K=\frac{|\varphi'(t)\psi''(t)-\varphi''(t)\psi'(t)|}{[\varphi'^2(t)+\psi'^2(t)]^{3/2}}. \tag{7-4}$$

例 1 计算等边双曲线 $xy=1$ 在点(1,1)处的曲率.

解 由 $y=\frac{1}{x}$,得

$$y'=-\frac{1}{x^2},\quad y''=\frac{2}{x^3}.$$

因此,

$$y'|_{x=1}=-1,\quad y''|_{x=1}=2.$$

把它们代入公式(7-3),便得曲线 $xy=1$ 在点(1,1)处的曲率为

$$K=\frac{2}{[1+(-1)^2]^{3/2}}=\frac{\sqrt{2}}{2}.$$

例 2 抛物线 $y=ax^2+bx+c$ 上哪一点处的曲率最大?

解 由 $y=ax^2+bx+c$,得

$$y'=2ax+b,\quad y''=2a,$$

代入公式(7-3),得

$$K=\frac{|2a|}{[1+(2ax+b)^2]^{3/2}}.$$

因为 K 的分子是常数 $|2a|$,所以只要分母最小,K 就最大. 容易看出,当 $2ax+b=0$,即 $x=-\frac{b}{2a}$ 时,K 的分母最小,因而 K 有最大值 $|2a|$. 而 $x=-\frac{b}{2a}$ 所对应的点为抛物线的顶点. 因此,抛物线在顶点处的曲率最大.

在有些实际问题中,$|y'|$ 同 1 比较起来是很小的(有的工程技术书上把这种关系记成 $|y'|\ll 1$),可以忽略不计. 这时,由

$$1+y'^2\approx 1,$$

而有曲率的近似计算公式

$$K=\frac{|y''|}{(1+y'^2)^{3/2}}\approx |y''|.$$

这就是说,当 $|y'|\ll 1$ 时,曲率 K 近似于 $|y''|$. 经过这样简化之后,对一些复杂问题的计算和讨论就方便多了.

三、曲率圆与曲率半径

设曲线 $y=f(x)$ 在点 $M(x,y)$ 处的曲率为 K $(K\neq 0)$. 在点 M 处的曲线的法线上，在凹的一侧取一点 D，使 $|DM|=\dfrac{1}{K}=\rho$. 以 D 为圆心，ρ 为半径作圆（图 3-33），这个圆叫做曲线在点 M 处的曲率圆，曲率圆的圆心 D 叫做曲线在点 M 处的曲率中心，曲率圆的半径 ρ 叫做曲线在点 M 处的曲率半径.

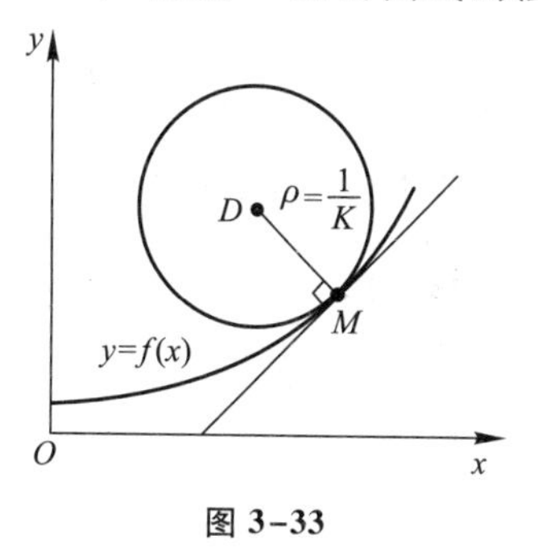

图 3-33

按上述规定可知，曲率圆与曲线在点 M 有相同的切线和曲率，且在点 M 邻近有相同的凹向. 因此，在实际问题中，常常用曲率圆在点M邻近的一段圆弧来近似代替曲线弧，以使问题简化.

按上述规定. 曲线在点 M 处的曲率 K $(K\neq 0)$ 与曲线在点 M 处的曲率半径 ρ 有如下关系：

$$\rho=\frac{1}{K},\ K=\frac{1}{\rho}.$$

这就是说：曲线上一点处的曲率半径与曲线在该点处的曲率互为倒数.

例 3　设工件内表面的截线为抛物线 $y=0.4x^2$（图 3-34）. 现在要用砂轮磨削其内表面. 问用直径多大的砂轮才比较合适？

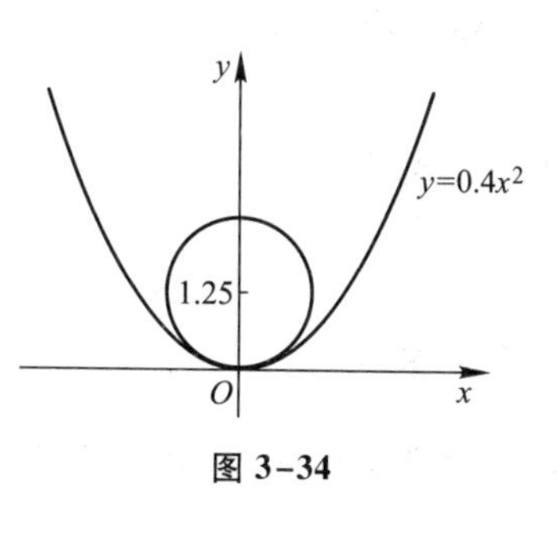

图 3-34

解　为了在磨削时不使砂轮与工件接触处附近的那部分工件磨去太多，砂轮的半径应不大于抛物线上各点处曲率半径中的最小值. 由本节例 2 知道，抛物线在其顶点处的曲率最大，也就是说，抛物线在其顶点处的曲率半径最小. 因此，只要求出抛物线 $y=0.4x^2$ 在顶点 $O(0,0)$ 处的曲率半径. 由

$$y'=0.8x,\ y''=0.8,$$

而有

$$y'|_{x=0}=0,\ y''|_{x=0}=0.8.$$

把它们代入公式(7-3)，得

$$K=0.8.$$

因而求得抛物线顶点处的曲率半径

$$\rho=\frac{1}{K}=1.25.$$

所以选用砂轮的半径不得超过 1.25 单位长,即直径不得超过 2.50 单位长.

对于用砂轮磨削一般工件的内表面时,也有类似的结论,即选用的砂轮的半径不应超过这工件内表面的截线上各点处曲率半径中的最小值.

*四、曲率中心的计算公式　渐屈线与渐伸线

设已知曲线的方程是 $y=f(x)$,且其二阶导数 y''在点 x 不为零,则曲线在对应点 $M(x,y)$的曲率中心 $D(\alpha,\beta)$的坐标为

$$\begin{cases}\alpha=x-\dfrac{y'(1+y'^2)}{y''},\\ \beta=y+\dfrac{1+y'^2}{y''}.\end{cases}\tag{7-5}$$

这是因为,曲线 $y=f(x)$在点 $M(x,y)$的曲率圆的方程为

$$(\xi-\alpha)^2+(\eta-\beta)^2=\rho^2,$$

其中 ξ,η 是曲率圆上的动点坐标,且

$$\rho^2=\frac{1}{K^2}=\frac{(1+y'^2)^3}{y''^2}.$$

因为点 M 在曲率圆上,所以

$$(x-\alpha)^2+(y-\beta)^2=\rho^2;\tag{7-6}$$

又因为曲线在点 M 的切线与曲率圆的半径 DM 相垂直(图 3-33),所以

$$y'=-\frac{x-\alpha}{y-\beta}.\tag{7-7}$$

由式(7-6)和(7-7)消去 $x-\alpha$,解出

$$(y-\beta)^2=\frac{\rho^2}{1+y'^2}=\frac{(1+y'^2)^2}{y''^2}.$$

由于当 $y''>0$ 时曲线为凹弧,$y-\beta<0$;当 $y''<0$ 时曲线为凸弧,$y-\beta>0$. 总之,y''与 $y-\beta$ 异号. 因此取上式两边的平方根,得

$$y-\beta=-\frac{1+y'^2}{y''},$$

又

$$x-\alpha=-y'(y-\beta)=\frac{y'(1+y'^2)}{y''}.$$

从而有公式(7-5).

当点$(x,f(x))$沿曲线C移动时，相应的曲率中心D的轨迹曲线G称为曲线C的渐屈线，而曲线C称为曲线G的渐伸线(图3-35)．所以曲线$y=f(x)$的渐屈线的参数方程为

$$\begin{cases}\alpha=x-\dfrac{y'(1+y'^2)}{y''},\\\beta=y+\dfrac{1+y'^2}{y''},\end{cases}\tag{7-8}$$

其中$y=f(x)$，$y'=f'(x)$，$y''=f''(x)$，x为参数，直角坐标系$\alpha O\beta$与xOy坐标系重合．

例4　求摆线

$$\begin{cases}x=a(t-\sin t),\\y=a(1-\cos t)\end{cases}$$

的渐屈线方程．

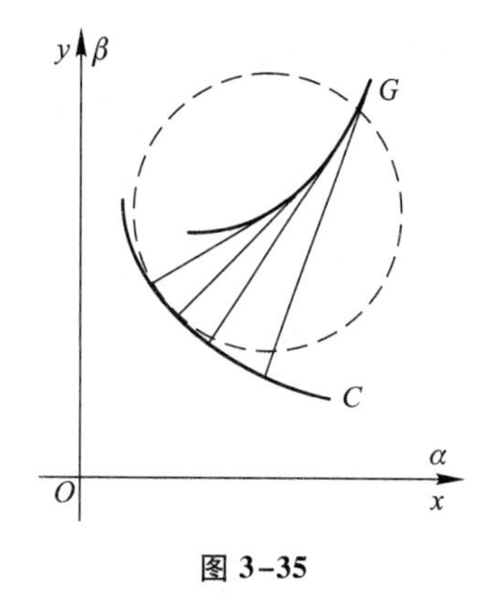

图3-35

解　$\dfrac{\mathrm{d}x}{\mathrm{d}t}=a(1-\cos t)$，$\dfrac{\mathrm{d}y}{\mathrm{d}t}=a\sin t$，所以

$$\frac{\mathrm{d}y}{\mathrm{d}x}=\frac{\sin t}{1-\cos t},$$

$$\frac{\mathrm{d}^2y}{\mathrm{d}x^2}=\frac{\dfrac{\mathrm{d}}{\mathrm{d}t}\left(\dfrac{\mathrm{d}y}{\mathrm{d}x}\right)}{\dfrac{\mathrm{d}x}{\mathrm{d}t}}=\frac{\dfrac{\cos t-1}{(1-\cos t)^2}}{a(1-\cos t)}$$

$$=-\frac{1}{a(1-\cos t)^2}.$$

将这些结果代入(7-8)式并化简，便得摆线的渐屈线的参数方程

$$\begin{cases}\alpha=a(t+\sin t),\\\beta=a(\cos t-1),\end{cases}\tag{7-9}$$

其中t为参数，直角坐标系$\alpha O\beta$与xOy坐标系重合．为了作出渐屈线(7-9)，令$t=\pi+\tau$，代入(7-9)式得

$$\begin{cases}\alpha-\pi a=a(\tau-\sin\tau),\\\beta+2a=a(1-\cos\tau),\end{cases}$$

再令$\alpha-\pi a=\xi$，$\beta+2a=\eta$，则得

$$\begin{cases}\xi=a(\tau-\sin\tau),\\\eta=a(1-\cos\tau).\end{cases}\tag{7-10}$$

在新坐标系$\xi O_1\eta$中，曲线(7-10)为一摆线，其中新坐标系$\xi O_1\eta$由旧坐标系xOy平移到新原点$O_1(\pi a,-2a)$得到．由此可知摆线的渐屈线仍为一摆线，如图3-36所示．

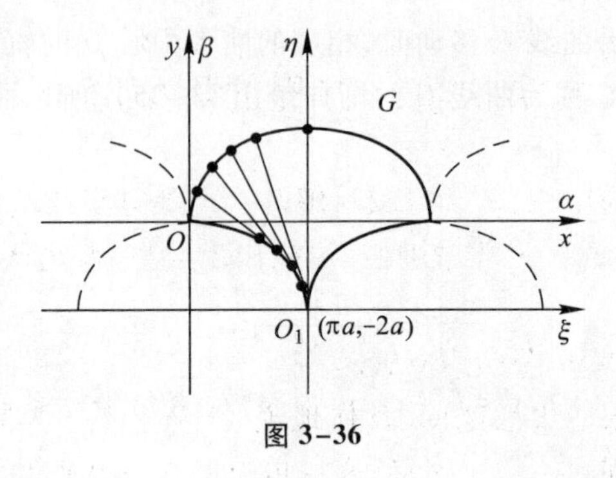

图 3-36

习　题　3-7

1. 求椭圆 $4x^2+y^2=4$ 在点(0,2)处的曲率.

2. 求曲线 $y=\ln\sec x$ 在点(x,y)处的曲率及曲率半径.

3. 求抛物线 $y=x^2-4x+3$ 在其顶点处的曲率及曲率半径.

4. 求曲线 $x=a\cos^3 t, y=a\sin^3 t$ 在 $t=t_0$ 相应的点处的曲率.

5. 对数曲线 $y=\ln x$ 上哪一点处的曲率半径最小? 求出该点处的曲率半径.

*6. 证明曲线 $y=a\operatorname{ch}\dfrac{x}{a}$ 在点(x,y)处的曲率半径为$\dfrac{y^2}{a}$.

7. 一飞机沿抛物线路径 $y=\dfrac{x^2}{10\ 000}$ (y 轴铅直向上,单位为 m)做俯冲飞行. 在坐标原点 O 处飞机的速度为 $v=200$ m/s. 飞行员体重 $G=70$ kg. 求飞机俯冲至最低点即原点 O 处时座椅对飞行员的反力.

8. 汽车连同载重共 5 t,在抛物线拱桥上行驶,速度为 21.6 km/h,桥的跨度为 10 m,拱的矢高为 0.25 m (图 3-37). 求汽车越过桥顶时对桥的压力.

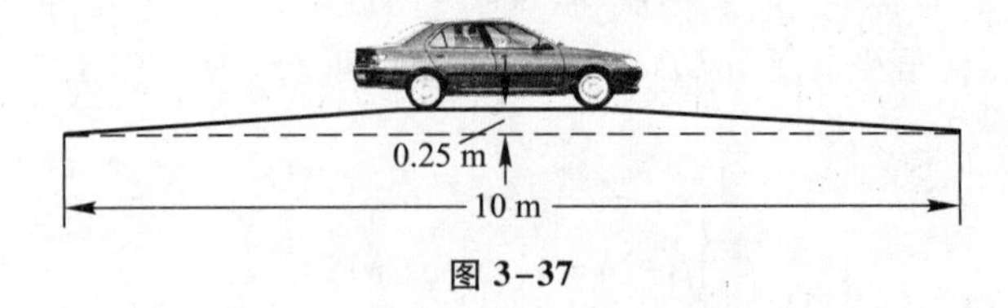

图 3-37

*9. 求曲线 $y=\ln x$ 在与 x 轴交点处的曲率圆方程.

*10. 求曲线 $y=\tan x$ 在点$\left(\dfrac{\pi}{4},1\right)$处的曲率圆方程.

*11. 求抛物线 $y^2=2px$ 的渐屈线方程.

第八节　方程的近似解

在科学技术问题中，经常会遇到求解高次代数方程或其他类型的方程的问题.要求得这类方程的实根的精确值，往往比较困难，因此就需要寻求方程的近似解.

求方程的近似解，可分两步来做.

第一步是确定根的大致范围.具体地说，就是确定一个区间$[a,b]$，使所求的根是位于这个区间内的唯一实根.这一步工作称为根的隔离，区间$[a,b]$称为所求实根的隔离区间.由于方程$f(x)=0$的实根在几何上表示曲线$y=f(x)$与x轴交点的横坐标，因此为了确定根的隔离区间，可以先较精确地画出$y=f(x)$的图形，然后从图上定出它与x轴交点的大概位置.由于作图和读数的误差，这种做法得不出根的高精确度的近似值，但一般已可以确定出根的隔离区间.

第二步是以根的隔离区间的端点作为根的初始近似值，逐步改善根的近似值的精确度，直至求得满足精确度要求的近似解.完成这一步工作有多种方法，这里我们介绍三种常用的方法——二分法、切线法和割线法，按照这些方法，编出简单的程序，就可以在计算机上求出方程足够精确的近似解.

一、二分法

设$f(x)$在区间$[a,b]$上连续，$f(a)\cdot f(b)<0$，且方程$f(x)=0$在(a,b)内仅有一个实根ξ，于是$[a,b]$即是这个根的一个隔离区间.

取$[a,b]$的中点$\xi_1=\dfrac{a+b}{2}$，计算$f(\xi_1)$.

如果$f(\xi_1)=0$，那么$\xi=\xi_1$；

如果$f(\xi_1)$与$f(a)$同号，那么取$a_1=\xi_1,b_1=b$，由$f(a_1)\cdot f(b_1)<0$，即知$a_1<\xi<b_1$，且$b_1-a_1=\dfrac{1}{2}(b-a)$；

如果$f(\xi_1)$与$f(b)$同号，那么取$a_1=a,b_1=\xi_1$，也有$a_1<\xi<b_1$及$b_1-a_1=\dfrac{1}{2}(b-a)$；

总之，当$\xi\neq\xi_1$时，可求得$a_1<\xi<b_1$，且$b_1-a_1=\dfrac{1}{2}(b-a)$.

以$[a_1,b_1]$作为新的隔离区间，重复上述做法，当$\xi\neq\xi_2=\dfrac{1}{2}(a_1+b_1)$时，可求

得 $a_2<\xi<b_2$，且 $b_2-a_2=\frac{1}{2^2}(b-a)$.

如此重复 n 次，可求得 $a_n<\xi<b_n$，且 $b_n-a_n=\frac{1}{2^n}(b-a)$. 由此可知，如果以 a_n 或 b_n 作为 ξ 的近似值，那么其误差小于 $\frac{1}{2^n}(b-a)$.

例 1　用二分法求方程 $x^3+1.1x^2+0.9x-1.4=0$ 的实根的近似值，使误差不超过 10^{-3}①.

解　令 $f(x)=x^3+1.1x^2+0.9x-1.4$，显然 $f(x)$ 在 $(-\infty,+\infty)$ 内连续.

由 $f'(x)=3x^2+2.2x+0.9$，根据判别式 $B^2-4AC=2.2^2-4\times3\times0.9=-5.96<0$，知 $f'(x)>0$. 故 $f(x)$ 在 $(-\infty,+\infty)$ 内单调增加，$f(x)=0$ 至多有一个实根.

由 $f(0)=-1.4<0$，$f(1)=1.6>0$，知 $f(x)=0$ 在 $[0,1]$ 内有唯一的实根. 取 $a=0$，$b=1$，$[0,1]$ 即是一个隔离区间.

计算得

$\xi_1=0.5$，$f(\xi_1)=-0.55<0$，故 $a_1=0.5$，$b_1=1$；

$\xi_2=0.75$，$f(\xi_2)=0.32>0$，故 $a_2=0.5$，$b_2=0.75$；

$\xi_3=0.625$，$f(\xi_3)=-0.16<0$，故 $a_3=0.625$，$b_3=0.75$；

$\xi_4=0.687$，$f(\xi_4)=0.062>0$，故 $a_4=0.625$，$b_4=0.687$；

$\xi_5=0.656$，$f(\xi_5)=-0.054<0$，故 $a_5=0.656$，$b_5=0.687$；

$\xi_6=0.672$，$f(\xi_6)=0.005>0$，故 $a_6=0.656$，$b_6=0.672$；

$\xi_7=0.664$，$f(\xi_7)=-0.025<0$，故 $a_7=0.664$，$b_7=0.672$；

$\xi_8=0.668$，$f(\xi_8)=-0.010<0$，故 $a_8=0.668$，$b_8=0.672$；

$\xi_9=0.670$，$f(\xi_9)=-0.002<0$，故 $a_9=0.670$，$b_9=0.672$；

$\xi_{10}=0.671$，$f(\xi_{10})=0.001>0$，故 $a_{10}=0.670$，$b_{10}=0.671$.

于是

$$0.670<\xi<0.671.$$

即 0.670 作为根的不足近似值，0.671 作为根的过剩近似值，其误差都小于 10^{-3}.

二、切线法

设 $f(x)$ 在 $[a,b]$ 上具有二阶导数，$f(a)\cdot f(b)<0$ 且 $f'(x)$ 及 $f''(x)$ 在 $[a,b]$ 上保持定号. 在上述条件下，方程 $f(x)=0$ 在 (a,b) 内有唯一的实根 ξ，

① 按本例误差不超过 10^{-3} 的要求，计算时只取 3 位小数.

$[a,b]$为根的一个隔离区间. 此时,$y=f(x)$在$[a,b]$上的图形$\widehat{AB}$只有如图3-38所示的四种不同情形.

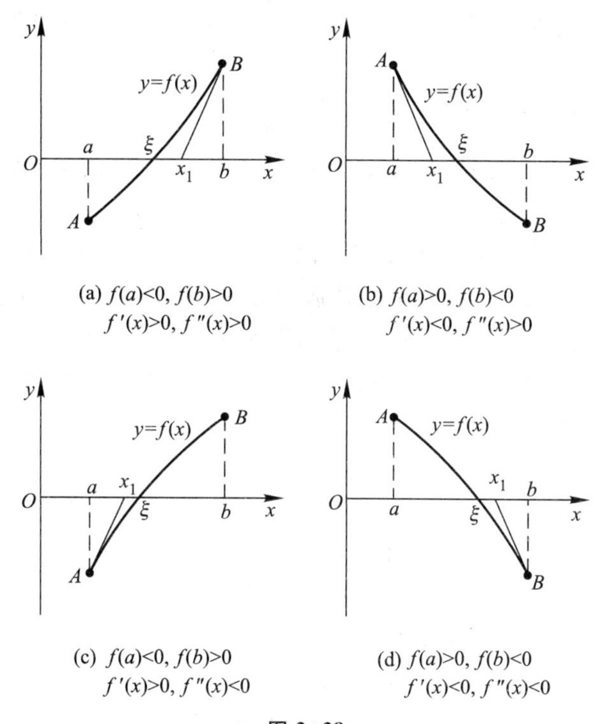

(a) $f(a)<0, f(b)>0$
$f'(x)>0, f''(x)>0$

(b) $f(a)>0, f(b)<0$
$f'(x)<0, f''(x)>0$

(c) $f(a)<0, f(b)>0$
$f'(x)>0, f''(x)<0$

(d) $f(a)>0, f(b)<0$
$f'(x)<0, f''(x)<0$

图 3-38

考虑用曲线弧一端的切线来代替曲线弧,从而求出方程实根的近似值. 这种方法叫做切线法. 从图 3-38 中看出,如果在纵坐标与$f''(x)$同号的那个端点(此端点记作$(x_0,f(x_0))$)处作切线,这切线与 x 轴的交点的横坐标 x_1就比 x_0更接近方程的根 ξ.

下面以图 3-38(a):$f(a)<0,f(b)>0,f'(x)>0,f''(x)>0$ 的情形为例进行讨论. 此时,因为$f(b)$与$f''(x)$同号,所以令 $x_0=b$,在端点$(x_0,f(x_0))$处作切线(图 3-39),这切线的方程为

$$y-f(x_0)=f'(x_0)(x-x_0).$$

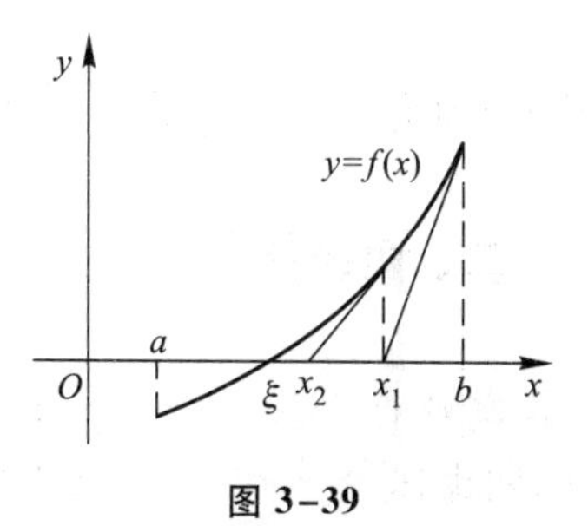

图 3-39

令 $y=0$,从上式中解出 x,就得到切线与 x 轴交点的横坐标为

$$x_1=x_0-\frac{f(x_0)}{f'(x_0)},$$

它比 x_0 更接近方程的根 ξ.

再在点 $(x_1,f(x_1))$ 处作切线，可得根的近似值 x_2. 如此继续，一般地，在点 $(x_n,f(x_n))$ 处作切线，得根的近似值

$$x_{n+1}=x_n-\frac{f(x_n)}{f'(x_n)}. \tag{8-1}$$

如果 $f(a)$ 与 $f''(x)$ 同号，那么切线作在端点 $(a,f(a))$ 处（如图 3-38 情形 (b) 及 (c)），可记 $x_0=a$，仍按公式(8-1)计算切线与 x 轴交点的横坐标.

例 2　用切线法求方程 $x^3+1.1x^2+0.9x-1.4=0$ 的实根的近似值，使误差不超过 10^{-3}.

解　令 $f(x)=x^3+1.1x^2+0.9x-1.4$. 由例 1 知 $[0,1]$ 是根的一个隔离区间. $f(0)<0,f(1)>0$.

在 $[0,1]$ 上，

$$f'(x)=3x^2+2.2x+0.9>0,\ f''(x)=6x+2.2>0,$$

故 $f(x)$ 在 $[0,1]$ 上的图形属于图 3-38 中情形(a). 按 $f''(x)$ 与 $f(1)$ 同号，所以令 $x_0=1$.

连续应用公式(8-1)，得

$$x_1=1-\frac{f(1)}{f'(1)}\approx 0.738,$$

$$x_2=0.738-\frac{f(0.738)}{f'(0.738)}\approx 0.674,$$

$$x_3=0.674-\frac{f(0.674)}{f'(0.674)}\approx 0.671,$$

$$x_4=0.671-\frac{f(0.671)}{f'(0.671)}\approx 0.671.$$

至此，计算不能再继续. 注意到 $f(x_i)$ $(i=0,1,\cdots)$ 与 $f''(x)$ 同号，知 $f(0.671)>0$，经计算可知 $f(0.670)<0$，于是有

$$0.670<\xi<0.671.$$

以 0.670 或 0.671 作为根的近似值，其误差都小于 10^{-3}.

三、割线法

利用切线法需要计算函数的导数，当 $f(x)$ 比较复杂时，计算 $f'(x)$ 可能有困难. 这时，可考虑用

$$\frac{f(x_n)-f(x_{n-1})}{x_n-x_{n-1}}$$

来近似代替(8-1)式中的$f'(x_n)$,这时的迭代公式成为

$$x_{n+1}=x_n-\frac{x_n-x_{n-1}}{f(x_n)-f(x_{n-1})}\cdot f(x_n),\tag{8-2}$$

其中,x_0、x_1为初始值.迭代公式(8-2)的几何意义是用过点$(x_{n-1},f(x_{n-1}))$和点$(x_n,f(x_n))$的割线来近似代替点$(x_n,f(x_n))$处的切线,将这条割线与x轴交点的横坐标作为新的近似值(见图3-40).因此,这个方法叫做割线法或弦截法.

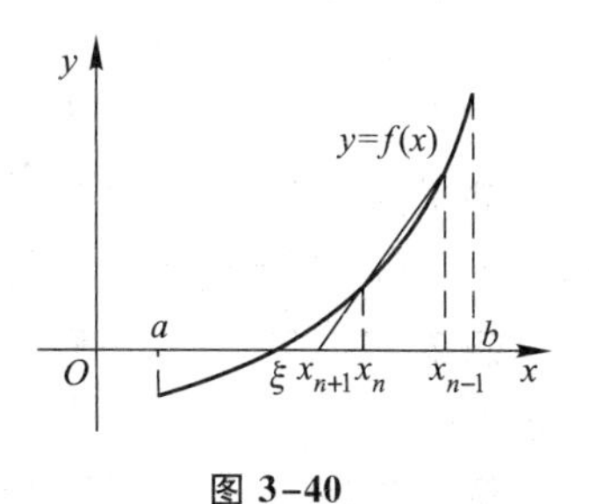

图 3-40

以下用割线法对例2中的方程求近似解.

取$x_0=1$,$x_1=0.8$.连续用迭代公式(8-2),得

$$x_2=x_1-\frac{x_1-x_0}{f(x_1)-f(x_0)}\cdot f(x_1)\approx 0.699,$$

$$x_3=x_2-\frac{x_2-x_1}{f(x_2)-f(x_1)}\cdot f(x_2)\approx 0.672,$$

$$x_4=x_3-\frac{x_3-x_2}{f(x_3)-f(x_2)}\cdot f(x_3)\approx 0.671,$$

$$x_5=x_4-\frac{x_4-x_3}{f(x_4)-f(x_3)}\cdot f(x_4)\approx 0.671.$$

至此,计算不能再继续.因x_4与x_5小数前三位数字相同,故以0.671作为根的近似值其误差小于10^{-3}.

习　题　3-8

1. 试证明方程$x^3-3x^2+6x-1=0$在区间$(0,1)$内有唯一的实根,并用二分法求这个根的近似值,使误差不超过0.01.

2. 试证明方程$x^5+5x+1=0$在区间$(-1,0)$内有唯一的实根,并用切线法求这个根的近似值,使误差不超过0.01.

3. 用割线法求方程$x^3+3x-1=0$的近似根,使误差不超过0.01.

4. 求方程$x\lg x=1$的近似根,使误差不超过0.01.

总 习 题 三

1. 填空:

设常数$k>0$,函数$f(x)=\ln x-\frac{x}{e}+k$在$(0,+\infty)$内零点的个数为________.

2. 以下两题中给出了四个结论,从中选出一个正确的结论:

(1) 设在$[0,1]$上$f''(x)>0$,则$f'(0)$,$f'(1)$,$f(1)-f(0)$或$f(0)-f(1)$几个数的大小顺序为(　　);

(A) $f'(1)>f'(0)>f(1)-f(0)$　　(B) $f'(1)>f(1)-f(0)>f'(0)$

(C) $f(1)-f(0)>f'(1)>f'(0)$　　(D) $f'(1)>f(0)-f(1)>f'(0)$

(2) 设$f'(x_0)=f''(x_0)=0$,$f'''(x_0)>0$,则(　　).

(A) $f'(x_0)$是$f'(x)$的极大值　　(B) $f(x_0)$是$f(x)$的极大值

(C) $f(x_0)$是$f(x)$的极小值　　(D) $(x_0,f(x_0))$是曲线$y=f(x)$的拐点

3. 列举一个函数$f(x)$满足:$f(x)$在$[a,b]$上连续,在(a,b)内除某一点外处处可导,但在(a,b)内不存在点ξ,使$f(b)-f(a)=f'(\xi)(b-a)$.

4. 设$\lim\limits_{x\to\infty}f'(x)=k$,求$\lim\limits_{x\to\infty}[f(x+a)-f(x)]$.

5. 证明多项式$f(x)=x^3-3x+a$在$[0,1]$上不可能有两个零点.

6. 设$a_0+\dfrac{a_1}{2}+\cdots+\dfrac{a_n}{n+1}=0$,证明多项式

$$f(x)=a_0+a_1x+\cdots+a_nx^n$$

在$(0,1)$内至少有一个零点.

*7. 设$f(x)$在$[0,a]$上连续,在$(0,a)$内可导,且$f(a)=0$,证明存在一点$\xi\in(0,a)$,使$f(\xi)+\xi f'(\xi)=0$.

*8. 设$0<a<b$,函数$f(x)$在$[a,b]$上连续,在(a,b)内可导,试利用柯西中值定理,证明存在一点$\xi\in(a,b)$,使

$$f(b)-f(a)=\xi f'(\xi)\ln\frac{b}{a}.$$

9. 设$f(x)$、$g(x)$都是可导函数,且$|f'(x)|<g'(x)$,证明:当$x>a$时,$|f(x)-f(a)|<g(x)-g(a)$.

10. 求下列极限:

(1) $\lim\limits_{x\to1}\dfrac{x-x^x}{1-x+\ln x}$;　　(2) $\lim\limits_{x\to0}\left[\dfrac{1}{\ln(1+x)}-\dfrac{1}{x}\right]$;

(3) $\lim\limits_{x\to+\infty}\left(\dfrac{2}{\pi}\arctan x\right)^x$;　　(4) $\lim\limits_{x\to\infty}\left[\left(a_1^{\frac{1}{x}}+a_2^{\frac{1}{x}}+\cdots+a_n^{\frac{1}{x}}\right)/n\right]^{nx}$　(其中$a_1,a_2,\cdots,a_n>0$).

11. 求下列函数在指定点x_0处具有指定阶数及余项的泰勒公式:

(1) $f(x)=x^3\ln x$,$x_0=1$,$n=4$,拉格朗日余项;

(2) $f(x)=\arctan x$,$x_0=0$,$n=3$,佩亚诺余项;

(3) $f(x)=e^{\sin x}$,$x_0=0$,$n=3$,佩亚诺余项;

(4) $f(x)=\ln\cos x$,$x_0=0$,$n=6$,佩亚诺余项.

12. 证明下列不等式:

(1) 当$0<x_1<x_2<\dfrac{\pi}{2}$时,$\dfrac{\tan x_2}{\tan x_1}>\dfrac{x_2}{x_1}$;

(2) 当$x>0$时,$\ln(1+x)>\dfrac{\arctan x}{1+x}$;

(3) 当 $e<a<b<e^2$ 时,$\ln^2 b-\ln^2 a>\frac{4}{e^2}(b-a)$.

13. 设 $a>1$,$f(x)=a^x-ax$ 在 $(-\infty,+\infty)$ 内的驻点为 $x(a)$. 问 a 为何值时,$x(a)$ 最小? 并求出最小值.

14. 求椭圆 $x^2-xy+y^2=3$ 上纵坐标最大和最小的点.

15. 求数列 $\{\sqrt[n]{n}\}$ 的最大项.

16. 曲线弧 $y=\sin x\ (0<x<\pi)$ 上哪一点处的曲率半径最小? 求出该点处的曲率半径.

17. 证明方程 $x^3-5x-2=0$ 只有一个正根,并求此正根的近似值,精确到 10^{-3}.

*18. 设 $f''(x_0)$ 存在,证明:

$$\lim_{h\to 0}\frac{f(x_0+h)+f(x_0-h)-2f(x_0)}{h^2}=f''(x_0).$$

19. 设 $f(x)$ 在 (a,b) 内二阶可导,且 $f''(x)\geqslant 0$. 证明对于 (a,b) 内任意两点 x_1、x_2 及 $0\leqslant t\leqslant 1$,有

$$f[(1-t)x_1+tx_2]\leqslant(1-t)f(x_1)+tf(x_2).$$

20. 试确定常数 a 和 b,使 $f(x)=x-(a+b\cos x)\sin x$ 为当 $x\to 0$ 时关于 x 的 5 阶无穷小.

第四章　不定积分

在第二章中，我们讨论了如何求一个函数的导函数问题，本章将讨论它的反问题，即要寻求一个可导函数，使它的导函数等于已知函数. 这是积分学的基本问题之一.

第一节　不定积分的概念与性质

一、原函数与不定积分的概念

定义 1　如果在区间 I 上，可导函数 $F(x)$ 的导函数为 $f(x)$，即对任一 $x\in I$，都有

$$F'(x)=f(x) \text{ 或 } \mathrm{d}F(x)=f(x)\,\mathrm{d}x,$$

那么函数 $F(x)$ 就称为 $f(x)$（或 $f(x)\,\mathrm{d}x$）在区间 I 上的一个原函数.

例如，因 $(\sin x)'=\cos x$，故 $\sin x$ 是 $\cos x$ 的一个原函数.

又如当 $x\in(1,+\infty)$ 时，

$$[\ln(x+\sqrt{x^2-1})]'=\frac{1}{x+\sqrt{x^2-1}}\left(1+\frac{x}{\sqrt{x^2-1}}\right)=\frac{1}{\sqrt{x^2-1}},$$

故 $\ln(x+\sqrt{x^2-1})$ 是 $\frac{1}{\sqrt{x^2-1}}$ 在区间 $(1,+\infty)$ 内的一个原函数.

关于原函数，我们首先要问：一个函数具备什么条件，能保证它的原函数一定存在？这个问题将在下一章中讨论，这里先介绍一个结论.

原函数存在定理　如果函数 $f(x)$ 在区间 I 上连续，那么在区间 I 上存在可导函数 $F(x)$，使对任一 $x\in I$ 都有

$$F'(x)=f(x).$$

简单地说就是：**连续函数一定有原函数.**

下面还要说明两点：

第一，如果 $f(x)$ 在区间 I 上有原函数，即有一个函数 $F(x)$，使对任一 $x\in I$，都有 $F'(x)=f(x)$，那么，对任何常数 C，显然也有

$$[F(x)+C]'=f(x),$$

即对任何常数 C，函数 $F(x)+C$ 也是 $f(x)$ 的原函数. 这说明，如果 $f(x)$ 有一个原

函数,那么$f(x)$就有无限多个原函数.

第二,如果在区间 I 上 $F(x)$是$f(x)$的一个原函数,那么$f(x)$的其他原函数与 $F(x)$有什么关系?

设 $\Phi(x)$是$f(x)$的另一个原函数,即对任一 $x\in I$ 有

$$\Phi'(x)=f(x),$$

于是

$$[\Phi(x)-F(x)]'=\Phi'(x)-F'(x)=f(x)-f(x)=0.$$

在第三章第一节中已经知道,在一个区间上导数恒为零的函数必为常数,所以

$$\Phi(x)-F(x)=C_0\quad(C_0\text{为某个常数}).$$

这表明 $\Phi(x)$与 $F(x)$只差一个常数. 因此,当 C 为任意的常数时,表达式

$$F(x)+C$$

就可表示$f(x)$的任意一个原函数.

由以上两点说明,我们引进下述定义.

定义 2　**在区间 I 上,函数 $f(x)$ 的带有任意常数项的原函数称为 $f(x)$(或 $f(x)\mathrm{d}x$)在区间 I 上的不定积分,记作**

$$\int f(x)\mathrm{d}x.$$

其中记号 $\int$ 称为积分号,$f(x)$ 称为被积函数,$f(x)\mathrm{d}x$ 称为被积表达式,x 称为积分变量.

由此定义及前面的说明可知,如果 $F(x)$是$f(x)$在区间 I 上的一个原函数,那么 $F(x)+C$ 就是$f(x)$的不定积分,即

$$\int f(x)\mathrm{d}x=F(x)+C.$$

因而不定积分 $\int f(x)\mathrm{d}x$ 可以表示$f(x)$的任意一个原函数.

例 1　求 $\int x^2\mathrm{d}x.$

解　由于$\left(\frac{x^3}{3}\right)'=x^2$,所以$\frac{x^3}{3}$是 x^2的一个原函数. 因此

$$\int x^2\mathrm{d}x=\frac{x^3}{3}+C.$$

例 2　求 $\int \frac{1}{x}\mathrm{d}x.$

解　当 $x>0$ 时,由于$(\ln x)'=\frac{1}{x}$,所以 $\ln x$ 是$\frac{1}{x}$在$(0,+\infty)$内的一个原函数. 因此,在$(0,+\infty)$内,

$$\int \frac{1}{x}\mathrm{d}x=\ln\ x+C.$$

当 $x<0$ 时，由于 $[\ln(-x)]'=\frac{1}{-x}(-1)=\frac{1}{x}$，所以 $\ln(-x)$ 是 $\frac{1}{x}$ 在 $(-\infty,0)$ 内的一个原函数. 因此，在 $(-\infty,0)$ 内，

$$\int \frac{1}{x}\mathrm{d}x=\ln(-x)+C.$$

把在 $x>0$ 及 $x<0$ 内的结果合起来，可写作

$$\int \frac{1}{x}\mathrm{d}x=\ln|x|+C.$$

例 3　设曲线通过点(1,2)，且其上任一点处的切线斜率等于这点横坐标的两倍，求此曲线的方程.

解　设所求的曲线方程为 $y=f(x)$，按题设，曲线上任一点 (x,y) 处的切线斜率为

$$\frac{\mathrm{d}y}{\mathrm{d}x}=2x,$$

即 $f(x)$ 是 $2x$ 的一个原函数.

因为 $\int 2x\mathrm{d}x=x^2+C$，故必有某个常数 C 使 $f(x)=x^2+C$，即曲线方程为 $y=x^2+C$. 因所求曲线通过点(1,2)，故

$$2=1+C,\ C=1.$$

于是所求曲线方程为

$$y=x^2+1.$$

函数 $f(x)$ 的原函数的图形称为 $f(x)$ 的积分曲线. 本例即是求函数 $2x$ 的通过点(1,2)的那条积分曲线. 显然，这条积分曲线可以由另一条积分曲线（例如 $y=x^2$）经 y 轴方向平移而得（图 4-1）.

例 4　质点以初速度 v_0 铅直上抛，不计阻力，求它的运动规律.

解　所谓运动规律，是指质点的位置关于时间 t 的函数关系. 为表示质点的位置，取坐标系如下：把质点所在的铅直线取作坐标轴，指向朝上，轴与地面的交点取作坐标原点. 设质点抛出时刻为 $t=0$，当 $t=0$ 时质点所在位置的坐标为 x_0，在时刻 t 时坐标为 x（图 4-2），$x=x(t)$ 就是要求的函数.

按导数的物理意义知道，

$$\frac{\mathrm{d}x}{\mathrm{d}t}=v(t),$$

即为质点在时刻 t 时向上运动的速度（如果 $v(t)<0$，那么运动方向实际朝下）.

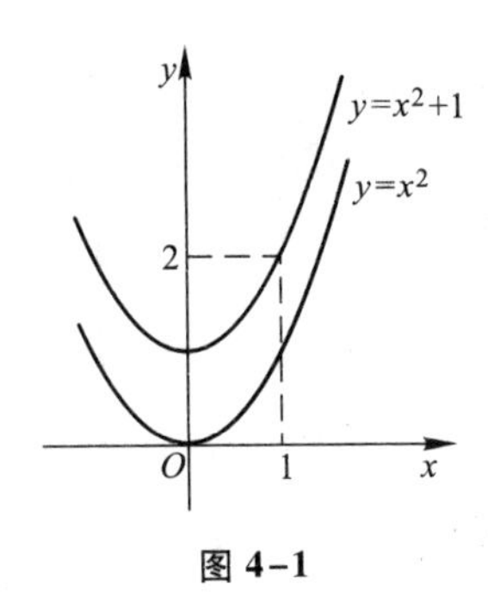

图 4-1

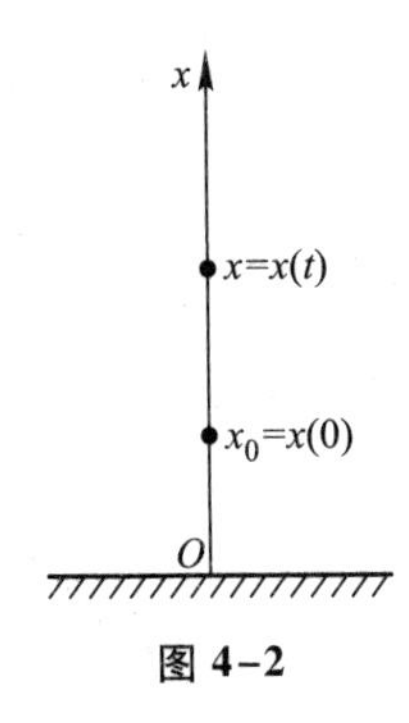

图 4-2

又知

$$\frac{\mathrm{d}^2 x}{\mathrm{d}t^2}=\frac{\mathrm{d}v}{\mathrm{d}t}=a(t)$$

即为质点在时刻 t 时向上运动的加速度，按题意，有 $a(t)=-g$，即

$$\frac{\mathrm{d}v}{\mathrm{d}t}=-g \text{ 或 } \frac{\mathrm{d}^2 x}{\mathrm{d}t^2}=-g.$$

先求 $v(t)$. 由 $\frac{\mathrm{d}v}{\mathrm{d}t}=-g$，即 $v(t)$ 是 $-g$ 的原函数，故

$$v(t)=\int(-g)\,\mathrm{d}t=-gt+C_1,$$

由 $v(0)=v_0$，得 $v_0=C_1$，于是

$$v(t)=-gt+v_0.$$

再求 $x(t)$. 由 $\frac{\mathrm{d}x}{\mathrm{d}t}=v(t)$，即 $x(t)$ 是 $v(t)$ 的原函数，故

$$x(t)=\int v(t)\,\mathrm{d}t=\int(-gt+v_0)\,\mathrm{d}t=-\frac{1}{2}gt^2+v_0t+C_2,$$

由 $x(0)=x_0$，得 $x_0=C_2$，于是所求运动规律为

$$x=-\frac{1}{2}gt^2+v_0t+x_0,\quad t\in[0,T],$$

其中 T 表示质点落地的时刻.

从不定积分的定义，即可知下述关系：

由于 $\int f(x)\,\mathrm{d}x$ 是 $f(x)$ 的原函数，所以

$$\frac{\mathrm{d}}{\mathrm{d}x}\left[\int f(x)\,\mathrm{d}x\right]=f(x),$$

或

$$\mathrm{d}\left[\int f(x)\,\mathrm{d}x\right]=f(x)\,\mathrm{d}x; \tag{1-1}$$

又由于 $F(x)$ 是 $F'(x)$ 的原函数，所以

$$\int F'(x)\mathrm{d}x=F(x)+C,$$

或记作

$$\int \mathrm{d}F(x)=F(x)+C. \tag{1-2}$$

由此可见，微分运算(以记号 d 表示)与求不定积分的运算(简称积分运算，以记号 $\int$ 表示)是互逆的. 当记号 $\int$ 与 d 连在一起时，或者抵消，或者抵消后差一个常数.

二、基本积分表

既然积分运算是微分运算的逆运算，那么很自然地可以从导数公式得到相应的积分公式.

例如，因为 $\left(\dfrac{x^{\mu+1}}{\mu+1}\right)'=x^{\mu}$，所以 $\dfrac{x^{\mu+1}}{\mu+1}$ 是 x^{μ} 的一个原函数，于是

$$\int x^{\mu}\mathrm{d}x=\frac{x^{\mu+1}}{\mu+1}+C \quad (\mu\neq -1).$$

类似地可以得到其他积分公式. 下面我们把一些基本的积分公式列成一个表，这个表通常叫做基本积分表.

① $\int k\mathrm{d}x=kx+C$ (k 是常数)，

② $\int x^{\mu}\mathrm{d}x=\dfrac{x^{\mu+1}}{\mu+1}+C$ ($\mu\neq -1$)，

③ $\int \dfrac{\mathrm{d}x}{x}=\ln|x|+C$，

④ $\int \dfrac{\mathrm{d}x}{1+x^2}=\arctan x+C$，

⑤ $\int \dfrac{\mathrm{d}x}{\sqrt{1-x^2}}=\arcsin x+C$，

⑥ $\int \cos x\mathrm{d}x=\sin x+C$，

⑦ $\int \sin x\mathrm{d}x=-\cos x+C$，

⑧ $\int \dfrac{\mathrm{d}x}{\cos^2 x}=\int \sec^2 x\mathrm{d}x=\tan x+C$，

⑨ $\int \frac{\mathrm{d}x}{\sin^2 x}=\int \csc^2 x\mathrm{d}x=-\cot x+C$,

⑩ $\int \sec x\tan x\mathrm{d}x=\sec x+C$,

⑪ $\int \csc x\cot x\mathrm{d}x=-\csc x+C$,

⑫ $\int \mathrm{e}^x\mathrm{d}x=\mathrm{e}^x+C$,

⑬ $\int a^x\mathrm{d}x=\frac{a^x}{\ln a}+C$.

以上十三个基本积分公式是求不定积分的基础,必须熟记,下面举几个应用幂函数的积分公式②的例子.

例 5　求 $\int \frac{\mathrm{d}x}{x^3}$.

解　$\int \frac{\mathrm{d}x}{x^3}=\int x^{-3}\mathrm{d}x=\frac{x^{-3+1}}{-3+1}+C=-\frac{1}{2x^2}+C$.

例 6　求 $\int x^2\sqrt{x}\,\mathrm{d}x$.

解　$\int x^2\sqrt{x}\,\mathrm{d}x=\int x^{\frac{5}{2}}\mathrm{d}x=\frac{x^{\frac{5}{2}+1}}{\frac{5}{2}+1}+C=\frac{2}{7}x^{\frac{7}{2}}+C=\frac{2}{7}x^3\sqrt{x}+C$.

例 7　求 $\int \frac{\mathrm{d}x}{x\sqrt[3]{x}}$.

解　$\int \frac{\mathrm{d}x}{x\sqrt[3]{x}}=\int x^{-\frac{4}{3}}\mathrm{d}x=\frac{x^{-\frac{4}{3}+1}}{-\frac{4}{3}+1}+C=-3x^{-\frac{1}{3}}+C=-\frac{3}{\sqrt[3]{x}}+C$.

上面三个例子表明,有时被积函数实际是幂函数,但用分式或根式表示.遇此情形,应先把它化为 x^μ 的形式,然后应用幂函数的积分公式②来求不定积分.

三、不定积分的性质

根据不定积分的定义,可以推得它有如下两个性质:

性质 1　设函数 $f(x)$ 及 $g(x)$ 的原函数存在,则

$$\int [f(x)+g(x)]\mathrm{d}x=\int f(x)\mathrm{d}x+\int g(x)\mathrm{d}x. \tag{1-3}$$

证　将(1-3)式右端求导,得

$$\left[\int f(x)\,\mathrm{d}x+\int g(x)\,\mathrm{d}x\right]'=\left[\int f(x)\,\mathrm{d}x\right]'+\left[\int g(x)\,\mathrm{d}x\right]'$$

$$=f(x)+g(x).$$

这表示,(1-3)式右端是$f(x)+g(x)$的原函数,又(1-3)式右端有两个积分记号,形式上含两个任意常数,由于任意常数之和仍为任意常数,故实际上含一个任意常数,因此(1-3)式右端是$f(x)+g(x)$的不定积分.

性质1对于有限个函数都是成立的.

类似地可以证明不定积分的第二个性质.

性质2　设函数$f(x)$的原函数存在,k为非零常数,则

$$\int kf(x)\,\mathrm{d}x=k\int f(x)\,\mathrm{d}x.$$

利用基本积分表以及不定积分的这两个性质,可以求出一些简单函数的不定积分.

例8　求$\int\sqrt{x}\,(x^2-5)\,\mathrm{d}x$.

解　$$\int\sqrt{x}\,(x^2-5)\,\mathrm{d}x=\int(x^{\frac{5}{2}}-5x^{\frac{1}{2}})\,\mathrm{d}x=\int x^{\frac{5}{2}}\mathrm{d}x-\int 5x^{\frac{1}{2}}\mathrm{d}x$$

$$=\int x^{\frac{5}{2}}\mathrm{d}x-5\int x^{\frac{1}{2}}\mathrm{d}x=\frac{2}{7}x^{\frac{7}{2}}-5\cdot\frac{2}{3}x^{\frac{3}{2}}+C$$

$$=\frac{2}{7}x^3\sqrt{x}-\frac{10}{3}x\sqrt{x}+C.$$

注意　检验积分结果是否正确,只要对结果求导,看它的导数是否等于被积函数,相等时结果是正确的,否则结果是错误的.如就例8的结果来看,由于

$$\left(\frac{2}{7}x^3\sqrt{x}-\frac{10}{3}x\sqrt{x}+C\right)'=\left(\frac{2}{7}x^{\frac{7}{2}}-\frac{10}{3}x^{\frac{3}{2}}+C\right)'=x^{\frac{5}{2}}-5x^{\frac{1}{2}}=\sqrt{x}\,(x^2-5),$$

所以结果是正确的.

例9　求$\int\frac{(x-1)^3}{x^2}\mathrm{d}x$.

解　$$\int\frac{(x-1)^3}{x^2}\mathrm{d}x=\int\frac{x^3-3x^2+3x-1}{x^2}\mathrm{d}x$$

$$=\int\left(x-3+\frac{3}{x}-\frac{1}{x^2}\right)\mathrm{d}x$$

$$=\int x\mathrm{d}x-3\int\mathrm{d}x+3\int\frac{\mathrm{d}x}{x}-\int\frac{\mathrm{d}x}{x^2}$$

$$=\frac{x^2}{2}-3x+3\ln|x|+\frac{1}{x}+C.$$

例 10　求 $\int(e^x-3\cos x)dx$.

解　$\int(e^x-3\cos x)dx=\int e^xdx-3\int\cos xdx=e^x-3\sin x+C.$

例 11　求 $\int 2^xe^xdx$.

解　因为

$$2^xe^x=(2e)^x,$$

所以可把 2e 看作 a,并利用积分公式⑬,便得

$$\int 2^xe^xdx=\int(2e)^xdx=\frac{(2e)^x}{\ln(2e)}+C=\frac{2^xe^x}{1+\ln 2}+C.$$

例 12　求 $\int\tan^2xdx$.

解　基本积分表中没有这种类型的积分,先利用三角恒等式化成表中所列类型的积分,然后再逐项求积分.

$$\int\tan^2xdx=\int(\sec^2x-1)dx=\int\sec^2xdx-\int dx=\tan x-x+C.$$

例 13　求 $\int\sin^2\frac{x}{2}dx$.

解　基本积分表中也没有这种类型的积分,同上例一样,可以先利用三角恒等式变形,然后再逐项求积分.

$$\begin{aligned}\int\sin^2\frac{x}{2}dx&=\int\frac{1}{2}(1-\cos x)dx=\frac{1}{2}\int(1-\cos x)dx\\&=\frac{1}{2}\left(\int dx-\int\cos xdx\right)=\frac{1}{2}(x-\sin x)+C.\end{aligned}$$

例 14　求 $\int\frac{1}{\sin^2\frac{x}{2}\cos^2\frac{x}{2}}dx$.

解　同上例一样,先利用三角恒等式变形,然后再求积分.

$$\begin{aligned}\int\frac{1}{\sin^2\frac{x}{2}\cos^2\frac{x}{2}}dx&=\int\frac{1}{\left(\frac{\sin x}{2}\right)^2}dx\\&=4\int\csc^2xdx=-4\cot x+C.\end{aligned}$$

例 15　求 $\int\frac{2x^4+x^2+3}{x^2+1}dx$.

解　被积函数的分子和分母都是多项式,通过多项式的除法,可以把它化成基本积分表中所列类型的积分,然后再逐项求积分.

$$\int \frac{2x^4+x^2+3}{x^2+1}\mathrm{d}x=\int\left(2x^2-1+\frac{4}{x^2+1}\right)\mathrm{d}x$$
$$=2\int x^2\mathrm{d}x-\int 1\mathrm{d}x+4\int\frac{1}{x^2+1}\mathrm{d}x$$
$$=\frac{2}{3}x^3-x+4\arctan x+C.$$

习　题　4-1

1. 利用求导运算验证下列等式：

(1) $\int\frac{1}{\sqrt{x^2+1}}\mathrm{d}x=\ln(x+\sqrt{x^2+1})+C$；

(2) $\int\frac{1}{x^2\sqrt{x^2-1}}\mathrm{d}x=\frac{\sqrt{x^2-1}}{x}+C$；

(3) $\int\frac{2x}{(x^2+1)(x+1)^2}\mathrm{d}x=\arctan x+\frac{1}{x+1}+C$；

(4) $\int\sec x\mathrm{d}x=\ln|\tan x+\sec x|+C$；

(5) $\int x\cos x\mathrm{d}x=x\sin x+\cos x+C$；

(6) $\int\mathrm{e}^x\sin x\mathrm{d}x=\frac{1}{2}\mathrm{e}^x(\sin x-\cos x)+C$.

2. 求下列不定积分：

(1) $\int\frac{\mathrm{d}x}{x^2}$；　(2) $\int x\sqrt{x}\mathrm{d}x$；

(3) $\int\frac{\mathrm{d}x}{\sqrt{x}}$；　(4) $\int x^2\sqrt[3]{x}\mathrm{d}x$；

(5) $\int\frac{\mathrm{d}x}{x^2\sqrt{x}}$；　(6) $\int\sqrt[m]{x^n}\mathrm{d}x$；

(7) $\int 5x^3\mathrm{d}x$；　(8) $\int(x^2-3x+2)\mathrm{d}x$；

(9) $\int\frac{\mathrm{d}h}{\sqrt{2gh}}$（$g$是常数）；　(10) $\int(x^2+1)^2\mathrm{d}x$；

(11) $\int(\sqrt{x}+1)(\sqrt{x^3}-1)\mathrm{d}x$；　(12) $\int\frac{(1-x)^2}{\sqrt{x}}\mathrm{d}x$；

(13) $\int\left(2\mathrm{e}^x+\frac{3}{x}\right)\mathrm{d}x$；　(14) $\int\left(\frac{3}{1+x^2}-\frac{2}{\sqrt{1-x^2}}\right)\mathrm{d}x$；

(15) $\int\mathrm{e}^x\left(1-\frac{\mathrm{e}^{-x}}{\sqrt{x}}\right)\mathrm{d}x$；　(16) $\int 3^x\mathrm{e}^x\mathrm{d}x$；

(17) $\int \frac{2 \cdot 3^x - 5 \cdot 2^x}{3^x} dx$；　　(18) $\int \sec x(\sec x - \tan x) dx$；

(19) $\int \cos^2 \frac{x}{2} dx$；　　(20) $\int \frac{dx}{1+\cos 2x}$；

(21) $\int \frac{\cos 2x}{\cos x - \sin x} dx$；　　(22) $\int \frac{\cos 2x}{\cos^2 x \sin^2 x} dx$；

(23) $\int \cot^2 x dx$；　　(24) $\int \cos\theta(\tan\theta + \sec\theta) d\theta$；

(25) $\int \frac{x^2}{x^2+1} dx$；　　(26) $\int \frac{3x^4+2x^2}{x^2+1} dx$.

3. 含有未知函数的导数的方程称为微分方程，例如方程$\frac{dy}{dx}=f(x)$，其中$\frac{dy}{dx}$为未知函数的导数，$f(x)$为已知函数. 如果将函数 $y=\varphi(x)$ 代入微分方程，使微分方程成为恒等式，那么函数 $y=\varphi(x)$ 就称为该微分方程的解. 求下列微分方程满足所给条件的解：

(1) $\frac{dy}{dx}=(x-2)^2$，　$y|_{x=2}=0$；

(2) $\frac{d^2x}{dt^2}=\frac{2}{t^3}$，　$\left.\frac{dx}{dt}\right|_{t=1}=1$，$x|_{t=1}=1$.

4. 汽车以 20 m/s 的速度在直道上行驶，刹车后匀减速行驶了 50 m 停住，求刹车加速度. 可执行下列步骤：

(1) 求微分方程$\frac{d^2s}{dt^2}=-k$ 满足条件$\left.\frac{ds}{dt}\right|_{t=0}=20$ 及 $s|_{t=0}=0$ 的解；

(2) 求使$\frac{ds}{dt}=0$ 的 t 值及相应的 s 值；

(3) 求使 $s=50$ 的 k 值.

5. 一曲线通过点$(e^2,3)$，且在任一点处的切线的斜率等于该点横坐标的倒数，求该曲线的方程.

6. 一物体由静止开始运动，经 t s 后的速度是 $3t^2$ m/s，问

(1) 在 3 s 后物体离开出发点的距离是多少？

(2) 物体走完 360 m 需要多少时间？

7. 证明函数 $\arcsin(2x-1)$，$\arccos(1-2x)$ 和 $2\arctan\sqrt{\frac{x}{1-x}}$ 都是$\frac{1}{\sqrt{x-x^2}}$的原函数.

第二节　换元积分法

利用基本积分表与积分的性质，所能计算的不定积分是非常有限的. 因此，有必要进一步来研究不定积分的求法. 本节把复合函数的微分法反过来用于求不定积分，利用中间变量的代换，得到复合函数的积分法，称为换元积分法，简称换元法. 换元法通常分成两类，下面先讲第一类换元法.

一、第一类换元法

设$f(u)$具有原函数$F(u)$，即

$$F'(u)=f(u),\int f(u)\,\mathrm{d}u=F(u)+C.$$

如果u是中间变量：$u=\varphi(x)$，且设$\varphi(x)$可微，那么，根据复合函数微分法，有

$$\mathrm{d}F[\varphi(x)]=f[\varphi(x)]\varphi'(x)\,\mathrm{d}x,$$

从而根据不定积分的定义就得

$$\int f[\varphi(x)]\varphi'(x)\,\mathrm{d}x=F[\varphi(x)]+C=\left[\int f(u)\,\mathrm{d}u\right]_{u=\varphi(x)}.$$

于是有下述定理：

定理 1　设$f(u)$具有原函数，$u=\varphi(x)$可导，则有换元公式

$$\int f[\varphi(x)]\varphi'(x)\,\mathrm{d}x=\left[\int f(u)\,\mathrm{d}u\right]_{u=\varphi(x)}. \tag{2-1}$$

由此定理可见，虽然$\int f[\varphi(x)]\varphi'(x)\,\mathrm{d}x$是一个整体的记号，但从形式上看，被积表达式中的$\mathrm{d}x$也可当作变量$x$的微分来对待，从而微分等式$\varphi'(x)\,\mathrm{d}x=\mathrm{d}u$可以方便地应用到被积表达式中来，我们在上节第一目中已经这样用了，那里把积分$\int F'(x)\,\mathrm{d}x$记作$\int \mathrm{d}F(x)$，就是按微分$F'(x)\,\mathrm{d}x=\mathrm{d}F(x)$，把被积表达式$F'(x)\,\mathrm{d}x$记作$\mathrm{d}F(x)$.

如何应用公式(2-1)来求不定积分？设要求$\int g(x)\,\mathrm{d}x$，如果函数$g(x)$可以化为$g(x)=f[\varphi(x)]\varphi'(x)$的形式，那么

$$\int g(x)\,\mathrm{d}x=\int f[\varphi(x)]\varphi'(x)\,\mathrm{d}x=\left[\int f(u)\,\mathrm{d}u\right]_{u=\varphi(x)},$$

这样，函数$g(x)$的积分即转化为函数$f(u)$的积分. 如果能求得$f(u)$的原函数，那么也就得到了$g(x)$的原函数.

例 1　求$\int 2\cos 2x\,\mathrm{d}x$.

解　被积函数中，$\cos 2x$是一个由$\cos 2x=\cos u$，$u=2x$复合而成的复合函数，常数因子恰好是中间变量u的导数. 因此，作变换$u=2x$，便有

$$\begin{aligned}\int 2\cos 2x\,\mathrm{d}x&=\int \cos 2x\cdot 2\,\mathrm{d}x=\int \cos 2x\cdot(2x)'\,\mathrm{d}x\\&=\int \cos u\,\mathrm{d}u=\sin u+C,\end{aligned}$$

再以 $u=2x$ 代入，即得

$$\int 2\cos 2x\mathrm{d}x=\sin 2x+C.$$

例 2　求 $\int \frac{1}{3+2x}\mathrm{d}x$.

解　被积函数$\frac{1}{3+2x}=\frac{1}{u}$，$u=3+2x$. 这里缺少$\frac{\mathrm{d}u}{\mathrm{d}x}=2$ 这样一个因子，但由于$\frac{\mathrm{d}u}{\mathrm{d}x}$是个常数，故可改变系数凑出这个因子：

$$\frac{1}{3+2x}=\frac{1}{2}\cdot\frac{1}{3+2x}\cdot 2=\frac{1}{2}\cdot\frac{1}{3+2x}(3+2x)',$$

从而令 $u=3+2x$，便有

$$\begin{aligned}\int\frac{1}{3+2x}\mathrm{d}x&=\int\frac{1}{2}\cdot\frac{1}{3+2x}(3+2x)'\mathrm{d}x=\int\frac{1}{2}\cdot\frac{1}{u}\mathrm{d}u\\&=\frac{1}{2}\ln|u|+C=\frac{1}{2}\ln|3+2x|+C.\end{aligned}$$

一般地，对于积分 $\int f(ax+b)\mathrm{d}x\ (a\neq 0)$，总可作变换 $u=ax+b$，把它化为

$$\int f(ax+b)\mathrm{d}x=\int\frac{1}{a}f(ax+b)\mathrm{d}(ax+b)=\frac{1}{a}\left[\int f(u)\mathrm{d}u\right]_{u=ax+b}.$$

例 3　求 $\int\frac{x^2}{(x+2)^3}\mathrm{d}x$.

解　令 $u=x+2$，则 $x=u-2$，$\mathrm{d}x=\mathrm{d}u$. 于是

$$\begin{aligned}\int\frac{x^2}{(x+2)^3}\mathrm{d}x&=\int\frac{(u-2)^2}{u^3}\mathrm{d}u=\int(u^2-4u+4)u^{-3}\mathrm{d}u\\&=\int(u^{-1}-4u^{-2}+4u^{-3})\mathrm{d}u\\&=\ln|u|+4u^{-1}-2u^{-2}+C\\&=\ln|x+2|+\frac{4}{x+2}-\frac{2}{(x+2)^2}+C.\end{aligned}$$

例 4　求 $\int 2x\mathrm{e}^{x^2}\mathrm{d}x$.

解　被积函数中的一个因子为 $\mathrm{e}^{x^2}=\mathrm{e}^u$，$u=x^2$，剩下的因子 $2x$ 恰好是中间变量 $u=x^2$的导数，于是有

$$\int 2x\mathrm{e}^{x^2}\mathrm{d}x=\int\mathrm{e}^{x^2}\mathrm{d}(x^2)=\int\mathrm{e}^u\mathrm{d}u=\mathrm{e}^u+C=\mathrm{e}^{x^2}+C.$$

例 5　求 $\int x\sqrt{1-x^2}\,\mathrm{d}x$.

解　设 $u=1-x^2$,则 $\mathrm{d}u=-2x\mathrm{d}x$,即 $-\frac{1}{2}\mathrm{d}u=x\mathrm{d}x$,因此,

$$\int x\sqrt{1-x^2}\,\mathrm{d}x=\int u^{\frac{1}{2}}\cdot\left(-\frac{1}{2}\right)\mathrm{d}u=-\frac{1}{2}\frac{u^{\frac{3}{2}}}{\frac{3}{2}}+C$$

$$=-\frac{1}{3}u^{\frac{3}{2}}+C=-\frac{1}{3}(1-x^2)^{\frac{3}{2}}+C.$$

在对变量代换比较熟练以后,就不一定写出中间变量 u.

例 6　求 $\int\frac{1}{a^2+x^2}\mathrm{d}x\ (a\neq0)$.

解　$\int\frac{1}{a^2+x^2}\mathrm{d}x=\int\frac{1}{a^2}\cdot\frac{1}{1+\left(\frac{x}{a}\right)^2}\mathrm{d}x$

$$=\frac{1}{a}\int\frac{1}{1+\left(\frac{x}{a}\right)^2}\mathrm{d}\frac{x}{a}=\frac{1}{a}\arctan\frac{x}{a}+C.$$

在上例中,我们实际上已经用了变量代换 $u=\frac{x}{a}$,并在求出积分 $\frac{1}{a}\int\frac{1}{1+u^2}\mathrm{d}u$ 之后,代回了原积分变量 x,只是没有把这些步骤写出来而已.

例 7　求 $\int\frac{\mathrm{d}x}{\sqrt{a^2-x^2}}\ (a>0)$.

解　$\int\frac{\mathrm{d}x}{\sqrt{a^2-x^2}}=\int\frac{1}{a}\frac{\mathrm{d}x}{\sqrt{1-\left(\frac{x}{a}\right)^2}}=\int\frac{\mathrm{d}\frac{x}{a}}{\sqrt{1-\left(\frac{x}{a}\right)^2}}=\arcsin\frac{x}{a}+C.$

例 8　求 $\int\frac{1}{x^2-a^2}\mathrm{d}x\ (a\neq0)$.

解　由于

$$\frac{1}{x^2-a^2}=\frac{1}{2a}\left(\frac{1}{x-a}-\frac{1}{x+a}\right),$$

所以

$$\begin{aligned}\int\frac{1}{x^2-a^2}\mathrm{d}x&=\frac{1}{2a}\int\left(\frac{1}{x-a}-\frac{1}{x+a}\right)\mathrm{d}x\\&=\frac{1}{2a}\left(\int\frac{1}{x-a}\mathrm{d}x-\int\frac{1}{x+a}\mathrm{d}x\right)\\&=\frac{1}{2a}\left[\int\frac{1}{x-a}\mathrm{d}(x-a)-\int\frac{1}{x+a}\mathrm{d}(x+a)\right]\end{aligned}$$

$$=\frac{1}{2a}(\ln|x-a|-\ln|x+a|)+C=\frac{1}{2a}\ln\left|\frac{x-a}{x+a}\right|+C.$$

例 9　求 $\int\frac{\mathrm{d}x}{x(1+2\ln x)}$.

解　$\int\frac{\mathrm{d}x}{x(1+2\ln x)}=\int\frac{\mathrm{d}(\ln x)}{1+2\ln x}$

$$=\frac{1}{2}\int\frac{\mathrm{d}(1+2\ln x)}{1+2\ln x}=\frac{1}{2}\ln|1+2\ln x|+C.$$

例 10　求 $\int\frac{\mathrm{e}^{3\sqrt{x}}}{\sqrt{x}}\mathrm{d}x$.

解　由于 $\mathrm{d}\sqrt{x}=\frac{1}{2}\frac{\mathrm{d}x}{\sqrt{x}}$,因此,

$$\int\frac{\mathrm{e}^{3\sqrt{x}}}{\sqrt{x}}\mathrm{d}x=2\int\mathrm{e}^{3\sqrt{x}}\mathrm{d}\sqrt{x}=\frac{2}{3}\int\mathrm{e}^{3\sqrt{x}}\mathrm{d}(3\sqrt{x})=\frac{2}{3}\mathrm{e}^{3\sqrt{x}}+C.$$

下面再举一些积分的例子,它们的被积函数中含有三角函数,在计算这种积分的过程中,往往要用到一些三角恒等式.

例 11　求 $\int\sin^3x\mathrm{d}x$.

解　$\int\sin^3x\mathrm{d}x=\int\sin^2x\sin x\mathrm{d}x=-\int(1-\cos^2x)\mathrm{d}(\cos x)$

$$=-\cos x+\frac{1}{3}\cos^3x+C.$$

例 12　求 $\int\sin^2x\cos^5x\mathrm{d}x$.

解　$\int\sin^2x\cos^5x\mathrm{d}x=\int\sin^2x\cos^4x\cos x\mathrm{d}x$

$$=\int\sin^2x(1-\sin^2x)^2\mathrm{d}(\sin x)$$

$$=\int(\sin^2x-2\sin^4x+\sin^6x)\mathrm{d}(\sin x)$$

$$=\frac{1}{3}\sin^3x-\frac{2}{5}\sin^5x+\frac{1}{7}\sin^7x+C.$$

一般地,对于 $\sin^{2k+1}x\cos^nx$ 或 $\sin^nx\cos^{2k+1}x$ (其中 $k\in\mathbf{N}$)型函数的积分,总可依次作变换 $u=\cos x$ 或 $u=\sin x$,求得结果.

例 13　求 $\int\tan x\mathrm{d}x$.

解　$\int\tan x\mathrm{d}x=\int\frac{\sin x}{\cos x}\mathrm{d}x=-\int\frac{1}{\cos x}\mathrm{d}(\cos x)=-\ln|\cos x|+C.$

类似地可得

$$\int \cot x\mathrm{d}x = \ln|\sin x| + C.$$

例 14　求 $\int \cos^2 x\mathrm{d}x$.

解　$\int \cos^2 x\mathrm{d}x = \int \frac{1+\cos 2x}{2}\mathrm{d}x = \frac{1}{2}\left(\int \mathrm{d}x + \int \cos 2x\mathrm{d}x\right)$

$$= \frac{1}{2}\int \mathrm{d}x + \frac{1}{4}\int \cos 2x\mathrm{d}(2x) = \frac{x}{2} + \frac{\sin 2x}{4} + C.$$

例 15　求 $\int \sin^2 x\cos^4 x\mathrm{d}x$

解　$\int \sin^2 x\cos^4 x\mathrm{d}x = \frac{1}{8}\int (1-\cos 2x)(1+\cos 2x)^2\mathrm{d}x$

$$= \frac{1}{8}\int (1+\cos 2x-\cos^2 2x-\cos^3 2x)\mathrm{d}x$$

$$= \frac{1}{8}\int (\cos 2x-\cos^3 2x)\mathrm{d}x + \frac{1}{8}\int (1-\cos^2 2x)\mathrm{d}x$$

$$= \frac{1}{8}\int \sin^2 2x\cdot\frac{1}{2}\mathrm{d}(\sin 2x) + \frac{1}{8}\int \frac{1}{2}(1-\cos 4x)\mathrm{d}x$$

$$= \frac{1}{48}\sin^3 2x + \frac{x}{16} - \frac{1}{64}\sin 4x + C.$$

一般地，对于 $\sin^{2k} x\cos^{2l} x\ (k,l\in\mathbf{N})$ 型函数，总可利用三角恒等式：$\sin^2 x = \frac{1}{2}(1-\cos 2x)$，$\cos^2 x = \frac{1}{2}(1+\cos 2x)$ 化成 $\cos 2x$ 的多项式，然后采用例 15 中所用的方法求得积分的结果.

例 16　求 $\int \sec^6 x\mathrm{d}x$.

解　$\int \sec^6 x\mathrm{d}x = \int (\sec^2 x)^2\sec^2 x\mathrm{d}x = \int (1+\tan^2 x)^2\mathrm{d}(\tan x)$

$$= \int (1+2\tan^2 x+\tan^4 x)\mathrm{d}(\tan x)$$

$$= \tan x + \frac{2}{3}\tan^3 x + \frac{1}{5}\tan^5 x + C.$$

例 17　求 $\int \tan^5 x\sec^3 x\mathrm{d}x$.

解　$\int \tan^5 x\sec^3 x\mathrm{d}x = \int \tan^4 x\sec^2 x\sec x\tan x\mathrm{d}x$

$$=\int(\sec^2x-1)^2\sec^2x\mathrm{d}(\sec x)$$

$$=\int(\sec^6x-2\sec^4x+\sec^2x)\mathrm{d}(\sec x)$$

$$=\frac{1}{7}\sec^7x-\frac{2}{5}\sec^5x+\frac{1}{3}\sec^3x+C.$$

一般地,对于 $\tan^n x\sec^{2k}x$ 或 $\tan^{2k-1}x\sec^n x$ $(n,k\in\mathbf{N}_+)$ 型函数的积分,可依次作变换 $u=\tan x$ 或 $u=\sec x$,求得结果.

例 18　求 $\int\csc x\mathrm{d}x$.

解　$$\int\csc x\mathrm{d}x=\int\frac{\mathrm{d}x}{\sin x}=\int\frac{\mathrm{d}x}{2\sin\frac{x}{2}\cos\frac{x}{2}}$$

$$=\int\frac{\mathrm{d}\left(\frac{x}{2}\right)}{\tan\frac{x}{2}\cos^2\frac{x}{2}}=\int\frac{\mathrm{d}\left(\tan\frac{x}{2}\right)}{\tan\frac{x}{2}}=\ln\left|\tan\frac{x}{2}\right|+C.$$

因为

$$\tan\frac{x}{2}=\frac{\sin\frac{x}{2}}{\cos\frac{x}{2}}=\frac{2\sin^2\frac{x}{2}}{\sin x}=\frac{1-\cos x}{\sin x}=\csc x-\cot x,$$

所以上述不定积分又可表为

$$\int\csc x\mathrm{d}x=\ln|\csc x-\cot x|+C.$$

例 19　求 $\int\sec x\mathrm{d}x$.

解　利用上例的结果,有

$$\int\sec x\mathrm{d}x=\int\csc\left(x+\frac{\pi}{2}\right)\mathrm{d}\left(x+\frac{\pi}{2}\right)$$

$$=\ln\left|\csc\left(x+\frac{\pi}{2}\right)-\cot\left(x+\frac{\pi}{2}\right)\right|+C$$

$$=\ln|\sec x+\tan x|+C.$$

例 20　求 $\int\cos 3x\cos 2x\mathrm{d}x$.

解　利用三角函数的积化和差公式

$$\cos A\cos B=\frac{1}{2}[\cos(A-B)+\cos(A+B)]$$

得

$$\cos 3x\cos 2x=\frac{1}{2}(\cos x+\cos 5x),$$

于是

$$\begin{aligned}\int\cos 3x\cos 2x\mathrm{d}x&=\frac{1}{2}\int(\cos x+\cos 5x)\mathrm{d}x\\&=\frac{1}{2}\left(\int\cos x\mathrm{d}x+\frac{1}{5}\int\cos 5x\mathrm{d}(5x)\right)\\&=\frac{1}{2}\sin x+\frac{1}{10}\sin 5x+C.\end{aligned}$$

上面所举的例子,可以使我们认识到公式(2-1)在求不定积分中所起的作用. 像复合函数的求导法则在微分学中一样,公式(2-1)在积分学中也是经常使用的. 但利用公式(2-1)来求不定积分,一般却比利用复合函数的求导法则求函数的导数要来得困难,因为其中需要一定的技巧,而且如何适当地选择变量代换 $u=\varphi(x)$ 没有一般规律可循,因此要掌握换元法,除了熟悉一些典型的例子外,还要做较多的练习才行.

上述各例用的都是第一类换元法,即形如 $u=\varphi(x)$ 的变量代换. 下面介绍另一种形式的变量代换 $x=\psi(t)$,即所谓第二类换元法.

二、第二类换元法

上面介绍的第一类换元法是通过变量代换 $u=\varphi(x)$,将积分 $\int f[\varphi(x)]\cdot\varphi'(x)\mathrm{d}x$ 化为积分 $\int f(u)\mathrm{d}u$.

下面将介绍的第二类换元法是:适当地选择变量代换 $x=\psi(t)$,将积分 $\int f(x)\mathrm{d}x$ 化为积分 $\int f[\psi(t)]\psi'(t)\mathrm{d}t$. 这是另一种形式的变量代换,换元公式可表达为

$$\int f(x)\mathrm{d}x=\int f[\psi(t)]\psi'(t)\mathrm{d}t.$$

这公式的成立是需要一定条件的. 首先,等式右边的不定积分要存在,即 $f[\psi(t)]\psi'(t)$ 有原函数;其次,$\int f[\psi(t)]\psi'(t)\mathrm{d}t$ 求出后必须用 $x=\psi(t)$ 的反函数 $t=\psi^{-1}(x)$ 代回去,为了保证这反函数存在而且是可导的,我们假定直接函数 $x=\psi(t)$ 在 t 的某一个区间(这区间和所考虑的 x 的积分区间相对应)上是单调的、可导的,并且 $\psi'(t)\neq 0$.

归纳上述,我们给出下面的定理:

定理 2　设 $x=\psi(t)$ 是单调的可导函数,并且 $\psi'(t)\neq 0$. 又设 $f[\psi(t)]\psi'(t)$ 具有原函数,则有换元公式

$$\int f(x)\mathrm{d}x=\left[\int f[\psi(t)]\psi'(t)\mathrm{d}t\right]_{t=\psi^{-1}(x)},\tag{2-2}$$

其中 $\psi^{-1}(x)$ **是** $x=\psi(t)$ **的反函数.**

证　设 $f[\psi(t)]\psi'(t)$ 的原函数为 $\Phi(t)$,记 $\Phi[\psi^{-1}(x)]=F(x)$,利用复合函数及反函数的求导法则,得到

$$F'(x)=\frac{\mathrm{d}\Phi}{\mathrm{d}t}\cdot\frac{\mathrm{d}t}{\mathrm{d}x}=f[\psi(t)]\psi'(t)\cdot\frac{1}{\psi'(t)}=f[\psi(t)]=f(x),$$

即 $F(x)$ 是 $f(x)$ 的原函数. 所以有

$$\int f(x)\mathrm{d}x=F(x)+C=\Phi[\psi^{-1}(x)]+C=\left[\int f[\psi(t)]\psi'(t)\mathrm{d}t\right]_{t=\psi^{-1}(x)},$$

这就证明了公式(2-2).

下面举例说明换元公式(2-2)的应用.

例 21　求 $\int\sqrt{a^2-x^2}\,\mathrm{d}x\quad(a>0)$.

解　求这个积分的困难在于有根式 $\sqrt{a^2-x^2}$,但我们可以利用三角公式

$$\sin^2 t+\cos^2 t=1$$

来化去根式.

设 $x=a\sin t,-\frac{\pi}{2}<t<\frac{\pi}{2}$,则 $\sqrt{a^2-x^2}=\sqrt{a^2-a^2\sin^2 t}=a\cos t,\mathrm{d}x=a\cos t\mathrm{d}t$,于是根式化成了三角式,所求积分化为

$$\int\sqrt{a^2-x^2}\,\mathrm{d}x=\int a\cos t\cdot a\cos t\mathrm{d}t=a^2\int\cos^2 t\mathrm{d}t.$$

利用例 14 的结果得

$$\int\sqrt{a^2-x^2}\,\mathrm{d}x=a^2\left(\frac{t}{2}+\frac{\sin 2t}{4}\right)+C=\frac{a^2}{2}t+\frac{a^2}{2}\sin t\cos t+C.$$

由于 $x=a\sin t,-\frac{\pi}{2}<t<\frac{\pi}{2}$,所以

$$t=\arcsin\frac{x}{a},$$

$$\cos t=\sqrt{1-\sin^2 t}=\sqrt{1-\left(\frac{x}{a}\right)^2}=\frac{\sqrt{a^2-x^2}}{a},$$

于是所求积分为

$$\int\sqrt{a^2-x^2}\,\mathrm{d}x=\frac{a^2}{2}\arcsin\frac{x}{a}+\frac{1}{2}x\sqrt{a^2-x^2}+C.$$

例 22　求 $\int \frac{\mathrm{d}x}{\sqrt{x^2+a^2}}$　$(a>0)$.

解　和上例类似,可以利用三角公式

$$1+\tan^2 t=\sec^2 t$$

来化去根式.

设 $x=a\tan t\ \left(-\frac{\pi}{2}<t<\frac{\pi}{2}\right)$,则

$$\sqrt{x^2+a^2}=\sqrt{a^2\tan^2 t+a^2}=a\sqrt{\tan^2 t+1}=a\sec t,\ \mathrm{d}x=a\sec^2 t\mathrm{d}t,$$

于是

$$\int \frac{\mathrm{d}x}{\sqrt{x^2+a^2}}=\int \frac{a\sec^2 t}{a\sec t}\mathrm{d}t=\int \sec t\mathrm{d}t.$$

利用例 19 的结果得

$$\int \frac{\mathrm{d}x}{\sqrt{x^2+a^2}}=\ln|\sec t+\tan t|+C.$$

为了要把 $\sec t$ 及 $\tan t$ 换成 x 的函数,可以根据 $\tan t=\frac{x}{a}$ 作辅助三角形(图 4-3),便有

$$\sec t=\frac{\sqrt{x^2+a^2}}{a},$$

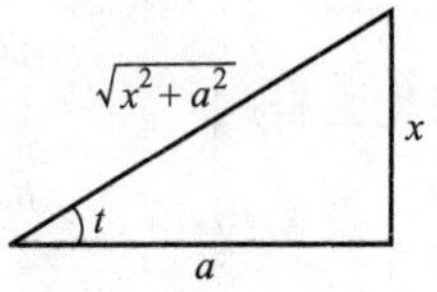

且 $\sec t+\tan t>0$,因此,

$$\int \frac{\mathrm{d}x}{\sqrt{x^2+a^2}}=\ln\left(\frac{x}{a}+\frac{\sqrt{x^2+a^2}}{a}\right)+C$$

$$=\ln(x+\sqrt{x^2+a^2})+C_1,$$

其中 $C_1=C-\ln a$.

图 4-3

例 23　求 $\int \frac{\mathrm{d}x}{\sqrt{x^2-a^2}}$　$(a>0)$.

解　和以上两例类似,可以利用公式

$$\sec^2 t-1=\tan^2 t$$

来化去根式. 注意到被积函数的定义域是 $x>a$ 和 $x<-a$ 两个区间,我们在两个区间内分别求不定积分.

当 $x>a$ 时,设 $x=a\sec t\ \left(0<t<\frac{\pi}{2}\right)$,则

$$\sqrt{x^2-a^2}=\sqrt{a^2\sec^2 t-a^2}=a\sqrt{\sec^2 t-1}=a\tan t,$$

$$\mathrm{d}x=a\sec t\tan t\mathrm{d}t,$$

于是

$$\int \frac{dx}{\sqrt{x^2-a^2}}=\int \frac{a\sec t\tan t}{a\tan t}dt=\int \sec tdt$$

$$=\ln(\sec t+\tan t)+C.$$

为了把 $\sec t$ 及 $\tan t$ 换成 x 的函数，我们根据 $\sec t=\frac{x}{a}$ 作辅助三角形（图4-4），得到

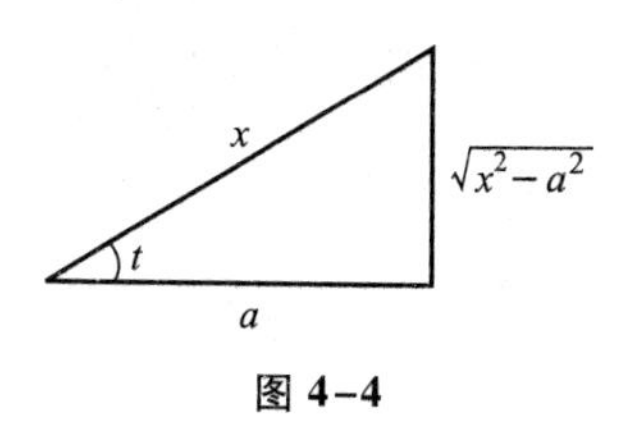

图 4-4

$$\tan t=\frac{\sqrt{x^2-a^2}}{a},$$

因此

$$\int \frac{dx}{\sqrt{x^2-a^2}}=\ln\left(\frac{x}{a}+\frac{\sqrt{x^2-a^2}}{a}\right)+C$$

$$=\ln(x+\sqrt{x^2-a^2})+C_1,$$

其中 $C_1=C-\ln a$.

当 $x<-a$ 时，令 $x=-u$，那么 $u>a$. 由上段结果，有

$$\int \frac{dx}{\sqrt{x^2-a^2}}=-\int \frac{du}{\sqrt{u^2-a^2}}=-\ln(u+\sqrt{u^2-a^2})+C$$

$$=-\ln(-x+\sqrt{x^2-a^2})+C=\ln\frac{-x-\sqrt{x^2-a^2}}{a^2}+C$$

$$=\ln(-x-\sqrt{x^2-a^2})+C_1,$$

其中 $C_1=C-2\ln a$.

把在 $x>a$ 及 $x<-a$ 内的结果合起来，可写作

$$\int \frac{dx}{\sqrt{x^2-a^2}}=\ln|x+\sqrt{x^2-a^2}|+C.$$

从上面的三个例子可以看出：如果被积函数含有 $\sqrt{a^2-x^2}$，可以作代换 $x=a\sin t$ 化去根式；如果被积函数含有 $\sqrt{x^2+a^2}$，可以作代换 $x=a\tan t$ 化去根式；如果被积函数含有 $\sqrt{x^2-a^2}$，可以作代换 $x=\pm a\sec t$ 化去根式. 但具体解题时要分析被积函数的具体情况，选取尽可能简捷的代换，不要拘泥于上述的变量代换（如例 5、例 7）.

当被积函数含有 $\sqrt{x^2\pm a^2}$ 时，为了化去根式，除采用三角代换 $x=a\tan t$ 或 $x=\pm a\sec t$ 外，还可利用公式

$$\mathrm{ch}^2 t-\mathrm{sh}^2 t=1,$$

采用双曲代换 $x=a\ \mathrm{sh}\ t, x=\pm a\ \mathrm{ch}\ t$ 来化去根式.

例如,在例 22 中,可设 $x=a\mathrm{sh}\ t$,则

$$\sqrt{x^2+a^2}=\sqrt{a^2\mathrm{sh}^2 t+a^2}=a\mathrm{ch}\ t,\ \mathrm{d}x=a\mathrm{ch}\ t\mathrm{d}t,$$

于是

$$\begin{aligned}\int\frac{\mathrm{d}x}{\sqrt{x^2+a^2}}&=\int\frac{a\mathrm{ch}\ t}{a\mathrm{ch}\ t}\mathrm{d}t=\int\mathrm{d}t=t+C\\&=\mathrm{arsh}\ \frac{x}{a}+C=\ln\left[\frac{x}{a}+\sqrt{\left(\frac{x}{a}\right)^2+1}\right]+C\\&=\ln(x+\sqrt{x^2+a^2})+C_1,\end{aligned}$$

其中 $C_1=C-\ln a$.

在例 23 中,当 $x>a$ 时,可设 $x=a\mathrm{ch}\ t\ (t>0)$,则

$$\sqrt{x^2-a^2}=\sqrt{a^2\mathrm{ch}^2 t-a^2}=a\mathrm{sh}\ t,$$
$$\mathrm{d}x=a\mathrm{sh}\ t\mathrm{d}t,$$

于是当 $x>a$ 时,

$$\begin{aligned}\int\frac{\mathrm{d}x}{\sqrt{x^2-a^2}}&=\int\frac{a\mathrm{sh}\ t}{a\mathrm{sh}\ t}\mathrm{d}t=\int\mathrm{d}t=t+C=\mathrm{arch}\ \frac{x}{a}+C\\&=\ln\left[\frac{x}{a}+\sqrt{\left(\frac{x}{a}\right)^2-1}\right]+C=\ln(x+\sqrt{x^2-a^2})+C_1,\end{aligned}$$

其中 $C_1=C-\ln a$.

当 $x<-a$ 时,令 $x=-a\mathrm{ch}\ t\ (t>0)$,类似可得

$$\int\frac{\mathrm{d}x}{\sqrt{x^2-a^2}}=\ln(-x-\sqrt{x^2-a^2})+C_1.$$

上节所列基本积分表中没有双曲函数的积分公式,现添加两个常用的双曲函数积分公式:

⑭ $\int\mathrm{sh}\ x\mathrm{d}x=\mathrm{ch}\ x+C$,

⑮ $\int\mathrm{ch}\ x\mathrm{d}x=\mathrm{sh}\ x+C$.

下面我们通过例子来介绍一种也很有用的代换——倒代换,利用它常可消去被积函数的分母中的变量因子 x.

例 24　求 $\int\frac{\sqrt{a^2-x^2}}{x^4}\mathrm{d}x\ (a\neq 0)$.

解　设 $x=\frac{1}{t}$,则 $\mathrm{d}x=-\frac{\mathrm{d}t}{t^2}$,于是

$$\int\frac{\sqrt{a^2-x^2}}{x^4}\mathrm{d}x=\int\frac{\sqrt{a^2-\frac{1}{t^2}}\cdot\left(-\frac{\mathrm{d}t}{t^2}\right)}{\frac{1}{t^4}}=-\int(a^2t^2-1)^{\frac{1}{2}}|t|\mathrm{d}t,$$

当 $x>0$ 时,有

$$\int\frac{\sqrt{a^2-x^2}}{x^4}\mathrm{d}x=-\frac{1}{2a^2}\int(a^2t^2-1)^{\frac{1}{2}}\mathrm{d}(a^2t^2-1)$$

$$=-\frac{(a^2t^2-1)^{\frac{3}{2}}}{3a^2}+C=-\frac{(a^2-x^2)^{\frac{3}{2}}}{3a^2x^3}+C,$$

当 $x<0$ 时,有相同的结果.

在本节的例题中,有几个积分是以后经常会遇到的,所以它们通常也被当作公式使用.这样,常用的积分公式,除了基本积分表中的几个外,再添加下面几个(其中常数 $a>0$):

⑯ $\int\tan x\mathrm{d}x=-\ln|\cos x|+C,$

⑰ $\int\cot x\mathrm{d}x=\ln|\sin x|+C,$

⑱ $\int\sec x\mathrm{d}x=\ln|\sec x+\tan x|+C,$

⑲ $\int\csc x\mathrm{d}x=\ln|\csc x-\cot x|+C,$

⑳ $\int\frac{\mathrm{d}x}{a^2+x^2}=\frac{1}{a}\arctan\frac{x}{a}+C,$

㉑ $\int\frac{\mathrm{d}x}{x^2-a^2}=\frac{1}{2a}\ln\left|\frac{x-a}{x+a}\right|+C,$

㉒ $\int\frac{\mathrm{d}x}{\sqrt{a^2-x^2}}=\arcsin\frac{x}{a}+C,$

㉓ $\int\frac{\mathrm{d}x}{\sqrt{x^2+a^2}}=\ln(x+\sqrt{x^2+a^2})+C,$

㉔ $\int\frac{\mathrm{d}x}{\sqrt{x^2-a^2}}=\ln|x+\sqrt{x^2-a^2}|+C.$

例 25　求 $\int\frac{\mathrm{d}x}{\sqrt{4x^2+9}}$.

解　$\int\frac{\mathrm{d}x}{\sqrt{4x^2+9}}=\int\frac{\mathrm{d}x}{\sqrt{(2x)^2+3^2}}=\frac{1}{2}\int\frac{\mathrm{d}(2x)}{\sqrt{(2x)^2+3^2}},$

利用公式㉓,便得

$$\int \frac{\mathrm{d}x}{\sqrt{4x^2+9}}=\frac{1}{2}\ln(2x+\sqrt{4x^2+9})+C.$$

例 26　求 $\int \frac{\mathrm{d}x}{\sqrt{1+x-x^2}}$.

解　$$\int \frac{\mathrm{d}x}{\sqrt{1+x-x^2}}=\int \frac{\mathrm{d}\left(x-\frac{1}{2}\right)}{\sqrt{\left(\frac{\sqrt{5}}{2}\right)^2-\left(x-\frac{1}{2}\right)^2}},$$

利用公式㉒,便得

$$\int \frac{\mathrm{d}x}{\sqrt{1+x-x^2}}=\arcsin\frac{2x-1}{\sqrt{5}}+C.$$

在例 22 中,我们用变换 $x=a\tan t$ 消去被积函数中的根式 $\sqrt{x^2+a^2}$,这个变换还能消去被积函数分母中的 (x^2+a^2) 的高次幂. 请看下例.

例 27　求 $\int \frac{x^3}{(x^2-2x+2)^2}\mathrm{d}x$.

解　分母是二次质因式的平方,把二次质因式配方成 $(x-1)^2+1$,令 $x-1=\tan t$ $\left(-\frac{\pi}{2}<t<\frac{\pi}{2}\right)$,则

$$x^2-2x+2=\sec^2 t,\ \mathrm{d}x=\sec^2 t\mathrm{d}t.$$

于是

$$\begin{aligned}
&\int \frac{x^3}{(x^2-2x+2)^2}\mathrm{d}x\\
&=\int \frac{(\tan t+1)^3}{\sec^4 t}\cdot \sec^2 t\mathrm{d}t\\
&=\int (\sin^3 t\cos^{-1}t+3\sin^2 t+3\sin t\cos t+\cos^2 t)\mathrm{d}t\\
&=\int (\sin^2 t\cos^{-1}t+3\cos t)\sin t\mathrm{d}t+\int (3\sin^2 t+\cos^2 t)\mathrm{d}t\\
&=\int [(1-\cos^2 t)\cos^{-1}t+3\cos t][-\mathrm{d}(\cos t)]+\int (2-\cos 2t)\mathrm{d}t\\
&=-\int (\cos^{-1}t+2\cos t)\mathrm{d}(\cos t)+2t-\frac{1}{2}\sin 2t\\
&=-\ln\cos t-\cos^2 t+2t-\sin t\cos t+C,
\end{aligned}$$

按 $\tan t=x-1$ 作辅助三角形(图 4-5),便有

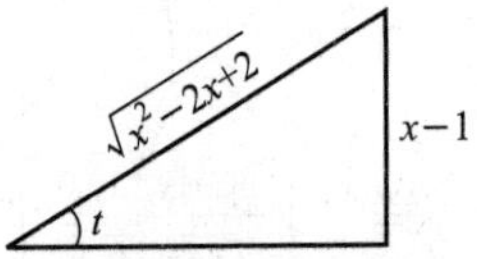

$$\cos t=\frac{1}{\sqrt{x^2-2x+2}},\sin t=\frac{x-1}{\sqrt{x^2-2x+2}},$$

图 4-5

于是

$$\int \frac{x^3}{(x^2-2x+2)^2}dx$$

$$=\frac{1}{2}\ln(x^2-2x+2)+2\arctan(x-1)-\frac{x}{x^2-2x+2}+C.$$

习　题　4-2

1. 在下列各式等号右端的横线处填入适当的系数,使等式成立(例如:$dx=\frac{1}{4}d(4x+7)$):

(1) $dx=\_\_d(ax)$;　　(2) $dx=\_\_d(7x-3)$;

(3) $xdx=\_\_d(x^2)$;　　(4) $xdx=\_\_d(5x^2)$;

(5) $xdx=\_\_d(1-x^2)$;　　(6) $x^3dx=\_\_d(3x^4-2)$;

(7) $e^{2x}dx=\_\_d(e^{2x})$;　　(8) $e^{-\frac{x}{2}}dx=\_\_d(1+e^{-\frac{x}{2}})$;

(9) $\sin\frac{3}{2}xdx=\_\_d\left(\cos\frac{3}{2}x\right)$;　　(10) $\frac{dx}{x}=\_\_d(5\ln|x|)$;

(11) $\frac{dx}{x}=\_\_d(3-5\ln|x|)$;　　(12) $\frac{dx}{1+9x^2}=\_\_d(\arctan 3x)$;

(13) $\frac{dx}{\sqrt{1-x^2}}=\_\_d(1-\arcsin x)$;　　(14) $\frac{xdx}{\sqrt{1-x^2}}=\_\_d(\sqrt{1-x^2})$.

2. 求下列不定积分(其中 a,b,ω,φ 均为常数):

(1) $\int e^{5t}dt$;　　(2) $\int (3-2x)^3dx$;

(3) $\int \frac{dx}{1-2x}$;　　(4) $\int \frac{dx}{\sqrt[3]{2-3x}}$;

(5) $\int (\sin ax-e^{\frac{x}{b}})dx$;　　(6) $\int \frac{\sin\sqrt{t}}{\sqrt{t}}dt$;

(7) $\int xe^{-x^2}dx$;　　(8) $\int x\cos(x^2)dx$;

(9) $\int \frac{x}{\sqrt{2-3x^2}}dx$;　　(10) $\int \frac{3x^3}{1-x^4}dx$;

(11) $\int \frac{x+1}{x^2+2x+5}dx$;　　(12) $\int \cos^2(\omega t+\varphi)\sin(\omega t+\varphi)dt$;

(13) $\int \frac{\sin x}{\cos^3 x}dx$;　　(14) $\int \frac{\sin x+\cos x}{\sqrt[3]{\sin x-\cos x}}dx$;

(15) $\int \tan^{10}x\cdot\sec^2 xdx$;　　(16) $\int \frac{dx}{x\ln x\ln\ln x}$;

(17) $\int \frac{dx}{(\arcsin x)^2\sqrt{1-x^2}}$;　　(18) $\int \frac{10^{2\arccos x}}{\sqrt{1-x^2}}dx$;

(19) $\int \tan\sqrt{1+x^2}\cdot\frac{x\mathrm{d}x}{\sqrt{1+x^2}}$;　　(20) $\int \frac{\arctan\sqrt{x}}{\sqrt{x}(1+x)}\mathrm{d}x$;

(21) $\int \frac{1+\ln x}{(x\ln x)^2}\mathrm{d}x$;　　(22) $\int \frac{\mathrm{d}x}{\sin x\cos x}$;

(23) $\int \frac{\ln\tan x}{\cos x\sin x}\mathrm{d}x$;　　(24) $\int \cos^3 x\mathrm{d}x$

(25) $\int \cos^2(\omega t+\varphi)\mathrm{d}t$;　　(26) $\int \sin 2x\cos 3x\mathrm{d}x$;

(27) $\int \cos x\cos\frac{x}{2}\mathrm{d}x$;　　(28) $\int \sin 5x\sin 7x\mathrm{d}x$;

(29) $\int \tan^3 x\sec x\mathrm{d}x$;　　(30) $\int \frac{\mathrm{d}x}{\mathrm{e}^x+\mathrm{e}^{-x}}$;

(31) $\int \frac{1-x}{\sqrt{9-4x^2}}\mathrm{d}x$;　　(32) $\int \frac{x^3}{9+x^2}\mathrm{d}x$;

(33) $\int \frac{\mathrm{d}x}{2x^2-1}$;　　(34) $\int \frac{\mathrm{d}x}{(x+1)(x-2)}$;

(35) $\int \frac{x}{x^2-x-2}\mathrm{d}x$;　　(36) $\int \frac{x^2\mathrm{d}x}{\sqrt{a^2-x^2}}\quad(a>0)$;

(37) $\int \frac{\mathrm{d}x}{x\sqrt{x^2-1}}$;　　(38) $\int \frac{\mathrm{d}x}{\sqrt{(x^2+1)^3}}$;

(39) $\int \frac{\sqrt{x^2-9}}{x}\mathrm{d}x$;　　(40) $\int \frac{\mathrm{d}x}{1+\sqrt{2x}}$;

(41) $\int \frac{\mathrm{d}x}{1+\sqrt{1-x^2}}$;　　(42) $\int \frac{\mathrm{d}x}{x+\sqrt{1-x^2}}$;

(43) $\int \frac{x-1}{x^2+2x+3}\mathrm{d}x$;　　(44) $\int \frac{x^3+1}{(x^2+1)^2}\mathrm{d}x$.

第三节　分部积分法

前面我们在复合函数求导法则的基础上，得到了换元积分法. 现在我们利用两个函数乘积的求导法则，来推得另一个求积分的基本方法——分部积分法.

设函数 $u=u(x)$ 及 $v=v(x)$ 具有连续导数，则两个函数乘积的导数公式为

$$(uv)'=u'v+uv',$$

移项，得

$$uv'=(uv)'-u'v.$$

对这个等式两边求不定积分，得

$$\int uv'\mathrm{d}x=uv-\int u'v\mathrm{d}x. \tag{3-1}$$

公式(3-1)称为分部积分公式.如果求 $\int uv'\mathrm{d}x$ 有困难,而求 $\int u'v\mathrm{d}x$ 比较容易时,分部积分公式就可以发挥作用了.

为简便起见,也可把公式(3-1)写成下面的形式:

$$\int u\mathrm{d}v=uv-\int v\mathrm{d}u. \tag{3-2}$$

现在通过例子说明如何运用这个重要公式.

例 1　求 $\int x\cos x\mathrm{d}x$.

解　这个积分用换元积分法不易求得结果,现在试用分部积分法来求它.但是怎样选取 u 和 $\mathrm{d}v$ 呢?如果设 $u=x$,$\mathrm{d}v=\cos x\,\mathrm{d}x$,则 $\mathrm{d}u=\mathrm{d}x$,$v=\sin x$,代入分部积分公式(3-2),得

$$\int x\cos x\mathrm{d}x=x\sin x-\int \sin x\mathrm{d}x,$$

而 $\int v\mathrm{d}u=\int \sin x\mathrm{d}x$ 容易积出,所以

$$\int x\cos x\mathrm{d}x=x\sin x+\cos x+C.$$

求这个积分时,如果设 $u=\cos x$,$\mathrm{d}v=x\mathrm{d}x$,则

$$\mathrm{d}u=-\sin x\mathrm{d}x,\ v=\frac{x^2}{2}.$$

于是

$$\int x\cos x\mathrm{d}x=\frac{x^2}{2}\cos x+\int\frac{x^2}{2}\sin x\mathrm{d}x.$$

上式右端的积分比原积分更不容易求出.

由此可见,如果 u 和 $\mathrm{d}v$ 选取不当,就求不出结果,所以应用分部积分法时,恰当选取 u 和 $\mathrm{d}v$ 是一个关键.选取 u 和 $\mathrm{d}v$ 一般要考虑下面两点:

(1) v 要容易求得;

(2) $\int v\mathrm{d}u$ 要比 $\int u\mathrm{d}v$ 容易积出.

例 2　求 $\int x\mathrm{e}^x\mathrm{d}x$.

解　设 $u=x$,$\mathrm{d}v=\mathrm{e}^x\mathrm{d}x$,则 $\mathrm{d}u=\mathrm{d}x$,$v=\mathrm{e}^x$.于是

$$\int x\mathrm{e}^x\mathrm{d}x=x\mathrm{e}^x-\int \mathrm{e}^x\mathrm{d}x=x\mathrm{e}^x-\mathrm{e}^x+C=\mathrm{e}^x(x-1)+C.$$

运用分部积分公式(3-2)的形式,例 1、例 2 的求解过程也可表述为

$$\int x\cos x\mathrm{d}x=\int x\mathrm{d}(\sin x)=x\sin x-\int \sin x\mathrm{d}x$$

$$=x\sin x+\cos x+C.$$

$$\int xe^x dx=\int x d(e^x)=xe^x-\int e^x dx$$
$$=xe^x-e^x+C=(x-1)e^x+C.$$

例 3　求 $\int x^2e^x dx$.

解　设 $u=x^2, dv=e^x dx=d(e^x)$，则

$$\int x^2e^x dx=\int x^2 d(e^x)=x^2e^x-\int e^x d(x^2)=x^2e^x-2\int xe^x dx.$$

这里 $\int xe^x dx$ 比 $\int x^2e^x dx$ 容易积出，因为被积函数中 x 的幂次前者比后者降低了一次. 由例 2 可知，对 $\int xe^x dx$ 再使用一次分部积分法就可以了. 于是

$$\int x^2e^x dx=x^2e^x-2\int xe^x dx=x^2e^x-2\int x d(e^x)$$
$$=x^2e^x-2(xe^x-e^x)+C=e^x(x^2-2x+2)+C.$$

总结上面三个例子可以知道，如果被积函数是幂函数和正(余)弦函数或幂函数和指数函数的乘积，就可以考虑用分部积分法，并设幂函数为 u. 这样用一次分部积分法就可以使幂函数的幂次降低一次. 这里假定幂指数是正整数.

例 4　求 $\int x\ln x dx$.

解　设 $u=\ln x, dv=x dx$，则

$$\int x\ln x dx=\int \ln x\, d\frac{x^2}{2}=\frac{x^2}{2}\ln x-\int \frac{x^2}{2}d(\ln x)$$
$$=\frac{x^2}{2}\ln x-\frac{1}{2}\int x dx=\frac{x^2}{2}\ln x-\frac{x^2}{4}+C.$$

例 5　求 $\int \arccos x dx$.

解　设 $u=\arccos x, dv=dx$，则

$$\int \arccos x dx=x\arccos x-\int x d(\arccos x)$$
$$=x\arccos x+\int \frac{x}{\sqrt{1-x^2}}dx$$
$$=x\arccos x-\frac{1}{2}\int \frac{1}{(1-x^2)^{\frac{1}{2}}}d(1-x^2)$$
$$=x\arccos x-\sqrt{1-x^2}+C.$$

在分部积分法运用比较熟练以后，就不必再写出哪一部分选作 u，哪一部分

选作 dv. 只要把被积表达式凑成 $\varphi(x)\mathrm{d}\psi(x)$ 的形式,便可使用分部积分公式.

例 6　求 $\int x\arctan x\mathrm{d}x$.

解　$\int x\arctan x\mathrm{d}x=\frac{1}{2}\int\arctan x\mathrm{d}(x^2)$

$$=\frac{x^2}{2}\arctan x-\frac{1}{2}\int\frac{x^2}{1+x^2}\mathrm{d}x$$

$$=\frac{x^2}{2}\arctan x-\frac{1}{2}\int\frac{1+x^2-1}{1+x^2}\mathrm{d}x$$

$$=\frac{x^2}{2}\arctan x-\frac{1}{2}\int\left(1-\frac{1}{1+x^2}\right)\mathrm{d}x$$

$$=\frac{x^2}{2}\arctan x-\frac{1}{2}(x-\arctan x)+C$$

$$=\frac{1}{2}(x^2+1)\arctan x-\frac{1}{2}x+C.$$

总结上面三个例子可以知道,如果被积函数是幂函数和对数函数或幂函数和反三角函数的乘积,就可以考虑用分部积分法,并设对数函数或反三角函数为 u.

下面几个例子中所用的方法也是比较典型的.

例 7　求 $\int \mathrm{e}^x\sin x\mathrm{d}x$.

解　$\int \mathrm{e}^x\sin x\mathrm{d}x=\int\sin x\mathrm{d}(\mathrm{e}^x)=\mathrm{e}^x\sin x-\int\mathrm{e}^x\cos x\mathrm{d}x$,

等式右端的积分与等式左端的积分是同一类型的. 对右端的积分再用一次分部积分法,得

$$\int\mathrm{e}^x\sin x\mathrm{d}x=\mathrm{e}^x\sin x-\int\cos x\mathrm{d}(\mathrm{e}^x)$$

$$=\mathrm{e}^x\sin x-\mathrm{e}^x\cos x-\int\mathrm{e}^x\sin x\mathrm{d}x,$$

由于上式右端的第三项就是所求的积分 $\int\mathrm{e}^x\sin x\mathrm{d}x$,把它移到等号左端去,等式两端再同除以 2,便得

$$\int\mathrm{e}^x\sin x\mathrm{d}x=\frac{1}{2}\mathrm{e}^x(\sin x-\cos x)+C.$$

因上式右端已不包含积分项,所以必须加上任意常数 C.

例 8　求 $\int\sec^3 x\mathrm{d}x$.

解　$\int \sec^3 x\,\mathrm{d}x = \int \sec x\,\mathrm{d}(\tan x)$

$$
\begin{aligned}
&= \sec x \tan x - \int \sec x \tan^2 x\,\mathrm{d}x \\
&= \sec x \tan x - \int \sec x(\sec^2 x - 1)\,\mathrm{d}x \\
&= \sec x \tan x - \int \sec^3 x\,\mathrm{d}x + \int \sec x\,\mathrm{d}x \\
&= \sec x \tan x + \ln|\sec x + \tan x| - \int \sec^3 x\,\mathrm{d}x.
\end{aligned}
$$

由于上式右端的第三项就是所求的积分 $\int \sec^3 x\,\mathrm{d}x$,把它移到等号左端去,等式两端再同时除以 2,便得

$$\int \sec^3 x\,\mathrm{d}x = \frac{1}{2}(\sec x \tan x + \ln|\sec x + \tan x|) + C.$$

在积分的过程中往往要兼用换元法与分部积分法,如例 5,下面再来举一个例子.

例 9　求 $\int \mathrm{e}^{\sqrt{x}}\,\mathrm{d}x$.

解　令 $\sqrt{x} = t$,则 $x = t^2$, $\mathrm{d}x = 2t\mathrm{d}t$. 于是

$$\int \mathrm{e}^{\sqrt{x}}\,\mathrm{d}x = 2\int t\mathrm{e}^t\,\mathrm{d}t.$$

利用例 2 的结果,并用 $t=\sqrt{x}$ 代回,便得所求积分:

$$\int \mathrm{e}^{\sqrt{x}}\,\mathrm{d}x = 2\int t\mathrm{e}^t\,\mathrm{d}t = 2\mathrm{e}^t(t-1) + C = 2\mathrm{e}^{\sqrt{x}}(\sqrt{x}-1) + C.$$

习　题　4-3

求下列不定积分:

1. $\int x\sin x\,\mathrm{d}x$.
2. $\int \ln x\,\mathrm{d}x$.
3. $\int \arcsin x\,\mathrm{d}x$.
4. $\int x\mathrm{e}^{-x}\,\mathrm{d}x$.
5. $\int x^2 \ln x\,\mathrm{d}x$.
6. $\int \mathrm{e}^{-x}\cos x\,\mathrm{d}x$.
7. $\int \mathrm{e}^{-2x}\sin\frac{x}{2}\,\mathrm{d}x$.
8. $\int x\cos\frac{x}{2}\,\mathrm{d}x$.
9. $\int x^2 \arctan x\,\mathrm{d}x$.
10. $\int x\tan^2 x\,\mathrm{d}x$.

11. $\int x^2\cos x\mathrm{d}x$.　　12. $\int t\mathrm{e}^{-2t}\mathrm{d}t$.

13. $\int \ln^2 x\mathrm{d}x$.　　14. $\int x\sin x\cos x\mathrm{d}x$.

15. $\int x^2\cos^2\frac{x}{2}\mathrm{d}x$.　　16. $\int x\ln(x-1)\mathrm{d}x$.

17. $\int (x^2-1)\sin 2x\mathrm{d}x$.　　18. $\int \frac{\ln^3 x}{x^2}\mathrm{d}x$.

19. $\int \mathrm{e}^{\sqrt[3]{x}}\mathrm{d}x$.　　20. $\int \cos\ln x\mathrm{d}x$.

21. $\int (\arcsin x)^2\mathrm{d}x$.　　22. $\int \mathrm{e}^x\sin^2 x\mathrm{d}x$.

23. $\int x\ln^2 x\mathrm{d}x$.　　24. $\int \mathrm{e}^{\sqrt{3x+9}}\mathrm{d}x$.

第四节　有理函数的积分

前面已经介绍了求不定积分的两个基本方法——换元积分法和分部积分法,下面简要地介绍有理函数的积分及可化为有理函数的积分.

一、有理函数的积分

两个多项式的商$\frac{P(x)}{Q(x)}$称为有理函数,又称有理分式.我们总假定分子多项式$P(x)$与分母多项式$Q(x)$之间没有公因式.当分子多项式$P(x)$的次数小于分母多项式$Q(x)$的次数时,称这有理函数为真分式,否则称为假分式.

利用多项式的除法,总可以将一个假分式化成一个多项式与一个真分式之和的形式,例如第一节例 15 中的被积函数

$$\frac{2x^4+x^2+3}{x^2+1}=2x^2-1+\frac{4}{x^2+1}.$$

对于真分式$\frac{P(x)}{Q(x)}$,如果分母可分解为两个多项式的乘积

$$Q(x)=Q_1(x)Q_2(x),$$

且$Q_1(x)$与$Q_2(x)$没有公因式,那么它可分拆成两个真分式之和

$$\frac{P(x)}{Q(x)}=\frac{P_1(x)}{Q_1(x)}+\frac{P_2(x)}{Q_2(x)},$$

上述步骤称为把真分式化成部分分式之和.如果$Q_1(x)$或$Q_2(x)$还能再分解成两个没有公因式的多项式的乘积,那么就可再分拆成更简单的部分分式.最后,

有理函数的分解式中只出现多项式、$\frac{P_1(x)}{(x-a)^k}$、$\frac{P_2(x)}{(x^2+px+q)^l}$等三类函数(这里 $p^2-4q<0$,$P_1(x)$为小于 k 次的多项式,$P_2(x)$为小于 $2l$ 次的多项式).多项式的积分容易求得,后两类真分式的积分可参看第二节例3和例27.

下面举几个真分式的积分的例子.

例1　求$\int\frac{x+1}{x^2-5x+6}\mathrm{d}x$.

解　被积函数的分母分解成$(x-3)(x-2)$,故可设

$$\frac{x+1}{x^2-5x+6}=\frac{A}{x-3}+\frac{B}{x-2},$$

其中 A、B 为待定系数.上式两端去分母后,得

$$x+1=A(x-2)+B(x-3),$$

即

$$x+1=(A+B)x-2A-3B.$$

比较上式两端同次幂的系数,即有

$$\begin{cases}A+B=1,\\2A+3B=-1,\end{cases}$$

从而解得 $A=4$,$B=-3$.于是

$$\begin{aligned}\int\frac{x+1}{x^2-5x+6}\mathrm{d}x&=\int\left(\frac{4}{x-3}-\frac{3}{x-2}\right)\mathrm{d}x\\&=4\ln|x-3|-3\ln|x-2|+C.\end{aligned}$$

例2　求$\int\frac{x+2}{(2x+1)(x^2+x+1)}\mathrm{d}x$.

解　设$\frac{x+2}{(2x+1)(x^2+x+1)}=\frac{A}{2x+1}+\frac{Bx+D}{x^2+x+1}$,则

$$x+2=A(x^2+x+1)+(Bx+D)(2x+1),$$

即

$$x+2=(A+2B)x^2+(A+B+2D)x+A+D,$$

比较上式两端同次幂的系数,即有

$$\begin{cases}A+2B=0,\\A+B+2D=1,\\A+D=2,\end{cases}$$

从而解得$\begin{cases}A=2,\\B=-1,\\D=0.\end{cases}$于是

$$\begin{aligned}
&\int \frac{x+2}{(2x+1)(x^2+x+1)}\mathrm{d}x \\
&=\int\left(\frac{2}{2x+1}-\frac{x}{x^2+x+1}\right)\mathrm{d}x=\ln|2x+1|-\frac{1}{2}\int\frac{(2x+1)-1}{x^2+x+1}\mathrm{d}x \\
&=\ln|2x+1|-\frac{1}{2}\int\frac{\mathrm{d}(x^2+x+1)}{x^2+x+1}+\frac{1}{2}\int\frac{\mathrm{d}x}{\left(x+\frac{1}{2}\right)^2+\frac{3}{4}} \\
&=\ln|2x+1|-\frac{1}{2}\ln(x^2+x+1)+\frac{1}{\sqrt{3}}\arctan\frac{2x+1}{\sqrt{3}}+C.
\end{aligned}$$

例 3　求 $\int\frac{x-3}{(x-1)(x^2-1)}\mathrm{d}x$.

解　被积函数分母的两个因式 $x-1$ 与 x^2-1 有公因式,故需再分解成 $(x-1)^2(x+1)$. 设

$$\frac{x-3}{(x-1)^2(x+1)}=\frac{Ax+B}{(x-1)^2}+\frac{D}{x+1},$$

则

$$x-3=(Ax+B)(x+1)+D(x-1)^2,$$

即

$$x-3=(A+D)x^2+(A+B-2D)x+B+D,$$

比较上式两端同次幂的系数,即有

$$\begin{cases}A+D=0,\\ A+B-2D=1,\\ B+D=-3,\end{cases}$$

从而解得 $\begin{cases}A=1,\\ B=-2,\\ D=-1.\end{cases}$ 于是

$$\begin{aligned}
&\int\frac{x-3}{(x-1)(x^2-1)}\mathrm{d}x \\
&=\int\frac{x-3}{(x-1)^2(x+1)}\mathrm{d}x=\int\left[\frac{x-2}{(x-1)^2}-\frac{1}{x+1}\right]\mathrm{d}x \\
&=\int\frac{x-1-1}{(x-1)^2}\mathrm{d}x-\ln|x+1| \\
&=\ln|x-1|+\frac{1}{x-1}-\ln|x+1|+C.
\end{aligned}$$

二、可化为有理函数的积分举例

例 4 求 $\int \frac{1+\sin x}{\sin x(1+\cos x)}dx$.

解 由三角函数知道, $\sin x$ 与 $\cos x$ 都可以用 $\tan\frac{x}{2}$的有理式表示,即

$$\sin x=2\sin\frac{x}{2}\cos\frac{x}{2}=\frac{2\tan\frac{x}{2}}{\sec^2\frac{x}{2}}=\frac{2\tan\frac{x}{2}}{1+\tan^2\frac{x}{2}},$$

$$\cos x=\cos^2\frac{x}{2}-\sin^2\frac{x}{2}=\frac{1-\tan^2\frac{x}{2}}{\sec^2\frac{x}{2}}=\frac{1-\tan^2\frac{x}{2}}{1+\tan^2\frac{x}{2}}.$$

如果作变换 $u=\tan\frac{x}{2}$ $(-\pi<x<\pi)$①,那么

$$\sin x=\frac{2u}{1+u^2},\quad \cos x=\frac{1-u^2}{1+u^2},$$

而 $x=2\arctan u$,从而

$$dx=\frac{2}{1+u^2}du.$$

于是

$$\begin{aligned}&\int\frac{1+\sin x}{\sin x(1+\cos x)}dx\\&=\int\frac{\left(1+\frac{2u}{1+u^2}\right)\frac{2du}{1+u^2}}{\frac{2u}{1+u^2}\left(1+\frac{1-u^2}{1+u^2}\right)}=\frac{1}{2}\int\left(u+2+\frac{1}{u}\right)du\\&=\frac{1}{2}\left(\frac{u^2}{2}+2u+\ln|u|\right)+C=\frac{1}{4}\tan^2\frac{x}{2}+\tan\frac{x}{2}+\frac{1}{2}\ln\left|\tan\frac{x}{2}\right|+C.\end{aligned}$$

本例所用的变量代换 $u=\tan\frac{x}{2}$对三角函数有理式的积分都可以应用.

---

① 当 $x\in((2k-1)\pi,(2k+1)\pi)$时,作变换 $u=\tan\frac{x-2k\pi}{2}=\tan\frac{x}{2}$, $x=2k\pi+2\arctan u$,以下所得结果相同.

例 5　求 $\int \frac{\sqrt{x-1}}{x}\mathrm{d}x$.

解　为了去掉根号,可以设 $\sqrt{x-1}=u$,于是 $x=u^2+1$, $\mathrm{d}x=2u\mathrm{d}u$,从而所求积分为

$$\begin{aligned}\int \frac{\sqrt{x-1}}{x}\mathrm{d}x &= \int \frac{u}{u^2+1}\cdot 2u\mathrm{d}u=2\int \frac{u^2}{u^2+1}\mathrm{d}u \\ &=2\int\left(1-\frac{1}{1+u^2}\right)\mathrm{d}u=2(u-\arctan u)+C \\ &=2(\sqrt{x-1}-\arctan\sqrt{x-1})+C.\end{aligned}$$

例 6　求 $\int \frac{\mathrm{d}x}{1+\sqrt[3]{x+2}}$.

解　为了去掉根号,可以设 $\sqrt[3]{x+2}=u$. 于是 $x=u^3-2$, $\mathrm{d}x=3u^2\mathrm{d}u$,从而所求积分为

$$\begin{aligned}\int \frac{\mathrm{d}x}{1+\sqrt[3]{x+2}} &= \int \frac{3u^2}{1+u}\mathrm{d}u \\ &=3\int\left(u-1+\frac{1}{1+u}\right)\mathrm{d}u=3\left(\frac{u^2}{2}-u+\ln|1+u|\right)+C \\ &=\frac{3}{2}\sqrt[3]{(x+2)^2}-3\sqrt[3]{x+2}+3\ln|1+\sqrt[3]{x+2}|+C.\end{aligned}$$

例 7　求 $\int \frac{\mathrm{d}x}{(1+\sqrt[3]{x})\sqrt{x}}$.

解　被积函数中出现了两个根式 $\sqrt{x}$ 及 $\sqrt[3]{x}$,为了能同时消去这两个根式,可令 $x=u^6$,于是 $\mathrm{d}x=6u^5\mathrm{d}u$,从而所求积分为

$$\begin{aligned}\int \frac{\mathrm{d}x}{(1+\sqrt[3]{x})\sqrt{x}} &= \int \frac{6u^5}{(1+u^2)u^3}\mathrm{d}u=6\int \frac{u^2}{1+u^2}\mathrm{d}u \\ &=6\int\left(1-\frac{1}{1+u^2}\right)\mathrm{d}u=6(u-\arctan u)+C \\ &=6(\sqrt[6]{x}-\arctan\sqrt[6]{x})+C.\end{aligned}$$

例 8　求 $\int \frac{1}{x}\sqrt{\frac{1+x}{x}}\mathrm{d}x$.

解　为了去掉根号,可以设 $\sqrt{\frac{1+x}{x}}=u$,于是 $\frac{1+x}{x}=u^2$, $x=\frac{1}{u^2-1}$, $\mathrm{d}x=-\frac{2u\mathrm{d}u}{(u^2-1)^2}$,从而所求积分为

$$\int \frac{1}{x}\sqrt{\frac{1+x}{x}}\,\mathrm{d}x = \int (u^2-1)u \cdot \frac{-2u}{(u^2-1)^2}\mathrm{d}u = -2\int \frac{u^2}{u^2-1}\mathrm{d}u$$

$$= -2\int\left(1+\frac{1}{u^2-1}\right)\mathrm{d}u = -2u - \ln\left|\frac{u-1}{u+1}\right| + C$$

$$= -2u + 2\ln(u+1) - \ln|u^2-1| + C$$

$$= -2\sqrt{\frac{1+x}{x}} + 2\ln\left(\sqrt{\frac{1+x}{x}}+1\right) + \ln|x| + C.$$

以上四个例子表明,如果被积函数中含有简单根式$\sqrt[n]{ax+b}$或$\sqrt[n]{\frac{ax+b}{cx+d}}$,可以令这个简单根式为 u. 由于这样的变换具有反函数,且反函数是 u 的有理函数,因此原积分即可化为有理函数的积分.

习　题　4-4

求下列不定积分:

1. $\int \frac{x^3}{x+3}\mathrm{d}x$.
2. $\int \frac{2x+3}{x^2+3x-10}\mathrm{d}x$.
3. $\int \frac{x+1}{x^2-2x+5}\mathrm{d}x$.
4. $\int \frac{\mathrm{d}x}{x(x^2+1)}$.
5. $\int \frac{3}{x^3+1}\mathrm{d}x$.
6. $\int \frac{x^2+1}{(x+1)^2(x-1)}\mathrm{d}x$.
7. $\int \frac{x\mathrm{d}x}{(x+1)(x+2)(x+3)}$.
8. $\int \frac{x^5+x^4-8}{x^3-x}\mathrm{d}x$.
9. $\int \frac{\mathrm{d}x}{(x^2+1)(x^2+x)}$.
10. $\int \frac{1}{x^4-1}\mathrm{d}x$.
11. $\int \frac{\mathrm{d}x}{(x^2+1)(x^2+x+1)}$.
12. $\int \frac{(x+1)^2}{(x^2+1)^2}\mathrm{d}x$.
13. $\int \frac{-x^2-2}{(x^2+x+1)^2}\mathrm{d}x$.
14. $\int \frac{\mathrm{d}x}{3+\sin^2 x}$.
15. $\int \frac{\mathrm{d}x}{3+\cos x}$.
16. $\int \frac{\mathrm{d}x}{2+\sin x}$.
17. $\int \frac{\mathrm{d}x}{1+\sin x+\cos x}$.
18. $\int \frac{\mathrm{d}x}{2\sin x-\cos x+5}$.
19. $\int \frac{\mathrm{d}x}{1+\sqrt[3]{x+1}}$.
20. $\int \frac{(\sqrt{x})^3-1}{\sqrt{x}+1}\mathrm{d}x$.
21. $\int \frac{\sqrt{x+1}-1}{\sqrt{x+1}+1}\mathrm{d}x$.
22. $\int \frac{\mathrm{d}x}{\sqrt{x}+\sqrt[4]{x}}$.

23. $\int\sqrt{\frac{1-x}{1+x}}\frac{dx}{x}$.　　　　24. $\int\frac{dx}{\sqrt[3]{(x+1)^2(x-1)^4}}$.

第五节　积分表的使用

通过前面的讨论可以看出,积分的计算要比导数的计算来得灵活、复杂. 为了实用的方便,往往把常用的积分公式汇集成表,这种表叫做积分表. 积分表是按照被积函数的类型来排列的. 求积分时,可根据被积函数的类型直接地或经过简单的变形后,在表内查得所需的结果.

本书末附录Ⅳ有一个简单的积分表,以供查阅.

我们先举几个可以直接从积分表中查得结果的积分例子.

例 1　求 $\int\frac{x}{(3x+4)^2}dx$.

解　被积函数含有 $ax+b$,在积分表(一)中查得公式 7

$$\int\frac{x}{(ax+b)^2}dx=\frac{1}{a^2}\left(\ln|ax+b|+\frac{b}{ax+b}\right)+C.$$

现在 $a=3,b=4$,于是

$$\int\frac{x}{(3x+4)^2}dx=\frac{1}{9}\left(\ln|3x+4|+\frac{4}{3x+4}\right)+C.$$

例 2　求 $\int\frac{dx}{5-4\cos x}$.

解　被积函数含有三角函数,在积分表(十一)中查得关于积分 $\int\frac{dx}{a+b\cos x}$ 的公式,但是公式有两个,要看 $a^2>b^2$ 或 $a^2<b^2$ 而决定采用哪一个.

现在 $a=5,b=-4,a^2>b^2$,所以用公式 105

$$\int\frac{dx}{a+b\cos x}$$

$$=\frac{2}{a+b}\sqrt{\frac{a+b}{a-b}}\arctan\left(\sqrt{\frac{a-b}{a+b}}\tan\frac{x}{2}\right)+C\quad(a^2>b^2).$$

于是

$$\int\frac{dx}{5-4\cos x}$$

$$=\frac{2}{5+(-4)}\sqrt{\frac{5+(-4)}{5-(-4)}}\arctan\left(\sqrt{\frac{5-(-4)}{5+(-4)}}\tan\frac{x}{2}\right)+C$$

$$=\frac{2}{3}\arctan\left(3\tan\frac{x}{2}\right)+C.$$

下面再举一个需要先进行变量代换，然后再查表求积分的例子.

例3　求 $\int \frac{\mathrm{d}x}{x\sqrt{4x^2+9}}$.

解　这个积分不能在表中直接查到，需要先进行变量代换.

令 $2x=u$，那么 $\sqrt{4x^2+9}=\sqrt{u^2+3^2}$，$x=\frac{u}{2}$，$\mathrm{d}x=\frac{1}{2}\mathrm{d}u$. 于是

$$\int \frac{\mathrm{d}x}{x\sqrt{4x^2+9}}=\int \frac{\frac{1}{2}\mathrm{d}u}{\frac{u}{2}\sqrt{u^2+3^2}}=\int \frac{\mathrm{d}u}{u\sqrt{u^2+3^2}}.$$

被积函数中含有 $\sqrt{u^2+3^2}$，在积分表（六）中查到公式37

$$\int \frac{\mathrm{d}x}{x\sqrt{x^2+a^2}}=\frac{1}{a}\ln\frac{\sqrt{x^2+a^2}-a}{|x|}+C.$$

现在 $a=3$，x 相当于 u，于是

$$\int \frac{\mathrm{d}u}{u\sqrt{u^2+3^2}}=\frac{1}{3}\ln\frac{\sqrt{u^2+3^2}-3}{|u|}+C.$$

再把 $u=2x$ 代入，最后得到

$$\int \frac{\mathrm{d}x}{x\sqrt{4x^2+9}}=\int \frac{\mathrm{d}u}{u\sqrt{u^2+3^2}}=\frac{1}{3}\ln\frac{\sqrt{u^2+3^2}-3}{|u|}+C.$$

$$=\frac{1}{3}\ln\frac{\sqrt{4x^2+9}-3}{2|x|}+C.$$

最后，举一个用递推公式求积分的例子.

例4　求 $\int \sin^4 x\mathrm{d}x$.

解　在积分表（十一）中查到公式95

$$\int \sin^n x\mathrm{d}x=-\frac{\sin^{n-1}x\cos x}{n}+\frac{n-1}{n}\int \sin^{n-2}x\mathrm{d}x.$$

利用这个公式可以使被积函数中正弦的幂次减少两次，只要重复使用这个公式，可以使正弦的幂次继续减少，直到求出最后结果为止，这种公式叫做递推公式.

现在 $n=4$，于是

$$\int \sin^4 x\mathrm{d}x=-\frac{\sin^3 x\cos x}{4}+\frac{3}{4}\int \sin^2 x\mathrm{d}x.$$

对积分 $\int \sin^2 x\mathrm{d}x$ 用公式93

$$\int \sin^2 x\mathrm{d}x=\frac{x}{2}-\frac{1}{4}\sin 2x+C,$$

从而所求积分为

$$\int \sin^4 x\mathrm{d}x=-\frac{\sin^3 x\cos x}{4}+\frac{3}{4}\left(\frac{x}{2}-\frac{1}{4}\sin 2x\right)+C.$$

一般说来，查积分表可以节省计算积分的时间，但是，只有掌握了前面学过的基本积分方法才能灵活地使用积分表，而且对一些比较简单的积分，应用基本积分方法来计算比查表更快些，例如，对 $\int \sin^2 x\cos^3 x\mathrm{d}x$，用变换 $u=\sin x$ 很快就可得到结果. 所以，求积分时究竟是直接计算，还是查表，或是两者结合使用，应该作具体分析，不能一概而论.

在本章结束之前，我们还要指出：对初等函数来说，在其定义区间上，它的原函数一定存在，但原函数不一定都是初等函数，如

$$\int e^{-x^2}\mathrm{d}x,\qquad \int \frac{\sin x}{x}\mathrm{d}x,\qquad \int \frac{\mathrm{d}x}{\ln x},\qquad \int \frac{\mathrm{d}x}{\sqrt{1+x^4}},$$

等等，它们的原函数就都不是初等函数.

习　题　4-5

利用积分表计算下列不定积分：

1. $\int \frac{\mathrm{d}x}{\sqrt{4x^2-9}}$.
2. $\int \frac{1}{x^2+2x+5}\mathrm{d}x$.
3. $\int \frac{\mathrm{d}x}{\sqrt{5-4x+x^2}}$.
4. $\int \sqrt{2x^2+9}\,\mathrm{d}x$.
5. $\int \sqrt{3x^2-2}\,\mathrm{d}x$.
6. $\int e^{2x}\cos x\mathrm{d}x$.
7. $\int x\arcsin\frac{x}{2}\mathrm{d}x$.
8. $\int \frac{\mathrm{d}x}{(x^2+9)^2}$.
9. $\int \frac{\mathrm{d}x}{\sin^3 x}$.
10. $\int e^{-2x}\sin 3x\mathrm{d}x$.
11. $\int \sin 3x\sin 5x\mathrm{d}x$.
12. $\int \ln^3 x\mathrm{d}x$.
13. $\int \frac{1}{x^2(1-x)}\mathrm{d}x$.
14. $\int \frac{\sqrt{x-1}}{x}\mathrm{d}x$.
15. $\int \frac{1}{(1+x^2)^2}\mathrm{d}x$.
16. $\int \frac{1}{x\sqrt{x^2-1}}\mathrm{d}x$.
17. $\int \frac{x}{(2+3x)^2}\mathrm{d}x$.
18. $\int \cos^6 x\mathrm{d}x$.

19. $\int x^2\sqrt{x^2-2}\,dx$.

20. $\int \frac{1}{2+5\cos x}dx$.

21. $\int \frac{dx}{x^2\sqrt{2x-1}}$.

22. $\int \sqrt{\frac{1-x}{1+x}}dx$.

23. $\int \frac{x+5}{x^2-2x-1}dx$.

24. $\int \frac{x\,dx}{\sqrt{1+x-x^2}}$.

25. $\int \frac{x^4}{25+4x^2}dx$.

总 习 题 四

1. 填空：

(1) $\int x^3 e^x dx=$ ________.

(2) $\int \frac{x+5}{x^2-6x+13}dx=$ ________.

2. 以下两题中给出了四个结论，从中选出一个正确的结论：

(1) 已知 $f'(x)=\frac{1}{x(1+2\ln x)}$，且 $f(1)=1$，则 $f(x)$ 等于(　　)；

(A) $\ln(1+2\ln x)+1$

(B) $\frac{1}{2}\ln(1+2\ln x)+1$

(C) $\frac{1}{2}\ln(1+2\ln x)+\frac{1}{2}$

(D) $2\ln(1+2\ln x)+1$

(2) 在下列等式中，正确的结果是(　　).

(A) $\int f'(x)dx=f(x)$

(B) $\int df(x)=f(x)$

(C) $\frac{d}{dx}\int f(x)dx=f(x)$

(D) $d\int f(x)=f(x)$

3. 已知 $\frac{\sin x}{x}$ 是 $f(x)$ 的一个原函数，求 $\int x^3 f'(x)dx$.

4. 求下列不定积分(其中 a,b 为常数)：

(1) $\int \frac{dx}{e^x-e^{-x}}$；

(2) $\int \frac{x}{(1-x)^3}dx$；

(3) $\int \frac{x^2}{a^6-x^6}dx\ (a>0)$；

(4) $\int \frac{1+\cos x}{x+\sin x}dx$；

(5) $\int \frac{\ln\ln x}{x}dx$；

(6) $\int \frac{\sin x\cos x}{1+\sin^4 x}dx$；

(7) $\int \tan^4 x\,dx$；

(8) $\int \sin x\sin 2x\sin 3x\,dx$；

(9) $\int \frac{dx}{x(x^6+4)}$；

(10) $\int \sqrt{\frac{a+x}{a-x}}dx\ (a>0)$；

(11) $\int \frac{dx}{\sqrt{x(1+x)}}$;

(12) $\int x\cos^2 x dx$;

(13) $\int e^{ax}\cos bx\, dx$;

(14) $\int \frac{dx}{\sqrt{1+e^x}}$;

(15) $\int \frac{dx}{x^2\sqrt{x^2-1}}$;

(16) $\int \frac{dx}{(a^2-x^2)^{5/2}}$;

(17) $\int \frac{dx}{x^4\sqrt{1+x^2}}$;

(18) $\int \sqrt{x}\sin\sqrt{x}\, dx$;

(19) $\int \ln(1+x^2)dx$;

(20) $\int \frac{\sin^2 x}{\cos^3 x}dx$;

(21) $\int \arctan\sqrt{x}\, dx$;

(22) $\int \frac{\sqrt{1+\cos x}}{\sin x}dx$;

(23) $\int \frac{x^3}{(1+x^8)^2}dx$;

(24) $\int \frac{x^{11}}{x^8+3x^4+2}dx$;

(25) $\int \frac{dx}{16-x^4}$;

(26) $\int \frac{\sin x}{1+\sin x}dx$;

(27) $\int \frac{x+\sin x}{1+\cos x}dx$;

(28) $\int e^{\sin x}\frac{x\cos^3 x-\sin x}{\cos^2 x}dx$;

(29) $\int \frac{\sqrt[3]{x}}{x(\sqrt{x}+\sqrt[3]{x})}dx$;

(30) $\int \frac{dx}{(1+e^x)^2}$;

(31) $\int \frac{e^{3x}+e^x}{e^{4x}-e^{2x}+1}dx$;

(32) $\int \frac{xe^x}{(e^x+1)^2}dx$;

(33) $\int \ln^2(x+\sqrt{1+x^2})dx$;

(34) $\int \frac{\ln x}{(1+x^2)^{\frac{3}{2}}}dx$;

(35) $\int \sqrt{1-x^2}\arcsin x dx$;

(36) $\int \frac{x^3\arccos x}{\sqrt{1-x^2}}dx$;

(37) $\int \frac{\cot x}{1+\sin x}dx$;

(38) $\int \frac{dx}{\sin^3 x\cos x}$;

(39) $\int \frac{dx}{(2+\cos x)\sin x}$;

(40) $\int \frac{\sin x\cos x}{\sin x+\cos x}dx$.

第五章　定　积　分

本章讨论积分学的另一个基本问题——定积分问题.我们先从几何与力学问题出发引进定积分的定义,然后讨论它的性质与计算方法.关于定积分的应用,将在第六章讨论.

第一节　定积分的概念与性质

一、定积分问题举例

1. 曲边梯形的面积

设 $y=f(x)$ 在区间上 $[a,b]$ 上非负、连续.由直线 $x=a$、$x=b$、$y=0$ 及曲线 $y=f(x)$ 所围成的图形(如图 5-1)称为曲边梯形,其中曲线弧称为曲边.

我们知道,矩形的高是不变的,它的面积可按公式

$$矩形面积=高\times底$$

来定义和计算.而曲边梯形在底边上各点处的高 $f(x)$ 在区间 $[a,b]$ 上是变动的,故它的面积不能直接按上述公式来定义和计算.然而,由于曲边梯形的高 $f(x)$ 在区间 $[a,b]$ 上是连续变化的,在很小一段区间上它的变化很小,近似于不变.因此,如果把区间 $[a,b]$ 划分为许多小区间,在每个小区间上用其中某一点处的高来近似代替同一个小区间上的窄曲边梯形的变高,那么,每个窄曲边梯形就可近似地看成这样得到的窄矩形.我们就以所有这些窄矩形面积之和作为曲边梯形面积的近似值,并把区间 $[a,b]$ 无限细分下去,即使每个小区间的长度都趋于零,这时所有窄矩形面积之和的极限就可定义为曲边梯形的面积.这个定义同时也给出了计算曲边梯形面积的方法,现详述于下.

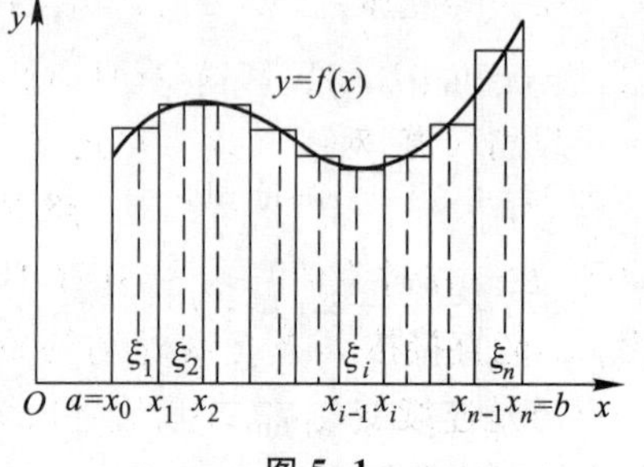

图 5-1

在区间 $[a,b]$ 中任意插入若干个分点

$$a=x_0<x_1<x_2<\cdots<x_{n-1}<x_n=b,$$

把 $[a,b]$ 分成 n 个小区间

$$[x_0,x_1],\ [x_1,x_2],\ \cdots,\ [x_{n-1},x_n],$$

它们的长度依次为

$$\Delta x_1=x_1-x_0,\ \Delta x_2=x_2-x_1,\ \cdots,\ \Delta x_n=x_n-x_{n-1}.$$

经过每一个分点作平行于 y 轴的直线段，把曲边梯形分成 n 个窄曲边梯形. 在每个小区间$[x_{i-1},x_i]$上任取一点 ξ_i，以$[x_{i-1},x_i]$为底、$f(\xi_i)$为高的窄矩形近似替代第 i 个窄曲边梯形($i=1,2,\cdots,n$)，把这样得到的 n 个窄矩形面积之和作为所求曲边梯形面积 A 的近似值，即

$$A\approx f(\xi_1)\Delta x_1+f(\xi_2)\Delta x_2+\cdots+f(\xi_n)\Delta x_n=\sum_{i=1}^{n}f(\xi_i)\Delta x_i.$$

为了保证所有小区间的长度都无限缩小，我们要求小区间长度中的最大者趋于零，如记 $\lambda=\max\{\Delta x_1,\Delta x_2,\cdots,\Delta x_n\}$，则上述条件可表示为 $\lambda\to0$. 当 $\lambda\to0$ 时(这时分段数 n 无限增多，即 $n\to\infty$)，取上述和式的极限，便得曲边梯形的面积

$$A=\lim_{\lambda\to0}\sum_{i=1}^{n}f(\xi_i)\Delta x_i.$$

2. 变速直线运动的路程

设某物体做直线运动，已知速度 $v=v(t)$ 是时间间隔$[T_1,T_2]$上 t 的连续函数，且 $v(t)\geqslant0$，计算在这段时间内物体所经过的路程 s.

我们知道，对于等速直线运动，有公式

路程=速度×时间.

但是，在现在讨论的问题中，速度不是常量而是随时间变化的变量，因此，所求路程 s 不能直接按等速直线运动的路程公式来计算. 然而，物体运动的速度函数 $v=v(t)$ 是连续变化的，在很短一段时间内，速度的变化很小，近似于等速. 因此，如果把时间间隔分小，在小段时间内，以等速运动代替变速运动，那么，就可算出部分路程的近似值；再求和，得到整个路程的近似值；最后，通过对时间间隔无限细分的极限过程，这时所有部分路程的近似值之和的极限，就是所求变速直线运动的路程的精确值.

具体计算步骤如下：

在时间间隔$[T_1,T_2]$内任意插入若干个分点

$$T_1=t_0<t_1<t_2<\cdots<t_{n-1}<t_n=T_2,$$

把$[T_1,T_2]$分成 n 个小时段

$$[t_0,t_1],\ [t_1,t_2],\ \cdots,\ [t_{n-1},t_n],$$

各小时段时间的长依次为

$$\Delta t_1=t_1-t_0,\ \Delta t_2=t_2-t_1,\ \cdots,\ \Delta t_n=t_n-t_{n-1}.$$

相应地,在各段时间内物体经过的路程依次为

$$\Delta s_1,\ \Delta s_2,\ \cdots,\ \Delta s_n.$$

在时间间隔$[t_{i-1},t_i]$上任取一个时刻τ_i $(t_{i-1}\leqslant\tau_i\leqslant t_i)$,以$\tau_i$时的速度$v(\tau_i)$来代替$[t_{i-1},t_i]$上各个时刻的速度,得到部分路程$\Delta s_i$的近似值,即

$$\Delta s_i\approx v(\tau_i)\Delta t_i\ \ (i=1,2,\cdots,n).$$

于是这n段部分路程的近似值之和就是所求变速直线运动路程s的近似值,即

$$s\approx v(\tau_1)\Delta t_1+v(\tau_2)\Delta t_2+\cdots+v(\tau_n)\Delta t_n=\sum_{i=1}^{n}v(\tau_i)\Delta t_i.$$

记$\lambda=\max\{\Delta t_1,\Delta t_2,\cdots,\Delta t_n\}$,当$\lambda\to 0$时,取上述和式的极限,即得变速直线运动的路程

$$s=\lim_{\lambda\to 0}\sum_{i=1}^{n}v(\tau_i)\Delta t_i.$$

二、定积分的定义

从上面两个例子可以看到:所要计算的量,即曲边梯形的面积A及变速直线运动的路程s的实际意义虽然不同,前者是几何量,后者是物理量,但是它们都由一个函数及其自变量的变化区间所决定,如:

曲边梯形的高度$y=f(x)$及其底边上的点x的变化区间$[a,b]$,

直线运动的速度$v=v(t)$及时间t的变化区间$[T_1,T_2]$.

其次,计算这些量的方法与步骤都是相同的,并且它们都归结为具有相同结构的一种特定和的极限,如

$$\text{面积 } A=\lim_{\lambda\to 0}\sum_{i=1}^{n}f(\xi_i)\Delta x_i,$$

$$\text{路程 } s=\lim_{\lambda\to 0}\sum_{i=1}^{n}v(\tau_i)\Delta t_i.$$

抛开这些问题的具体意义,抓住它们在数量关系上共同的本质与特性加以概括,我们就可以抽象出下述定积分的定义:

定义　**设函数$f(x)$在$[a,b]$上有界,在$[a,b]$中任意插入若干个分点**

$$a=x_0<x_1<x_2<\cdots<x_{n-1}<x_n=b,$$

把区间$[a,b]$分成n个小区间

$$[x_0,x_1],\ [x_1,x_2],\ \cdots,\ [x_{n-1},x_n],$$

各个小区间的长度依次为

$$\Delta x_1=x_1-x_0,\ \Delta x_2=x_2-x_1,\ \cdots,\ \Delta x_n=x_n-x_{n-1}.$$

在每个小区间$[x_{i-1},x_i]$上任取一点ξ_i $(x_{i-1}\leqslant\xi_i\leqslant x_i)$,作函数值$f(\xi_i)$与小区间长

度 Δx_i 的乘积 $f(\xi_i)\Delta x_i(i=1,2,\cdots,n)$,并作出和

$$S=\sum_{i=1}^{n} f(\xi_i)\Delta x_i. \tag{1-1}$$

记 $\lambda=\max\{\Delta x_1,\Delta x_2,\cdots,\Delta x_n\}$,如果当 $\lambda\to 0$ 时,这和的极限总存在,且与闭区间 $[a,b]$ 的分法及点 ξ_i 的取法无关,那么称这个极限 I 为函数 $f(x)$ 在区间 $[a,b]$ 上的定积分(简称积分),记作 $\int_a^b f(x)\,\mathrm{d}x$,即

$$\int_a^b f(x)\,\mathrm{d}x=I=\lim_{\lambda\to 0}\sum_{i=1}^{n} f(\xi_i)\Delta x_i, \tag{1-2}$$

其中 $f(x)$ 叫做被积函数,$f(x)\,\mathrm{d}x$ 叫做被积表达式,x 叫做积分变量,a 叫做积分下限,b 叫做积分上限,$[a,b]$ 叫做积分区间.

利用"$\varepsilon-\delta$"的说法,上述定积分的定义可以表述如下:

设有常数 I,如果对于任意给定的正数 ε,总存在一个正数 δ,使得对于区间 $[a,b]$ 的任何分法,不论 ξ_i 在 $[x_{i-1},x_i]$ 中怎样选取,只要 $\lambda=\max\{\Delta x_1,\cdots,\Delta x_n\}<\delta$,总有

$$\left|\sum_{i=1}^{n} f(\xi_i)\Delta x_i-I\right|<\varepsilon$$

成立,那么称 I 是 $f(x)$ 在区间 $[a,b]$ 上的定积分,记作 $\int_a^b f(x)\,\mathrm{d}x$.

注意　当和式 $\sum_{i=1}^{n} f(\xi_i)\Delta x_i$ 的极限存在时,其极限 I 仅与被积函数 $f(x)$ 及积分区间 $[a,b]$ 有关.如果既不改变被积函数 f,也不改变积分区间 $[a,b]$,而只把积分变量 x 改写成其他字母,例如 t 或 u,那么,这时和的极限 I 不变,也就是定积分的值不变,即

$$\int_a^b f(x)\,\mathrm{d}x=\int_a^b f(t)\,\mathrm{d}t=\int_a^b f(u)\,\mathrm{d}u.$$

这就是说,定积分的值只与被积函数及积分区间有关,而与积分变量的记法无关.

和式 $\sum_{i=1}^{n} f(\xi_i)\Delta x_i$ 通常称为 $f(x)$ 的积分和.如果 $f(x)$ 在 $[a,b]$ 上的定积分存在,那么就说 $f(x)$ 在 $[a,b]$ 上可积.

对于定积分,有这样一个重要问题:函数 $f(x)$ 在 $[a,b]$ 上满足怎样的条件,$f(x)$ 在 $[a,b]$ 上一定可积?这个问题我们不作深入讨论,而只给出以下两个充分条件:

定理 1　**设 $f(x)$ 在区间 $[a,b]$ 上连续,则 $f(x)$ 在 $[a,b]$ 上可积.**

定理 2　**设 $f(x)$ 在区间 $[a,b]$ 上有界,且只有有限个间断点,则 $f(x)$ 在 $[a,$**

$b]$上可积.

利用定积分的定义,前面所讨论的两个实际问题可以分别表述如下:

曲线 $y=f(x)$ ($f(x)\geqslant 0$)、x 轴及两条直线 $x=a$、$x=b$ 所围成的曲边梯形的面积 A 等于函数 $f(x)$ 在区间 $[a,b]$ 上的定积分,即

$$A=\int_a^b f(x)\,\mathrm{d}x.$$

物体以变速 $v=v(t)$ ($v(t)\geqslant 0$)做直线运动,从时刻 $t=T_1$ 到时刻 $t=T_2$,这物体经过的路程 s 等于函数 $v(t)$ 在区间 $[T_1,T_2]$ 上的定积分,即

$$s=\int_{T_1}^{T_2} v(t)\,\mathrm{d}t.$$

下面讨论定积分的几何意义. 在 $[a,b]$ 上 $f(x)\geqslant 0$ 时,我们已经知道,定积分 $\int_a^b f(x)\,\mathrm{d}x$ 表示由曲线 $y=f(x)$、两条直线 $x=a$、$x=b$ 与 x 轴所围成的曲边梯形的面积;在 $[a,b]$ 上 $f(x)\leqslant 0$ 时,由曲线 $y=f(x)$、两条直线 $x=a$、$x=b$ 与 x 轴所围成的曲边梯形位于 x 轴的下方,定积分

$$\int_a^b f(x)\,\mathrm{d}x$$

表示上述曲边梯形面积的负值;在 $[a,b]$ 上 $f(x)$ 既取得正值又取得负值时,函数 $f(x)$ 的图形某些部分在 x 轴的上方,而其他部分在 x 轴下方(图 5-2),此时定积分 $\int_a^b f(x)\,\mathrm{d}x$ 表示 x 轴上方图形面积减去 x 轴下方图形面积所得之差.

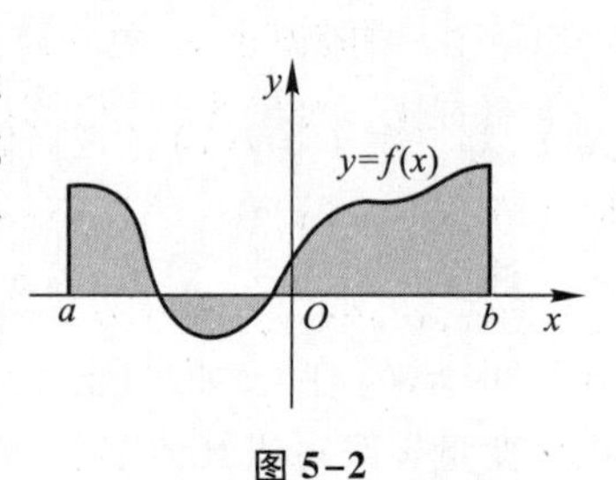

图 5-2

最后,举一个按定义计算定积分的例子.

例 1　利用定义计算定积分 $\int_0^1 x^2\,\mathrm{d}x$.

解　因为被积函数 $f(x)=x^2$ 在积分区间 $[0,1]$ 上连续,而连续函数是可积的,所以积分与区间 $[0,1]$ 的分法及点 ξ_i 的取法无关. 因此,为了便于计算,不妨把区间 $[0,1]$ 分成 n 等份,分点为 $x_i=\dfrac{i}{n}$, $i=1,2,\cdots,n-1$. 这样,每个小区间 $[x_{i-1},x_i]$ 的长度 $\Delta x_i=\dfrac{1}{n}$, $i=1,2,\cdots,n$. 取 $\xi_i=x_i$, $i=1,2,\cdots,n$. 于是,得和式

$$\begin{aligned}\sum_{i=1}^{n} f(\xi_i)\Delta x_i &= \sum_{i=1}^{n}\xi_i^2\Delta x_i=\sum_{i=1}^{n}x_i^2\Delta x_i\\&=\sum_{i=1}^{n}\left(\frac{i}{n}\right)^2\cdot\frac{1}{n}=\frac{1}{n^3}\sum_{i=1}^{n}i^2\end{aligned}$$

$$=\frac{1}{n^3}\cdot\frac{1}{6}n(n+1)(2n+1)$$ ①

$$=\frac{1}{6}\left(1+\frac{1}{n}\right)\left(2+\frac{1}{n}\right).$$

当 $\lambda\to0$ 即 $n\to\infty$ 时,取上式右端的极限.由定积分的定义,即得所要计算的积分为

$$\int_0^1 x^2\mathrm{d}x=\lim_{\lambda\to0}\sum_{i=1}^{n}\xi_i^2\Delta x_i=\lim_{n\to\infty}\frac{1}{6}\left(1+\frac{1}{n}\right)\left(2+\frac{1}{n}\right)=\frac{1}{3}.$$

三、定积分的近似计算

从例 1 的计算过程中可以看到,对于任一确定的正整数 n,积分和

$$\sum_{i=1}^{n}f(\xi_i)\Delta x_i=\frac{1}{6}\left(1+\frac{1}{n}\right)\left(2+\frac{1}{n}\right)$$

都是定积分 $\int_0^1 x^2\mathrm{d}x$ 的近似值.当 n 取不同值时,可得到定积分 $\int_0^1 x^2\mathrm{d}x$ 精度不同的近似值.一般说来,n 取得越大,近似程度越好.

下面就一般情形,讨论定积分的近似计算问题.设 $f(x)$ 在 $[a,b]$ 上连续,这时定积分 $\int_a^b f(x)\mathrm{d}x$ 存在.如同例 1,采取把区间 $[a,b]$ 等分的分法,即用分点 $a=x_0,x_1,x_2,\cdots,x_n=b$ 将 $[a,b]$ 分成 n 个长度相等的小区间,每个小区间的长为

$$\Delta x=\frac{b-a}{n},$$

---

① 利用恒等式 $(n+1)^3=n^3+3n^2+3n+1$,得

$$\begin{cases}(n+1)^3-n^3=3n^2+3n+1,\\ n^3-(n-1)^3=3(n-1)^2+3(n-1)+1,\\ \cdots\cdots\cdots\cdots\\ 3^3-2^3=3\cdot2^2+3\cdot2+1,\\ 2^3-1^3=3\cdot1^2+3\cdot1+1.\end{cases}$$

把这 n 个等式两端分别相加,得

$$(n+1)^3-1=3(1^2+2^2+\cdots+n^2)+3(1+2+\cdots+n)+n.$$

由于 $1+2+\cdots+n=\frac{1}{2}n(n+1)$,代入上式,得

$$n^3+3n^2+3n=3(1^2+2^2+\cdots+n^2)+\frac{3}{2}n(n+1)+n.$$

整理后,得

$$1^2+2^2+\cdots+n^2=\frac{1}{6}n(n+1)(2n+1).$$

在小区间$[x_{i-1},x_i]$上,取$\xi_i=x_{i-1}$,应有

$$\int_a^b f(x)\,\mathrm{d}x=\lim_{n\to\infty}\frac{b-a}{n}\sum_{i=1}^{n}f(x_{i-1}),$$

从而对于任一确定的正整数n,有

$$\int_a^b f(x)\,\mathrm{d}x\approx\frac{b-a}{n}\sum_{i=1}^{n}f(x_{i-1}).$$

记$f(x_i)=y_i\ (i=0,1,2,\cdots,n)$,上式可记作

$$\int_a^b f(x)\,\mathrm{d}x\approx\frac{b-a}{n}(y_0+y_1+\cdots+y_{n-1}).\tag{1-3}$$

如果取$\xi_i=x_i$,则可得近似公式

$$\int_a^b f(x)\,\mathrm{d}x\approx\frac{b-a}{n}(y_1+y_2+\cdots+y_n).\tag{1-4}$$

以上求定积分近似值的方法称为矩形法,公式(1-3)、(1-4)称为矩形法公式.

矩形法的几何意义是:用窄条矩形的面积作为窄条曲边梯形面积的近似值.整体上用台阶形的面积作为曲边梯形面积的近似值.如图5-3所示.

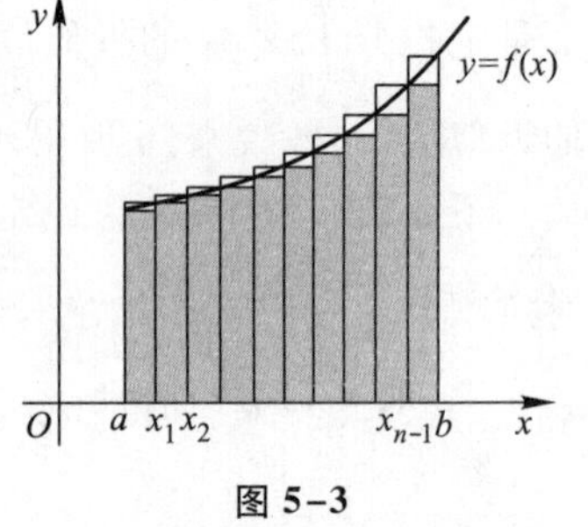

图 5-3

求定积分近似值的方法,常用的还有梯形法和抛物线法(又称辛普森(Simpson)法),简单介绍如下:

和矩形法一样,将区间$[a,b]$ n等分.设$f(x_i)=y_i$,曲线$y=f(x)$上的点(x_i,y_i)记作$M_i\ (i=0,1,2,\cdots,n)$.

梯形法的原理是:将曲线$y=f(x)$上的小弧段$\overset{\frown}{M_{i-1}M_i}$用直线段$\overline{M_{i-1}M_i}$代替,也就是把窄条曲边梯形用窄条梯形代替(图5-4(a)),由此得到定积分的近似值为

$$\begin{aligned}\int_a^b f(x)\,\mathrm{d}x&\approx\frac{b-a}{n}\left(\frac{y_0+y_1}{2}+\frac{y_1+y_2}{2}+\cdots+\frac{y_{n-1}+y_n}{2}\right)\\&=\frac{b-a}{n}\left(\frac{y_0+y_n}{2}+y_1+y_2+\cdots+y_{n-1}\right).\end{aligned}\tag{1-5}$$

显然,梯形法公式(1-5)所得近似值就是矩形法公式(1-3)和(1-4)所得两个近似值的平均值.

抛物线法的原理是:将曲线$y=f(x)$上的两个小弧段$\overset{\frown}{M_{i-1}M_i}$和$\overset{\frown}{M_iM_{i+1}}$合起来,用过$M_{i-1},M_i,M_{i+1}$三点的抛物线$y=px^2+qx+r$代替(图5-4(b)).经推导可

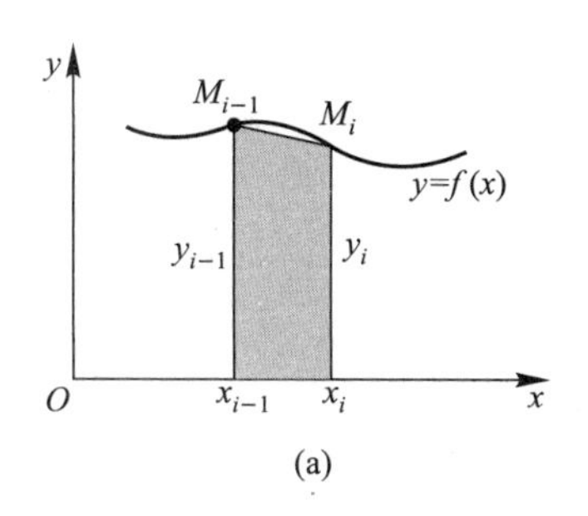

(a)

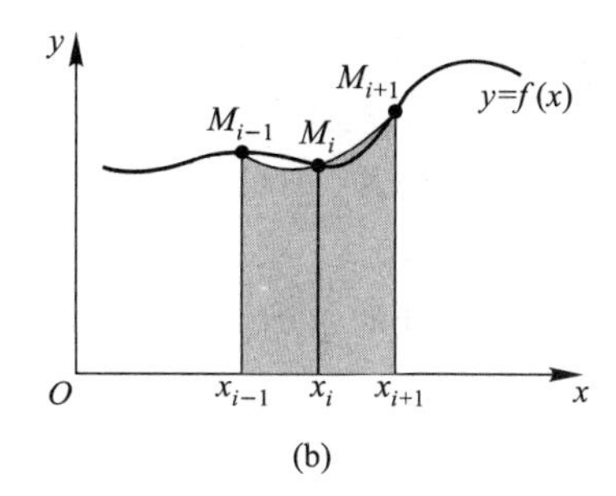

(b)

图 5-4

得，以此抛物线弧段为曲边、以$[x_{i-1},x_{i+1}]$为底的曲边梯形面积为

$$\frac{1}{6}(y_{i-1}+4y_i+y_{i+1})\cdot 2\Delta x=\frac{b-a}{3n}(y_{i-1}+4y_i+y_{i+1}).$$

取 n 为偶数，得到定积分的近似值为

$$\begin{aligned}\int_a^b f(x)\mathrm{d}x &\approx \frac{b-a}{3n}[(y_0+4y_1+y_2)+(y_2+4y_3+y_4)+\cdots+(y_{n-2}+4y_{n-1}+y_n)]\\ &= \frac{b-a}{3n}[y_0+y_n+4(y_1+y_3+\cdots+y_{n-1})+2(y_2+y_4+\cdots+y_{n-2})].\end{aligned} \tag{1-6}$$

例 2　按梯形法公式(1-5)和抛物线法公式(1-6)计算定积分 $\int_0^1 \frac{4}{1+x^2}\mathrm{d}x$ 的近似值(取 $n=10$，计算时取 5 位小数).

解　计算 y_i 并列表：

i	x_i	y_i
0	0.0	4.000 00
1	0.1	3.960 40
2	0.2	3.846 15
3	0.3	3.669 72
4	0.4	3.448 28
5	0.5	3.200 00
6	0.6	2.941 18
7	0.7	2.684 56
8	0.8	2.439 02
9	0.9	2.209 94
10	1.0	2.000 00

按梯形法公式(1-5)求得近似值为

$$S_1 = 3.139\ 93,$$

按抛物线法公式(1-6)求得近似值为

$$S_2 = 3.141\ 59.$$

本例所给积分的精确值为

$$\int_0^1 \frac{4}{1+x^2}\mathrm{d}x = \pi = 3.141\ 592\ 6\cdots,$$

用 S_2 作为所给积分的近似值,误差小于 10^{-5}.

计算定积分的近似值的方法很多,这里不再作介绍. 随着计算机应用的普及,定积分的近似计算已变得更为方便,现在已有很多现成的数学软件可用于定积分的近似计算.

四、定积分的性质

为了以后计算及应用方便起见,对定积分作以下两点补充规定:

(1) 当 $b=a$ 时, $\int_a^a f(x)\mathrm{d}x = 0$;

(2) 当 $a>b$ 时, $\int_a^b f(x)\mathrm{d}x = -\int_b^a f(x)\mathrm{d}x$.

由上式可知,交换定积分的上下限时,定积分的绝对值不变而符号相反.

下面讨论定积分的性质. 下列各性质中积分上下限的大小,如不特别指明,均不加限制,并假定各性质中所列出的定积分都是存在的.

性质 1　设 α 与 β 均为常数,则

$$\int_a^b [\alpha f(x) + \beta g(x)]\mathrm{d}x = \alpha\int_a^b f(x)\mathrm{d}x + \beta\int_a^b g(x)\mathrm{d}x.$$

证

$$\begin{aligned}\int_a^b [\alpha f(x)+\beta g(x)]\mathrm{d}x &= \lim_{\lambda\to 0}\sum_{i=1}^n [\alpha f(\xi_i)+\beta g(\xi_i)]\Delta x_i \\ &= \lim_{\lambda\to 0}\alpha\sum_{i=1}^n f(\xi_i)\Delta x_i + \lim_{\lambda\to 0}\beta\sum_{i=1}^n g(\xi_i)\Delta x_i \\ &= \alpha\int_a^b f(x)\mathrm{d}x + \beta\int_a^b g(x)\mathrm{d}x.\end{aligned}$$

性质 1 对于任意有限个函数的线性组合也是成立的.

性质 2　设 $a<c<b$,则

$$\int_a^b f(x)\mathrm{d}x = \int_a^c f(x)\mathrm{d}x + \int_c^b f(x)\mathrm{d}x.$$

证　因为函数$f(x)$在区间$[a,b]$上可积,所以不论把$[a,b]$怎样分,积分和的极限总是不变的.因此,在分区间时,可以使c永远是个分点.那么,$[a,b]$上的积分和等于$[a,c]$上的积分和加$[c,b]$上的积分和,记为

$$\sum_{[a,b]} f(\xi_i)\Delta x_i = \sum_{[a,c]} f(\xi_i)\Delta x_i + \sum_{[c,b]} f(\xi_i)\Delta x_i.$$

令$\lambda\to 0$,上式两端同时取极限,即得

$$\int_a^b f(x)\,\mathrm{d}x = \int_a^c f(x)\,\mathrm{d}x + \int_c^b f(x)\,\mathrm{d}x.$$

这个性质表明定积分对于积分区间具有可加性.

按定积分的补充规定,我们有:不论a,b,c的相对位置如何,总有等式

$$\int_a^b f(x)\,\mathrm{d}x = \int_a^c f(x)\,\mathrm{d}x + \int_c^b f(x)\,\mathrm{d}x$$

成立.例如,当$a<b<c$时,由于

$$\int_a^c f(x)\,\mathrm{d}x = \int_a^b f(x)\,\mathrm{d}x + \int_b^c f(x)\,\mathrm{d}x,$$

于是得

$$\int_a^b f(x)\,\mathrm{d}x = \int_a^c f(x)\,\mathrm{d}x - \int_b^c f(x)\,\mathrm{d}x = \int_a^c f(x)\,\mathrm{d}x + \int_c^b f(x)\,\mathrm{d}x.$$

性质 3　**如果在区间$[a,b]$上$f(x)\equiv 1$,那么**

$$\int_a^b 1\,\mathrm{d}x = \int_a^b \mathrm{d}x = b-a.$$

这个性质的证明请读者自己完成.

性质 4　**如果在区间$[a,b]$上$f(x)\geqslant 0$,那么**

$$\int_a^b f(x)\,\mathrm{d}x \geqslant 0 \quad (a<b).$$

证　因为$f(x)\geqslant 0$,所以

$$f(\xi_i)\geqslant 0 \quad (i=1,2,\cdots,n).$$

又由于$\Delta x_i\geqslant 0\ (i=1,2,\cdots,n)$,因此

$$\sum_{i=1}^n f(\xi_i)\Delta x_i \geqslant 0,$$

令$\lambda=\max\{\Delta x_1,\cdots,\Delta x_n\}\to 0$,便得要证的不等式.

推论 1　**如果在区间$[a,b]$上$f(x)\leqslant g(x)$,那么**

$$\int_a^b f(x)\,\mathrm{d}x \leqslant \int_a^b g(x)\,\mathrm{d}x \quad (a<b).$$

证　因为$g(x)-f(x)\geqslant 0$,由性质 4 得

$$\int_a^b [g(x)-f(x)]\mathrm{d}x \geqslant 0.$$

再利用性质 1,便得要证的不等式.

推论 2　$\left|\int_a^b f(x)\mathrm{d}x\right| \leqslant \int_a^b |f(x)|\mathrm{d}x \quad (a<b).$

证　因为

$$-|f(x)| \leqslant f(x) \leqslant |f(x)|,$$

所以由推论 1 及性质 1 可得

$$-\int_a^b |f(x)|\mathrm{d}x \leqslant \int_a^b f(x)\mathrm{d}x \leqslant \int_a^b |f(x)|\mathrm{d}x,$$

即

$$\left|\int_a^b f(x)\mathrm{d}x\right| \leqslant \int_a^b |f(x)|\mathrm{d}x.$$

性质 5　**设 M 及 m 分别是函数 $f(x)$ 在区间 $[a,b]$ 上的最大值及最小值,则**

$$m(b-a) \leqslant \int_a^b f(x)\mathrm{d}x \leqslant M(b-a) \quad (a<b).$$

证　因为 $m \leqslant f(x) \leqslant M$,所以由性质 4 的推论 1,得

$$\int_a^b m\mathrm{d}x \leqslant \int_a^b f(x)\mathrm{d}x \leqslant \int_a^b M\mathrm{d}x.$$

再由性质 1 及性质 3,即得所要证的不等式.

这个性质说明,由被积函数在积分区间上的最大值及最小值,可以估计积分值的大致范围. 例如,定积分 $\int_{\frac{1}{2}}^1 x^4\mathrm{d}x$,它的被积函数 $f(x)=x^4$ 在积分区间 $\left[\frac{1}{2},1\right]$ 上是单调增加的,于是有最小值 $m=\left(\frac{1}{2}\right)^4=\frac{1}{16}$、最大值 $M=(1)^4=1$. 由性质 5,得

$$\frac{1}{16}\left(1-\frac{1}{2}\right) \leqslant \int_{\frac{1}{2}}^1 x^4\mathrm{d}x \leqslant 1\cdot\left(1-\frac{1}{2}\right),$$

即

$$\frac{1}{32} \leqslant \int_{\frac{1}{2}}^1 x^4\mathrm{d}x \leqslant \frac{1}{2}.$$

性质 6(定积分中值定理)　**如果函数 $f(x)$ 在积分区间 $[a,b]$ 上连续,那么在 $[a,b]$ 上至少存在一个点 ξ,使下式成立:**

$$\int_a^b f(x)\mathrm{d}x = f(\xi)(b-a) \quad (a \leqslant \xi \leqslant b).$$

这个公式叫做积分中值公式①.

证　把性质 5 中的不等式各边除以 $b-a$,得

$$m \leqslant \frac{1}{b-a}\int_a^b f(x)\,\mathrm{d}x \leqslant M.$$

这表明,确定的数值$\frac{1}{b-a}\int_a^b f(x)\,\mathrm{d}x \in [m,M]$. 根据闭区间上连续函数的介值定理(第一章第十节定理 3)的推论,在$[a,b]$上至少存在一点 ξ,使得函数$f(x)$在点 ξ 处的值与这个确定的数值相等,即应有

$$\frac{1}{b-a}\int_a^b f(x)\,\mathrm{d}x = f(\xi) \quad (a \leqslant \xi \leqslant b).$$

两端各乘 $b-a$,即得所要证的等式.

显然,积分中值公式

$$\int_a^b f(x)\,\mathrm{d}x = f(\xi)(b-a) \quad (\xi \text{ 在 } a \text{ 与 } b \text{ 之间})$$

不论 $a<b$ 或 $a>b$ 都是成立的.

积分中值公式有如下的几何解释:在区间$[a,b]$上至少存在一点 ξ,使得以区间$[a,b]$为底边、以曲线 $y=f(x)$ 为曲边的曲边梯形的面积等于同一底边而高为 $f(\xi)$ 的一个矩形的面积(图 5-5).

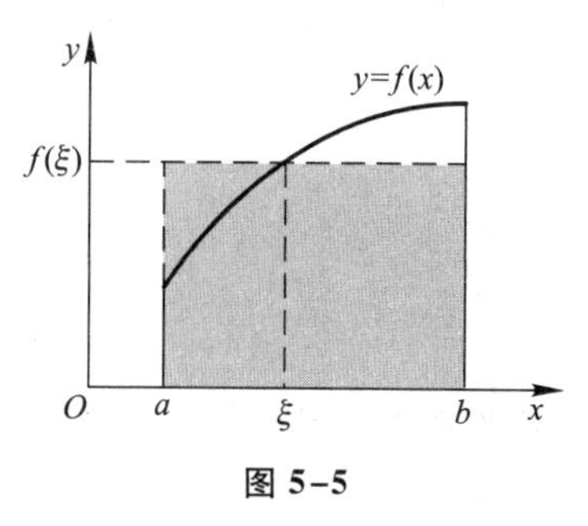

图 5-5

按积分中值公式所得

$$f(\xi) = \frac{1}{b-a}\int_a^b f(x)\,\mathrm{d}x$$

称为函数$f(x)$在区间$[a,b]$上的平均值. 例如按图 5-5,$f(\xi)$可看作图中曲边梯形的平均高度. 又如物体以变速 $v(t)$ 做直线运动,在时间区间$[T_1,T_2]$上经过的路程为$\int_{T_1}^{T_2} v(t)\,\mathrm{d}t$,因此,

$$v(\xi) = \frac{1}{T_2-T_1}\int_{T_1}^{T_2} v(t)\,\mathrm{d}t,\ \xi \in [T_1,T_2]$$

便是运动物体在$[T_1,T_2]$这段时间内的平均速度.

① 可以证明 $\xi \in (a,b)$,参阅同济大学数学系编《高等数学附册　学习辅导与习题选解　同济·第七版》第五章第一节释疑解难 2.

习　题　5-1

*1. 利用定积分的定义计算由抛物线 $y=x^2+1$、两直线 $x=a$、$x=b$ $(b>a)$ 及 x 轴所围成的图形的面积.

*2. 利用定积分的定义计算下列积分:

(1) $\int_a^b x\mathrm{d}x\ (a<b)$;　　(2) $\int_0^1 \mathrm{e}^x\mathrm{d}x$.

3. 利用定积分的几何意义,证明下列等式:

(1) $\int_0^1 2x\mathrm{d}x = 1$;　　(2) $\int_0^1 \sqrt{1-x^2}\,\mathrm{d}x=\frac{\pi}{4}$;

(3) $\int_{-\pi}^{\pi} \sin x\mathrm{d}x=0$;　　(4) $\int_{-\frac{\pi}{2}}^{\frac{\pi}{2}} \cos x\mathrm{d}x=2\int_0^{\frac{\pi}{2}} \cos x\mathrm{d}x$.

4. 利用定积分的几何意义,求下列积分:

(1) $\int_0^t x\mathrm{d}x\ (t>0)$;　　(2) $\int_{-2}^4 \left(\frac{x}{2}+3\right)\mathrm{d}x$;

(3) $\int_{-1}^2 |x|\,\mathrm{d}x$;　　(4) $\int_{-3}^3 \sqrt{9-x^2}\,\mathrm{d}x$.

5. 设 $a<b$,问 a、b 取什么值时,积分 $\int_a^b (x-x^2)\mathrm{d}x$ 取得最大值?

6. 已知 $\ln 2=\int_0^1 \frac{1}{1+x}\mathrm{d}x$,试用抛物线法公式(1-6),求出 $\ln 2$ 的近似值(取 $n=10$,计算时取 4 位小数).

7. 设 $\int_{-1}^1 3f(x)\mathrm{d}x = 18$, $\int_{-1}^3 f(x)\mathrm{d}x = 4$, $\int_{-1}^3 g(x)\mathrm{d}x = 3$. 求

(1) $\int_{-1}^1 f(x)\mathrm{d}x$;　　(2) $\int_1^3 f(x)\mathrm{d}x$;

(3) $\int_3^{-1} g(x)\mathrm{d}x$;　　(4) $\int_{-1}^3 \frac{1}{5}[4f(x)+3g(x)]\mathrm{d}x$.

8. 水利工程中要计算拦水闸门所受的水压力. 已知闸门上水的压强 p 与水深 h 存在函数关系,且有 $p=9.8h$ kN/m². 若闸门高 $H=3$ m,宽 $L=2$ m,求水面与闸门顶相齐时闸门所受的水压力 P.

9. 证明定积分的性质:

(1) $\int_a^b kf(x)\mathrm{d}x = k\int_a^b f(x)\mathrm{d}x$ (k 是常数);

(2) $\int_a^b 1\cdot\mathrm{d}x=\int_a^b \mathrm{d}x = b-a$.

10. 估计下列各积分的值:

(1) $\int_1^4 (x^2+1)\mathrm{d}x$;　　(2) $\int_{\frac{\pi}{4}}^{\frac{5}{4}\pi} (1+\sin^2 x)\mathrm{d}x$;

(3) $\int_{\frac{1}{\sqrt{3}}}^{\sqrt{3}} x\arctan x\mathrm{d}x$；　　　　(4) $\int_{2}^{0} \mathrm{e}^{x^2-x}\mathrm{d}x$.

11. 设$f(x)$在$[0,1]$上连续，证明$\int_0^1 f^2(x)\mathrm{d}x \geqslant \left(\int_0^1 f(x)\mathrm{d}x\right)^2$.

12. 设$f(x)$及$g(x)$在$[a,b]$上连续，证明：

(1) 若在$[a,b]$上，$f(x)\geqslant 0$，且$f(x)\not\equiv 0$，则$\int_a^b f(x)\mathrm{d}x>0$；

(2) 若在$[a,b]$上，$f(x)\geqslant 0$，且$\int_a^b f(x)\mathrm{d}x=0$，则在$[a,b]$上$f(x)\equiv 0$；

(3) 若在$[a,b]$上，$f(x)\leqslant g(x)$，且$\int_a^b f(x)\mathrm{d}x=\int_a^b g(x)\mathrm{d}x$，则在$[a,b]$上$f(x)\equiv g(x)$.

13. 根据定积分的性质及第12题的结论，说明下列各对积分中哪一个的值较大：

(1) $\int_0^1 x^2\mathrm{d}x$还是$\int_0^1 x^3\mathrm{d}x$？

(2) $\int_1^2 x^2\mathrm{d}x$还是$\int_1^2 x^3\mathrm{d}x$？

(3) $\int_1^2 \ln x\mathrm{d}x$还是$\int_1^2 (\ln x)^2\mathrm{d}x$？

(4) $\int_0^1 x\mathrm{d}x$还是$\int_0^1 \ln(1+x)\mathrm{d}x$？

(5) $\int_0^1 \mathrm{e}^x\mathrm{d}x$还是$\int_0^1 (1+x)\mathrm{d}x$？

第二节　微积分基本公式

在第一节中有一个应用定积分的定义计算积分的例子. 从这个例子我们看到，被积函数虽然是简单的幂函数$f(x)=x^2$，但直接按定义来计算它的定积分已经不是很容易的事. 如果被积函数是其他复杂的函数，其困难就更大了. 因此，我们必须寻求计算定积分的新方法.

下面先从实际问题中寻找解决问题的线索. 为此，我们对变速直线运动中遇到的位置函数$s(t)$及速度函数$v(t)$之间的联系作进一步的研究.

一、变速直线运动中位置函数与速度函数之间的联系

有一物体在一直线上运动. 在这直线上取定原点、正方向及长度单位，使它成一数轴. 设时刻t时物体所在位置为$s(t)$，速度为$v(t)$（为了讨论方便起见，可以设$v(t)\geqslant 0$）.

从第一节知道：物体在时间间隔$[T_1,T_2]$内经过的路程可以用速度函数$v(t)$在$[T_1,T_2]$上的定积分

$$\int_{T_1}^{T_2} v(t)\,\mathrm{d}t$$

来表达;另一方面,这段路程又可以通过位置函数 $s(t)$ 在区间 $[T_1,T_2]$ 上的增量

$$s(T_2)-s(T_1)$$

来表达.由此可见,位置函数 $s(t)$ 与速度函数 $v(t)$ 之间有如下关系:

$$\int_{T_1}^{T_2} v(t)\,\mathrm{d}t = s(T_2) - s(T_1). \tag{2-1}$$

因为 $s'(t)=v(t)$,即位置函数 $s(t)$ 是速度函数 $v(t)$ 的原函数,所以关系式(2-1)表示,速度函数 $v(t)$ 在区间 $[T_1,T_2]$ 上的定积分等于 $v(t)$ 的原函数 $s(t)$ 在区间 $[T_1,T_2]$ 上的增量

$$s(T_2)-s(T_1).$$

上述从变速直线运动的路程这个特殊问题中得出来的关系,在一定条件下具有普遍性.事实上,我们将在第三目中证明,如果函数 $f(x)$ 在区间 $[a,b]$ 上连续,那么,$f(x)$ 在区间 $[a,b]$ 上的定积分就等于 $f(x)$ 的原函数(设为 $F(x)$)在区间 $[a,b]$ 上的增量

$$F(b)-F(a).$$

二、积分上限的函数及其导数

设函数 $f(x)$ 在区间 $[a,b]$ 上连续,并且设 x 为 $[a,b]$ 上的一点.我们来考察 $f(x)$ 在部分区间 $[a,x]$ 上的定积分

$$\int_a^x f(x)\,\mathrm{d}x.$$

首先,由于 $f(x)$ 在 $[a,x]$ 上仍旧连续,因此这个定积分存在.这里,x 既表示定积分的上限,又表示积分变量.因为定积分与积分变量的记法无关,所以,为了明确起见,可以把积分变量改用其他符号,例如用 t 表示,则上面的定积分可以写成

$$\int_a^x f(t)\,\mathrm{d}t.$$

如果上限 x 在区间 $[a,b]$ 上任意变动,那么对于每一个取定的 x 值,定积分有一个对应值,所以它在 $[a,b]$ 上定义了一个函数,记作 $\Phi(x)$:

$$\Phi(x)=\int_a^x f(t)\,\mathrm{d}t \quad (a\leqslant x\leqslant b).$$

这个函数 $\Phi(x)$ 具有下面定理 1 所指出的重要性质.

定理 1　如果函数 $f(x)$ 在区间 $[a,b]$ 上连续,那么积分上限的函数

$$\Phi(x)=\int_a^x f(t)\,\mathrm{d}t$$

在$[a,b]$上可导,并且它的导数

$$\Phi'(x)=\frac{\mathrm{d}}{\mathrm{d}x}\int_a^x f(t)\,\mathrm{d}t=f(x)\quad(a\leqslant x\leqslant b).\tag{2-2}$$

证　若 $x\in(a,b)$,设 x 获得增量 Δx,其绝对值足够地小,使得 $x+\Delta x\in(a,b)$,则 $\Phi(x)$(图 5-6,图中 $\Delta x>0$)在 $x+\Delta x$ 处的函数值为

$$\Phi(x+\Delta x)=\int_a^{x+\Delta x}f(t)\,\mathrm{d}t.$$

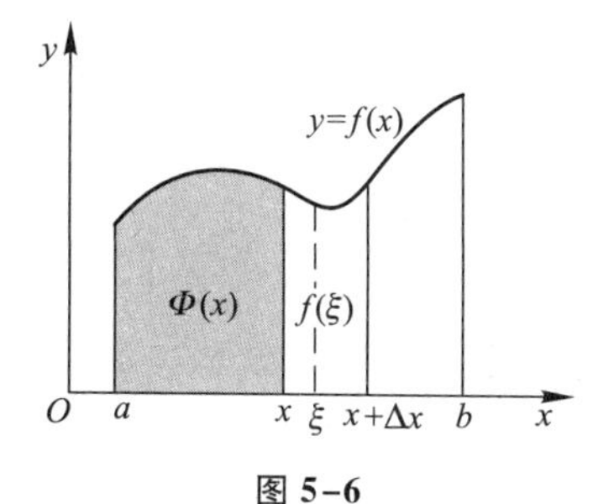

图 5-6

由此得函数的增量

$$\begin{aligned}\Delta\Phi&=\Phi(x+\Delta x)-\Phi(x)\\&=\int_a^{x+\Delta x}f(t)\,\mathrm{d}t-\int_a^x f(t)\,\mathrm{d}t\\&=\int_a^x f(t)\,\mathrm{d}t+\int_x^{x+\Delta x}f(t)\,\mathrm{d}t-\int_a^x f(t)\,\mathrm{d}t\\&=\int_x^{x+\Delta x}f(t)\,\mathrm{d}t.\end{aligned}$$

再应用积分中值定理,即有等式

$$\Delta\Phi=f(\xi)\Delta x,$$

这里,ξ 在 x 与 $x+\Delta x$ 之间. 把上式两端各除以 Δx,得函数增量与自变量增量的比值

$$\frac{\Delta\Phi}{\Delta x}=f(\xi).$$

由于假设 $f(x)$ 在$[a,b]$上连续,而 $\Delta x\to 0$ 时,$\xi\to x$,因此 $\lim\limits_{\Delta x\to 0}f(\xi)=f(x)$. 于是,令 $\Delta x\to 0$ 对上式两端取极限时,左端的极限也应该存在且等于$f(x)$. 这就是说,函数 $\Phi(x)$的导数存在,并且

$$\Phi'(x)=f(x).$$

若 $x=a$,取 $\Delta x>0$,则同理可证 $\Phi'_+(a)=f(a)$;若 $x=b$,取 $\Delta x<0$,则同理可证 $\Phi'_-(b)=f(b)$.

定理 1 证毕.

这个定理指出了一个重要结论:连续函数 $f(x)$取变上限 x 的定积分然后求导,其结果还原为$f(x)$本身. 联想到原函数的定义,就可以从定理 1 推知$\Phi(x)$是连续函数$f(x)$的一个原函数. 因此,我们引出如下的原函数的存在定理.

定理 2　**如果函数$f(x)$在区间$[a,b]$上连续,那么函数**

$$\Phi(x)=\int_a^x f(t)\,\mathrm{d}t\tag{2-3}$$

就是 $f(x)$ 在 $[a,b]$ 上的一个原函数.

这个定理的重要意义是:一方面肯定了连续函数的原函数是存在的,另一方面初步地揭示了积分学中的定积分与原函数之间的联系.因此,我们就有可能通过原函数来计算定积分.

三、牛顿-莱布尼茨公式

现在我们根据定理 2 来证明一个重要定理——微积分基本定理,它给出了用原函数计算定积分的公式.

定理 3(微积分基本定理)　如果函数 $F(x)$ 是连续函数 $f(x)$ 在区间 $[a,b]$ 上的一个原函数,那么

$$\int_a^b f(x)\,\mathrm{d}x=F(b)-F(a). \tag{2-4}$$

证　已知函数 $F(x)$ 是连续函数 $f(x)$ 的一个原函数,又根据定理 2 知道,积分上限的函数

$$\Phi(x)=\int_a^x f(t)\,\mathrm{d}t$$

也是 $f(x)$ 的一个原函数.于是这两个原函数之差 $F(x)-\Phi(x)$ 在 $[a,b]$ 上必定是某一个常数 C(第四章第一节),即

$$F(x)-\Phi(x)=C\quad(a\leqslant x\leqslant b). \tag{2-5}$$

在上式中令 $x=a$,得 $F(a)-\Phi(a)=C$.又由 $\Phi(x)$ 的定义式(2-3)及上节定积分的补充规定(1)可知 $\Phi(a)=0$,因此,$C=F(a)$.以 $F(a)$ 代入(2-5)式中的 C,以 $\int_a^x f(t)\,\mathrm{d}t$ 代入(2-5)式中的 $\Phi(x)$,可得

$$\int_a^x f(t)\,\mathrm{d}t=F(x)-F(a).$$

在上式中令 $x=b$,就得到所要证明的公式(2-4).

由上节定积分的补充规定(2)可知,(2-4)式对 $a>b$ 的情形同样成立.

为了方便起见,以后把 $F(b)-F(a)$ 记成 $[F(x)]_a^b$,于是(2-4)式又可写成

$$\int_a^b f(x)\,\mathrm{d}x=[F(x)]_a^b.$$

公式(2-4)叫做牛顿(Newton)-莱布尼茨(Leibniz)公式[①],也叫做微积分基

① 牛顿(Isaac Newton,1642—1727)　英国数学家、物理学家,微积分的奠基者.牛顿的微积分学说最早的公开表述是在 1687 年出版的巨著《自然哲学之数学原理》中.

莱布尼茨(Gottfried Wilhelm Leibniz,1646—1716)　德国数学家,微积分的另一个奠基者.微积分基本定理的陈述最早出现在莱布尼茨 1677 年的一篇手稿中.

本公式.这个公式进一步揭示了定积分与被积函数的原函数或不定积分之间的联系.它表明:一个连续函数在区间$[a,b]$上的定积分等于它的任一个原函数在区间$[a,b]$上的增量.这就给定积分提供了一个有效而简便的计算方法,大大简化了定积分的计算手续.

下面我们举几个应用公式(2-4)来计算定积分的简单例子.

例 1 计算第一节中的定积分$\int_0^1 x^2\mathrm{d}x$.

解 由于$\frac{x^3}{3}$是x^2的一个原函数,所以按牛顿-莱布尼茨公式,有

$$\int_0^1 x^2\mathrm{d}x=\left[\frac{x^3}{3}\right]_0^1=\frac{1^3}{3}-\frac{0^3}{3}=\frac{1}{3}-0=\frac{1}{3}.$$

例 2 计算$\int_{-1}^{\sqrt{3}}\frac{\mathrm{d}x}{1+x^2}$.

解 由于$\arctan x$是$\frac{1}{1+x^2}$的一个原函数,所以

$$\int_{-1}^{\sqrt{3}}\frac{\mathrm{d}x}{1+x^2}=[\arctan x]_{-1}^{\sqrt{3}}=\arctan\sqrt{3}-\arctan(-1)$$

$$=\frac{\pi}{3}-\left(-\frac{\pi}{4}\right)=\frac{7}{12}\pi.$$

例 3 计算$\int_{-2}^{-1}\frac{\mathrm{d}x}{x}$.

解 当$x<0$时,$\frac{1}{x}$的一个原函数是$\ln|x|$,现在积分区间是$[-2,-1]$,所以按牛顿-莱布尼茨公式,有

$$\int_{-2}^{-1}\frac{\mathrm{d}x}{x}=[\ln|x|]_{-2}^{-1}=\ln 1-\ln 2=-\ln 2.$$

通过例3,我们应该特别注意:公式(2-4)中的函数$F(x)$必须是$f(x)$在该积分区间$[a,b]$上的原函数.

例 4 计算正弦曲线$y=\sin x$在$[0,\pi]$上与x轴所围成的平面图形(图5-7)的面积.

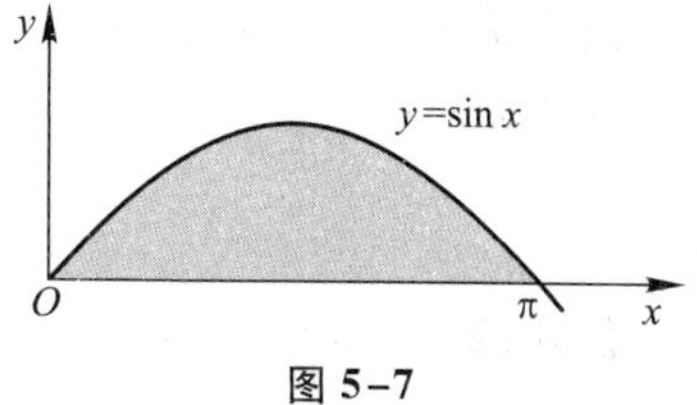

图 5-7

解 这图形是曲边梯形的一个特例.它的面积

$$A=\int_0^{\pi}\sin x\mathrm{d}x.$$

由于$-\cos x$是$\sin x$的一个原函数,所以

$$A=\int_0^{\pi}\sin x\mathrm{d}x=\left[-\cos x\right]_0^{\pi}=-(-1)-(-1)=2.$$

例 5　汽车以每小时 36 km 速度在直道上行驶，到某处需要减速停车. 设汽车以等加速度 $a=-5\ \mathrm{m/s^2}$ 刹车. 问从开始刹车到停车，汽车驶过了多少距离？

解　首先要算出从开始刹车到停车经过的时间. 设开始刹车的时刻为 $t=0$，此时汽车速度

$$v_0=36\ \mathrm{km/h}=\frac{36\times 1\ 000}{3\ 600}\ \mathrm{m/s}=10\ \mathrm{m/s}.$$

刹车后汽车减速行驶，其速度为

$$v(t)=v_0+at=10-5t.$$

当汽车停住时，速度 $v(t)=0$，故从

$$v(t)=10-5t=0$$

解得

$$t=\frac{10}{5}=2(\mathrm{s}).$$

于是在这段时间内，汽车所驶过的距离为

$$s=\int_0^2 v(t)\mathrm{d}t=\int_0^2(10-5t)\mathrm{d}t=\left[10t-5\times\frac{t^2}{2}\right]_0^2=10(\mathrm{m}),$$

即在刹车后，汽车需驶过 10 m 才能停住.

例 6　证明积分中值定理：若函数 $f(x)$ 在闭区间 $[a,b]$ 上连续，则在开区间 (a,b) 内至少存在一点 ξ，使

$$\int_a^b f(x)\mathrm{d}x=f(\xi)(b-a)\quad(a<\xi<b).$$

证　因 $f(x)$ 连续，故它的原函数存在，设为 $F(x)$，即设在 $[a,b]$ 上 $F'(x)=f(x)$. 根据牛顿–莱布尼茨公式，有

$$\int_a^b f(x)\mathrm{d}x=F(b)-F(a).$$

显然函数 $F(x)$ 在区间 $[a,b]$ 上满足微分中值定理的条件，因此按微分中值定理，在开区间 (a,b) 内至少存在一点 ξ，使

$$F(b)-F(a)=F'(\xi)(b-a),\xi\in(a,b),$$

故

$$\int_a^b f(x)\mathrm{d}x=f(\xi)(b-a),\xi\in(a,b).$$

本例的结论是上一节所述积分中值定理的改进. 从本例的证明中不难看出积分中值定理与微分中值定理的联系.

下面再举几个应用公式(2-2)的例子.

例 7　设 $f(x)$ 在 $[0,+\infty)$ 内连续且 $f(x)>0$. 证明函数

$$F(x)=\frac{\int_0^x tf(t)\,\mathrm{d}t}{\int_0^x f(t)\,\mathrm{d}t}$$

在 $(0,+\infty)$ 内为单调增加函数.

证　由公式(2-2),得

$$\frac{\mathrm{d}}{\mathrm{d}x}\int_0^x tf(t)\,\mathrm{d}t=xf(x),\quad \frac{\mathrm{d}}{\mathrm{d}x}\int_0^x f(t)\,\mathrm{d}t=f(x).$$

故

$$F'(x)=\frac{xf(x)\int_0^x f(t)\,\mathrm{d}t-f(x)\int_0^x tf(t)\,\mathrm{d}t}{\left(\int_0^x f(t)\,\mathrm{d}t\right)^2}$$

$$=\frac{f(x)\int_0^x (x-t)f(t)\,\mathrm{d}t}{\left(\int_0^x f(t)\,\mathrm{d}t\right)^2}.$$

按假设,当 $0<t<x$ 时 $f(t)>0$,$(x-t)f(t)>0$,按例 6 所述积分中值定理可知

$$\int_0^x f(t)\,\mathrm{d}t>0,\quad \int_0^x (x-t)f(t)\,\mathrm{d}t>0,$$

所以 $F'(x)>0\ (x>0)$,从而 $F(x)$ 在 $(0,+\infty)$ 内为单调增加函数.

例 8　求 $\lim\limits_{x\to 0}\dfrac{\int_{\cos x}^1 \mathrm{e}^{-t^2}\mathrm{d}t}{x^2}$.

解　易知这是一个 $\dfrac{0}{0}$ 型的未定式,我们利用洛必达法则来计算. 分子可写成

$$-\int_1^{\cos x}\mathrm{e}^{-t^2}\mathrm{d}t,$$

它是以 $\cos x$ 为上限的积分,作为 x 的函数可看成是以 $u=\cos x$ 为中间变量的复合函数,故由公式(2-2)有

$$\begin{aligned}\frac{\mathrm{d}}{\mathrm{d}x}\int_{\cos x}^1 \mathrm{e}^{-t^2}\mathrm{d}t&=-\frac{\mathrm{d}}{\mathrm{d}x}\int_1^{\cos x}\mathrm{e}^{-t^2}\,\mathrm{d}t\\&=-\frac{\mathrm{d}}{\mathrm{d}u}\int_1^u \mathrm{e}^{-t^2}\mathrm{d}t\Big|_{u=\cos x}\cdot(\cos x)'\\&=-\mathrm{e}^{-\cos^2 x}\cdot(-\sin x)=\sin x\,\mathrm{e}^{-\cos^2 x}.\end{aligned}$$

因此

$$\lim_{x\to 0}\frac{\int_{\cos x}^{1}\mathrm{e}^{-t^2}\mathrm{d}t}{x^2}=\lim_{x\to 0}\frac{\sin x\mathrm{e}^{-\cos^2 x}}{2x}=\frac{1}{2\mathrm{e}}.$$

习　题　5-2

1. 试求函数 $y=\int_0^x \sin t\mathrm{d}t$ 当 $x=0$ 及 $x=\frac{\pi}{4}$ 时的导数.

2. 求由参数表达式 $x=\int_0^t \sin u\mathrm{d}u, y=\int_0^t \cos u\mathrm{d}u$ 所确定的函数对 x 的导数 $\frac{\mathrm{d}y}{\mathrm{d}x}$.

3. 求由 $\int_0^y \mathrm{e}^t\mathrm{d}t+\int_0^x \cos t\mathrm{d}t=0$ 所确定的隐函数对 x 的导数 $\frac{\mathrm{d}y}{\mathrm{d}x}$.

4. 当 x 为何值时，函数 $I(x)=\int_0^x t\mathrm{e}^{-t^2}\mathrm{d}t$ 有极值？

5. 计算下列各导数：

(1) $\frac{\mathrm{d}}{\mathrm{d}x}\int_0^{x^2}\sqrt{1+t^2}\mathrm{d}t$；　　(2) $\frac{\mathrm{d}}{\mathrm{d}x}\int_{x^2}^{x^3}\frac{\mathrm{d}t}{\sqrt{1+t^4}}$；

(3) $\frac{\mathrm{d}}{\mathrm{d}x}\int_{\sin x}^{\cos x}\cos(\pi t^2)\mathrm{d}t$.

6. 证明 $f(x)=\int_1^x \sqrt{1+t^3}\mathrm{d}t$ 在 $[-1,+\infty)$ 上是单调增加函数，并求 $(f^{-1})'(0)$.

7. 设 $f(x)$ 具有三阶连续导数，$y=f(x)$ 的图形如图 5-8 所示. 问下列积分中的哪一个积分值为负？

(A) $\int_{-1}^3 f(x)\mathrm{d}x$

(B) $\int_{-1}^3 f'(x)\mathrm{d}x$

(C) $\int_{-1}^3 f''(x)\mathrm{d}x$

(D) $\int_{-1}^3 f'''(x)\mathrm{d}x$

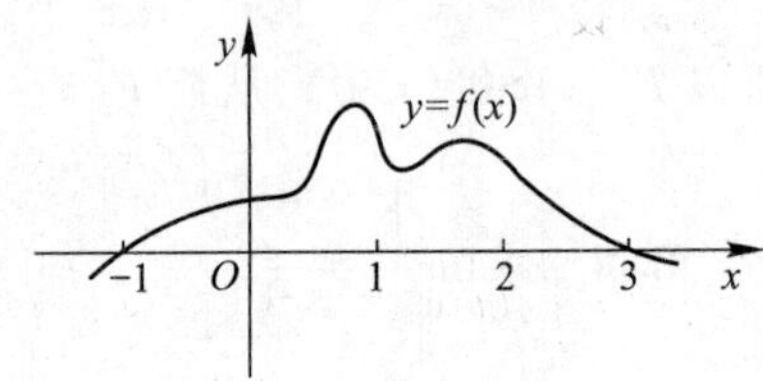

图 5-8

8. 计算下列各定积分：

(1) $\int_0^a (3x^2-x+1)\mathrm{d}x$；　　(2) $\int_1^2 \left(x^2+\frac{1}{x^4}\right)\mathrm{d}x$；

(3) $\int_4^9 \sqrt{x}(1+\sqrt{x})\mathrm{d}x$；　　(4) $\int_{\frac{1}{\sqrt{3}}}^{\sqrt{3}}\frac{\mathrm{d}x}{1+x^2}$；

(5) $\int_{-\frac{1}{2}}^{\frac{1}{2}}\frac{\mathrm{d}x}{\sqrt{1-x^2}}$；　　(6) $\int_0^{\sqrt{3}a}\frac{\mathrm{d}x}{a^2+x^2}$；

(7) $\int_0^1 \frac{\mathrm{d}x}{\sqrt{4-x^2}}$；　　(8) $\int_{-1}^0 \frac{3x^4+3x^2+1}{x^2+1}\mathrm{d}x$；

(9) $\int_{-\mathrm{e}-1}^{-2}\frac{\mathrm{d}x}{1+x}$；　　(10) $\int_0^{\frac{\pi}{4}}\tan^2\theta\mathrm{d}\theta$；

(11) $\int_0^{2\pi} |\sin x| \mathrm{d}x$;

(12) $\int_0^2 f(x)\mathrm{d}x$,其中 $f(x) = \begin{cases} x+1, & x \leqslant 1, \\ \frac{1}{2}x^2, & x > 1. \end{cases}$

9. 设 $k \in \mathbf{N}_+$. 试证下列各题:

(1) $\int_{-\pi}^{\pi} \cos kx\mathrm{d}x = 0$;　　(2) $\int_{-\pi}^{\pi} \sin kx\mathrm{d}x = 0$;

(3) $\int_{-\pi}^{\pi} \cos^2 kx\mathrm{d}x = \pi$;　　(4) $\int_{-\pi}^{\pi} \sin^2 kx\mathrm{d}x = \pi$.

10. 设 k、$l \in \mathbf{N}_+$,且 $k \neq l$. 证明:

(1) $\int_{-\pi}^{\pi} \cos kx\sin lx\mathrm{d}x = 0$;　　(2) $\int_{-\pi}^{\pi} \cos kx\cos lx\mathrm{d}x = 0$;

(3) $\int_{-\pi}^{\pi} \sin kx\sin lx\mathrm{d}x = 0$.

11. 求下列极限:

(1) $\lim\limits_{x\to 0}\dfrac{\int_0^x \cos t^2\mathrm{d}t}{x}$;　　(2) $\lim\limits_{x\to 0}\dfrac{\left(\int_0^x \mathrm{e}^{t^2}\mathrm{d}t\right)^2}{\int_0^x t\mathrm{e}^{2t^2}\mathrm{d}t}$.

12. 设

$$f(x) = \begin{cases} x^2, & x \in [0,1), \\ x, & x \in [1,2]. \end{cases}$$

求 $\Phi(x) = \int_0^x f(t)\mathrm{d}t$ 在 $[0,2]$ 上的表达式,并讨论 $\Phi(x)$ 在 $(0,2)$ 内的连续性.

13. 设

$$f(x) = \begin{cases} \frac{1}{2}\sin x, & 0 \leqslant x \leqslant \pi, \\ 0, & x<0 \text{ 或 } x>\pi. \end{cases}$$

求 $\Phi(x) = \int_0^x f(t)\mathrm{d}t$ 在 $(-\infty, +\infty)$ 内的表达式.

14. 设 $f(x)$ 在 $[a,b]$ 上连续,在 (a,b) 内可导且 $f'(x) \leqslant 0$,

$$F(x) = \frac{1}{x-a}\int_a^x f(t)\mathrm{d}t.$$

证明在 (a,b) 内有 $F'(x) \leqslant 0$.

15. 设 $F(x) = \int_0^x \frac{\sin t}{t}\mathrm{d}t$,求 $F'(0)$.

16. 设 $f(x)$ 在 $[0,+\infty)$ 内连续,且 $\lim\limits_{x\to+\infty} f(x) = 1$. 证明函数

$$y = \mathrm{e}^{-x}\int_0^x \mathrm{e}^t f(t)\mathrm{d}t$$

满足方程 $\frac{\mathrm{d}y}{\mathrm{d}x} + y = f(x)$,并求 $\lim\limits_{x\to+\infty} y(x)$.

第三节　定积分的换元法和分部积分法

由上节结果知道,计算定积分 $\int_a^b f(x)\,\mathrm{d}x$ 的简便方法是把它转化为求 $f(x)$ 的原函数的增量. 在第四章中,我们知道用换元积分法和分部积分法可以求出一些函数的原函数. 因此,在一定条件下,可以用换元积分法和分部积分法来计算定积分. 下面就来讨论定积分的这两种计算方法.

一、定积分的换元法

为了说明如何用换元法来计算定积分,先证明下面的定理:

定理　假设函数 $f(x)$ 在区间 $[a,b]$ 上连续,函数 $x=\varphi(t)$ 满足条件:

(1) $\varphi(\alpha)=a,\varphi(\beta)=b$;

(2) $\varphi(t)$ 在 $[\alpha,\beta]$ (或 $[\beta,\alpha]$) 上具有连续导数,且其值域 $R_\varphi=[a,b]$①,则有

$$\int_a^b f(x)\,\mathrm{d}x=\int_\alpha^\beta f[\varphi(t)]\varphi'(t)\,\mathrm{d}t. \tag{3-1}$$

公式(3-1)叫做定积分的换元公式.

证　由假设可以知道,上式两边的被积函数都是连续的,因此不仅上式两边的定积分都存在,而且由上节的定理 2 知道,被积函数的原函数也都存在. 所以,(3-1)式两边的定积分都可应用牛顿-莱布尼茨公式. 假设 $F(x)$ 是 $f(x)$ 的一个原函数,则

$$\int_a^b f(x)\,\mathrm{d}x=F(b)-F(a).$$

另一方面,记 $\Phi(t)=F[\varphi(t)]$,它是由 $F(x)$ 与 $x=\varphi(t)$ 复合而成的函数. 由复合函数求导法则,得

$$\Phi'(t)=\frac{\mathrm{d}F}{\mathrm{d}x}\cdot\frac{\mathrm{d}x}{\mathrm{d}t}=f(x)\varphi'(t)=f[\varphi(t)]\varphi'(t).$$

这表明 $\Phi(t)$ 是 $f[\varphi(t)]\varphi'(t)$ 的一个原函数. 因此有

$$\int_\alpha^\beta f[\varphi(t)]\varphi'(t)\,\mathrm{d}t=\Phi(\beta)-\Phi(\alpha).$$

又由 $\Phi(t)=F[\varphi(t)]$ 及 $\varphi(\alpha)=a,\varphi(\beta)=b$ 可知

---

① 当 $\varphi(t)$ 的值域 R_φ 超出 $[a,b]$,但 $\varphi(t)$ 满足其余条件时,只要 $f(x)$ 在 R_φ 上连续,则定理的结论仍成立.

$$\Phi(\beta)-\Phi(\alpha)=F[\varphi(\beta)]-F[\varphi(\alpha)]=F(b)-F(a).$$

所以

$$\int_a^b f(x)\,dx=F(b)-F(a)=\Phi(\beta)-\Phi(\alpha)$$
$$=\int_\alpha^\beta f[\varphi(t)]\varphi'(t)\,dt.$$

这就证明了换元公式.

在定积分 $\int_a^b f(x)\,dx$ 中的 dx,本来是整个定积分记号中不可分割的一部分,但由上述定理可知,在一定条件下,它确实可以作为微分记号来对待.这就是说,应用换元公式时,如果把 $\int_a^b f(x)\,dx$ 中的 x 换成 $\varphi(t)$,则 dx 就换成 $\varphi'(t)\,dt$,这正好是 $x=\varphi(t)$ 的微分 dx.

应用换元公式时有两点值得注意:(1) 用 $x=\varphi(t)$ 把原来变量 x 代换成新变量 t 时,积分限也要换成相应于新变量 t 的积分限;(2) 求出 $f[\varphi(t)]\varphi'(t)$ 的一个原函数 $\Phi(t)$ 后,不必像计算不定积分那样再要把 $\Phi(t)$ 变换成原来变量 x 的函数,而只要把新变量 t 的上、下限分别代入 $\Phi(t)$ 中然后相减就行了.

例 1 计算 $\int_0^a \sqrt{a^2-x^2}\,dx\quad(a>0)$.

解 设 $x=a\sin t$,则 $dx=a\cos t\,dt$,

$$\text{当 } x=0 \text{ 时,取 } t=0;\quad \text{当 } x=a \text{ 时,取 } t=\frac{\pi}{2}.$$

于是

$$\int_0^a \sqrt{a^2-x^2}\,dx=a^2\int_0^{\frac{\pi}{2}}\cos^2 t\,dt=\frac{a^2}{2}\int_0^{\frac{\pi}{2}}(1+\cos 2t)\,dt$$
$$=\frac{a^2}{2}\left[t+\frac{1}{2}\sin 2t\right]_0^{\frac{\pi}{2}}=\frac{\pi a^2}{4}.$$

换元公式也可反过来使用.为使用方便起见,把换元公式中左右两边对调位置,同时把 t 改记为 x,而 x 改记为 t,得

$$\int_a^b f[\varphi(x)]\varphi'(x)\,dx=\int_\alpha^\beta f(t)\,dt.$$

这样,我们可用 $t=\varphi(x)$ 来引入新变量 t,而 $\alpha=\varphi(a)$,$\beta=\varphi(b)$.

例 2 计算 $\int_0^{\frac{\pi}{2}}\cos^5 x\sin x\,dx$.

解 设 $t=\cos x$,则 $dt=-\sin x\,dx$,且

$$\text{当 } x=0 \text{ 时},t=1;\quad \text{当 } x=\frac{\pi}{2}\text{ 时},t=0.$$

于是

$$\int_0^{\frac{\pi}{2}}\cos^5 x\sin x\mathrm{d}x=-\int_1^0 t^5\mathrm{d}t=\int_0^1 t^5\mathrm{d}t=\left[\frac{t^6}{6}\right]_0^1=\frac{1}{6}.$$

在例 2 中,如果我们不明显地写出新变量 t,那么定积分的上、下限就不要变更. 现在用这种记法写出计算过程如下:

$$\int_0^{\frac{\pi}{2}}\cos^5 x\sin x\mathrm{d}x=-\int_0^{\frac{\pi}{2}}\cos^5 x\mathrm{d}(\cos x)$$

$$=-\left[\frac{\cos^6 x}{6}\right]_0^{\frac{\pi}{2}}=-\left(0-\frac{1}{6}\right)=\frac{1}{6}.$$

例 3 计算 $\int_0^{\pi}\sqrt{\sin^3 x-\sin^5 x}\,\mathrm{d}x$.

解 由于 $\sqrt{\sin^3 x-\sin^5 x}=\sqrt{\sin^3 x(1-\sin^2 x)}=\sin^{\frac{3}{2}}x\cdot|\cos x|$,在 $\left[0,\frac{\pi}{2}\right]$ 上,$|\cos x|=\cos x$;在 $\left[\frac{\pi}{2},\pi\right]$ 上,$|\cos x|=-\cos x$,所以

$$\int_0^{\pi}\sqrt{\sin^3 x-\sin^5 x}\,\mathrm{d}x=\int_0^{\frac{\pi}{2}}\sin^{\frac{3}{2}}x\cos x\mathrm{d}x+\int_{\frac{\pi}{2}}^{\pi}\sin^{\frac{3}{2}}x(-\cos x)\mathrm{d}x$$

$$=\int_0^{\frac{\pi}{2}}\sin^{\frac{3}{2}}x\mathrm{d}(\sin x)-\int_{\frac{\pi}{2}}^{\pi}\sin^{\frac{3}{2}}x\mathrm{d}(\sin x)$$

$$=\left[\frac{2}{5}\sin^{\frac{5}{2}}x\right]_0^{\frac{\pi}{2}}-\left[\frac{2}{5}\sin^{\frac{5}{2}}x\right]_{\frac{\pi}{2}}^{\pi}$$

$$=\frac{2}{5}-\left(-\frac{2}{5}\right)=\frac{4}{5}.$$

注意 如果忽略 $\cos x$ 在 $\left[\frac{\pi}{2},\pi\right]$ 上非正,而按

$$\sqrt{\sin^3 x-\sin^5 x}=\sin^{\frac{3}{2}}x\cos x$$

计算,将导致错误.

例 4 计算 $\int_0^4\frac{x+2}{\sqrt{2x+1}}\mathrm{d}x$.

解 设 $\sqrt{2x+1}=t$,则 $x=\frac{t^2-1}{2}$,$\mathrm{d}x=t\mathrm{d}t$,且

当 $x=0$ 时,$t=1$;当 $x=4$ 时,$t=3$.

于是

$$\int_0^4\frac{x+2}{\sqrt{2x+1}}\mathrm{d}x=\int_1^3\frac{\frac{t^2-1}{2}+2}{t}t\mathrm{d}t=\frac{1}{2}\int_1^3(t^2+3)\mathrm{d}t$$

$$=\frac{1}{2}\left[\frac{t^{3}}{3}+3t\right]_{1}^{3}=\frac{1}{2}\left[\left(\frac{27}{3}+9\right)-\left(\frac{1}{3}+3\right)\right]=\frac{22}{3}.$$

例 5　证明：

(1) 若 $f(x)$ 在 $[-a,a]$ 上连续且为偶函数，则

$$\int_{-a}^{a} f(x)\,\mathrm{d}x = 2\int_{0}^{a} f(x)\,\mathrm{d}x\ ;$$

(2) 若 $f(x)$ 在 $[-a,a]$ 上连续且为奇函数，则

$$\int_{-a}^{a} f(x)\,\mathrm{d}x = 0\ .$$

证　因为

$$\int_{-a}^{a} f(x)\,\mathrm{d}x = \int_{-a}^{0} f(x)\,\mathrm{d}x + \int_{0}^{a} f(x)\,\mathrm{d}x\ ,$$

对积分 $\int_{-a}^{0} f(x)\,\mathrm{d}x$ 作代换 $x=-t$，则得

$$\int_{-a}^{0} f(x)\,\mathrm{d}x=-\int_{a}^{0} f(-t)\,\mathrm{d}t=\int_{0}^{a} f(-t)\,\mathrm{d}t=\int_{0}^{a} f(-x)\,\mathrm{d}x\ ,$$

于是

$$\begin{aligned}\int_{-a}^{a} f(x)\,\mathrm{d}x &= \int_{0}^{a} f(-x)\,\mathrm{d}x + \int_{0}^{a} f(x)\,\mathrm{d}x \\ &= \int_{0}^{a}[f(x)+f(-x)]\,\mathrm{d}x\ .\end{aligned}$$

(1) 若 $f(x)$ 为偶函数，则

$$f(x)+f(-x)=2f(x)\ ,$$

从而

$$\int_{-a}^{a} f(x)\,\mathrm{d}x = 2\int_{0}^{a} f(x)\,\mathrm{d}x\ .$$

(2) 若 $f(x)$ 为奇函数，则

$$f(x)+f(-x)=0\ ,$$

从而

$$\int_{-a}^{a} f(x)\,\mathrm{d}x = 0.$$

利用例 5 的结论，常可简化计算偶函数、奇函数在对称于原点的区间上的定积分.

例 6　设 $f(x)$ 在 $[0,1]$ 上连续，证明：

(1) $\int_{0}^{\frac{\pi}{2}} f(\sin x)\,\mathrm{d}x = \int_{0}^{\frac{\pi}{2}} f(\cos x)\,\mathrm{d}x$;

(2) $\int_{0}^{\pi} x f(\sin x)\,\mathrm{d}x = \frac{\pi}{2}\int_{0}^{\pi} f(\sin x)\,\mathrm{d}x$，由此计算

$$\int_0^{\pi}\frac{x\sin x}{1+\cos^2 x}\mathrm{d}x.$$

证　(1) 设 $x=\frac{\pi}{2}-t$,则 $\mathrm{d}x=-\mathrm{d}t$,且

$$当\ x=0\ 时,t=\frac{\pi}{2};\ 当\ x=\frac{\pi}{2}时,t=0.$$

于是

$$\int_0^{\frac{\pi}{2}}f(\sin x)\,\mathrm{d}x=-\int_{\frac{\pi}{2}}^{0}f\left[\sin\left(\frac{\pi}{2}-t\right)\right]\mathrm{d}t$$

$$=\int_0^{\frac{\pi}{2}}f(\cos t)\,\mathrm{d}t=\int_0^{\frac{\pi}{2}}f(\cos x)\,\mathrm{d}x.$$

(2) 设 $x=\pi-t$,则 $\mathrm{d}x=-\mathrm{d}t$,且

$$当\ x=0\ 时,t=\pi;\ 当\ x=\pi\ 时,t=0.$$

于是

$$\int_0^{\pi}xf(\sin x)\,\mathrm{d}x=-\int_{\pi}^{0}(\pi-t)f[\sin(\pi-t)]\,\mathrm{d}t$$

$$=\int_0^{\pi}(\pi-t)f(\sin t)\,\mathrm{d}t$$

$$=\pi\int_0^{\pi}f(\sin t)\,\mathrm{d}t-\int_0^{\pi}tf(\sin t)\,\mathrm{d}t$$

$$=\pi\int_0^{\pi}f(\sin x)\,\mathrm{d}x-\int_0^{\pi}xf(\sin x)\,\mathrm{d}x,$$

所以

$$\int_0^{\pi}xf(\sin x)\,\mathrm{d}x=\frac{\pi}{2}\int_0^{\pi}f(\sin x)\,\mathrm{d}x.$$

利用上述结论,即得

$$\int_0^{\pi}\frac{x\sin x}{1+\cos^2 x}\mathrm{d}x=\frac{\pi}{2}\int_0^{\pi}\frac{\sin x}{1+\cos^2 x}\mathrm{d}x=-\frac{\pi}{2}\int_0^{\pi}\frac{\mathrm{d}(\cos x)}{1+\cos^2 x}$$

$$=-\frac{\pi}{2}\left[\arctan(\cos x)\right]_0^{\pi}$$

$$=-\frac{\pi}{2}\left(-\frac{\pi}{4}-\frac{\pi}{4}\right)=\frac{\pi^2}{4}.$$

例 7　设 $f(x)$ 是连续的周期函数,周期为 T,证明:

(1) $\int_a^{a+T}f(x)\,\mathrm{d}x=\int_0^{T}f(x)\,\mathrm{d}x$;

(2) $\int_a^{a+nT}f(x)\,\mathrm{d}x=n\int_0^{T}f(x)\,\mathrm{d}x\ (n\in\mathbf{N})$,由此计算

$$\int_0^{n\pi}\sqrt{1+\sin 2x}\,\mathrm{d}x.$$

证 (1) 记 $\Phi(a)=\int_a^{a+T}f(x)\,\mathrm{d}x$，则

$$\Phi'(a)=\left[\int_0^{a+T}f(x)\,\mathrm{d}x-\int_0^{a}f(x)\,\mathrm{d}x\right]'=f(a+T)-f(a)=0,$$

知 $\Phi(a)$ 与 a 无关，因此 $\Phi(a)=\Phi(0)$，即

$$\int_a^{a+T}f(x)\,\mathrm{d}x=\int_0^{T}f(x)\,\mathrm{d}x.$$

(2) $\int_a^{a+nT}f(x)\,\mathrm{d}x=\sum\limits_{k=0}^{n-1}\int_{a+kT}^{a+kT+T}f(x)\,\mathrm{d}x$，由(1)知

$$\int_{a+kT}^{a+kT+T}f(x)\,\mathrm{d}x=\int_0^{T}f(x)\,\mathrm{d}x,$$

因此

$$\int_a^{a+nT}f(x)\,\mathrm{d}x=n\int_0^{T}f(x)\,\mathrm{d}x.$$

由于 $\sqrt{1+\sin 2x}$ 是以 π 为周期的周期函数，利用上述结论，有

$$\begin{aligned}\int_0^{n\pi}\sqrt{1+\sin 2x}\,\mathrm{d}x&=n\int_0^{\pi}\sqrt{1+\sin 2x}\,\mathrm{d}x=n\int_0^{\pi}|\sin x+\cos x|\,\mathrm{d}x\\&=\sqrt{2}n\int_0^{\pi}\left|\sin\left(x+\frac{\pi}{4}\right)\right|\mathrm{d}x=\sqrt{2}n\int_{\frac{\pi}{4}}^{\frac{5\pi}{4}}|\sin t|\,\mathrm{d}t\\&=\sqrt{2}n\int_0^{\pi}|\sin t|\,\mathrm{d}t=\sqrt{2}n\int_0^{\pi}\sin t\mathrm{d}t=2\sqrt{2}n.\end{aligned}$$

例 8 计算 $\int_0^3\frac{x^2}{(x^2-3x+3)^2}\mathrm{d}x$.

解 $x^2-3x+3=\left(x-\frac{3}{2}\right)^2+\frac{3}{4}$，令 $x-\frac{3}{2}=\frac{\sqrt{3}}{2}\tan u\ \left(|u|<\frac{\pi}{2}\right)$，则

$$(x^2-3x+3)^2=\left(\frac{3}{4}\sec^2 u\right)^2=\frac{9}{16}\sec^4 u,\mathrm{d}x=\frac{\sqrt{3}}{2}\sec^2 u\mathrm{d}u.$$

$$当\ x=0\ 时，u=-\frac{\pi}{3};\ x=3\ 时，u=\frac{\pi}{3}.$$

于是

$$\begin{aligned}\int_0^3\frac{x^2}{(x^2-3x+3)^2}\mathrm{d}x&=\int_{-\frac{\pi}{3}}^{\frac{\pi}{3}}\left(\frac{3}{4}\tan^2 u+\frac{3\sqrt{3}}{2}\tan u+\frac{9}{4}\right)\cdot\frac{16}{9}\cdot\frac{\sqrt{3}}{2}\cos^2 u\mathrm{d}u\\&=\frac{8}{3\sqrt{3}}\cdot 2\int_0^{\frac{\pi}{3}}\left(\frac{3}{4}\tan^2 u+\frac{9}{4}\right)\cos^2 u\mathrm{d}u\end{aligned}$$

$$=\frac{4}{\sqrt{3}}\int_0^{\frac{\pi}{3}}(\sin^2 u+3\cos^2 u)\mathrm{d}u=\frac{4}{\sqrt{3}}\int_0^{\frac{\pi}{3}}(2+\cos 2u)\mathrm{d}u$$

$$=\frac{4}{\sqrt{3}}\left[2u+\frac{1}{2}\sin 2u\right]_0^{\frac{\pi}{3}}=\frac{8\pi}{3\sqrt{3}}+1.$$

例 9　设函数

$$f(x)=\begin{cases}\dfrac{1}{1+\cos x}, & -\pi<x<0,\\ x\mathrm{e}^{-x^2}, & x\geqslant 0,\end{cases}$$

计算 $\int_1^4 f(x-2)\mathrm{d}x$.

解　设 $x-2=t$,则 $\mathrm{d}x=\mathrm{d}t$,且

当 $x=1$ 时,$t=-1$;当 $x=4$ 时,$t=2$.

于是

$$\int_1^4 f(x-2)\mathrm{d}x=\int_{-1}^2 f(t)\mathrm{d}t=\int_{-1}^0\frac{\mathrm{d}t}{1+\cos t}+\int_0^2 t\mathrm{e}^{-t^2}\mathrm{d}t$$

$$=\left[\tan\frac{t}{2}\right]_{-1}^0-\left[\frac{1}{2}\mathrm{e}^{-t^2}\right]_0^2=\tan\frac{1}{2}-\frac{1}{2}\mathrm{e}^{-4}+\frac{1}{2}.$$

二、定积分的分部积分法

依据不定积分的分部积分法,可得

$$\int_a^b u(x)v'(x)\mathrm{d}x=\left[\int u(x)v'(x)\mathrm{d}x\right]_a^b$$

$$=\left[u(x)v(x)-\int v(x)u'(x)\mathrm{d}x\right]_a^b$$

$$=[u(x)v(x)]_a^b-\int_a^b v(x)u'(x)\mathrm{d}x, \qquad (3-2)$$

简记作

$$\int_a^b uv'\mathrm{d}x=[uv]_a^b-\int_a^b vu'\mathrm{d}x,$$

或

$$\int_a^b u\mathrm{d}v=[uv]_a^b-\int_a^b v\mathrm{d}u.$$

公式(3-2)叫做定积分的分部积分公式.公式表明原函数已经积出的部分可以先用上、下限代入.

例 10　计算 $\int_0^{\frac{1}{2}} \arcsin x\mathrm{d}x$.

解　$$\int_0^{\frac{1}{2}} \arcsin x\mathrm{d}x = [x\arcsin x]_0^{\frac{1}{2}} - \int_0^{\frac{1}{2}} \frac{x}{\sqrt{1-x^2}}\mathrm{d}x$$

$$= \frac{1}{2}\cdot\frac{\pi}{6} + [\sqrt{1-x^2}]_0^{\frac{1}{2}} = \frac{\pi}{12} + \frac{\sqrt{3}}{2} - 1.$$

例 11　计算 $\int_0^1 \mathrm{e}^{\sqrt{x}}\mathrm{d}x$.

解　先用换元法. 令 $\sqrt{x}=t$，则 $x=t^2$，$\mathrm{d}x=2t\mathrm{d}t$，且

当 $x=0$ 时，$t=0$；当 $x=1$ 时，$t=1$.

于是

$$\int_0^1 \mathrm{e}^{\sqrt{x}}\mathrm{d}x = 2\int_0^1 t\mathrm{e}^t\mathrm{d}t = 2\int_0^1 t\mathrm{d}(\mathrm{e}^t) = 2\left([t\mathrm{e}^t]_0^1 - \int_0^1 \mathrm{e}^t\mathrm{d}t\right)$$

$$= 2(\mathrm{e}-[\mathrm{e}^t]_0^1) = 2[\mathrm{e}-(\mathrm{e}-1)] = 2.$$

例 12　证明定积分公式（见附录Ⅳ积分表公式 147）：

$$I_n = \int_0^{\frac{\pi}{2}} \sin^n x\mathrm{d}x\left(= \int_0^{\frac{\pi}{2}} \cos^n x\mathrm{d}x\right)$$

$$=\begin{cases} \dfrac{n-1}{n}\cdot\dfrac{n-3}{n-2}\cdot\cdots\cdot\dfrac{3}{4}\cdot\dfrac{1}{2}\cdot\dfrac{\pi}{2}, n\text{ 为正偶数}, \\ \dfrac{n-1}{n}\cdot\dfrac{n-3}{n-2}\cdot\cdots\cdot\dfrac{4}{5}\cdot\dfrac{2}{3}, n\text{ 为大于 1 的正奇数}. \end{cases}$$

证　$$I_n = -\int_0^{\frac{\pi}{2}} \sin^{n-1}x\mathrm{d}(\cos x)$$

$$= [-\cos x\sin^{n-1}x]_0^{\frac{\pi}{2}} + (n-1)\int_0^{\frac{\pi}{2}} \sin^{n-2}x\cos^2 x\mathrm{d}x .$$

右端第一项等于零；将第二项里的 $\cos^2 x$ 写成 $1-\sin^2 x$，并把积分分成两个，得

$$I_n = (n-1)\int_0^{\frac{\pi}{2}} \sin^{n-2}x\mathrm{d}x - (n-1)\int_0^{\frac{\pi}{2}} \sin^n x\mathrm{d}x$$

$$= (n-1)I_{n-2} - (n-1)I_n,$$

由此得

$$I_n = \frac{n-1}{n}I_{n-2}.$$

这个等式叫做积分 I_n 关于下标的递推公式.

如果把 n 换成 $n-2$，那么得

$$I_{n-2}=\frac{n-3}{n-2}I_{n-4}.$$

同样地依次进行下去，直到 I_n 的下标递减到 0 或 1 为止. 于是，

$$I_{2m}=\frac{2m-1}{2m}\cdot\frac{2m-3}{2m-2}\cdot\cdots\cdot\frac{5}{6}\cdot\frac{3}{4}\cdot\frac{1}{2}I_0,$$

$$I_{2m+1}=\frac{2m}{2m+1}\cdot\frac{2m-2}{2m-1}\cdot\cdots\cdot\frac{6}{7}\cdot\frac{4}{5}\cdot\frac{2}{3}I_1\ (m=1,2,\cdots),$$

而

$$I_0=\int_0^{\frac{\pi}{2}}\mathrm{d}x=\frac{\pi}{2},\quad I_1=\int_0^{\frac{\pi}{2}}\sin x\mathrm{d}x=1,$$

因此

$$I_{2m}=\frac{2m-1}{2m}\cdot\frac{2m-3}{2m-2}\cdot\cdots\cdot\frac{5}{6}\cdot\frac{3}{4}\cdot\frac{1}{2}\cdot\frac{\pi}{2},$$

$$I_{2m+1}=\frac{2m}{2m+1}\cdot\frac{2m-2}{2m-1}\cdot\cdots\cdot\frac{6}{7}\cdot\frac{4}{5}\cdot\frac{2}{3}\ (m=1,2,\cdots).$$

至于定积分 $\int_0^{\frac{\pi}{2}}\cos^n x\mathrm{d}x$ 与 $\int_0^{\frac{\pi}{2}}\sin^n x\mathrm{d}x$ 相等，由本节例 6(1) 即可知道，证毕.

习　题　5-3

1. 计算下列定积分：

(1) $\int_{\frac{\pi}{3}}^{\pi}\sin\left(x+\frac{\pi}{3}\right)\mathrm{d}x$；　　(2) $\int_{-2}^{1}\frac{\mathrm{d}x}{(11+5x)^3}$；

(3) $\int_0^{\frac{\pi}{2}}\sin\varphi\cos^3\varphi\mathrm{d}\varphi$；　　(4) $\int_0^{\pi}(1-\sin^3\theta)\mathrm{d}\theta$；

(5) $\int_{\frac{\pi}{6}}^{\frac{\pi}{2}}\cos^2 u\mathrm{d}u$；　　(6) $\int_0^{\sqrt{2}}\sqrt{2-x^2}\,\mathrm{d}x$；

(7) $\int_{-\sqrt{2}}^{\sqrt{2}}\sqrt{8-2y^2}\,\mathrm{d}y$；　　(8) $\int_{\frac{1}{\sqrt{2}}}^{1}\frac{\sqrt{1-x^2}}{x^2}\mathrm{d}x$；

(9) $\int_0^a x^2\sqrt{a^2-x^2}\,\mathrm{d}x\ (a>0)$；　　(10) $\int_1^{\sqrt{3}}\frac{\mathrm{d}x}{x^2\sqrt{1+x^2}}$；

(11) $\int_{-1}^{1}\frac{x\mathrm{d}x}{\sqrt{5-4x}}$；　　(12) $\int_1^4\frac{\mathrm{d}x}{1+\sqrt{x}}$；

(13) $\int_{\frac{3}{4}}^{1}\frac{\mathrm{d}x}{\sqrt{1-x}-1}$；　　(14) $\int_0^{\sqrt{2}a}\frac{x\mathrm{d}x}{\sqrt{3a^2-x^2}}\ (a>0)$；

(15) $\int_0^1 te^{-\frac{t^2}{2}}dt$;　　(16) $\int_1^{e^2}\frac{dx}{x\sqrt{1+\ln x}}$;

(17) $\int_{-2}^0\frac{(x+2)dx}{x^2+2x+2}$;　　(18) $\int_0^2\frac{xdx}{(x^2-2x+2)^2}$;

(19) $\int_{-\pi}^{\pi}x^4\sin xdx$;　　(20) $\int_{-\frac{\pi}{2}}^{\frac{\pi}{2}}4\cos^4\theta d\theta$;

(21) $\int_{-\frac{1}{2}}^{\frac{1}{2}}\frac{(\arcsin x)^2}{\sqrt{1-x^2}}dx$;　　(22) $\int_{-5}^5\frac{x^3\sin^2x}{x^4+2x^2+1}dx$;

(23) $\int_{-\frac{\pi}{2}}^{\frac{\pi}{2}}\cos x\cos 2xdx$;　　(24) $\int_{-\frac{\pi}{2}}^{\frac{\pi}{2}}\sqrt{\cos x-\cos^3x}dx$;

(25) $\int_0^{\pi}\sqrt{1+\cos 2x}dx$;　　(26) $\int_0^{2\pi}|\sin(x+1)|dx$.

2. 设$f(x)$在$[a,b]$上连续,证明:

$$\int_a^b f(x)dx=\int_a^b f(a+b-x)dx.$$

3. 证明:$\int_x^1\frac{dt}{1+t^2}=\int_1^{\frac{1}{x}}\frac{dt}{1+t^2}\quad(x>0)$.

4. 证明:$\int_0^1 x^m(1-x)^n dx=\int_0^1 x^n(1-x)^m dx\quad(m,n\in\mathbf{N})$.

5. 设$f(x)$在$[0,1]$上连续,$n\in\mathbf{Z}$,证明:

$$\int_{\frac{n}{2}\pi}^{\frac{n+1}{2}\pi}f(|\sin x|)dx=\int_{\frac{n}{2}\pi}^{\frac{n+1}{2}\pi}f(|\cos x|)dx=\int_0^{\frac{\pi}{2}}f(\sin x)dx.$$

6. 若$f(t)$是连续的奇函数,证明$\int_0^x f(t)dt$是偶函数;若$f(t)$是连续的偶函数,证明$\int_0^x f(t)dt$是奇函数.

7. 计算下列定积分:

(1) $\int_0^1 xe^{-x}dx$;　　(2) $\int_1^e x\ln xdx$;

(3) $\int_0^{\frac{2\pi}{\omega}}t\sin\omega tdt$ (ω为常数);　　(4) $\int_{\frac{\pi}{4}}^{\frac{\pi}{3}}\frac{x}{\sin^2x}dx$;

(5) $\int_1^4\frac{\ln x}{\sqrt{x}}dx$;　　(6) $\int_0^1 x\arctan xdx$;

(7) $\int_0^{\frac{\pi}{2}}e^{2x}\cos xdx$;　　(8) $\int_1^2 x\log_2 xdx$;

(9) $\int_0^{\pi}(x\sin x)^2dx$;　　(10) $\int_1^e\sin(\ln x)dx$;

(11) $\int_{\frac{1}{e}}^{e}|\ln x|dx$;　　(12) $\int_0^1(1-x^2)^{\frac{m}{2}}dx$ ($m\in\mathbf{N}_+$);

(13) $J_m=\int_0^{\pi}x\sin^m xdx$ ($m\in\mathbf{N}_+$).

第四节　反常积分

在一些实际问题中,常会遇到积分区间为无穷区间,或者被积函数为无界函数的积分,它们已经不属于前面所说的定积分了.因此,我们对定积分作如下两种推广,从而形成反常积分的概念.

一、无穷限的反常积分

设函数 $f(x)$ 在区间 $[a,+\infty)$ 上连续,任取 $t>a$,作定积分 $\int_a^t f(x)\mathrm{d}x$,再求极限:

$$\lim_{t\to+\infty}\int_a^t f(x)\mathrm{d}x, \tag{4-1}$$

这个对变上限定积分的算式(4-1)称为函数 $f(x)$ 在无穷区间 $[a,+\infty)$ 上的反常积分,记为 $\int_a^{+\infty} f(x)\mathrm{d}x$,即

$$\int_a^{+\infty} f(x)\mathrm{d}x = \lim_{t\to+\infty}\int_a^t f(x)\mathrm{d}x, \tag{4-1'}$$

根据算式(4-1)的结果是否存在,可引入反常积分 $\int_a^{+\infty} f(x)\mathrm{d}x$ 收敛与发散的定义如下:

定义 1　(1) **设函数 $f(x)$ 在区间 $[a,+\infty)$ 上连续,如果极限(4-1)存在,那么称反常积分 $\int_a^{+\infty} f(x)\mathrm{d}x$ 收敛,并称此极限为该反常积分的值;如果极限(4-1)不存在,那么称反常积分 $\int_a^{+\infty} f(x)\mathrm{d}x$ 发散.**

类似地,设函数 $f(x)$ 在区间 $(-\infty,b]$ 上连续,任取 $t<b$,算式

$$\lim_{t\to-\infty}\int_t^b f(x)\mathrm{d}x \tag{4-2}$$

称为函数 $f(x)$ 在无穷区间 $(-\infty,b]$ 上的反常积分,记为 $\int_{-\infty}^b f(x)\mathrm{d}x$,即

$$\int_{-\infty}^b f(x)\mathrm{d}x = \lim_{t\to-\infty}\int_t^b f(x)\mathrm{d}x. \tag{4-2'}$$

于是有

(2) **设函数 $f(x)$ 在区间 $(-\infty,b]$ 上连续,如果极限(4-2)存在,那么称反常积分 $\int_{-\infty}^b f(x)\mathrm{d}x$ 收敛,并称此极限为该反常积分的值;如果极限(4-2)不存在,**

那么称反常积分 $\int_{-\infty}^{b} f(x)\mathrm{d}x$ 发散．

设函数 $f(x)$ 在区间 $(-\infty,+\infty)$ 上连续，反常积分 $\int_{-\infty}^{0} f(x)\mathrm{d}x$ 与反常积分 $\int_{0}^{+\infty} f(x)\mathrm{d}x$ 之和称为函数 $f(x)$ 在无穷区间 $(-\infty,+\infty)$ 上的反常积分，记为 $\int_{-\infty}^{+\infty} f(x)\mathrm{d}x$，即

$$\int_{-\infty}^{+\infty} f(x)\mathrm{d}x=\int_{-\infty}^{0} f(x)\mathrm{d}x+\int_{0}^{+\infty} f(x)\mathrm{d}x. \tag{4-3}$$

(3) **设函数 $f(x)$ 在区间 $(-\infty,+\infty)$ 上连续，如果反常积分 $\int_{-\infty}^{0} f(x)\mathrm{d}x$ 与反常积分 $\int_{0}^{+\infty} f(x)\mathrm{d}x$ 均收敛，那么称反常积分 $\int_{-\infty}^{+\infty} f(x)\mathrm{d}x$ 收敛，并称反常积分 $\int_{-\infty}^{0} f(x)\mathrm{d}x$ 的值与反常积分 $\int_{0}^{+\infty} f(x)\mathrm{d}x$ 的值之和为反常积分 $\int_{-\infty}^{+\infty} f(x)\mathrm{d}x$ 的值，否则就称反常积分 $\int_{-\infty}^{+\infty} f(x)\mathrm{d}x$ 发散．**

上述反常积分统称为无穷限的反常积分．

由上述定义及牛顿-莱布尼茨公式，可得如下结果：

设 $F(x)$ 为 $f(x)$ 在 $[a,+\infty)$ 上的一个原函数，若 $\lim\limits_{x\to+\infty}F(x)$ 存在，则反常积分

$$\int_{a}^{+\infty} f(x)\mathrm{d}x=\lim_{x\to+\infty}F(x)-F(a);$$

若 $\lim\limits_{x\to+\infty}F(x)$ 不存在，则反常积分 $\int_{a}^{+\infty} f(x)\mathrm{d}x$ 发散．

若记 $F(+\infty)=\lim\limits_{x\to+\infty}F(x)$，$[F(x)]_{a}^{+\infty}=F(+\infty)-F(a)$，则当 $F(+\infty)$ 存在时，

$$\int_{a}^{+\infty} f(x)\mathrm{d}x=[F(x)]_{a}^{+\infty};$$

当 $F(+\infty)$ 不存在时，反常积分 $\int_{a}^{+\infty} f(x)\mathrm{d}x$ 发散．

类似地，若在 $(-\infty,b]$ 上 $F'(x)=f(x)$，则当 $F(-\infty)$ 存在时，

$$\int_{-\infty}^{b} f(x)\mathrm{d}x=[F(x)]_{-\infty}^{b};$$

当 $F(-\infty)$ 不存在时，反常积分 $\int_{-\infty}^{b} f(x)\mathrm{d}x$ 发散．

若在 $(-\infty,+\infty)$ 内 $F'(x)=f(x)$，则当 $F(-\infty)$ 与 $F(+\infty)$ 都存在时，

$$\int_{-\infty}^{+\infty} f(x)\,\mathrm{d}x = [F(x)]_{-\infty}^{+\infty};$$

当 $F(-\infty)$ 与 $F(+\infty)$ 有一个不存在时，反常积分 $\int_{-\infty}^{+\infty} f(x)\,\mathrm{d}x$ 发散.

例 1　计算反常积分 $\int_{-\infty}^{+\infty} \frac{\mathrm{d}x}{1+x^2}$.

解　$\int_{-\infty}^{+\infty} \frac{\mathrm{d}x}{1+x^2} = [\arctan x]_{-\infty}^{+\infty} = \lim\limits_{x\to+\infty} \arctan x - \lim\limits_{x\to-\infty} \arctan x$

$$= \frac{\pi}{2} - \left(-\frac{\pi}{2}\right) = \pi.$$

这个反常积分值的几何意义是：当 $a\to-\infty$、$b\to+\infty$ 时，虽然图 5-9 中阴影部分向左、右无限延伸，但其面积却有极限值 π. 简单地说，它是位于曲线 $y=\frac{1}{1+x^2}$ 的下方，x 轴上方的图形面积.

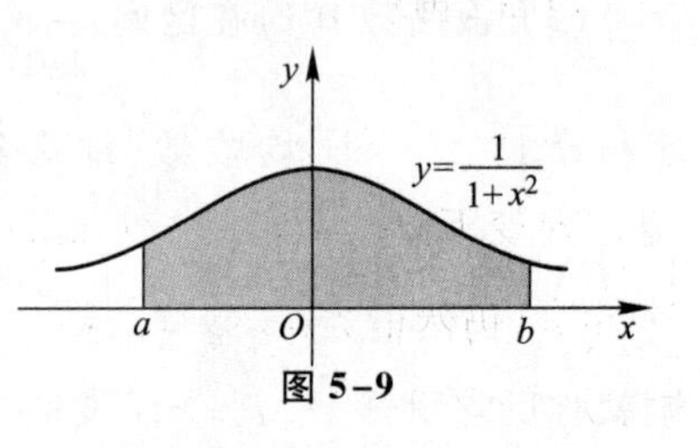

图 5-9

例 2　计算反常积分 $\int_0^{+\infty} t\mathrm{e}^{-pt}\mathrm{d}t$，其中 p 是常数，且 $p>0$.

解　$\int_0^{+\infty} t\mathrm{e}^{-pt}\mathrm{d}t = \left[\int t\mathrm{e}^{-pt}\mathrm{d}t\right]_0^{+\infty} = \left[-\frac{1}{p}\int t\mathrm{d}(\mathrm{e}^{-pt})\right]_0^{+\infty}$

$$= \left[-\frac{t}{p}\mathrm{e}^{-pt} + \frac{1}{p}\int \mathrm{e}^{-pt}\mathrm{d}t\right]_0^{+\infty}$$

$$= \left[-\frac{t}{p}\mathrm{e}^{-pt}\right]_0^{+\infty} - \left[\frac{1}{p^2}\mathrm{e}^{-pt}\right]_0^{+\infty}$$

$$= -\frac{1}{p}\lim_{t\to+\infty} t\mathrm{e}^{-pt} - 0 - \frac{1}{p^2}(0-1) = \frac{1}{p^2}.$$

注意，上式中的极限 $\lim\limits_{t\to+\infty} t\mathrm{e}^{-pt}$ 是未定式，可用洛必达法则确定.

例 3　证明反常积分 $\int_a^{+\infty} \frac{\mathrm{d}x}{x^p}$ $(a>0)$ 当 $p>1$ 时收敛，当 $p\leqslant 1$ 时发散.

证　当 $p=1$ 时，

$$\int_a^{+\infty} \frac{\mathrm{d}x}{x^p} = \int_a^{+\infty} \frac{\mathrm{d}x}{x} = [\ln x]_a^{+\infty} = +\infty,$$

当 $p\neq 1$ 时，

$$\int_a^{+\infty} \frac{\mathrm{d}x}{x^p} = \left[\frac{x^{1-p}}{1-p}\right]_a^{+\infty} = \begin{cases} +\infty, & p<1, \\ \frac{a^{1-p}}{p-1}, & p>1. \end{cases}$$

因此,当 $p>1$ 时,这反常积分收敛,其值为$\dfrac{a^{1-p}}{p-1}$;当 $p\leqslant 1$ 时,这反常积分发散.

二、无界函数的反常积分

现在我们把定积分推广到被积函数为无界函数的情形.

如果函数 $f(x)$ 在点 a 的任一邻域内都无界,那么点 a 称为函数 $f(x)$ 的瑕点(也称为无界间断点).无界函数的反常积分又称为瑕积分.

设函数 $f(x)$ 在区间 $(a,b]$ 上连续,点 a 为 $f(x)$ 的瑕点.任取 $t>a$,作定积分 $\int_t^b f(x)\mathrm{d}x$,再求极限

$$\lim_{t\to a^+}\int_t^b f(x)\mathrm{d}x\ ,\tag{4-4}$$

这个对变下限的定积分求极限的算式(4-4)称为函数 $f(x)$ 在区间 $(a,b]$ 上的反常积分,仍然记为 $\int_a^b f(x)\mathrm{d}x$,即

$$\int_a^b f(x)\mathrm{d}x=\lim_{t\to a^+}\int_t^b f(x)\mathrm{d}x.\tag{4-4′}$$

根据算式(4-4)的结果是否存在,可引入反常积分 $\int_a^b f(x)\mathrm{d}x$ 收敛与发散的定义如下:

定义 2　(1) **设函数 $f(x)$ 在区间 $(a,b]$ 上连续,点 a 为 $f(x)$ 的瑕点,如果极限(4-4)存在,那么称反常积分 $\int_a^b f(x)\mathrm{d}x$ 收敛,并称此极限为该反常积分的值;如果极限(4-4)不存在,那么称反常积分 $\int_a^b f(x)\mathrm{d}x$ 发散.**

类似地,设函数 $f(x)$ 在区间 $[a,b)$ 上连续,点 b 为 $f(x)$ 的瑕点.任取 $t<b$,算式

$$\lim_{t\to b^-}\int_a^t f(x)\mathrm{d}x\tag{4-5}$$

称为函数 $f(x)$ 在区间 $[a,b)$ 上的反常积分,仍然记为 $\int_a^b f(x)\mathrm{d}x$,即

$$\int_a^b f(x)\mathrm{d}x=\lim_{t\to b^-}\int_a^t f(x)\mathrm{d}x\ .\tag{4-5′}$$

于是有

(2) **设函数 $f(x)$ 在区间 $[a,b)$ 上连续,点 b 为 $f(x)$ 的瑕点,如果极限(4-5)存在,那么称反常积分 $\int_a^b f(x)\mathrm{d}x$ 收敛,并称此极限为该反常积分的值;如果极限**

(4-5)不存在,那么称反常积分 $\int_a^b f(x)\mathrm{d}x$ 发散.

设函数$f(x)$在区间$[a,c)$及区间$(c,b]$上连续,点 c 为$f(x)$的瑕点. 反常积分 $\int_a^c f(x)\mathrm{d}x$ 与反常积分 $\int_c^b f(x)\mathrm{d}x$ 之和称为函数$f(x)$在区间$[a,b]$上的反常积分,仍然记为 $\int_a^b f(x)\mathrm{d}x$,即

$$\int_a^b f(x)\mathrm{d}x=\int_a^c f(x)\mathrm{d}x+\int_c^b f(x)\mathrm{d}x. \tag{4-6}$$

(3) 设函数$f(x)$在区间$[a,c)$及区间$(c,b]$上连续,点 c 为$f(x)$的瑕点. 如果反常积分 $\int_a^c f(x)\mathrm{d}x$ 与反常积分 $\int_c^b f(x)\mathrm{d}x$ 均收敛,那么称反常积分 $\int_a^b f(x)\mathrm{d}x$ 收敛,并称反常积分 $\int_a^c f(x)\mathrm{d}x$ 的值与反常积分 $\int_c^b f(x)\mathrm{d}x$ 的值之和为反常积分 $\int_a^b f(x)\mathrm{d}x$ 的值;否则,就称反常积分 $\int_a^b f(x)\mathrm{d}x$ 发散.

计算无界函数的反常积分,也可借助于牛顿-莱布尼茨公式.

设 $x=a$ 为$f(x)$的瑕点,在$(a,b]$上 $F'(x)=f(x)$,如果极限$\lim\limits_{x\to a^+}F(x)$存在,那么反常积分

$$\int_a^b f(x)\mathrm{d}x=F(b)-\lim_{x\to a^+}F(x)=F(b)-F(a^+);$$

如果$\lim\limits_{x\to a^+}F(x)$不存在,那么反常积分 $\int_a^b f(x)\mathrm{d}x$ 发散.

我们仍用记号$[F(x)]_a^b$来表示 $F(b)-F(a^+)$,从而形式上仍有

$$\int_a^b f(x)\mathrm{d}x=[F(x)]_a^b.$$

对于$f(x)$在$[a,b)$上连续,b 为瑕点的反常积分,也有类似的计算公式,这里不再详述.

例 4 计算反常积分

$$\int_0^a \frac{\mathrm{d}x}{\sqrt{a^2-x^2}}\ (a>0).$$

解 因为

$$\lim_{x\to a^-}\frac{1}{\sqrt{a^2-x^2}}=+\infty,$$

所以点 a 是瑕点,于是

$$\int_0^a \frac{\mathrm{d}x}{\sqrt{a^2-x^2}}=\left[\arcsin\frac{x}{a}\right]_0^a=\lim_{x\to a^-}\arcsin\frac{x}{a}-0=\frac{\pi}{2}.$$

这个反常积分值的几何意义是：位于曲线 $y=\frac{1}{\sqrt{a^2-x^2}}$ 之下，x 轴之上，直线 $x=0$ 与 $x=a$ 之间的图形面积（图 5-10）.

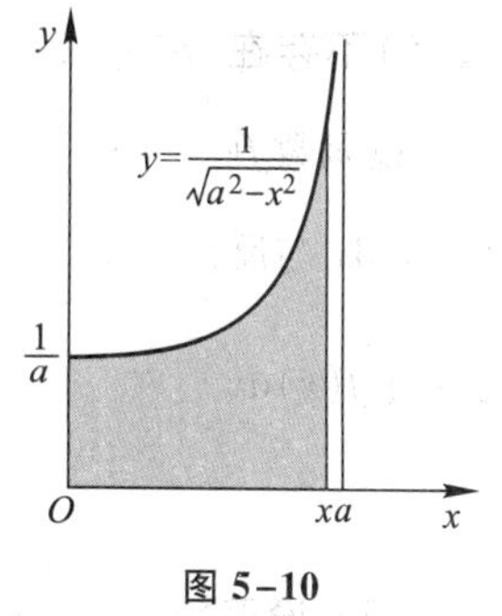

图 5-10

例 5　讨论反常积分 $\int_{-1}^{1}\frac{\mathrm{d}x}{x^2}$ 的收敛性.

解　被积函数 $f(x)=\frac{1}{x^2}$ 在积分区间 $[-1,1]$ 上除 $x=0$ 外连续，且 $\lim\limits_{x\to 0}\frac{1}{x^2}=\infty$. 由于

$$\int_{-1}^{0}\frac{\mathrm{d}x}{x^2}=\left[-\frac{1}{x}\right]_{-1}^{0}=\lim_{x\to 0^-}\left(-\frac{1}{x}\right)-1=+\infty,$$

即反常积分 $\int_{-1}^{0}\frac{\mathrm{d}x}{x^2}$ 发散，所以反常积分 $\int_{-1}^{1}\frac{\mathrm{d}x}{x^2}$ 发散.

注意　如果疏忽了 $x=0$ 是被积函数的瑕点，就会得到以下的错误结果：

$$\int_{-1}^{1}\frac{\mathrm{d}x}{x^2}=\left[-\frac{1}{x}\right]_{-1}^{1}=-1-1=-2.$$

例 6　证明反常积分 $\int_{a}^{b}\frac{\mathrm{d}x}{(x-a)^q}$ 当 $0<q<1$ 时收敛，当 $q\geqslant 1$ 时发散.

证　当 $q=1$ 时，

$$\int_{a}^{b}\frac{\mathrm{d}x}{(x-a)^q}=\int_{a}^{b}\frac{\mathrm{d}x}{x-a}=\left[\ln(x-a)\right]_{a}^{b}$$
$$=\ln(b-a)-\lim_{x\to a^+}\ln(x-a)=+\infty.$$

当 $q\neq 1$ 时，

$$\int_{a}^{b}\frac{\mathrm{d}x}{(x-a)^q}=\left[\frac{(x-a)^{1-q}}{1-q}\right]_{a}^{b}=\begin{cases}\dfrac{(b-a)^{1-q}}{1-q}, & 0<q<1,\\ +\infty, & q>1.\end{cases}$$

因此，当 $0<q<1$ 时，这反常积分收敛，其值为 $\frac{(b-a)^{1-q}}{1-q}$；当 $q\geqslant 1$ 时，这反常积分发散.

设有反常积分 $\int_{a}^{b}f(x)\mathrm{d}x$，其中 $f(x)$ 在开区间 (a,b) 内连续，a 可以是 $-\infty$，b 可以是 $+\infty$，a、b 也可以是 $f(x)$ 的瑕点. 对于这样的反常积分，在另加换元函数单调的假定下，可以像定积分一样作换元.

例 7　求反常积分 $\int_{0}^{+\infty}\frac{\mathrm{d}x}{\sqrt{x(x+1)^3}}$.

解　这里,积分上限为+∞,且下限 $x=0$ 为被积函数的瑕点.

令$\sqrt{x}=t$,则 $x=t^2$,$x\to0^+$时 $t\to0$,$x\to+\infty$ 时 $t\to+\infty$. 于是

$$\int_0^{+\infty}\frac{\mathrm{d}x}{\sqrt{x(x+1)^3}}=\int_0^{+\infty}\frac{2t\mathrm{d}t}{t(t^2+1)^{3/2}}=2\int_0^{+\infty}\frac{\mathrm{d}t}{(t^2+1)^{3/2}}.$$

再令 $t=\tan u$,取 $u=\arctan t$,$t=0$ 时 $u=0$,$t\to+\infty$ 时 $u\to\frac{\pi}{2}$. 于是

$$\int_0^{+\infty}\frac{\mathrm{d}x}{\sqrt{x(x+1)^3}}=2\int_0^{\frac{\pi}{2}}\frac{\sec^2u\mathrm{d}u}{\sec^3u}=2\int_0^{\frac{\pi}{2}}\cos u\mathrm{d}u=2.$$

本例如用变换$\frac{1}{x}=t$ 或$\frac{1}{x+1}=t$,计算会更简单些,读者可自行解之.

习　题　5-4

1. 判定下列各反常积分的收敛性,如果收敛,计算反常积分的值:

(1) $\int_1^{+\infty}\frac{\mathrm{d}x}{x^4}$;　　(2) $\int_1^{+\infty}\frac{\mathrm{d}x}{\sqrt{x}}$;

(3) $\int_0^{+\infty}\mathrm{e}^{-ax}\mathrm{d}x\ (a>0)$;　　(4) $\int_0^{+\infty}\frac{\mathrm{d}x}{(1+x)(1+x^2)}$;

(5) $\int_0^{+\infty}\mathrm{e}^{-pt}\sin\omega t\mathrm{d}t\ (p>0,\omega>0)$;　　(6) $\int_{-\infty}^{+\infty}\frac{\mathrm{d}x}{x^2+2x+2}$;

(7) $\int_0^1\frac{x\mathrm{d}x}{\sqrt{1-x^2}}$;　　(8) $\int_0^2\frac{\mathrm{d}x}{(1-x)^2}$;

(9) $\int_1^2\frac{x\mathrm{d}x}{\sqrt{x-1}}$;　　(10) $\int_1^{\mathrm{e}}\frac{\mathrm{d}x}{x\sqrt{1-(\ln x)^2}}$.

2. 当 k 为何值时,反常积分 $\int_2^{+\infty}\frac{\mathrm{d}x}{x(\ln x)^k}$ 收敛? 当 k 为何值时,这反常积分发散? 又当 k 为何值时,这反常积分取得最小值?

3. 利用递推公式计算反常积分 $I_n=\int_0^{+\infty}x^n\mathrm{e}^{-x}\mathrm{d}x\ (n\in\mathbf{N})$.

4. 计算反常积分 $\int_0^1\ln x\mathrm{d}x$.

*第五节　反常积分的审敛法　Γ函数

反常积分的收敛性,可以通过求被积函数的原函数,然后按定义取极限,根据极限的存在与否来判定. 本节中我们来建立不通过被积函数的原函数判定反常积分收敛性的判定法.

一、无穷限反常积分的审敛法

定理 1　**设函数 $f(x)$ 在区间 $[a,+\infty)$ 上连续，且 $f(x)\geqslant 0$. 若函数**

$$F(x)=\int_a^x f(t)\,\mathrm{d}t$$

在 $[a,+\infty)$ 上有上界，则反常积分 $\int_a^{+\infty} f(x)\,\mathrm{d}x$ 收敛.

事实上，因为 $f(x)\geqslant 0$，$F(x)$ 在 $[a,+\infty)$ 上单调增加，又 $F(x)$ 在 $[a,+\infty)$ 上有上界，故 $F(x)$ 在 $[a,+\infty)$ 上是单调有界的函数. 按照"$[a,+\infty)$ 上的单调有界函数 $F(x)$ 必有极限 $\lim\limits_{x\to+\infty}F(x)$"的准则，就可知道极限

$$\lim_{x\to+\infty}\int_a^x f(t)\,\mathrm{d}t$$

存在，即反常积分 $\int_a^{+\infty} f(x)\,\mathrm{d}x$ 收敛.

根据定理 1，对于非负函数的无穷限的反常积分，有以下的比较审敛原理：

定理 2（比较审敛原理）　**设函数 $f(x)$，$g(x)$ 在区间 $[a,+\infty)$ 上连续. 如果 $0\leqslant f(x)\leqslant g(x)\ (a\leqslant x<+\infty)$，并且 $\int_a^{+\infty} g(x)\,\mathrm{d}x$ 收敛，那么 $\int_a^{+\infty} f(x)\,\mathrm{d}x$ 也收敛；如果 $0\leqslant g(x)\leqslant f(x)\ (a\leqslant x<+\infty)$，并且 $\int_a^{+\infty} g(x)\,\mathrm{d}x$ 发散，那么 $\int_a^{+\infty} f(x)\,\mathrm{d}x$ 也发散.**

证　设 $a<t<+\infty$，由 $0\leqslant f(x)\leqslant g(x)$ 及 $\int_a^{+\infty} g(x)\,\mathrm{d}x$ 收敛，得

$$\int_a^t f(x)\,\mathrm{d}x\leqslant\int_a^t g(x)\,\mathrm{d}x\leqslant\int_a^{+\infty} g(x)\,\mathrm{d}x.$$

这表明作为积分上限 t 的函数

$$F(t)=\int_a^t f(x)\,\mathrm{d}x$$

在 $[a,+\infty)$ 上有上界. 由定理 1 即知反常积分 $\int_a^{+\infty} f(x)\,\mathrm{d}x$ 收敛.

如果 $0\leqslant g(x)\leqslant f(x)$，且 $\int_a^{+\infty} g(x)\,\mathrm{d}x$ 发散，那么 $\int_a^{+\infty} f(x)\,\mathrm{d}x$ 必定发散. 因为如果 $\int_a^{+\infty} f(x)\,\mathrm{d}x$ 收敛，由定理的第一部分即知 $\int_a^{+\infty} g(x)\,\mathrm{d}x$ 也收敛，这与假设相矛盾. 证毕.

由上节例 3 知道，反常积分 $\int_a^{+\infty}\dfrac{\mathrm{d}x}{x^p}\ (a>0)$ 当 $p>1$ 时收敛，当 $p\leqslant 1$ 时发散. 因

此,取 $g(x)=\dfrac{A}{x^p}\ (A>0)$,立即可得下面的反常积分的比较审敛法.

定理 3(比较审敛法 1)　设函数 $f(x)$ 在区间 $[a,+\infty)\ (a>0)$ 上连续,且 $f(x)\geqslant 0$. 如果存在常数 $M>0$ 及 $p>1$,使得 $f(x)\leqslant\dfrac{M}{x^p}\ (a\leqslant x<+\infty)$,那么反常积分 $\displaystyle\int_a^{+\infty}f(x)\,dx$ 收敛;如果存在常数 $N>0$,使得 $f(x)\geqslant\dfrac{N}{x}\ (a\leqslant x<+\infty)$,那么反常积分 $\displaystyle\int_a^{+\infty}f(x)\,dx$ 发散.

例 1　判定反常积分 $\displaystyle\int_1^{+\infty}\frac{dx}{\sqrt[3]{x^4+1}}$的收敛性.

解　由于

$$0<\frac{1}{\sqrt[3]{x^4+1}}<\frac{1}{\sqrt[3]{x^4}}=\frac{1}{x^{4/3}},$$

根据比较审敛法 1,这个反常积分收敛.

以比较审敛法 1 为基础,可以得到在应用上较为方便的极限审敛法.

定理 4(极限审敛法 1)　设函数 $f(x)$ 在区间 $[a,+\infty)$ 上连续,且 $f(x)\geqslant 0$. 如果存在常数 $p>1$,使得 $\lim\limits_{x\to+\infty}x^pf(x)=c<+\infty$,那么,反常积分 $\displaystyle\int_a^{+\infty}f(x)\,dx$ 收敛;如果 $\lim\limits_{x\to+\infty}xf(x)=d>0$ (或 $\lim\limits_{x\to+\infty}xf(x)=+\infty$),那么反常积分 $\displaystyle\int_a^{+\infty}f(x)\,dx$发散.

证　由假设 $\lim\limits_{x\to+\infty}x^pf(x)=c\ (p>1)$. 根据极限的定义,存在充分大的 $x_1\ (x_1\geqslant a,x_1>0)$,当 $x>x_1$ 时,必有

$$|x^pf(x)-c|<1,$$

由此得

$$0\leqslant x^pf(x)<1+c.$$

令 $1+c=M>0$,于是在区间 $x_1<x<+\infty$ 内不等式 $0\leqslant f(x)<\dfrac{M}{x^p}$成立. 由比较审敛法 1 知 $\displaystyle\int_{x_1}^{+\infty}f(x)\,dx$ 收敛,而

$$\begin{aligned}\int_a^{+\infty}f(x)\,dx&=\lim_{t\to+\infty}\int_a^tf(x)\,dx=\lim_{t\to+\infty}\left[\int_a^{x_1}f(x)\,dx+\int_{x_1}^tf(x)\,dx\right]\\&=\int_a^{x_1}f(x)\,dx+\lim_{t\to+\infty}\int_{x_1}^tf(x)\,dx=\int_a^{x_1}f(x)\,dx+\int_{x_1}^{+\infty}f(x)\,dx,\end{aligned}$$

故反常积分

$$\int_a^{+\infty} f(x)\,\mathrm{d}x$$

收敛.

如果 $\lim\limits_{x\to+\infty} xf(x)=d>0$（或 $+\infty$），那么存在充分大的 x_1，当 $x>x_1$ 时，必有

$$|xf(x)-d|<\frac{d}{2},$$

由此得

$$xf(x)>\frac{d}{2}.$$

（当 $\lim\limits_{x\to+\infty} xf(x)=+\infty$ 时，可取任意正数作为 d.）令 $\frac{d}{2}=N>0$，于是在区间 $x_1<x<+\infty$ 内不等式 $f(x)\geqslant\frac{N}{x}$ 成立. 根据比较审敛法 1 知 $\int_{x_1}^{+\infty} f(x)\,\mathrm{d}x$ 发散，从而反常积分 $\int_a^{+\infty} f(x)\,\mathrm{d}x$ 发散.

例 2　判定反常积分 $\int_1^{+\infty}\frac{\mathrm{d}x}{x\sqrt{1+x^2}}$ 的收敛性.

解　由于

$$\lim_{x\to+\infty} x^2\cdot\frac{1}{x\sqrt{1+x^2}}=\lim_{x\to+\infty}\frac{1}{\sqrt{\frac{1}{x^2}+1}}=1,$$

根据极限审敛法 1，知所给反常积分收敛.

例 3　判定反常积分 $\int_1^{+\infty}\frac{x^{3/2}}{1+x^2}\mathrm{d}x$ 的收敛性.

解　由于

$$\lim_{x\to+\infty} x\frac{x^{3/2}}{1+x^2}=\lim_{x\to+\infty}\frac{x^2\sqrt{x}}{1+x^2}=+\infty,$$

根据极限审敛法 1，知所给反常积分发散.

例 4　判定反常积分 $\int_1^{+\infty}\frac{\arctan x}{x}\mathrm{d}x$ 的收敛性.

解　由于

$$\lim_{x\to+\infty} x\frac{\arctan x}{x}=\lim_{x\to+\infty}\arctan x=\frac{\pi}{2},$$

根据极限审敛法 1，知所给反常积分发散.

假定反常积分的被积函数在所讨论的区间上可取正值也可取负值，对于这类反常积分的收敛性，有如下的结论：

定理 5　设函数 $f(x)$ 在区间 $[a,+\infty)$ 上连续. 如果反常积分

$$\int_a^{+\infty} |f(x)|\mathrm{d}x$$

收敛,那么反常积分

$$\int_a^{+\infty} f(x)\mathrm{d}x$$

也收敛.

证　令 $\varphi(x)=\dfrac{1}{2}(f(x)+|f(x)|)$. 于是 $\varphi(x)\geqslant 0$, 且 $\varphi(x)\leqslant|f(x)|$, 而 $\int_a^{+\infty}|f(x)|\mathrm{d}x$ 收敛, 由比较审敛法 1 即知 $\int_a^{+\infty}\varphi(x)\mathrm{d}x$ 也收敛. 但 $f(x)=2\varphi(x)-|f(x)|$, 因此

$$\int_a^{+\infty} f(x)\mathrm{d}x=2\int_a^{+\infty}\varphi(x)\mathrm{d}x-\int_a^{+\infty}|f(x)|\mathrm{d}x.$$

可见反常积分 $\int_a^{+\infty} f(x)\mathrm{d}x$ 是两个收敛的反常积分的差,因此它是收敛的. 证毕.

通常称满足定理 5 条件的反常积分 $\int_a^{+\infty} f(x)\mathrm{d}x$ 绝对收敛. 于是,定理 5 可简单地表达为:**绝对收敛的反常积分 $\int_a^{+\infty} f(x)\mathrm{d}x$ 必定收敛.**

例 5　判定反常积分 $\int_0^{+\infty}\mathrm{e}^{-ax}\sin bx\mathrm{d}x$ (a,b 都是常数,且 $a>0$)的收敛性.

解　因为 $|\mathrm{e}^{-ax}\sin bx|\leqslant\mathrm{e}^{-ax}$, 而 $\int_0^{+\infty}\mathrm{e}^{-ax}\mathrm{d}x$ 收敛, 根据比较审敛法 1, 反常积分 $\int_0^{+\infty}|\mathrm{e}^{-ax}\sin bx|\mathrm{d}x$ 收敛. 由定理 5 可知所给反常积分收敛.

二、无界函数的反常积分的审敛法

对于无界函数的反常积分,也有类似的审敛法.

由上节例 6 知道,反常积分

$$\int_a^b\frac{\mathrm{d}x}{(x-a)^q}$$

当 $q<1$ 时收敛, 当 $q\geqslant 1$ 时发散. 于是, 与定理 3、定理 4 类似可得如下两个审敛法:

定理 6(比较审敛法 2)　设函数 $f(x)$ 在区间 $(a,b]$ 上连续, 且 $f(x)\geqslant 0$, $x=a$ 为 $f(x)$ 的瑕点. 如果存在常数 $M>0$ 及 $q<1$, 使得

$$f(x) \leqslant \frac{M}{(x-a)^q} \quad (a<x \leqslant b),$$

那么反常积分 $\int_a^b f(x)\,\mathrm{d}x$ 收敛；如果存在常数 $N>0$，使得

$$f(x) \geqslant \frac{N}{x-a} \quad (a<x \leqslant b),$$

那么反常积分 $\int_a^b f(x)\,\mathrm{d}x$ 发散.

定理 7(极限审敛法 2)　设函数 $f(x)$ 在区间 $(a,b]$ 上连续，且 $f(x) \geqslant 0$，$x=a$ 为 $f(x)$ 的瑕点. 如果存在常数 $0<q<1$，使得

$$\lim_{x \to a^+} (x-a)^q f(x)$$

存在，那么反常积分 $\int_a^b f(x)\,\mathrm{d}x$ 收敛；如果

$$\lim_{x \to a^+} (x-a) f(x) = d > 0 \quad \left(\text{或} \lim_{x \to a^+} (x-a) f(x) = +\infty\right),$$

那么反常积分 $\int_a^b f(x)\,\mathrm{d}x$ 发散.

例 6　判定反常积分 $\int_1^3 \frac{\mathrm{d}x}{\ln x}$ 的收敛性.

解　这里 $x=1$ 是被积函数的瑕点. 由洛必达法则知

$$\lim_{x \to 1^+} (x-1)\frac{1}{\ln x} = \lim_{x \to 1^+} \frac{1}{\frac{1}{x}} = 1 > 0,$$

根据极限审敛法 2，所给反常积分发散.

例 7　判定椭圆积分

$$\int_0^1 \frac{\mathrm{d}x}{\sqrt{(1-x^2)(1-k^2x^2)}} \quad (k^2<1)$$

的收敛性.

解　这里 $x=1$ 是被积函数的瑕点. 由于

$$\lim_{x \to 1^-} (1-x)^{\frac{1}{2}} \frac{1}{\sqrt{(1-x^2)(1-k^2x^2)}} = \lim_{x \to 1^-} \frac{1}{\sqrt{(1+x)(1-k^2x^2)}} = \frac{1}{\sqrt{2(1-k^2)}},$$

根据极限审敛法 2，所给反常积分收敛.

对于无界函数的反常积分，当被积函数在所讨论的区间上可取正值也可取负值时，有与定理 5 相类似的结论，在此不再详述.

例 8　判定反常积分 $\int_0^1 \frac{1}{\sqrt{x}} \sin \frac{1}{x}\,\mathrm{d}x$ 的收敛性.

解 因为 $\left|\frac{1}{\sqrt{x}}\sin\frac{1}{x}\right| \leqslant \frac{1}{\sqrt{x}}$，而 $\int_0^1 \frac{dx}{\sqrt{x}}$ 收敛，根据比较审敛法2，反常积分 $\int_0^1 \left|\frac{1}{\sqrt{x}}\sin\frac{1}{x}\right| dx$ 收敛，从而反常积分 $\int_0^1 \frac{1}{\sqrt{x}}\sin\frac{1}{x}dx$ 也收敛.

三、Γ 函数

下面介绍在理论上和应用上都有重要意义的 Γ 函数. 这函数的定义是

$$\Gamma(s)=\int_0^{+\infty} e^{-x}x^{s-1}dx \quad (s>0). \tag{5-1}$$

首先讨论(5-1)式右端积分的收敛性问题. 这个积分的积分区间为无穷，又当 $s-1<0$ 时 $x=0$ 是被积函数的瑕点. 为此，分别讨论下列两个积分

$$I_1=\int_0^1 e^{-x}x^{s-1}dx,\ I_2=\int_1^{+\infty} e^{-x}x^{s-1}dx$$

的收敛性.

先讨论 I_1. 当 $s\geqslant 1$ 时，I_1 是定积分；当 $0<s<1$ 时，因为

$$e^{-x}\cdot x^{s-1}=\frac{1}{e^x}\frac{1}{x^{1-s}}<\frac{1}{x^{1-s}},$$

而 $1-s<1$，根据比较审敛法 2，反常积分 I_1 收敛.

再讨论 I_2. 因为

$$\lim_{x\to+\infty} x^2\cdot(e^{-x}x^{s-1})=\lim_{x\to+\infty}\frac{x^{s+1}}{e^x}=0,$$

根据极限审敛法 1，I_2 也收敛.

由以上讨论即得反常积分 $\int_0^{+\infty} e^{-x}x^{s-1}dx$ 对 $s>0$ 均收敛. Γ 函数的图形如图 5-11 所示.

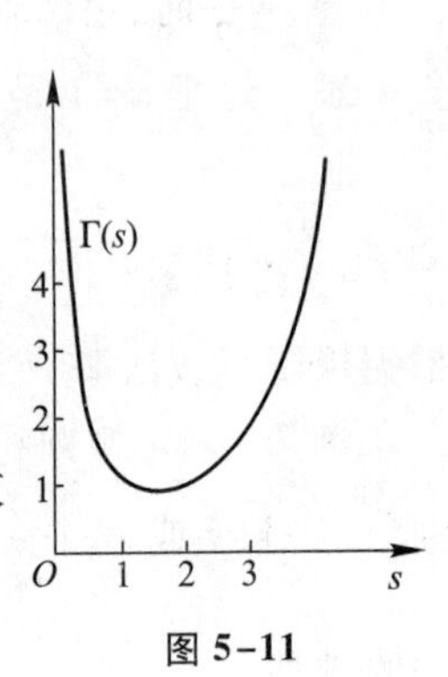

图 5-11

其次讨论 Γ 函数的几个重要性质.

1. 递推公式 $\Gamma(s+1)=s\Gamma(s)\ (s>0)$.

证 应用分部积分法，有

$$\Gamma(s+1)=\int_0^{+\infty} e^{-x}x^s dx=-\int_0^{+\infty} x^s d(e^{-x})$$
$$=\left[-x^s e^{-x}\right]_0^{+\infty}+s\int_0^{+\infty} e^{-x}x^{s-1}dx=s\Gamma(s),$$

其中 $\lim\limits_{x\to+\infty} x^s e^{-x}=0$ 可由洛必达法则求得.

显然，$\Gamma(1)=\int_0^{+\infty} e^{-x}dx=1$.

反复运用递推公式,便有

$$\Gamma(2)=1\cdot\Gamma(1)=1,$$
$$\Gamma(3)=2\cdot\Gamma(2)=2!,$$
$$\Gamma(4)=3\cdot\Gamma(3)=3!,$$
$$\cdots\cdots\cdots\cdots$$

一般地,对任何正整数 n,有

$$\Gamma(n+1)=n!,$$

所以,我们可以把 Γ 函数看成是阶乘的推广.

2. 当 $s\to0^+$ 时,$\Gamma(s)\to+\infty$.

证 因为

$$\Gamma(s)=\frac{\Gamma(s+1)}{s},\ \Gamma(1)=1,$$

所以当 $s\to0^+$ 时,$\Gamma(s)\to+\infty$①.

3. $\Gamma(s)\Gamma(1-s)=\dfrac{\pi}{\sin\pi s}\ (0<s<1)$.

这个公式称为余元公式,在此我们不作证明.

当 $s=\dfrac{1}{2}$ 时,由余元公式可得

$$\Gamma\left(\frac{1}{2}\right)=\sqrt{\pi}.$$

4. 在 $\Gamma(s)=\int_0^{+\infty}\mathrm{e}^{-x}x^{s-1}\mathrm{d}x$ 中,作代换 $x=u^2$,有

$$\Gamma(s)=2\int_0^{+\infty}\mathrm{e}^{-u^2}u^{2s-1}\mathrm{d}u. \qquad (5-2)$$

再令 $2s-1=t$ 或 $s=\dfrac{1+t}{2}$,即有

$$\int_0^{+\infty}\mathrm{e}^{-u^2}u^t\mathrm{d}u=\frac{1}{2}\Gamma\left(\frac{1+t}{2}\right)\quad(t>-1).$$

上式左端是实际应用中常见的积分,它的值可以通过上式用 Γ 函数计算出来.

在(5-2)中,令 $s=\dfrac{1}{2}$,得

$$2\int_0^{+\infty}\mathrm{e}^{-u^2}\mathrm{d}u=\Gamma\left(\frac{1}{2}\right)=\sqrt{\pi}.$$

从而

① Γ 函数在 $s>0$ 时连续.

$$\int_0^{+\infty} e^{-u^2}du=\frac{\sqrt{\pi}}{2}.$$

上式左端的积分是在概率论中常用的积分.

*习　题　5-5

1. 判定下列反常积分的收敛性：

(1) $\int_0^{+\infty} \frac{x^2}{x^4+x^2+1}dx$；　(2) $\int_1^{+\infty} \frac{dx}{x\sqrt[3]{x^2+1}}$；

(3) $\int_1^{+\infty} \sin\frac{1}{x^2}dx$；　(4) $\int_0^{+\infty} \frac{dx}{1+x|\sin x|}$；

(5) $\int_1^{+\infty} \frac{x\arctan x}{1+x^3}dx$；　(6) $\int_1^{2} \frac{dx}{(\ln x)^3}$；

(7) $\int_0^{1} \frac{x^4}{\sqrt{1-x^4}}dx$；　(8) $\int_1^{2} \frac{dx}{\sqrt[3]{x^2-3x+2}}$.

2. 设反常积分 $\int_1^{+\infty} f^2(x)dx$ 收敛，证明反常积分 $\int_1^{+\infty}\frac{f(x)}{x}dx$ 绝对收敛.

3. 用 Γ 函数表示下列积分，并指出这些积分的收敛范围：

(1) $\int_0^{+\infty} e^{-x^n}dx\ (n>0)$；　(2) $\int_0^{1}\left(\ln\frac{1}{x}\right)^p dx$；

(3) $\int_0^{+\infty} x^m e^{-x^n}dx\ (n\neq 0)$.

4. 证明 $\Gamma\left(\frac{2k+1}{2}\right)=\frac{1\cdot 3\cdot 5\cdot\cdots\cdot(2k-1)\sqrt{\pi}}{2^k}$，其中 $k\in\mathbf{N}_+$.

5. 证明以下各式（其中 $n\in\mathbf{N}_+$）：

(1) $2\cdot 4\cdot 6\cdot\cdots\cdot 2n=2^n\Gamma(n+1)$；　(2) $1\cdot 3\cdot 5\cdot\cdots\cdot(2n-1)=\frac{\Gamma(2n)}{2^{n-1}\Gamma(n)}$；

(3) $\sqrt{\pi}\,\Gamma(2n)=2^{2n-1}\Gamma(n)\Gamma\left(n+\frac{1}{2}\right)$（勒让德（Legendre）倍量公式）.

总 习 题 五

1. 填空：

(1) 函数 $f(x)$ 在 $[a,b]$ 上有界是 $f(x)$ 在 $[a,b]$ 上可积的________条件，而 $f(x)$ 在 $[a,b]$ 上连续是 $f(x)$ 在 $[a,b]$ 上可积的________条件；

(2) 对 $[a,+\infty)$ 上非负、连续的函数 $f(x)$，它的变上限积分 $\int_a^x f(t)dt$ 在 $[a,+\infty)$ 上有界是反常积分 $\int_a^{+\infty} f(x)dx$ 收敛的________条件；

*(3) 绝对收敛的反常积分 $\int_{a}^{+\infty} f(x)\mathrm{d}x$ 一定________；

(4) 函数 $f(x)$ 在 $[a,b]$ 上有定义且 $|f(x)|$ 在 $[a,b]$ 上可积，此时积分 $\int_{a}^{b} f(x)\mathrm{d}x$ ________存在.

(5) 设函数 $f(x)$ 连续，则 $\dfrac{\mathrm{d}}{\mathrm{d}x}\int_{0}^{x} tf(t^2-x^2)\mathrm{d}t=$________.

2. 以下两题中给出了四个结论，从中选出一个正确的结论：

(1) 设 $I=\int_{0}^{1}\dfrac{x^4}{\sqrt{1+x}}\mathrm{d}x$，则估计 I 值的大致范围为(　　)；

(A) $0\leqslant I\leqslant\dfrac{\sqrt{2}}{10}$　　(B) $\dfrac{\sqrt{2}}{10}\leqslant I\leqslant\dfrac{1}{5}$

(C) $\dfrac{1}{5}<I<1$　　(D) $I\geqslant 1$

(2) 设 $F(x)$ 是连续函数 $f(x)$ 的一个原函数，则必有(　　).

(A) $F(x)$ 是偶函数 $\Leftrightarrow f(x)$ 是奇函数

(B) $F(x)$ 是奇函数 $\Leftrightarrow f(x)$ 是偶函数

(C) $F(x)$ 是周期函数 $\Leftrightarrow f(x)$ 是周期函数

(D) $F(x)$ 是单调函数 $\Leftrightarrow f(x)$ 是单调函数

3. 回答下列问题：

(1) 设函数 $f(x)$ 及 $g(x)$ 在区间 $[a,b]$ 上连续，且 $f(x)\geqslant g(x)$，则 $\int_{a}^{b}[f(x)-g(x)]\mathrm{d}x$ 在几何上表示什么？

(2) 设函数 $f(x)$ 在区间 $[a,b]$ 上连续，且 $f(x)\geqslant 0$，则 $\int_{a}^{b}\pi f^2(x)\mathrm{d}x$ 在几何上表示什么？

(3) 如果在时刻 t 以 $\varphi(t)$ 的流量(单位时间内流过的流体的体积或质量)向一水池注水，那么 $\int_{t_1}^{t_2}\varphi(t)\mathrm{d}t$ 表示什么？

(4) 如果某国人口增长的速率为 $u(t)$，那么 $\int_{T_1}^{T_2}u(t)\mathrm{d}t$ 表示什么？

(5) 如果一公司经营某种产品的边际利润函数为 $P'(x)$，那么 $\int_{1000}^{2000}P'(x)\mathrm{d}x$ 表示什么？

*4. 利用定积分的定义计算下列极限：

(1) $\lim\limits_{n\to\infty}\dfrac{1}{n}\sum\limits_{i=1}^{n}\sqrt{1+\dfrac{i}{n}}$；　　(2) $\lim\limits_{n\to\infty}\dfrac{1^p+2^p+\cdots+n^p}{n^{p+1}}\ (p>0)$.

5. 求下列极限：

(1) $\lim\limits_{x\to a}\dfrac{x}{x-a}\int_{a}^{x}f(t)\mathrm{d}t$，其中 $f(x)$ 连续；　　(2) $\lim\limits_{x\to+\infty}\dfrac{\int_{0}^{x}(\arctan t)^2\mathrm{d}t}{\sqrt{x^2+1}}$.

6. 下列计算是否正确，试说明理由：

(1) $\int_{-1}^{1}\frac{\mathrm{d}x}{1+x^{2}}=-\int_{-1}^{1}\frac{\mathrm{d}\left(\frac{1}{x}\right)}{1+\left(\frac{1}{x}\right)^{2}}=\left[-\arctan\frac{1}{x}\right]_{-1}^{1}=-\frac{\pi}{2}$;

(2) 因为 $\int_{-1}^{1}\frac{\mathrm{d}x}{x^{2}+x+1}\xlongequal{x=\frac{1}{t}}-\int_{-1}^{1}\frac{\mathrm{d}t}{t^{2}+t+1}$,所以

$$\int_{-1}^{1}\frac{\mathrm{d}x}{x^{2}+x+1}=0;$$

(3) $\int_{-\infty}^{+\infty}\frac{x}{1+x^{2}}\mathrm{d}x=\lim\limits_{A\to+\infty}\int_{-A}^{A}\frac{x}{1+x^{2}}\mathrm{d}x=0.$

7. 设 $x>0$,证明:

$$\int_{0}^{x}\frac{1}{1+t^{2}}\mathrm{d}t+\int_{0}^{\frac{1}{x}}\frac{1}{1+t^{2}}\mathrm{d}t=\frac{\pi}{2}.$$

8. 设 $p>0$,证明:

$$\frac{p}{p+1}<\int_{0}^{1}\frac{\mathrm{d}x}{1+x^{p}}<1.$$

9. 设 $f(x)$、$g(x)$ 在区间 $[a,b]$ 上均连续,证明:

(1) $\left(\int_{a}^{b}f(x)g(x)\mathrm{d}x\right)^{2}\leqslant\int_{a}^{b}f^{2}(x)\mathrm{d}x\cdot\int_{a}^{b}g^{2}(x)\mathrm{d}x$ (柯西-施瓦茨不等式);

(2) $\left(\int_{a}^{b}[f(x)+g(x)]^{2}\mathrm{d}x\right)^{\frac{1}{2}}\leqslant\left(\int_{a}^{b}f^{2}(x)\mathrm{d}x\right)^{\frac{1}{2}}+\left(\int_{a}^{b}g^{2}(x)\mathrm{d}x\right)^{\frac{1}{2}}$ (闵可夫斯基不等式).

10. 设 $f(x)$ 在区间 $[a,b]$ 上连续,且 $f(x)>0$. 证明:

$$\int_{a}^{b}f(x)\mathrm{d}x\cdot\int_{a}^{b}\frac{\mathrm{d}x}{f(x)}\geqslant(b-a)^{2}.$$

11. 计算下列积分:

(1) $\int_{0}^{\frac{\pi}{2}}\frac{x+\sin x}{1+\cos x}\mathrm{d}x$;

(2) $\int_{0}^{\frac{\pi}{4}}\ln(1+\tan x)\mathrm{d}x$;

(3) $\int_{0}^{a}\frac{\mathrm{d}x}{x+\sqrt{a^{2}-x^{2}}}\ (a>0)$;

(4) $\int_{0}^{\frac{\pi}{2}}\sqrt{1-\sin 2x}\,\mathrm{d}x$;

(5) $\int_{0}^{\frac{\pi}{2}}\frac{\mathrm{d}x}{1+\cos^{2}x}$;

(6) $\int_{0}^{\pi}x\sqrt{\cos^{2}x-\cos^{4}x}\,\mathrm{d}x$;

(7) $\int_{0}^{\pi}x^{2}|\cos x|\mathrm{d}x$;

(8) $\int_{0}^{+\infty}\frac{\mathrm{d}x}{\mathrm{e}^{x+1}+\mathrm{e}^{3-x}}$;

(9) $\int_{\frac{1}{2}}^{\frac{3}{2}}\frac{\mathrm{d}x}{\sqrt{|x^{2}-x|}}$;

(10) $\int_{0}^{x}\max\{t^{3},t^{2},1\}\mathrm{d}t$.

12. 设 $f(x)$ 为连续函数,证明:

$$\int_{0}^{x}f(t)(x-t)\mathrm{d}t=\int_{0}^{x}\left(\int_{0}^{t}f(u)\mathrm{d}u\right)\mathrm{d}t.$$

13. 设 $f(x)$ 在区间 $[a,b]$ 上连续，且 $f(x)>0$，

$$F(x)=\int_a^x f(t)\,\mathrm{d}t+\int_b^x \frac{\mathrm{d}t}{f(t)},\ x\in[a,b].$$

证明：

(1) $F'(x)\geqslant 2$；

(2) 方程 $F(x)=0$ 在区间 (a,b) 内有且仅有一个根.

14. 求 $\int_0^2 f(x-1)\,\mathrm{d}x$，其中

$$f(x)=\begin{cases}\dfrac{1}{1+\mathrm{e}^x}, & x<0,\\[2mm] \dfrac{1}{1+x}, & x\geqslant 0.\end{cases}$$

15. 设 $f(x)$ 在区间 $[a,b]$ 上连续，$g(x)$ 在区间 $[a,b]$ 上连续且不变号. 证明至少存在一点 $\xi\in[a,b]$，使下式成立

$$\int_a^b f(x)g(x)\,\mathrm{d}x=f(\xi)\int_a^b g(x)\,\mathrm{d}x \quad (积分第一中值定理).$$

*16. 证明：$\int_0^{+\infty} x^n\mathrm{e}^{-x^2}\,\mathrm{d}x=\dfrac{n-1}{2}\int_0^{+\infty} x^{n-2}\mathrm{e}^{-x^2}\,\mathrm{d}x\ (n>1)$，并用它证明：

$$\int_0^{+\infty} x^{2n+1}\mathrm{e}^{-x^2}\,\mathrm{d}x=\frac{1}{2}\Gamma(n+1) \quad (n\in\mathbf{N}).$$

*17. 判定下列反常积分的收敛性：

(1) $\int_0^{+\infty}\dfrac{\sin x}{\sqrt{x^3}}\mathrm{d}x$；

(2) $\int_2^{+\infty}\dfrac{\mathrm{d}x}{x\cdot\sqrt[3]{x^2-3x+2}}$；

(3) $\int_2^{+\infty}\dfrac{\cos x}{\ln x}\mathrm{d}x$；

(4) $\int_0^{+\infty}\dfrac{\mathrm{d}x}{\sqrt[3]{x^2(x-1)(x-2)}}$.

*18. 计算下列反常积分：

(1) $\int_0^{\frac{\pi}{2}}\ln\sin x\,\mathrm{d}x$；

(2) $\int_0^{+\infty}\dfrac{\mathrm{d}x}{(1+x^2)(1+x^\alpha)}\quad(\alpha\geqslant 0)$.

第六章　定积分的应用

本章中我们将应用前面学过的定积分理论来分析和解决一些几何、物理中的问题,其目的不仅在于建立计算这些几何、物理量的公式,更重要的还在于介绍运用元素法将一个量表达成为定积分的分析方法.

第一节　定积分的元素法

在定积分的应用中,经常采用所谓元素法. 为了说明这种方法,我们先回顾一下第五章中讨论过的曲边梯形的面积问题.

设 $f(x)$ 在区间 $[a,b]$ 上连续且 $f(x)\geqslant 0$,求以曲线 $y=f(x)$ 为曲边、底为 $[a,b]$ 的曲边梯形的面积 A. 把这个面积 A 表示为定积分

$$A=\int_a^b f(x)\,\mathrm{d}x$$

的步骤是:

(1) 用任意一组分点把区间 $[a,b]$ 分成长度为 $\Delta x_i\ (i=1,2,\cdots,n)$ 的 n 个小区间,相应地把曲边梯形分成 n 个窄曲边梯形,第 i 个窄曲边梯形的面积设为 ΔA_i,于是有

$$A=\sum_{i=1}^{n}\Delta A_i;$$

(2) 计算 ΔA_i 的近似值

$$\Delta A_i\approx f(\xi_i)\Delta x_i\quad (x_{i-1}\leqslant\xi_i\leqslant x_i);$$

(3) 求和,得 A 的近似值

$$A\approx\sum_{i=1}^{n}f(\xi_i)\Delta x_i;$$

(4) 求极限,记 $\lambda=\max\{\Delta x_1,\Delta x_2,\cdots,\Delta x_n\}$,得

$$A=\lim_{\lambda\to 0}\sum_{i=1}^{n}f(\xi_i)\Delta x_i=\int_a^b f(x)\,\mathrm{d}x.$$

在上述问题中我们注意到,所求量(即面积 A)与区间 $[a,b]$ 有关. 如果把区间 $[a,b]$ 分成许多部分区间,那么所求量相应地分成许多部分量(即 ΔA_i),而所求量等于所有部分量之和(即 $A=\sum\limits_{i=1}^{n}\Delta A_i$),这一性质称为所求量对于区间 $[a,b]$ 具有可加性. 此外,以 $f(\xi_i)\Delta x_i$ 近似代替部分量 ΔA_i 时,要求它们只相差一

个比 Δx_i 高阶的无穷小，以使和式 $\sum\limits_{i=1}^{n} f(\xi_i)\Delta x_i$ 的极限是 A 的精确值，从而 A 可以表示为定积分

$$A=\int_a^b f(x)\,\mathrm{d}x.$$

在引出 A 的积分表达式的四个步骤中，主要的是第二步，这一步是要确定 ΔA_i 的近似值 $f(\xi_i)\Delta x_i$，使得

$$A=\lim_{\lambda\to 0}\sum_{i=1}^{n} f(\xi_i)\Delta x_i=\int_a^b f(x)\,\mathrm{d}x.$$

在实用上，为了简便起见，省略下标 i，用 ΔA 表示任一小区间 $[x,x+\mathrm{d}x]$ 上的窄曲边梯形的面积，这样，

$$A=\sum \Delta A.$$

取 $[x,x+\mathrm{d}x]$ 的左端点 x 为 ξ，以点 x 处的函数值 $f(x)$ 为高、$\mathrm{d}x$ 为底的矩形的面积 $f(x)\mathrm{d}x$ 为 ΔA 的近似值（如图 6-1 阴影部分所示），即

$$\Delta A\approx f(x)\,\mathrm{d}x.$$

上式右端 $f(x)\mathrm{d}x$ 叫做面积元素，记为 $\mathrm{d}A=f(x)\mathrm{d}x$. 于是

$$A\approx \sum f(x)\,\mathrm{d}x,$$

因此

$$A=\lim \sum f(x)\,\mathrm{d}x=\int_a^b f(x)\,\mathrm{d}x.$$

一般地，如果某一实际问题中的所求量 U 符合下列条件：

（1）U 是与一个变量 x 的变化区间 $[a,b]$ 有关的量；

（2）U 对于区间 $[a,b]$ 具有可加性，就是说，如果把区间 $[a,b]$ 分成许多部分区间，则 U 相应地分成许多部分量，而 U 等于所有部分量之和；

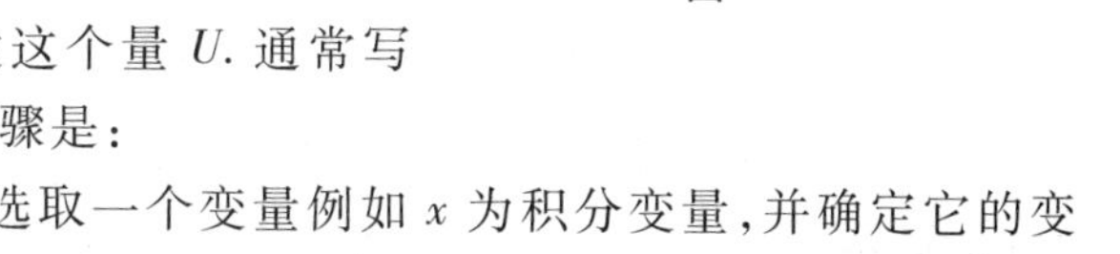

图 6-1

（3）部分量 ΔU_i 的近似值可表示为 $f(\xi_i)\Delta x_i$，那么就可考虑用定积分来表达这个量 U. 通常写出这个量 U 的积分表达式的步骤是：

1）根据问题的具体情况，选取一个变量例如 x 为积分变量，并确定它的变化区间 $[a,b]$；

2）设想把区间 $[a,b]$ 分成 n 个小区间，取其中任一小区间并记作 $[x,x+\mathrm{d}x]$，求出相应于这个小区间的部分量 ΔU 的近似值. 如果 ΔU 能近似地表示为

$[a,b]$上的一个连续函数在 x 处的值$f(x)$与 $\mathrm{d}x$ 的乘积①,就把$f(x)\mathrm{d}x$ 称为量 U 的元素且记作 $\mathrm{d}U$,即

$$\mathrm{d}U=f(x)\mathrm{d}x;$$

3）以所求量 U 的元素 $f(x)\mathrm{d}x$ 为被积表达式,在区间$[a,b]$上作定积分,得

$$U=\int_a^b f(x)\mathrm{d}x.$$

这就是所求量 U 的积分表达式.

这个方法通常叫做元素法. 下面两节中我们将应用这个方法来讨论几何、物理中的一些问题.

第二节　定积分在几何学上的应用

一、平面图形的面积

1. 直角坐标情形

在第五章中我们已经知道,由曲线 $y=f(x)$ $(f(x)\geqslant 0)$ 及直线 $x=a$, $x=b$ $(a<b)$ 与 x 轴所围成的曲边梯形的面积 A 是定积分

$$A=\int_a^b f(x)\mathrm{d}x,$$

其中被积表达式 $f(x)\mathrm{d}x$ 就是直角坐标下的面积元素,它表示高为$f(x)$、底为 $\mathrm{d}x$ 的一个矩形面积.

应用定积分,不但可以计算曲边梯形面积,还可以计算一些比较复杂的平面图形的面积.

例 1　计算由两条抛物线:$y^2=x$、$y=x^2$所围成的图形的面积.

解　这两条抛物线所围成的图形如图 6-2 所示. 为了具体定出图形的所在范围,先求出这两条抛物线的交点. 为此,解方程组

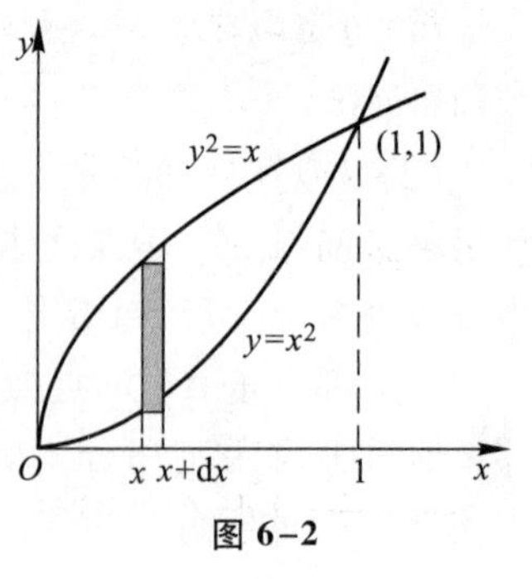

图 6-2

① 这里 ΔU 与 $f(x)\mathrm{d}x$ 相差一个比 $\mathrm{d}x$ 高阶的无穷小.

$$\begin{cases} y^2 = x, \\ y = x^2, \end{cases}$$

得到两个解

$$x=0,\ y=0 \quad 及 \quad x=1, y=1.$$

即这两抛物线的交点为$(0,0)$及$(1,1)$，从而知道这图形在直线$x=0$与$x=1$之间.

取横坐标x为积分变量，它的变化区间为$[0,1]$. 相应于$[0,1]$上的任一小区间$[x,x+\mathrm{d}x]$的窄条的面积近似于高为$\sqrt{x}-x^2$、底为$\mathrm{d}x$的窄矩形的面积，从而得到面积元素

$$\mathrm{d}A=(\sqrt{x}-x^2)\,\mathrm{d}x.$$

以$(\sqrt{x}-x^2)\,\mathrm{d}x$为被积表达式，在闭区间$[0,1]$上作定积分，便得所求面积为

$$A=\int_0^1(\sqrt{x}-x^2)\,\mathrm{d}x=\left[\frac{2}{3}x^{3/2}-\frac{x^3}{3}\right]_0^1=\frac{1}{3}.$$

例 2　计算抛物线$y^2=2x$与直线$y=x-4$所围成的图形的面积.

解　这个图形如图 6-3 所示. 为了定出这图形所在的范围，先求出所给抛物线和直线的交点. 解方程组

$$\begin{cases} y^2 = 2x, \\ y = x-4, \end{cases}$$

得交点$(2,-2)$和$(8,4)$，从而知道这图形在直线$y=-2$及$y=4$之间.

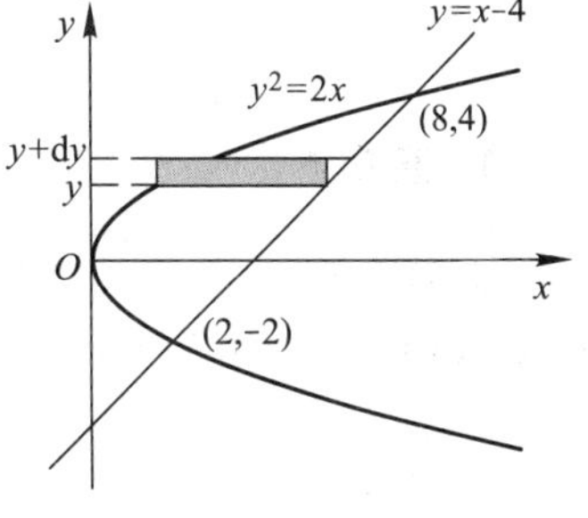

图 6-3

现在，选取纵坐标y为积分变量，它的变化区间为$[-2,4]$（读者可以思考一下，取横坐标x为积分变量，有什么不方便的地方）. 相应于$[-2,4]$上任一小区间$[y,y+\mathrm{d}y]$的窄条面积近似于高为$\mathrm{d}y$、底为$(y+4)-\frac{1}{2}y^2$的窄矩形的面积，从而得到面积元素

$$\mathrm{d}A=\left(y+4-\frac{1}{2}y^2\right)\mathrm{d}y.$$

以$\left(y+4-\frac{1}{2}y^2\right)\mathrm{d}y$为被积表达式，在闭区间$[-2,4]$上作定积分，便得所求的面积为

$$A=\int_{-2}^4\left(y+4-\frac{1}{2}y^2\right)\mathrm{d}y=\left[\frac{y^2}{2}+4y-\frac{y^3}{6}\right]_{-2}^4=18.$$

由例 2 可以看到，积分变量选得适当，可使计算方便.

例 3　求椭圆$\frac{x^2}{a^2}+\frac{y^2}{b^2}=1$所围成的图形的面积.

解　该椭圆关于两坐标轴都对称(图6-4),所以椭圆所围成的图形的面积为

$$A=4A_1,$$

其中A_1为该椭圆在第一象限部分与两坐标轴所围图形的面积,因此

$$A=4A_1=4\int_0^a y\mathrm{d}x.$$

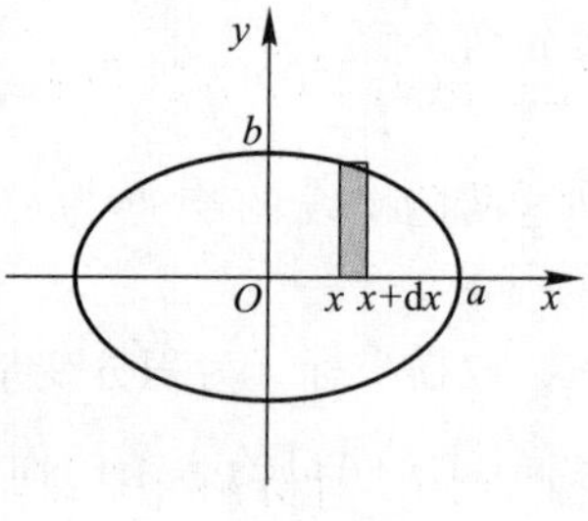

图 6-4

利用椭圆的参数方程

$$\begin{cases}x=a\cos t,\\ y=b\sin t\end{cases}\quad\left(0\leqslant t\leqslant\frac{\pi}{2}\right),$$

应用定积分换元法,令$x=a\cos t$,则

$$y=b\sin t,\ \mathrm{d}x=-a\sin t\mathrm{d}t.$$

当x由0变到a时,t由$\frac{\pi}{2}$变到0,所以

$$\begin{aligned}A&=4\int_{\pi/2}^{0}b\sin t(-a\sin t)\mathrm{d}t=-4ab\int_{\pi/2}^{0}\sin^2 t\mathrm{d}t\\&=4ab\int_0^{\pi/2}\sin^2 t\mathrm{d}t=4ab\cdot\frac{1}{2}\cdot\frac{\pi}{2}=\pi ab.\end{aligned}$$

当$a=b$时,就得到大家所熟悉的圆面积的公式$A=\pi a^2$.

2. 极坐标情形

某些平面图形,用极坐标来计算它们的面积比较方便.

设由曲线$\rho=\rho(\theta)$及射线$\theta=\alpha,\theta=\beta$围成一图形(简称为曲边扇形),现在要计算它的面积(图6-5).这里,$\rho(\theta)$在$[\alpha,\beta]$上连续,且$\rho(\theta)\geqslant 0$,$0<\beta-\alpha\leqslant 2\pi$.

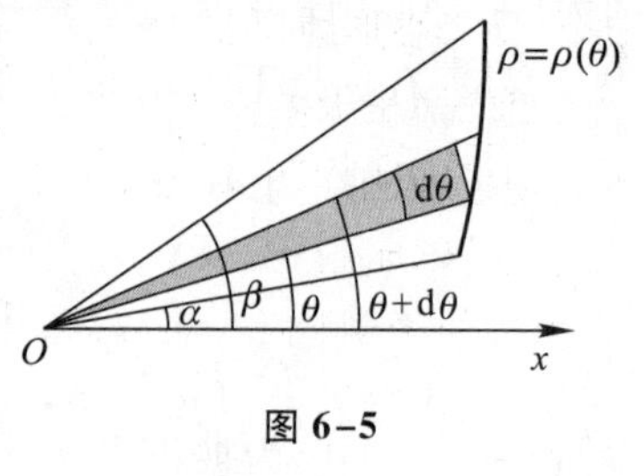

图 6-5

由于当θ在$[\alpha,\beta]$上变动时,极径$\rho=\rho(\theta)$也随之变动,因此所求图形的面积不能直接利用扇形面积的公式$A=\frac{1}{2}R^2\theta$来计算.

取极角θ为积分变量,它的变化区间为$[\alpha,\beta]$.相应于任一小区间$[\theta,\theta+\mathrm{d}\theta]$的窄曲边扇形的面积可以用半径为$\rho=\rho(\theta)$、中心角为$\mathrm{d}\theta$的扇形的面积来近似代替,从而得到这窄曲边扇形面积的近似值,即曲边扇形的面积元素

$$\mathrm{d}A=\frac{1}{2}[\rho(\theta)]^2\mathrm{d}\theta.$$

以$\frac{1}{2}[\rho(\theta)]^2\mathrm{d}\theta$为被积表达式，在闭区间$[\alpha,\beta]$上作定积分，便得所求曲边扇形的面积为

$$A=\int_\alpha^\beta\frac{1}{2}[\rho(\theta)]^2\mathrm{d}\theta.$$

例 4　计算阿基米德螺线

$$\rho=a\theta\quad(a>0)$$

上相应于θ从 0 变到2π的一段弧与极轴所围成的图形(图 6-6)的面积.

解　在指定的这段螺线上，θ的变化区间为$[0,2\pi]$. 相应于$[0,2\pi]$上任一小区间$[\theta,\theta+\mathrm{d}\theta]$的窄曲边扇形的面积近似于半径为$a\theta$、中心角为$\mathrm{d}\theta$的扇形的面积，从而得到面积元素

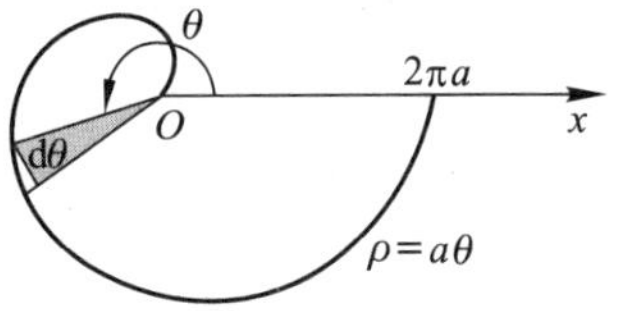

$$\mathrm{d}A=\frac{1}{2}(a\theta)^2\mathrm{d}\theta.$$

图 6-6

于是所求面积为

$$A=\int_0^{2\pi}\frac{a^2}{2}\theta^2\mathrm{d}\theta=\frac{a^2}{2}\left[\frac{\theta^3}{3}\right]_0^{2\pi}=\frac{4}{3}a^2\pi^3.$$

例 5　计算心形线

$$\rho=a(1+\cos\theta)\quad(a>0)$$

所围成的图形的面积.

解　心形线所围成的图形如图 6-7 所示. 这个图形对称于极轴，因此所求图形的面积A是极轴以上部分图形面积A_1的 2 倍.

对于极轴以上部分的图形，θ的变化区间为$[0,\pi]$. 相应于$[0,\pi]$上任一小区间$[\theta,\theta+\mathrm{d}\theta]$的窄曲边扇形的面积近似于半径为$a(1+\cos\theta)$、中心角为$\mathrm{d}\theta$的扇形的面积. 从而得到面积元素

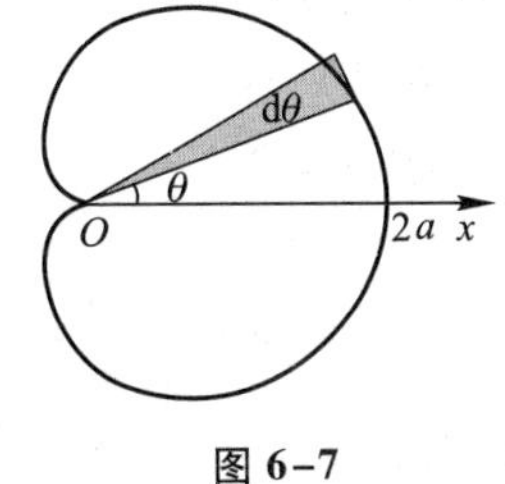

图 6-7

$$\mathrm{d}A=\frac{1}{2}a^2(1+\cos\theta)^2\mathrm{d}\theta,$$

于是

$$A_1=\int_0^\pi\frac{1}{2}a^2(1+\cos\theta)^2\mathrm{d}\theta=\frac{a^2}{2}\int_0^\pi(1+2\cos\theta+\cos^2\theta)\mathrm{d}\theta$$

$$=\frac{a^2}{2}\int_0^{\pi}\left(\frac{3}{2}+2\cos\ \theta+\frac{1}{2}\cos\ 2\theta\right)\mathrm{d}\theta$$

$$=\frac{a^2}{2}\left[\frac{3}{2}\theta+2\sin\ \theta+\frac{1}{4}\sin\ 2\theta\right]_0^{\pi}=\frac{3}{4}\pi a^2,$$

因而所求面积为

$$A=2A_1=\frac{3}{2}\pi a^2.$$

二、体积

1. 旋转体的体积

旋转体就是由一个平面图形绕这平面内一条直线旋转一周而成的立体. 这直线叫做旋转轴. 圆柱、圆锥、圆台、球可以分别看成是由矩形绕它的一条边、直角三角形绕它的直角边、直角梯形绕它的直角腰、半圆绕它的直径旋转一周而成的立体,所以它们都是旋转体.

上述旋转体都可以看作是由连续曲线 $y=f(x)$、直线 $x=a$、$x=b$ 及 x 轴所围成的曲边梯形绕 x 轴旋转一周而成的立体. 现在我们考虑用定积分来计算这种旋转体的体积.

取横坐标 x 为积分变量,它的变化区间为 $[a,b]$. 相应于 $[a,b]$ 上的任一小区间 $[x,x+\mathrm{d}x]$ 的窄曲边梯形绕 x 轴旋转而成的薄片的体积近似于以 $f(x)$ 为底半径、$\mathrm{d}x$ 为高的扁圆柱体的体积(图 6-8),即体积元素

$$\mathrm{d}V=\pi[f(x)]^2\mathrm{d}x.$$

以 $\pi[f(x)]^2\mathrm{d}x$ 为被积表达式,在闭区间 $[a,b]$ 上作定积分,便得所求旋转体体积为

$$V=\int_a^b\pi[f(x)]^2\mathrm{d}x.$$

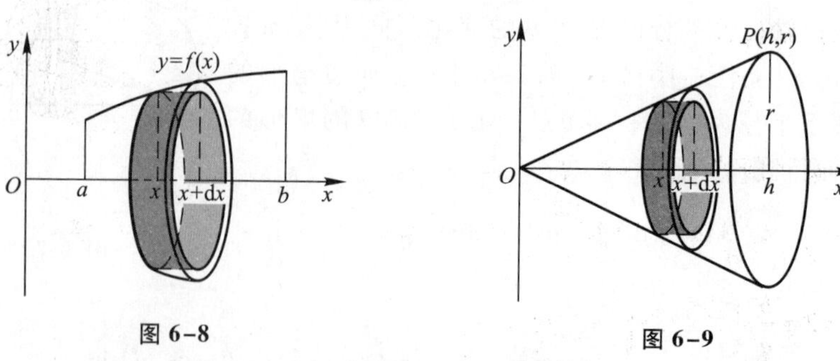

图 6-8　　　　图 6-9

例 6　连接坐标原点 O 及点 $P(h,r)$ 的直线、直线 $x=h$ 及 x 轴围成一个直角

三角形(图 6-9). 将它绕 x 轴旋转一周构成一个底半径为 r、高为 h 的圆锥体. 计算这圆锥体的体积.

解　过原点 O 及点 $P(h,r)$ 的直线方程为

$$y=\frac{r}{h}x.$$

取横坐标 x 为积分变量,它的变化区间为 $[0,h]$. 圆锥体中相应于 $[0,h]$ 上任一小区间 $[x,x+\mathrm{d}x]$ 的薄片的体积近似于底半径为 $\frac{r}{h}x$、高为 $\mathrm{d}x$ 的扁圆柱体的体积,即体积元素

$$\mathrm{d}V=\pi\left[\frac{r}{h}x\right]^2\mathrm{d}x.$$

于是所求圆锥体的体积为

$$V=\int_0^h\pi\left(\frac{r}{h}x\right)^2\mathrm{d}x=\frac{\pi r^2}{h^2}\left[\frac{x^3}{3}\right]_0^h=\frac{\pi r^2h}{3}.$$

例 7　计算由椭圆

$$\frac{x^2}{a^2}+\frac{y^2}{b^2}=1$$

所围成的图形绕 x 轴旋转一周而成的旋转体(叫做旋转椭球体)的体积.

解　这个旋转椭球体也可以看作是由半个椭圆

$$y=\frac{b}{a}\sqrt{a^2-x^2}$$

及 x 轴围成的图形绕 x 轴旋转一周而成的立体.

取 x 为积分变量,它的变化区间为 $[-a,a]$. 旋转椭球体中相应于 $[-a,a]$ 上任一小区间 $[x,x+\mathrm{d}x]$ 的薄片的体积,近似于底半径为 $\frac{b}{a}\sqrt{a^2-x^2}$、高为 $\mathrm{d}x$ 的扁圆柱体的体积(图 6-10),即体积元素

$$\mathrm{d}V=\frac{\pi b^2}{a^2}(a^2-x^2)\,\mathrm{d}x.$$

于是所求旋转椭球体的体积为

$$V=\int_{-a}^{a}\pi\frac{b^2}{a^2}(a^2-x^2)\mathrm{d}x=\frac{2\pi b^2}{a^2}\int_0^a(a^2-x^2)\mathrm{d}x$$

$$=2\pi\frac{b^2}{a^2}\left[a^2x-\frac{x^3}{3}\right]_0^a=\frac{4}{3}\pi ab^2.$$

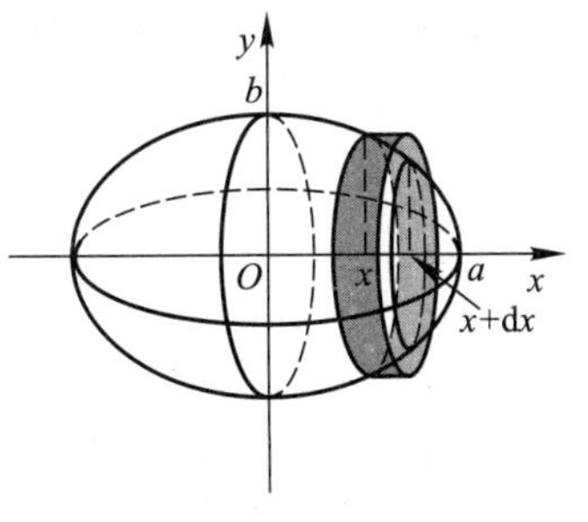

图 6-10

当 $a=b$ 时,旋转椭球体就成为半径为 a 的球,它的体积为 $\frac{4}{3}\pi a^3$.

用与上面类似的方法可以推出：由曲线 $x=\varphi(y)$、直线 $y=c$、$y=d$ $(c<d)$ 与 y 轴所围成的曲边梯形，绕 y 轴旋转一周而成的旋转体（图 6-11）的体积为

$$V=\pi\int_{c}^{d}[\varphi(y)]^{2}\mathrm{d}y.$$

例 8　计算由摆线 $x=a(t-\sin t)$，$y=a(1-\cos t)$ 相应于 $0\leqslant t\leqslant 2\pi$ 的一拱与直线 $y=0$ 所围成的图形分别绕 x 轴、y 轴旋转而成的旋转体的体积.

解　按旋转体的体积公式，所述图形绕 x 轴旋转而成的旋转体的体积为

$$\begin{aligned}V_{x}&=\int_{0}^{2\pi a}\pi y^{2}(x)\mathrm{d}x=\pi\int_{0}^{2\pi}a^{2}(1-\cos t)^{2}\cdot a(1-\cos t)\mathrm{d}t\\&=\pi a^{3}\int_{0}^{2\pi}(1-3\cos t+3\cos^{2}t-\cos^{3}t)\mathrm{d}t=5\pi^{2}a^{3}.\end{aligned}$$

所述图形绕 y 轴旋转而成的旋转体的体积可看成平面图形 $OABC$ 与 OBC（图6-12）分别绕 y 轴旋转而成的旋转体的体积之差. 因此所求的体积为

$$\begin{aligned}V_{y}&=\int_{0}^{2a}\pi x_{2}^{2}(y)\mathrm{d}y-\int_{0}^{2a}\pi x_{1}^{2}(y)\mathrm{d}y\\&=\pi\int_{2\pi}^{\pi}a^{2}(t-\sin t)^{2}\cdot a\sin t\mathrm{d}t-\pi\int_{0}^{\pi}a^{2}(t-\sin t)^{2}\cdot a\sin t\mathrm{d}t\\&=-\pi a^{3}\int_{0}^{2\pi}(t-\sin t)^{2}\sin t\mathrm{d}t=6\pi^{3}a^{3}.\end{aligned}$$

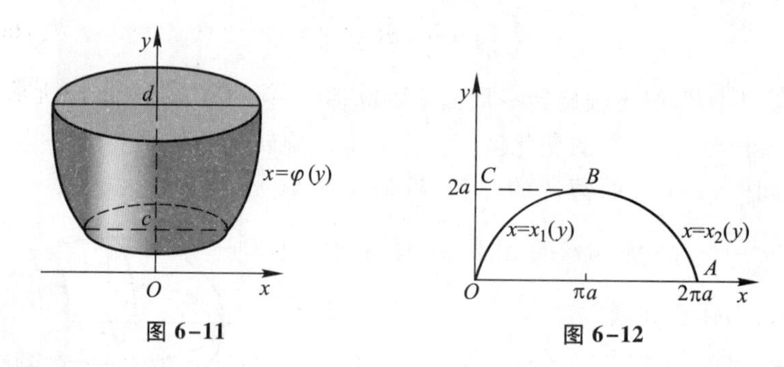

图 6-11　　　　图 6-12

2. 平行截面面积为已知的立体的体积

从计算旋转体体积的过程中可以看出：如果一个立体不是旋转体，但却知道该立体上垂直于一定轴的各个截面的面积，那么，这个立体的体积也可以用定积分来计算.

如图 6-13 所示，取上述定轴为 x 轴，并设该立体在过点 $x=a$、$x=b$ 且垂直于 x 轴的两个平面之间. 以 $A(x)$ 表示过点 x 且垂直于 x 轴的截面面积. 假定 $A(x)$

为已知的 x 的连续函数. 这时，取 x 为积分变量，它的变化区间为 $[a,b]$；立体中相应于 $[a,b]$ 上任一小区间 $[x,x+\mathrm{d}x]$ 的一薄片的体积，近似于底面积为 $A(x)$、高为 $\mathrm{d}x$ 的扁柱体的体积，即体积元素

$$\mathrm{d}V=A(x)\,\mathrm{d}x.$$

以 $A(x)\,\mathrm{d}x$ 为被积表达式，在闭区间 $[a,b]$ 上作定积分，便得所求立体的体积

$$V=\int_a^b A(x)\,\mathrm{d}x.$$

例 9　一平面经过半径为 R 的圆柱体的底圆中心，并与底面交成角 α（图 6-14）. 计算这平面截圆柱体所得立体的体积.

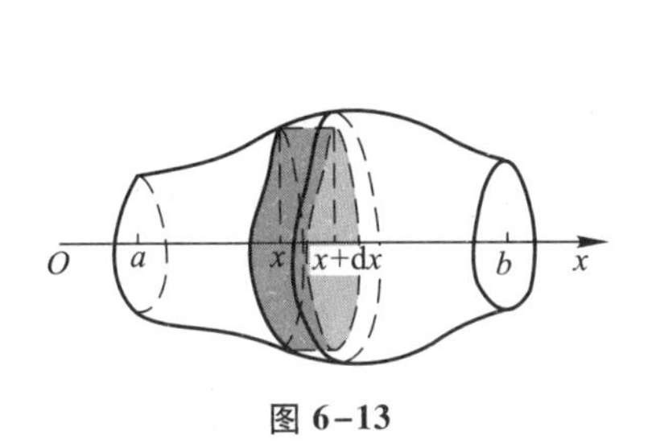

图 6-13

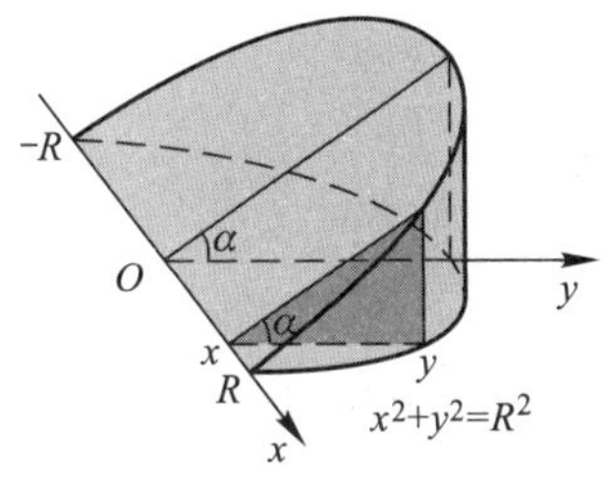

图 6-14

解　取这平面与圆柱体的底面的交线为 x 轴，底面上过圆中心、且垂直于 x 轴的直线为 y 轴. 那么，底圆的方程为 $x^2+y^2=R^2$. 立体中过 x 轴上的点 x 且垂直于 x 轴的截面是一个直角三角形. 它的两条直角边的长分别为 y 及 $y\tan\alpha$，即 $\sqrt{R^2-x^2}$ 及 $\sqrt{R^2-x^2}\tan\alpha$. 因而截面积为 $A(x)=\dfrac{1}{2}(R^2-x^2)\tan\alpha$，于是所求立体体积为

$$\begin{aligned}V&=\int_{-R}^{R}\frac{1}{2}(R^2-x^2)\tan\alpha\,\mathrm{d}x=\int_0^R(R^2-x^2)\tan\alpha\,\mathrm{d}x\\&=\tan\alpha\left[R^2x-\frac{1}{3}x^3\right]_0^R=\frac{2}{3}R^3\tan\alpha.\end{aligned}$$

例 10　求以半径为 R 的圆为底、平行且等于底圆直径的线段为顶、高为 h 的正劈锥体的体积.

解　取底圆所在的平面为 xOy 平面，圆心 O 为原点，并使 x 轴与正劈锥的顶平行（图 6-15）. 底圆的方程为 $x^2+y^2=R^2$. 过 x 轴上的点 x $(-R\leqslant x\leqslant R)$ 作垂直于 x 轴的平面，截正劈锥体得等腰三角形. 这截面的面积为

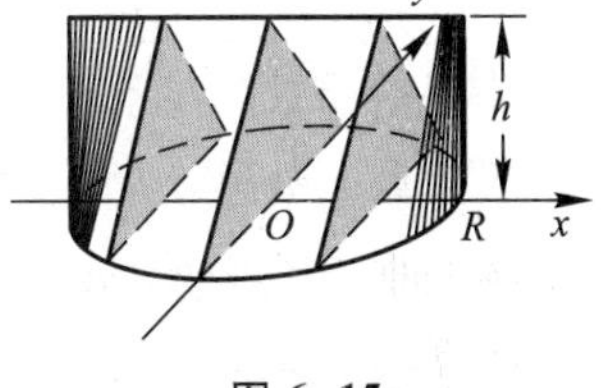

图 6-15

$$A(x)=h\cdot y=h\sqrt{R^2-x^2},$$

于是所求正劈锥体的体积为

$$V=\int_{-R}^{R}A(x)\,\mathrm{d}x=h\int_{-R}^{R}\sqrt{R^2-x^2}\,\mathrm{d}x=2h\int_{0}^{R}\sqrt{R^2-x^2}\,\mathrm{d}x$$

$$=2R^2h\int_{0}^{\frac{\pi}{2}}\sin^2\theta\mathrm{d}\theta=\frac{\pi R^2h}{2}.$$

由此可知正劈锥体的体积等于同底同高的圆柱体体积的一半.

三、平面曲线的弧长

我们知道,圆的周长可以利用圆的内接正多边形的周长当边数无限增多时的极限来确定. 现在用类似的方法来建立平面的连续曲线弧长的概念,从而应用定积分来计算弧长.

设 A,B 是曲线弧的两个端点. 在弧 $\overset{\frown}{AB}$ 上依次任取分点 $A=M_0,M_1,M_2,\cdots,M_{i-1},M_i,\cdots,M_{n-1},M_n=B$,并依次连接相邻的分点得一折线(图 6-16). 当分点的数目无限增加且每个小段 $\overset{\frown}{M_{i-1}M_i}$ 都缩向一点时,如果此折线的长 $\sum\limits_{i=1}^{n}|M_{i-1}M_i|$ 的极限存在,那么称此极限为曲线弧 $\overset{\frown}{AB}$ 的弧长,并称此曲线弧 $\overset{\frown}{AB}$ 是可求长的.

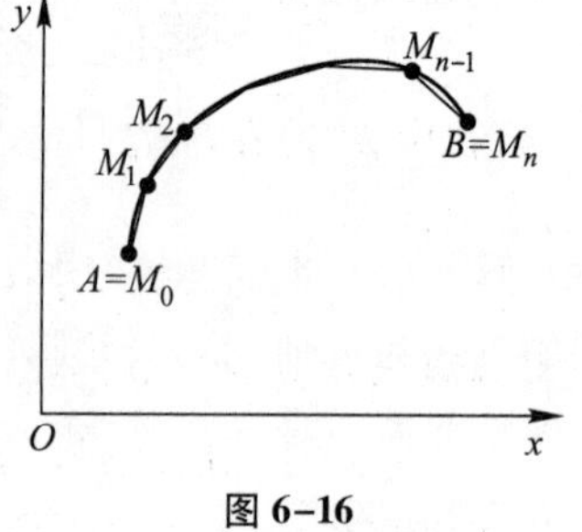

图 6-16

对光滑的曲线弧(参看第 170 页上的脚注),有如下结论:

定理　光滑曲线弧是可求长的.

这个定理我们不加证明. 由于光滑曲线弧是可求长的,故可应用定积分来计算弧长. 下面我们利用定积分的元素法来讨论平面光滑曲线弧长的计算公式.

设曲线弧由参数方程

$$\begin{cases}x=\varphi(t),\\ y=\psi(t)\end{cases}\quad(\alpha\leqslant t\leqslant\beta)$$

给出,其中 $\varphi(t),\psi(t)$ 在 $[\alpha,\beta]$ 上具有连续导数,且 $\varphi'(t),\psi'(t)$ 不同时为零. 现在来计算这曲线弧的长度.

取参数 t 为积分变量,它的变化区间为 $[\alpha,\beta]$. 相应于 $[\alpha,\beta]$ 上任一小区间 $[t,t+\mathrm{d}t]$ 的小弧段的长度 Δs 近似等于对应的弦的长度 $\sqrt{(\Delta x)^2+(\Delta y)^2}$,因为

$$\Delta x=\varphi(t+\mathrm{d}t)-\varphi(t)\approx\mathrm{d}x=\varphi'(t)\,\mathrm{d}t,$$

$$\Delta y=\psi(t+\mathrm{d}t)-\psi(t)\approx\mathrm{d}y=\psi'(t)\,\mathrm{d}t,$$

所以,Δs 的近似值(弧微分)即弧长元素为

$$ds=\sqrt{(dx)^2+(dy)^2}=\sqrt{\varphi'^2(t)(dt)^2+\psi'^2(t)(dt)^2}$$

$$=\sqrt{\varphi'^2(t)+\psi'^2(t)}\,dt.$$

于是所求弧长为

$$s=\int_\alpha^\beta\sqrt{\varphi'^2(t)+\psi'^2(t)}\,dt.$$

当曲线弧由直角坐标方程

$$y=f(x)\quad(a\leqslant x\leqslant b)$$

给出,其中 $f(x)$ 在 $[a,b]$ 上具有一阶连续导数,这时曲线弧有参数方程

$$\begin{cases}x=x,\\y=f(x)\end{cases}\quad(a\leqslant x\leqslant b),$$

从而所求的弧长为

$$s=\int_a^b\sqrt{1+y'^2}\,dx.$$

当曲线弧由极坐标方程

$$\rho=\rho(\theta)\quad(\alpha\leqslant\theta\leqslant\beta)$$

给出,其中 $\rho(\theta)$ 在 $[\alpha,\beta]$ 上具有连续导数,则由直角坐标与极坐标的关系可得

$$\begin{cases}x=x(\theta)=\rho(\theta)\cos\theta,\\y=y(\theta)=\rho(\theta)\sin\theta\end{cases}\quad(\alpha\leqslant\theta\leqslant\beta),$$

这就是以极角 θ 为参数的曲线弧的参数方程. 于是,弧长元素为

$$ds=\sqrt{x'^2(\theta)+y'^2(\theta)}\,d\theta=\sqrt{\rho^2(\theta)+\rho'^2(\theta)}\,d\theta,$$

从而所求弧长为

$$s=\int_\alpha^\beta\sqrt{\rho^2(\theta)+\rho'^2(\theta)}\,d\theta.$$

例 11 计算曲线 $y=\dfrac{2}{3}x^{3/2}$ 上相应于 $a\leqslant x\leqslant b$ 的一段弧(图 6-17)的长度.

解 因 $y'=x^{1/2}$,从而弧长元素

$$ds=\sqrt{1+(x^{1/2})^2}\,dx=\sqrt{1+x}\,dx.$$

因此,所求弧长为

$$s=\int_a^b\sqrt{1+x}\,dx=\left[\frac{2}{3}(1+x)^{3/2}\right]_a^b$$

$$=\frac{2}{3}\left[(1+b)^{3/2}-(1+a)^{3/2}\right].$$

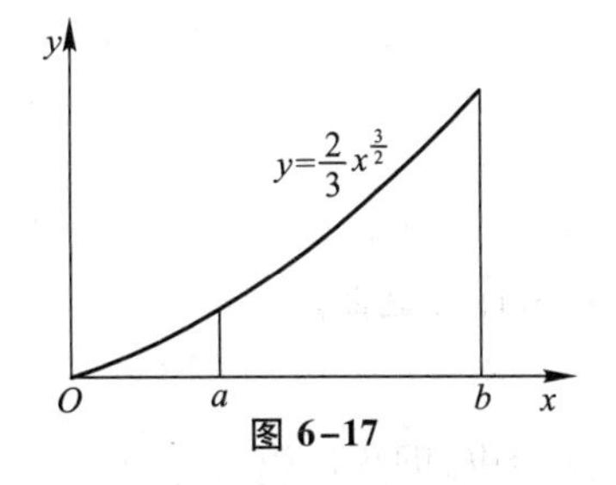

图 6-17

例 12 计算摆线(图 6-18)

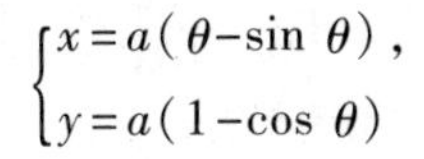

$$\begin{cases}x=a(\theta-\sin\theta),\\y=a(1-\cos\theta)\end{cases}$$

的一拱$(0\leqslant\theta\leqslant2\pi)$的长度.

解 弧长元素为

$$\mathrm{d}s=\sqrt{a^2(1-\cos\theta)^2+a^2\sin^2\theta}\,\mathrm{d}\theta$$
$$=a\sqrt{2(1-\cos\theta)}\,\mathrm{d}\theta=2a\sin\frac{\theta}{2}\mathrm{d}\theta.$$

从而,所求弧长

$$s=\int_0^{2\pi}2a\sin\frac{\theta}{2}\mathrm{d}\theta=2a\left[-2\cos\frac{\theta}{2}\right]_0^{2\pi}=8a.$$

例 13 求阿基米德螺线 $\rho=a\theta\ (a>0)$ 相应于$0\leqslant\theta\leqslant2\pi$一段(图 6-19)的弧长.

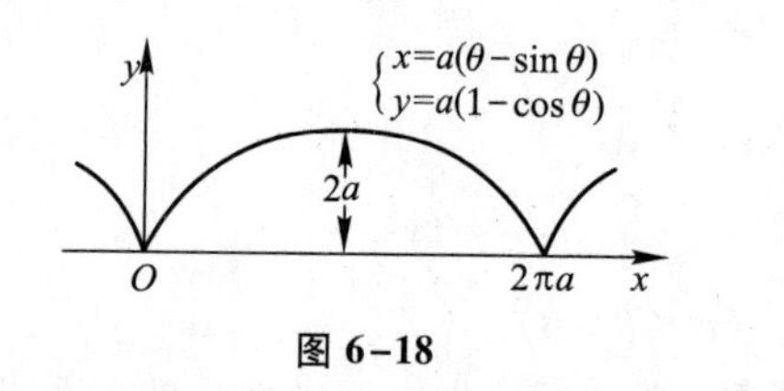

图 6-18

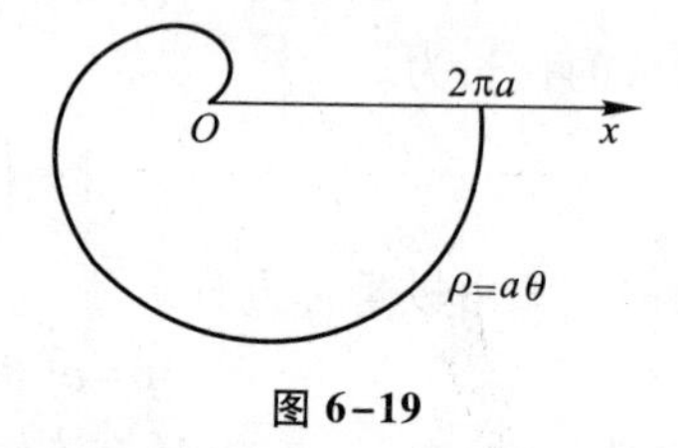

图 6-19

解 弧长元素为

$$\mathrm{d}s=\sqrt{a^2\theta^2+a^2}\,\mathrm{d}\theta=a\sqrt{1+\theta^2}\,\mathrm{d}\theta,$$

于是所求弧长为

$$s=a\int_0^{2\pi}\sqrt{1+\theta^2}\,\mathrm{d}\theta=\frac{a}{2}\left[2\pi\sqrt{1+4\pi^2}+\ln\left(2\pi+\sqrt{1+4\pi^2}\right)\right].$$

习 题 6-2

1. 求图 6-20 中各阴影部分的面积.

2. 求由下列各组曲线所围成的图形的面积:

(1) $y=\frac{1}{2}x^2$ 与 $x^2+y^2=8$ (两部分都要计算);

(2) $y=\frac{1}{x}$ 与直线 $y=x$ 及 $x=2$;

(3) $y=\mathrm{e}^x, y=\mathrm{e}^{-x}$ 与直线 $x=1$;

(4) $y=\ln x$, y 轴与直线 $y=\ln a, y=\ln b\ (b>a>0)$.

3. 求抛物线 $y=-x^2+4x-3$ 及其在点$(0,-3)$和$(3,0)$处的切线所围成的图形的面积.

4. 求抛物线 $y^2=2px$ 及其在点$\left(\frac{p}{2},p\right)$处的法线所围成的图形的面积.

5. 求由下列各曲线所围成的图形的面积:

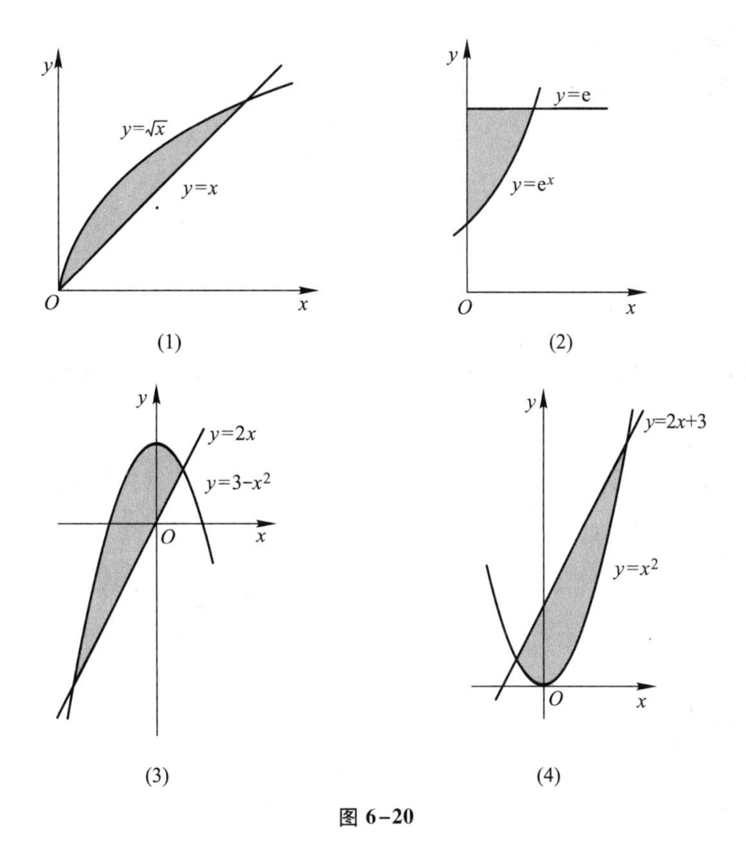

图 6-20

（1）$\rho=2a\cos\theta$；　　（2）$x=a\cos^3 t$，$y=a\sin^3 t$；

（3）$\rho=2a(2+\cos\theta)$.

6. 求由摆线 $x=a(t-\sin t)$，$y=a(1-\cos t)$的一拱($0\leqslant t\leqslant 2\pi$)与横轴所围成的图形的面积.

7. 求对数螺线 $\rho=ae^{\theta}$ ($-\pi\leqslant\theta\leqslant\pi$)及射线 $\theta=\pi$ 所围成的图形的面积.

8. 求下列各曲线所围成图形的公共部分的面积：

（1）$\rho=3\cos\theta$ 及 $\rho=1+\cos\theta$；　　（2）$\rho=\sqrt{2}\sin\theta$ 及 $\rho^2=\cos 2\theta$.

9. 求位于曲线 $y=e^x$ 下方、该曲线过原点的切线的左方以及 x 轴上方之间的图形的面积.

10. 求由抛物线 $y^2=4ax$ 与过焦点的弦所围成的图形面积的最小值.

11. 已知抛物线 $y=px^2+qx$（其中 $p<0,q>0$）在第一象限内与直线 $x+y=5$ 相切，且此抛物线与 x 轴所围成的图形的面积为 A. 问 p 和 q 为何值时，A 达到最大值，并求出此最大值.

12. 由 $y=x^3$，$x=2$，$y=0$ 所围成的图形分别绕 x 轴及 y 轴旋转，计算所得两个旋转体的体积.

13. 把星形线 $x^{2/3}+y^{2/3}=a^{2/3}$ 所围成的图形绕 x 轴旋转（图 6-21），计算所得旋转体的体积.

14. 用积分方法证明图 6-22 中球缺的体积为

$$V=\pi H^2\left(R-\frac{H}{3}\right).$$

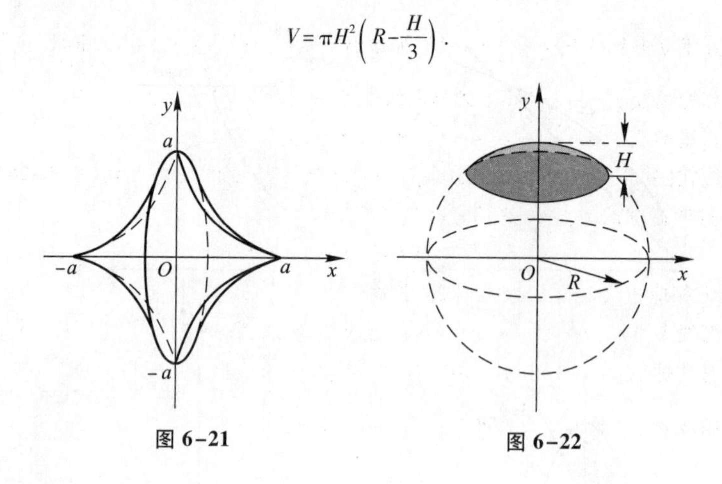

图 6-21　　　　图 6-22

15. 求下列已知曲线所围成的图形按指定的轴旋转所产生的旋转体的体积：

（1）$y=x^2, x=y^2$，绕 y 轴；

（2）$y=\arcsin x, x=1, y=0$，绕 x 轴；

（3）$x^2+(y-5)^2=16$，绕 x 轴；

（4）摆线 $x=a(t-\sin t), y=a(1-\cos t)$ 的一拱，$y=0$，绕直线 $y=2a$.

16. 求圆盘 $x^2+y^2\leqslant a^2$ 绕 $x=-b$ $(b>a>0)$ 旋转所成旋转体的体积.

17. 设有一截锥体，其高为 h，上、下底均为椭圆，椭圆的轴长分别为 $2a$、$2b$ 和 $2A$、$2B$，求这截锥体的体积.

18. 计算底面是半径为 R 的圆，而垂直于底面上一条固定直径的所有截面都是等边三角形的立体体积（图6-23）.

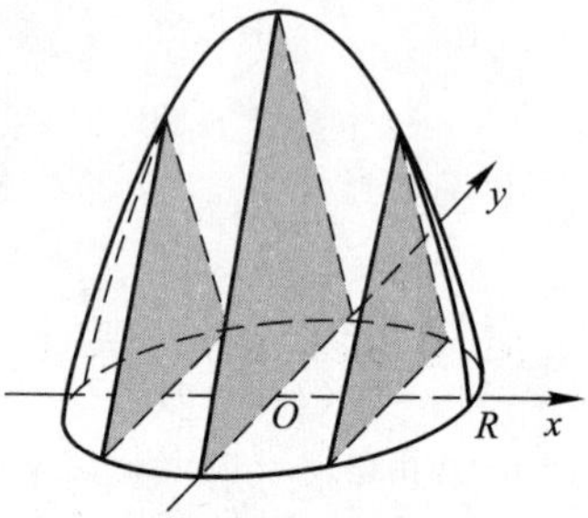

图 6-23

19. 证明：由平面图形 $0\leqslant a\leqslant x\leqslant b, 0\leqslant y\leqslant f(x)$ 绕 y 轴旋转所成的旋转体的体积为

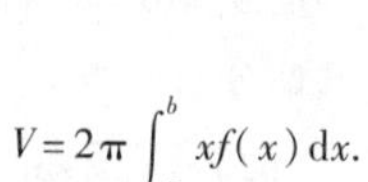

$$V=2\pi\int_a^b xf(x)\,\mathrm{d}x.$$

20. 利用题 19 的结论，计算曲线 $y=\sin x$ $(0\leqslant x\leqslant\pi)$ 和 x 轴所围成的图形绕 y 轴旋转所得旋转体的体积.

21. 设由抛物线 $y=2x^2$ 和直线 $x=a, x=2$ 及 $y=0$ 所围成的平面图形为 D_1，由抛物线 $y=2x^2$ 和直线 $x=a$ 及 $y=0$ 所围成的平面图形为 D_2，其中 $0<a<2$（图 6-24）.

（1）试求 D_1 绕 x 轴旋转而成的旋转体体积 V_1，D_2 绕 y 轴旋转而成的旋转体体积 V_2；

（2）问当 a 为何值时，V_1+V_2 取得最大值？试求此最大值.

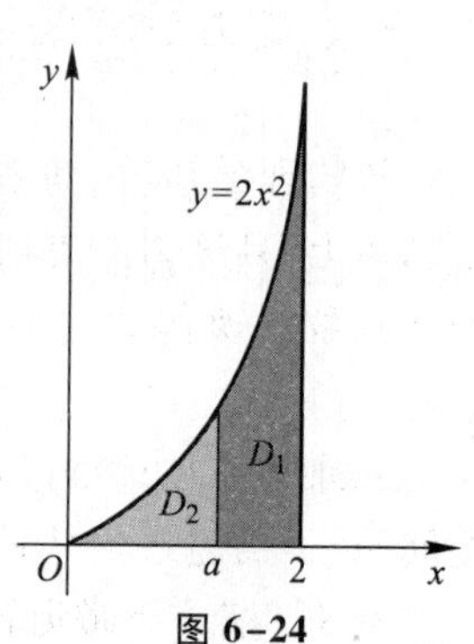

图 6-24

22. 计算曲线 $y=\ln x$ 上相应于 $\sqrt{3}\leqslant x\leqslant\sqrt{8}$ 的一段弧的长度.

23. 计算半立方抛物线 $y^2=\frac{2}{3}(x-1)^3$ 被抛物线 $y^2=\frac{x}{3}$ 截得的一段弧的长度.

24. 计算抛物线 $y^2=2px$ 从顶点到这曲线上的一点 $M(x,y)$ 的弧长.

25. 计算星形线 $x=a\cos^3 t, y=a\sin^3 t$（图 6-25）的全长.

26. 将绕在圆（半径为 a）上的细线放开拉直，使细线与圆周始终相切（图 6-26），细线端点画出的轨迹叫做圆的渐伸线，它的方程为

$$x=a(\cos t+t\sin t),\quad y=a(\sin t-t\cos t).$$

算出这曲线上相应于 $0\leqslant t\leqslant \pi$ 的一段弧的长度.

27. 在摆线 $x=a(t-\sin t), y=a(1-\cos t)$ 上求分摆线第一拱成 1 : 3 的点的坐标.

28. 求对数螺线 $\rho=e^{a\theta}$ 相应于 $0\leqslant\theta\leqslant\varphi$ 的一段弧长.

29. 求曲线 $\rho\theta=1$ 相应于 $\frac{3}{4}\leqslant\theta\leqslant\frac{4}{3}$ 的一段弧长.

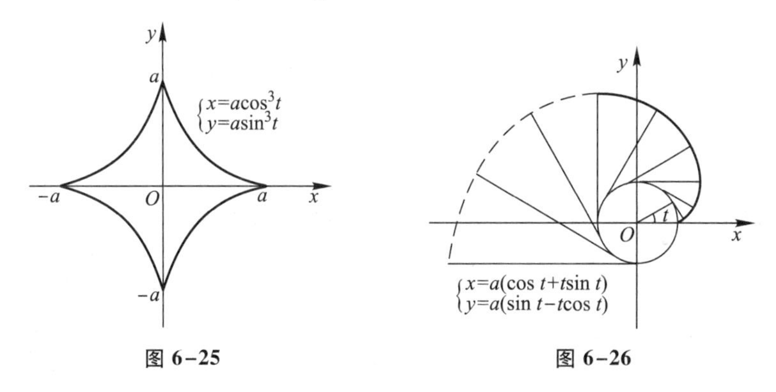

图 6-25　　　　图 6-26

30. 求心形线 $\rho=a(1+\cos\theta)$ 的全长.

第三节　定积分在物理学上的应用

一、变力沿直线所作的功

从物理学知道，如果物体在做直线运动的过程中有一个不变的力 F 作用在这物体上，且这力的方向与物体运动的方向一致，那么，在物体移动了距离 s 时，力 F 对物体所作的功为

$$W=F\cdot s.$$

如果物体在运动过程中所受到的力是变化的，这就会遇到变力对物体作功的问题. 下面通过具体例子说明如何计算变力所作的功.

例 1　把一个带电荷量 $+q$ 的点电荷放在 r 轴上坐标原点 O 处，它产生一个

电场. 这个电场对周围的电荷有作用力. 由物理学知道,如果有一个单位正电荷放在这个电场中距离原点 O 为 r 的地方,那么电场对它的作用力的大小为

$$F=k\frac{q}{r^2}\quad (k\text{ 是常数}).$$

见图 6-27,当这个单位正电荷在电场中从 $r=a$ 处沿 r 轴移动到 $r=b$ $(a<b)$ 处时,计算电场力 F 对它所作的功.

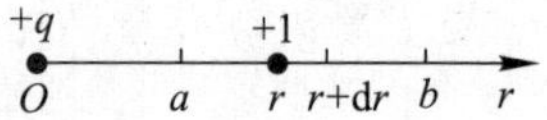

+q　+1　O　a　r　r+dr　b　r

图 6-27

解　在上述移动过程中,电场对这单位正电荷的作用力是变的. 取 r 为积分变量,它的变化区间为 $[a,b]$. 设 $[r,r+\mathrm{d}r]$ 为 $[a,b]$ 上的任一小区间. 当单位正电荷从 r 移动到 $r+\mathrm{d}r$ 时,电场力对它所作的功近似于 $\frac{kq}{r^2}\mathrm{d}r$,即功元素为

$$\mathrm{d}W=\frac{kq}{r^2}\mathrm{d}r,$$

于是所求的功为

$$W=\int_a^b\frac{kq}{r^2}\mathrm{d}r=kq\left[-\frac{1}{r}\right]_a^b=kq\left(\frac{1}{a}-\frac{1}{b}\right).$$

在计算静电场中某点的电位时,要考虑将单位正电荷从该点处 $(r=a)$ 移到无穷远处时电场力所作的功 W. 此时,电场力对单位正电荷所作的功就是反常积分

$$W=\int_a^{+\infty}\frac{kq}{r^2}\mathrm{d}r=\left[-\frac{kq}{r}\right]_a^{+\infty}=\frac{kq}{a}.$$

例 2　在底面积为 S 的圆柱形容器中盛有一定量的气体. 在等温条件下,由于气体的膨胀,把容器中的一个活塞(面积为 S)从点 a 处推移到点 b 处(图 6-28). 计算在移动过程中,气体压力所作的功.

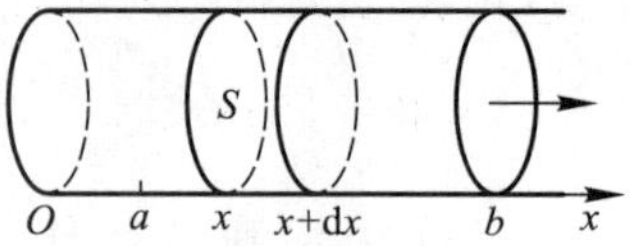

S　O　a　x　x+dx　b　x

图 6-28

解　取坐标系如图 6-28 所示. 活塞的位置可以用坐标 x 来表示. 由物理学知道,一定量的气体在等温条件下,压强 p 与体积 V 的乘积是常数 k,即

$$pV=k\quad\text{或}\quad p=\frac{k}{V}.$$

因为 $V=xS$,所以

$$p=\frac{k}{xS}.$$

于是,作用在活塞上的力

$$F=p\cdot S=\frac{k}{xS}\cdot S=\frac{k}{x}.$$

在气体膨胀过程中,体积 V 是变的,因而 x 也是变的,所以作用在活塞上的力也是变的.

取 x 为积分变量,它的变化区间为$[a,b]$. 设$[x,x+\mathrm{d}x]$为$[a,b]$上任一小区间,当活塞从 x 移动到 $x+\mathrm{d}x$ 时,变力 F 所作的功近似于$\frac{k}{x}\mathrm{d}x$,即功元素为

$$\mathrm{d}W=\frac{k}{x}\mathrm{d}x,$$

于是所求的功为

$$W=\int_a^b\frac{k}{x}\mathrm{d}x=k[\ln x]_a^b=k\ln\frac{b}{a}.$$

下面再举一个计算功的例子,它虽不是一个变力作功问题,但也可用积分来计算.

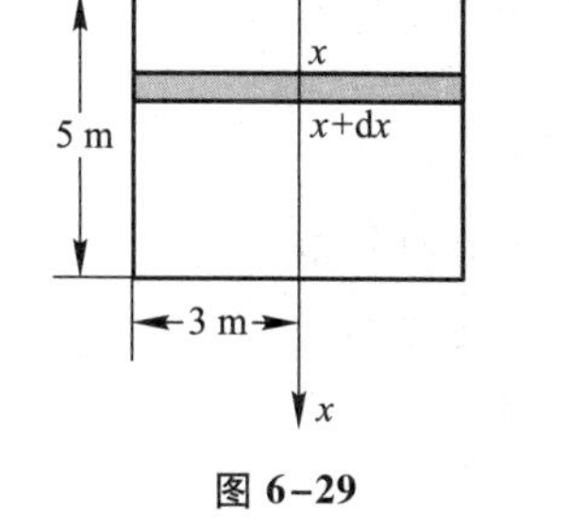

图 6-29

例 3　一圆柱形的贮水桶高为 5 m,底圆半径为 3 m,桶内盛满了水. 试问要把桶内的水全部吸出需作多少功?

解　作 x 轴如图 6-29 所示. 取深度 x(单位为 m)为积分变量,它的变化区间为$[0,5]$. 相应于$[0,5]$上任一小区间$[x,x+\mathrm{d}x]$的一薄层水的高度为 $\mathrm{d}x$,若重力加速度 g 取 9.8 $\mathrm{m/s^2}$,则这薄层水的重力为 $9.8\pi\cdot3^2\mathrm{d}x$ kN. 把这薄层水吸出桶外需作的功近似地为

$$\mathrm{d}W=88.2\pi x\mathrm{d}x,$$

此即功元素. 于是所求的功为

$$W=\int_0^5 88.2\pi x\mathrm{d}x=88.2\pi\left[\frac{x^2}{2}\right]_0^5=88.2\pi\cdot\frac{25}{2}\approx3\ 462\ (\mathrm{kJ}).$$

二、水压力

从物理学知道,在水深为 h 处的压强为 $p=\rho gh$,这里 ρ 是水的密度,g 是重力加速度. 如果有一面积为 A 的平板水平地放置在水深为 h 处,那么,平板一侧所受的水压力为

$$P=p\cdot A.$$

如果平板铅直放置在水中,那么,由于水深不同的点处压强 p 不相等,平板一侧所受的水压力就不能用上述方法计算. 下面举例说明它的计算方法.

例 4　一个横放着的圆柱形水桶,桶内盛有半桶水(图 6-30(a)).设桶的底半径为 R,水的密度为 ρ,计算桶的一个端面上所受的压力.

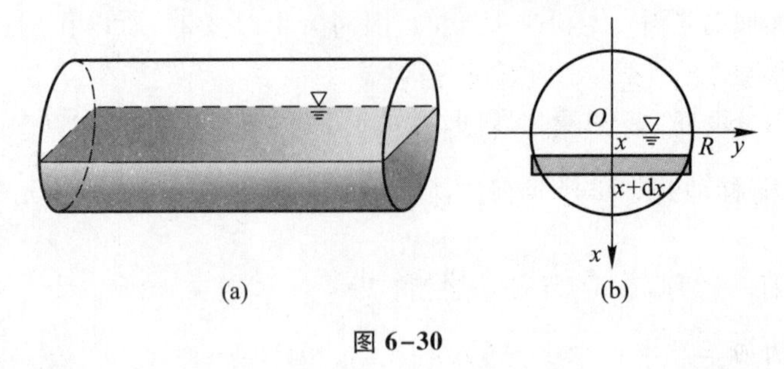

图 6-30

解　桶的一个端面是圆片,所以现在要计算的是当水平面通过圆心时,铅直放置的一个半圆片的一侧所受到的水压力.

如图 6-30(b),在这个圆片上取过圆心且铅直向下的直线为 x 轴,过圆心的水平线为 y 轴. 对这个坐标系来讲,所讨论的半圆的方程为 $x^2+y^2=R^2$ $(0\leqslant x\leqslant R)$. 取 x 为积分变量,它的变化区间为 $[0,R]$. 设 $[x,x+\mathrm{d}x]$ 为 $[0,R]$ 上的任一小区间,半圆片上相应于 $[x,x+\mathrm{d}x]$ 的窄条上各点处的压强近似于 ρgx,这窄条的面积近似于 $2\sqrt{R^2-x^2}\,\mathrm{d}x$. 因此,这窄条一侧所受水压力的近似值,即压力元素为

$$\mathrm{d}P=2\rho gx\sqrt{R^2-x^2}\,\mathrm{d}x.$$

于是所求压力为

$$\begin{aligned}P&=\int_0^R 2\rho gx\sqrt{R^2-x^2}\,\mathrm{d}x=-\rho g\int_0^R (R^2-x^2)^{1/2}\mathrm{d}(R^2-x^2)\\&=-\rho g\left[\frac{2}{3}(R^2-x^2)^{3/2}\right]_0^R=\frac{2\rho g}{3}R^3.\end{aligned}$$

三、引力

从物理学知道,质量分别为 m_1、m_2,相距为 r 的两质点间的引力的大小为

$$F=G\frac{m_1m_2}{r^2},$$

其中 G 为引力系数,引力的方向沿着两质点的连线方向.

如要计算一根细棒对一个质点的引力,那么,由于细棒上各点与该质点的距离是变化的,且各点对该质点的引力的方向也是变化的,因此就不能用上述公式来计算. 下面举例说明它的计算方法.

例 5　设有一长度为 l、线密度为 μ 的均匀细直棒，在其中垂线上距棒 a 单位处有一质量为 m 的质点 M. 试计算该棒对质点 M 的引力.

解　取坐标系如图 6-31 所示，使棒位于 y 轴上，质点 M 位于 x 轴上，棒的中点为原点 O. 取 y 为积分变量，它的变化区间为 $\left[-\dfrac{l}{2},\dfrac{l}{2}\right]$. 设 $[y, y+\mathrm{d}y]$ 为 $\left[-\dfrac{l}{2},\dfrac{l}{2}\right]$ 上任一小区间，把细直棒上相应于 $[y,y+\mathrm{d}y]$ 的一小段近似地看成质点，其质量为 $\mu\mathrm{d}y$，与 M 相距 $r=\sqrt{a^2+y^2}$. 因此可以按照两质点间的引力计算公式求出这小段细直棒对质点 M 的引力 ΔF 的大小为

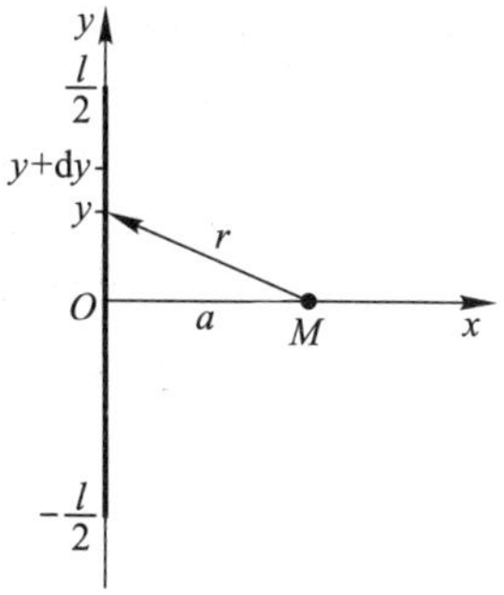

图 6-31

$$\Delta F \approx G\frac{m\mu\mathrm{d}y}{a^2+y^2},$$

从而求出 ΔF 在水平方向分力 ΔF_x 的近似值，即细直棒对质点 M 的引力在水平方向分力 F_x 的元素为

$$\mathrm{d}F_x = -G\frac{am\mu\mathrm{d}y}{(a^2+y^2)^{\frac{3}{2}}}.$$

于是得引力在水平方向分力为

$$F_x = -\int_{-\frac{l}{2}}^{\frac{l}{2}}\frac{Gam\mu}{(a^2+y^2)^{\frac{3}{2}}}\mathrm{d}y = -\frac{2Gm\mu l}{a}\cdot\frac{1}{\sqrt{4a^2+l^2}}.$$

由对称性知，引力在铅直方向分力为 $F_y=0$.

当细直棒的长度 l 很大时，可视 l 趋于无穷. 此时，引力的大小为 $\dfrac{2Gm\mu}{a}$，方向与细直棒垂直且由 M 指向细直棒.

习　题　6-3

1. 由实验知道，弹簧在拉伸过程中，需要的力 F（单位：N）与伸长量 s（单位：cm）成正比，即

$$F=ks\quad(k\text{ 是比例常数}).$$

如果把弹簧由原长拉伸 6 cm，计算所作的功.

2. 直径为 20 cm、高为 80 cm 的圆筒内充满压强为 10 N/cm^2 的蒸汽. 设温度保持不变，要使蒸汽体积缩小一半，问需要作多少功？

3. (1) 证明：把质量为 m 的物体从地球表面升高到 h 处所作的功是

$$W=\frac{mgRh}{R+h},$$

其中 g 是重力加速度，R 是地球的半径；

（2）一颗人造地球卫星的质量为 173 kg，在高于地面 630 km 处进入轨道. 问把这颗卫星从地面送到 630 km 的高空处，克服地球引力要作多少功？已知 $g=9.8\ \mathrm{m/s^2}$，地球半径 $R=6\ 370$ km.

4. 一物体按规律 $x=ct^3$ 做直线运动，介质的阻力与速度的平方成正比. 计算物体由 $x=0$ 移至 $x=a$ 时，克服介质阻力所作的功.

5. 用铁锤将一铁钉击入木板，设木板对铁钉的阻力与铁钉击入木板的深度成正比，在击第一次时，将铁钉击入木板 1 cm. 如果铁锤每次锤击铁钉所作的功相等，问锤击第二次时，铁钉又击入木板多少？

6. 设一圆锥形贮水池，深 15 m，口径 20 m，盛满水，今以泵将水吸尽，问要作多少功？

7. 有一闸门，它的形状和尺寸如图 6-32 所示，水面超过门顶 2 m. 求闸门上所受的水压力.

8. 洒水车上的水箱是一个横放的椭圆柱体，尺寸如图 6-33 所示. 当水箱装满水时，计算水箱的一个端面所受的压力.

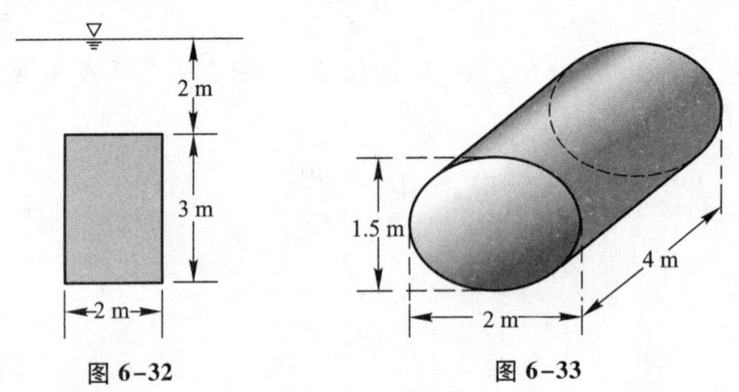

图 6-32　　图 6-33

9. 有一等腰梯形闸门，它的两条底边各长 10 m 和 6 m，高为 20 m. 较长的底边与水面相齐. 计算闸门的一侧所受的水压力.

10. 一底为 8 cm、高为 6 cm 的等腰三角形片，铅直地沉没在水中，顶在上，底在下且与水面平行，而顶离水面 3 cm，试求它每面所受的压力.

11. 设有一长度为 l、线密度为 μ 的均匀细直棒，在与棒的一端垂直距离为 a 单位处有一质量为 m 的质点 M，试求这细棒对质点 M 的引力.

12. 设有一半径为 R、中心角为 φ 的圆弧形细棒，其线密度为常数 μ. 在圆心处有一质量为 m 的质点 M. 试求这细棒对质点 M 的引力.

总习题六

1. 填空：

（1）曲线 $y=x^3-5x^2+6x$ 与 x 轴所围成的图形的面积 $A=$________；

（2）曲线 $y=\frac{\sqrt{x}}{3}(3-x)$ 上相应于 $1\leqslant x\leqslant 3$ 的一段弧的长度 $s=$________.

2. 以下两题中给出了四个结论，从中选出一个正确的结论：

（1）设 x 轴上有一长度为 l、线密度为常数 μ 的细棒，在与细棒右端的距离为 a 处有一质量为 m 的质点 M（图 6-34），已知万有引力常量为 G，则质点 M 与细棒之间的引力的大小为（　　）；

（A）$\int_{-l}^{0}\frac{Gm\mu}{(a-x)^2}\mathrm{d}x$　　　　（B）$\int_{0}^{l}\frac{Gm\mu}{(a-x)^2}\mathrm{d}x$

（C）$2\int_{-\frac{l}{2}}^{0}\frac{Gm\mu}{(a+x)^2}\mathrm{d}x$　　　　（D）$2\int_{0}^{\frac{l}{2}}\frac{Gm\mu}{(a+x)^2}\mathrm{d}x$

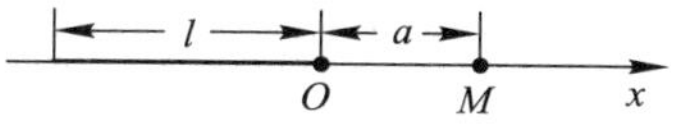

图 6-34

（2）设在区间 $[a,b]$ 上，$f(x)>0, f'(x)>0, f''(x)<0$. 令 $A_1=\int_a^b f(x)\mathrm{d}x, A_2=f(a)(b-a)$，$A_3=\frac{1}{2}[f(a)+f(b)](b-a)$，则有（　　）.

（A）$A_1<A_2<A_3$　　　　（B）$A_2<A_1<A_3$

（C）$A_3<A_1<A_2$　　　　（D）$A_2<A_3<A_1$

3. 一金属棒长 3 m，离棒左端 x m 处的线密度为 $\rho(x)=\frac{1}{\sqrt{x+1}}$ kg/m. 问 x 为何值时，$[0,x]$ 一段的质量为全棒质量的一半.

4. 求由曲线 $\rho=a\sin\theta, \rho=a(\cos\theta+\sin\theta)$ $(a>0)$ 所围图形公共部分的面积.

5. 如图 6-35 所示，从下到上依次有三条曲线：$y=x^2, y=2x^2$ 和 C. 假设对曲线 $y=2x^2$ 上的任一点 P，所对应的面积 A 和 B 恒相等，求曲线 C 的方程.

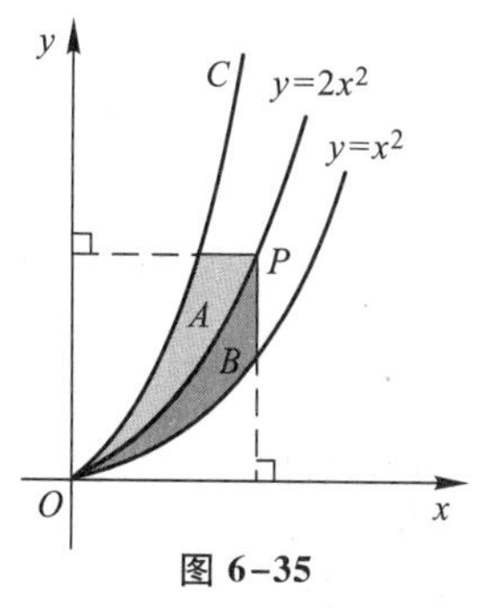

图 6-35

6. 设抛物线 $y=ax^2+bx+c$ 通过点 $(0,0)$，且当 $x\in[0,1]$ 时，$y\geqslant 0$. 试确定 a,b,c 的值，使得抛物线 $y=ax^2+bx+c$ 与直线 $x=1, y=0$ 所围图形的面积为 $\frac{4}{9}$，且使该图形绕 x 轴旋转而成的旋转体的体积最小.

7. 过坐标原点作曲线 $y=\ln x$ 的切线，该切线与曲线 $y=\ln x$ 及 x 轴围成平面图形 D.

（1）求平面图形 D 的面积 A；

（2）求平面图形 D 绕直线 $x=\mathrm{e}$ 旋转一周所得旋转体的体积 V.

8. 求由曲线 $y=x^{\frac{3}{2}}$，直线 $x=4$ 及 x 轴所围图形绕 y 轴旋转而成的旋转体的体积.

9. 求圆盘 $(x-2)^2+y^2\leqslant 1$ 绕 y 轴旋转而成的旋转体的体积.

10. 求抛物线 $y=\frac{1}{2}x^2$ 被圆 $x^2+y^2=3$ 所截下的有限部分的弧长.

11. 半径为 r 的球沉入水中,球的上部与水面相切,球的密度与水相同,现将球从水中取出,需作多少功?

12. 边长为 a 和 b 的矩形薄板,与液面成 α 角斜沉于液体内,长边平行于液面而位于深 h 处,设 $a>b$,液体的密度为 ρ,试求薄板每面所受的压力.

13. 设星形线 $x=a\cos^3 t, y=a\sin^3 t$ 上每一点处的线密度的大小等于该点到原点距离的立方,在原点 O 处有一单位质点,求星形线在第一象限的弧段对这质点的引力.

14. 某建筑工程打地基时,需用汽锤将桩打进土层. 汽锤每次击打,都要克服土层对桩的阻力作功. 设土层对桩的阻力的大小与桩被打进地下的深度成正比(比例系数为 $k,k>0$). 汽锤第一次击打将桩打进地下 a m. 根据设计方案,要求汽锤每次击打桩时所作的功与前一次击打时所作的功之比为常数 r $(0<r<1)$. 问

(1) 汽锤击打桩 3 次后,可将桩打进地下多深?

(2) 若击打次数不限,则汽锤至多能将桩打进地下多深?

第七章 微分方程

函数是客观事物的内部联系在数量方面的反映,利用函数关系又可以对客观事物的规律性进行研究.因此如何寻求函数关系,在实践中具有重要意义.在许多问题中,往往不能直接找出所需要的函数关系,但是根据问题所提供的情况,有时可以列出含有要找的函数及其导数的关系式.这样的关系式就是所谓微分方程.微分方程建立以后,对它进行研究,找出未知函数来,这就是解微分方程.本章主要介绍微分方程的一些基本概念和几种常用的微分方程的解法.

第一节 微分方程的基本概念

下面我们通过几何、力学及物理学中的几个具体例题来说明微分方程的基本概念.

例 1 一曲线通过点(1,2),且在该曲线上任一点 $M(x,y)$ 处的切线的斜率为 $2x$,求这曲线的方程.

解 设所求曲线的方程为 $y=\varphi(x)$.根据导数的几何意义,可知未知函数 $y=\varphi(x)$ 应满足关系式

$$\frac{\mathrm{d}y}{\mathrm{d}x}=2x. \tag{1-1}$$

此外,未知函数 $y=\varphi(x)$ 还应满足下列条件:

$$x=1 \text{ 时}, y=2. \tag{1-2}$$

把(1-1)式两端积分,得

$$y=\int 2x\mathrm{d}x \quad \text{即} \quad y=x^2+C, \tag{1-3}$$

其中 C 是任意常数.

把条件“$x=1$ 时,$y=2$”代入(1-3)式,得

$$2=1^2+C,$$

由此定出 $C=1$.把 $C=1$ 代入(1-3)式,即得所求曲线方程

$$y=x^2+1. \tag{1-4}$$

例 2 列车在平直线路上以 20 m/s(相当于 72 km/h)的速度行驶,当制动时列车获得加速度 $-0.4\ \mathrm{m/s^2}$.问开始制动后多少时间列车才能停住以及列车在这段时间里行驶了多少路程?

解 设列车在开始制动后 t s 时行驶了 s m.根据题意,反映制动阶段列车运

动规律的函数 $s=s(t)$ 应满足关系式

$$\frac{d^2s}{dt^2}=-0.4. \tag{1-5}$$

此外，未知函数 $s=s(t)$ 还应满足下列条件：

$$t=0\text{ 时}, s=0, v=\frac{ds}{dt}=20. \tag{1-6}$$

把(1-5)式两端积分一次，得

$$v=\frac{ds}{dt}=-0.4t+C_1, \tag{1-7}$$

再积分一次，得

$$s=-0.2t^2+C_1t+C_2, \tag{1-8}$$

这里 C_1, C_2 都是任意常数.

把条件“$t=0$ 时，$v=20$”代入(1-7)式，得

$$20=C_1,$$

把条件“$t=0$ 时，$s=0$”代入(1-8)式，得

$$0=C_2.$$

把 C_1, C_2 的值代入(1-7)及(1-8)式，得

$$v=-0.4t+20, \tag{1-9}$$

$$s=-0.2t^2+20t. \tag{1-10}$$

在(1-9)式中令 $v=0$，得到列车从开始制动到完全停住所需的时间

$$t=\frac{20}{0.4}=50(\mathrm{s}).$$

再把 $t=50$ 代入(1-10)式，得到列车在制动阶段行驶的路程

$$s=-0.2\times50^2+20\times50=500(\mathrm{m}).$$

上述两个例子中的关系式(1-1)和(1-5)都含有未知函数的导数，它们都是微分方程. 一般地，凡表示未知函数、未知函数的导数与自变量之间的关系的方程，叫做微分方程，有时也简称方程.

微分方程中所出现的未知函数的最高阶导数的阶数，叫做微分方程的阶. 例如，方程(1-1)是一阶微分方程，方程(1-5)是二阶微分方程. 又如，方程

$$x^3y'''+x^2y''-4xy'=3x^2$$

是三阶微分方程，方程

$$y^{(4)}-4y'''+10y''-12y'+5y=\sin 2x$$

是四阶微分方程.

一般地，n 阶微分方程的形式是

$$F(x,y,y',\cdots,y^{(n)})=0. \tag{1-11}$$

这里必须指出，在方程(1-11)中，$y^{(n)}$是必须出现的，而 $x,y,y',\cdots,y^{(n-1)}$ 等变量则可以不出现. 例如 n 阶微分方程

$$y^{(n)}+1=0$$

中，除 $y^{(n)}$ 外，其他变量都没有出现.

如果能从方程(1-11)中解出最高阶导数，则可得微分方程

$$y^{(n)}=f(x,y,y',\cdots,y^{(n-1)}). \tag{1-12}$$

以后我们讨论的微分方程都是已解出最高阶导数的方程或能解出最高阶导数的方程.

由前面的例子我们看到，在研究某些实际问题时，首先要建立微分方程，然后找出满足微分方程的函数(解微分方程)，就是说，找出这样的函数，把这函数代入微分方程能使该方程成为恒等式. 这个函数就叫做该微分方程的解. 确切地说，设函数 $y=\varphi(x)$ 在区间 I 上有 n 阶连续导数，如果在区间 I 上，

$$F[x,\varphi(x),\varphi'(x),\cdots,\varphi^{(n)}(x)]\equiv 0,$$

那么函数 $y=\varphi(x)$ 就叫做微分方程(1-11)在区间 I 上的解.

例如，函数(1-3)和(1-4)都是微分方程(1-1)的解，函数(1-8)和(1-10)都是微分方程(1-5)的解.

如果微分方程的解中含有任意常数，且任意常数的个数与微分方程的阶数相同①，这样的解叫做微分方程的通解. 例如，函数(1-3)是方程(1-1)的解，它含有一个任意常数，而方程(1-1)是一阶的，所以函数(1-3)是方程(1-1)的通解. 又如，函数(1-8)是方程(1-5)的解，它含有两个任意常数，而方程(1-5)是二阶的，所以函数(1-8)是方程(1-5)的通解.

由于通解中含有任意常数，所以它还不能完全确定地反映某一客观事物的规律性. 要完全确定地反映客观事物的规律性，必须确定这些常数的值. 为此，要根据问题的实际情况，提出确定这些常数的条件. 例如，例 1 中的条件(1-2)及例 2 中的条件(1-6)便是这样的条件.

设微分方程中的未知函数为 $y=\varphi(x)$，如果微分方程是一阶的，通常用来确定任意常数的条件是

$$x=x_0 \text{时}, y=y_0,$$

或写成

$$y|_{x=x_0}=y_0,$$

其中 x_0,y_0 都是给定的值；如果微分方程是二阶的，通常用来确定任意常数的条

---

① 这里所说的任意常数是相互独立的，就是说，它们不能合并而使得任意常数的个数减少(参看本章第六节关于函数组的线性相关性).

件是

$$x=x_0\text{时},y=y_0,y'=y'_0,$$

或写成

$$y|_{x=x_0}=y_0,\ y'|_{x=x_0}=y'_0,$$

其中 x_0,y_0 和 y'_0 都是给定的值. 上述这种条件叫做初值条件.

确定了通解中的任意常数以后,就得到微分方程的特解. 例如(1-4)式是方程(1-1)满足条件(1-2)的特解,(1-10)式是方程(1-5)满足条件(1-6)的特解.

求微分方程 $y'=f(x,y)$ 满足初值条件 $y|_{x=x_0}=y_0$ 的特解这样一个问题,叫做一阶微分方程的初值问题,记作

$$\begin{cases}y'=f(x,y),\\ y|_{x=x_0}=y_0.\end{cases}\tag{1-13}$$

微分方程的解的图形是一条曲线,叫做微分方程的积分曲线. 初值问题(1-13)的几何意义,就是求微分方程的通过点 (x_0,y_0) 的那条积分曲线. 二阶微分方程的初值问题

$$\begin{cases}y''=f(x,y,y'),\\ y|_{x=x_0}=y_0,y'|_{x=x_0}=y'_0\end{cases}$$

的几何意义,是求微分方程的通过点 (x_0,y_0) 且在该点处的切线斜率为 y'_0 的那条积分曲线.

例 3　验证:函数

$$x=C_1\cos kt+C_2\sin kt\tag{1-14}$$

是微分方程

$$\frac{\mathrm{d}^2x}{\mathrm{d}t^2}+k^2x=0\tag{1-15}$$

的解.

解　求出所给函数(1-14)的导数

$$\frac{\mathrm{d}x}{\mathrm{d}t}=-kC_1\sin kt+kC_2\cos kt,\tag{1-16}$$

$$\frac{\mathrm{d}^2x}{\mathrm{d}t^2}=-k^2C_1\cos kt-k^2C_2\sin kt=-k^2(C_1\cos kt+C_2\sin kt).$$

把 $\frac{\mathrm{d}^2x}{\mathrm{d}t^2}$ 及 x 的表达式代入方程(1-15),得

$$-k^2(C_1\cos kt+C_2\sin kt)+k^2(C_1\cos kt+C_2\sin kt)\equiv 0.$$

函数(1-14)及其二阶导数代入方程(1-15)后成为一个恒等式,因此函数(1-14)是微分方程(1-15)的解.

例 4 已知函数(1-14)当 $k\neq 0$ 时是微分方程(1-15)的通解,求满足初值条件

$$x\big|_{t=0}=A,\ \left.\frac{\mathrm{d}x}{\mathrm{d}t}\right|_{t=0}=0$$

的特解.

解 将条件"$t=0$ 时,$x=A$"代入(1-14)式得

$$C_1=A.$$

将条件"$t=0$ 时,$\frac{\mathrm{d}x}{\mathrm{d}t}=0$"代入(1-16)式,得

$$C_2=0.$$

把 C_1,C_2的值代入(1-14)式,就得所求的特解

$$x=A\cos kt.$$

习 题 7-1

1. 试说出下列各微分方程的阶数:

(1) $x(y')^2-2yy'+x=0$; (2) $x^2y''-xy'+y=0$;

(3) $xy'''+2y''+x^2y=0$; (4) $(7x-6y)\mathrm{d}x+(x+y)\mathrm{d}y=0$;

(5) $L\frac{\mathrm{d}^2Q}{\mathrm{d}t^2}+R\frac{\mathrm{d}Q}{\mathrm{d}t}+\frac{Q}{C}=0$; (6) $\frac{\mathrm{d}\rho}{\mathrm{d}\theta}+\rho=\sin^2\theta$.

2. 指出下列各题中的函数是否为所给微分方程的解:

(1) $xy'=2y, y=5x^2$;

(2) $y''+y=0, y=3\sin x-4\cos x$;

(3) $y''-2y'+y=0, y=x^2\mathrm{e}^x$;

(4) $y''-(\lambda_1+\lambda_2)y'+\lambda_1\lambda_2y=0, y=C_1\mathrm{e}^{\lambda_1x}+C_2\mathrm{e}^{\lambda_2x}$.

3. 在下列各题中,验证所给二元方程所确定的函数为所给微分方程的解:

(1) $(x-2y)y'=2x-y, x^2-xy+y^2=C$;

(2) $(xy-x)y''+xy'^2+yy'-2y'=0, y=\ln(xy)$.

4. 在下列各题中,确定函数关系式中所含的参数,使函数满足所给的初值条件:

(1) $x^2-y^2=C, y\big|_{x=0}=5$;

(2) $y=(C_1+C_2x)\mathrm{e}^{2x}, y\big|_{x=0}=0, y'\big|_{x=0}=1$;

(3) $y=C_1\sin(x-C_2), y\big|_{x=\pi}=1, y'\big|_{x=\pi}=0$.

5. 写出由下列条件确定的曲线所满足的微分方程:

(1) 曲线在点(x,y)处的切线的斜率等于该点横坐标的平方;

(2) 曲线上点$P(x,y)$处的法线与 x 轴的交点为 Q,且线段 PQ 被 y 轴平分.

6. 用微分方程表示一物理命题:某种气体的压强 p 对于温度 T 的变化率与压强成正比,与温度的平方成反比.

7. 一个半球体形状的雪堆,其体积融化率与半球面面积 A 成正比,比例系数 $k>0$. 假设在融化过程中雪堆始终保持半球体形状,已知半径为 r_0 的雪堆在开始融化的 3 小时内,融化了其体积的$\frac{7}{8}$,问雪堆全部融化需要多少时间?

第二节　可分离变量的微分方程

本节至第四节,我们讨论一阶微分方程

$$y'=f(x,y) \tag{2-1}$$

的一些解法.

一阶微分方程有时也写成如下的对称形式:

$$P(x,y)\mathrm{d}x+Q(x,y)\mathrm{d}y=0. \tag{2-2}$$

在方程(2-2)中,变量 x 与 y 对称,它既可看作是以 x 为自变量 y 为因变量的方程

$$\frac{\mathrm{d}y}{\mathrm{d}x}=-\frac{P(x,y)}{Q(x,y)}$$

(这时 $Q(x,y)\neq 0$),也可看作是以 y 为自变量 x 为因变量的方程

$$\frac{\mathrm{d}x}{\mathrm{d}y}=-\frac{Q(x,y)}{P(x,y)}$$

(这时 $P(x,y)\neq 0$).

在第一节的例 1 中,我们遇到一阶微分方程

$$\frac{\mathrm{d}y}{\mathrm{d}x}=2x,$$

或

$$\mathrm{d}y=2x\mathrm{d}x.$$

把上式两端积分就得到这个方程的通解

$$y=x^2+C.$$

但是并不是所有的一阶微分方程都能这样求解. 例如,对于一阶微分方程

$$\frac{\mathrm{d}y}{\mathrm{d}x}=2xy^2 \tag{2-3}$$

就不能像上面那样用直接对两端积分的方法求出它的通解. 这是什么缘故呢?原因是方程(2-3)的右端含有与 x 存在函数关系的变量 y,积分

$$\int 2xy^2\mathrm{d}x$$

求不出来,这是困难所在. 为了解决这个困难,在方程(2-3)的两端同时乘$\frac{\mathrm{d}x}{y^2}$,使

方程(2-3)变为

$$\frac{dy}{y^2}=2x dx,$$

这样,变量 x 与 y 已分离在等式的两端,然后两端积分得

$$-\frac{1}{y}=x^2+C,$$

或

$$y=-\frac{1}{x^2+C}, \tag{2-4}$$

其中 C 是任意常数.

可以验证,函数(2-4)确实满足一阶微分方程(2-3),且含有一个任意常数,所以它是方程(2-3)的通解.

一般地,如果一个一阶微分方程能写成

$$g(y)dy=f(x)dx \tag{2-5}$$

的形式,就是说,能把微分方程写成一端只含 y 的函数和 dy,另一端只含 x 的函数和 dx,那么原方程就称为可分离变量的微分方程.

假定方程(2-5)中的函数 $g(y)$ 和 $f(x)$ 是连续的. 设 $y=\varphi(x)$ 是方程(2-5)的解,将它代入(2-5)中得到恒等式

$$g[\varphi(x)]\varphi'(x)dx=f(x)dx.$$

将上式两端积分,并由 $y=\varphi(x)$ 引进变量 y,得

$$\int g(y)dy=\int f(x)dx.$$

设 $G(y)$ 及 $F(x)$ 依次为 $g(y)$ 及 $f(x)$ 的原函数,于是有

$$G(y)=F(x)+C. \tag{2-6}$$

因此,方程(2-5)的解满足关系式(2-6). 反之,如果 $y=\Phi(x)$ 是由关系式(2-6)所确定的隐函数,那么在 $g(y)\neq0$ 的条件下,$y=\Phi(x)$ 也是方程(2-5)的解,事实上,由隐函数的求导法可知,当 $g(y)\neq0$ 时,

$$\Phi'(x)=\frac{F'(x)}{G'(y)}=\frac{f(x)}{g(y)},$$

这就表示函数 $y=\Phi(x)$ 满足方程(2-5). 所以,如果已分离变量的方程(2-5)中,$g(y)$ 和 $f(x)$ 是连续的,且 $g(y)\neq0$,那么(2-5)式两端积分后得到的关系式(2-6),就用隐式给出了方程(2-5)的解,(2-6)式就叫做微分方程(2-5)的隐式解. 又由于关系式(2-6)中含有任意常数,因此(2-6)式所确定的隐函数是方程(2-5)的通解,所以(2-6)式叫做微分方程(2-5)的隐式通解(当 $f(x)\neq0$ 时,(2-6)式所确定的隐函数 $x=\Psi(y)$ 也可认为是方程(2-5)的解).

例 1　求微分方程

$$\frac{\mathrm{d}y}{\mathrm{d}x}=2xy \tag{2-7}$$

的通解.

解　方程(2-7)是可分离变量的,分离变量后得

$$\frac{\mathrm{d}y}{y}=2x\mathrm{d}x,$$

两端积分

$$\int\frac{\mathrm{d}y}{y}=\int 2x\mathrm{d}x,$$

得

$$\ln|y|=x^2+C_1,$$

从而

$$y=\pm\mathrm{e}^{x^2+C_1}=\pm\mathrm{e}^{C_1}\mathrm{e}^{x^2}.$$

因$\pm\mathrm{e}^{C_1}$是任意非零常数,又 $y\equiv0$ 也是方程(2-7)的解,故得方程(2-7)的通解

$$y=C\mathrm{e}^{x^2}.$$

例 2　放射性元素铀由于不断地有原子放射出微粒子而变成其他元素,铀的含量就不断减少,这种现象叫做衰变.由原子物理学知道,铀的衰变速度与当时未衰变的铀原子的含量 M 成正比.已知 $t=0$ 时铀的含量为 M_0,求在衰变过程中铀含量 $M(t)$随时间 t 变化的规律.

解　铀的衰变速度就是 $M(t)$对时间 t 的导数$\frac{\mathrm{d}M}{\mathrm{d}t}$.由于铀的衰变速度与其含量成正比,故得微分方程

$$\frac{\mathrm{d}M}{\mathrm{d}t}=-\lambda M, \tag{2-8}$$

其中 λ ($\lambda>0$)是常数,叫做衰变系数,λ 前置负号是由于当 t 增加时 M 单调减少,即$\frac{\mathrm{d}M}{\mathrm{d}t}<0$ 的缘故.

按题意,初值条件为

$$M|_{t=0}=M_0.$$

方程(2-8)是可分离变量的.分离变量后得

$$\frac{\mathrm{d}M}{M}=-\lambda\mathrm{d}t.$$

两端积分

$$\int\frac{\mathrm{d}M}{M}=\int(-\lambda)\mathrm{d}t,$$

以 $\ln C$ 表示任意常数,考虑到 $M>0$,得

$$\ln M=-\lambda t+\ln C,$$

即

$$M=C\mathrm{e}^{-\lambda t}.$$

这就是方程(2-8)的通解. 以初值条件代入上式,得

$$M_0=C\mathrm{e}^0=C,$$

所以

$$M=M_0\mathrm{e}^{-\lambda t},$$

这就是所求铀的衰变规律. 由此可见,铀的含量随时间的增加而按指数规律衰减(图 7-1).

例 3 设降落伞从跳伞塔下落后,所受空气阻力与速度成正比,并设降落伞离开跳伞塔时($t=0$)速度为零,求降落伞下落速度与时间的函数关系.

解 设降落伞下落速度为 $v(t)$. 降落伞在空中下落时,同时受到重力 P 与阻力 R 的作用(图 7-2). 重力大小为 mg,方向与 v 一致;阻力大小为 kv(k 为比例系数),方向与 v 相反,从而降落伞所受外力为

$$F=mg-kv.$$

根据牛顿第二运动定律

$$F=ma$$

(其中 a 为加速度),得函数 $v(t)$ 应满足的方程为

$$m\frac{\mathrm{d}v}{\mathrm{d}t}=mg-kv. \tag{2-9}$$

按题意,初值条件为

$$v|_{t=0}=0.$$

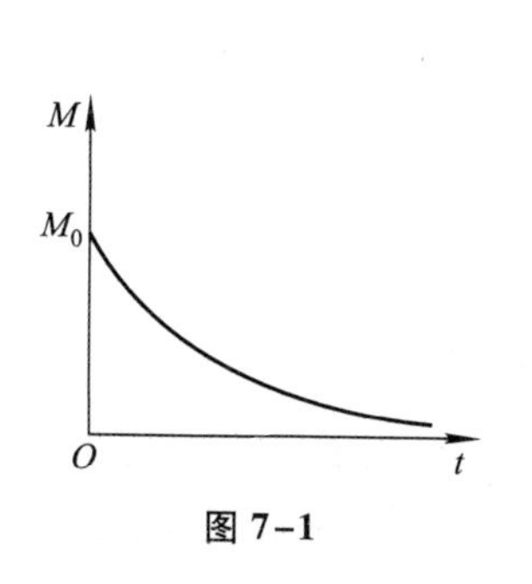

图 7-1

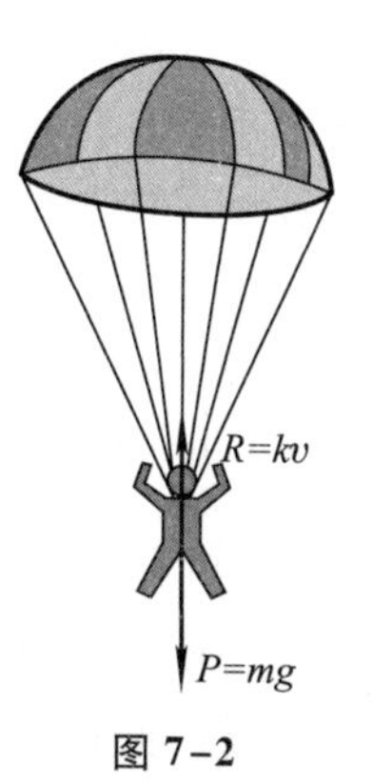

图 7-2

方程(2-9)是可分离变量的. 分离变量后得

$$\frac{\mathrm{d}v}{mg-kv}=\frac{\mathrm{d}t}{m},$$

两端积分

$$\int\frac{\mathrm{d}v}{mg-kv}=\int\frac{\mathrm{d}t}{m},$$

考虑到 $mg-kv>0$,得

$$-\frac{1}{k}\ln(mg-kv)=\frac{t}{m}+C_1,$$

即

$$mg-kv=\mathrm{e}^{-\frac{k}{m}t-kC_1},$$

或

$$v=\frac{mg}{k}+C\mathrm{e}^{-\frac{k}{m}t}\quad\left(C=-\frac{\mathrm{e}^{-kC_1}}{k}\right),\tag{2-10}$$

这就是方程(2-9)的通解.

将初值条件 $v|_{t=0}=0$ 代入(2-10)式,得

$$C=-\frac{mg}{k}.$$

于是所求的特解为

$$v=\frac{mg}{k}(1-\mathrm{e}^{-\frac{k}{m}t}).\tag{2-11}$$

由(2-11)可以看出,随着时间 t 的增大,速度 v 逐渐接近于常数$\frac{mg}{k}$,且不会超过$\frac{mg}{k}$,也就是说,跳伞后开始阶段是加速运动,但以后逐渐接近于等速运动.

例 4　有高为 1 m 的半球形容器,水从它的底部小孔流出,小孔横截面面积为 1 cm^2 (图 7-3).开始时容器内盛满了水,求水从小孔流出过程中容器里水面的高度 h (水面与孔口中心间的距离)随时间 t 变化的规律,并求水流完所需的时间.

解　由力学知道,水从孔口流出的流量(即通过孔口横截面的水的体积 V 对时间 t 的变化率)Q 可用下列公式计算:

$$Q=\frac{\mathrm{d}V}{\mathrm{d}t}=kS\sqrt{2gh},\tag{2-12}$$

其中 k 为流量系数,由实验测得 $k=0.62$,S 为孔口横截面面积,g 为重力加速度.

另一方面,设在微小时间间隔$[t,t+\mathrm{d}t]$内,水面高度由 h 降至 $h+\mathrm{d}h$ ($\mathrm{d}h<0$),则又可得到

$$\mathrm{d}V=-\pi r^2\mathrm{d}h,\tag{2-13}$$

其中 r 是时刻 t 时的水面半径(图 7-3),右端置负号是由于 $dh<0$ 而 $dV>0$ 的缘故. 又因

$$r=\sqrt{1^2-(1-h)^2}=\sqrt{2h-h^2},$$

所以(2-13)式变成

$$dV=-\pi(2h-h^2)\,dh. \tag{2-14}$$

比较(2-12)和(2-14)两式,得

$$kS\sqrt{2gh}\,dt=-\pi(2h-h^2)\,dh, \tag{2-15}$$

这就是未知函数 $h=h(t)$ 应满足的微分方程.

此外,开始时容器内的水是满的,所以未知函数 $h=h(t)$ 还应满足下列初值条件:

$$h|_{t=0}=1. \tag{2-16}$$

方程(2-15)是可分离变量的. 分离变量后得

$$dt=-\frac{\pi}{kS\sqrt{2g}}(2h^{\frac{1}{2}}-h^{\frac{3}{2}})\,dh.$$

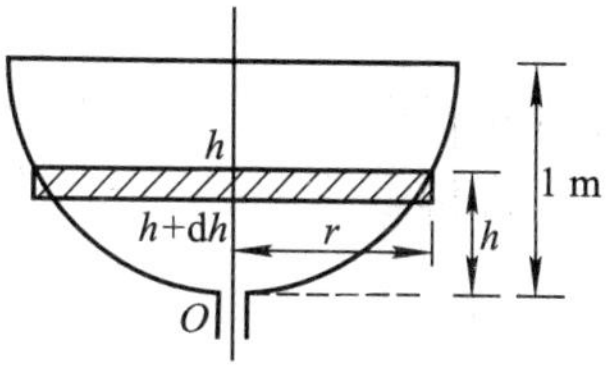

两端积分,得

$$t=-\frac{\pi}{kS\sqrt{2g}}\left(\frac{4}{3}h^{\frac{3}{2}}-\frac{2}{5}h^{\frac{5}{2}}+C\right), \tag{2-17}$$

图 7-3

其中 C 是任意常数.

把初值条件(2-16)代入(2-17)式,得

$$C=-\frac{4}{3}+\frac{2}{5}=-\frac{14}{15}.$$

把所得的 C 值代入(2-17)式并化简,就得

$$t=\frac{14\pi}{15\ kS\sqrt{2g}}\left(1-\frac{10}{7}h^{\frac{3}{2}}+\frac{3}{7}h^{\frac{5}{2}}\right).$$

以 $k=0.62$, $S=10^{-4}\ \mathrm{m}^2$, $g=9.8\ \mathrm{m/s^2}$ 代入上式,计算后可得

$$t=1.068\times10^4\left(1-\frac{10}{7}h^{\frac{3}{2}}+\frac{3}{7}h^{\frac{5}{2}}\right)(\mathrm{s}).$$

上式表达了水从小孔流出的过程中容器内水面高度 h 与时间 t 之间的函数关系. 由此可知水流完所需的时间为

$$t=1.068\times10^4\ \mathrm{s}=2\ \mathrm{h}\ 58\ \mathrm{min}.$$

这里还要指出,在例 4 中我们是通过对微小量 dV 的分析得到微分方程(2-15)的. 这种微小量分析的方法,也是建立微分方程的一种常用方法.

习　题　7-2

1. 求下列微分方程的通解：

(1) $xy'-y\ln y=0$；

(2) $3x^2+5x-5y'=0$；

(3) $\sqrt{1-x^2}\,y'=\sqrt{1-y^2}$；

(4) $y'-xy'=a(y^2+y')$；

(5) $\sec^2 x\tan y\,dx+\sec^2 y\tan x\,dy=0$；

(6) $\dfrac{dy}{dx}=10^{x+y}$；

(7) $(e^{x+y}-e^x)dx+(e^{x+y}+e^y)dy=0$；

(8) $\cos x\sin y\,dx+\sin x\cos y\,dy=0$；

(9) $(y+1)^2\dfrac{dy}{dx}+x^3=0$；

(10) $y\,dx+(x^2-4x)dy=0$.

2. 求下列微分方程满足所给初值条件的特解：

(1) $y'=e^{2x-y}, y|_{x=0}=0$；

(2) $\cos x\sin y\,dy=\cos y\sin x\,dx, y|_{x=0}=\dfrac{\pi}{4}$；

(3) $y'\sin x=y\ln y, y|_{x=\frac{\pi}{2}}=e$；

(4) $\cos y\,dx+(1+e^{-x})\sin y\,dy=0, y|_{x=0}=\dfrac{\pi}{4}$；

(5) $x\,dy+2y\,dx=0, y|_{x=2}=1$.

3. 有一盛满了水的圆锥形漏斗，高为 10 cm，顶角为 60°，漏斗下面有面积为 0.5 cm^2 的孔，求水面高度变化的规律及水流完所需的时间.

4. 质量为 1 g 的质点受外力作用做直线运动，这外力和时间成正比，和质点运动的速度成反比. 在 $t=10$ s 时，速度等于 50 cm/s，外力为 4 g · cm/s^2，问从运动开始经过了 1 min 后的速度是多少？

5. 镭的衰变有如下的规律：镭的衰变速度与它的现存量 R 成正比. 由经验材料得知，镭经过 1 600 年后，只余原始量 R_0 的一半. 试求镭的现存量 R 与时间 t 的函数关系.

6. 一曲线通过点(2,3)，它在两坐标轴间的任一切线线段均被切点所平分，求这曲线方程.

7. 小船从河边点 O 处出发驶向对岸(两岸为平行直线). 设船速为 a，船行方向始终与河岸垂直，又设河宽为 h，河中任一点处的水流速度与该点到两岸距离的乘积成正比(比例系数为 k). 求小船的航行路线.

第三节　齐次方程

一、齐次方程

如果一阶微分方程可化成

$$\frac{dy}{dx}=\varphi\left(\frac{y}{x}\right) \tag{3-1}$$

的形式,那么就称这方程为齐次方程,例如

$$(xy-y^2)dx-(x^2-2xy)dy=0$$

是齐次方程,因为它可化成

$$\frac{dy}{dx}=\frac{xy-y^2}{x^2-2xy},$$

即

$$\frac{dy}{dx}=\frac{\frac{y}{x}-\left(\frac{y}{x}\right)^2}{1-2\left(\frac{y}{x}\right)}.$$

在齐次方程

$$\frac{dy}{dx}=\varphi\left(\frac{y}{x}\right)$$

中,引进新的未知函数

$$u=\frac{y}{x}, \tag{3-2}$$

就可把它化为可分离变量的方程. 因为由(3-2)有

$$y=ux,\ \frac{dy}{dx}=u+x\frac{du}{dx},$$

代入方程(3-1),便得方程

$$u+x\frac{du}{dx}=\varphi(u),$$

即

$$x\frac{du}{dx}=\varphi(u)-u.$$

分离变量,得

$$\frac{du}{\varphi(u)-u}=\frac{dx}{x}.$$

两端积分,得

$$\int\frac{du}{\varphi(u)-u}=\int\frac{dx}{x}.$$

求出积分后,再以$\frac{y}{x}$代替 u,便得所给齐次方程的通解.

例 1　解方程

$$y^2+x^2\frac{dy}{dx}=xy\frac{dy}{dx}.$$

解　原方程可写成

$$\frac{dy}{dx}=\frac{y^2}{xy-x^2}=\frac{\left(\frac{y}{x}\right)^2}{\frac{y}{x}-1},$$

因此是齐次方程. 令$\frac{y}{x}=u$,则

$$y=xu,\ \frac{dy}{dx}=u+x\frac{du}{dx},$$

于是原方程变为

$$u+x\frac{du}{dx}=\frac{u^2}{u-1},$$

即

$$x\frac{du}{dx}=\frac{u}{u-1}.$$

分离变量,得

$$\left(1-\frac{1}{u}\right)du=\frac{dx}{x}.$$

两端积分,得

$$u-\ln|u|+C_1=\ln|x|,$$

或写为

$$\ln|xu|=u+C_1.$$

以$\frac{y}{x}$代上式中的u,便得所给方程的通解为

$$\ln|y|=\frac{y}{x}+C_1\quad 或\quad y=Ce^{\frac{y}{x}}\ (C=\pm e^{C_1}).$$

例 2　探照灯的聚光镜的镜面是一张旋转曲面,它的形状由 xOy 坐标面上的一条曲线 L 绕 x 轴旋转而成. 按聚光镜性能的要求,在其旋转轴(x 轴)上一点 O 处发出的一切光线,经它反射后都与旋转轴平行. 求曲线 L 的方程.

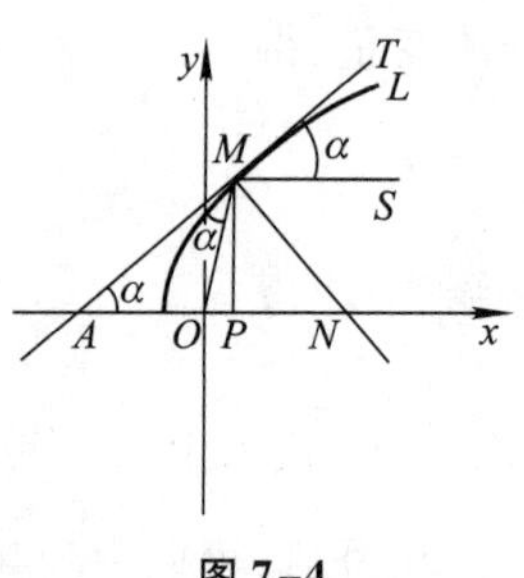

图 7-4

解　将光源所在之 O 点取作坐标原点(如图 7-4),且曲线 L 位于 $y\geqslant 0$ 范围内.

设点 $M(x,y)$ 为 L 上的任一点,点 O 发出的某条光

线经点 M 反射后是一条与 x 轴平行的直线 MS. 又设过点 M 的切线 AT 与 x 轴的夹角为 α. 根据题意，$\angle SMT=\alpha$. 另一方面，$\angle OMA$ 是入射角的余角，$\angle SMT$ 是反射角的余角，于是由光学中的反射定律有 $\angle OMA=\angle SMT=\alpha$. 从而 $AO=OM$，但 $AO=AP-OP=PM\cot\alpha-OP=\dfrac{y}{y'}-x$，而 $OM=\sqrt{x^2+y^2}$. 于是得微分方程

$$\frac{y}{y'}-x=\sqrt{x^2+y^2}.$$

把 x 看作因变量，y 看作自变量，当 $y>0$ 时，上式即为

$$\frac{\mathrm{d}x}{\mathrm{d}y}=\frac{x}{y}+\sqrt{\left(\frac{x}{y}\right)^2+1},$$

这是齐次方程. 令 $\dfrac{x}{y}=v$，则 $x=yv$，$\dfrac{\mathrm{d}x}{\mathrm{d}y}=v+y\dfrac{\mathrm{d}v}{\mathrm{d}y}$，代入上式，得

$$v+y\frac{\mathrm{d}v}{\mathrm{d}y}=v+\sqrt{v^2+1},$$

即

$$y\frac{\mathrm{d}v}{\mathrm{d}y}=\sqrt{v^2+1}.$$

分离变量，得

$$\frac{\mathrm{d}v}{\sqrt{v^2+1}}=\frac{\mathrm{d}y}{y}.$$

积分，得

$$\ln(v+\sqrt{v^2+1})=\ln y-\ln C,$$

或

$$v+\sqrt{v^2+1}=\frac{y}{C}.$$

由

$$\left(\frac{y}{C}-v\right)^2=v^2+1,$$

得

$$\frac{y^2}{C^2}-\frac{2yv}{C}=1,$$

以 $yv=x$ 代入上式，得

$$y^2=2C\left(x+\frac{C}{2}\right).$$

这是以 x 轴为轴、焦点在原点的抛物线.

*二、可化为齐次的方程

方程

$$\frac{dy}{dx}=\frac{ax+by+c}{a_1x+b_1y+c_1}\tag{3-3}$$

当 $c=c_1=0$ 时是齐次的,否则不是齐次的.在非齐次的情形,可用下列变换把它化为齐次方程:令

$$x=X+h,\ y=Y+k,$$

其中 h 及 k 是待定的常数.于是

$$dx=dX,\ dy=dY,$$

从而方程(3-3)成为

$$\frac{dY}{dX}=\frac{aX+bY+ah+bk+c}{a_1X+b_1Y+a_1h+b_1k+c_1}.$$

如果方程组

$$\begin{cases}ah+bk+c=0,\\ a_1h+b_1k+c_1=0\end{cases}$$

的系数行列式 $\begin{vmatrix}a & b\\ a_1 & b_1\end{vmatrix}\neq 0$,即 $\frac{a_1}{a}\neq\frac{b_1}{b}$,那么可以定出 h 及 k 使它们满足上述方程组.这样,方程(3-3)便化为齐次方程

$$\frac{dY}{dX}=\frac{aX+bY}{a_1X+b_1Y}.$$

求出这齐次方程的通解后,在通解中以 $x-h$ 代 X,$y-k$ 代 Y,便得方程(3-3)的通解.

当 $\frac{a_1}{a}=\frac{b_1}{b}$ 时,h 及 k 无法求得,因此上述方法不能应用.但这时令 $\frac{a_1}{a}=\frac{b_1}{b}=\lambda$,从而方程(3-3)可写成

$$\frac{dy}{dx}=\frac{ax+by+c}{\lambda(ax+by)+c_1}.$$

引入新变量 $v=ax+by$,则

$$\frac{dv}{dx}=a+b\frac{dy}{dx}\quad 或\quad \frac{dy}{dx}=\frac{1}{b}\left(\frac{dv}{dx}-a\right).$$

于是方程(3-3)成为

$$\frac{1}{b}\left(\frac{dv}{dx}-a\right)=\frac{v+c}{\lambda v+c_1},$$

这是可分离变量的方程.

以上所介绍的方法可以应用于更一般的方程

$$\frac{\mathrm{d}y}{\mathrm{d}x}=f\left(\frac{ax+by+c}{a_1x+b_1y+c_1}\right).$$

例 3　解方程

$$(2x+y-4)\mathrm{d}x+(x+y-1)\mathrm{d}y=0.$$

解　所给方程属方程(3-3)的类型. 令 $x=X+h$, $y=Y+k$, 则 $\mathrm{d}x=\mathrm{d}X$, $\mathrm{d}y=\mathrm{d}Y$, 代入原方程得

$$(2X+Y+2h+k-4)\mathrm{d}X+(X+Y+h+k-1)\mathrm{d}Y=0.$$

解方程组

$$\begin{cases}2h+k-4=0,\\ h+k-1=0\end{cases}$$

得 $h=3$, $k=-2$. 令 $x=X+3$, $y=Y-2$, 原方程成为

$$(2X+Y)\mathrm{d}X+(X+Y)\mathrm{d}Y=0,$$

或

$$\frac{\mathrm{d}Y}{\mathrm{d}X}=-\frac{2X+Y}{X+Y}=-\frac{2+\frac{Y}{X}}{1+\frac{Y}{X}},$$

这是齐次方程.

令 $\frac{Y}{X}=u$, 则 $Y=Xu$, $\frac{\mathrm{d}Y}{\mathrm{d}X}=u+X\frac{\mathrm{d}u}{\mathrm{d}X}$, 于是方程变为

$$u+X\frac{\mathrm{d}u}{\mathrm{d}X}=-\frac{2+u}{1+u},$$

或

$$X\frac{\mathrm{d}u}{\mathrm{d}X}=-\frac{2+2u+u^2}{1+u}.$$

分离变量得

$$-\frac{u+1}{u^2+2u+2}\mathrm{d}u=\frac{\mathrm{d}X}{X}.$$

积分得

$$\ln C_1-\frac{1}{2}\ln(u^2+2u+2)=\ln|X|,$$

于是

$$\frac{C_1}{\sqrt{u^2+2u+2}}=|X|,$$

或

$$C_2=X^2(u^2+2u+2)\quad (C_2=C_1^2),$$

即

$$Y^2+2XY+2X^2=C_2.$$

以 $X=x-3, Y=y+2$ 代入上式并化简,得

$$2x^2+2xy+y^2-8x-2y=C\quad (C=C_2-10).$$

习　题　7-3

1. 求下列齐次方程的通解:

(1) $xy'-y-\sqrt{y^2-x^2}=0$;　　(2) $x\frac{\mathrm{d}y}{\mathrm{d}x}=y\ln\frac{y}{x}$;

(3) $(x^2+y^2)\mathrm{d}x-xy\mathrm{d}y=0$;　　(4) $(x^3+y^3)\mathrm{d}x-3xy^2\mathrm{d}y=0$;

(5) $\left(2x\sin\frac{y}{x}+3y\cos\frac{y}{x}\right)\mathrm{d}x-3x\cos\frac{y}{x}\mathrm{d}y=0$;

(6) $(1+2\mathrm{e}^{x/y})\mathrm{d}x+2\mathrm{e}^{x/y}\left(1-\frac{x}{y}\right)\mathrm{d}y=0$.

2. 求下列齐次方程满足所给初值条件的特解:

(1) $(y^2-3x^2)\mathrm{d}y+2xy\mathrm{d}x=0, y|_{x=0}=1$;

(2) $y'=\frac{x}{y}+\frac{y}{x}, y|_{x=1}=2$;

(3) $(x^2+2xy-y^2)\mathrm{d}x+(y^2+2xy-x^2)\mathrm{d}y=0, y|_{x=1}=1$.

3. 设有联结点 $O(0,0)$ 和 $A(1,1)$ 的一段向上凸的曲线弧 $\overset{\frown}{OA}$,对于 $\overset{\frown}{OA}$ 上任一点 $P(x,y)$,曲线弧 $\overset{\frown}{OP}$ 与直线段 $\overline{OP}$ 所围图形的面积为 x^2,求曲线弧 $\overset{\frown}{OA}$ 的方程.

*4. 化下列方程为齐次方程,并求出通解:

(1) $(2x-5y+3)\mathrm{d}x-(2x+4y-6)\mathrm{d}y=0$;

(2) $(x-y-1)\mathrm{d}x+(4y+x-1)\mathrm{d}y=0$;

(3) $(3y-7x+7)\mathrm{d}x+(7y-3x+3)\mathrm{d}y=0$;

(4) $(x+y)\mathrm{d}x+(3x+3y-4)\mathrm{d}y=0$.

第四节　一阶线性微分方程

一、线性方程

方程

$$\frac{\mathrm{d}y}{\mathrm{d}x}+P(x)y=Q(x) \tag{4-1}$$

叫做一阶线性微分方程,因为它对于未知函数 y 及其导数是一次方程. 如果 $Q(x)\equiv 0$,那么方程(4-1)称为齐次的;如果 $Q(x)\not\equiv 0$,那么方程(4-1)称为非齐次的.

设(4-1)为非齐次线性方程. 为了求出非齐次线性方程(4-1)的解,我们先把$Q(x)$换成零而写出方程

$$\frac{\mathrm{d}y}{\mathrm{d}x}+P(x)y=0. \tag{4-2}$$

方程(4-2)叫做对应于非齐次线性方程(4-1)的齐次线性方程. 方程(4-2)是可分离变量的,分离变量后得

$$\frac{\mathrm{d}y}{y}=-P(x)\mathrm{d}x,$$

两端积分,得

$$\ln|y|=-\int P(x)\mathrm{d}x+C_1,$$

或

$$y=C\mathrm{e}^{-\int P(x)\mathrm{d}x}\quad(C=\pm\mathrm{e}^{C_1}),$$

这是对应的齐次线性方程(4-2)的通解①.

现在我们使用所谓常数变易法来求非齐次线性方程(4-1)的通解. 这方法是把(4-2)的通解中的 C 换成 x 的未知函数 $u(x)$,即作变换

$$y=u\mathrm{e}^{-\int P(x)\mathrm{d}x}, \tag{4-3}$$

于是

$$\frac{\mathrm{d}y}{\mathrm{d}x}=u'\mathrm{e}^{-\int P(x)\mathrm{d}x}-uP(x)\mathrm{e}^{-\int P(x)\mathrm{d}x}. \tag{4-4}$$

将(4-3)和(4-4)代入方程(4-1)得

$$u'\mathrm{e}^{-\int P(x)\mathrm{d}x}-uP(x)\mathrm{e}^{-\int P(x)\mathrm{d}x}+P(x)u\mathrm{e}^{-\int P(x)\mathrm{d}x}=Q(x),$$

即

$$u'\mathrm{e}^{-\int P(x)\mathrm{d}x}=Q(x),\ u'=Q(x)\mathrm{e}^{\int P(x)\mathrm{d}x}.$$

两端积分,得

$$u=\int Q(x)\mathrm{e}^{\int P(x)\mathrm{d}x}\mathrm{d}x+C.$$

把上式代入(4-3),便得非齐次线性方程(4-1)的通解

① 这里记号 $\int P(x)\mathrm{d}x$ 表示 $P(x)$ 的某个确定的原函数.

$$y = \mathrm{e}^{-\int P(x)\,\mathrm{d}x}\left(\int Q(x)\,\mathrm{e}^{\int P(x)\,\mathrm{d}x}\,\mathrm{d}x + C\right). \tag{4-5}$$

将(4-5)式改写成两项之和

$$y = C\mathrm{e}^{-\int P(x)\,\mathrm{d}x} + \mathrm{e}^{-\int P(x)\,\mathrm{d}x}\int Q(x)\,\mathrm{e}^{\int P(x)\,\mathrm{d}x}\,\mathrm{d}x,$$

上式右端第一项是对应的齐次线性方程(4-2)的通解,第二项是非齐次线性方程(4-1)的一个特解(在(4-1)的通解(4-5)中取 $C=0$ 便得到这个特解). 由此可知,一阶非齐次线性方程的通解等于对应的齐次方程的通解与非齐次方程的一个特解之和.

例 1　求方程

$$\frac{\mathrm{d}y}{\mathrm{d}x}-\frac{2y}{x+1}=(x+1)^{\frac{5}{2}}$$

的通解.

解　这是一个非齐次线性方程. 先求对应的齐次方程的通解.

$$\frac{\mathrm{d}y}{\mathrm{d}x}-\frac{2}{x+1}y=0,$$

$$\frac{\mathrm{d}y}{y}=\frac{2\mathrm{d}x}{x+1},$$

$$\ln|y|=2\ln|x+1|+C_1,$$

$$y=C(x+1)^2\ \ (C=\pm\mathrm{e}^{C_1}).$$

用常数变易法,把 C 换成 u,即令

$$y=u(x+1)^2, \tag{4-6}$$

那么

$$\frac{\mathrm{d}y}{\mathrm{d}x}=u'(x+1)^2+2u(x+1),$$

代入所给非齐次方程,得

$$u'=(x+1)^{\frac{1}{2}}.$$

两端积分,得

$$u=\frac{2}{3}(x+1)^{\frac{3}{2}}+C.$$

再把上式代入(4-6)式,即得所求方程的通解为

$$y=(x+1)^2\left[\frac{2}{3}(x+1)^{\frac{3}{2}}+C\right].$$

例 2　有一个电路如图 7-5 所示,其中电源电动势为 $E=E_{\mathrm{m}}\sin\omega t$ (E_{m},ω 都是常量),电阻 R 和电感 L 都是常量. 求电流 $i(t)$.

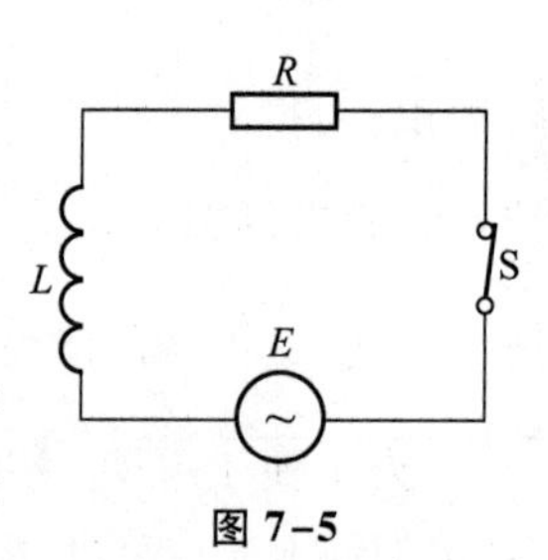

图 7-5

解　(i) **列方程**　由电学知道,当电流变化时,L 上有感应电动势 $-L\frac{\mathrm{d}i}{\mathrm{d}t}$. 由回路电压定律得出

$$E-L\frac{\mathrm{d}i}{\mathrm{d}t}-iR=0,$$

即

$$\frac{\mathrm{d}i}{\mathrm{d}t}+\frac{R}{L}i=\frac{E}{L}.$$

把 $E=E_{\mathrm{m}}\sin\omega t$ 代入上式,得

$$\frac{\mathrm{d}i}{\mathrm{d}t}+\frac{R}{L}i=\frac{E_{\mathrm{m}}}{L}\sin\omega t. \tag{4-7}$$

未知函数 $i(t)$ 应满足方程(4-7). 此外,设开关 S 闭合的时刻为 $t=0$,这时 $i(t)$ 还应该满足初值条件

$$i|_{t=0}=0. \tag{4-8}$$

(ii) **解方程**　方程(4-7)是一个非齐次线性方程. 可以先求出对应的齐次方程的通解,然后用常数变易法求非齐次方程的通解. 但是,也可以直接应用通解公式(4-5)来求解. 这里 $P(t)=\frac{R}{L}$, $Q(t)=\frac{E_{\mathrm{m}}}{L}\sin\omega t$,代入公式(4-5),得

$$i(t)=\mathrm{e}^{-\frac{R}{L}t}\left(\int\frac{E_{\mathrm{m}}}{L}\mathrm{e}^{\frac{R}{L}t}\sin\omega t\mathrm{d}t+C\right).$$

应用分部积分法,得

$$\int\mathrm{e}^{\frac{R}{L}t}\sin\omega t\mathrm{d}t=\frac{\mathrm{e}^{\frac{R}{L}t}}{R^2+\omega^2L^2}(RL\sin\omega t-\omega L^2\cos\omega t),$$

将上式代入前式并化简,得方程(4-7)的通解

$$i(t)=\frac{E_{\mathrm{m}}}{R^2+\omega^2L^2}(R\sin\omega t-\omega L\cos\omega t)+C\mathrm{e}^{-\frac{R}{L}t},$$

其中 C 为任意常数.

将初值条件(4-8)代入上式,得

$$C=\frac{\omega LE_{\mathrm{m}}}{R^2+\omega^2L^2},$$

因此,所求函数 $i(t)$ 为

$$i(t)=\frac{\omega LE_{\mathrm{m}}}{R^2+\omega^2L^2}\mathrm{e}^{-\frac{R}{L}t}+\frac{E_{\mathrm{m}}}{R^2+\omega^2L^2}(R\sin\omega t-\omega L\cos\omega t). \tag{4-9}$$

为了便于说明(4-9)式所反映的物理现象,下面把 $i(t)$ 中第二项的形式稍加改变.

$$令\ \cos\varphi=\frac{R}{\sqrt{R^2+\omega^2L^2}},\ \sin\varphi=\frac{\omega L}{\sqrt{R^2+\omega^2L^2}},$$

于是(4-9)式可写成

$$i(t)=\frac{\omega LE_{\mathrm{m}}}{R^2+\omega^2L^2}\mathrm{e}^{-\frac{R}{L}t}+\frac{E_{\mathrm{m}}}{\sqrt{R^2+\omega^2L^2}}\sin(\omega t-\varphi),$$

其中

$$\varphi=\arctan\frac{\omega L}{R}.$$

当 t 增大时,上式右端第一项(叫做暂态电流)逐渐衰减而趋于零;第二项(叫做稳态电流)是正弦函数,它的周期和电动势的周期相同而相角落后 φ.

在上节中,对于齐次方程 $y'=f\left(\frac{y}{x}\right)$,我们通过变量代换 $y=xu$,把它化为变量可分离的方程,然后分离变量,经积分求得通解. 在本节中,对于一阶非齐次线性方程

$$y'+P(x)y=Q(x),$$

我们通过解对应的齐次线性方程找到变量代换

$$y=u\mathrm{e}^{-\int P(x)\mathrm{d}x},$$

利用这一代换,把非齐次线性方程化为变量可分离的方程,然后经积分求得通解.

利用变量代换(因变量的变量代换或自变量的变量代换)把一个微分方程化为变量可分离的方程,或化为已经知其求解步骤的方程,这是解微分方程最常用的方法. 下面再举一个例子.

例 3　解方程 $\frac{\mathrm{d}y}{\mathrm{d}x}=\frac{1}{x+y}$.

解　若把所给方程变形为

$$\frac{\mathrm{d}x}{\mathrm{d}y}=x+y,$$

即为一阶线性方程,则按一阶线性方程的解法可求得通解.

也可用变量代换来解所给方程. 令 $x+y=u$,则 $y=u-x$, $\frac{\mathrm{d}y}{\mathrm{d}x}=\frac{\mathrm{d}u}{\mathrm{d}x}-1$. 代入原方程,得

$$\frac{\mathrm{d}u}{\mathrm{d}x}-1=\frac{1}{u},\ \frac{\mathrm{d}u}{\mathrm{d}x}=\frac{u+1}{u}.$$

分离变量得

$$\frac{u}{u+1}\mathrm{d}u=\mathrm{d}x,$$

两端积分得

$$u-\ln|u+1|=x+C.$$

以 $u=x+y$ 代入上式，即得

$$y-\ln|x+y+1|=C,$$

或

$$x=C_1\mathrm{e}^y-y-1\quad(C_1=\pm\mathrm{e}^{-C}).$$

*二、伯努利方程

方程

$$\frac{\mathrm{d}y}{\mathrm{d}x}+P(x)y=Q(x)y^n\quad(n\neq0,1)\tag{4-10}$$

叫做伯努利(Bernoulli)方程. 当 $n=0$ 或 $n=1$ 时，这是线性微分方程. 当 $n\neq0$，$n\neq1$ 时，这方程不是线性的，但是通过变量的代换，便可把它化为线性的. 事实上，以 y^n 除方程(4-10)的两端，得

$$y^{-n}\frac{\mathrm{d}y}{\mathrm{d}x}+P(x)y^{1-n}=Q(x).\tag{4-11}$$

容易看出，上式左端第一项与 $\frac{\mathrm{d}}{\mathrm{d}x}(y^{1-n})$ 只差一个常数因子 $1-n$，因此我们引入新的因变量

$$z=y^{1-n},$$

那么

$$\frac{\mathrm{d}z}{\mathrm{d}x}=(1-n)y^{-n}\frac{\mathrm{d}y}{\mathrm{d}x}.$$

用 $(1-n)$ 乘方程(4-11)的两端，再通过上述代换便得线性方程

$$\frac{\mathrm{d}z}{\mathrm{d}x}+(1-n)P(x)z=(1-n)Q(x).$$

求出这方程的通解后，以 y^{1-n} 代换 z 便得到伯努利方程的通解.

例 4　求方程

$$\frac{\mathrm{d}y}{\mathrm{d}x}+\frac{y}{x}=a(\ln x)y^2$$

的通解.

解　以 y^2 除方程的两端，得

$$y^{-2}\frac{\mathrm{d}y}{\mathrm{d}x}+\frac{1}{x}y^{-1}=a\ln x,$$

即

$$-\frac{\mathrm{d}(y^{-1})}{\mathrm{d}x}+\frac{1}{x}y^{-1}=a\ln x,$$

令 $z=y^{-1}$,则上述方程成为

$$\frac{\mathrm{d}z}{\mathrm{d}x}-\frac{1}{x}z=-a\ln x.$$

这是一个线性方程,它的通解为

$$z=x\left[C-\frac{a}{2}(\ln x)^2\right].$$

以 y^{-1} 代 z,得所求方程的通解为

$$yx\left[C-\frac{a}{2}(\ln x)^2\right]=1.$$

习　题　7-4

1. 求下列微分方程的通解:

(1) $\frac{\mathrm{d}y}{\mathrm{d}x}+y=\mathrm{e}^{-x}$;

(2) $xy'+y=x^2+3x+2$;

(3) $y'+y\cos x=\mathrm{e}^{-\sin x}$;

(4) $y'+y\tan x=\sin 2x$;

(5) $(x^2-1)y'+2xy-\cos x=0$;

(6) $\frac{\mathrm{d}\rho}{\mathrm{d}\theta}+3\rho=2$;

(7) $\frac{\mathrm{d}y}{\mathrm{d}x}+2xy=4x$;

(8) $y\ln y\mathrm{d}x+(x-\ln y)\mathrm{d}y=0$;

(9) $(x-2)\frac{\mathrm{d}y}{\mathrm{d}x}=y+2(x-2)^3$;

(10) $(y^2-6x)\frac{\mathrm{d}y}{\mathrm{d}x}+2y=0.$

2. 求下列微分方程满足所给初值条件的特解:

(1) $\frac{\mathrm{d}y}{\mathrm{d}x}-y\tan x=\sec x, y|_{x=0}=0$;

(2) $\frac{\mathrm{d}y}{\mathrm{d}x}+\frac{y}{x}=\frac{\sin x}{x}, y|_{x=\pi}=1$;

(3) $\frac{\mathrm{d}y}{\mathrm{d}x}+y\cot x=5\mathrm{e}^{\cos x}, y|_{x=\frac{\pi}{2}}=-4$;

(4) $\frac{\mathrm{d}y}{\mathrm{d}x}+3y=8, y|_{x=0}=2$;

(5) $\frac{\mathrm{d}y}{\mathrm{d}x}+\frac{2-3x^2}{x^3}y=1, y|_{x=1}=0.$

3. 求一曲线的方程,这曲线通过原点,并且它在点(x,y)处的切线斜率等于$2x+y$.

4. 设有一质量为 m 的质点做直线运动. 从速度等于零的时刻起,有一个与运动方向一致、大小与时间成正比(比例系数为 k_1)的力作用于它,此外还受一与速度成正比(比例系数为 k_2)的阻力作用. 求质点运动的速度与时间的函数关系.

5. 设有一个由电阻 $R=10\ \Omega$、电感 $L=2\ \mathrm{H}$ 和电源电压 $E=20\sin 5t\ \mathrm{V}$ 串联组成的电路. 开

关 S 合上后，电路中有电流通过. 求电流 i 与时间 t 的函数关系.

6. 验证形如 $yf(xy)\mathrm{d}x+xg(xy)\mathrm{d}y=0$ 的微分方程可经变量代换 $v=xy$ 化为可分离变量的方程，并求其通解.

7. 用适当的变量代换将下列方程化为可分离变量的方程，然后求出通解：

(1) $\dfrac{\mathrm{d}y}{\mathrm{d}x}=(x+y)^2$；　　(2) $\dfrac{\mathrm{d}y}{\mathrm{d}x}=\dfrac{1}{x-y}+1$；

(3) $xy'+y=y(\ln x+\ln y)$；

(4) $y'=y^2+2(\sin x-1)y+\sin^2 x-2\sin x-\cos x+1$；

(5) $y(xy+1)\mathrm{d}x+x(1+xy+x^2y^2)\mathrm{d}y=0$.

*8. 求下列伯努利方程的通解：

(1) $\dfrac{\mathrm{d}y}{\mathrm{d}x}+y=y^2(\cos x-\sin x)$；　　(2) $\dfrac{\mathrm{d}y}{\mathrm{d}x}-3xy=xy^2$；

(3) $\dfrac{\mathrm{d}y}{\mathrm{d}x}+\dfrac{1}{3}y=\dfrac{1}{3}(1-2x)y^4$；　　(4) $\dfrac{\mathrm{d}y}{\mathrm{d}x}-y=xy^5$；

(5) $x\mathrm{d}y-[y+xy^3(1+\ln x)]\mathrm{d}x=0$.

第五节　可降阶的高阶微分方程

从这一节起我们将讨论二阶及二阶以上的微分方程，即所谓高阶微分方程. 对于有些高阶微分方程，我们可以通过代换将它化成较低阶的方程来求解. 以二阶微分方程

$$y''=f(x,y,y') \tag{5-1}$$

而论，如果我们能设法作代换把它从二阶降至一阶，那么就有可能应用前面几节中所讲的方法来求出它的解了.

下面介绍三种容易降阶的高阶微分方程的求解方法.

一、$y^{(n)}=f(x)$ 型的微分方程

微分方程

$$y^{(n)}=f(x) \tag{5-2}$$

的右端仅含有自变量 x. 容易看出，只要把 $y^{(n-1)}$ 作为新的未知函数，那么(5-2)式就是新未知函数的一阶微分方程. 两边积分，就得到一个 $n-1$ 阶的微分方程

$$y^{(n-1)}=\int f(x)\mathrm{d}x+C_1.$$

同理可得

$$y^{(n-2)}=\int\left[\int f(x)\mathrm{d}x+C_1\right]\mathrm{d}x+C_2.$$

依此法继续进行,接连积分 n 次,便得方程(5-2)的含有 n 个任意常数的通解.

例 1　求微分方程

$$y'''=e^{2x}-\cos x$$

的通解.

解　对所给方程接连积分三次,得

$$y''=\frac{1}{2}e^{2x}-\sin x+C,$$

$$y'=\frac{1}{4}e^{2x}+\cos x+Cx+C_2,$$

$$y=\frac{1}{8}e^{2x}+\sin x+C_1x^2+C_2x+C_3\quad\left(C_1=\frac{C}{2}\right),$$

这就是所求的通解.

例 2　质量为 m 的质点受力 F 的作用沿 Ox 轴做直线运动. 设力 $F=F(t)$ 在开始时刻 $t=0$ 时 $F(0)=F_0$,随着时间 t 的增大,力 F 均匀地减小,直到 $t=T$ 时,$F(T)=0$. 如果开始时质点位于原点,且初速度为零,求这质点的运动规律.

解　设 $x=x(t)$ 表示在时刻 t 时质点的位置,根据牛顿第二定律,质点运动的微分方程为

$$m\frac{d^2x}{dt^2}=F(t).\tag{5-3}$$

由题设,力 $F(t)$ 随 t 增大而均匀地减小,且 $t=0$ 时,$F(0)=F_0$,所以 $F(t)=F_0-kt$;又当 $t=T$ 时,$F(T)=0$,从而

$$F(t)=F_0\left(1-\frac{t}{T}\right).$$

于是方程(5-3)可以写成

$$\frac{d^2x}{dt^2}=\frac{F_0}{m}\left(1-\frac{t}{T}\right).\tag{5-4}$$

其初值条件为

$$x|_{t=0}=0,\quad \left.\frac{dx}{dt}\right|_{t=0}=0.$$

把(5-4)式两端积分,得

$$\frac{dx}{dt}=\frac{F_0}{m}\int\left(1-\frac{t}{T}\right)dt,$$

即

$$\frac{dx}{dt}=\frac{F_0}{m}\left(t-\frac{t^2}{2T}\right)+C_1.\tag{5-5}$$

将条件$\left.\frac{\mathrm{d}x}{\mathrm{d}t}\right|_{t=0}=0$代入(5-5)式,得

$$C_1=0,$$

于是(5-5)式成为

$$\frac{\mathrm{d}x}{\mathrm{d}t}=\frac{F_0}{m}\left(t-\frac{t^2}{2T}\right). \tag{5-6}$$

把(5-6)式两端积分,得

$$x=\frac{F_0}{m}\left(\frac{t^2}{2}-\frac{t^3}{6T}\right)+C_2,$$

将条件$x|_{t=0}=0$代入上式,得

$$C_2=0.$$

于是所求质点的运动规律为

$$x=\frac{F_0}{m}\left(\frac{t^2}{2}-\frac{t^3}{6T}\right),\quad 0\leqslant t\leqslant T.$$

二、$y''=f(x,y')$型的微分方程

方程

$$y''=f(x,y') \tag{5-7}$$

的右端不显含未知函数y. 如果我们设$y'=p$,那么

$$y''=\frac{\mathrm{d}p}{\mathrm{d}x}=p',$$

而方程(5-7)就成为

$$p'=f(x,p).$$

这是一个关于变量x,p的一阶微分方程. 设其通解为

$$p=\varphi(x,C_1),$$

但是$p=\frac{\mathrm{d}y}{\mathrm{d}x}$,因此又得到一个一阶微分方程

$$\frac{\mathrm{d}y}{\mathrm{d}x}=\varphi(x,C_1).$$

对它进行积分,便得方程(5-7)的通解为

$$y=\int\varphi(x,C_1)\,\mathrm{d}x+C_2.$$

例 3　求微分方程

$$(1+x^2)y''=2xy'$$

满足初值条件

$$y|_{x=0}=1,\quad y'|_{x=0}=3$$

的特解.

解 所给方程是 $y''=f(x,y')$ 型的. 设 $y'=p$,代入方程并分离变量后,有

$$\frac{\mathrm{d}p}{p}=\frac{2x}{1+x^2}\mathrm{d}x.$$

两端积分,得

$$\ln|p|=\ln(1+x^2)+C,$$

即

$$p=y'=C_1(1+x^2)\quad(C_1=\pm\mathrm{e}^C).$$

由条件 $y'|_{x=0}=3$,得

$$C_1=3,$$

所以

$$y'=3(1+x^2).$$

两端再积分,得

$$y=x^3+3x+C_2.$$

又由条件 $y|_{x=0}=1$,得

$$C_2=1,$$

于是所求的特解为

$$y=x^3+3x+1.$$

例 4 设有一均匀、柔软的绳索,两端固定,绳索仅受重力的作用而下垂. 试问该绳索在平衡状态时是怎样的曲线?

解 设绳索的最低点为 A. 取 y 轴通过点 A 铅直向上,并取 x 轴水平向右. 且 $|OA|$ 等于某个定值(这个定值将在以后说明). 设绳索曲线的方程为 $y=\varphi(x)$. 考察绳索上点 A 到另一点 $M(x,y)$ 间的一段弧 $\widehat{AM}$,设其长为 s. 假定绳索的线密度为 ρ,则弧 $\widehat{AM}$ 所受重力为 ρgs. 由于绳索是柔软的,因而在点 A 处的张力沿水平的切线方向,其大小设为 H;在点 M 处的张力沿该点处的切线方向,设其倾角为 θ,其大小为 T(图 7-6). 因作用于弧段 $\widehat{AM}$ 的外力相互平衡,把作用于弧 $\widehat{AM}$ 上的力沿铅直及水平两方向分解,得

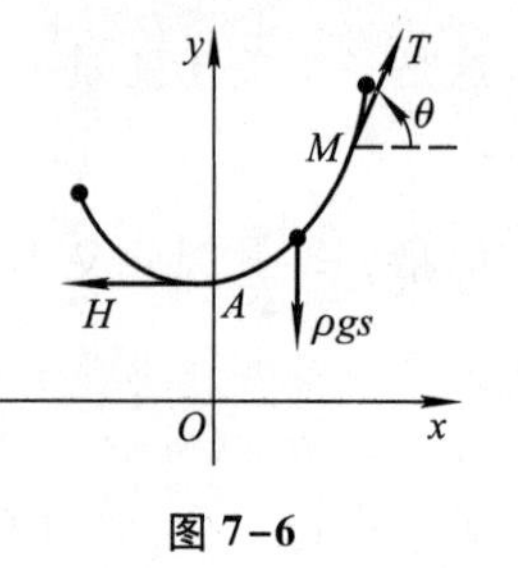

图 7-6

$$T\sin\theta=\rho gs,\quad T\cos\theta=H.$$

将此两式相除,得

$$\tan\theta=\frac{1}{a}s \quad \left(a=\frac{H}{\rho g}\right).$$

由于 $\tan\theta=y'$，$s=\int_0^x\sqrt{1+y'^2}\,\mathrm{d}x$，代入上式即得

$$y'=\frac{1}{a}\int_0^x\sqrt{1+y'^2}\,\mathrm{d}x.$$

将上式两端对 x 求导，便得 $y=\varphi(x)$ 满足的微分方程

$$y''=\frac{1}{a}\sqrt{1+y'^2}. \tag{5-8}$$

取原点 O 到点 A 的距离为定值 a，即 $|OA|=a$，那么初值条件为

$$y|_{x=0}=a,y'|_{x=0}=0.$$

下面来解方程(5-8).

方程(5-8)属于 $y''=f(x,y')$ 的类型. 设 $y'=p$，则 $y''=\frac{\mathrm{d}p}{\mathrm{d}x}$，代入方程(5-8)，并分离变量，得

$$\frac{\mathrm{d}p}{\sqrt{1+p^2}}=\frac{\mathrm{d}x}{a}.$$

两端积分，得

$$\ln(p+\sqrt{1+p^2})=\frac{x}{a}+C_1. \tag{5-9}$$

把条件 $y'|_{x=0}=p|_{x=0}=0$ 代入(5-9)式，得

$$C_1=0,$$

于是(5-9)式成为

$$\ln(p+\sqrt{1+p^2})=\frac{x}{a},$$

解得

$$p=\frac{1}{2}(\mathrm{e}^{\frac{x}{a}}-\mathrm{e}^{-\frac{x}{a}}),$$

即

$$y'=\frac{1}{2}(\mathrm{e}^{\frac{x}{a}}-\mathrm{e}^{-\frac{x}{a}}).$$

积分上式两端，便得

$$y=\frac{a}{2}(\mathrm{e}^{\frac{x}{a}}+\mathrm{e}^{-\frac{x}{a}})+C_2. \tag{5-10}$$

将条件 $y|_{x=0}=a$ 代入(5-10)式,得

$$C_2=0.$$

于是该绳索的形状可由曲线方程

$$y=\frac{a}{2}(e^{\frac{x}{a}}+e^{-\frac{x}{a}})$$

来表示.这曲线叫做悬链线.

三、$y''=f(y,y')$ 型的微分方程

方程

$$y''=f(y,y') \tag{5-11}$$

中不明显地含自变量 x.为了求出它的解.我们令 $y'=p$,并利用复合函数的求导法则把 y'' 化为对 y 的导数,即

$$y''=\frac{dp}{dx}=\frac{dp}{dy}\cdot\frac{dy}{dx}=p\frac{dp}{dy}.$$

这样,方程(5-11)就成为

$$p\frac{dp}{dy}=f(y,p).$$

这是一个关于变量 y,p 的一阶微分方程.设它的通解为

$$y'=p=\varphi(y,C_1),$$

分离变量并积分,便得方程(5-11)的通解为

$$\int\frac{dy}{\varphi(y,C_1)}=x+C_2.$$

例 5 求微分方程

$$yy''-y'^2=0 \tag{5-12}$$

的通解.

解 方程(5-12)不明显地含自变量 x,设

$$y'=p,$$

则 $y''=p\frac{dp}{dy}$,代入方程(5-12),得

$$yp\frac{dp}{dy}-p^2=0.$$

在 $y\neq0,p\neq0$ 时,约去 p 并分离变量,得

$$\frac{dp}{p}=\frac{dy}{y}.$$

两端积分,得

$$\ln|p|=\ln|y|+C,$$

即

$$p=C_1y \quad 或 \quad y'=C_1y \quad (C_1=\pm e^C).$$

再分离变量并两端积分,便得方程(5-12)的通解为

$$\ln|y|=C_1x+C_2',$$

或

$$y=C_2e^{C_1x} \quad (C_2=\pm e^{C_2'}).$$

例 6　一个离地面很高的物体,受地球引力的作用由静止开始落向地面. 求它落到地面时的速度和所需的时间(不计空气阻力).

解　取联结地球中心与该物体的直线为 y 轴,其方向铅直向上,取地球的中心为原点 O (图 7-7).

设地球的半径为 R,物体的质量为 m,物体开始下落时与地球中心的距离为 l ($l>R$),在时刻 t 物体所在位置为 $y=\varphi(t)$,于是速度为 $v(t)=\frac{dy}{dt}$. 根据万有引力定律,即得微分方程

$$m\frac{d^2y}{dt^2}=-\frac{GmM}{y^2},$$

即

$$\frac{d^2y}{dt^2}=-\frac{GM}{y^2}, \tag{5-13}$$

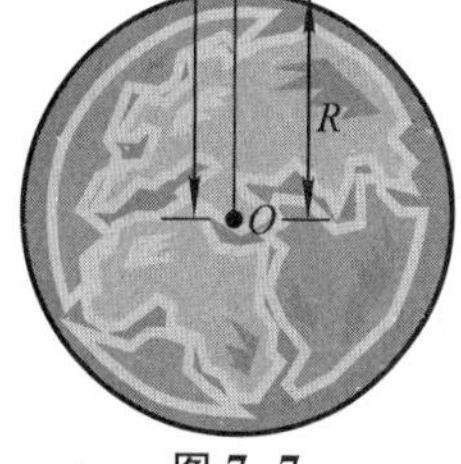

图 7-7

其中 M 为地球的质量,G 为引力常数. 因为当 $y=R$ 时,$\frac{d^2y}{dt^2}=-g$ (这里置负号是由于物体运动加速度的方向与 y 轴的正向相反的缘故),所以 $g=\frac{GM}{R^2}$,$GM=gR^2$. 于是方程(5-13)成为

$$\frac{d^2y}{dt^2}=-\frac{gR^2}{y^2}. \tag{5-14}$$

初值条件是

$$y|_{t=0}=l, y'|_{t=0}=0.$$

先求物体到达地面时的速度. 由 $\frac{dy}{dt}=v$,得

$$\frac{d^2y}{dt^2}=\frac{dv}{dt}=\frac{dv}{dy}\cdot\frac{dy}{dt}=v\frac{dv}{dy},$$

代入方程(5-14)并分离变量,得

$$v\mathrm{d}v=-\frac{gR^2}{y^2}\mathrm{d}y.$$

两端积分,得

$$v^2=\frac{2gR^2}{y}+C_1.$$

把初值条件代入上式,得

$$C_1=-\frac{2gR^2}{l},$$

于是

$$v^2=2gR^2\left(\frac{1}{y}-\frac{1}{l}\right),\ v=-R\sqrt{2g\left(\frac{1}{y}-\frac{1}{l}\right)}.\tag{5-15}$$

这里取负号是由于物体运动的方向与 y 轴的正向相反的缘故.

在(5-15)式中令 $y=R$,就得到物体到达地面时的速度为

$$v=-\sqrt{\frac{2gR(l-R)}{l}}.$$

下面来求物体落到地面所需的时间. 由(5-15)式有

$$\frac{\mathrm{d}y}{\mathrm{d}t}=v=-R\sqrt{2g\left(\frac{1}{y}-\frac{1}{l}\right)},$$

分离变量得

$$\mathrm{d}t=-\frac{1}{R}\sqrt{\frac{l}{2g}}\sqrt{\frac{y}{l-y}}\mathrm{d}y.$$

两端积分(对右端积分利用置换 $y=l\cos^2u$),得

$$t=\frac{1}{R}\sqrt{\frac{l}{2g}}\left(\sqrt{ly-y^2}+l\arccos\sqrt{\frac{y}{l}}\right)+C_2.\tag{5-16}$$

由条件 $y|_{t=0}=l$,得

$$C_2=0.$$

于是(5-16)式成为

$$t=\frac{1}{R}\sqrt{\frac{l}{2g}}\left(\sqrt{ly-y^2}+l\arccos\sqrt{\frac{y}{l}}\right).$$

在上式中令 $y=R$,便得到物体到达地面所需的时间为

$$t=\frac{1}{R}\sqrt{\frac{l}{2g}}\left(\sqrt{lR-R^2}+l\arccos\sqrt{\frac{R}{l}}\right).$$

习　题　7-5

1. 求下列各微分方程的通解:

(1) $y''=x+\sin x$;　　(2) $y'''=xe^{x}$;

(3) $y''=\dfrac{1}{1+x^2}$;　　(4) $y''=1+y'^2$;

(5) $y''=y'+x$;　　(6) $xy''+y'=0$;

(7) $yy''+2y'^2=0$;　　(8) $y^3y''-1=0$;

(9) $y''=\dfrac{1}{\sqrt{y}}$;　　(10) $y''=(y')^3+y'$.

2. 求下列各微分方程满足所给初值条件的特解：

(1) $y^3y''+1=0, y|_{x=1}=1, y'|_{x=1}=0$;

(2) $y''-ay'^2=0, y|_{x=0}=0, y'|_{x=0}=-1$;

(3) $y'''=e^{ax}, y|_{x=1}=y'|_{x=1}=y''|_{x=1}=0$;

(4) $y''=e^{2y}, y|_{x=0}=y'|_{x=0}=0$;

(5) $y''=3\sqrt{y}, y|_{x=0}=1, y'|_{x=0}=2$;

(6) $y''+(y')^2=1, y|_{x=0}=0, y'|_{x=0}=0$.

3. 试求 $y''=x$ 的经过点 $M(0,1)$ 且在此点与直线 $y=\dfrac{x}{2}+1$ 相切的积分曲线.

4. 设有一质量为 m 的物体在空中由静止开始下落，如果空气阻力 $R=cv$（其中 c 为常数，v 为物体运动的速度），试求物体下落的距离 s 与时间 t 的函数关系.

第六节　高阶线性微分方程

本节和以下两节，我们将讨论在实际问题中应用得较多的所谓高阶线性微分方程. 讨论时以二阶线性微分方程为主.

一、二阶线性微分方程举例

例 1　设有一个弹簧，它的上端固定，下端挂一个质量为 m 的物体. 当物体处于静止状态时，作用在物体上的重力与弹性力大小相等、方向相反. 这个位置就是物体的平衡位置. 如图 7-8，取 x 轴铅直向下，并取物体的平衡位置为坐标原点.

如果使物体具有一个初始速度 $v_0\neq 0$，那么物体便离开平衡位置，并在平衡位置附近做上下振动. 在振动过程中，物体的位置 x 随时间 t 变化，即 x 与 t 之间存在函数关系：$x=x(t)$. 要确定物体的振动规律，就要求出函数 $x=x(t)$.

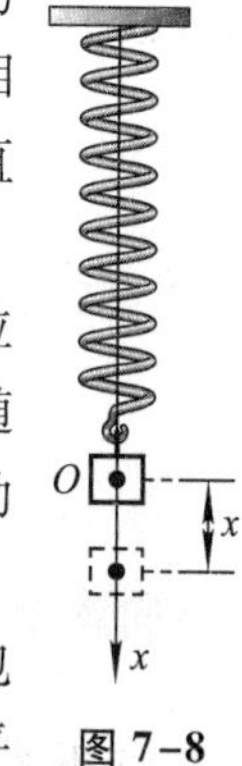

图 7-8

由力学知道，弹簧使物体回到平衡位置的弹性恢复力 f（它不包括在平衡位置时和重力 mg 相平衡的那一部分弹性力）和物体离开平

衡位置的位移 x 成正比：

$$f=-cx,$$

其中 c 为弹簧的劲度系数，负号表示弹性恢复力的方向和物体位移的方向相反.

另外，物体在运动过程中还受到阻尼介质（如空气、油等）的阻力的作用，使得振动逐渐趋向停止. 由实验知道，阻力 R 的方向总与运动方向相反，当运动速度不大时，其大小与物体运动的速度成正比，设比例系数为 μ，则有

$$R=-\mu\frac{\mathrm{d}x}{\mathrm{d}t}.$$

根据上述关于物体受力情况的分析，由牛顿第二定律得

$$m\frac{\mathrm{d}^2x}{\mathrm{d}t^2}=-cx-\mu\frac{\mathrm{d}x}{\mathrm{d}t}.$$

移项，并记

$$2n=\frac{\mu}{m},\ k^2=\frac{c}{m},$$

则上式化为

$$\frac{\mathrm{d}^2x}{\mathrm{d}t^2}+2n\frac{\mathrm{d}x}{\mathrm{d}t}+k^2x=0. \tag{6-1}$$

这就是在有阻尼的情况下，物体自由振动的微分方程.

如果物体在振动过程中，还受到铅直干扰力

$$F=H\sin pt$$

的作用，则有

$$\frac{\mathrm{d}^2x}{\mathrm{d}t^2}+2n\frac{\mathrm{d}x}{\mathrm{d}t}+k^2x=h\sin pt, \tag{6-2}$$

其中 $h=\frac{H}{m}$. 这就是强迫振动的微分方程.

例 2　设有一个由电阻 R、自感 L、电容 C 和电源 E 串联组成的电路，其中 R,L 及 C 为常数，$E=E_{\mathrm{m}}\sin\omega t$，这里 E_{m} 及 ω 也是常数（图 7-9）.

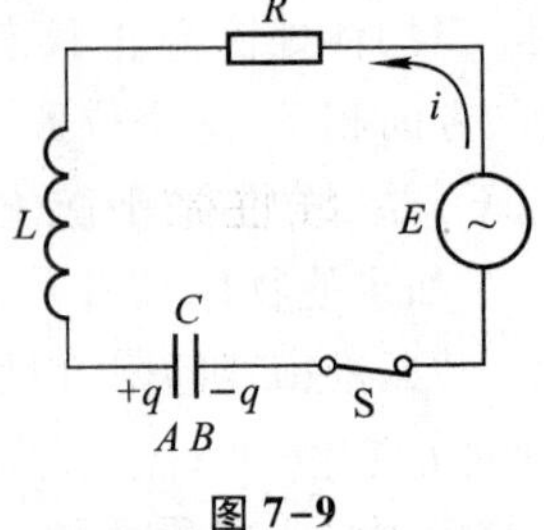

图 7-9

设电路中的电流为 $i(t)$，电容器极板上的电荷量为 $q(t)$，两极板间的电压为 u_C，自感电动势为 E_L. 由电学知道

$$i=\frac{\mathrm{d}q}{\mathrm{d}t},\ u_C=\frac{q}{C},\ E_L=-L\frac{\mathrm{d}i}{\mathrm{d}t},$$

根据回路电压定律，得

$$E-L\frac{\mathrm{d}i}{\mathrm{d}t}-\frac{q}{C}-Ri=0,$$

即

$$LC\frac{\mathrm{d}^2u_C}{\mathrm{d}t^2}+RC\frac{\mathrm{d}u_C}{\mathrm{d}t}+u_C=E_{\mathrm{m}}\sin\omega t,$$

或写成

$$\frac{\mathrm{d}^2u_C}{\mathrm{d}t^2}+2\beta\frac{\mathrm{d}u_C}{\mathrm{d}t}+\omega_0^2u_C=\frac{E_{\mathrm{m}}}{LC}\sin\omega t. \tag{6-3}$$

式中 $\beta=\frac{R}{2L},\omega_0=\frac{1}{\sqrt{LC}}$. 这就是串联电路的振荡方程.

如果电容器经充电后撤去外电源($E=0$),那么方程(6-3)成为

$$\frac{\mathrm{d}^2u_C}{\mathrm{d}t^2}+2\beta\frac{\mathrm{d}u_C}{\mathrm{d}t}+\omega_0^2u_C=0. \tag{6-4}$$

例 1 和例 2 虽然是两个不同的实际问题,但是仔细观察一下所得出的方程(6-2)和(6-3),就会发现它们可以归结为同一个形式

$$\frac{\mathrm{d}^2y}{\mathrm{d}x^2}+P(x)\frac{\mathrm{d}y}{\mathrm{d}x}+Q(x)y=f(x), \tag{6-5}$$

而方程(6-1)和方程(6-4)都是方程(6-5)的特殊情形:$f(x)\equiv0$. 在工程技术的其他许多问题中,也会遇到上述类型的微分方程.

方程(6-5)叫做二阶线性微分方程. 当方程右端 $f(x)\equiv0$ 时,方程叫做齐次的;当 $f(x)\not\equiv0$ 时,方程叫做非齐次的.

于是方程(6-2)、(6-3)都是二阶非齐次线性微分方程,方程(6-1)、(6-4)都是二阶齐次线性微分方程.

要进一步讨论例 1 和例 2 中的问题,就需要解二阶线性微分方程. 为此,下面来讨论二阶线性微分方程的解的一些性质,这些性质可以推广到 n 阶线性方程

$$y^{(n)}+a_1(x)y^{(n-1)}+\cdots+a_{n-1}(x)y'+a_n(x)y=f(x).$$

二、线性微分方程的解的结构

先讨论二阶齐次线性方程

$$y''+P(x)y'+Q(x)y=0. \tag{6-6}$$

定理 1　如果函数 $y_1(x)$ 与 $y_2(x)$ 是方程(6-6)的两个解,那么

$$y=C_1y_1(x)+C_2y_2(x) \tag{6-7}$$

也是(6-6)的解,其中 C_1,C_2 是任意常数.

证 将(6-7)式代入(6-6)式左端,得

$$[C_1y_1''+C_2y_2'']+P(x)[C_1y_1'+C_2y_2']+Q(x)[C_1y_1+C_2y_2]$$
$$=C_1[y_1''+P(x)y_1'+Q(x)y_1]+C_2[y_2''+P(x)y_2'+Q(x)y_2].$$

由于 y_1 与 y_2 是方程(6-6)的解,上式右端方括号中的表达式都恒等于零,因而整个式子恒等于零,所以(6-7)式是方程(6-6)的解.

解(6-7)从形式上来看含有 C_1 与 C_2 两个任意常数,但它不一定是方程(6-6)的通解. 例如,设 $y_1(x)$ 是(6-6)的一个解,则 $y_2(x)=2y_1(x)$ 也是(6-6)的解. 这时(6-7)式成为 $y=C_1y_1(x)+2C_2y_1(x)$,可以把它改写成 $y=Cy_1(x)$,其中 $C=C_1+2C_2$. 这显然不是(6-6)的通解. 那么在什么情况下(6-7)式才是方程(6-6)的通解呢? 要解决这个问题,还得引入一个新的概念,即所谓函数组的线性相关与线性无关.

设 $y_1(x),y_2(x),\cdots,y_n(x)$ 为定义在区间 I 上的 n 个函数,如果存在 n 个不全为零的常数 $k_1,k_2,\cdots,k_n$,使得当 $x\in I$ 时有恒等式

$$k_1y_1+k_2y_2+\cdots+k_ny_n\equiv 0$$

成立,那么称这 n 个函数在区间 I 上线性相关;否则称线性无关.

例如,函数 $1,\cos^2 x,\sin^2 x$ 在整个数轴上是线性相关的. 因为取 $k_1=1$, $k_2=k_3=-1$,就有恒等式

$$1-\cos^2 x-\sin^2 x\equiv 0.$$

又如,函数 $1,x,x^2$ 在任何区间 (a,b) 内是线性无关的. 因为如果 k_1,k_2,k_3 不全为零,那么在该区间内至多只有两个 x 值能使二次三项式

$$k_1+k_2x+k_3x^2$$

为零;要使它恒等于零,必须 k_1,k_2,k_3 全为零.

应用上述概念可知,对于两个函数的情形,它们线性相关与否,只要看它们的比是否为常数:如果比为常数,那么它们就线性相关;否则就线性无关.

有了一组函数线性相关或线性无关的概念后,我们有如下关于二阶齐次线性微分方程(6-6)的通解结构的定理.

定理 2 **如果 $y_1(x)$ 与 $y_2(x)$ 是方程(6-6)的两个线性无关的特解,那么**

$$y=C_1y_1(x)+C_2y_2(x)\quad (C_1,C_2\text{是任意常数})$$

就是方程(6-6)的通解.

例如,方程 $y''+y=0$ 是二阶齐次线性方程(这里 $P(x)\equiv 0,Q(x)\equiv 1$). 容易验证,$y_1=\cos x$ 与 $y_2=\sin x$ 是所给方程的两个解,且 $\dfrac{y_2}{y_1}=\dfrac{\sin x}{\cos x}=\tan x\neq$ 常数,即它们是线性无关的. 因此方程 $y''+y=0$ 的通解为

$$y=C_1\cos x+C_2\sin x.$$

又如,方程 $(x-1)y''-xy'+y=0$ 也是二阶齐次线性方程 $\left(\text{这里 } P(x)=-\frac{x}{x-1}, Q(x)=\frac{1}{x-1}\right)$. 容易验证 $y_1=x, y_2=\mathrm{e}^x$ 是所给方程的两个解,且 $\frac{y_2}{y_1}=\frac{\mathrm{e}^x}{x}\neq$ 常数,即它们是线性无关的. 因此方程的通解为

$$y=C_1x+C_2\mathrm{e}^x.$$

定理 2 不难推广到 n 阶齐次线性方程.

推论　如果 $y_1(x), y_2(x), \cdots, y_n(x)$ 是 n 阶齐次线性方程

$$y^{(n)}+a_1(x)y^{(n-1)}+\cdots+a_{n-1}(x)y'+a_n(x)y=0$$

的 n 个线性无关的解,那么,此方程的通解为

$$y=C_1y_1(x)+C_2y_2(x)+\cdots+C_ny_n(x),$$

其中 $C_1, C_2, \cdots, C_n$ 为任意常数.

下面讨论二阶非齐次线性方程(6-5). 我们把方程(6-6)叫做与非齐次方程(6-5)对应的齐次方程.

在第四节中我们已经看到,一阶非齐次线性微分方程的通解由两部分构成:一部分是对应的齐次方程的通解,另一部分是非齐次方程本身的一个特解. 实际上,不仅一阶非齐次线性微分方程的通解具有这样的结构,而且二阶及更高阶的非齐次线性微分方程的通解也具有同样的结构.

定理 3　设 $y^*(x)$ 是二阶非齐次线性方程

$$y''+P(x)y'+Q(x)y=f(x) \tag{6-5}$$

的一个特解. $Y(x)$ 是与(6-5)对应的齐次方程(6-6)的通解,则

$$y=Y(x)+y^*(x) \tag{6-8}$$

是二阶非齐次线性微分方程(6-5)的通解.

证　把(6-8)式代入方程(6-5)的左端,得

$$\begin{aligned}&(Y''+y^{*}{}'')+P(x)(Y'+y^{*}{}')+Q(x)(Y+y^*)\\&=[Y''+P(x)Y'+Q(x)Y]+[y^{*}{}''+P(x)y^{*}{}'+Q(x)y^*],\end{aligned}$$

由于 Y 是方程(6-6)的解,y^* 是(6-5)的解,可知第一个括号内的表达式恒等于零,第二个恒等于 $f(x)$. 这样,$y=Y+y^*$ 使(6-5)的两端恒等. 即(6-8)式是方程(6-5)的解.

由于对应的齐次方程(6-6)的通解 $Y=C_1y_1+C_2y_2$ 中含有两个任意常数,所以 $y=Y+y^*$ 中也含有两个任意常数,从而它就是二阶非齐次线性方程(6-5)的通解.

例如,方程 $y''+y=x^2$ 是二阶非齐次线性微分方程. 已知 $Y=C_1\cos x+C_2\sin x$ 是对应的齐次方程 $y''+y=0$ 的通解;又容易验证 $y^*=x^2-2$ 是所给方程的一个特解. 因此

$$y=C_1\cos x+C_2\sin x+x^2-2$$

是所给方程的通解.

非齐次线性微分方程(6-5)的特解有时可用下述定理来帮助求出.

定理 4　设非齐次线性方程(6-5)的右端 $f(x)$ 是两个函数之和,即

$$y''+P(x)y'+Q(x)y=f_1(x)+f_2(x), \tag{6-9}$$

而 $y_1^*(x)$ 与 $y_2^*(x)$ 分别是方程

$$y''+P(x)y'+Q(x)y=f_1(x)$$

与

$$y''+P(x)y'+Q(x)y=f_2(x)$$

的特解,则 $y_1^*(x)+y_2^*(x)$ 就是原方程的特解.

证　将 $y=y_1^*+y_2^*$ 代入方程(6-9)的左端,得

$$\begin{aligned}&(y_1^*+y_2^*)''+P(x)(y_1^*+y_2^*)'+Q(x)(y_1^*+y_2^*)\\&=[y_1^{*}{''}+P(x)y_1^{*}{'}+Q(x)y_1^*]+[y_2^{*}{''}+P(x)y_2^{*}{'}+Q(x)y_2^*]\\&=f_1(x)+f_2(x).\end{aligned}$$

因此 $y_1^*+y_2^*$ 是方程(6-9)的一个特解.

这一定理通常称为线性微分方程的解的叠加原理.

定理 3 和定理 4 也可推广到 n 阶非齐次线性方程,这里不再赘述.

*三、常数变易法

在第四节中,为解一阶非齐次线性方程,我们用了常数变易法. 这方法的特点是:如果 $Cy_1(x)$ 是齐次线性方程的通解,那么,可以利用变换 $y=uy_1(x)$(这变换是把齐次方程的通解中的任意常数 C 换成未知函数 $u(x)$ 而得到的)去解非齐次线性方程. 这一方法也适用于解高阶线性方程. 下面就二阶线性方程来作讨论.

如果已知齐次方程(6-6)的通解为

$$Y(x)=C_1y_1(x)+C_2y_2(x),$$

那么,可以用如下的常数变易法去求非齐次方程(6-5)的通解. 令

$$y=y_1(x)v_1+y_2(x)v_2, \tag{6-10}$$

要确定未知函数 $v_1(x)$ 及 $v_2(x)$ 使(6-10)式所表示的函数满足非齐次方程

(6-5). 为此,对(6-10)式求导,得

$$y'=y_1v_1'+y_2v_2'+y_1'v_1+y_2'v_2.$$

由于两个未知函数 v_1,v_2 只需使(6-10)式所表示的函数满足一个关系式(6-5),所以可规定它们再满足一个关系式. 从 y' 的上述表示式可看出,为了使 y'' 的表示式中不含 v_1'' 和 v_2'',可设

$$y_1v_1'+y_2v_2'=0, \tag{6-11}$$

从而

$$y'=y_1'v_1+y_2'v_2,$$

再求导,得

$$y''=y_1'v_1'+y_2'v_2'+y_1''v_1+y_2''v_2.$$

把 y,y',y'' 代入方程(6-5),得

$$y_1'v_1'+y_2'v_2'+y_1''v_1+y_2''v_2+P(y_1'v_1+y_2'v_2)+Q(y_1v_1+y_2v_2)=f,$$

整理得

$$y_1'v_1'+y_2'v_2'+(y_1''+Py_1'+Qy_1)v_1+(y_2''+Py_2'+Qy_2)v_2=f.$$

注意到 y_1 及 y_2 是齐次方程(6-6)的解,故上式即为

$$y_1'v_1'+y_2'v_2'=f. \tag{6-12}$$

联立方程(6-11)与(6-12),在系数行列式

$$W=\begin{vmatrix} y_1 & y_2 \\ y_1' & y_2' \end{vmatrix}=y_1y_2'-y_1'y_2\neq 0$$

时,可解得

$$v_1'=-\frac{y_2f}{W},\ v_2'=\frac{y_1f}{W}.$$

对上两式积分(假定 $f(x)$ 连续),得

$$v_1=C_1+\int\left(-\frac{y_2f}{W}\right)\mathrm{d}x,\ v_2=C_2+\int\frac{y_1f}{W}\mathrm{d}x.$$

于是得非齐次方程(6-5)的通解为

$$y=C_1y_1+C_2y_2-y_1\int\frac{y_2f}{W}\mathrm{d}x+y_2\int\frac{y_1f}{W}\mathrm{d}x.$$

例 3　已知齐次方程 $(x-1)y''-xy'+y=0$ 的通解为 $Y(x)=C_1x+C_2\mathrm{e}^x$,求非齐次方程 $(x-1)y''-xy'+y=(x-1)^2$ 的通解.

解　把所给方程写成标准形式

$$y''-\frac{x}{x-1}y'+\frac{1}{x-1}y=x-1.$$

令 $y=xv_1+\mathrm{e}^xv_2$. 按照

$$\begin{cases}y_1v_1'+y_2v_2'=0,\\ y_1'v_1'+y_2'v_2'=f.\end{cases}$$

有

$$\begin{cases}xv_1'+e^xv_2'=0,\\ v_1'+e^xv_2'=x-1,\end{cases}$$

解得

$$v_1'=-1,\ v_2'=xe^{-x}.$$

积分,得

$$v_1=C_1-x,\ v_2=C_2-(x+1)e^{-x}.$$

于是所求非齐次方程的通解为

$$y=C_1x+C_2e^x-(x^2+x+1).$$

如果只知齐次方程(6-6)的一个不恒为零的解 $y_1(x)$,那么,利用变换 $y=uy_1(x)$,可把非齐次方程(6-5)化为一阶线性方程.

事实上,把

$$y=y_1u,\ y'=y_1u'+y_1'u,\ y''=y_1u''+2y_1'u'+y_1''u$$

代入方程(6-5),得

$$y_1u''+2y_1'u'+y_1''u+P(y_1u'+y_1'u)+Qy_1u=f,$$

即

$$y_1u''+(2y_1'+Py_1)u'+(y_1''+Py_1'+Qy_1)u=f,$$

由于 $y_1''+Py_1'+Qy_1\equiv0$,故上式为

$$y_1u''+(2y_1'+Py_1)u'=f.$$

令 $u'=z$,上式即化为一阶线性方程

$$y_1z'+(2y_1'+Py_1)z=f. \tag{6-13}$$

把方程(6-5)化为方程(6-13)以后,按一阶线性方程的解法,设求得方程(6-13)的通解为

$$z=C_2Z(x)+z^*(x),$$

积分得 $u=C_1+C_2U(x)+u^*(x)$ (其中 $U'(x)=Z(x)$,$u^{*\prime}(x)=z^*(x)$),
上式两端乘 $y_1(x)$,便得方程(6-5)的通解

$$y=C_1y_1(x)+C_2U(x)y_1(x)+u^*(x)y_1(x).$$

上述方法显然也适用于求齐次方程(6-6)的通解.

例4　已知 $y_1(x)=e^x$ 是齐次方程 $y''-2y'+y=0$ 的解,求非齐次方程 $y''-2y'+y=\frac{1}{x}e^x$ 的通解.

解　令 $y=e^{x}u$，则 $y'=e^{x}(u'+u)$，$y''=e^{x}(u''+2u'+u)$，代入非齐次方程，得

$$e^{x}(u''+2u'+u)-2e^{x}(u'+u)+e^{x}u=\frac{1}{x}e^{x},$$

即

$$e^{x}u''=\frac{1}{x}e^{x},\quad u''=\frac{1}{x}.$$

这里不需再作变换去化为一阶线性方程，只要直接积分，便得

$$u'=C+\ln|x|,$$

再积分得

$$u=C_1+Cx+x\ln|x|-x,$$

即

$$u=C_1+C_2x+x\ln|x|\ (C_2=C-1).$$

于是所求通解为

$$y=C_1e^{x}+C_2xe^{x}+xe^{x}\ln|x|.$$

习　题　7-6

1. 下列函数组在其定义区间内哪些是线性无关的？

(1) x, x^2；　(2) $x, 2x$；

(3) $e^{2x}, 3e^{2x}$，　(4) e^{-x}, e^{x}；

(5) $\cos 2x, \sin 2x$；　(6) e^{x^2}, xe^{x^2}；

(7) $\sin 2x, \cos x\sin x$；　(8) $e^{x}\cos 2x, e^{x}\sin 2x$；

(9) $\ln x, x\ln x$；　(10) $e^{ax}, e^{bx}\ (a\neq b)$.

2. 验证 $y_1=\cos\omega x$ 及 $y_2=\sin\omega x$ 都是方程 $y''+\omega^2y=0$ 的解，并写出该方程的通解.

3. 验证 $y_1=e^{x^2}$ 及 $y_2=xe^{x^2}$ 都是方程 $y''-4xy'+(4x^2-2)y=0$ 的解，并写出该方程的通解.

4. 验证：

(1) $y=C_1e^{x}+C_2e^{2x}+\frac{1}{12}e^{5x}$ （C_1,C_2是任意常数）是方程 $y''-3y'+2y=e^{5x}$ 的通解；

(2) $y=C_1\cos 3x+C_2\sin 3x+\frac{1}{32}(4x\cos x+\sin x)$ （C_1,C_2是任意常数）是方程 $y''+9y=x\cos x$ 的通解；

(3) $y=C_1x^2+C_2x^2\ln x$ （C_1,C_2是任意常数）是方程 $x^2y''-3xy'+4y=0$ 的通解；

(4) $y=C_1x^5+\frac{C_2}{x}-\frac{x^2}{9}\ln x$ （C_1,C_2是任意常数）是方程 $x^2y''-3xy'-5y=x^2\ln x$ 的通解；

(5) $y=\frac{1}{x}(C_1e^{x}+C_2e^{-x})+\frac{e^{x}}{2}$ （C_1,C_2是任意常数）是方程 $xy''+2y'-xy=e^{x}$ 的通解；

(6) $y=C_1\mathrm{e}^x+C_2\mathrm{e}^{-x}+C_3\cos x+C_4\sin x-x^2$ （C_1,C_2,C_3,C_4 是任意常数）是方程 $y^{(4)}-y=x^2$ 的通解.

*5. 已知 $y_1(x)=\mathrm{e}^x$ 是齐次线性方程

$$(2x-1)y''-(2x+1)y'+2y=0$$

的一个解,求此方程的通解.

*6. 已知 $y_1(x)=x$ 是齐次线性方程 $x^2y''-2xy'+2y=0$ 的一个解,求非齐次线性方程 $x^2y''-2xy'+2y=2x^3$ 的通解.

*7. 已知齐次线性方程 $y''+y=0$ 的通解为 $Y(x)=C_1\cos x+C_2\sin x$,求非齐次线性方程 $y''+y=\sec x$ 的通解.

*8. 已知齐次线性方程 $x^2y''-xy'+y=0$ 的通解为 $Y(x)=C_1x+C_2x\ln|x|$,求非齐次线性方程 $x^2y''-xy'+y=x$ 的通解.

第七节　常系数齐次线性微分方程

先讨论二阶常系数齐次线性微分方程的解法,再把二阶方程的解法推广到 n 阶方程.

在二阶齐次线性微分方程

$$y''+P(x)y'+Q(x)y=0 \tag{7-1}$$

中,如果 y',y 的系数 $P(x),Q(x)$ 均为常数,即(7-1)式成为

$$y''+py'+qy=0, \tag{7-2}$$

其中 p,q 是常数,那么称(7-2)为二阶常系数齐次线性微分方程.如果 p,q 不全为常数,称(7-1)为二阶变系数齐次线性微分方程.

由上节讨论可知,要找微分方程(7-2)的通解,可以先求出它的两个解 y_1,y_2,如果它们之比不为常数,即 y_1 与 y_2 线性无关,那么 $y=C_1y_1+C_2y_2$ 就是方程(7-2)的通解.

当 r 为常数时,指数函数 $y=\mathrm{e}^{rx}$ 和它的各阶导数都只相差一个常数因子.由于指数函数有这个特点,因此我们用 $y=\mathrm{e}^{rx}$ 来尝试,看能否选取适当的常数 r,使 $y=\mathrm{e}^{rx}$ 满足方程(7-2).

将 $y=\mathrm{e}^{rx}$ 求导①,得到

---

① 当 r 为复数 $a+bi$,x 为实变数时,导数公式 $\frac{\mathrm{d}}{\mathrm{d}x}\mathrm{e}^{rx}=r\mathrm{e}^{rx}$ 仍成立.事实上,对欧拉公式

$$\mathrm{e}^{(a+bi)x}=\mathrm{e}^{ax}(\cos bx+\mathrm{i}\sin bx)$$

两端求导,得

$$\begin{aligned}\frac{\mathrm{d}}{\mathrm{d}x}\mathrm{e}^{(a+bi)x}&=a\mathrm{e}^{ax}(\cos bx+\mathrm{i}\sin bx)+\mathrm{e}^{ax}(-b\sin bx+\mathrm{i}b\cos bx)\\&=(a+bi)\mathrm{e}^{ax}(\cos bx+\mathrm{i}\sin bx)=(a+bi)\mathrm{e}^{(a+bi)x}.\end{aligned}$$

$$y'=re^{rx},\qquad y''=r^2e^{rx}$$

把 y,y'和 y''代入方程(7-2),得

$$(r^2+pr+q)e^{rx}=0.$$

由于 $e^{rx}\neq 0$,所以

$$r^2+pr+q=0. \tag{7-3}$$

由此可见,只要 r 满足代数方程(7-3),函数 $y=e^{rx}$ 就是微分方程(7-2)的解,我们把代数方程(7-3)叫做微分方程(7-2)的特征方程.

特征方程(7-3)是一个二次代数方程,其中 r^2,r 的系数及常数项恰好依次是微分方程(7-2)中 y'',y'及 y 的系数.

特征方程(7-3)的两个根 r_1,r_2可以用公式

$$r_{1,2}=\frac{-p\pm\sqrt{p^2-4q}}{2}$$

求出. 它们有三种不同的情形:

(i) 当 $p^2-4q>0$ 时,r_1,r_2是两个不相等的实根

$$r_1=\frac{-p+\sqrt{p^2-4q}}{2},\quad r_2=\frac{-p-\sqrt{p^2-4q}}{2};$$

(ii) 当 $p^2-4q=0$ 时,r_1,r_2是两个相等的实根

$$r_1=r_2=-\frac{p}{2};$$

(iii) 当 $p^2-4q<0$ 时,r_1,r_2是一对共轭复根

$$r_1=\alpha+\beta i,\quad r_2=\alpha-\beta i,$$

其中

$$\alpha=-\frac{p}{2},\quad \beta=\frac{\sqrt{4q-p^2}}{2}.$$

相应地,微分方程(7-2)的通解也有三种不同的情形. 分别讨论如下:

(i) 特征方程有两个不相等的实根:$r_1\neq r_2$

由上面的讨论知道,$y_1=e^{r_1x},y_2=e^{r_2x}$是微分方程(7-2)的两个解,并且$\frac{y_2}{y_1}=\frac{e^{r_2x}}{e^{r_1x}}=e^{(r_2-r_1)x}$不是常数,因此微分方程(7-2)的通解为

$$y=C_1e^{r_1x}+C_2e^{r_2x}.$$

(ii) 特征方程有两个相等的实根:$r_1=r_2$

这时,只得到微分方程(7-2)的一个解

$$y_1=e^{r_1x}.$$

为了得出微分方程(7-2)的通解，还需求出另一个解 y_2，并且要求$\frac{y_2}{y_1}$不是常数. 设$\frac{y_2}{y_1}=u(x)$，即 $y_2=e^{r_1x}u(x)$. 下面来求 $u(x)$. 将 y_2求导，得

$$y_2'=e^{r_1x}(u'+r_1u),$$
$$y_2''=e^{r_1x}(u''+2r_1u'+r_1^2u),$$

将 y_2，y_2' 和 y_2'' 代入微分方程(7-2)，得

$$e^{r_1x}[(u''+2r_1u'+r_1^2u)+p(u'+r_1u)+qu]=0,$$

约去 e^{r_1x}，并合并同类项，得

$$u''+(2r_1+p)u'+(r_1^2+pr_1+q)u=0.$$

由于 r_1是特征方程(7-3)的二重根. 因此 $r_1^2+pr_1+q=0$，且 $2r_1+p=0$，于是得

$$u''=0.$$

因为这里只要得到一个不为常数的解，所以不妨选取 $u=x$，由此得到微分方程(7-2)的另一个解

$$y_2=xe^{r_1x}.$$

从而微分方程(7-2)的通解为

$$y=C_1e^{r_1x}+C_2xe^{r_1x},$$

即

$$y=(C_1+C_2x)e^{r_1x}.$$

(iii) 特征方程有一对共轭复根：$r_1=\alpha+\beta i$，$r_2=\alpha-\beta i$ $(\beta\neq 0)$

这时，$y_1=e^{(\alpha+\beta i)x}$，$y_2=e^{(\alpha-\beta i)x}$是微分方程(7-2)的两个解，但它们是复值函数形式. 为了得出实值函数形式的解，先利用欧拉公式 $e^{i\theta}=\cos\theta+i\sin\theta$ 把 y_1，y_2改写为

$$y_1=e^{(\alpha+\beta i)x}=e^{\alpha x}\cdot e^{\beta xi}=e^{\alpha x}(\cos\beta x+i\sin\beta x),$$
$$y_2=e^{(\alpha-\beta i)x}=e^{\alpha x}\cdot e^{-\beta xi}=e^{\alpha x}(\cos\beta x-i\sin\beta x).$$

由于复值函数 y_1与 y_2之间成共轭关系，因此，取它们的和除以 2 就得到它们的实部，取它们的差除以 2i 就得到它们的虚部. 由于方程(7-2)的解符合叠加原理，所以实值函数

$$\bar{y}_1=\frac{1}{2}(y_1+y_2)=e^{\alpha x}\cos\beta x,$$

$$\bar{y}_2=\frac{1}{2i}(y_1-y_2)=e^{\alpha x}\sin\beta x$$

还是微分方程(7-2)的解，且$\frac{\bar{y}_1}{\bar{y}_2}=\frac{e^{\alpha x}\cos\beta x}{e^{\alpha x}\sin\beta x}=\cot\beta x$ 不是常数，所以微分方程

(7-2)的通解为

$$y=e^{\alpha x}(C_1\cos\beta x+C_2\sin\beta x).$$

综上所述,求二阶常系数齐次线性微分方程

$$y''+py'+qy=0 \tag{7-2}$$

的通解的步骤如下:

第一步　写出微分方程(7-2)的特征方程

$$r^2+pr+q=0. \tag{7-3}$$

第二步　求出特征方程(7-3)的两个根 r_1,r_2.

第三步　根据特征方程(7-3)的两个根的不同情形,按照下列表格写出微分方程(7-2)的通解:

特征方程 $r^2+pr+q=0$ 的两个根 r_1,r_2	微分方程 $y''+py'+qy=0$ 的通解
两个不相等的实根 r_1,r_2	$y=C_1e^{r_1x}+C_2e^{r_2x}$
两个相等的实根 $r_1=r_2$	$y=(C_1+C_2x)e^{r_1x}$
一对共轭复根 $r_{1,2}=\alpha\pm\beta i$	$y=e^{\alpha x}(C_1\cos\beta x+C_2\sin\beta x)$

例 1　求微分方程 $y''-2y'-3y=0$ 的通解.

解　所给微分方程的特征方程为

$$r^2-2r-3=0,$$

其根 $r_1=-1,r_2=3$ 是两个不相等的实根,因此所求通解为

$$y=C_1e^{-x}+C_2e^{3x}.$$

例 2　求方程$\frac{d^2s}{dt^2}+2\frac{ds}{dt}+s=0$ 满足初值条件 $s|_{t=0}=4,s'|_{t=0}=-2$ 的特解.

解　所给方程的特征方程为

$$r^2+2r+1=0,$$

其根 $r_1=r_2=-1$ 是两个相等的实根,因此所求微分方程的通解为

$$s=(C_1+C_2t)e^{-t}.$$

将条件 $s|_{t=0}=4$ 代入通解,得 $C_1=4$,从而

$$s=(4+C_2t)e^{-t}.$$

将上式对 t 求导,得

$$s'=(C_2-4-C_2t)e^{-t}.$$

再把条件 $s'|_{t=0}=-2$ 代入上式,得 $C_2=2$. 于是所求特解为

$$s=(4+2t)e^{-t}.$$

例 3　求微分方程 $y''-2y'+5y=0$ 的通解.

解 所给方程的特征方程为

$$r^2-2r+5=0,$$

其根 $r_{1,2}=1\pm2\mathrm{i}$ 为一对共轭复根. 因此所求通解为

$$y=\mathrm{e}^x(C_1\cos 2x+C_2\sin 2x).$$

例 4 在第六节例 1 中,设物体只受弹性恢复力 f 的作用,且在初始时刻 $t=0$ 的位置为 $x=x_0$,初始速度为 $\left.\dfrac{\mathrm{d}x}{\mathrm{d}t}\right|_{t=0}=v_0$. 求反映物体运动规律的函数 $x=x(t)$.

解 由于不计阻力 R,即假设 $-\mu\dfrac{\mathrm{d}x}{\mathrm{d}t}=0$,所以方程(6-1)成为

$$\frac{\mathrm{d}^2x}{\mathrm{d}t^2}+k^2x=0, \tag{7-4}$$

方程(7-4)叫做无阻尼自由振动的微分方程.

反映物体运动规律的函数 $x=x(t)$ 是满足微分方程(7-4)及初值条件

$$x|_{t=0}=x_0,\ \left.\frac{\mathrm{d}x}{\mathrm{d}t}\right|_{t=0}=v_0$$

的特解.

方程(7-4)的特征方程为 $r^2+k^2=0$,其根 $r=\pm k\mathrm{i}$ 是一对共轭复根,所以方程(7-4)的通解为

$$x=C_1\cos kt+C_2\sin kt.$$

应用初值条件,定出 $C_1=x_0,C_2=\dfrac{v_0}{k}$. 因此,所求的特解为

$$x=x_0\cos kt+\frac{v_0}{k}\sin kt. \tag{7-5}$$

为了便于说明特解所反映的振动现象,我们令

$$x_0=A\sin\varphi,\quad \frac{v_0}{k}=A\cos\varphi\quad(0\leqslant\varphi<2\pi),$$

于是(7-5)式成为

$$x=A\sin(kt+\varphi), \tag{7-6}$$

其中

$$A=\sqrt{x_0^2+\frac{v_0^2}{k^2}},\quad \tan\varphi=\frac{kx_0}{v_0}.$$

函数(7-6)的图形如图 7-10 所示(图中假定 $x_0>0,v_0>0$).

函数(7-6)所反映的运动就是简谐振动. 这个振动的振幅为 A,初相为 φ,周

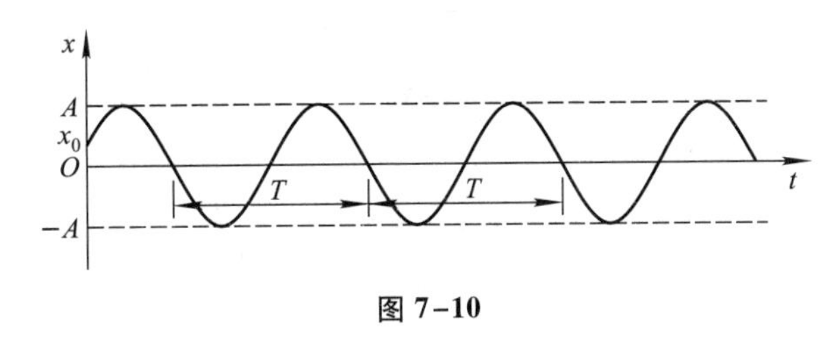

图 7-10

期为 $T=\dfrac{2\pi}{k}$，角频率为 k. 由于 $k=\sqrt{\dfrac{c}{m}}$（见第六节例 1），它与初值条件无关，而完全由振动系统（在本例中就是弹簧和物体所组成的系统）本身所确定. 因此，k 又叫做系统的固有频率. 固有频率是反映振动系统特性的一个重要参数.

例 5　在第六节例 1 中，设物体受弹簧的恢复力 f 和阻力 R 的作用，且在初始时刻 $t=0$ 的位置 $x=x_0$，初始速度 $\left.\dfrac{dx}{dt}\right|_{t=0}=v_0$，求反映物体运动规律的函数 $x=x(t)$.

解　这就是要找满足有阻尼的自由振动方程

$$\frac{d^2x}{dt^2}+2n\frac{dx}{dt}+k^2x=0 \tag{7-7}$$

及初值条件

$$x|_{t=0}=x_0,\left.\frac{dx}{dt}\right|_{t=0}=v_0$$

的特解.

方程(7-7)的特征方程为 $r^2+2nr+k^2=0$，其根为

$$r=\frac{-2n\pm\sqrt{4n^2-4k^2}}{2}=-n\pm\sqrt{n^2-k^2}.$$

以下按 $n<k$，$n>k$ 及 $n=k$ 三种不同情形分别进行讨论.

(i) 小阻尼情形：$n<k$

特征方程的根 $r=-n\pm\omega i$ $(\omega=\sqrt{k^2-n^2})$ 是一对共轭复根，所以方程(7-7)的通解为

$$x=e^{-nt}(C_1\cos\omega t+C_2\sin\omega t).$$

应用初值条件定出 $C_1=x_0$，$C_2=\dfrac{v_0+nx_0}{\omega}$，因此所求特解为

$$x=e^{-nt}\left(x_0\cos\omega t+\frac{v_0+nx_0}{\omega}\sin\omega t\right). \tag{7-8}$$

如例 4 中所做的那样，令

$$x_0=A\sin\varphi,\quad \frac{v_0+nx_0}{\omega}=A\cos\varphi\ (0\leqslant\varphi<2\pi), \tag{7-9}$$

那么(7-8)式又可写成

$$x=Ae^{-nt}\sin(\omega t+\varphi), \tag{7-10}$$

其中

$$\omega=\sqrt{k^2-n^2},\quad A=\sqrt{x_0^2+\frac{(v_0+nx_0)^2}{\omega^2}},\quad \tan\varphi=\frac{x_0\omega}{v_0+nx_0}.$$

从(7-10)式看出,物体的运动是周期为 $T=\dfrac{2\pi}{\omega}$ 的振动. 但与简谐振动不同,它的振幅 Ae^{-nt} 随时间 t 的增大而逐渐减小. 因此,物体随时间 t 的增大而趋于平衡位置.

函数(7-10)的图形如图 7-11 所示(图中假定 $x_0=0, v_0>0$).

(ii) 大阻尼情形:$n>k$

特征方程的根 $r_1=-n+\sqrt{n^2-k^2}, r_2=-n-\sqrt{n^2-k^2}$ 是两个不相等的负实根,所以方程(7-7)的通解为

$$x=C_1e^{-(n-\sqrt{n^2-k^2})t}+C_2e^{-(n+\sqrt{n^2-k^2})t}, \tag{7-11}$$

其中任意常数 C_1, C_2 可以由初值条件来确定.

从(7-11)式看出,使 $x=0$ 的 t 值最多只有一个,即物体最多越过平衡位置一次,因此物体已不再有振动现象. 又当 $t\to+\infty$ 时,$x\to 0$. 因此,物体随时间 t 的增大而趋于平衡位置.

函数(7-11)的图形如图 7-12 所示(图中假定 $x_0>0, v_0>0$).

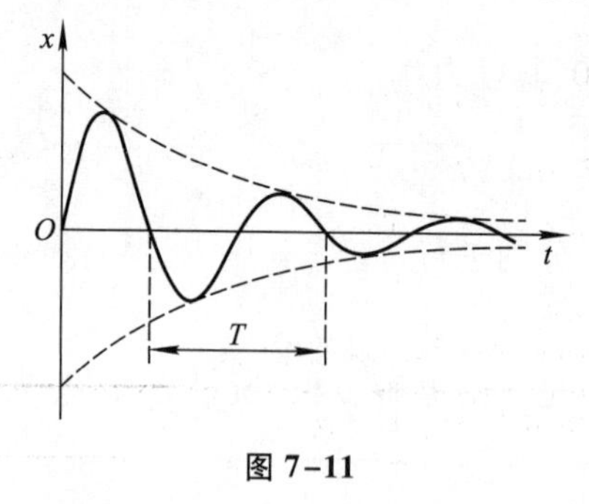

图 7-11

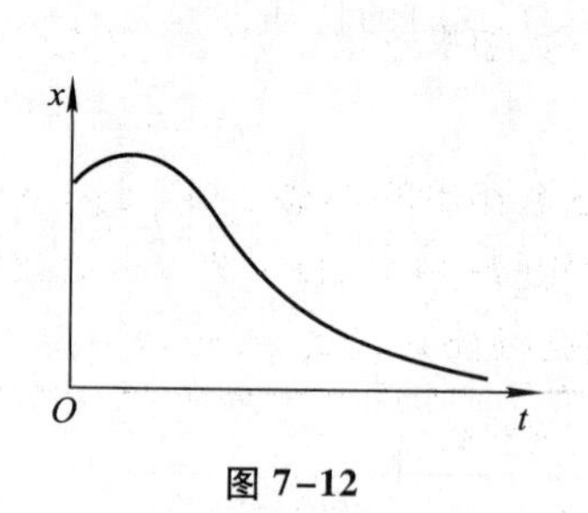

图 7-12

(iii) 临界阻尼情形:$n=k$

特征方程的根 $r_1=r_2=-n$ 是两个相等的实根,所以方程(7-7)的通解为

$$x=e^{-nt}(C_1+C_2t),$$

其中任意常数 C_1 及 C_2 可由初值条件来确定. 由上式可看出,在临界阻尼情形使 $x=0$ 的 t 值也最多只有一个,因此物体也不再有振动现象. 又由于

$$\lim_{t\to+\infty} te^{-nt}=\lim_{t\to+\infty}\frac{t}{e^{nt}}=\lim_{t\to+\infty}\frac{1}{ne^{nt}}=0,$$

从而可以看出，当 $t\to+\infty$ 时，$x\to0$. 因此，在临界阻尼情形，物体也随时间 t 的增大而趋于平衡位置.

上面讨论二阶常系数齐次线性微分方程所用的方法以及方程的通解的形式，可推广到 n 阶常系数齐次线性微分方程上去，对此我们不再详细讨论，只简单地叙述于下：

n 阶常系数齐次线性微分方程的一般形式是

$$y^{(n)}+p_1y^{(n-1)}+p_2y^{(n-2)}+\cdots+p_{n-1}y'+p_ny=0, \tag{7-12}$$

其中 $p_1,p_2,\cdots,p_{n-1},p_n$ 都是常数.

有时我们用记号 D（叫做微分算子）表示对 x 求导的运算 $\frac{\mathrm{d}}{\mathrm{d}x}$，把 $\frac{\mathrm{d}y}{\mathrm{d}x}$ 记作 $\mathrm{D}y$，把 $\frac{\mathrm{d}^ny}{\mathrm{d}x^n}$ 记作 D^ny，并把方程(7-12)记作

$$(\mathrm{D}^n+p_1\mathrm{D}^{n-1}+\cdots+p_{n-1}\mathrm{D}+p_n)y=0. \tag{7-13}$$

记

$$L(\mathrm{D})=\mathrm{D}^n+p_1\mathrm{D}^{n-1}+\cdots+p_{n-1}\mathrm{D}+p_n,$$

$L(\mathrm{D})$ 叫做微分算子 D 的 n 次多项式. 于是方程(7-13)可记作

$$L(\mathrm{D})y=0.$$

如同讨论二阶常系数齐次线性微分方程那样，令 $y=\mathrm{e}^{rx}$. 由于 $\mathrm{De}^{rx}=r\mathrm{e}^{rx},\cdots$，$\mathrm{D}^n\mathrm{e}^{rx}=r^n\mathrm{e}^{rx}$，故 $L(\mathrm{D})\mathrm{e}^{rx}=L(r)\mathrm{e}^{rx}$. 因此把 $y=\mathrm{e}^{rx}$ 代入方程(7-13)，得

$$L(r)\mathrm{e}^{rx}=0.$$

由此可见，如果选取 r 是 n 次代数方程 $L(r)=0$，即

$$r^n+p_1r^{n-1}+p_2r^{n-2}+\cdots+p_{n-1}r+p_n=0 \tag{7-14}$$

的根，那么作出的函数 $y=\mathrm{e}^{rx}$ 就是方程(7-13)的一个解.

方程(7-14)叫做方程(7-13)的特征方程.

根据特征方程的根，可以写出其对应的微分方程的解如下：

特征方程的根	微分方程通解中的对应项
单实根 r	给出一项：$C\mathrm{e}^{rx}$
一对单复根 $r_{1,2}=\alpha\pm\beta\mathrm{i}$	给出两项：$\mathrm{e}^{\alpha x}(C_1\cos\beta x+C_2\sin\beta x)$
k 重实根 r	给出 k 项：$\mathrm{e}^{rx}(C_1+C_2x+\cdots+C_kx^{k-1})$
一对 k 重复根 $r_{1,2}=\alpha\pm\beta\mathrm{i}$	给出 $2k$ 项：$\mathrm{e}^{\alpha x}[(C_1+C_2x+\cdots+C_kx^{k-1})\cos\beta x+(D_1+D_2x+\cdots+D_kx^{k-1})\sin\beta x]$

从代数学知道，n 次代数方程有 n 个根（重根按重数计算），而特征方程的每

一个根都对应着通解中的一项,且每项各含一个任意常数,这样就得到 n 阶常系数齐次线性微分方程的通解

$$y=C_1y_1+C_2y_2+\cdots+C_ny_n.$$

例 6　求方程 $y^{(4)}-2y'''+5y''=0$ 的通解.

解　这里的特征方程为

$$r^4-2r^3+5r^2=0,$$

即

$$r^2(r^2-2r+5)=0.$$

它的根是 $r_1=r_2=0$ 和 $r_{3,4}=1\pm 2\mathrm{i}$. 因此所给微分方程的通解为

$$y=C_1+C_2x+\mathrm{e}^x(C_3\cos 2x+C_4\sin 2x).$$

例 7　求方程 $\dfrac{\mathrm{d}^4w}{\mathrm{d}x^4}+\beta^4w=0$ 的通解,其中 $\beta>0$.

解　这里的特征方程为

$$r^4+\beta^4=0.$$

由于

$$\begin{aligned}r^4+\beta^4&=r^4+2r^2\beta^2+\beta^4-2r^2\beta^2=(r^2+\beta^2)^2-2r^2\beta^2\\&=(r^2-\sqrt{2}\beta r+\beta^2)(r^2+\sqrt{2}\beta r+\beta^2),\end{aligned}$$

所以特征方程可以写为

$$(r^2-\sqrt{2}\beta r+\beta^2)(r^2+\sqrt{2}\beta r+\beta^2)=0.$$

它的根为 $r_{1,2}=\dfrac{\beta}{\sqrt{2}}(1\pm\mathrm{i})$, $r_{3,4}=-\dfrac{\beta}{\sqrt{2}}(1\pm\mathrm{i})$,因此所给方程的通解为

$$w=\mathrm{e}^{\frac{\beta}{\sqrt{2}}x}\left(C_1\cos\frac{\beta}{\sqrt{2}}x+C_2\sin\frac{\beta}{\sqrt{2}}x\right)+\mathrm{e}^{-\frac{\beta}{\sqrt{2}}x}\left(C_3\cos\frac{\beta}{\sqrt{2}}x+C_4\sin\frac{\beta}{\sqrt{2}}x\right).$$

习　题　7-7

1. 求下列微分方程的通解:

(1) $y''+y'-2y=0$;　　(2) $y''-4y'=0$;

(3) $y''+y=0$;　　(4) $y''+6y'+13y=0$;

(5) $4\dfrac{\mathrm{d}^2x}{\mathrm{d}t^2}-20\dfrac{\mathrm{d}x}{\mathrm{d}t}+25x=0$;　　(6) $y''-4y'+5y=0$;

(7) $y^{(4)}-y=0$;　　(8) $y^{(4)}+2y''+y=0$;

(9) $y^{(4)}-2y'''+y''=0$;　　(10) $y^{(4)}+5y''-36y=0$.

2. 求下列微分方程满足所给初值条件的特解:

(1) $y''-4y'+3y=0, y|_{x=0}=6, y'|_{x=0}=10$;

（2）$4y''+4y'+y=0,y|_{x=0}=2,y'|_{x=0}=0$；

（3）$y''-3y'-4y=0,y|_{x=0}=0,y'|_{x=0}=-5$；

（4）$y''+4y'+29y=0,y|_{x=0}=0,y'|_{x=0}=15$；

（5）$y''+25y=0,y|_{x=0}=2,y'|_{x=0}=5$；

（6）$y''-4y'+13y=0,y|_{x=0}=0,y'|_{x=0}=3$.

3. 一个单位质量的质点在数轴上运动，开始时质点在原点 O 处且速度为 v_0，在运动过程中，它受到一个力的作用，这个力的大小与质点到原点的距离成正比（比例系数 $k_1>0$）而方向与初速度一致. 又介质的阻力与速度成正比（比例系数 $k_2>0$）. 求反映这质点的运动规律的函数.

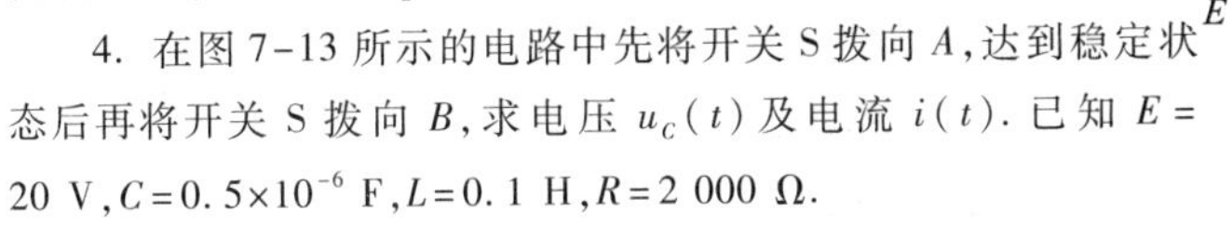

4. 在图 7-13 所示的电路中先将开关 S 拨向 A，达到稳定状态后再将开关 S 拨向 B，求电压 $u_C(t)$ 及电流 $i(t)$. 已知 $E=20$ V，$C=0.5\times10^{-6}$ F，$L=0.1$ H，$R=2\ 000\ \Omega$.

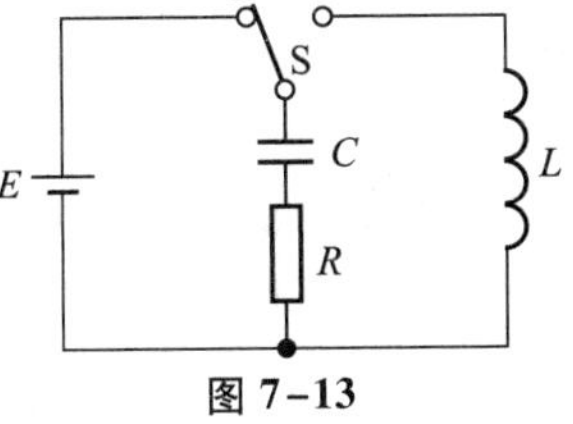

图 7-13

5. 设圆柱形浮筒的底面直径为 0.5 m，将它铅直放在水中，当稍向下压后突然放开，浮筒在水中上下振动的周期为 2 s，求浮筒的质量.

第八节　常系数非齐次线性微分方程

本节着重讨论二阶常系数非齐次线性微分方程的解法，并对 n 阶方程的解法作必要的说明.

二阶常系数非齐次线性微分方程的一般形式是

$$y''+py'+qy=f(x), \tag{8-1}$$

其中 p,q 是常数.

由第六节定理 3 可知，求二阶常系数非齐次线性微分方程的通解，归结为求对应的齐次方程

$$y''+py'+qy=0 \tag{8-2}$$

的通解和非齐次方程（8-1）本身的一个特解. 由于二阶常系数齐次线性微分方程的通解的求法已在第七节得到解决，所以这里只需讨论求二阶常系数非齐次线性微分方程的一个特解 y^* 的方法.

本节只介绍当方程（8-1）中的 $f(x)$ 取两种常见形式时求 y^* 的方法. 这种方法的特点是不用积分就可求出 y^* 来，它叫做待定系数法. $f(x)$ 的两种形式是

（1）$f(x)=e^{\lambda x}P_m(x)$，其中 λ 是常数，$P_m(x)$ 是 x 的一个 m 次多项式：

$$P_m(x)=a_0x^m+a_1x^{m-1}+\cdots+a_{m-1}x+a_m;$$

（2）$f(x)=e^{\lambda x}[P_l(x)\cos\omega x+Q_n(x)\sin\omega x]$，其中 λ、ω 是常数，$\omega\neq0$，$P_l(x)$、$Q_n(x)$ 分别是 x 的 l 次、n 次多项式，且仅有一个可为零.

下面分别介绍 $f(x)$ 为上述两种形式时 y^* 的求法.

一、$f(x)=\mathrm{e}^{\lambda x}P_m(x)$ 型

我们知道,方程(8-1)的特解 y^* 是使(8-1)成为恒等式的函数. 怎样的函数能使(8-1)成为恒等式呢? 因为(8-1)式右端 $f(x)$ 是多项式 $P_m(x)$ 与指数函数 $\mathrm{e}^{\lambda x}$ 的乘积,而多项式与指数函数乘积的导数仍然是多项式与指数函数的乘积,因此,我们推测 $y^*=R(x)\mathrm{e}^{\lambda x}$(其中 $R(x)$ 是某个多项式)可能是方程(8-1)的特解. 把 y^*,$y^{*\prime}$ 及 $y^{*\prime\prime}$ 代入方程(8-1),然后考虑能否选取适当的多项式 $R(x)$,使 $y^*=R(x)\mathrm{e}^{\lambda x}$ 满足方程(8-1). 为此,将

$$y^*=R(x)\mathrm{e}^{\lambda x},$$
$$y^{*\prime}=\mathrm{e}^{\lambda x}[\lambda R(x)+R'(x)],$$
$$y^{*\prime\prime}=\mathrm{e}^{\lambda x}[\lambda^2R(x)+2\lambda R'(x)+R''(x)]$$

代入方程(8-1)并消去 $\mathrm{e}^{\lambda x}$,得

$$R''(x)+(2\lambda+p)R'(x)+(\lambda^2+p\lambda+q)R(x)=P_m(x). \tag{8-3}$$

(i) 如果 λ 不是(8-2)式的特征方程 $r^2+pr+q=0$ 的根,即 $\lambda^2+p\lambda+q\neq0$,由于 $P_m(x)$ 是一个 m 次多项式,要使(8-3)的两端恒等,那么可令 $R(x)$ 为另一个 m 次多项式 $R_m(x)$:

$$R_m(x)=b_0x^m+b_1x^{m-1}+\cdots+b_{m-1}x+b_m,$$

代入(8-3)式,比较等式两端 x 同次幂的系数,就得到以 $b_0,b_1,\cdots,b_m$ 作为未知数的 $m+1$ 个方程的联立方程组. 从而可以定出这些 $b_i(i=0,1,\cdots,m)$,并得到所求的特解 $y^*=R_m(x)\mathrm{e}^{\lambda x}$.

(ii) 如果 λ 是特征方程 $r^2+pr+q=0$ 的单根,即 $\lambda^2+p\lambda+q=0$,但 $2\lambda+p\neq0$,要使(8-3)的两端恒等,那么 $R'(x)$ 必须是 m 次多项式. 此时可令

$$R(x)=xR_m(x),$$

并且可用同样的方法来确定 $R_m(x)$ 的系数 $b_i(i=0,1,2,\cdots,m)$.

(iii) 如果 λ 是特征方程 $r^2+pr+q=0$ 的重根,即 $\lambda^2+p\lambda+q=0$,且 $2\lambda+p=0$,要使(8-3)的两端恒等,那么 $R''(x)$ 必须是 m 次多项式. 此时可令

$$R(x)=x^2R_m(x),$$

并用同样的方法来确定 $R_m(x)$ 中的系数.

综上所述,我们有如下结论:

如果 $f(x)=\mathrm{e}^{\lambda x}P_m(x)$,那么二阶常系数非齐次线性微分方程(8-1)具有形如

$$y^*=x^kR_m(x)\mathrm{e}^{\lambda x} \tag{8-4}$$

的特解，其中 $R_m(x)$ 是与 $P_m(x)$ 同次（m 次）的多项式，而 k 按 λ 不是特征方程的根、是特征方程的单根或是特征方程的重根依次取为0、1或2.

上述结论可推广到 n 阶常系数非齐次线性微分方程，但要注意（8-4）式中的 k 是特征方程含根 λ 的重复次数（即若 λ 不是特征方程的根，则 k 取为0；若 λ 是特征方程的 s 重根，则 k 取为 s）.

例1　求微分方程 $y''-2y'-3y=3x+1$ 的一个特解.

解　这是二阶常系数非齐次线性微分方程，且函数 $f(x)$ 是 $e^{\lambda x}P_m(x)$ 型（其中 $\lambda=0, P_m(x)=3x+1$）.

与所给方程对应的齐次方程为

$$y''-2y'-3y=0,$$

它的特征方程为

$$r^2-2r-3=0.$$

由于这里 $\lambda=0$ 不是特征方程的根，所以应设特解为

$$y^*=b_0x+b_1.$$

把它代入所给方程，得

$$-3b_0x-2b_0-3b_1=3x+1,$$

比较两端 x 同次幂的系数，得

$$\begin{cases}-3b_0=3,\\-2b_0-3b_1=1.\end{cases}$$

由此求得 $b_0=-1, b_1=\frac{1}{3}$. 于是求得一个特解为

$$y^*=-x+\frac{1}{3}.$$

例2　求微分方程 $y''-5y'+6y=xe^{2x}$ 的通解.

解　所给方程也是二阶常系数非齐次线性微分方程，且 $f(x)$ 呈 $e^{\lambda x}P_m(x)$ 型（其中 $\lambda=2, P_m(x)=x$）.

与所给方程对应的齐次方程为

$$y''-5y'+6y=0,$$

它的特征方程

$$r^2-5r+6=0$$

有两个实根 $r_1=2, r_2=3$. 于是与所给方程对应的齐次方程的通解为

$$Y=C_1e^{2x}+C_2e^{3x}.$$

由于 $\lambda=2$ 是特征方程的单根，所以应设 y^* 为

$$y^*=x(b_0x+b_1)e^{2x}.$$

把它代入所给方程,得

$$-2b_0x+2b_0-b_1=x.$$

比较等式两端同次幂的系数,得

$$\begin{cases}-2b_0=1,\\2b_0-b_1=0.\end{cases}$$

解得 $b_0=-\frac{1}{2},b_1=-1$. 因此求得一个特解为

$$y^*=x\left(-\frac{1}{2}x-1\right)e^{2x}.$$

从而所求的通解为

$$y=C_1e^{2x}+C_2e^{3x}-\frac{1}{2}(x^2+2x)e^{2x}.$$

二、$f(x)=e^{\lambda x}[P_l(x)\cos\omega x+Q_n(x)\sin\omega x]$ 型

应用欧拉公式

$$\cos\theta=\frac{1}{2}(e^{i\theta}+e^{-i\theta}),\ \sin\theta=\frac{1}{2i}(e^{i\theta}-e^{-i\theta}),$$

把 $f(x)$ 表示成复变指数函数的形式,有

$$\begin{aligned}f(x)&=e^{\lambda x}[P_l\cos\omega x+Q_n\sin\omega x]\\&=e^{\lambda x}\left[P_l\frac{e^{\omega xi}+e^{-\omega xi}}{2}+Q_n\frac{e^{\omega xi}-e^{-\omega xi}}{2i}\right]\\&=\left(\frac{P_l}{2}+\frac{Q_n}{2i}\right)e^{(\lambda+\omega i)x}+\left(\frac{P_l}{2}-\frac{Q_n}{2i}\right)e^{(\lambda-\omega i)x}\\&=P(x)e^{(\lambda+\omega i)x}+\bar{P}(x)e^{(\lambda-\omega i)x},\end{aligned}$$

其中

$$P(x)=\frac{P_l}{2}+\frac{Q_n}{2i}=\frac{P_l}{2}-\frac{Q_n}{2}i,\ \bar{P}(x)=\frac{P_l}{2}-\frac{Q_n}{2i}=\frac{P_l}{2}+\frac{Q_n}{2}i$$

是互成共轭的 m 次多项式(即它们对应项的系数是共轭复数),而 $m=\max\{l,n\}$.

应用上一目的结果,对于 $f(x)$ 中的第一项 $P(x)e^{(\lambda+\omega i)x}$,可求出一个 m 次多项式 $R_m(x)$,使得 $y_1^*=x^kR_me^{(\lambda+\omega i)x}$ 为方程

$$y''+py'+qy=P(x)e^{(\lambda+\omega i)x}$$

的特解，其中 k 按 $\lambda+\omega i$ 不是特征方程的根或是特征方程的单根依次取 0 或 1. 由于 $f(x)$ 的第二项 $\bar{P}(x)e^{(\lambda-\omega i)x}$ 与第一项 $P(x)\cdot e^{(\lambda+\omega i)x}$ 成共轭，所以与 y_1^* 成共轭的函数 $y_2^*=x^k\bar{R}_m e^{(\lambda-\omega i)x}$ 必然是方程

$$y''+py'+qy=\bar{P}(x)e^{(\lambda-\omega i)x}$$

的特解，这里 $\bar{R}_m$ 表示与 R_m 成共轭的 m 次多项式. 于是，根据第六节定理 4，方程(8-1)具有形如

$$y^*=x^kR_me^{(\lambda+\omega i)x}+x^k\bar{R}_me^{(\lambda-\omega i)x}$$

的特解. 上式可写为

$$\begin{aligned}y^*&=x^ke^{\lambda x}[R_me^{\omega xi}+\bar{R}_me^{-\omega xi}]\\&=x^ke^{\lambda x}[R_m(\cos\omega x+i\sin\omega x)+\bar{R}_m(\cos\omega x-i\sin\omega x)],\end{aligned}$$

由于括号内的两项是互成共轭的，相加后即无虚部，所以可以写成实函数的形式

$$y^*=x^ke^{\lambda x}[R_m^{(1)}(x)\cos\omega x+R_m^{(2)}(x)\sin\omega x].$$

综上所述，我们有如下结论：

如果 $f(x)=e^{\lambda x}[P_l(x)\cos\omega x+Q_n(x)\sin\omega x]$，则二阶常系数非齐次线性微分方程(8-1)的特解可设为

$$y^*=x^ke^{\lambda x}[R_m^{(1)}(x)\cos\omega x+R_m^{(2)}(x)\sin\omega x],\tag{8-5}$$

其中 $R_m^{(1)}(x)$、$R_m^{(2)}(x)$ 是 m 次多项式，$m=\max\{l,n\}$，而 k 按 $\lambda+\omega i$（或$\lambda-\omega i$）不是特征方程的根、或是特征方程的单根依次取 0 或 1.

上述结论可推广到 n 阶常系数非齐次线性微分方程，但要注意(8-5)式中的 k 是特征方程中含根 $\lambda+\omega i$（或 $\lambda-\omega i$）的重复次数.

例 3　求微分方程 $y''+y=x\cos 2x$ 的一个特解.

解　所给方程是二阶常系数非齐次线性方程，且 $f(x)$ 属于 $e^{\lambda x}[P_l(x)\cos\omega x+Q_n(x)\sin\omega x]$ 型（其中 $\lambda=0,\omega=2,P_l(x)=x,Q_n(x)=0$）.

与所给方程对应的齐次方程为

$$y''+y=0,$$

它的特征方程为

$$r^2+1=0.$$

由于这里 $\lambda+\omega i=2i$ 不是特征方程的根，所以应设特解为

$$y^*=(ax+b)\cos 2x+(cx+d)\sin 2x.$$

把它代入所给方程，得

$$(-3ax-3b+4c)\cos 2x-(3cx+3d+4a)\sin 2x=x\cos 2x.$$

比较两端同类项的系数，得

$$\begin{cases}-3a=1,\\-3b+4c=0,\\-3c=0,\\-3d-4a=0,\end{cases}$$

由此解得

$$a=-\frac{1}{3},b=0,c=0,d=\frac{4}{9}.$$

于是求得一个特解为

$$y^*=-\frac{1}{3}x\cos 2x+\frac{4}{9}\sin 2x.$$

例 4　求微分方程 $y''-y=e^x\cos 2x$ 的一个特解.

解　这是二阶常系数非齐次线性方程,且 $f(x)$ 属 $e^{\lambda x}[P_l(x)\cos \omega x+Q_n(x)\sin \omega x]$ 型(这里 $\lambda=1,\omega=2,P_l(x)=1,Q_n(x)=0$).

特征方程为 $r^2-1=0$,由于 $\lambda+\omega i=1+2i$ 不是特征方程的根,所以应设特解为

$$y^*=e^x(a\cos 2x+b\sin 2x).$$

求导得

$$y^{*\prime}=e^x[(a+2b)\cos 2x+(-2a+b)\sin 2x],$$
$$y^{*\prime\prime}=e^x[(-3a+4b)\cos 2x+(-4a-3b)\sin 2x].$$

代入所给方程,得

$$4e^x[(-a+b)\cos 2x-(a+b)\sin 2x]=e^x\cos 2x,$$

比较两端同类项的系数,有

$$\begin{cases}-a+b=\dfrac{1}{4},\\a+b=0,\end{cases}\quad 得\begin{cases}a=-\dfrac{1}{8},\\b=\dfrac{1}{8}.\end{cases}$$

因此所给方程的一个特解为

$$y^*=\frac{1}{8}e^x(\sin 2x-\cos 2x).$$

例 5　在第六节例 1 中,设物体受弹性恢复力 f 和铅直干扰力 F 的作用. 试求物体的运动规律.

解　这里需要求出无阻尼强迫振动方程

$$\frac{d^2x}{dt^2}+k^2x=h\sin pt \tag{8-6}$$

的通解.

对应的齐次微分方程(即无阻尼自由振动方程)为

$$\frac{d^2x}{dt^2}+k^2x=0, \tag{8-7}$$

它的特征方程 $r^2+k^2=0$ 的根为 $r=\pm k\mathrm{i}$. 故方程(8-7)的通解为

$$X=C_1\cos kt+C_2\sin kt.$$

令 $C_1=A\sin\varphi, C_2=A\cos\varphi$,则方程(8-7)的通解又可写成

$$X=A\sin(kt+\varphi),$$

其中,A,φ 为任意常数.

方程(8-6)右端的函数

$$f(t)=h\sin pt$$

与 $f(t)=e^{\lambda t}[P_l(t)\cos\omega t+Q_n(t)\sin\omega t]$ 相比较,有 $\lambda=0,\omega=p,P_l(t)=0$, $Q_n(t)=h$. 现在分别就 $p\neq k$ 和 $p=k$ 两种情形讨论如下:

(i) 如果 $p\neq k$,则 $\lambda\pm\omega\mathrm{i}=\pm p\mathrm{i}$ 不是特征方程的根,故设

$$x^*=a_1\cos pt+b_1\sin pt.$$

代入方程(8-6)求得

$$a_1=0,\ b_1=\frac{h}{k^2-p^2},$$

于是

$$x^*=\frac{h}{k^2-p^2}\sin pt.$$

从而当 $p\neq k$ 时,方程(8-6)的通解为

$$x=X+x^*=A\sin(kt+\varphi)+\frac{h}{k^2-p^2}\sin pt.$$

上式表示,物体的运动由两部分组成,这两部分都是简谐振动. 上式第一项表示自由振动,第二项所表示的振动叫做强迫振动. 强迫振动是干扰力引起的,它的角频率即是干扰力的角频率 p;当干扰力的角频率 p 与振动系统的固有频率 k 相差很小时,它的振幅 $\left|\frac{h}{k^2-p^2}\right|$ 可以很大.

(ii) 如果 $p=k$ 那么 $\lambda\pm\omega\mathrm{i}=\pm p\mathrm{i}$ 是特征方程的根. 故设

$$x^*=t(a_1\cos kt+b_1\sin kt).$$

代入方程(8-6)求得

$$a_1=-\frac{h}{2k},\ b_1=0.$$

于是

$$x^*=-\frac{h}{2k}t\cos kt.$$

从而当 $p=k$ 时,方程(8-6)的通解为

$$x=X+x^{*}=A\sin(kt+\varphi)-\frac{h}{2k}t\cos kt.$$

上式右端第二项表明,强迫振动的振幅$\frac{h}{2k}t$随时间 t 的增大而无限增大. 这就发生所谓共振现象. 为了避免共振现象,应使干扰力的角频率 p 不要靠近振动系统的固有频率 k. 反之,如果要利用共振现象,那么应使 $p=k$ 或使 p 与 k 尽量靠近.

有阻尼的强迫振动问题可作类似的讨论,这里从略了.

习　题　7-8

1. 求下列各微分方程的通解:

(1) $2y''+y'-y=2e^{x}$;　　(2) $y''+a^{2}y=e^{x}$;

(3) $2y''+5y'=5x^{2}-2x-1$;　　(4) $y''+3y'+2y=3xe^{-x}$;

(5) $y''-2y'+5y=e^{x}\sin 2x$;　　(6) $y''-6y'+9y=(x+1)e^{3x}$;

(7) $y''+5y'+4y=3-2x$;　　(8) $y''+4y=x\cos x$;

(9) $y''+y=e^{x}+\cos x$;　　(10) $y''-y=\sin^{2}x$.

2. 求下列各微分方程满足已给初值条件的特解:

(1) $y''+y+\sin 2x=0, y|_{x=\pi}=1, y'|_{x=\pi}=1$;

(2) $y''-3y'+2y=5, y|_{x=0}=1, y'|_{x=0}=2$;

(3) $y''-10y'+9y=e^{2x}, y|_{x=0}=\frac{6}{7}, y'|_{x=0}=\frac{33}{7}$;

(4) $y''-y=4xe^{x}, y|_{x=0}=0, y'|_{x=0}=1$;

(5) $y''-4y'=5, y|_{x=0}=1, y'|_{x=0}=0$.

3. 大炮以仰角 α、初速度 v_0 发射炮弹,若不计空气阻力,求弹道曲线.

4. 在 RLC 含源串联电路中,电动势为 E 的电源对电容器 C 充电. 已知 $E=20$ V, $C=0.2$ μF, $L=0.1$ H, $R=1\ 000$ Ω,试求合上开关 S 后的电流 $i(t)$ 及电压 $u_C(t)$.

5. 一链条悬挂在一钉子上,起动时一端离开钉子 8 m 另一端离开钉子 12 m,分别在以下两种情况下求链条滑下来所需要的时间:

(1) 若不计钉子对链条所产生的摩擦力;

(2) 若摩擦力的大小等于 1 m 长的链条所受重力的大小.

6. 设函数 $\varphi(x)$ 连续,且满足

$$\varphi(x)=e^{x}+\int_{0}^{x}t\varphi(t)\,dt-x\int_{0}^{x}\varphi(t)\,dt,$$

求 $\varphi(x)$.

*第九节　欧拉方程

变系数的线性微分方程，一般说来都是不容易求解的．但是有些特殊的变系数线性微分方程，则可以通过变量代换化为常系数线性微分方程，因而容易求解，欧拉方程就是其中的一种．

形如

$$x^n y^{(n)}+p_1 x^{n-1} y^{(n-1)}+\cdots+p_{n-1} x y'+p_n y=f(x) \tag{9-1}$$

的方程（其中 $p_1,p_2,\cdots,p_n$ 为常数），叫做欧拉方程．

作变换 $x=\mathrm{e}^t$ 或 $t=\ln x$，将自变量 x 换成 t①，我们有

$$\frac{\mathrm{d}y}{\mathrm{d}x}=\frac{\mathrm{d}y}{\mathrm{d}t}\cdot\frac{\mathrm{d}t}{\mathrm{d}x}=\frac{1}{x}\frac{\mathrm{d}y}{\mathrm{d}t},$$

$$\frac{\mathrm{d}^2y}{\mathrm{d}x^2}=\frac{1}{x^2}\left(\frac{\mathrm{d}^2y}{\mathrm{d}t^2}-\frac{\mathrm{d}y}{\mathrm{d}t}\right),$$

$$\frac{\mathrm{d}^3y}{\mathrm{d}x^3}=\frac{1}{x^3}\left(\frac{\mathrm{d}^3y}{\mathrm{d}t^3}-3\frac{\mathrm{d}^2y}{\mathrm{d}t^2}+2\frac{\mathrm{d}y}{\mathrm{d}t}\right).$$

如果采用记号 D 表示对 t 求导的运算 $\frac{\mathrm{d}}{\mathrm{d}t}$，那么上述计算结果可以写成

$$xy'=\mathrm{D}y,$$

$$x^2y''=\frac{\mathrm{d}^2y}{\mathrm{d}t^2}-\frac{\mathrm{d}y}{\mathrm{d}t}=\left(\frac{\mathrm{d}^2}{\mathrm{d}t^2}-\frac{\mathrm{d}}{\mathrm{d}t}\right)y=(\mathrm{D}^2-\mathrm{D})y=\mathrm{D}(\mathrm{D}-1)y,$$

$$x^3y'''=\frac{\mathrm{d}^3y}{\mathrm{d}t^3}-3\frac{\mathrm{d}^2y}{\mathrm{d}t^2}+2\frac{\mathrm{d}y}{\mathrm{d}t}=(\mathrm{D}^3-3\mathrm{D}^2+2\mathrm{D})y=\mathrm{D}(\mathrm{D}-1)(\mathrm{D}-2)y,$$

一般地，有

$$x^k y^{(k)}=\mathrm{D}(\mathrm{D}-1)\cdots(\mathrm{D}-k+1)y.$$

把它代入欧拉方程（9-1），便得一个以 t 为自变量的常系数线性微分方程．在求出这个方程的解后，把 t 换成 $\ln x$，即得原方程的解．

例　求欧拉方程 $x^3y'''+x^2y''-4xy'=3x^2$ 的通解．

解　作变换 $x=\mathrm{e}^t$ 或 $t=\ln x$，原方程化为

$$\mathrm{D}(\mathrm{D}-1)(\mathrm{D}-2)y+\mathrm{D}(\mathrm{D}-1)y-4\mathrm{D}y=3\mathrm{e}^{2t},$$

---

①　这里仅在 $x>0$ 范围内求解．如果要在 $x<0$ 内求解，那么可作变换 $x=-\mathrm{e}^t$ 或 $t=\ln(-x)$，所得结果与 $x>0$ 内的结果相类似．

即

$$D^3y-2D^2y-3Dy=3e^{2t},$$

或

$$\frac{d^3y}{dt^3}-2\frac{d^2y}{dt^2}-3\frac{dy}{dt}=3e^{2t}. \tag{9-2}$$

方程(9-2)所对应的齐次方程为

$$\frac{d^3y}{dt^3}-2\frac{d^2y}{dt^2}-3\frac{dy}{dt}=0, \tag{9-3}$$

其特征方程为

$$r^3-2r^2-3r=0,$$

它有三个根：$r_1=0, r_2=-1, r_3=3$. 于是方程(9-3)的通解为

$$Y=C_1+C_2e^{-t}+C_3e^{3t}=C_1+\frac{C_2}{x}+C_3x^3.$$

根据上节第一目，特解的形式为

$$y^*=be^{2t}=bx^2,$$

代入原方程，求得 $b=-\frac{1}{2}$，即

$$y^*=-\frac{x^2}{2}.$$

于是，所给欧拉方程的通解为①

$$y=C_1+\frac{C_2}{x}+C_3x^3-\frac{1}{2}x^2.$$

*习　题　7-9

求下列欧拉方程的通解：

1. $x^2y''+xy'-y=0$；
2. $y''-\frac{y'}{x}+\frac{y}{x^2}=\frac{2}{x}$；
3. $x^3y'''+3x^2y''-2xy'+2y=0$；
4. $x^2y''-2xy'+2y=\ln^2x-2\ln x$；
5. $x^2y''+xy'-4y=x^3$；
6. $x^2y''-xy'+4y=x\sin(\ln x)$；
7. $x^2y''-3xy'+4y=x+x^2\ln x$；
8. $x^3y'''+2xy'-2y=x^2\ln x+3x$.

① 这是在 $x>0$ 内所求得的通解. 容易验证，在 $x<0$ 内，它也是所给方程的通解.

*第十节　常系数线性微分方程组解法举例

前面讨论的是由一个微分方程求解一个未知函数的情形,但在研究某些实际问题时,还会遇到由几个微分方程联立起来共同确定几个具有同一自变量的函数的情形. 这些联立的微分方程称为微分方程组.

如果微分方程组中的每一个微分方程都是常系数线性微分方程,那么,这种微分方程组就叫做常系数线性微分方程组.

对于常系数线性微分方程组,我们可以用下述方法求它的解:

第一步　从方程组中消去一些未知函数及其各阶导数,得到只含有一个未知函数的高阶常系数线性微分方程.

第二步　解此高阶微分方程,求出满足该方程的未知函数.

第三步　把已求得的函数代入原方程组,一般说来,不必经过积分就可求出其余的未知函数.

例 1　解微分方程组

$$\begin{cases}\dfrac{\mathrm{d}y}{\mathrm{d}x}=3y-2z, & (10-1)\\ \dfrac{\mathrm{d}z}{\mathrm{d}x}=2y-z. & (10-2)\end{cases}$$

解　这是含有两个未知函数 $y(x)$、$z(x)$ 的由两个一阶常系数线性方程组成的方程组.

设法消去未知函数 y. 由(10-2)式得

$$y=\frac{1}{2}\left(\frac{\mathrm{d}z}{\mathrm{d}x}+z\right). \tag{10-3}$$

对上式两端求导,有

$$\frac{\mathrm{d}y}{\mathrm{d}x}=\frac{1}{2}\left(\frac{\mathrm{d}^2z}{\mathrm{d}x^2}+\frac{\mathrm{d}z}{\mathrm{d}x}\right). \tag{10-4}$$

把(10-3)、(10-4)两式代入(10-1)式并化简,得

$$\frac{\mathrm{d}^2z}{\mathrm{d}x^2}-2\frac{\mathrm{d}z}{\mathrm{d}x}+z=0.$$

这是一个二阶常系数线性微分方程,它的通解是

$$z=(C_1+C_2x)\mathrm{e}^x. \tag{10-5}$$

再把(10-5)式代入(10-3)式,得

$$y=\frac{1}{2}(2C_1+C_2+2C_2x)\mathrm{e}^x. \tag{10-6}$$

将(10-5)、(10-6)联立起来,就得到所给方程组的通解.

如果我们要得到方程组满足初值条件

$$y|_{x=0}=1, \qquad z|_{x=0}=0$$

的特解,只需将此条件代入(10-6)和(10-5)式,得

$$\begin{cases}1=\dfrac{1}{2}(2C_1+C_2),\\0=C_1.\end{cases}$$

由此求得

$$C_1=0, \quad C_2=2.$$

于是所给微分方程组满足上述初值条件的特解为

$$\begin{cases}y=(1+2x)\mathrm{e}^x,\\z=2x\mathrm{e}^x.\end{cases}$$

在讨论常系数线性微分方程(或方程组)时,常采用第七节中引入的记号 D 表示对自变量 x 求导的运算$\dfrac{\mathrm{d}}{\mathrm{d}x}$.

例 2　解微分方程组

$$\begin{cases}\dfrac{\mathrm{d}^2x}{\mathrm{d}t^2}+\dfrac{\mathrm{d}y}{\mathrm{d}t}-x=\mathrm{e}^t,\\[2ex]\dfrac{\mathrm{d}^2y}{\mathrm{d}t^2}+\dfrac{\mathrm{d}x}{\mathrm{d}t}+y=0.\end{cases}$$

解　用记号 D 表示$\dfrac{\mathrm{d}}{\mathrm{d}t}$,则方程组可记作

$$\begin{cases}(\mathrm{D}^2-1)x+\mathrm{D}y=\mathrm{e}^t, & (10-7)\\\mathrm{D}x+(\mathrm{D}^2+1)y=0. & (10-8)\end{cases}$$

我们可以类似于解代数方程组那样消去一个未知数,例如为消去 x,可作如下运算:

$$(10-7)-\mathrm{D}(10-8):\ -x-\mathrm{D}^3y=\mathrm{e}^t, \qquad (10-9)$$

$$(10-8)+\mathrm{D}(10-9):\ (-\mathrm{D}^4+\mathrm{D}^2+1)y=\mathrm{De}^t,$$

即

$$(-\mathrm{D}^4+\mathrm{D}^2+1)y=\mathrm{e}^t. \qquad (10-10)$$

(10-10)式为四阶非齐次线性方程,其特征方程为

$$-r^4+r^2+1=0,$$

解得特征根为

$$r_{1,2}=\pm\alpha=\pm\sqrt{\frac{1+\sqrt{5}}{2}}, \quad r_{3,4}=\pm\beta\mathrm{i}=\pm\mathrm{i}\sqrt{\frac{\sqrt{5}-1}{2}},$$

容易求得一个特解 $y^*=e^t$，于是得(10-10)的通解为

$$y=C_1e^{-\alpha t}+C_2e^{\alpha t}+C_3\cos\beta t+C_4\sin\beta t+e^t. \tag{10-11}$$

再求 x. 由(10-9)式，即有

$$x=-D^3y-e^t,$$

以(10-11)式代入上式，即得

$$x=\alpha^3C_1e^{-\alpha t}-\alpha^3C_2e^{\alpha t}-\beta^3C_3\sin\beta t+\beta^3C_4\cos\beta t-2e^t. \tag{10-12}$$

将(10-11)和(10-12)两个函数联立，就是所求方程组的通解.

这里要注意，在求得一个未知函数以后，再求另一个未知函数时，一般不再积分(积分就会出现新的任意常数，从(10-11)、(10-12)两式可知两式中的任意常数之间有着确定的关系).

我们也可用行列式解上述方程组. 由(10-7)和(10-8)，有

$$\begin{vmatrix} D^2-1 & D \\ D & D^2+1 \end{vmatrix} y=\begin{vmatrix} D^2-1 & e^t \\ D & 0 \end{vmatrix},$$

即

$$(D^4-D^2-1)y=-e^t.$$

这与(10-10)式是一样的. 但再求 x 时，不宜再次应用行列式. 如再应用行列式，得

$$\begin{vmatrix} D^2-1 & D \\ D & D^2+1 \end{vmatrix} x=\begin{vmatrix} e^t & D \\ 0 & D^2+1 \end{vmatrix},$$

即

$$(D^4-D^2-1)x=2e^t,$$

解得

$$x=A_1e^{-\alpha t}+A_2e^{\alpha t}+A_3\cos\beta t+A_4\sin\beta t-2e^t,$$

则必须说明 A_1、A_2、A_3、A_4 与 C_1、C_2、C_3、C_4 之间的关系.

注意这里的“系数行列式”

$$\begin{vmatrix} D^2-1 & D \\ D & D^2+1 \end{vmatrix}=D^4-D^2-1$$

是 D 的四次多项式，这就标志着微分方程组是四阶的，它的通解中一定恰含四个任意常数.

* 习　题　7-10

1. 求下列微分方程组的通解：

(1) $\begin{cases}\dfrac{dy}{dx}=z,\\ \dfrac{dz}{dx}=y;\end{cases}$　(2) $\begin{cases}\dfrac{d^2x}{dt^2}=y,\\ \dfrac{d^2y}{dt^2}=x;\end{cases}$

(3) $\begin{cases}\dfrac{dx}{dt}+\dfrac{dy}{dt}=-x+y+3,\\ \dfrac{dx}{dt}-\dfrac{dy}{dt}=x+y-3;\end{cases}$　(4) $\begin{cases}\dfrac{dx}{dt}+5x+y=e^t,\\ \dfrac{dy}{dt}-x-3y=e^{2t};\end{cases}$

(5) $\begin{cases}\dfrac{dx}{dt}+2x+\dfrac{dy}{dt}+y=t,\\ 5x+\dfrac{dy}{dt}+3y=t^2;\end{cases}$　(6) $\begin{cases}\dfrac{dx}{dt}-3x+2\dfrac{dy}{dt}+4y=2\sin t,\\ 2\dfrac{dx}{dt}+2x+\dfrac{dy}{dt}-y=\cos t.\end{cases}$

2. 求下列微分方程组满足所给初值条件的特解：

(1) $\begin{cases}\dfrac{dx}{dt}=y,\ x|_{t=0}=0,\\ \dfrac{dy}{dt}=-x,\ y|_{t=0}=1;\end{cases}$　(2) $\begin{cases}\dfrac{d^2x}{dt^2}+2\dfrac{dy}{dt}-x=0,\ x|_{t=0}=1,\\ \dfrac{dx}{dt}+y=0,\ y|_{t=0}=0;\end{cases}$

(3) $\begin{cases}\dfrac{dx}{dt}+3x-y=0,\ x|_{t=0}=1,\\ \dfrac{dy}{dt}-8x+y=0,\ y|_{t=0}=4;\end{cases}$　(4) $\begin{cases}2\dfrac{dx}{dt}-4x+\dfrac{dy}{dt}-y=e^t,\ x|_{t=0}=\dfrac{3}{2},\\ \dfrac{dx}{dt}+3x+y=0,\ y|_{t=0}=0;\end{cases}$

(5) $\begin{cases}\dfrac{dx}{dt}+2x-\dfrac{dy}{dt}=10\cos t,\ x|_{t=0}=2,\\ \dfrac{dx}{dt}+\dfrac{dy}{dt}+2y=4e^{-2t},\ y|_{t=0}=0;\end{cases}$

(6) $\begin{cases}\dfrac{dx}{dt}-x+\dfrac{dy}{dt}+3y=e^{-t}-1,\ x|_{t=0}=\dfrac{48}{49},\\ \dfrac{dx}{dt}+2x+\dfrac{dy}{dt}+y=e^{2t}+t,\ y|_{t=0}=\dfrac{95}{98}.\end{cases}$

总 习 题 七

1. 填空：

(1) $xy'''+2x^2y'^2+x^3y=x^4+1$ 是____阶微分方程；

(2) 一阶线性微分方程 $y'+P(x)y=Q(x)$ 的通解为________.

(3) 与积分方程 $y=\int_{x_0}^{x}f(x,y)\,dx$ 等价的微分方程初值问题是________________.

(4) 已知 $y=1,y=x,y=x^2$ 是某二阶非齐次线性微分方程的三个解，则该方程的通解为________________.

2. 以下两题中给出了四个结论，从中选出一个正确的结论：

(1) 设非齐次线性微分方程 $y'+P(x)y=Q(x)$ 有两个不同的解：$y_1(x)$ 与 $y_2(x)$，C 为任意

常数,则该方程的通解是(　　);

(A) $C[y_1(x)-y_2(x)]$　　(B) $y_1(x)+C[y_1(x)-y_2(x)]$

(C) $C[y_1(x)+y_2(x)]$　　(D) $y_1(x)+C[y_1(x)+y_2(x)]$

(2) 具有特解 $y_1=e^{-x}, y_2=2xe^{-x}, y_3=3e^x$ 的三阶常系数齐次线性微分方程是(　　).

(A) $y'''-y''-y'+y=0$　　(B) $y'''+y''-y'-y=0$

(C) $y'''-6y''+11y'-6y=0$　　(D) $y'''-2y''-y'+2y=0$

3. 求以下列各式所表示的函数为通解的微分方程:

(1) $(x+C)^2+y^2=1$(其中 C 为任意常数);

(2) $y=C_1e^x+C_2e^{2x}$(其中 C_1, C_2 为任意常数).

4. 求下列微分方程的通解:

(1) $xy'+y=2\sqrt{xy}$;　　(2) $xy'\ln x+y=ax(\ln x+1)$;

(3) $\dfrac{dy}{dx}=\dfrac{y}{2(\ln y-x)}$;　　*(4) $\dfrac{dy}{dx}+xy-x^3y^3=0$;

(5) $y''+y'^2+1=0$;　　(6) $yy''-y'^2-1=0$;

(7) $y''+2y'+5y=\sin 2x$;　　(8) $y'''+y''-2y'=x(e^x+4)$;

*(9) $(y^4-3x^2)dy+xydx=0$;　　(10) $y'+x=\sqrt{x^2+y}$.

5. 求下列微分方程满足所给初值条件的特解:

*(1) $y^3dx+2(x^2-xy^2)dy=0, x=1$ 时 $y=1$;

(2) $y''-ay'^2=0, x=0$ 时 $y=0, y'=-1$;

(3) $2y''-\sin 2y=0, x=0$ 时 $y=\dfrac{\pi}{2}, y'=1$;

(4) $y''+2y'+y=\cos x, x=0$ 时 $y=0, y'=\dfrac{3}{2}$.

6. 已知某曲线经过点(1,1),它的切线在纵轴上的截距等于切点的横坐标,求它的方程.

7. 已知某车间的容积为 $30\times30\times6\ m^3$,其中的空气含 0.12% 的 CO_2(以容积计算).现以含 CO_2 0.04% 的新鲜空气输入,问每分钟应输入多少,才能在 30 min 后使车间空气中 CO_2 的含量不超过 0.06%?(假定输入的新鲜空气与原有空气很快混合均匀后,以相同的流量排出.)

8. 设可导函数 $\varphi(x)$ 满足

$$\varphi(x)\cos x+2\int_0^x \varphi(t)\sin t\,dt=x+1,$$

求 $\varphi(x)$.

9. 设光滑曲线 $y=\varphi(x)$ 过原点,且当 $x>0$ 时 $\varphi(x)>0$. 对应于 $[0,x]$ 一段曲线的弧长为 e^x-1,求 $\varphi(x)$.

10. 设 $y_1(x), y_2(x)$ 是二阶齐次线性方程 $y''+p(x)y'+q(x)y=0$ 的两个解,令

$$W(x)=\begin{vmatrix} y_1(x) & y_2(x) \\ y_1'(x) & y_2'(x) \end{vmatrix}=y_1(x)y_2'(x)-y_1'(x)y_2(x),$$

证明:(1) $W(x)$ 满足方程 $W'+p(x)W=0$;

(2) $W(x)=W(x_0)\mathrm{e}^{-\int_{x_0}^{x}p(t)\,\mathrm{d}t}$.

*11. 求下列欧拉方程的通解：

(1) $x^2y''+3xy'+y=0$;　　(2) $x^2y''-4xy'+6y=x$.

*12. 求下列常系数线性微分方程组的通解：

(1) $\begin{cases}\dfrac{\mathrm{d}x}{\mathrm{d}t}+2\dfrac{\mathrm{d}y}{\mathrm{d}t}+y=0,\\ 3\dfrac{\mathrm{d}x}{\mathrm{d}t}+2x+4\dfrac{\mathrm{d}y}{\mathrm{d}t}+3y=t;\end{cases}$　　(2) $\begin{cases}\dfrac{\mathrm{d}^2x}{\mathrm{d}t^2}+2\dfrac{\mathrm{d}x}{\mathrm{d}t}+x+\dfrac{\mathrm{d}y}{\mathrm{d}t}+y=0,\\ \dfrac{\mathrm{d}x}{\mathrm{d}t}+x+\dfrac{\mathrm{d}^2y}{\mathrm{d}t^2}+2\dfrac{\mathrm{d}y}{\mathrm{d}t}+y=\mathrm{e}^t.\end{cases}$

附录Ⅰ　二阶和三阶行列式简介

给出二元线性方程组

$$\begin{cases} a_{11}x_1+a_{12}x_2=b_1, \\ a_{21}x_1+a_{22}x_2=b_2, \end{cases} \tag{1}$$

求这方程组的解.

用大家熟知的消元法,分别消去方程组(1)中的 x_2 及 x_1,得

$$\begin{cases} (a_{11}a_{22}-a_{12}a_{21})x_1=b_1a_{22}-a_{12}b_2, \\ (a_{11}a_{22}-a_{12}a_{21})x_2=a_{11}b_2-b_1a_{21}. \end{cases} \tag{2}$$

下面引入二阶行列式,然后利用二阶行列式来进一步讨论上述问题.

设已知四个数排成正方形表

$$\begin{pmatrix} a_{11} & a_{12} \\ a_{21} & a_{22} \end{pmatrix},$$

则数 $a_{11}a_{22}-a_{12}a_{21}$ 称为对应于这个表的二阶行列式,用记号

$$\begin{vmatrix} a_{11} & a_{12} \\ a_{21} & a_{22} \end{vmatrix} \tag{3}$$

表示,因此

$$\begin{vmatrix} a_{11} & a_{12} \\ a_{21} & a_{22} \end{vmatrix}=a_{11}a_{22}-a_{12}a_{21}.$$

数 $a_{11},a_{12},a_{21},a_{22}$ 叫做行列式(3)的元素,横排叫做行,竖排叫做列. 元素 a_{ij} 中的第一个指标 i 和第二个指标 j 依次表示该元素所在的行数和列数. 例如,元素 a_{21} 在行列式(3)中位于第二行和第一列.

现在,方程组(2)可利用行列式来表示. 设

$$D=\begin{vmatrix} a_{11} & a_{12} \\ a_{21} & a_{22} \end{vmatrix}=a_{11}a_{22}-a_{12}a_{21},$$

$$D_1=\begin{vmatrix} b_1 & a_{12} \\ b_2 & a_{22} \end{vmatrix}=b_1a_{22}-a_{12}b_2,$$

$$D_2=\begin{vmatrix} a_{11} & b_1 \\ a_{21} & b_2 \end{vmatrix}=a_{11}b_2-b_1a_{21},$$

则方程组(2)可写成

$$\begin{cases}Dx_1=D_1,\\Dx_2=D_2.\end{cases}\tag{2'}$$

我们注意到,D 就是方程组(1)中 x_1 及 x_2 的系数构成的行列式,因此称为系数行列式,而 D_1 和 D_2 分别是用方程组(1)右端的常数项代替 D 的第一列和第二列而形成的.

若 $D\neq 0$,则方程组(2)的解为

$$x_1=\frac{D_1}{D},\ x_2=\frac{D_2}{D}.\tag{4}$$

把(4)中 x_1 及 x_2 的值代入方程组(1),便可证实 x_1 及 x_2 的这对值也是方程组(1)的解. 另一方面,(2)是由(1)导出的,因此(1)的解一定是(2)的解. 现在(2)只有一组解(4),所以(4)是方程组(1)的唯一解. 由此得出结论:

在 $D\neq 0$ 的条件下,方程组(1)有唯一的解

$$x_1=\frac{D_1}{D},\ x_2=\frac{D_2}{D}.$$

例 1 解方程组

$$\begin{cases}2x+3y=8,\\x-2y=-3.\end{cases}$$

解 $D=\begin{vmatrix}2&3\\1&-2\end{vmatrix}=2\times(-2)-3\times1=-7,$

$$D_1=\begin{vmatrix}8&3\\-3&-2\end{vmatrix}=8\times(-2)-3\times(-3)=-7,$$

$$D_2=\begin{vmatrix}2&8\\1&-3\end{vmatrix}=2\times(-3)-8\times1=-14.$$

因 $D=-7\neq 0$,故所给方程组有唯一解

$$x=\frac{D_1}{D}=\frac{-7}{-7}=1,\quad y=\frac{D_2}{D}=\frac{-14}{-7}=2.$$

下面介绍三阶行列式概念.

设已知九个数排成正方形表

$$\begin{pmatrix}a_{11}&a_{12}&a_{13}\\a_{21}&a_{22}&a_{23}\\a_{31}&a_{32}&a_{33}\end{pmatrix},$$

则数 $a_{11}a_{22}a_{33}+a_{12}a_{23}a_{31}+a_{13}a_{21}a_{32}-a_{13}a_{22}a_{31}-a_{12}a_{21}a_{33}-a_{11}a_{23}a_{32}$ 称为对应于这个表的三阶行列式,用记号

$$\begin{vmatrix} a_{11} & a_{12} & a_{13} \\ a_{21} & a_{22} & a_{23} \\ a_{31} & a_{32} & a_{33} \end{vmatrix}$$

表示,因此

$$\begin{vmatrix} a_{11} & a_{12} & a_{13} \\ a_{21} & a_{22} & a_{23} \\ a_{31} & a_{32} & a_{33} \end{vmatrix}$$

$$=a_{11}a_{22}a_{33}+a_{12}a_{23}a_{31}+a_{13}a_{21}a_{32}-a_{13}a_{22}a_{31}-a_{12}a_{21}a_{33}-a_{11}a_{23}a_{32}. \qquad (5)$$

关于三阶行列式的元素、行、列等概念,与二阶行列式的相应概念类似,不再重复.

(5)式右端相当复杂,我们可以借助下列图形得出它的计算法则(通常称为对角线法则):

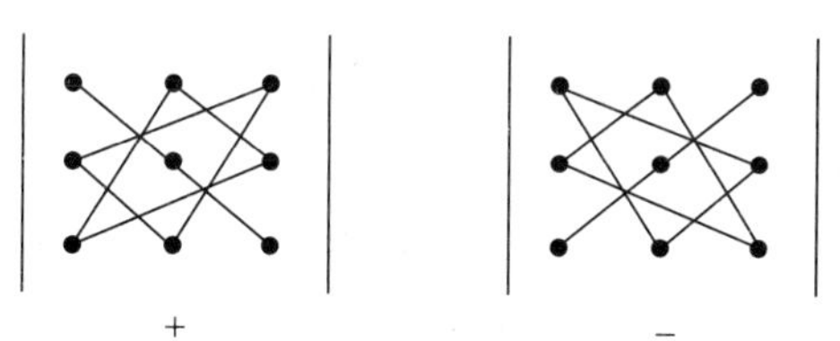

行列式中从左上角到右下角的直线称为主对角线,从右上角到左下角的直线称为次对角线.主对角线上元素的乘积以及位于主对角线的平行线上的元素与对角上的元素的乘积,前面都取正号.次对角线上元素的乘积以及位于次对角线的平行线上的元素与对角上的元素的乘积,前面都取负号.

例 2 $\begin{vmatrix} 2 & 1 & 2 \\ -4 & 3 & 1 \\ 2 & 3 & 5 \end{vmatrix}$

$$=2\times3\times5+1\times1\times2+2\times(-4)\times3-2\times3\times2-1\times(-4)\times5-2\times1\times3$$

$$=30+2-24-12+20-6=10.$$

利用交换律及结合律,可把(5)式改写如下:

$$\begin{vmatrix} a_{11} & a_{12} & a_{13} \\ a_{21} & a_{22} & a_{23} \\ a_{31} & a_{32} & a_{33} \end{vmatrix}$$

$$=a_{11}(a_{22}a_{33}-a_{23}a_{32})-a_{12}(a_{21}a_{33}-a_{23}a_{31})+a_{13}(a_{21}a_{32}-a_{22}a_{31}).$$

把上式右端三个括号中的式子表示为二阶行列式,则有

$$\begin{vmatrix} a_{11} & a_{12} & a_{13} \\ a_{21} & a_{22} & a_{23} \\ a_{31} & a_{32} & a_{33} \end{vmatrix} = a_{11}\begin{vmatrix} a_{22} & a_{23} \\ a_{32} & a_{33} \end{vmatrix} - a_{12}\begin{vmatrix} a_{21} & a_{23} \\ a_{31} & a_{33} \end{vmatrix} + a_{13}\begin{vmatrix} a_{21} & a_{22} \\ a_{31} & a_{32} \end{vmatrix}.$$

上式称为三阶行列式按第一行的展开式.

例 3　将例 2 中的行列式按第一行展开并计算它的值.

解
$$\begin{vmatrix} 2 & 1 & 2 \\ -4 & 3 & 1 \\ 2 & 3 & 5 \end{vmatrix} = 2\begin{vmatrix} 3 & 1 \\ 3 & 5 \end{vmatrix} - \begin{vmatrix} -4 & 1 \\ 2 & 5 \end{vmatrix} + 2\begin{vmatrix} -4 & 3 \\ 2 & 3 \end{vmatrix}$$
$$= 2\times 12 - (-22) + 2\times(-18)$$
$$= 24 + 22 - 36 = 10.$$

习　题

1. 利用二阶行列式解下列方程组：

(1) $\begin{cases} 5x-y=2, \\ 3x+2y=9; \end{cases}$　　(2) $\begin{cases} 3x+4y=2, \\ 2x+3y=7. \end{cases}$

2. 利用对角线法则，计算下列各行列式：

(1) $\begin{vmatrix} 2 & 0 & 1 \\ 1 & -4 & -1 \\ -1 & 8 & 3 \end{vmatrix}$;　　(2) $\begin{vmatrix} 4 & -2 & 4 \\ 10 & 2 & 12 \\ 1 & 2 & 2 \end{vmatrix}$;

(3) $\begin{vmatrix} 3 & 4 & 2 \\ 7 & 5 & 1 \\ 3 & 2 & 4 \end{vmatrix}$;　　(4) $\begin{vmatrix} 1 & 1 & 1 \\ 1 & 1+a & 1 \\ 1 & 1 & 1+b \end{vmatrix}$.

3. 将下列行列式按第一行展开并计算它们的值：

(1) $\begin{vmatrix} 1 & 2 & 3 \\ 3 & 1 & 2 \\ 2 & 3 & 1 \end{vmatrix}$;　　(2) $\begin{vmatrix} -1 & 2 & 2 \\ 2 & -1 & 2 \\ 2 & 2 & -1 \end{vmatrix}$.

4. 证明下列等式：

(1) $\begin{vmatrix} a_{11} & a_{12} & a_{13} \\ a_{21} & a_{22} & a_{23} \\ a_{31} & a_{32} & a_{33} \end{vmatrix} = -a_{21}\begin{vmatrix} a_{12} & a_{13} \\ a_{32} & a_{33} \end{vmatrix} + a_{22}\begin{vmatrix} a_{11} & a_{13} \\ a_{31} & a_{33} \end{vmatrix} - a_{23}\begin{vmatrix} a_{11} & a_{12} \\ a_{31} & a_{32} \end{vmatrix}$;

(2) $\begin{vmatrix} a_{11} & a_{12} & a_{13} \\ a_{21} & a_{22} & a_{23} \\ a_{31} & a_{32} & a_{33} \end{vmatrix} = a_{31}\begin{vmatrix} a_{12} & a_{13} \\ a_{22} & a_{23} \end{vmatrix} - a_{32}\begin{vmatrix} a_{11} & a_{13} \\ a_{21} & a_{23} \end{vmatrix} + a_{33}\begin{vmatrix} a_{11} & a_{12} \\ a_{21} & a_{22} \end{vmatrix}$.

注：上面这两个等式分别称为三阶行列式按第二行和按第三行的展开式.

答　　案

1. (1) $x=1, y=3$;　　(2) $x=-22, y=17$.
2. (1) -4;　　(2) 8;　(3) -48;　(4) ab.
3. (1) 18;　　(2) 27.
4. 略.

附录Ⅱ　基本初等函数的图形

幂函数

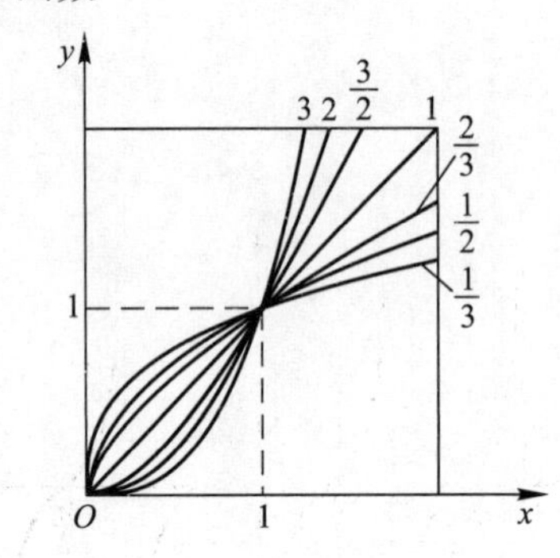

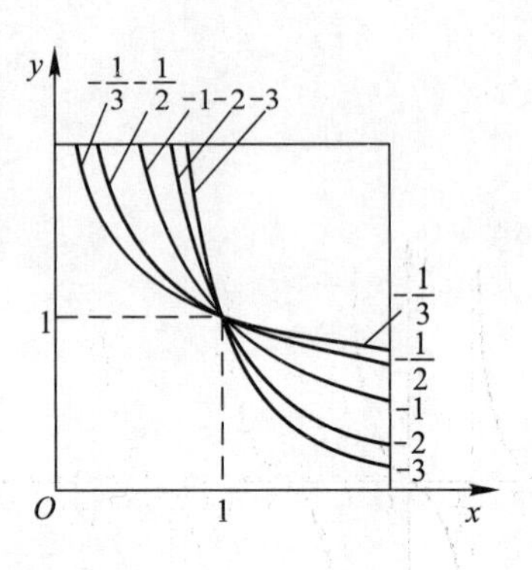

$y=x^{\mu}$

指数函数

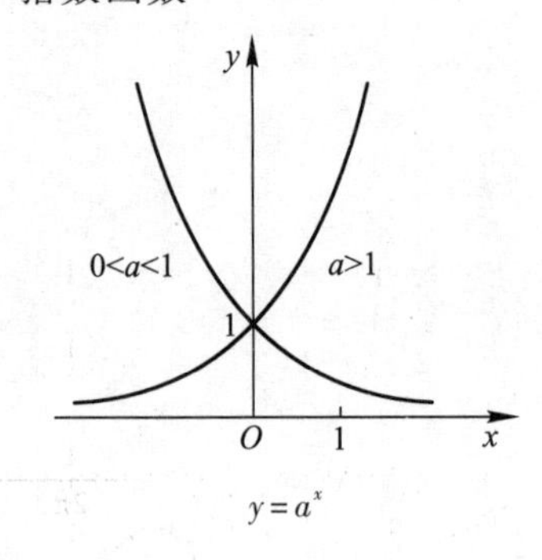

$y=a^{x}$

对数函数

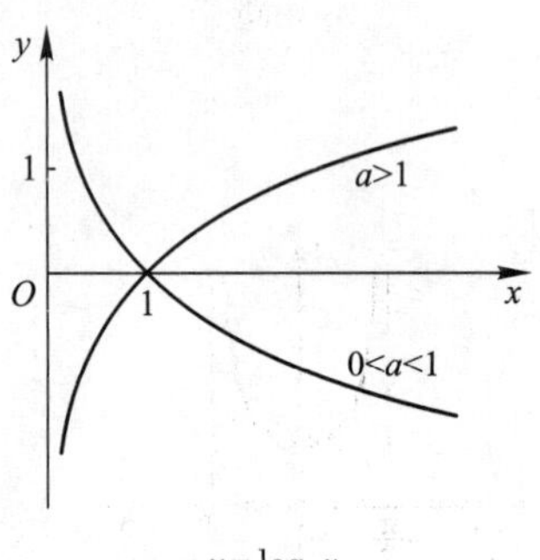

$y=\log_{a}x$

三角函数

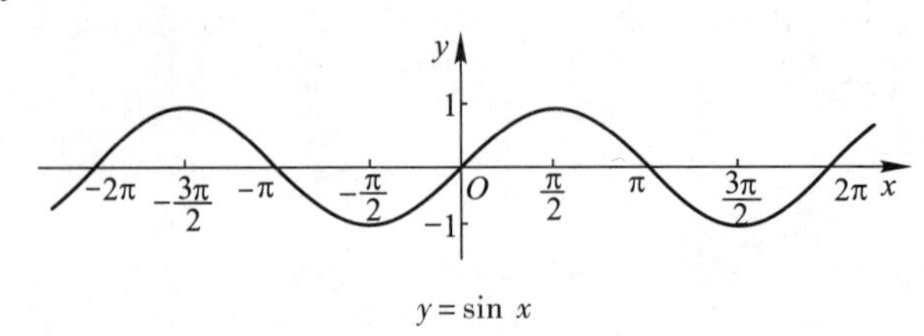

$y=\sin\ x$

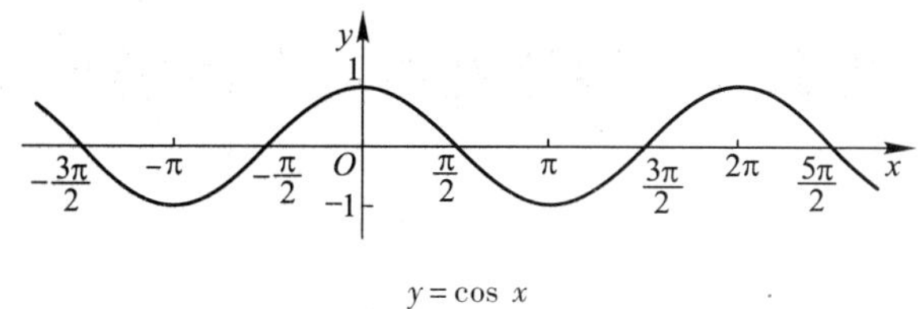

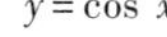
$y=\cos x$

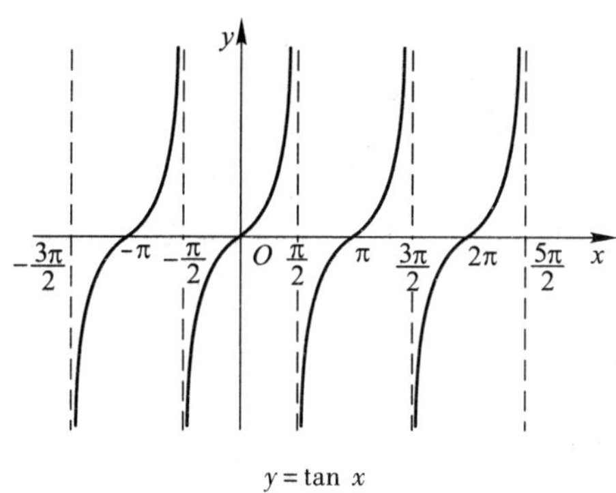

$y=\tan x$

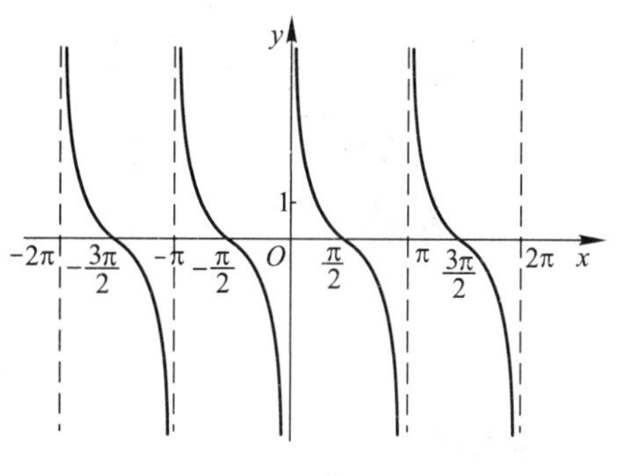

$y=\cot x$

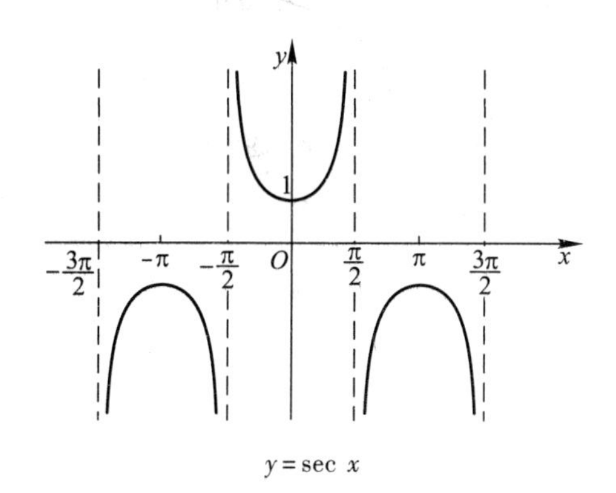

$y=\sec x$

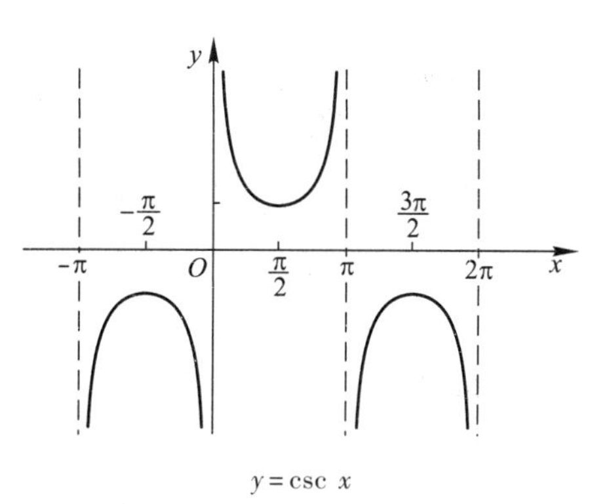

$y=\csc x$

反三角函数

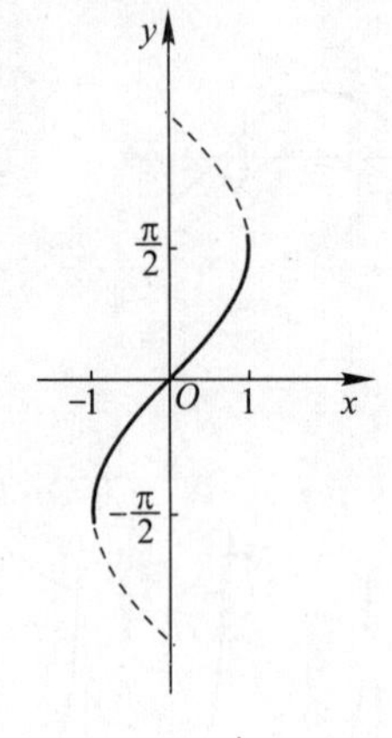

$y = \arcsin x$

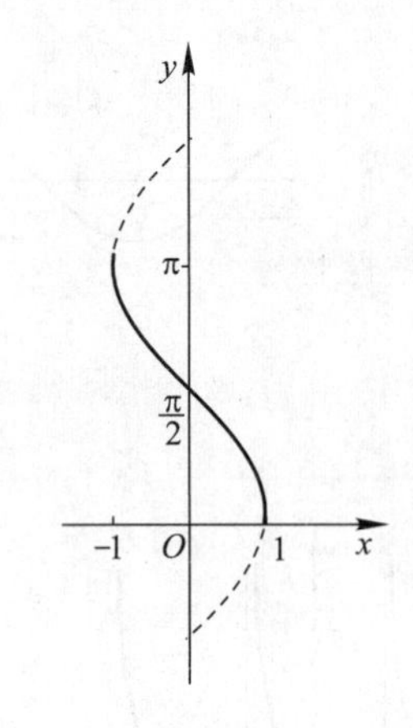

$y = \arccos x$

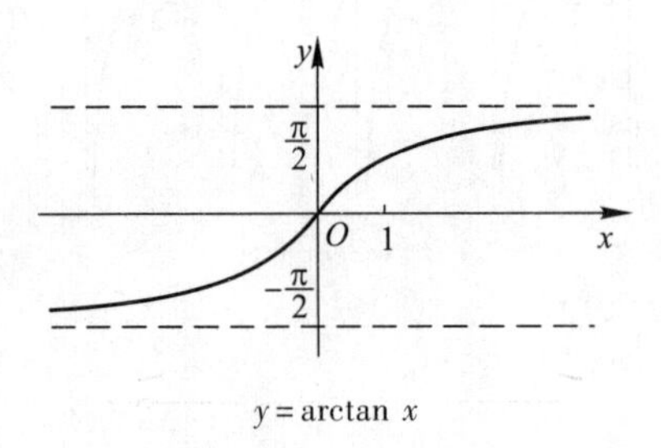

$y = \arctan x$

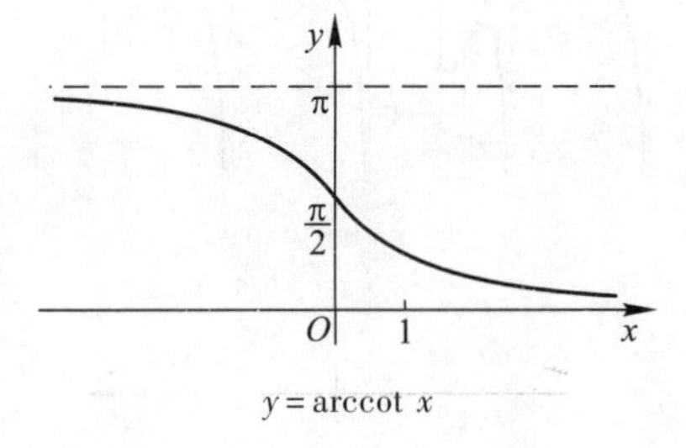

$y = \operatorname{arccot} x$

附录Ⅲ　几种常用的曲线

（1）三次抛物线

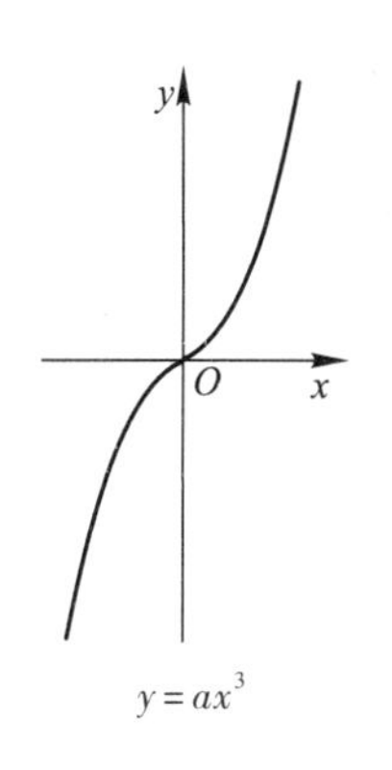

$y=ax^3$

（2）半立方抛物线

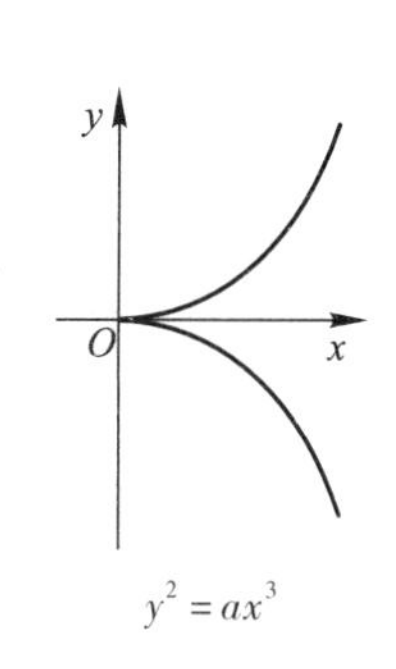

$y^2=ax^3$

（3）概率曲线

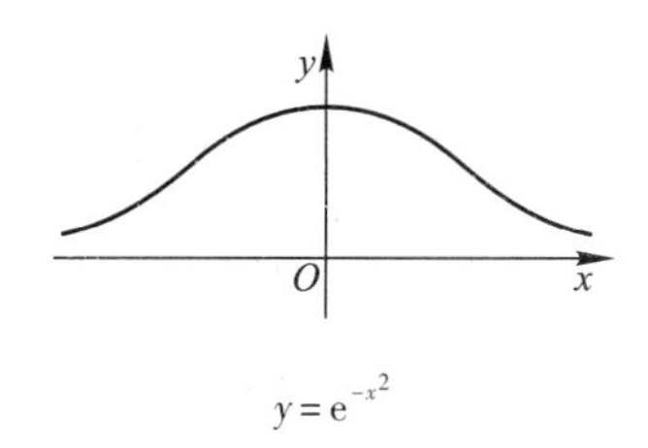

$y=\mathrm{e}^{-x^2}$

（4）箕舌线

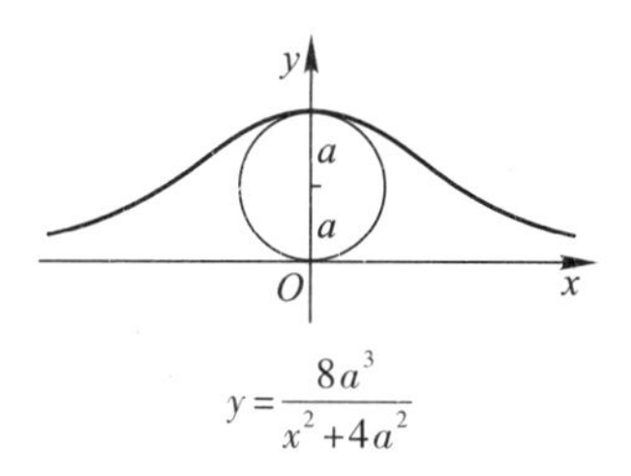

$y=\dfrac{8a^3}{x^2+4a^2}$

（5）蔓叶线

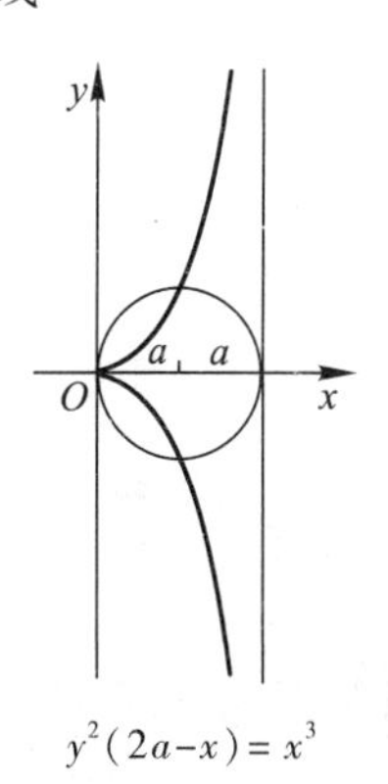

$y^2(2a-x)=x^3$

（6）笛卡儿叶形线

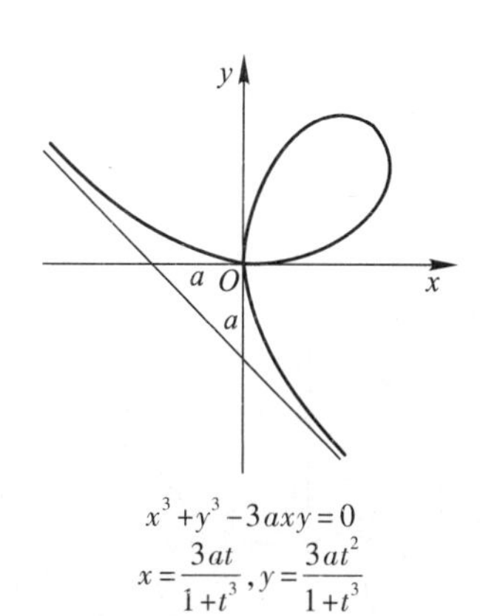

$x^3+y^3-3axy=0$

$x=\dfrac{3at}{1+t^3},y=\dfrac{3at^2}{1+t^3}$

（7）星形线（内摆线的一种）

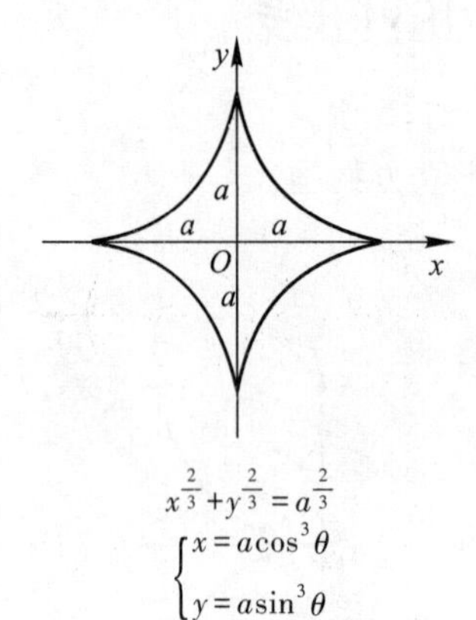

$$x^{\frac{2}{3}}+y^{\frac{2}{3}}=a^{\frac{2}{3}}$$

$$\begin{cases}x=a\cos^{3}\theta\\ y=a\sin^{3}\theta\end{cases}$$

（8）摆线

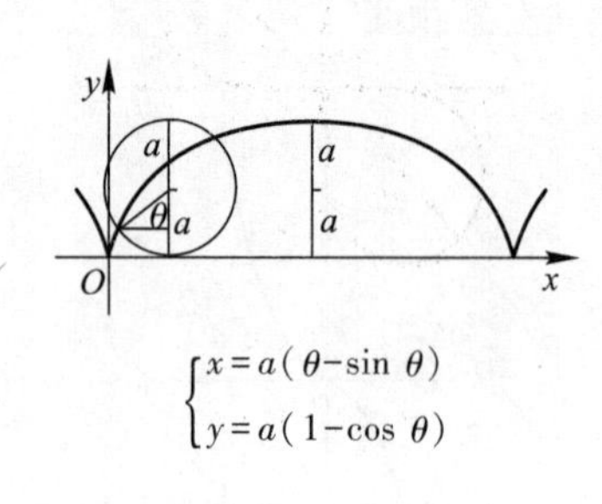

$$\begin{cases}x=a(\theta-\sin\theta)\\ y=a(1-\cos\theta)\end{cases}$$

（9）心形线（外摆线的一种）

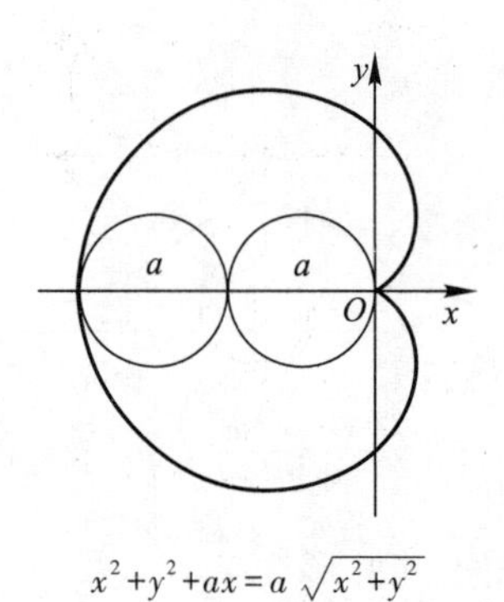

$$x^{2}+y^{2}+ax=a\sqrt{x^{2}+y^{2}}$$

$$\rho=a(1-\cos\theta)$$

（10）阿基米德螺线

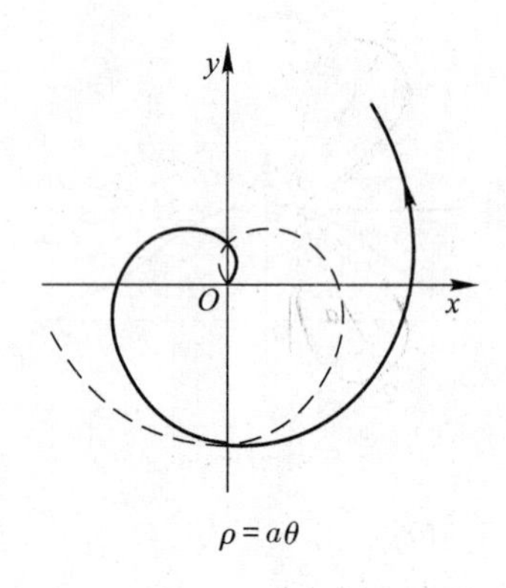

$$\rho=a\theta$$

（11）对数螺线

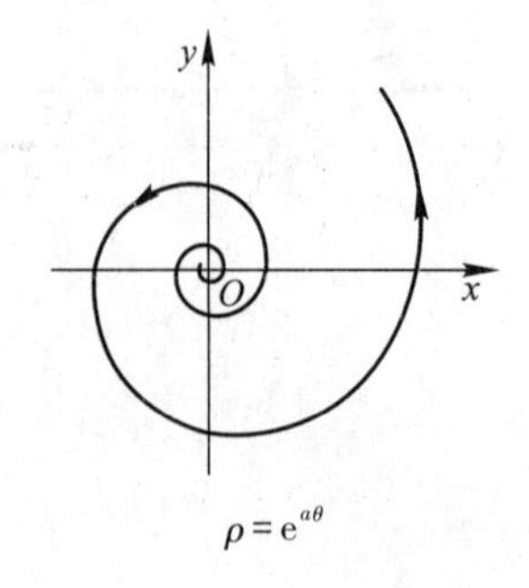

$$\rho=e^{a\theta}$$

（12）双曲螺线

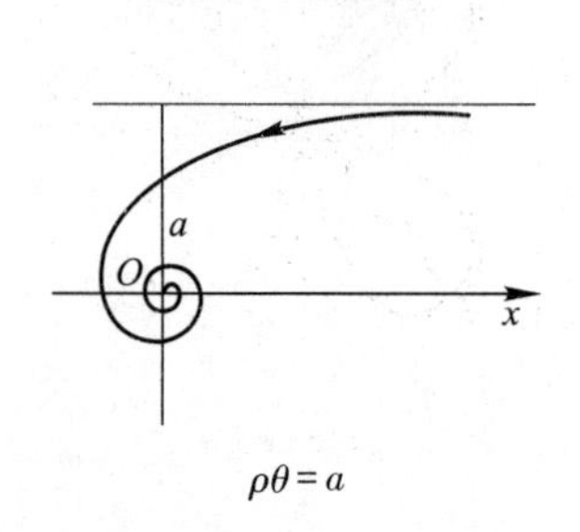

$$\rho\theta=a$$

(13) 伯努利双纽线

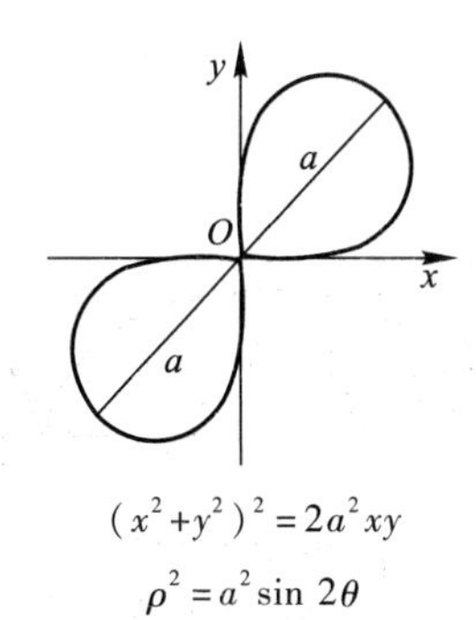

$(x^2+y^2)^2=2a^2xy$

$\rho^2=a^2\sin 2\theta$

(14) 伯努利双纽线

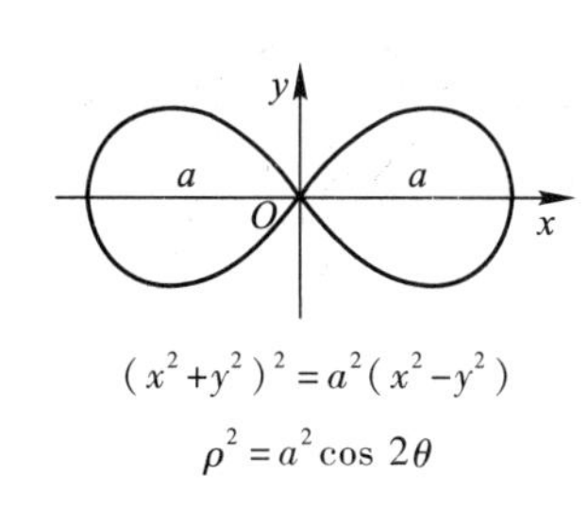

$(x^2+y^2)^2=a^2(x^2-y^2)$

$\rho^2=a^2\cos 2\theta$

(15) 三叶玫瑰线

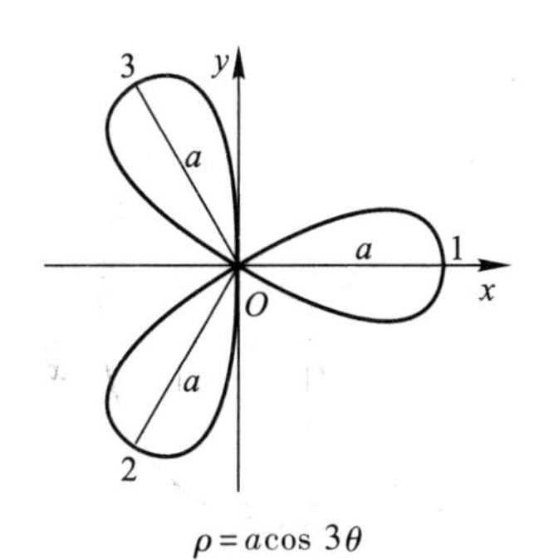

$\rho=a\cos 3\theta$

(16) 三叶玫瑰线

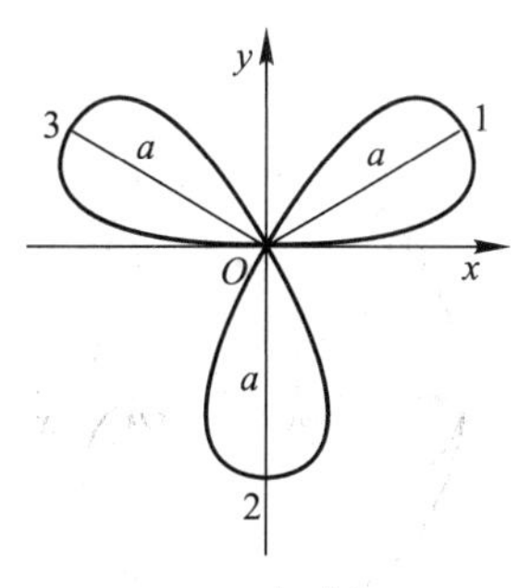

$\rho=a\sin 3\theta$

(17) 四叶玫瑰线

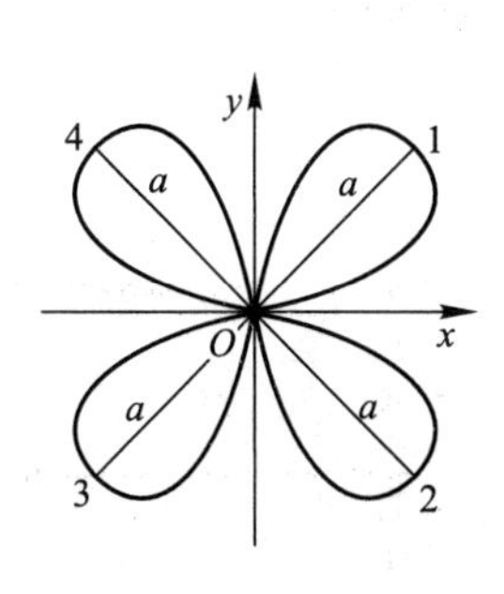

$\rho=a\sin 2\theta$

(18) 四叶玫瑰线

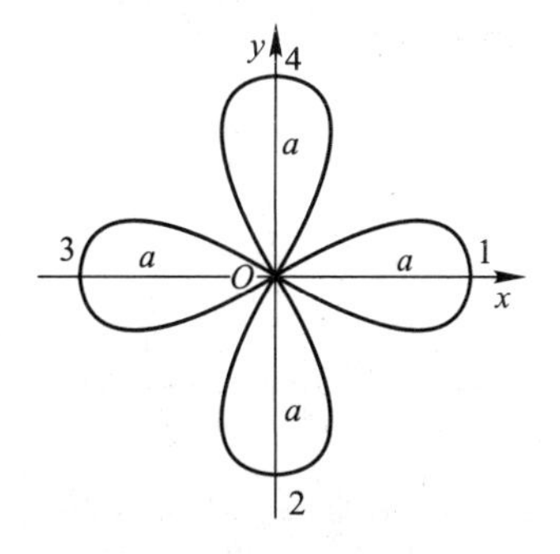

$\rho=a\cos 2\theta$

附录Ⅳ　积　分　表

（一）含有 $ax+b$ 的积分

1. $\int \frac{dx}{ax+b}=\frac{1}{a}\ln|ax+b|+C.$

2. $\int (ax+b)^{\mu}dx=\frac{1}{a(\mu+1)}(ax+b)^{\mu+1}+C\ (\mu\neq -1).$

3. $\int \frac{x}{ax+b}dx=\frac{1}{a^2}(ax+b-b\ln|ax+b|)+C.$

4. $\int \frac{x^2}{ax+b}dx=\frac{1}{a^3}\left[\frac{1}{2}(ax+b)^2-2b(ax+b)+b^2\ln|ax+b|\right]+C.$

5. $\int \frac{dx}{x(ax+b)}=-\frac{1}{b}\ln\left|\frac{ax+b}{x}\right|+C.$

6. $\int \frac{dx}{x^2(ax+b)}=-\frac{1}{bx}+\frac{a}{b^2}\ln\left|\frac{ax+b}{x}\right|+C.$

7. $\int \frac{x}{(ax+b)^2}dx=\frac{1}{a^2}\left(\ln|ax+b|+\frac{b}{ax+b}\right)+C.$

8. $\int \frac{x^2}{(ax+b)^2}dx=\frac{1}{a^3}\left(ax+b-2b\ln|ax+b|-\frac{b^2}{ax+b}\right)+C.$

9. $\int \frac{dx}{x(ax+b)^2}=\frac{1}{b(ax+b)}-\frac{1}{b^2}\ln\left|\frac{ax+b}{x}\right|+C.$

（二）含有 $\sqrt{ax+b}$ 的积分

10. $\int \sqrt{ax+b}\,dx=\frac{2}{3a}\sqrt{(ax+b)^3}+C.$

11. $\int x\sqrt{ax+b}\,dx=\frac{2}{15a^2}(3ax-2b)\sqrt{(ax+b)^3}+C.$

12. $\int x^2\sqrt{ax+b}\,dx=\frac{2}{105a^3}(15a^2x^2-12abx+8b^2)\sqrt{(ax+b)^3}+C.$

13. $\int \frac{x}{\sqrt{ax+b}}dx=\frac{2}{3a^2}(ax-2b)\sqrt{ax+b}+C.$

14. $\int \frac{x^2}{\sqrt{ax+b}}dx=\frac{2}{15a^3}(3a^2x^2-4abx+8b^2)\sqrt{ax+b}+C.$

15. $\int\frac{dx}{x\sqrt{ax+b}}=\begin{cases}\frac{1}{\sqrt{b}}\ln\left|\frac{\sqrt{ax+b}-\sqrt{b}}{\sqrt{ax+b}+\sqrt{b}}\right|+C & (b>0),\\ \frac{2}{\sqrt{-b}}\arctan\sqrt{\frac{ax+b}{-b}}+C & (b<0).\end{cases}$

16. $\int\frac{dx}{x^2\sqrt{ax+b}}=-\frac{\sqrt{ax+b}}{bx}-\frac{a}{2b}\int\frac{dx}{x\sqrt{ax+b}}.$

17. $\int\frac{\sqrt{ax+b}}{x}dx=2\sqrt{ax+b}+b\int\frac{dx}{x\sqrt{ax+b}}.$

18. $\int\frac{\sqrt{ax+b}}{x^2}dx=-\frac{\sqrt{ax+b}}{x}+\frac{a}{2}\int\frac{dx}{x\sqrt{ax+b}}.$

（三）含有 $x^2\pm a^2$ 的积分

19. $\int\frac{dx}{x^2+a^2}=\frac{1}{a}\arctan\frac{x}{a}+C.$

20. $\int\frac{dx}{(x^2+a^2)^n}=\frac{x}{2(n-1)a^2(x^2+a^2)^{n-1}}+\frac{2n-3}{2(n-1)a^2}\int\frac{dx}{(x^2+a^2)^{n-1}}.$

21. $\int\frac{dx}{x^2-a^2}=\frac{1}{2a}\ln\left|\frac{x-a}{x+a}\right|+C.$

（四）含有 $ax^2+b\ (a>0)$ 的积分

22. $\int\frac{dx}{ax^2+b}=\begin{cases}\frac{1}{\sqrt{ab}}\arctan\sqrt{\frac{a}{b}}x+C & (b>0),\\ \frac{1}{2\sqrt{-ab}}\ln\left|\frac{\sqrt{a}x-\sqrt{-b}}{\sqrt{a}x+\sqrt{-b}}\right|+C & (b<0).\end{cases}$

23. $\int\frac{x}{ax^2+b}dx=\frac{1}{2a}\ln|ax^2+b|+C.$

24. $\int\frac{x^2}{ax^2+b}dx=\frac{x}{a}-\frac{b}{a}\int\frac{dx}{ax^2+b}.$

25. $\int\frac{dx}{x(ax^2+b)}=\frac{1}{2b}\ln\frac{x^2}{|ax^2+b|}+C.$

26. $\int\frac{dx}{x^2(ax^2+b)}=-\frac{1}{bx}-\frac{a}{b}\int\frac{dx}{ax^2+b}.$

27. $\int\frac{dx}{x^3(ax^2+b)}=\frac{a}{2b^2}\ln\frac{|ax^2+b|}{x^2}-\frac{1}{2bx^2}+C.$

28. $\int\frac{\mathrm{d}x}{(ax^2+b)^2}=\frac{x}{2b(ax^2+b)}+\frac{1}{2b}\int\frac{\mathrm{d}x}{ax^2+b}.$

(五) 含有 ax^2+bx+c $(a>0)$ 的积分

29. $\int\frac{\mathrm{d}x}{ax^2+bx+c}=\begin{cases}\frac{2}{\sqrt{4ac-b^2}}\arctan\frac{2ax+b}{\sqrt{4ac-b^2}}+C & (b^2<4ac),\\ \frac{1}{\sqrt{b^2-4ac}}\ln\left|\frac{2ax+b-\sqrt{b^2-4ac}}{2ax+b+\sqrt{b^2-4ac}}\right|+C & (b^2>4ac).\end{cases}$

30. $\int\frac{x}{ax^2+bx+c}\mathrm{d}x=\frac{1}{2a}\ln|ax^2+bx+c|-\frac{b}{2a}\int\frac{\mathrm{d}x}{ax^2+bx+c}.$

(六) 含有 $\sqrt{x^2+a^2}$ $(a>0)$ 的积分

31. $\int\frac{\mathrm{d}x}{\sqrt{x^2+a^2}}=\operatorname{arsh}\frac{x}{a}+C_1=\ln(x+\sqrt{x^2+a^2})+C.$

32. $\int\frac{\mathrm{d}x}{\sqrt{(x^2+a^2)^3}}=\frac{x}{a^2\sqrt{x^2+a^2}}+C.$

33. $\int\frac{x}{\sqrt{x^2+a^2}}\mathrm{d}x=\sqrt{x^2+a^2}+C.$

34. $\int\frac{x}{\sqrt{(x^2+a^2)^3}}\mathrm{d}x=-\frac{1}{\sqrt{x^2+a^2}}+C.$

35. $\int\frac{x^2}{\sqrt{x^2+a^2}}\mathrm{d}x=\frac{x}{2}\sqrt{x^2+a^2}-\frac{a^2}{2}\ln(x+\sqrt{x^2+a^2})+C.$

36. $\int\frac{x^2}{\sqrt{(x^2+a^2)^3}}\mathrm{d}x=-\frac{x}{\sqrt{x^2+a^2}}+\ln(x+\sqrt{x^2+a^2})+C.$

37. $\int\frac{\mathrm{d}x}{x\sqrt{x^2+a^2}}=\frac{1}{a}\ln\frac{\sqrt{x^2+a^2}-a}{|x|}+C.$

38. $\int\frac{\mathrm{d}x}{x^2\sqrt{x^2+a^2}}=-\frac{\sqrt{x^2+a^2}}{a^2x}+C.$

39. $\int\sqrt{x^2+a^2}\,\mathrm{d}x=\frac{x}{2}\sqrt{x^2+a^2}+\frac{a^2}{2}\ln(x+\sqrt{x^2+a^2})+C.$

40. $\int\sqrt{(x^2+a^2)^3}\,\mathrm{d}x=\frac{x}{8}(2x^2+5a^2)\sqrt{x^2+a^2}+\frac{3}{8}a^4\ln(x+\sqrt{x^2+a^2})+C.$

41. $\int x\sqrt{x^2+a^2}\,\mathrm{d}x=\frac{1}{3}\sqrt{(x^2+a^2)^3}+C.$

42. $\int x^2\sqrt{x^2+a^2}\,\mathrm{d}x=\frac{x}{8}(2x^2+a^2)\sqrt{x^2+a^2}-\frac{a^4}{8}\ln(x+\sqrt{x^2+a^2})+C.$

43. $\int \frac{\sqrt{x^2+a^2}}{x}\mathrm{d}x=\sqrt{x^2+a^2}+a\ln\frac{\sqrt{x^2+a^2}-a}{|x|}+C.$

44. $\int \frac{\sqrt{x^2+a^2}}{x^2}\mathrm{d}x=-\frac{\sqrt{x^2+a^2}}{x}+\ln(x+\sqrt{x^2+a^2})+C.$

（七）含有$\sqrt{x^2-a^2}$（$a>0$）的积分

45. $\int \frac{\mathrm{d}x}{\sqrt{x^2-a^2}}=\frac{x}{|x|}\operatorname{arch}\frac{|x|}{a}+C_1=\ln|x+\sqrt{x^2-a^2}|+C.$

46. $\int \frac{\mathrm{d}x}{\sqrt{(x^2-a^2)^3}}=-\frac{x}{a^2\sqrt{x^2-a^2}}+C.$

47. $\int \frac{x}{\sqrt{x^2-a^2}}\mathrm{d}x=\sqrt{x^2-a^2}+C.$

48. $\int \frac{x}{\sqrt{(x^2-a^2)^3}}\mathrm{d}x=-\frac{1}{\sqrt{x^2-a^2}}+C.$

49. $\int \frac{x^2}{\sqrt{x^2-a^2}}\mathrm{d}x=\frac{x}{2}\sqrt{x^2-a^2}+\frac{a^2}{2}\ln|x+\sqrt{x^2-a^2}|+C.$

50. $\int \frac{x^2}{\sqrt{(x^2-a^2)^3}}\mathrm{d}x=-\frac{x}{\sqrt{x^2-a^2}}+\ln|x+\sqrt{x^2-a^2}|+C.$

51. $\int \frac{\mathrm{d}x}{x\sqrt{x^2-a^2}}=\frac{1}{a}\arccos\frac{a}{|x|}+C.$

52. $\int \frac{\mathrm{d}x}{x^2\sqrt{x^2-a^2}}=\frac{\sqrt{x^2-a^2}}{a^2x}+C.$

53. $\int \sqrt{x^2-a^2}\,\mathrm{d}x=\frac{x}{2}\sqrt{x^2-a^2}-\frac{a^2}{2}\ln|x+\sqrt{x^2-a^2}|+C.$

54. $\int \sqrt{(x^2-a^2)^3}\,\mathrm{d}x=\frac{x}{8}(2x^2-5a^2)\sqrt{x^2-a^2}+\frac{3}{8}a^4\ln|x+\sqrt{x^2-a^2}|+C.$

55. $\int x\sqrt{x^2-a^2}\,\mathrm{d}x=\frac{1}{3}\sqrt{(x^2-a^2)^3}+C.$

56. $\int x^2\sqrt{x^2-a^2}\,\mathrm{d}x=\frac{x}{8}(2x^2-a^2)\sqrt{x^2-a^2}-\frac{a^4}{8}\ln|x+\sqrt{x^2-a^2}|+C.$

57. $\int \frac{\sqrt{x^2-a^2}}{x}\mathrm{d}x=\sqrt{x^2-a^2}-a\arccos\frac{a}{|x|}+C.$

58. $\int \frac{\sqrt{x^2-a^2}}{x^2}\mathrm{d}x=-\frac{\sqrt{x^2-a^2}}{x}+\ln|x+\sqrt{x^2-a^2}|+C.$

（八）含有$\sqrt{a^2-x^2}$（$a>0$）的积分

59. $\int \frac{\mathrm{d}x}{\sqrt{a^2-x^2}}=\arcsin\frac{x}{a}+C.$

60. $\int \frac{\mathrm{d}x}{\sqrt{(a^2-x^2)^3}}=\frac{x}{a^2\sqrt{a^2-x^2}}+C.$

61. $\int \frac{x}{\sqrt{a^2-x^2}}\mathrm{d}x=-\sqrt{a^2-x^2}+C.$

62. $\int \frac{x}{\sqrt{(a^2-x^2)^3}}\mathrm{d}x=\frac{1}{\sqrt{a^2-x^2}}+C.$

63. $\int \frac{x^2}{\sqrt{a^2-x^2}}\mathrm{d}x=-\frac{x}{2}\sqrt{a^2-x^2}+\frac{a^2}{2}\arcsin\frac{x}{a}+C.$

64. $\int \frac{x^2}{\sqrt{(a^2-x^2)^3}}\mathrm{d}x=\frac{x}{\sqrt{a^2-x^2}}-\arcsin\frac{x}{a}+C.$

65. $\int \frac{\mathrm{d}x}{x\sqrt{a^2-x^2}}=\frac{1}{a}\ln\frac{a-\sqrt{a^2-x^2}}{|x|}+C.$

66. $\int \frac{\mathrm{d}x}{x^2\sqrt{a^2-x^2}}=-\frac{\sqrt{a^2-x^2}}{a^2x}+C.$

67. $\int \sqrt{a^2-x^2}\,\mathrm{d}x=\frac{x}{2}\sqrt{a^2-x^2}+\frac{a^2}{2}\arcsin\frac{x}{a}+C.$

68. $\int \sqrt{(a^2-x^2)^3}\,\mathrm{d}x=\frac{x}{8}(5a^2-2x^2)\sqrt{a^2-x^2}+\frac{3}{8}a^4\arcsin\frac{x}{a}+C.$

69. $\int x\sqrt{a^2-x^2}\,\mathrm{d}x=-\frac{1}{3}\sqrt{(a^2-x^2)^3}+C.$

70. $\int x^2\sqrt{a^2-x^2}\,\mathrm{d}x=\frac{x}{8}(2x^2-a^2)\sqrt{a^2-x^2}+\frac{a^4}{8}\arcsin\frac{x}{a}+C.$

71. $\int \frac{\sqrt{a^2-x^2}}{x}\mathrm{d}x=\sqrt{a^2-x^2}+a\ln\frac{a-\sqrt{a^2-x^2}}{|x|}+C.$

72. $\int \frac{\sqrt{a^2-x^2}}{x^2}\mathrm{d}x=-\frac{\sqrt{a^2-x^2}}{x}-\arcsin\frac{x}{a}+C.$

（九）含有$\sqrt{\pm ax^2+bx+c}$（$a>0$）的积分

73. $\int \frac{\mathrm{d}x}{\sqrt{ax^2+bx+c}}=\frac{1}{\sqrt{a}}\ln|2ax+b+2\sqrt{a}\sqrt{ax^2+bx+c}|+C.$

74. $\int \sqrt{ax^2+bx+c}\,\mathrm{d}x=\frac{2ax+b}{4a}\sqrt{ax^2+bx+c}+\frac{4ac-b^2}{8\sqrt{a^3}}\ln|2ax+b+2\sqrt{a}\sqrt{ax^2+bx+c}|+C.$

75. $\int \frac{x}{\sqrt{ax^2+bx+c}}\mathrm{d}x=\frac{1}{a}\sqrt{ax^2+bx+c}-\frac{b}{2\sqrt{a^3}}\ln|2ax+b+2\sqrt{a}\sqrt{ax^2+bx+c}|+C.$

76. $\int \frac{\mathrm{d}x}{\sqrt{c+bx-ax^2}}=\frac{1}{\sqrt{a}}\arcsin\frac{2ax-b}{\sqrt{b^2+4ac}}+C.$

77. $\int \sqrt{c+bx-ax^2}\,\mathrm{d}x=\frac{2ax-b}{4a}\sqrt{c+bx-ax^2}+\frac{b^2+4ac}{8\sqrt{a^3}}\arcsin\frac{2ax-b}{\sqrt{b^2+4ac}}+C.$

78. $\int \frac{x}{\sqrt{c+bx-ax^2}}\mathrm{d}x=-\frac{1}{a}\sqrt{c+bx-ax^2}+\frac{b}{2\sqrt{a^3}}\arcsin\frac{2ax-b}{\sqrt{b^2+4ac}}+C.$

（十）含有$\sqrt{\pm\frac{x-a}{x-b}}$或$\sqrt{(x-a)(b-x)}$的积分

79. $\int \sqrt{\frac{x-a}{x-b}}\mathrm{d}x=(x-b)\sqrt{\frac{x-a}{x-b}}+(b-a)\ln(\sqrt{|x-a|}+\sqrt{|x-b|})+C.$

80. $\int \sqrt{\frac{x-a}{b-x}}\mathrm{d}x=(x-b)\sqrt{\frac{x-a}{b-x}}+(b-a)\arcsin\sqrt{\frac{x-a}{b-a}}+C.$

81. $\int \frac{\mathrm{d}x}{\sqrt{(x-a)(b-x)}}=2\arcsin\sqrt{\frac{x-a}{b-a}}+C\ (a<b).$

82. $\int \sqrt{(x-a)(b-x)}\,\mathrm{d}x=\frac{2x-a-b}{4}\sqrt{(x-a)(b-x)}+\frac{(b-a)^2}{4}\arcsin\sqrt{\frac{x-a}{b-a}}+C\ (a<b).$

（十一）含有三角函数的积分

83. $\int \sin x\mathrm{d}x=-\cos x+C.$

84. $\int \cos x\mathrm{d}x=\sin x+C.$

85. $\int \tan x\mathrm{d}x=-\ln|\cos x|+C.$

86. $\int \cot x\mathrm{d}x=\ln|\sin x|+C.$

87. $\int \sec x\mathrm{d}x=\ln\left|\tan\left(\frac{\pi}{4}+\frac{x}{2}\right)\right|+C=\ln|\sec x+\tan x|+C.$

88. $\int \csc x\mathrm{d}x=\ln\left|\tan\frac{x}{2}\right|+C=\ln|\csc x-\cot x|+C.$

89. $\int \sec^2 x\mathrm{d}x=\tan x+C.$

90. $\int \csc^2 x\mathrm{d}x=-\cot x+C.$

91. $\int \sec x\tan x\mathrm{d}x=\sec x+C.$

92. $\int \csc x\cot x\mathrm{d}x=-\csc x+C.$

93. $\int \sin^2 x\mathrm{d}x=\frac{x}{2}-\frac{1}{4}\sin 2x+C.$

94. $\int \cos^2 x\mathrm{d}x=\frac{x}{2}+\frac{1}{4}\sin 2x+C.$

95. $\int \sin^n x\mathrm{d}x=-\frac{1}{n}\sin^{n-1}x\cos x+\frac{n-1}{n}\int \sin^{n-2}x\mathrm{d}x.$

96. $\int \cos^n x\mathrm{d}x=\frac{1}{n}\cos^{n-1}x\sin x+\frac{n-1}{n}\int \cos^{n-2}x\mathrm{d}x.$

97. $\int \frac{\mathrm{d}x}{\sin^n x}=-\frac{1}{n-1}\cdot\frac{\cos x}{\sin^{n-1}x}+\frac{n-2}{n-1}\int\frac{\mathrm{d}x}{\sin^{n-2}x}.$

98. $\int \frac{\mathrm{d}x}{\cos^n x}=\frac{1}{n-1}\cdot\frac{\sin x}{\cos^{n-1}x}+\frac{n-2}{n-1}\int\frac{\mathrm{d}x}{\cos^{n-2}x}.$

99. $$\begin{aligned}\int \cos^m x\sin^n x\mathrm{d}x &=\frac{1}{m+n}\cos^{m-1}x\sin^{n+1}x+\frac{m-1}{m+n}\int\cos^{m-2}x\sin^n x\mathrm{d}x\\ &=-\frac{1}{m+n}\cos^{m+1}x\sin^{n-1}x+\frac{n-1}{m+n}\int\cos^m x\sin^{n-2}x\mathrm{d}x.\end{aligned}$$

100. $\int \sin ax\cos bx\mathrm{d}x=-\frac{1}{2(a+b)}\cos(a+b)x-\frac{1}{2(a-b)}\cos(a-b)x+C.$

101. $\int \sin ax\sin bx\mathrm{d}x=-\frac{1}{2(a+b)}\sin(a+b)x+\frac{1}{2(a-b)}\sin(a-b)x+C.$

102. $\int \cos ax\cos bx\mathrm{d}x=\frac{1}{2(a+b)}\sin (a+b)x+\frac{1}{2(a-b)}\sin (a-b)x+C.$

103. $\int \frac{\mathrm{d}x}{a+b\sin x}=\frac{2}{\sqrt{a^2-b^2}}\arctan \frac{a\tan \frac{x}{2}+b}{\sqrt{a^2-b^2}}+C\ (a^2>b^2).$

104. $\int \frac{\mathrm{d}x}{a+b\sin x}=\frac{1}{\sqrt{b^2-a^2}}\ln \left|\frac{a\tan \frac{x}{2}+b-\sqrt{b^2-a^2}}{a\tan \frac{x}{2}+b+\sqrt{b^2-a^2}}\right|+C\ (a^2<b^2).$

105. $\int \frac{\mathrm{d}x}{a+b\cos x}=\frac{2}{a+b}\sqrt{\frac{a+b}{a-b}}\arctan\left(\sqrt{\frac{a-b}{a+b}}\tan \frac{x}{2}\right)+C\ (a^2>b^2).$

106. $\int \frac{\mathrm{d}x}{a+b\cos x}=\frac{1}{a+b}\sqrt{\frac{a+b}{b-a}}\ln \left|\frac{\tan \frac{x}{2}+\sqrt{\frac{a+b}{b-a}}}{\tan \frac{x}{2}-\sqrt{\frac{a+b}{b-a}}}\right|+C\ (a^2<b^2).$

107. $\int \frac{\mathrm{d}x}{a^2\cos^2x+b^2\sin^2x}=\frac{1}{ab}\arctan\left(\frac{b}{a}\tan x\right)+C.$

108. $\int \frac{\mathrm{d}x}{a^2\cos^2x-b^2\sin^2x}=\frac{1}{2ab}\ln \left|\frac{b\tan x+a}{b\tan x-a}\right|+C.$

109. $\int x\sin ax\mathrm{d}x=\frac{1}{a^2}\sin ax-\frac{1}{a}x\cos ax+C.$

110. $\int x^2\sin ax\mathrm{d}x=-\frac{1}{a}x^2\cos ax+\frac{2}{a^2}x\sin ax+\frac{2}{a^3}\cos ax+C.$

111. $\int x\cos ax\mathrm{d}x=\frac{1}{a^2}\cos ax+\frac{1}{a}x\sin ax+C.$

112. $\int x^2\cos ax\mathrm{d}x=\frac{1}{a}x^2\sin ax+\frac{2}{a^2}x\cos ax-\frac{2}{a^3}\sin ax+C.$

（十二）含有反三角函数的积分（其中 $a>0$）

113. $\int \arcsin \frac{x}{a}\mathrm{d}x=x\arcsin \frac{x}{a}+\sqrt{a^2-x^2}+C.$

114. $\int x\arcsin \frac{x}{a}\mathrm{d}x=\left(\frac{x^2}{2}-\frac{a^2}{4}\right)\arcsin \frac{x}{a}+\frac{x}{4}\sqrt{a^2-x^2}+C.$

115. $\int x^2\arcsin \frac{x}{a}\mathrm{d}x=\frac{x^3}{3}\arcsin \frac{x}{a}+\frac{1}{9}(x^2+2a^2)\sqrt{a^2-x^2}+C.$

116. $\int \arccos \frac{x}{a}\mathrm{d}x=x\arccos \frac{x}{a}-\sqrt{a^2-x^2}+C.$

117. $\int x\arccos\frac{x}{a}dx=\left(\frac{x^2}{2}-\frac{a^2}{4}\right)\arccos\frac{x}{a}-\frac{x}{4}\sqrt{a^2-x^2}+C.$

118. $\int x^2\arccos\frac{x}{a}dx=\frac{x^3}{3}\arccos\frac{x}{a}-\frac{1}{9}(x^2+2a^2)\sqrt{a^2-x^2}+C.$

119. $\int \arctan\frac{x}{a}dx=x\arctan\frac{x}{a}-\frac{a}{2}\ln(a^2+x^2)+C.$

120. $\int x\arctan\frac{x}{a}dx=\frac{1}{2}(a^2+x^2)\arctan\frac{x}{a}-\frac{a}{2}x+C.$

121. $\int x^2\arctan\frac{x}{a}dx=\frac{x^3}{3}\arctan\frac{x}{a}-\frac{a}{6}x^2+\frac{a^3}{6}\ln(a^2+x^2)+C.$

（十三）含有指数函数的积分

122. $\int a^x dx=\frac{1}{\ln a}a^x+C.$

123. $\int e^{ax}dx=\frac{1}{a}e^{ax}+C.$

124. $\int xe^{ax}dx=\frac{1}{a^2}(ax-1)e^{ax}+C.$

125. $\int x^n e^{ax}dx=\frac{1}{a}x^n e^{ax}-\frac{n}{a}\int x^{n-1}e^{ax}dx.$

126. $\int xa^x dx=\frac{x}{\ln a}a^x-\frac{1}{(\ln a)^2}a^x+C.$

127. $\int x^n a^x dx=\frac{1}{\ln a}x^n a^x-\frac{n}{\ln a}\int x^{n-1}a^x dx.$

128. $\int e^{ax}\sin bx dx=\frac{1}{a^2+b^2}e^{ax}(a\sin bx-b\cos bx)+C.$

129. $\int e^{ax}\cos bx dx=\frac{1}{a^2+b^2}e^{ax}(b\sin bx+a\cos bx)+C.$

130. $\int e^{ax}\sin^n bx dx=\frac{1}{a^2+b^2n^2}e^{ax}\sin^{n-1}bx(a\sin bx-nb\cos bx)+$

$$\frac{n(n-1)b^2}{a^2+b^2n^2}\int e^{ax}\sin^{n-2}bx dx.$$

131. $\int e^{ax}\cos^n bx dx=\frac{1}{a^2+b^2n^2}e^{ax}\cos^{n-1}bx(a\cos bx+nb\sin bx)+$

$$\frac{n(n-1)b^2}{a^2+b^2n^2}\int e^{ax}\cos^{n-2}bx dx.$$

（十四）含有对数函数的积分

132. $\int \ln x\mathrm{d}x = x\ln x - x + C.$

133. $\int \frac{\mathrm{d}x}{x\ln x} = \ln|\ln x| + C.$

134. $\int x^n\ln x\mathrm{d}x = \frac{1}{n+1}x^{n+1}\left(\ln x - \frac{1}{n+1}\right) + C.$

135. $\int (\ln x)^n\mathrm{d}x = x(\ln x)^n - n\int (\ln x)^{n-1}\mathrm{d}x.$

136. $\int x^m(\ln x)^n\mathrm{d}x = \frac{1}{m+1}x^{m+1}(\ln x)^n - \frac{n}{m+1}\int x^m(\ln x)^{n-1}\mathrm{d}x.$

（十五）含有双曲函数的积分

137. $\int \mathrm{sh}\, x\mathrm{d}x = \mathrm{ch}\, x + C.$

138. $\int \mathrm{ch}\, x\mathrm{d}x = \mathrm{sh}\, x + C.$

139. $\int \mathrm{th}\, x\mathrm{d}x = \ln \mathrm{ch}\, x + C.$

140. $\int \mathrm{sh}^2 x\mathrm{d}x = -\frac{x}{2} + \frac{1}{4}\mathrm{sh}\, 2x + C.$

141. $\int \mathrm{ch}^2 x\mathrm{d}x = \frac{x}{2} + \frac{1}{4}\mathrm{sh}\, 2x + C.$

（十六）定积分

142. $\int_{-\pi}^{\pi} \cos nx\mathrm{d}x = \int_{-\pi}^{\pi} \sin nx\mathrm{d}x = 0.$

143. $\int_{-\pi}^{\pi} \cos mx\sin nx\mathrm{d}x = 0.$

144. $\int_{-\pi}^{\pi} \cos mx\cos nx\mathrm{d}x = \begin{cases} 0, & m \neq n, \\ \pi, & m = n. \end{cases}$

145. $\int_{-\pi}^{\pi} \sin mx\sin nx\mathrm{d}x = \begin{cases} 0, & m \neq n, \\ \pi, & m = n. \end{cases}$

146. $\int_{0}^{\pi} \sin mx\sin nx\mathrm{d}x = \int_{0}^{\pi} \cos mx\cos nx\mathrm{d}x = \begin{cases} 0, & m \neq n, \\ \frac{\pi}{2}, & m = n. \end{cases}$

147. $I_n=\int_0^{\frac{\pi}{2}}\sin^n x\mathrm{d}x=\int_0^{\frac{\pi}{2}}\cos^n x\mathrm{d}x$,

$$I_n=\frac{n-1}{n}I_{n-2}$$

$$=\begin{cases}\dfrac{n-1}{n}\cdot\dfrac{n-3}{n-2}\cdot\cdots\cdot\dfrac{4}{5}\cdot\dfrac{2}{3}\ (n\text{ 为大于 1 的正奇数}),I_1=1,\\[2ex]\dfrac{n-1}{n}\cdot\dfrac{n-3}{n-2}\cdot\cdots\cdot\dfrac{3}{4}\cdot\dfrac{1}{2}\cdot\dfrac{\pi}{2}\ (n\text{ 为正偶数}),I_0=\dfrac{\pi}{2}.\end{cases}$$

习题答案与提示

第　一　章

习题 1-1(第 16 页)

1. (1) $\left[-\dfrac{2}{3},+\infty\right)$;　　(2) $(-\infty,-1)\cup(-1,1)\cup(1,+\infty)$;

   (3) $[-1,0)\cup(0,1]$;(4) $(-2,2)$;

   (5) $[0,+\infty)$;　　(6) $\mathbf{R}\setminus\left\{\left(k+\dfrac{1}{2}\right)\pi-1\,\middle|\,k\in\mathbf{Z}\right\}$;

   (7) $[2,4]$;　　(8) $(-\infty,0)\cup(0,3]$;

   (9) $(-1,+\infty)$;　　(10) $(-\infty,0)\cup(0,+\infty)$.

2. 略.

3. $\varphi\left(\dfrac{\pi}{6}\right)=\dfrac{1}{2},\varphi\left(\dfrac{\pi}{4}\right)=\dfrac{\sqrt{2}}{2},\varphi\left(-\dfrac{\pi}{4}\right)=\dfrac{\sqrt{2}}{2},\varphi(-2)=0.$

4—6. 略.

7. (1) 偶函数; (2) 既非奇函数又非偶函数; (3) 偶函数;
   (4) 奇函数; (5) 既非奇函数又非偶函数; (6) 偶函数.

8. (1) 是周期函数,周期 $l=2\pi$;　(2) 是周期函数,周期 $l=\dfrac{\pi}{2}$;

   (3) 是周期函数,周期 $l=2$;　(4) 不是周期函数;

   (5) 是周期函数,周期 $l=\pi$.

9. (1) $y=x^3-1$;　(2) $y=\dfrac{1-x}{1+x}$;　(3) $y=\dfrac{-dx+b}{cx-a}$;

   (4) $y=\dfrac{1}{3}\arcsin\dfrac{x}{2}$;　(5) $y=\mathrm{e}^{x-1}-2$;　(6) $y=\log_2\dfrac{x}{1-x}$.

10. 略.

11. (1) $y=\sin^2x,y_1=\dfrac{1}{4},y_2=\dfrac{3}{4}$;

    (2) $y=\sin 2x,y_1=\dfrac{\sqrt{2}}{2},y_2=1$;

(3) $y=\sqrt{1+x^2}$, $y_1=\sqrt{2}$, $y_2=\sqrt{5}$;

(4) $y=e^{x^2}$, $y_1=1$, $y_2=e$;

(5) $y=e^{2x}$, $y_1=e^2$, $y_2=e^{-2}$.

12. (1) $[-1,1]$; (2) $\bigcup\limits_{n\in\mathbf{Z}}[2n\pi,(2n+1)\pi]$; (3) $[-a,1-a]$;

(4) 若 $a\in\left(0,\dfrac{1}{2}\right]$,则 $D=[a,1-a]$;若 $a>\dfrac{1}{2}$,则 $D=\varnothing$.

13. $f[g(x)]=\begin{cases}1, x<0,\\ 0, x=0,\\ -1, x>0;\end{cases}$ $g[f(x)]=\begin{cases}e, |x|<1,\\ 1, |x|=1,\\ e^{-1}, |x|>1.\end{cases}$

14. $L=\dfrac{S_0}{h}+\dfrac{2-\cos 40^\circ}{\sin 40^\circ}h, h\in(0,\sqrt{S_0\tan 40^\circ})$.

15. $S(t)=\begin{cases}\dfrac{1}{2}t^2, & 0\leqslant t\leqslant 1,\\ -\dfrac{1}{2}t^2+2t-1, & 1<t\leqslant 2,\\ 1, & t>2.\end{cases}$

16. $F=1.8C+32$ 或 $C=\dfrac{5}{9}(F-32)$.

(1) 90 ℉ = 32.2 ℃, −5 ℃ = 23 ℉; (2) −40 ℉ = −40 ℃.

17. $y=\begin{cases}x^2, & 0<x<10,\\ -\dfrac{4}{5}x^2+18x, & 10\leqslant x\leqslant 15,\\ -18x+360, & 15<x<20.\end{cases}$

18. 在2008年后的第 t 年,世界人口数为 $P(t)=6\,708.2\cdot 1.011^t$ 百万,2020年对应 $t=12$, $P(12)\approx 76$ 亿.

习题 1-2(第 26 页)

1. (1) 收敛,0; (2) 收敛,0; (3) 收敛,2; (4) 收敛,1; (5) 发散;
(6) 收敛,0; (7) 发散; (8) 发散.

2. (1) 必要条件; (2) 一定发散;
(3) 不一定收敛,例如数列 $\{(-1)^n\}$ 有界,但发散.

3. (1) 错误,反例略; (2) 错误,反例略; (3) 正确,理由略;
(4) 正确,理由略.

*4. $\lim\limits_{n\to\infty}x_n=0$, $N=\left[\dfrac{1}{\varepsilon}\right]=1000$.

*5—*8. 略.

习题 1-3(第 33 页)

1. (1) 0; (2) -1; (3) 不存在,因为 $f(0^+)\neq f(0^-)$.
2. (1) 错; (2) 对; (3) 错; (4) 错; (5) 对; (6) 对.
3. (1) 对; (2) 对; (3) 对; (4) 错; (5) 对; (6) 对; (7) 对; (8) 错.
4. $\lim\limits_{x\to 0^-}f(x)=\lim\limits_{x\to 0^+}f(x)=1,\lim\limits_{x\to 0}f(x)=1$;
   $\lim\limits_{x\to 0^-}\varphi(x)=-1,\lim\limits_{x\to 0^+}\varphi(x)=1,\lim\limits_{x\to 0}\varphi(x)$ 不存在.

*5—*6. 略.

*7. $\delta=0.0002$. **提示**:因为 $x\to 2$,所以不妨设 $1<x<3$.

*8. $X\geqslant\sqrt{397}$.

*9—*12. 略.

习题 1-4(第 37 页)

1. 两个无穷小的商不一定是无穷小,例如:$\alpha=4x,\beta=2x$,当 $x\to 0$ 时都是无穷小,但$\dfrac{\alpha}{\beta}$当 $x\to 0$ 时不是无穷小.

*2. 略.

*3. $0<|x|<\dfrac{1}{10^4+2}$.

4. (1) 2,**提示**:应用本节定理 1; (2) 1,**提示**:应用本节定理 1.
5. 略.
6. $y=x\cos x$ 在 $(-\infty,+\infty)$ 上无界,但当 $x\to\infty$ 时,此函数不是无穷大.

*7. 略.

8. 水平渐近线 $y=0$,铅直渐近线 $x=-\sqrt{2},x=\sqrt{2}$.

习题 1-5(第 45 页)

1. (1) -9; (2) 0; (3) 0; (4) $\dfrac{1}{2}$; (5) $2x$; (6) 2; (7) $\dfrac{1}{2}$; (8) 0; (9) $\dfrac{2}{3}$; (10) 2; (11) 2; (12) $\dfrac{1}{2}$; (13) $\dfrac{1}{5}$; (14) -1.
2. (1) ∞; (2) ∞; (3) ∞.
3. (1) 0; (2) 0.

4. （1）错，例如 $a_n=\frac{1}{n}, b_n=\frac{n}{n+1}, n\in\mathbf{N}_+$；

（2）错，例如 $b_n=\frac{n+1}{n}, c_n=n, n\in\mathbf{N}_+$；

（3）错，例如 $a_n=\frac{1}{n^2}, c_n=n, n\in\mathbf{N}_+$；

（4）对，因为，假若 $\lim\limits_{n\to\infty}(b_nc_n)$ 存在，则 $\lim\limits_{n\to\infty}c_n=\lim\limits_{n\to\infty}(b_nc_n)\cdot\lim\limits_{n\to\infty}\frac{1}{b_n}$ 也存在，与已知条件矛盾.

5. （1）对，因为，假若 $\lim\limits_{x\to x_0}[f(x)+g(x)]$ 存在，则 $\lim\limits_{x\to x_0}g(x)=\lim\limits_{x\to x_0}[f(x)+g(x)]-\lim\limits_{x\to x_0}f(x)$ 也存在，与已知条件矛盾；

（2）错，例如 $f(x)=\operatorname{sgn} x, g(x)=-\operatorname{sgn} x$ 当 $x\to 0$ 时的极限都不存在，但 $f(x)+g(x)\equiv 0$ 当 $x\to 0$ 时的极限存在；

（3）错，例如 $f(x)=x, \lim\limits_{x\to 0}f(x)=0, g(x)=\sin\frac{1}{x}, \lim\limits_{x\to 0}g(x)$ 不存在，但 $\lim\limits_{x\to 0}[f(x)\cdot g(x)]=\lim\limits_{x\to 0}(x\sin\frac{1}{x})=0$.

*6. 略.

习题 1-6（第 52 页）

1. （1）ω；（2）3；（3）$\frac{2}{5}$；（4）1；（5）2；（6）x.

2. （1）$\frac{1}{\mathrm{e}}$；（2）e^2；（3）e^2；（4）e^{-k}.

*3. 略.

4. （1）提示：$1<\sqrt{1+\frac{1}{n}}<1+\frac{1}{n}$；

（2）提示：$\frac{n}{n+\pi}\leqslant n\left(\frac{1}{n^2+\pi}+\frac{1}{n^2+2\pi}+\cdots+\frac{1}{n^2+n\pi}\right)\leqslant\frac{n^2}{n^2+\pi}$；

（3）提示：$x_n=\sqrt{2+x_{n-1}}$，数列 $\{x_n\}$ 单调增加且有界；

（4）提示：当 $x>0$ 时，$1<\sqrt[n]{1+x}<1+x$，

当 $-1<x<0$ 时，$1+x<\sqrt[n]{1+x}<1$；

（5）提示：当 $x>0$ 时，$1-x<x\left[\frac{1}{x}\right]\leqslant 1$.

习题 1-7(第 55 页)

1. 当 $x\to 0$ 时,x^2-x^3 是比 $2x-x^2$ 高阶的无穷小.
2. 当 $x\to 0$ 时,$(1-\cos x)^2$ 是比 $\sin^2 x$ 高阶的无穷小.
3. (1) 同阶,不等价;(2) 等价无穷小.
4. 略.
5. (1) $\frac{3}{2}$; (2) 0 $(m<n)$,1 $(m=n)$,∞ $(m>n)$; (3) $\frac{1}{2}$; (4) -3.
6. 略.

习题 1-8(第 61 页)

1. $x=-1,0,1,2$ 均为 $f(x)$ 的间断点,除 $x=0$ 外它们均为 $f(x)$ 的可去间断点. 补充定义 $f(-1)=f(2)=0$,修改定义,使 $f(1)=2$.
2. (1) $f(x)$ 在 $[0,2]$ 上连续;

   (2) $f(x)$ 在 $(-\infty,-1)$ 与 $(-1,+\infty)$ 内连续,$x=-1$ 为跳跃间断点.
3. (1) $x=1$ 为可去间断点,$x=2$ 为第二类间断点;

   (2) $x=0$ 和 $x=k\pi+\frac{\pi}{2}$ 为可去间断点,$x=k\pi$ $(k\neq 0)$ 为第二类间断点;

   (3) $x=0$ 为第二类间断点;

   (4) $x=1$ 为第一类间断点.
4. $f(x)=\begin{cases} x, & |x|<1, \\ 0, & |x|=1, \\ -x, & |x|>1. \end{cases}$ $x=1$ 和 $x=-1$ 为第一类间断点.
5. (1) 对,因为 $\big||f(x)|-|f(a)|\big|\leqslant |f(x)-f(a)|$,由此可推出结论;

   (2) 错,例如 $f(x)=\begin{cases} 1, & x\in\mathbf{Q}, \\ -1, & x\in\mathbf{R}\setminus\mathbf{Q}, \end{cases}$ $\forall a\in\mathbf{R}$.

*6—*7. 略.

*8. $f(x)=\cot(\pi x)+\cot\frac{\pi}{x}$.

习题 1-9(第 65 页)

1. 连续区间:$(-\infty,-3)$,$(-3,2)$,$(2,+\infty)$;

   $\lim\limits_{x\to 0}f(x)=\frac{1}{2}$, $\lim\limits_{x\to -3}f(x)=-\frac{8}{5}$, $\lim\limits_{x\to 2}f(x)=\infty$.
2. 略.

3. (1) $\sqrt{5}$; (2) 1; (3) 0; (4) $\frac{1}{2}$; (5) 2; (6) $\cos\alpha$; (7) 1; (8) $-\frac{1}{3}$.

4. (1) 1; (2) 0; (3) $\sqrt{e}$; (4) e^3; (5) $e^{-\frac{3}{2}}$; (6) $\frac{1}{2}$; (7) $\frac{1}{e}$; (8) -6.

5. (1) 错, 例如 $\varphi(x)=\operatorname{sgn} x, f(x)=e^x, \varphi[f(x)]\equiv 1$ 在 $\mathbf{R}$ 上处处连续;

(2) 错, 例如 $\varphi(x)=\begin{cases}1, x\in\mathbf{Q},\\ -1, x\in\mathbf{Q}^C,\end{cases}$ $[\varphi(x)]^2\equiv 1$ 在 $\mathbf{R}$ 上处处连续;

(3) 对, 例如 $\varphi(x)$ 同(2), $f(x)=|x|+1, f[\varphi(x)]\equiv 2$ 在 $\mathbf{R}$ 上处处连续;

(4) 对, 若 $F(x)=\frac{\varphi(x)}{f(x)}$ 在 $\mathbf{R}$ 上连续, 则 $\varphi(x)=F(x)f(x)$ 也在 $\mathbf{R}$ 上连续, 与已知条件矛盾.

6. $a=1$.

习题 1-10(第 70 页)

1—4. 略.

5. **提示**: $m\leqslant\frac{f(x_1)+f(x_2)+\cdots+f(x_n)}{n}\leqslant M$, 其中 m、M 分别为 $f(x)$ 在 $[x_1,x_n]$ 上的最小值及最大值.

*6. **提示**: 证明 $f(x)$ 在 $[a,b]$ 上连续.

*7. 略.

*8. 若 $f(a^+)$ 及 $f(b^-)$ 存在, 则 $f(x)$ 在 (a,b) 内一致连续.

总习题一(第 70 页)

1. (1) 必要, 充分; (2) 必要, 充分; (3) 必要, 充分; (4) 充分必要.

2. 1.

3. (1) (B); (2) (B).

4. (1) $(-\infty,0]$; (2) $[1,e]$; (3) $[0,\tan 1]$; (4) $\bigcup_{n\in\mathbf{Z}}\left[2n\pi-\frac{\pi}{2},2n\pi+\frac{\pi}{2}\right]$.

5. $f[f(x)]=f(x), g[g(x)]=0, f[g(x)]=0, g[f(x)]=g(x)$.

6. 略.

7. $V=\frac{R^3}{24\pi^2}(2\pi-\alpha)^2\sqrt{4\pi\alpha-\alpha^2}\quad(0<\alpha<2\pi)$.

*8. 略.

9. (1) ∞; (2) $\frac{1}{2}$; (3) e; (4) $\frac{1}{2}$; (5) $\sqrt[3]{abc}$; (6) 1; (7) $\frac{1}{a}$; (8) -2.

10. $a=0$.

11. $x=1$ 是第一类间断点.

12—13. 略.

14. (1) 略； (2) $y=2x+1$.

第 二 章

习题 2-1(第 83 页)

1. $\left.\dfrac{\mathrm{d}\theta}{\mathrm{d}t}\right|_{t=t_0}$.

2. $\dfrac{\mathrm{d}T}{\mathrm{d}t}$.

3. (1) $C'(100)=80$(元/件)；

   (2) $C(101)-C(100)=79.9$(元)≈ 80(元),边际成本 $C'(x)$ 近似于产量达到 x 单位时再增加 1 个单位产品所需的成本.

4. -20.

5. 略.

6. (1) $-f'(x_0)$； (2) $f'(0)$； (3) $2f'(x_0)$.

7. (B).

8. (A).

9. (1) $4x^3$； (2) $\dfrac{2}{3}x^{-\frac{1}{3}}$； (3) $1.6x^{0.6}$； (4) $-\dfrac{1}{2}x^{-\frac{3}{2}}$；

   (5) $-\dfrac{2}{x^3}$； (6) $\dfrac{16}{5}x^{\frac{11}{5}}$； (7) $\dfrac{1}{6}x^{-\frac{5}{6}}$.

10. 12 m/s.

11. 略.

12. $k_1=y'|_{x=\frac{2}{3}\pi}=-\dfrac{1}{2}$, $k_2=y'|_{x=\pi}=-1$.

13. 切线方程为$\dfrac{\sqrt{3}}{2}x+y-\dfrac{1}{2}\left(1+\dfrac{\sqrt{3}}{3}\pi\right)=0$；

    法线方程为$\dfrac{2\sqrt{3}}{3}x-y+\dfrac{1}{2}-\dfrac{2\sqrt{3}}{9}\pi=0$.

14. $x-y+1=0$.

15. $(2,4)$.

16. (1) 在 $x=0$ 处连续,不可导; (2) 在 $x=0$ 处连续且可导.

17. $a=2, b=-1$.

18. $f'_+(0)=0, f'_-(0)=-1, f'(0)$不存在.

19. $f'(x)=\begin{cases}\cos x, & x<0, \\ 1, & x\geqslant 0.\end{cases}$

20. 略.

习题 2-2(第 94 页)

1. 略.

2. (1) $3x^2-\dfrac{28}{x^5}+\dfrac{2}{x^2}$; (2) $15x^2-2^x\ln 2+3\mathrm{e}^x$; (3) $\sec x(2\sec x+\tan x)$;

(4) $\cos 2x$; (5) $x(2\ln x+1)$; (6) $3\mathrm{e}^x(\cos x-\sin x)$;

(7) $\dfrac{1-\ln x}{x^2}$; (8) $\dfrac{\mathrm{e}^x(x-2)}{x^3}$;

(9) $2x\ln x\cos x+x\cos x-x^2\ln x\sin x$; (10) $\dfrac{1+\sin t+\cos t}{(1+\cos t)^2}$.

3. (1) $y'|_{x=\frac{\pi}{6}}=\dfrac{\sqrt{3}+1}{2}, y'|_{x=\frac{\pi}{4}}=\sqrt{2}$; (2) $\dfrac{\sqrt{2}}{4}\left(1+\dfrac{\pi}{2}\right)$;

(3) $f'(0)=\dfrac{3}{25}, f'(2)=\dfrac{17}{15}$.

4. (1) $v(t)=v_0-gt$; (2) $t=\dfrac{v_0}{g}$.

5. 切线方程为 $2x-y=0$,法线方程为 $x+2y=0$.

6. (1) $8(2x+5)^3$; (2) $3\sin(4-3x)$; (3) $-6x\mathrm{e}^{-3x^2}$; (4) $\dfrac{2x}{1+x^2}$;

(5) $\sin 2x$; (6) $-\dfrac{x}{\sqrt{a^2-x^2}}$; (7) $2x\sec^2(x^2)$; (8) $\dfrac{\mathrm{e}^x}{1+\mathrm{e}^{2x}}$;

(9) $\dfrac{2\arcsin x}{\sqrt{1-x^2}}$; (10) $-\tan x$.

7. (1) $-\dfrac{1}{\sqrt{x-x^2}}$; (2) $\dfrac{x}{\sqrt{(1-x^2)^3}}$;

(3) $-\dfrac{1}{2}\mathrm{e}^{-\frac{x}{2}}(\cos 3x+6\sin 3x)$; (4) $\dfrac{|x|}{x^2\sqrt{x^2-1}}$;

(5) $-\dfrac{2}{x(1+\ln x)^2}$; (6) $\dfrac{2x\cos 2x-\sin 2x}{x^2}$;

(7) $\dfrac{1}{2\sqrt{x-x^2}}$;　　(8) $\dfrac{1}{\sqrt{a^2+x^2}}$;

(9) $\sec x$;　　(10) $\csc x$.

8. (1) $\dfrac{2\arcsin\dfrac{x}{2}}{\sqrt{4-x^2}}$;　　(2) $\csc x$;

(3) $\dfrac{\ln x}{x\sqrt{1+\ln^2 x}}$;　　(4) $\dfrac{e^{\arctan\sqrt{x}}}{2\sqrt{x}(1+x)}$;

(5) $n\sin^{n-1}x\cos(n+1)x$;　　(6) $-\dfrac{1}{1+x^2}$;

(7) $\dfrac{\pi}{2\sqrt{1-x^2}(\arccos x)^2}$;　　(8) $\dfrac{1}{x\ln x\cdot\ln(\ln x)}$;

(9) $\dfrac{1}{\sqrt{1-x^2}+1-x^2}$;　　(10) $-\dfrac{1}{(1+x)\sqrt{2x(1-x)}}$.

9. $\dfrac{f(x)f'(x)+g(x)g'(x)}{\sqrt{f^2(x)+g^2(x)}}$.

10. (1) $2xf'(x^2)$;　　(2) $\sin 2x[f'(\sin^2 x)-f'(\cos^2 x)]$.

11. (1) $e^{-x}(-x^2+4x-5)$;　　(2) $\sin 2x\sin(x^2)+2x\sin^2 x\cos(x^2)$;

(3) $\dfrac{4}{4+x^2}\arctan\dfrac{x}{2}$;　　(4) $\dfrac{1-n\ln x}{x^{n+1}}$;

(5) $\dfrac{4}{e^{2t}+e^{-2t}+2}$或$\dfrac{1}{\mathrm{ch}^2 t}$;　　(6) $\dfrac{1}{x^2}\tan\dfrac{1}{x}$;

(7) $\dfrac{1}{x^2}\sin\dfrac{2}{x}\cdot e^{-\sin^2\frac{1}{x}}$;　　(8) $\dfrac{2\sqrt{x}+1}{4\sqrt{x}\sqrt{x+\sqrt{x}}}$;

(9) $\arcsin\dfrac{x}{2}$;　　(10) $y'=\begin{cases}\dfrac{2}{1+t^2}, & |t|<1,\\ -\dfrac{2}{1+t^2}, & |t|>1.\end{cases}$

*12. (1) $\mathrm{sh}(\mathrm{sh}\,x)\cdot\mathrm{ch}\,x$;　　(2) $e^{\mathrm{ch}\,x}(\mathrm{ch}\,x+\mathrm{sh}^2 x)$;

(3) $\dfrac{1}{x\,\mathrm{ch}^2(\ln x)}$;　　(4) $(3\,\mathrm{sh}\,x+2)\,\mathrm{sh}\,x\,\mathrm{ch}\,x$;

(5) $-\dfrac{2x}{\mathrm{ch}^2(1-x^2)}$;　　(6) $\dfrac{2x}{\sqrt{x^4+2x^2+2}}$;

(7) $\dfrac{2e^{2x}}{\sqrt{e^{4x}-1}}$;　　(8) $\dfrac{1}{1+2\,\mathrm{sh}^2 x}$;

（9）$\text{th}^3 x$；　　（10）$\frac{2}{(x+1)^2}\text{sh}\left(2\cdot\frac{x-1}{x+1}\right)$.

13. $f(x)g(x)$在x_0处可导，其导数为$f'(x_0)g(x_0)$.

14. 略.

习题 2-3（第 100 页）

1. （1）$4-\frac{1}{x^2}$；　　（2）$4e^{2x-1}$；

（3）$-2\sin x-x\cos x$；　　（4）$-2e^{-t}\cos t$；

（5）$-\frac{a^2}{(a^2-x^2)^{3/2}}$；　　（6）$-\frac{2(1+x^2)}{(1-x^2)^2}$；

（7）$2\sec^2 x\tan x$；　　（8）$\frac{6x(2x^3-1)}{(x^3+1)^3}$；

（9）$2\arctan x+\frac{2x}{1+x^2}$；　　（10）$\frac{e^x(x^2-2x+2)}{x^3}$；

（11）$2xe^{x^2}(3+2x^2)$；　　（12）$-\frac{x}{(1+x^2)^{3/2}}$.

2. $f'''(2)=207\ 360$.

3. （1）$2f'(x^2)+4x^2f''(x^2)$；　　（2）$\frac{f''(x)f(x)-[f'(x)]^2}{[f(x)]^2}$.

4. 略.

5. $\frac{d^2s}{dt^2}=-A\omega^2\sin\omega t$.

6. 略.

7. $\frac{d^2x}{dt^2}=f(x)f'(x)$.

8—9. 略.

10. （1）$-4e^x\cos x$；　　（2）$2^{50}\left(-x^2\sin 2x+50x\cos 2x+\frac{1\ 225}{2}\sin 2x\right)$.

*11. （1）$n!$；　　（2）$2^{n-1}\sin\left[2x+(n-1)\frac{\pi}{2}\right]$；

（3）$(-1)^n\frac{(n-2)!}{x^{n-1}}\ (n\geqslant 2)$；　　（4）$e^x(x+n)$.

*12. $(-1)^{n-1}\frac{n!}{n-2}\ (n\geqslant 3)$.

习题 2-4(第 108 页)

1. (1) $\dfrac{y}{y-x}$; (2) $\dfrac{ay-x^2}{y^2-ax}$; (3) $\dfrac{e^{x+y}-y}{x-e^{x+y}}$; (4) $-\dfrac{e^y}{1+xe^y}$.

2. 切线方程为 $x+y-\dfrac{\sqrt{2}}{2}a=0$,法线方程为 $x-y=0$.

3. (1) $-\dfrac{1}{y^3}$; (2) $-\dfrac{b^4}{a^2y^3}$; (3) $-2\csc^2(x+y)\cot^3(x+y)$;

(4) $\dfrac{e^{2y}(3-y)}{(2-y)^3}$.

4. (1) $\left(\dfrac{x}{1+x}\right)^x\left(\ln\dfrac{x}{1+x}+\dfrac{1}{1+x}\right)$;

(2) $\dfrac{1}{5}\sqrt[5]{\dfrac{x-5}{\sqrt[5]{x^2+2}}}\left[\dfrac{1}{x-5}-\dfrac{2x}{5(x^2+2)}\right]$;

(3) $\dfrac{\sqrt{x+2}(3-x)^4}{(x+1)^5}\left[\dfrac{1}{2(x+2)}-\dfrac{4}{3-x}-\dfrac{5}{x+1}\right]$;

(4) $\dfrac{1}{2}\sqrt{x\sin x\sqrt{1-e^x}}\left[\dfrac{1}{x}+\cot x-\dfrac{e^x}{2(1-e^x)}\right]$.

5. (1) $\dfrac{3b}{2a}t$; (2) $\dfrac{\cos\theta-\theta\sin\theta}{1-\sin\theta-\theta\cos\theta}$.

6. $\sqrt{3}-2$.

7. (1) 切线方程为 $2\sqrt{2}x+y-2=0$,法线方程为 $\sqrt{2}x-4y-1=0$;

(2) 切线方程为 $4x+3y-12a=0$,法线方程为 $3x-4y+6a=0$.

8. (1) $\dfrac{1}{t^3}$; (2) $-\dfrac{b}{a^2\sin^3t}$; (3) $\dfrac{4}{9}e^{3t}$; (4) $\dfrac{1}{f''(t)}$.

*9. (1) $-\dfrac{3}{8t^5}(1+t^2)$; (2) $\dfrac{t^4-1}{8t^3}$.

10. $144\pi\ \mathrm{m^2/s}$.

11. $\dfrac{16}{25\pi}\approx 0.204$ m/min.

12. 0.64 cm/min.

习题 2-5(第 120 页)

1. 当 $\Delta x=1$ 时,$\Delta y=18$,$dy=11$;当 $\Delta x=0.1$ 时,$\Delta y=1.161$,$dy=1.1$;当 $\Delta x=0.01$ 时,$\Delta y=0.110\,601$,$dy=0.11$.

2. (a) $\Delta y>0, \mathrm{d}y>0, \Delta y-\mathrm{d}y>0$;

(b) $\Delta y>0, \mathrm{d}y>0, \Delta y-\mathrm{d}y<0$;

(c) $\Delta y<0, \mathrm{d}y<0, \Delta y-\mathrm{d}y<0$;

(d) $\Delta y<0, \mathrm{d}y<0, \Delta y-\mathrm{d}y>0$.

3. (1) $\left(-\frac{1}{x^2}+\frac{\sqrt{x}}{x}\right)\mathrm{d}x$; (2) $(\sin 2x+2x\cos 2x)\mathrm{d}x$;

(3) $(x^2+1)^{-\frac{3}{2}}\mathrm{d}x$; (4) $\frac{2\ln(1-x)}{x-1}\mathrm{d}x$;

(5) $2x(1+x)\mathrm{e}^{2x}\mathrm{d}x$; (6) $\mathrm{e}^{-x}[\sin(3-x)-\cos(3-x)]\mathrm{d}x$;

(7) $\mathrm{d}y=\begin{cases}\frac{\mathrm{d}x}{\sqrt{1-x^2}}, -1<x<0,\\ -\frac{\mathrm{d}x}{\sqrt{1-x^2}}, 0<x<1;\end{cases}$

(8) $8x\tan(1+2x^2)\sec^2(1+2x^2)\mathrm{d}x$;

(9) $-\frac{2x}{1+x^4}\mathrm{d}x$; (10) $A\omega\cos(\omega t+\varphi)\mathrm{d}t$.

4. (1) $2x+C$; (2) $\frac{3}{2}x^2+C$; (3) $\sin t+C$; (4) $-\frac{1}{\omega}\cos \omega x+C$;

(5) $\ln(1+x)+C$; (6) $-\frac{1}{2}\mathrm{e}^{-2x}+C$; (7) $2\sqrt{x}+C$; (8) $\frac{1}{3}\tan 3x+C$.

5. 约为$\frac{8f}{3l}\Delta f$.

6. 约减少 43.63 cm^2,约增加 104.72 cm^2.

7. (1) 0.874 75; (2) −0.965 09.

8. (1) 30°47″; (2) 60°2′.

9. $\tan 45'\approx 0.013\ 09$, $\ln 1.002\approx 0.002$.

10. (1) 9.986 7; (2) 2.005 2.

*11. 0.667%.

*12. $\delta_\alpha=0.000\ 56\ \mathrm{rad}=1'55''$.

提示:先求出圆心角 α 与弦长 l 的函数关系式.

总习题二(第 122 页)

1. (1) 充分,必要; (2) 充分必要; (3) 充分必要.

2. $n!$.

3. (D).

4. $\left.\dfrac{\mathrm{d}m}{\mathrm{d}x}\right|_{x=x_0}$.

5. $-\dfrac{1}{x^2}$.

6. (1) $f'_-(0)=f'_+(0)=f'(0)=1$;

(2) $f'_-(0)=1, f'_+(0)=0, f'(0)$不存在.

7. 在 $x=0$ 处连续,不可导.

8. (1) $\dfrac{\cos x}{|\cos x|}$; (2) $\dfrac{1}{1+x^2}$; (3) $\sin x\cdot\ln\tan x$; (4) $\dfrac{\mathrm{e}^x}{\sqrt{1+\mathrm{e}^{2x}}}$;

(5) $x^{\frac{1}{x}-2}(1-\ln x)$.

9. (1) $-2\cos 2x\cdot\ln x-\dfrac{2\sin 2x}{x}-\dfrac{\cos^2 x}{x^2}$; (2) $\dfrac{3x}{(1-x^2)^{5/2}}$.

*10. (1) $\dfrac{1}{m}\left(\dfrac{1}{m}-1\right)\cdots\left(\dfrac{1}{m}-n+1\right)(1+x)^{\frac{1}{m}-n}$; (2) $(-1)^n\dfrac{2\cdot n!}{(1+x)^{n+1}}$.

11. $y''(0)=\dfrac{1}{\mathrm{e}^2}$.

12. (1) $\dfrac{\mathrm{d}y}{\mathrm{d}x}=-\tan\theta$, $\dfrac{\mathrm{d}^2y}{\mathrm{d}x^2}=\dfrac{1}{3a}\sec^4\theta\csc\theta$;

(2) $\dfrac{\mathrm{d}y}{\mathrm{d}x}=\dfrac{1}{t}$, $\dfrac{\mathrm{d}^2y}{\mathrm{d}x^2}=-\dfrac{1+t^2}{t^3}$.

13. 切线方程为 $x+2y-4=0$,法线方程为 $2x-y-3=0$.

14. 切线方程为 $y=2x-12$.

提示:先求 $f(1)$,$f'(1)$,再利用周期性,求 $f(6)$,$f'(6)$.

15. $y=H\left[2\left(\dfrac{x}{L}\right)^3+3\left(\dfrac{x}{L}\right)^2\right]$.

16. -2.8 km/h.

17. 1.007.

18. 约需加长 2.23 cm.

第　三　章

习题 3-1(第 132 页)

1—4. 略.

5. 有分别位于区间(1,2),(2,3)及(3,4)内的三个根.

6—*13. 略.

14. **提示**:令 $\varphi(x)=f(x)\mathrm{e}^{-x}$,先证明 $\varphi(x)$ 为常数.

*15. 略.

习题 3-2(第 137 页)

1. (1) 1; (2) 2; (3) 2; (4) $-\frac{3}{5}$; (5) $-\frac{1}{8}$; (6) $\frac{m}{n}a^{m-n}$;

(7) 1; (8) 3; (9) 1; (10) 1; (11) $\frac{1}{2}$; (12) ∞;

(13) $-\frac{1}{2}$; (14) e^{a}; (15) 1; (16) 1.

2—3. 略.

*4. 连续.

习题 3-3(第 143 页)

1. $f(x)=-56+21(x-4)+37(x-4)^2+11(x-4)^3+(x-4)^4$.

2. $f(x)=x^6-9x^5+30x^4-45x^3+30x^2-9x+1$.

3. $\sqrt{x}=2+\frac{1}{4}(x-4)-\frac{1}{64}(x-4)^2+\frac{1}{512}(x-4)^3-$

$$\frac{15(x-4)^4}{4!\ 16[4+\theta(x-4)]^{\frac{7}{2}}}\ (0<\theta<1).$$

4. $\ln x=\ln 2+\frac{1}{2}(x-2)-\frac{1}{2^3}(x-2)^2+\frac{1}{3\cdot 2^3}(x-2)^3-\cdots+$

$$(-1)^{n-1}\frac{1}{n\cdot 2^n}(x-2)^n+o((x-2)^n).$$

5. $\frac{1}{x}=-[1+(x+1)+(x+1)^2+\cdots+(x+1)^n]+$

$$(-1)^{n+1}\frac{(x+1)^{n+1}}{[-1+\theta(x+1)]^{n+2}}\ (0<\theta<1).$$

6. $\tan x=x+\frac{1}{3}x^3+o(x^3)$.

7. $x\mathrm{e}^x=x+x^2+\frac{x^3}{2!}+\cdots+\frac{x^n}{(n-1)!}+o(x^n)$

8. $\sqrt{\mathrm{e}}\approx 1.645$.

9. (1) $\sqrt[3]{30}\approx 3.107\ 24$, $|R_3|<1.88\times 10^{-5}$;

（2） $\sin 18^\circ \approx 0.309\,0$，$|R_3|<1.3\times10^{-4}$.

*10. （1） $\frac{3}{2}$；（2） $\frac{1}{6}$；（3） $-\frac{1}{12}$；（4） $\frac{1}{2}$.

习题 3-4（第 150 页）

1. 单调减少.
2. 单调增加.
3. （1） 在 $(-\infty,-1]$、$[3,+\infty)$ 内单调增加，在 $[-1,3]$ 上单调减少；
   （2） 在 $(0,2]$ 内单调减少，在 $[2,+\infty)$ 内单调增加；
   （3） 在 $(-\infty,0)$，$\left(0,\frac{1}{2}\right]$，$[1,+\infty)$ 内单调减少，在 $\left[\frac{1}{2},1\right]$ 上单调增加；
   （4） 在 $(-\infty,+\infty)$ 内单调增加；
   （5） 在 $\left(-\infty,\frac{1}{2}\right]$ 内单调减少，在 $\left[\frac{1}{2},+\infty\right)$ 内单调增加；
   （6） 在 $\left(-\infty,\frac{2}{3}a\right]$，$[a,+\infty)$ 内单调增加，在 $\left[\frac{2}{3}a,a\right]$ 上单调减少；
   （7） 在 $[0,n]$ 上单调增加，在 $[n,+\infty)$ 内单调减少；
   （8） 在 $\left[\frac{k\pi}{2},\frac{k\pi}{2}+\frac{\pi}{3}\right]$ 上单调增加，在 $\left[\frac{k\pi}{2}+\frac{\pi}{3},\frac{k\pi}{2}+\frac{\pi}{2}\right]$ 上单调减少 $(k\in\mathbf{Z})$.
4. （D）.
5. 略.
6. 当 $a>\frac{1}{e}$ 时没有实根，当 $0<a<\frac{1}{e}$ 时有两个实根，当 $a=\frac{1}{e}$ 时只有 $x=e$ 一个实根.
7. 不一定. $f(x)=x+\sin x$ 在 $(-\infty,+\infty)$ 内单调，但 $f'(x)$ 在 $(-\infty,+\infty)$ 内不单调.
8. 略.
9. （1） 是凸的；
   （2） 在 $(-\infty,0]$ 内是凸的，在 $[0,+\infty)$ 内是凹的；
   （3） 是凹的；（4） 是凹的.
10. （1） 拐点 $\left(\frac{5}{3},\frac{20}{27}\right)$，在 $\left(-\infty,\frac{5}{3}\right]$ 内是凸的，在 $\left[\frac{5}{3},+\infty\right)$ 内是凹的；
    （2） 拐点 $\left(2,\frac{2}{e^2}\right)$，在 $(-\infty,2]$ 内是凸的，在 $[2,+\infty)$ 内是凹的；
    （3） 没有拐点，处处是凹的；

(4) 拐点 $(-1,\ln 2)$, $(1,\ln 2)$, 在 $(-\infty,-1]$, $[1,+\infty)$ 内是凸的, 在 $[-1,1]$ 上是凹的;

(5) 拐点 $\left(\frac{1}{2}, e^{\arctan\frac{1}{2}}\right)$, 在 $\left(-\infty,\frac{1}{2}\right]$ 内是凹的, 在 $\left[\frac{1}{2},+\infty\right)$ 内是凸的;

(6) 拐点 $(1,-7)$, 在 $(0,1]$ 内是凸的, 在 $[1,+\infty)$ 内是凹的.

11. 略.

*12. 拐点: $(-1,-1)$, $\left(2-\sqrt{3},\frac{1-\sqrt{3}}{4(2-\sqrt{3})}\right)$, $\left(2+\sqrt{3},\frac{1+\sqrt{3}}{4(2+\sqrt{3})}\right)$.

13. $a=-\frac{3}{2}, b=\frac{9}{2}$.

14. $a=1, b=-3, c=-24, d=16$.

15. $k=\pm\frac{\sqrt{2}}{8}$.

*16. $(x_0, f(x_0))$ 为拐点.

习题 3–5(第 161 页)

1. (1) 极大值 $f(-1)=17$, 极小值 $f(3)=-47$;

(2) 极小值 $f(0)=0$;

(3) 极大值 $f(\pm1)=1$, 极小值 $f(0)=0$;

(4) 极大值 $f\left(\frac{3}{4}\right)=\frac{5}{4}$;

(5) 极大值 $f\left(\frac{12}{5}\right)=\frac{1}{10}\sqrt{205}$;

(6) 极大值 $f(0)=4$, 极小值 $f(-2)=\frac{8}{3}$;

(7) 极大值 $f\left(\frac{\pi}{4}+2k\pi\right)=\frac{\sqrt{2}}{2}e^{\frac{\pi}{4}+2k\pi}$, 极小值 $f\left(\frac{\pi}{4}+(2k+1)\pi\right)=-\frac{\sqrt{2}}{2}e^{\frac{\pi}{4}+(2k+1)\pi}$ $(k\in\mathbf{Z})$;

(8) 极大值 $f(e)=e^{\frac{1}{e}}$; (9) 没有极值; (10) 没有极值.

2. 略.

3. $a=2$, $f\left(\frac{\pi}{3}\right)=\sqrt{3}$ 为极大值.

4. 略.

5. 极小值 $f(0)=4$.

6. (1) 最大值 $f(4)=80$,最小值 $f(-1)=-5$;

(2) 最大值 $f(3)=11$,最小值 $f(2)=-14$;

(3) 最大值 $f\left(\frac{3}{4}\right)=1.25$,最小值 $f(-5)=-5+\sqrt{6}$.

7. 当 $x=1$ 时函数有最大值 -29.

8. 当 $x=-3$ 时函数有最小值 27.

9. 当 $x=1$ 时函数有最大值 $\frac{1}{2}$.

10. 长为 10 m,宽为 5 m.

11. $r=\sqrt[3]{\frac{V}{2\pi}}, h=2\sqrt[3]{\frac{V}{2\pi}}$; $d:h=1:1$.

12. 底宽为 $\sqrt{\frac{40}{4+\pi}}=2.367(\text{m})$.

13. 当 $\alpha=\arctan \mu=\arctan 0.25\approx 14°2'$时,可使力 F 最小.

14. 杆长为 1.4 m.

15. $\varphi=\frac{2\sqrt{6}}{3}\pi$.

16. 当 $\varphi=54°13'$时,屋架可吊到最大高度 7.506 m,而柱子高只有 6 m,所以能吊得上去.

提示:设吊臂对地面的倾角为 φ 时,屋架吊起的高度为 h,建立 h 与 φ 间的函数关系式,然后求出 h 的最大值.

17. 7 200 元.

18. 60 元.

习题 3-6(第 167 页)

1. 在 $(-\infty,-2]$ 内单调减少,在 $[-2,+\infty)$ 内单调增加;在 $(-\infty,-1]$, $[1,+\infty)$ 内是凹的,在 $[-1,1]$ 上是凸的;拐点 $\left(-1,-\frac{6}{5}\right)$, $(1,2)$.

2. 对称于原点;在 $(-\infty,-1]$, $[1,+\infty)$ 内单调减少,在 $[-1,1]$ 上单调增加;在 $(-\infty,-\sqrt{3}]$, $[0,\sqrt{3}]$ 上是凸的,在 $[-\sqrt{3},0]$, $[\sqrt{3},+\infty)$ 内是凹的;拐点 $\left(-\sqrt{3},-\frac{\sqrt{3}}{4}\right)$, $(0,0)$, $\left(\sqrt{3},\frac{\sqrt{3}}{4}\right)$;水平渐近线 $y=0$.

3. 在 $(-\infty,1]$ 内单调增加,在 $[1,+\infty)$ 内单调减少;在 $\left(-\infty,1-\frac{\sqrt{2}}{2}\right]$,

$\left[1+\frac{\sqrt{2}}{2},+\infty\right)$内是凹的，在$\left[1-\frac{\sqrt{2}}{2},1+\frac{\sqrt{2}}{2}\right]$上是凸的；拐点$\left(1-\frac{\sqrt{2}}{2},\frac{1}{\sqrt{e}}\right)$，$\left(1+\frac{\sqrt{2}}{2},\frac{1}{\sqrt{e}}\right)$；水平渐近线 $y=0$.

4. 在$(-\infty,0)$，$\left(0,\frac{\sqrt[3]{4}}{2}\right]$内单调减少，在$\left[\frac{\sqrt[3]{4}}{2},+\infty\right)$内单调增加；在$(-\infty,-1]$，$(0,+\infty)$内是凹的，在$[-1,0)$内是凸的；拐点$(-1,0)$；铅直渐近线 $x=0$.

5. 定义域为 $x\neq\left(\frac{k}{2}+\frac{1}{4}\right)\pi\ (k\in\mathbf{Z})$；周期为 2π；图形对称于 y 轴；在$[0,\pi]$部分：在$\left[0,\frac{\pi}{4}\right)$，$\left(\frac{\pi}{4},\frac{3\pi}{4}\right)$，$\left(\frac{3\pi}{4},\pi\right]$内单调增加；在$\left[0,\frac{\pi}{4}\right)$内是凹的，在$\left(\frac{\pi}{4},\frac{\pi}{2}\right]$内是凸的，在$\left[\frac{\pi}{2},\frac{3\pi}{4}\right)$内是凹的，在$\left(\frac{3\pi}{4},\pi\right]$内是凸的；拐点$\left(\frac{\pi}{2},0\right)$；铅直渐近线 $x=\frac{\pi}{4}$，$x=\frac{3\pi}{4}$.

习题 3-7（第 176 页）

1. $K=2$.
2. $K=|\cos x|$，$\rho=|\sec x|$.
3. $K=2$，$\rho=\frac{1}{2}$.
4. $K=\left|\frac{2}{3a\sin 2t_0}\right|$.
5. $\left(\frac{\sqrt{2}}{2},-\frac{\ln 2}{2}\right)$处曲率半径有最小值$\frac{3\sqrt{3}}{2}$.

*6. 略.

7. 约 1 246 N.

提示：沿曲线运动的物体所受的向心力为 $F=\frac{mv^2}{\rho}$，这里 m 为物体的质量，v 为它的速率，ρ 为运动轨迹的曲率半径.

8. 约 45 400 N.

参看上题提示.

*9. $(\xi-3)^2+(\eta+2)^2=8$.

*10. $\left(\xi-\frac{\pi-10}{4}\right)^2+\left(\eta-\frac{9}{4}\right)^2=\frac{125}{16}$.

*11. $\begin{cases}\alpha=\dfrac{3y^2}{2p}+p,\\ \beta=-\dfrac{y^3}{p^2}\end{cases}$ 或 $27p\beta^2=8(\alpha-p)^3$.

习题 3-8（第 181 页）

1. $0.18<\xi<0.19$.
2. $-0.20<\xi<-0.19$.
3. $0.32<\xi<0.33$.
4. $2.50<\xi<2.51$.

总习题三（第 181 页）

1. 2.
2. (1) (B)； (2) (D).
3. $f(x)=|x|,x\in[-1,1]$.
4. ka.

5—9. 略.

10. (1) 2； (2) $\dfrac{1}{2}$； (3) $e^{-\frac{2}{\pi}}$； (4) $a_1a_2\cdots a_n$.

11. (1) $x^3\ln x=(x-1)+\dfrac{5}{2!}(x-1)^2+\dfrac{11}{3!}(x-1)^3+\dfrac{6}{4!}(x-1)^4-$
$\dfrac{6}{5!\xi^2}(x-1)^5$,其中 ξ 介于 1 与 x 之间；

(2) $\arctan x=x-\dfrac{x^3}{3}+o(x^4)$；

(3) $e^{\sin x}=1+x+\dfrac{1}{2}x^2+o(x^3)$；

(4) $\ln\cos x=-\dfrac{1}{2}x^2-\dfrac{1}{12}x^4-\dfrac{1}{45}x^6+o(x^6)$.

12. 略.

13. $a=e^e$,最小值 $1-\dfrac{1}{e}$.

14. $(1,2)$和$(-1,-2)$.

15. $\sqrt[3]{3}$.

16. $\left(\dfrac{\pi}{2},1\right)$处曲率半径有最小值 1.

17. $2.414<\xi<2.415$.

*18. **提示**:可以先用一次洛必达法则.

19. **提示**:记 $x_0=(1-t)x_1+tx_2$,先证

$$f(x)\geqslant f(x_0)+f'(x_0)(x-x_0),$$

然后在上式中分别令 $x=x_1$ 及 $x=x_2$,可得两个不等式,由此推出结论.

20. $a=\dfrac{4}{3},b=-\dfrac{1}{3}$.

第 四 章

习题 4-1(第 192 页)

1. 略.

2. (1) $-\dfrac{1}{x}+C$; (2) $\dfrac{2}{5}x^{\frac{5}{2}}+C$;

(3) $2\sqrt{x}+C$; (4) $\dfrac{3}{10}x^{\frac{10}{3}}+C$;

(5) $-\dfrac{2}{3}x^{-\frac{3}{2}}+C$; (6) $\dfrac{m}{m+n}x^{\frac{m+n}{m}}+C$;

(7) $\dfrac{5}{4}x^4+C$; (8) $\dfrac{x^3}{3}-\dfrac{3}{2}x^2+2x+C$;

(9) $\sqrt{\dfrac{2h}{g}}+C$; (10) $\dfrac{x^5}{5}+\dfrac{2}{3}x^3+x+C$;

(11) $\dfrac{x^3}{3}+\dfrac{2}{5}x^{\frac{5}{2}}-\dfrac{2}{3}x^{\frac{3}{2}}-x+C$; (12) $2\sqrt{x}-\dfrac{4}{3}x^{\frac{3}{2}}+\dfrac{2}{5}x^{\frac{5}{2}}+C$;

(13) $2\mathrm{e}^x+3\ln|x|+C$; (14) $3\arctan x-2\arcsin x+C$;

(15) $\mathrm{e}^x-2\sqrt{x}+C$; (16) $\dfrac{3^x\mathrm{e}^x}{\ln 3+1}+C$;

(17) $2x-\dfrac{5\left(\dfrac{2}{3}\right)^x}{\ln 2-\ln 3}+C$; (18) $\tan x-\sec x+C$;

(19) $\dfrac{x+\sin x}{2}+C$; (20) $\dfrac{1}{2}\tan x+C$;

(21) $\sin x-\cos x+C$; (22) $-(\cot x+\tan x)+C$;

(23) $-\cot x-x+C$; (24) $-\cos\theta+\theta+C$;

(25) $x-\arctan x+C$; (26) $x^3-x+\arctan x+C$.

3. （1）$y=\frac{1}{3}(x^3-6x^2+12x-8)$；　（2）$x=\frac{1}{t}+2t-2$.

4. （1）$s=20t-\frac{1}{2}kt^2$；　（2）$t=\frac{20}{k}, s=\frac{200}{k}$；　（3）$k=4$.

答：刹车加速度为$-4\ \mathrm{m/s^2}$.

5. $y=\ln x+1$.

6. （1）27 m；（2）$\sqrt[3]{360}\approx 7.11(\mathrm{s})$.

7. 略.

习题 4-2（第 207 页）

1. （1）$\frac{1}{a}$；（2）$\frac{1}{7}$；（3）$\frac{1}{2}$；（4）$\frac{1}{10}$；（5）$-\frac{1}{2}$；（6）$\frac{1}{12}$；（7）$\frac{1}{2}$；

（8）-2；（9）$-\frac{2}{3}$；（10）$\frac{1}{5}$；（11）$-\frac{1}{5}$；（12）$\frac{1}{3}$；（13）-1；

（14）-1.

2. （1）$\frac{1}{5}e^{5t}+C$；　（2）$-\frac{1}{8}(3-2x)^4+C$；

（3）$-\frac{1}{2}\ln|1-2x|+C$；　（4）$-\frac{1}{2}(2-3x)^{\frac{2}{3}}+C$；

（5）$-\frac{1}{a}\cos ax-be^{\frac{x}{b}}+C$；　（6）$-2\cos\sqrt{t}+C$；

（7）$-\frac{1}{2}e^{-x^2}+C$；　（8）$\frac{1}{2}\sin(x^2)+C$；

（9）$-\frac{1}{3}(2-3x^2)^{\frac{1}{2}}+C$；　（10）$-\frac{3}{4}\ln|1-x^4|+C$；

（11）$\frac{1}{2}\ln(x^2+2x+5)+C$；　（12）$-\frac{1}{3\omega}\cos^3(\omega t+\varphi)+C$；

（13）$\frac{1}{2\cos^2 x}+C$；　（14）$\frac{3}{2}\sqrt[3]{(\sin x-\cos x)^2}+C$；

（15）$\frac{1}{11}\tan^{11}x+C$；　（16）$\ln|\ln\ln x|+C$；

（17）$-\frac{1}{\arcsin x}+C$；　（18）$-\frac{10^{2\arccos x}}{2\ln 10}+C$；

（19）$-\ln|\cos\sqrt{1+x^2}|+C$；　（20）$(\arctan\sqrt{x})^2+C$；

（21）$-\frac{1}{x\ln x}+C$；　（22）$\ln|\tan x|+C$；

(23) $\frac{1}{2}(\ln\tan x)^2+C$;　　(24) $\sin x-\frac{\sin^3 x}{3}+C$;

(25) $\frac{t}{2}+\frac{1}{4\omega}\sin 2(\omega t+\varphi)+C$;　　(26) $\frac{1}{2}\cos x-\frac{1}{10}\cos 5x+C$;

(27) $\frac{1}{3}\sin\frac{3x}{2}+\sin\frac{x}{2}+C$;　　(28) $\frac{1}{4}\sin 2x-\frac{1}{24}\sin 12x+C$;

(29) $\frac{1}{3}\sec^3 x-\sec x+C$;　　(30) $\arctan \mathrm{e}^x+C$;

(31) $\frac{1}{2}\arcsin\frac{2x}{3}+\frac{1}{4}\sqrt{9-4x^2}+C$;

(32) $\frac{x^2}{2}-\frac{9}{2}\ln(x^2+9)+C$;　　(33) $\frac{1}{2\sqrt{2}}\ln\left|\frac{\sqrt{2}x-1}{\sqrt{2}x+1}\right|+C$;

(34) $\frac{1}{3}\ln\left|\frac{x-2}{x+1}\right|+C$;　　(35) $\frac{2}{3}\ln|x-2|+\frac{1}{3}\ln|x+1|+C$;

(36) $\frac{a^2}{2}\left(\arcsin\frac{x}{a}-\frac{x}{a^2}\sqrt{a^2-x^2}\right)+C$;

(37) $\arccos\frac{1}{|x|}+C$;　　(38) $\frac{x}{\sqrt{1+x^2}}+C$;

(39) $\sqrt{x^2-9}-3\arccos\frac{3}{|x|}+C$;　　(40) $\sqrt{2x}-\ln(1+\sqrt{2x})+C$;

(41) $\arcsin x-\frac{x}{1+\sqrt{1-x^2}}+C$;

(42) $\frac{1}{2}(\arcsin x+\ln|x+\sqrt{1-x^2}|)+C$;

(43) $\frac{1}{2}\ln(x^2+2x+3)-\sqrt{2}\arctan\frac{x+1}{\sqrt{2}}+C$;

(44) $\frac{1}{2}\left(\frac{x+1}{x^2+1}+\ln(x^2+1)+\arctan x\right)+C$.

习题 4-3(第 212 页)

1. $-x\cos x+\sin x+C$.
2. $x(\ln x-1)+C$.
3. $x\arcsin x+\sqrt{1-x^2}+C$.
4. $-\mathrm{e}^{-x}(x+1)+C$.
5. $\frac{1}{3}x^3\ln x-\frac{1}{9}x^3+C$.

6. $\frac{e^{-x}}{2}(\sin x-\cos x)+C$.

7. $-\frac{2}{17}e^{-2x}\left(\cos\frac{x}{2}+4\sin\frac{x}{2}\right)+C$.

8. $2x\sin\frac{x}{2}+4\cos\frac{x}{2}+C$.

9. $\frac{1}{3}x^3\arctan x-\frac{1}{6}x^2+\frac{1}{6}\ln(1+x^2)+C$.

10. $-\frac{1}{2}x^2+x\tan x+\ln|\cos x|+C$.

11. $x^2\sin x+2x\cos x-2\sin x+C$.

12. $-\frac{e^{-2t}}{2}\left(t+\frac{1}{2}\right)+C$.

13. $x\ln^2 x-2x\ln x+2x+C$.

14. $-\frac{1}{4}x\cos 2x+\frac{1}{8}\sin 2x+C$.

15. $\frac{x^3}{6}+\frac{1}{2}x^2\sin x+x\cos x-\sin x+C$.

16. $\frac{1}{2}(x^2-1)\ln(x-1)-\frac{1}{4}x^2-\frac{1}{2}x+C$.

17. $-\frac{1}{2}\left(x^2-\frac{3}{2}\right)\cos 2x+\frac{x}{2}\sin 2x+C$.

18. $-\frac{1}{x}(\ln^3 x+3\ln^2 x+6\ln x+6)+C$.

19. $3e^{\sqrt[3]{x}}(\sqrt[3]{x^2}-2\sqrt[3]{x}+2)+C$.

20. $\frac{x}{2}(\cos\ln x+\sin\ln x)+C$.

21. $x(\arcsin x)^2+2\sqrt{1-x^2}\arcsin x-2x+C$.

22. $\frac{1}{2}e^x-\frac{1}{5}e^x\sin 2x-\frac{1}{10}e^x\cos 2x+C$.

23. $\frac{1}{2}x^2\left(\ln^2 x-\ln x+\frac{1}{2}\right)+C$.

24. $\frac{2}{3}(\sqrt{3x+9}-1)e^{\sqrt{3x+9}}+C$.

习题 4-4(第 218 页)

1. $\frac{1}{3}x^3-\frac{3}{2}x^2+9x-27\ln|x+3|+C$.

2. $\ln|x-2|+\ln|x+5|+C$.

3. $\frac{1}{2}\ln(x^2-2x+5)+\arctan\frac{x-1}{2}+C$.

4. $\ln|x|-\frac{1}{2}\ln(x^2+1)+C$.

5. $\ln|x+1|-\frac{1}{2}\ln(x^2-x+1)+\sqrt{3}\arctan\frac{2x-1}{\sqrt{3}}+C$.

6. $\frac{1}{x+1}+\frac{1}{2}\ln|x^2-1|+C$.

7. $2\ln|x+2|-\frac{1}{2}\ln|x+1|-\frac{3}{2}\ln|x+3|+C$.

8. $\frac{1}{3}x^3+\frac{1}{2}x^2+x+8\ln|x|-4\ln|x+1|-3\ln|x-1|+C$.

9. $\ln|x|-\frac{1}{2}\ln|x+1|-\frac{1}{4}\ln(x^2+1)-\frac{1}{2}\arctan x+C$.

10. $\frac{1}{4}\ln\left|\frac{x-1}{x+1}\right|-\frac{1}{2}\arctan x+C$.

11. $-\frac{1}{2}\ln\frac{x^2+1}{x^2+x+1}+\frac{\sqrt{3}}{3}\arctan\frac{2x+1}{\sqrt{3}}+C$.

12. $\arctan x-\frac{1}{x^2+1}+C$.

13. $-\frac{x+1}{x^2+x+1}-\frac{4}{\sqrt{3}}\arctan\frac{2x+1}{\sqrt{3}}+C$.

14. $\frac{1}{2\sqrt{3}}\arctan\frac{2\tan x}{\sqrt{3}}+C$.

15. $\frac{1}{\sqrt{2}}\arctan\frac{\tan\frac{x}{2}}{\sqrt{2}}+C$.

16. $\frac{2}{\sqrt{3}}\arctan\frac{2\tan\frac{x}{2}+1}{\sqrt{3}}+C$.

17. $\ln\left|1+\tan\frac{x}{2}\right|+C$.

18. $\frac{1}{\sqrt{5}}\arctan\frac{3\tan\frac{x}{2}+1}{\sqrt{5}}+C$.

19. $\frac{3}{2}\sqrt[3]{(1+x)^2}-3\sqrt[3]{x+1}+3\ln|1+\sqrt[3]{1+x}|+C.$

20. $\frac{1}{2}x^2-\frac{2}{3}\sqrt{x^3}+x-4\sqrt{x}+4\ln(\sqrt{x}+1)+C.$

21. $x-4\sqrt{x+1}+4\ln(\sqrt{1+x}+1)+C.$

22. $2\sqrt{x}-4\sqrt[4]{x}+4\ln(\sqrt[4]{x}+1)+C.$

23. $\ln\left|\frac{\sqrt{1-x}-\sqrt{1+x}}{\sqrt{1-x}+\sqrt{1+x}}\right|+2\arctan\sqrt{\frac{1-x}{1+x}}+C$ 或 $\ln\frac{1-\sqrt{1-x^2}}{|x|}-\arcsin x+C.$

24. $-\frac{3}{2}\sqrt[3]{\frac{x+1}{x-1}}+C.$

习题 4-5(第 221 页)

1. $\frac{1}{2}\ln|2x+\sqrt{4x^2-9}|+C.$

2. $\frac{1}{2}\arctan\frac{x+1}{2}+C.$

3. $\ln\left[(x-2)+\sqrt{5-4x+x^2}\right]+C.$

4. $\frac{x}{2}\sqrt{2x^2+9}+\frac{9\sqrt{2}}{4}\ln(\sqrt{2}x+\sqrt{2x^2+9})+C.$

5. $\frac{x}{2}\sqrt{3x^2-2}-\frac{\sqrt{3}}{3}\ln|\sqrt{3}x+\sqrt{3x^2-2}|+C.$

6. $\frac{e^{2x}}{5}(\sin x+2\cos x)+C.$

7. $\left(\frac{x^2}{2}-1\right)\arcsin\frac{x}{2}+\frac{x}{4}\sqrt{4-x^2}+C.$

8. $\frac{x}{18(9+x^2)}+\frac{1}{54}\arctan\frac{x}{3}+C.$

9. $-\frac{1}{2}\frac{\cos x}{\sin^2 x}+\frac{1}{2}\ln\left|\tan\frac{x}{2}\right|+C.$

10. $-\frac{e^{-2x}}{13}(2\sin 3x+3\cos 3x)+C.$

11. $-\frac{\sin 8x}{16}+\frac{\sin 2x}{4}+C.$

12. $x\ln^3 x-3x\ln^2 x+6x\ln x-6x+C.$

13. $-\frac{1}{x}-\ln\left|\frac{1-x}{x}\right|+C.$

14. $2\sqrt{x-1}-2\arctan\sqrt{x-1}+C.$

15. $\dfrac{x}{2(1+x^2)}+\dfrac{1}{2}\arctan x+C.$

16. $\arccos\dfrac{1}{|x|}+C.$

17. $\dfrac{1}{9}\left(\ln|2+3x|+\dfrac{2}{2+3x}\right)+C.$

18. $\dfrac{\cos^5 x\sin x}{6}+\dfrac{5\cos^3 x\sin x}{24}+\dfrac{5}{32}(2x+\sin 2x)+C.$

19. $\dfrac{x(x^2-1)\sqrt{x^2-2}}{4}-\dfrac{1}{2}\ln|x+\sqrt{x^2-2}|+C.$

20. $\dfrac{1}{\sqrt{21}}\ln\left|\dfrac{\sqrt{3}\tan\dfrac{x}{2}+\sqrt{7}}{\sqrt{3}\tan\dfrac{x}{2}-\sqrt{7}}\right|+C.$

21. $\dfrac{\sqrt{2x-1}}{x}+2\arctan\sqrt{2x-1}+C.$

22. $\arcsin x+\sqrt{1-x^2}+C.$

23. $\dfrac{1}{2}\ln|x^2-2x-1|+\dfrac{3}{\sqrt{2}}\ln\left|\dfrac{x-1-\sqrt{2}}{x-1+\sqrt{2}}\right|+C.$

24. $-\sqrt{1+x-x^2}+\dfrac{1}{2}\arcsin\dfrac{2x-1}{\sqrt{5}}+C.$

25. $\dfrac{1}{12}x^3-\dfrac{25}{16}x+\dfrac{125}{32}\arctan\dfrac{2x}{5}+C.$

总习题四(第 222 页)

1. (1) $(x^3-3x^2+6x-6)e^x+C$; (2) $\dfrac{1}{2}\ln(x^2-6x+13)+4\arctan\dfrac{x-3}{2}+C.$

2. (1) (B); (2) (C).

3. $x^2\cos x-4x\sin x-6\cos x+C.$

4. (1) $\dfrac{1}{2}\ln\dfrac{|e^x-1|}{e^x+1}+C$;

(2) $\dfrac{1}{2(1-x)^2}-\dfrac{1}{1-x}+C$;

(3) $\dfrac{1}{6a^3}\ln\left|\dfrac{a^3+x^3}{a^3-x^3}\right|+C$;

(4) $\ln|x+\sin x|+C$;

(5) $\ln x(\ln\ln x-1)+C$;

(6) $\frac{1}{2}\arctan\sin^2 x+C$;

(7) $\frac{1}{3}\tan^3 x-\tan x+x+C$;

(8) $\frac{1}{8}\left(\frac{1}{3}\cos 6x-\frac{1}{2}\cos 4x-\cos 2x\right)+C$;

(9) $\frac{1}{4}\ln|x|-\frac{1}{24}\ln(x^6+4)+C$;

(10) $a\arcsin\frac{x}{a}-\sqrt{a^2-x^2}+C$;

(11) $\ln\left|x+\frac{1}{2}+\sqrt{x(x+1)}\right|+C$;

(12) $\frac{1}{4}x^2+\frac{x}{4}\sin 2x+\frac{1}{8}\cos 2x+C$;

(13) $\frac{1}{a^2+b^2}\mathrm{e}^{ax}(a\cos bx+b\sin bx)+C$;

(14) $\ln\frac{\sqrt{1+\mathrm{e}^x}-1}{\sqrt{1+\mathrm{e}^x}+1}+C$;

(15) $\frac{\sqrt{x^2-1}}{x}+C$;

(16) $\frac{1}{3a^4}\left[\frac{3x}{\sqrt{a^2-x^2}}+\frac{x^3}{\sqrt{(a^2-x^2)^3}}\right]+C$;

(17) $-\frac{\sqrt{(1+x^2)^3}}{3x^3}+\frac{\sqrt{1+x^2}}{x}+C$;

(18) $(4-2x)\cos\sqrt{x}+4\sqrt{x}\sin\sqrt{x}+C$;

(19) $x\ln(1+x^2)-2x+2\arctan x+C$;

(20) $\frac{\sin x}{2\cos^2 x}-\frac{1}{2}\ln|\sec x+\tan x|+C$;

(21) $(x+1)\arctan\sqrt{x}-\sqrt{x}+C$;

(22) $\sqrt{2}\ln\left(\left|\csc\frac{x}{2}\right|-\left|\cot\frac{x}{2}\right|\right)+C$;

(23) $\frac{x^4}{8(1+x^8)}+\frac{1}{8}\arctan x^4+C$;

(24) $\frac{x^4}{4}+\ln\frac{\sqrt[4]{x^4+1}}{x^4+2}+C$;

(25) $\frac{1}{32}\ln\left|\frac{2+x}{2-x}\right|+\frac{1}{16}\arctan\frac{x}{2}+C$;

(26) $\frac{2}{1+\tan\frac{x}{2}}+x+C$ 或 $\sec x+x-\tan x+C$;

(27) $x\tan\frac{x}{2}+C$;

(28) $e^{\sin x}(x-\sec x)+C$;

(29) $\ln\frac{x}{(\sqrt[6]{x}+1)^6}+C$;

(30) $\frac{1}{1+e^x}+\ln\frac{e^x}{1+e^x}+C$;

(31) $\arctan(e^x-e^{-x})+C$;

(32) $\frac{xe^x}{e^x+1}-\ln(1+e^x)+C$;

(33) $x\ln^2(x+\sqrt{1+x^2})-2\sqrt{1+x^2}\ln(x+\sqrt{1+x^2})+2x+C$;

(34) $\frac{x\ln x}{\sqrt{1+x^2}}-\ln(x+\sqrt{1+x^2})+C$;

(35) $\frac{1}{4}(\arcsin x)^2+\frac{x}{2}\sqrt{1-x^2}\arcsin x-\frac{x^2}{4}+C$;

(36) $-\frac{1}{3}\sqrt{1-x^2}(x^2+2)\arccos x-\frac{1}{9}x(x^2+6)+C$;

(37) $-\ln|\csc x+1|+C$;

(38) $\ln|\tan x|-\frac{1}{2\sin^2 x}+C$;

(39) $\frac{1}{3}\ln(2+\cos x)-\frac{1}{2}\ln(1+\cos x)+\frac{1}{6}\ln(1-\cos x)+C$;

(40) $\frac{1}{2}(\sin x-\cos x)-\frac{1}{2\sqrt{2}}\ln\left|\frac{\tan(x/2)-1+\sqrt{2}}{\tan(x/2)-1-\sqrt{2}}\right|+C.$

第 五 章

习题 5-1(第 236 页)

*1. $\frac{1}{3}(b^3-a^3)+b-a$.

*2. (1) $\frac{1}{2}(b^2-a^2)$; (2) $e-1$.

3. 略.

4. (1) $\frac{1}{2}t^2$; (2) 21; (3) $\frac{5}{2}$; (4) $\frac{9\pi}{2}$.

5. $a=0, b=1$.

6. $\ln 2\approx 0.693\ 1$.

7. (1) 6; (2) -2; (3) -3; (4) 5.

8. 88.2 kN.

9. 略.

10. (1) $6\leqslant\int_1^4(x^2+1)\mathrm{d}x\leqslant 51$; (2) $\pi\leqslant\int_{\frac{\pi}{4}}^{\frac{5}{4}\pi}(1+\sin^2 x)\mathrm{d}x\leqslant 2\pi$;

(3) $\frac{\pi}{9}\leqslant\int_{\frac{1}{\sqrt{3}}}^{\sqrt{3}}x\arctan x\mathrm{d}x\leqslant\frac{2}{3}\pi$; (4) $-2e^2\leqslant\int_2^0 e^{x^2-x}\mathrm{d}x\leqslant -2e^{-\frac{1}{4}}$.

11. 提示:设 $\int_0^1 f(x)\mathrm{d}x=a$,有 $\int_0^1[f(x)-a]^2\mathrm{d}x\geqslant 0$.

12. 略.

13. (1) $\int_0^1 x^2\mathrm{d}x$ 较大; (2) $\int_1^2 x^3\mathrm{d}x$ 较大; (3) $\int_1^2\ln x\mathrm{d}x$ 较大;

(4) $\int_0^1 x\mathrm{d}x$ 较大; (5) $\int_0^1 e^x\mathrm{d}x$ 较大.

习题 5-2(第 244 页)

1. $0,\frac{\sqrt{2}}{2}$.

2. $\cot t$.

3. $\frac{\cos x}{\sin x-1}$.

4. 当 $x=0$ 时.

5. (1) $2x\sqrt{1+x^4}$； (2) $\frac{3x^2}{\sqrt{1+x^{12}}}-\frac{2x}{\sqrt{1+x^8}}$；

(3) $(\sin x-\cos x)\cdot\cos(\pi\sin^2 x)$.

6. $\frac{1}{\sqrt{2}}$.

7. (C).

8. (1) $a\left(a^2-\frac{a}{2}+1\right)$； (2) $\frac{21}{8}$； (3) $\frac{271}{6}$； (4) $\frac{\pi}{6}$； (5) $\frac{\pi}{3}$；

(6) $\frac{\pi}{3a}$； (7) $\frac{\pi}{6}$； (8) $\frac{\pi}{4}+1$； (9) -1； (10) $1-\frac{\pi}{4}$； (11) 4；

(12) $\frac{8}{3}$.

9. 略.

10. **提示**：应用三角学中的积化和差公式.

11. (1) 1； (2) 2.

12. $\Phi(x)=\begin{cases}\frac{1}{3}x^3, & x\in[0,1),\\ \frac{1}{2}x^2-\frac{1}{6}, & x\in[1,2],\end{cases}$ $\Phi(x)$在$(0,2)$内连续.

13. $\Phi(x)=\begin{cases}0, & x<0,\\ \frac{1}{2}(1-\cos x), & 0\leqslant x\leqslant\pi,\\ 1, & x>\pi.\end{cases}$

14. 略.

15. 1.

16. 1.

习题 5-3(第 254 页)

1. (1) 0； (2) $\frac{51}{512}$； (3) $\frac{1}{4}$； (4) $\pi-\frac{4}{3}$；

(5) $\frac{\pi}{6}-\frac{\sqrt{3}}{8}$； (6) $\frac{\pi}{2}$； (7) $\sqrt{2}(\pi+2)$； (8) $1-\frac{\pi}{4}$；

(9) $\frac{\pi}{16}a^4$； (10) $\sqrt{2}-\frac{2\sqrt{3}}{3}$； (11) $\frac{1}{6}$； (12) $2+2\ln\frac{2}{3}$；

(13) $1-2\ln 2$； (14) $(\sqrt{3}-1)a$； (15) $1-e^{-\frac{1}{2}}$； (16) $2(\sqrt{3}-1)$；

(17) $\frac{\pi}{2}$; (18) $\frac{\pi}{4}+\frac{1}{2}$; (19) 0; (20) $\frac{3}{2}\pi$; (21) $\frac{\pi^3}{324}$;

(22) 0; (23) $\frac{2}{3}$; (24) $\frac{4}{3}$; (25) $2\sqrt{2}$; (26) 4.

2—6. 略.

7. (1) $1-\frac{2}{e}$; (2) $\frac{1}{4}(e^2+1)$; (3) $-\frac{2\pi}{\omega^2}$; (4) $\left(\frac{1}{4}-\frac{\sqrt{3}}{9}\right)\pi+\frac{1}{2}\ln\frac{3}{2}$;

(5) $4(2\ln 2-1)$; (6) $\frac{\pi}{4}-\frac{1}{2}$; (7) $\frac{1}{5}(e^{\pi}-2)$; (8) $2-\frac{3}{4\ln 2}$;

(9) $\frac{\pi^3}{6}-\frac{\pi}{4}$; (10) $\frac{1}{2}(e\sin 1-e\cos 1+1)$; (11) $2\left(1-\frac{1}{e}\right)$;

(12) $\begin{cases}\dfrac{1\cdot 3\cdot 5\cdot\cdots\cdot m}{2\cdot 4\cdot 6\cdot\cdots\cdot(m+1)}\cdot\dfrac{\pi}{2}, & m\text{ 为奇数},\\ \dfrac{2\cdot 4\cdot 6\cdot\cdots\cdot m}{1\cdot 3\cdot 5\cdot\cdots\cdot(m+1)}, & m\text{ 为偶数};\end{cases}$

(13) $J_m=\begin{cases}\dfrac{1\cdot 3\cdot 5\cdot\cdots\cdot(m-1)}{2\cdot 4\cdot 6\cdot\cdots\cdot m}\cdot\dfrac{\pi^2}{2}, & m\text{ 为偶数},\\ \dfrac{2\cdot 4\cdot 6\cdot\cdots\cdot(m-1)}{1\cdot 3\cdot 5\cdot\cdots\cdot m}\pi, & m\text{ 为大于 1 的奇数},\end{cases}$

$J_1=\pi$.

习题 5-4(第 262 页)

1. (1) $\frac{1}{3}$; (2) 发散; (3) $\frac{1}{a}$; (4) $\frac{\pi}{4}$; (5) $\frac{\omega}{p^2+\omega^2}$;

(6) π; (7) 1; (8) 发散; (9) $\frac{8}{3}$; (10) $\frac{\pi}{2}$.

2. 当 $k>1$ 时收敛于 $\frac{1}{(k-1)(\ln 2)^{k-1}}$;当 $k\leqslant 1$ 时发散;当 $k=1-\frac{1}{\ln\ln 2}$ 时取得最小值.

3. $n!$.

4. -1.

***习题 5-5(第 270 页)**

1. (1) 收敛; (2) 收敛; (3) 收敛; (4) 发散;
(5) 收敛; (6) 发散; (7) 收敛; (8) 收敛.

2. 略.

3. (1) $\frac{1}{n}\Gamma\left(\frac{1}{n}\right), n>0$； (2) $\Gamma(p+1), p>-1$；

(3) $\frac{1}{|n|}\Gamma\left(\frac{m+1}{n}\right), \frac{m+1}{n}>0$.

4—5. 略.

总习题五(第 270 页)

1. (1) 必要,充分； (2) 充分必要； *(3) 收敛； (4) 不一定；
   (5) $xf(-x^2)$.
2. (1) (B)； (2) (A).
3. (1) 表示曲线 $y=f(x)$、$y=g(x)$ 和直线 $x=a$、$x=b$ 所围图形的面积；
   (2) 表示曲线 $y=f(x)$ 和直线 $y=0$、$x=a$、$x=b$ 所围曲边梯形绕 x 轴旋转所得旋转体的体积；
   (3) 表示$[t_1,t_2]$这段时间内流入水池的水量；
   (4) 表示$[T_1,T_2]$这段时期内该国人口增加的数量；
   (5) 表示该公司经营该种产品自第 1001 件至第 2000 件所得利润.

*4. (1) $\frac{2}{3}(2\sqrt{2}-1)$； (2) $\frac{1}{p+1}$.

5. (1) $af(a)$； (2) $\frac{\pi^2}{4}$.

6—7. 略.

8. **提示**:$1-x^p<\frac{1}{1+x^p}<1$.

9. **提示**:(1) 对任意实数 t,

$$\int_a^b f^2(x)\,dx + 2t\int_a^b f(x)g(x)\,dx + t^2\int_a^b g^2(x)\,dx \geqslant 0;$$

(2) 利用柯西-施瓦茨不等式.

10. **提示**:利用柯西-施瓦茨不等式.

11. (1) $\frac{\pi}{2}$； (2) $\frac{\pi}{8}\ln 2$,**提示**:令 $x=\frac{\pi}{4}-u$； (3) $\frac{\pi}{4}$； (4) $2(\sqrt{2}-1)$；

(5) $\frac{\pi}{2\sqrt{2}}$； (6) $\frac{\pi}{2}$； (7) $\frac{\pi^2}{2}+2\pi-4$； (8) $e^{-2}\left(\frac{\pi}{2}-\arctan e^{-1}\right)$；

(9) $\frac{\pi}{2}+\ln(2+\sqrt{3})$； (10) $\begin{cases}\frac{1}{3}x^3-\frac{2}{3}, & 当 x<-1, \\ x, & 当 -1\leqslant x\leqslant 1, \\ \frac{1}{4}x^4+\frac{3}{4}, & 当 x>1.\end{cases}$

12—13. 略.

14. $1+\ln(1+e^{-1})$.

15—*16. 略.

*17. (1) 收敛； (2) 收敛； (3) 收敛,**提示**:先分部积分,再判别；
(4) 收敛.

*18. (1) $-\frac{\pi}{2}\ln 2$,**提示**:$\int_{\frac{\pi}{4}}^{\frac{\pi}{2}}\ln\sin x\mathrm{d}x=\int_0^{\frac{\pi}{4}}\ln\cos x\mathrm{d}x$；

(2) $\frac{\pi}{4}$,**提示**:令 $x=\frac{1}{t}$.

第 六 章

习题 6-2(第 **286** 页)

1. (1) $\frac{1}{6}$； (2) 1； (3) $\frac{32}{3}$； (4) $\frac{32}{3}$.

2. (1) $2\pi+\frac{4}{3},6\pi-\frac{4}{3}$； (2) $\frac{3}{2}-\ln 2$； (3) $e+\frac{1}{e}-2$； (4) $b-a$.

3. $\frac{9}{4}$.

4. $\frac{16}{3}p^2$.

5. (1) πa^2； (2) $\frac{3}{8}\pi a^2$； (3) $18\pi a^2$.

6. $3\pi a^2$.

7. $\frac{a^2}{4}(e^{2\pi}-e^{-2\pi})$.

8. (1) $\frac{5}{4}\pi$； (2) $\frac{\pi}{6}+\frac{1-\sqrt{3}}{2}$.

9. $\frac{e}{2}$.

10. $\frac{8}{3}a^2$.

11. 当 $p=-\frac{4}{5}$、$q=3$ 时，A 达到最大值$\frac{225}{32}$.

12. $\frac{128}{7}\pi,\frac{64}{5}\pi$.

13. $\frac{32}{105}\pi a^3$.

14. 略.

15. (1) $\frac{3}{10}\pi$； (2) $\frac{\pi^3}{4}-2\pi$； (3) $160\pi^2$； (4) $7\pi^2a^3$.

16. $2\pi^2a^2b$.

17. $\frac{1}{6}\pi h[2(ab+AB)+aB+bA]$.

18. $\frac{4\sqrt{3}}{3}R^3$.

19. 略.

20. $2\pi^2$.

21. (1) $V_1=\frac{4\pi}{5}(32-a^5)$，$V_2=\pi a^4$；

(2) 当 $a=1$ 时，V_1+V_2 取得最大值$\frac{129}{5}\pi$.

22. $1+\frac{1}{2}\ln\frac{3}{2}$.

23. $\frac{8}{9}\left[\left(\frac{5}{2}\right)^{\frac{3}{2}}-1\right]$.

24. $\frac{y}{2p}\sqrt{p^2+y^2}+\frac{p}{2}\ln\frac{y+\sqrt{p^2+y^2}}{p}$.

25. $6a$.

26. $\frac{a}{2}\pi^2$.

27. $\left(\left(\frac{2}{3}\pi-\frac{\sqrt{3}}{2}\right)a,\frac{3}{2}a\right)$.

28. $\frac{\sqrt{1+a^2}}{a}(e^{a\varphi}-1)$.

29. $\ln\frac{3}{2}+\frac{5}{12}$.

30. $8a$.

习题 6-3(第 293 页)

1. 0.18k J.

2. $800\pi\ln 2$ J.

3. (1)略; (2)9.72×10^{5} kJ.

4. $\frac{27}{7}kc^{\frac{2}{3}}a^{\frac{7}{3}}$(其中 k 为比例常数).

5. $(\sqrt{2}-1)$ cm.

6. 57 697.5 kJ.

7. 205.8 kN.

8. 17.3 kN.

9. 14 373 kN.

10. 1.65 N.

11. 取 y 轴通过细直棒,则

$$F_y=Gm\mu\left(\frac{1}{a}-\frac{1}{\sqrt{a^2+l^2}}\right),F_x=-\frac{Gm\mu l}{a\sqrt{a^2+l^2}}.$$

12. 引力的大小为$\frac{2Gm\mu}{R}\sin\frac{\varphi}{2}$,方向为 M 指向圆弧的中点.

总习题六(第 294 页)

1. (1)$\frac{37}{12}$; (2)$2\sqrt{3}-\frac{4}{3}$.

2. (1)(A); (2)(D).

3. $\frac{5}{4}$ m.

4. $\frac{\pi-1}{4}a^2$.

5. $x=\frac{3}{4}\sqrt{\frac{y}{2}}$ 或 $y=\frac{32}{9}x^2$ $(x\geqslant0)$.

6. $a=-\frac{5}{3},b=2,c=0$.

7. (1)$\frac{1}{2}\mathrm{e}-1$; (2)$\frac{\pi}{6}(5\mathrm{e}^2-12\mathrm{e}+3)$.

8. $\frac{512}{7}\pi$.

9. $4\pi^2$.

10. $\sqrt{6}+\ln(\sqrt{2}+\sqrt{3})$.

11. $\frac{4}{3}\pi r^4 g$.

12. $\frac{1}{2}\rho gab(2h+b\sin\alpha)$.

13. $F_x=\frac{3}{5}Ga^2, F_y=\frac{3}{5}Ga^2$.

14. （1）$\sqrt{1+r+r^2}\,a$ m； （2）$\frac{1}{\sqrt{1-r}}\,a$ m.

第 七 章

习题 7-1（第 301 页）

1. （1）一阶； （2）二阶； （3）三阶； （4）一阶； （5）二阶； （6）一阶.
2. （1）是； （2）是； （3）不是； （4）是.
3. 略.
4. （1）$y^2-x^2=25$； （2）$y=xe^{2x}$； （3）$y=-\cos x$.
5. （1）$y'=x^2$； （2）$yy'+2x=0$.
6. $\frac{dp}{dT}=k\frac{p}{T^2}$，$k$ 为比例系数.
7. 6 小时.

习题 7-2（第308页）

1. （1）$y=e^{Cx}$； （2）$y=\frac{1}{2}x^2+\frac{1}{5}x^3+C$；

   （3）$\arcsin y=\arcsin x+C$； （4）$\frac{1}{y}=a\ln|x+a-1|+C$；

   （5）$\tan x\tan y=C$； （6）$10^{-y}+10^x=C$；

   （7）$(e^x+1)(e^y-1)=C$； （8）$\sin x\sin y=C$；

   （9）$3x^4+4(y+1)^3=C$； （10）$(x-4)y^4=Cx$.

2. （1）$e^{y}=\frac{1}{2}(e^{2x}+1)$；（2）$\cos x-\sqrt{2}\cos y=0$；

（3）$\ln y=\tan\frac{x}{2}$；（4）$(1+e^{x})\sec y=2\sqrt{2}$；（5）$x^{2}y=4$.

3. $t=-0.030\,5\,h^{\frac{5}{2}}+9.64$，水流完所需的时间约为 10 s.

4. $v=\sqrt{72\,500}\approx 269.3$ (cm/s).

5. $R=R_{0}e^{-0.000\,433\,t}$，时间以年为单位.

6. $xy=6$.

7. 取 O 为原点，河岸朝顺水方向为 x 轴，y 轴指向对岸，则所求航线为

$$x=\frac{k}{a}\left(\frac{h}{2}y^{2}-\frac{1}{3}y^{3}\right).$$

习题 7-3（第314页）

1. （1）$y+\sqrt{y^{2}-x^{2}}=Cx^{2}\ (x>0)$，$y-\sqrt{y^{2}-x^{2}}=C\ (x<0)$；

（2）$\ln\frac{y}{x}=Cx+1$；

（3）$y^{2}=x^{2}(2\ln|x|+C)$；（4）$x^{3}-2y^{3}=Cx$；

（5）$x^{2}=C\sin^{3}\frac{y}{x}$；（6）$x+2ye^{\frac{x}{y}}=C$.

2. （1）$y^{3}=y^{2}-x^{2}$；（2）$y^{2}=2x^{2}(\ln x+2)$；（3）$\frac{x+y}{x^{2}+y^{2}}=1$.

3. $y=x(1-4\ln x)$.

*4. （1）$(4y-x-3)(y+2x-3)^{2}=C$；

（2）$\ln[4y^{2}+(x-1)^{2}]+\arctan\frac{2y}{x-1}=C$；

（3）$(y-x+1)^{2}(y+x-1)^{5}=C$；

（4）$x+3y+2\ln|x+y-2|=C$.

习题 7-4（第320页）

1. （1）$y=e^{-x}(x+C)$；（2）$y=\frac{1}{3}x^{2}+\frac{3}{2}x+2+\frac{C}{x}$；

（3）$y=(x+C)e^{-\sin x}$；（4）$y=C\cos x-2\cos^{2}x$；

（5）$y=\frac{\sin x+C}{x^{2}-1}$；（6）$3\rho=2+Ce^{-3\theta}$；

（7）$y=2+Ce^{-x^{2}}$；（8）$2x\ln y=\ln^{2}y+C$；

（9）$y=(x-2)^{3}+C(x-2)$；（10）$x=Cy^{3}+\frac{1}{2}y^{2}$.

2. (1) $y=\dfrac{x}{\cos x}$; (2) $y=\dfrac{\pi-1-\cos x}{x}$;

(3) $y\sin x+5\mathrm{e}^{\cos x}=1$; (4) $y=\dfrac{2}{3}(4-\mathrm{e}^{-3x})$;

(5) $2y=x^3-x^3\mathrm{e}^{x^{-2}-1}$.

3. $y=2(\mathrm{e}^x-x-1)$.

4. $v=\dfrac{k_1}{k_2}t-\dfrac{k_1 m}{k_2^2}(1-\mathrm{e}^{-\frac{k_2}{m}t})$.

5. $i=\mathrm{e}^{-5t}+\sqrt{2}\sin\left(5t-\dfrac{\pi}{4}\right)$ A.

6. $\ln|x|+\int\dfrac{g(v)\,\mathrm{d}v}{v[f(v)-g(v)]}=C$,求出后将 $v=xy$ 代回,得通解.

7. (1) $y=-x+\tan(x+C)$; (2) $(x-y)^2=-2x+C$;

(3) $y=\dfrac{1}{x}\mathrm{e}^{Cx}$; (4) $y=1-\sin x-\dfrac{1}{x+C}$;

(5) $2x^2y^2\ln|y|-2xy-1=Cx^2y^2$.

*8. (1) $\dfrac{1}{y}=-\sin x+C\mathrm{e}^x$; (2) $\dfrac{3}{2}x^2+\ln\left|1+\dfrac{3}{y}\right|=C$;

(3) $\dfrac{1}{y^3}=C\mathrm{e}^x-1-2x$; (4) $\dfrac{1}{y^4}=-x+\dfrac{1}{4}+C\mathrm{e}^{-4x}$;

(5) $\dfrac{x^2}{y^2}=-\dfrac{2}{3}x^3\left(\dfrac{2}{3}+\ln x\right)+C$.

习题 7-5(第328页)

1. (1) $y=\dfrac{1}{6}x^3-\sin x+C_1x+C_2$;

(2) $y=(x-3)\mathrm{e}^x+C_1x^2+C_2x+C_3$;

(3) $y=x\arctan x-\dfrac{1}{2}\ln(1+x^2)+C_1x+C_2$;

(4) $y=-\ln|\cos(x+C_1)|+C_2$;

(5) $y=C_1\mathrm{e}^x-\dfrac{1}{2}x^2-x+C_2$;

(6) $y=C_1\ln|x|+C_2$;

(7) $y^3=C_1x+C_2$;

(8) $C_1y^2-1=(C_1x+C_2)^2$;

(9) $x+C_2=\pm\left[\dfrac{2}{3}(\sqrt{y}+C_1)^{\frac{3}{2}}-2C_1\sqrt{\sqrt{y}+C_1}\right]$;

(10) $y=\arcsin(C_2\mathrm{e}^x)+C_1$.

2. （1）$y=\sqrt{2x-x^2}$；（2）$y=-\dfrac{1}{a}\ln(ax+1)$；

（3）$y=\dfrac{1}{a^3}e^{ax}-\dfrac{e^a}{2a}x^2+\dfrac{e^a}{a^2}(a-1)x+\dfrac{e^a}{2a^3}(2a-a^2-2)$；

（4）$y=\ln\sec x$；（5）$y=\left(\dfrac{1}{2}x+1\right)^4$；（6）$y=\ln(e^x+e^{-x})-\ln 2$.

3. $y=\dfrac{x^3}{6}+\dfrac{x}{2}+1$.

4. $s=\dfrac{mg}{c}\left(t+\dfrac{m}{c}e^{-\frac{c}{m}t}-\dfrac{m}{c}\right)$.

习题 7-6（第337页）

1. （1）线性无关；（2）线性相关；（3）线性相关；
（4）线性无关；（5）线性无关；（6）线性无关；
（7）线性相关；（8）线性无关；（9）线性无关；
（10）线性无关.

2. $y=C_1\cos\omega x+C_2\sin\omega x$.

3. $y=(C_1+C_2x)e^{x^2}$.

4. 略.

*5. $y=C_1e^x+C_2(2x+1)$.

*6. $y=C_1x+C_2x^2+x^3$.

*7. $y=C_1\cos x+C_2\sin x+x\sin x+\cos x\ln|\cos x|$.

*8. $y=C_1x+C_2x\ln|x|+\dfrac{1}{2}x\ln^2|x|$.

习题 7-7（第346页）

1. （1）$y=C_1e^x+C_2e^{-2x}$；（2）$y=C_1+C_2e^{4x}$；
（3）$y=C_1\cos x+C_2\sin x$；（4）$y=e^{-3x}(C_1\cos 2x+C_2\sin 2x)$；
（5）$x=(C_1+C_2t)e^{\frac{5}{2}t}$；（6）$y=e^{2x}(C_1\cos x+C_2\sin x)$；
（7）$y=C_1e^x+C_2e^{-x}+C_3\cos x+C_4\sin x$；
（8）$y=(C_1+C_2x)\cos x+(C_3+C_4x)\sin x$；
（9）$y=C_1+C_2x+(C_3+C_4x)e^x$；
（10）$y=C_1e^{2x}+C_2e^{-2x}+C_3\cos 3x+C_4\sin 3x$.

2. （1）$y=4e^x+2e^{3x}$；（2）$y=(2+x)e^{-\frac{x}{2}}$；（3）$y=e^{-x}-e^{4x}$；
（4）$y=3e^{-2x}\sin 5x$；（5）$y=2\cos 5x+\sin 5x$；（6）$y=e^{2x}\sin 3x$.

3. $x=\frac{v_0}{\sqrt{k_2^2+4k_1}}\left(1-e^{-\sqrt{k_2^2+4k_1}\,t}\right)e^{\left(-\frac{k_2}{2}+\frac{\sqrt{k_2^2+4k_1}}{2}\right)t}$.

4. $u_C(t)=\frac{10}{9}\left(19e^{-10^3t}-e^{-1.9\times10^4t}\right)$ V; $i(t)=\frac{19}{18}\times10^{-2}\left(-e^{-10^3t}+e^{-1.9\times10^4t}\right)$ A.

5. 195 kg.

习题 7-8（第 354 页）

1. （1）$y=C_1e^{\frac{x}{2}}+C_2e^{-x}+e^x$;

（2）$y=C_1\cos ax+C_2\sin ax+\frac{e^x}{1+a^2}$;

（3）$y=C_1+C_2e^{-\frac{5}{2}x}+\frac{1}{3}x^3-\frac{3}{5}x^2+\frac{7}{25}x$;

（4）$y=C_1e^{-x}+C_2e^{-2x}+\left(\frac{3}{2}x^2-3x\right)e^{-x}$;

（5）$y=e^x(C_1\cos 2x+C_2\sin 2x)-\frac{1}{4}xe^x\cos 2x$;

（6）$y=(C_1+C_2x)e^{3x}+\frac{x^2}{2}\left(\frac{1}{3}x+1\right)e^{3x}$;

（7）$y=C_1e^{-x}+C_2e^{-4x}+\frac{11}{8}-\frac{1}{2}x$;

（8）$y=C_1\cos 2x+C_2\sin 2x+\frac{1}{3}x\cos x+\frac{2}{9}\sin x$;

（9）$y=C_1\cos x+C_2\sin x+\frac{e^x}{2}+\frac{x}{2}\sin x$;

（10）$y=C_1e^x+C_2e^{-x}-\frac{1}{2}+\frac{1}{10}\cos 2x$，提示：$\sin^2 x=\frac{1}{2}(1-\cos 2x)$.

2. （1）$y=-\cos x-\frac{1}{3}\sin x+\frac{1}{3}\sin 2x$;

（2）$y=-5e^x+\frac{7}{2}e^{2x}+\frac{5}{2}$;

（3）$y=\frac{1}{2}(e^{9x}+e^x)-\frac{1}{7}e^{2x}$;

（4）$y=e^x-e^{-x}+e^x(x^2-x)$;

（5）$y=\frac{11}{16}+\frac{5}{16}e^{4x}-\frac{5}{4}x$.

3. 取炮口为原点，炮弹前进的水平方向为 x 轴，铅直向上为 y 轴建立直角坐标系，弹道曲线为

$$\begin{cases} x=v_0\cos\alpha\cdot t, \\ y=v_0\sin\alpha\cdot t-\dfrac{1}{2}gt^2. \end{cases}$$

4. $u_C(t)=20-20\mathrm{e}^{-5\times10^3 t}[\cos(5\times10^3 t)+\sin(5\times10^3 t)]$ V;

$i(t)=4\times10^{-2}\mathrm{e}^{-5\times10^3 t}\sin(5\times10^3 t)$ A,

提示:电路方程参见第六节例 2.

5. (1) $t=\sqrt{\dfrac{10}{g}}\ln(5+2\sqrt{6})$ s; (2) $t=\sqrt{\dfrac{10}{g}}\ln\left(\dfrac{19+4\sqrt{22}}{3}\right)$ s.

6. $\varphi(x)=\dfrac{1}{2}(\cos x+\sin x+\mathrm{e}^x)$.

* 习题 7-9(第356页)

1. $y=C_1x+\dfrac{C_2}{x}$.
2. $y=x(C_1+C_2\ln|x|)+x\ln^2|x|$.
3. $y=C_1x+C_2x\ln|x|+C_3x^{-2}$.
4. $y=C_1x+C_2x^2+\dfrac{1}{2}(\ln^2x+\ln x)+\dfrac{1}{4}$.
5. $y=C_1x^2+C_2x^{-2}+\dfrac{1}{5}x^3$.
6. $y=x[C_1\cos(\sqrt{3}\ln x)+C_2\sin(\sqrt{3}\ln x)]+\dfrac{1}{2}x\sin(\ln x)$.
7. $y=C_1x^2+C_2x^2\ln x+x+\dfrac{1}{6}x^2\ln^3x$.
8. $y=C_1x+x[C_2\cos(\ln x)+C_3\sin(\ln x)]+\dfrac{1}{2}x^2(\ln x-2)+3x\ln x$.

* 习题 7-10(第359页)

1. (1) $\begin{cases} y=C_1\mathrm{e}^x+C_2\mathrm{e}^{-x}, \\ z=C_1\mathrm{e}^x-C_2\mathrm{e}^{-x}; \end{cases}$

(2) $\begin{cases} x=C_1\mathrm{e}^t+C_2\mathrm{e}^{-t}+C_3\cos t+C_4\sin t, \\ y=C_1\mathrm{e}^t+C_2\mathrm{e}^{-t}-C_3\cos t-C_4\sin t; \end{cases}$

(3) $\begin{cases} x=3+C_1\cos t+C_2\sin t, \\ y=-C_1\sin t+C_2\cos t; \end{cases}$

(4) $\begin{cases} x=C_1\mathrm{e}^{(-1+\sqrt{15})t}+C_2\mathrm{e}^{(-1-\sqrt{15})t}+\dfrac{2}{11}\mathrm{e}^t+\dfrac{1}{6}\mathrm{e}^{2t}, \\ y=(-4-\sqrt{15})C_1\mathrm{e}^{(-1+\sqrt{15})t}-(4-\sqrt{15})C_2\mathrm{e}^{(-1-\sqrt{15})t}-\dfrac{\mathrm{e}^t}{11}-\dfrac{7}{6}\mathrm{e}^{2t}; \end{cases}$

(5) $\begin{cases} x=\dfrac{C_1-3C_2}{5}\sin t-\dfrac{3C_1+C_2}{5}\cos t-t^2+t+3, \\ y=C_1\cos t+C_2\sin t+2t^2-3t-4; \end{cases}$

(6) $\begin{cases} x=C_1\mathrm{e}^{-5t}+C_2\mathrm{e}^{-\frac{t}{3}}+\dfrac{8\sin t+\cos t}{65}, \\ y=-\dfrac{4}{3}C_1\mathrm{e}^{-5t}+C_2\mathrm{e}^{-\frac{t}{3}}+\dfrac{61\sin t-33\cos t}{130}. \end{cases}$

2. (1) $\begin{cases} x=\sin t, \\ y=\cos t; \end{cases}$ (2) $\begin{cases} x=\cos t, \\ y=\sin t; \end{cases}$ (3) $\begin{cases} x=\mathrm{e}^t, \\ y=4\mathrm{e}^t; \end{cases}$

(4) $\begin{cases} x=2\cos t-4\sin t-\dfrac{1}{2}\mathrm{e}^t, \\ y=14\sin t-2\cos t+2\mathrm{e}^t; \end{cases}$

(5) $\begin{cases} x=4\cos t+3\sin t-2\mathrm{e}^{-2t}-2\mathrm{e}^{-t}\sin t, \\ y=\sin t-2\cos t+2\mathrm{e}^{-t}\cos t; \end{cases}$

(6) $\begin{cases} x=\dfrac{12}{17}\mathrm{e}^{-\frac{7}{5}t}+\dfrac{5}{17}\mathrm{e}^{2t}+\dfrac{3}{7}t-\dfrac{1}{49}, \\ y=\dfrac{18}{17}\mathrm{e}^{-\frac{7}{5}t}-\dfrac{1}{17}\mathrm{e}^{2t}+\dfrac{1}{2}\mathrm{e}^{-t}+\dfrac{1}{7}t-\dfrac{26}{49}. \end{cases}$

总习题七(第 360 页)

1. (1) 3; (2) $y=\mathrm{e}^{-\int P(x)\mathrm{d}x}\left(\int Q(x)\mathrm{e}^{\int P(x)\mathrm{d}x}\mathrm{d}x+C\right)$;

(3) $y'=f(x,y)$, $y\Big|_{x=x_0}=0$; (4) $y=C_1(x-1)+C_2(x^2-1)+1$.

2. (1) (B); (2) (B).

3. (1) $y^2(y'^2+1)=1$; (2) $y''-3y'+2y=0$.

4. (1) $x-\sqrt{xy}=C$; (2) $y=ax+\dfrac{C}{\ln x}$;

(3) $x=Cy^{-2}+\ln y-\dfrac{1}{2}$; *(4) $y^{-2}=C\mathrm{e}^{x^2}+x^2+1$;

(5) $y=\ln|\cos(x+C_1)|+C_2$; (6) $y=\dfrac{1}{2C_1}(\mathrm{e}^{C_1x+C_2}+\mathrm{e}^{-C_1x-C_2})$;

(7) $y=\mathrm{e}^{-x}(C_1\cos 2x+C_2\sin 2x)-\frac{4}{17}\cos 2x+\frac{1}{17}\sin 2x$;

(8) $y=C_1+C_2\mathrm{e}^x+C_3\mathrm{e}^{-2x}+\left(\frac{1}{6}x^2-\frac{4}{9}x\right)\mathrm{e}^x-x^2-x$;

*(9) $x^2=Cy^6+y^4$;　　(10) $\sqrt{(x^2+y)^3}=x^3+\frac{3}{2}xy+C$.

*5. (1) $x(1+2\ln|y|)-y^2=0$;　　(2) $y=-\frac{1}{a}\ln(ax+1)$;

(3) $y=2\arctan \mathrm{e}^x$;　　(4) $y=x\mathrm{e}^{-x}+\frac{1}{2}\sin x$.

6. $y=x-x\ln x$.

7. 约 250 m^3.

8. $\varphi(x)=\cos x+\sin x$.

9. $\varphi(x)=\sqrt{\mathrm{e}^{2x}-1}-\arctan\sqrt{\mathrm{e}^{2x}-1}$.

10. 略.

*11. (1) $y=\frac{1}{x}(C_1+C_2\ln|x|)$;　　(2) $y=C_1x^2+C_2x^3+\frac{1}{2}x$.

*12. (1) $\begin{cases} x=(C_1+C_2t)\mathrm{e}^{-t}+\frac{1}{2}t, \\ y=-(C_1+C_2+C_2t)\mathrm{e}^{-t}-\frac{1}{2}; \end{cases}$

(2) $\begin{cases} x=C_1+C_2\mathrm{e}^{-t}+C_3\mathrm{e}^{-2t}-\frac{1}{6}\mathrm{e}^t, \\ y=C_4\mathrm{e}^{-t}-C_1+C_3\mathrm{e}^{-2t}+\frac{1}{3}\mathrm{e}^t. \end{cases}$

数字课程说明

1. 计算机访问 http://abook.hep.com.cn/39663，或手机扫描二维码、下载并安装 Abook 应用。

2. 注册并登录，进入“我的课程”。

3. 输入封底数字课程账号(20位密码，刮开涂层可见)，或通过 Abook 应用扫描封底数字课程账号二维码，完成课程绑定。

4. 单击“进入课程”按钮，开始本数字课程的学习。

课程绑定后一年为数字课程使用有效期。受硬件限制，部分内容无法在手机端显示，请按提示通过计算机访问学习。

如有使用问题，请发邮件至 yangfan@hep.com.cn。

扫描二维码
下载 Abook 应用